Heidelberger Taschenbücher Band 66

Horst Schubert

Kategorien I

Springer-Verlag Berlin Heidelberg GmbH 1970

Professor Dr. H. Schubert
Mathematisches Institut der Universität Düsseldorf

ISBN 978-3-662-38922-5 ISBN 978-3-662-39862-3 (eBook)
DOI 10.1007/978-3-662-39862-3

Titel-Nr. 7593

Ursprünglich erschienen bei Springer-Verlag Berlin Heidelberg New York 170.

Vorwort

Dieses Buch entstand aus Aufzeichnungen, die ich für die Hörer einer Vorlesung im Jahre 1967/68 in Kiel angefertigt hatte. Angesichts der rasch wachsenden Anwendung der kategoriellen Sprache setzt es sich das Ziel, in den zentralen Teil der Theorie einzuführen und dem weiter Interessierten Zugang zur Literatur zu verschaffen.

An Vorkenntnissen sind in der Sache nur die einfachsten Grundbegriffe der Mengenlehre und der Algebra erforderlich. Moduln treten zwar von Anfang an in den Beispielen auf, sie werden aber in 15.1 definiert. Ein Teil der Beispiele entstammt der Topologie. Selbstverständlich wird das Verständnis der Begriffsbildungen wesentlich erleichtert, wenn man mit den Beispielen aus Algebra oder Topologie vertraut ist.

Im Mittelpunkt steht der Begriff des darstellbaren Funktors mit seinen Abwandlungen: Limites und adjungierte Funktorpaare. Es handelt sich um die Charakterisierung spezieller Objekte durch universelle Abbildungseigenschaften, die für Spezialfälle schon lange und im Werk von Bourbaki, bei anderer Sprache, systematisch benutzt wird. Das Yoneda-Lemma wird möglichst früh bereitgestellt. Dagegen wird die Behandlung adjungierter Funktorpaare aufgeschoben, bis sie zusammenhängend möglich ist und auch die Kansche Konstruktion sofort angeschlossen werden kann. Filtrierende Colimites werden gebührend berücksichtigt. Additive Kategorien und Funktorkategorien sind von Anfang an in die Betrachtung einbezogen. Dabei wird die benutzte Mengenlehre dort referiert, wo sich ihr Gebrauch aufdrängt. Nach dem gegenwärtigen Stand scheinen Universa am handlichsten, und ich vertraue darauf, daß bei einer möglichen Revision der Grundlagen die Substanz der Theorie erhalten bleibt.

Auswahl des Stoffes fordert immer eine Entscheidung, und angesichts der umfangreichen Literatur läßt sich leicht vieles aufzählen, dessen Behandlung ebenfalls wünschenswert gewesen wäre. Einführung in Anwendungen enthalten nur die Kapitel 18 und 20. Auf Homologische Algebra, den eigentlichen Ursprung der Theorie, konnte schon aus Gründen des Umfangs nicht eingegangen werden, und damit wurde auch auf Tripel und auf derivierte Kategorien verzichtet. Die Darstellung führt jedoch an diese Dinge und an andere heran. Ich hoffe, den Stoff unabhängig von speziellen Interessen ausgewählt und damit das Kernstück der Theorie erfaßt zu haben, das sich wohl nicht mehr allzusehr in Fluß befindet.

Bei den behandelten Gegenständen wird eine gewisse Vollständigkeit angestrebt, die es vielleicht auch gestattet, das Buch zum Nachschlagen und als Referenz zu benutzen. Die Sätze wurden so formuliert, daß sie nach Möglichkeit unabhängig lesbar sind. Hinsichtlich der Terminologie habe ich der verworrenen Lage in der Literatur durch Hinweise im Text und im Register Rechnung getragen. Aufgaben sind als solche nicht ausdrücklich gekennzeichnet. Jedoch wird der daran Interessierte in den Bemerkungen und Beispielen genügend Stoff vorfinden.

Da dieses Buch ein Lehrbuch sein will, habe ich mich nicht gescheut, gelegentlich Spezialfälle zu erörtern, die sich später allgemeineren Sachverhalten unterordnen. Besonders deutlich wird das bei den algebraischen Strukturen, für die zunächst in Kapitel 11 eine elementare und für Anwendungen, etwa in der Topologie, bequeme Darstellung gegeben wurde.

Auf Zitate der Originalarbeiten glaubte ich im Text verzichten zu können. Dem Lernenden ist damit wenig geholfen, und das Literaturverzeichnis gibt über die benutzten Quellen Auskunft.

Bei der Erstellung des Manuskriptes wurde mir mannigfache Hilfe zuteil. Besonderen Dank schulde ich Herrn Dr. J. Gamst für Hinweise, zahlreiche Diskussionen und Durchsicht des Manuskriptes. Herr Th. Thode trug zur Gestaltung von Abschnitt 9.2 und Kapitel 19 bei. Außerdem verwandte er viel Mühe auf die Vervielfältigung der ursprünglichen Vorlesungsnotizen. Frau K. Mayer-Lindenberg danke ich für die geduldige Reinschrift verschiedener Versionen des Manuskriptes.

Düsseldorf, November 1969

H. Schubert

Inhaltsverzeichnis

Kategorien II

Inhaltsübersicht

1. Kategorien

Jede axiomatische Theorie ist am Anfang arm an Sätzen und reich an Definitionen, die durch Beispiele erhellt werden müssen. Man beachte aber, daß jedes Beispiel eine Behauptung ist, deren Verifizierung im allgemeinen dem Leser überlassen bleibt. Es ist nicht erforderlich, daß dem Leser alle Beispiele bekannt sind.

1.1 Definition für Kategorien

1.1.1 Definition. Eine *Kategorie* $\mathscr{C}$ besteht aus

(i) einer Klasse $|\mathscr{C}|$ von *Objekten* $A, B, C, \ldots$;

(ii) einer Klasse paarweise disjunkter Mengen $[A, B]_{\mathscr{C}}$, wobei jedem geordneten Paar (A, B) von Objekten aus $\mathscr{C}$ eine solche (möglicherweise leere) Menge zugeordnet ist. Die Elemente von $[A, B]_{\mathscr{C}}$ heißen *Morphismen* von A nach B;

(iii) einer Komposition von Morphismen, d. h. einer Abbildung

$$[B, C]_{\mathscr{C}} \times [A, B]_{\mathscr{C}} \to [A, C]_{\mathscr{C}}$$

für jedes geordnete Tripel (A, B, C) von Objekten. Für $g \in [B, C]_{\mathscr{C}}$, $f \in [A, B]_{\mathscr{C}}$ wird das Bild des Paares (g, f) mit gf (lies g nach f), gelegentlich auch mit $g \circ f$ bezeichnet.

Diese Daten sind folgenden Axiomen unterworfen:

(1) *Assoziativität* der Komposition. Sind hg und gf erklärt, so gilt stets

$$(hg)f = h(gf).$$

Man kann daher auf Klammern verzichten.

(2) *Identitäten.* Für jedes Objekt B gibt es einen *identischen* Morphismus $1_B \in [B, B]_{\mathscr{C}}$, für den

$$1_B f = f, \quad g 1_B = g$$

stets gilt, wenn die beiden linken Seiten erklärt sind.

Bemerkungen

1.1.2 Auf die Verwendung der Bezeichnungen Klasse, Menge gehen wir später (3.3) genauer ein. Hier genügt der Hinweis, daß jede Menge auch eine Klasse ist, aber nicht umgekehrt.

1.1.3 Statt $[A, B]_{\mathscr{C}}$ schreiben wir einfach $[A, B]$, wenn aus dem Zusammenhang klar ist, welche Kategorie gemeint ist. Andere Bezeichnungen in der Literatur: (A, B), $\mathscr{C}(A, B)$, Hom (A, B), hom (A, B), Mor (A, B), B^A.

1.1.4 Für $f \in [A, B]$ schreibt man meist $f\colon A \to B$ oder $A \xrightarrow{f} B$. Dabei nennen wir A die *Quelle* (*domain, source*) und B das *Ziel* (*range, codomain, target*) von f.

1.1.5 Die Reihenfolge der Morphismen bei Komposition in (iii) ist fast durchweg üblich, bei einigen Autoren jedoch entgegengesetzt.

1.1.6 Der identische Morphismus 1_A ist durch das Objekt A eindeutig bestimmt. Sind 1_A und $1'_A$ identische Morphismen für A, so ist wegen (2) $1_A = 1_A 1'_A = 1'_A$. Umgekehrt wird A durch 1_A bestimmt, weil die Morphismenmengen paarweise disjunkt sind.

1.1.7 Man kann Kategorien wegen 1.1.6 so definieren, daß man auf Objekte verzichtet und die identischen Morphismen an ihrer Stelle benutzt.

1.1.8 Die Klasse aller Morphismen von $\mathscr{C}$ bezeichnen wir mit

$$\text{Mor}\,\mathscr{C} = \bigcup_{(A,B) \in |\mathscr{C}| \times |\mathscr{C}|} [A, B]_{\mathscr{C}}. \tag{3}$$

1.2 Beispiele

Wo hierbei Morphismen Abbildungen sind, ist ihre Komposition wie üblich erklärt.

1.2.1 Objekte sind die Mengen (eines festen Universums, 3.3), Morphismen die Abbildungen zwischen ihnen. Diese Kategorie bezeichnen wir stets mit *Ens*.

1.2.2 Objekte sind die abelschen Gruppen, Morphismen die Homomorphismen zwischen ihnen. Bezeichnung stets *Ab*.

1.2.3 Objekte sind die Linksmoduln über einem Ring R, Morphismen die Homomorphismen; Bezeichnung ${}_R Mod$, entsprechend Mod_R für Rechtsmoduln. 1.2.2 ist der Spezialfall $R = \mathbf{Z}$, wobei Links- und Rechtsmoduln zusammenfallen. Weiterer Spezialfall: Vektorräume über einem Körper. Allgemein gilt für jede algebraische Struktur: Ihre Modelle und die Homomorphismen zwischen ihnen bilden eine Kategorie. Wir bezeichnen solche Kategorien einfach durch den Namen der Modelle, z. B. Kategorie der (multiplikativen) Gruppen. Bei Ringen verlangen wir stets, daß sie ein 1-Element besitzen und daß die Homomorphismen 1-Elemente respektieren (also 1 in 1 überführen). Wir lassen aber den Ring 0 mit nur einem Element zu.

1.2.4 Kategorie *Top* der topologischen Räume: Objekte sind die topologischen Räume, Morphismen die stetigen Abbildungen.

1.2.5 Objekte sind nicht-leere topologische Räume mit ausgezeichnetem Grundpunkt; Morphismen sind stetige Abbildungen, welche die Grundpunkte respektieren. Entsprechend: Kategorie der punktierten Mengen.

1.2.6 Objekte sind topologische Räume, Morphismen sind die Homotopieklassen stetiger Abbildungen. Entsprechend auch mit punktierten Räumen, wobei alle Homotopien die Grundpunkte respektieren.

1.2.7 Kategorie der Mengenkorrespondenzen: Objekte sind Mengen, die Morphismen von A nach B sind die Teilmengen von $A \times B$. Komposition ist diejenige von Paarmengen: Für $f \subset A \times B$, $g \subset B \times C$ ist

$$gf = \{(a, c) \mid \text{ Es gibt } b \in B \text{ mit } (a, b) \in f, (b, c) \in g\}.$$

Entsprechend mit Gruppen: Korrespondenzen von A nach B sind Untergruppen des direkten Produktes $A \times B$.

1.2.8 Es gibt zahlreiche weitere Beispiele. Wir erwähnen topologische Gruppen, Lie-Gruppen, topologische Vektorräume über einem topologischen Körper, insbesondere lokalkonvexe reelle bzw. komplexe Vektorräume.

1.2.9 Es ist die leere Kategorie $\emptyset$ zugelassen. Sie enthält kein Objekt, also auch keinen Morphismus.

1.3 Isomorphismen

1.3.1 Definition. Ein Morphismus f: $A \to B$ heißt *Isomorphismus*, wenn es g: $B \to A$ gibt mit $gf = 1_A$, $fg = 1_B$. Aus $gf = 1_A$, $fg' = 1_B$ folgt $g = g'$. g ist daher durch f eindeutig bestimmt und heißt zu f *invers*; Schreibweise $g = f^{-1}$. A, B heißen isomorph, wenn es einen Isomorphismus f: $A \to B$ gibt.

Die Morphismen in $[A, A]$ heißen *Endomorphismen* von A. Ein isomorpher Endomorphismus heißt *Automorphismus*.

1.3.2 Komposita und Inverse von Isomorphismen sind Isomorphismen; die Automorphismen eines Objektes bilden eine Gruppe.

1.4 Weitere Beispiele

1.4.1 Die Endomorphismen eines Objektes bilden vermöge ihrer Komposition eine Halbgruppe mit 1. Umgekehrt läßt sich jede Halbgruppe mit 1 als Kategorie mit nur einem Objekt auffassen (vgl. 1.1.7). Eine Gruppe läßt sich als Kategorie mit nur einem Objekt auffassen, in der jeder Morphismus ein Automorphismus ist. Halbgruppen und Gruppen sind also spezielle Kategorien.

1.4.2 Eine Kategorie, die nur identische Morphismen besitzt, heißt *diskret*. Jede Klasse kann als diskrete Kategorie aufgefaßt werden.

1.4.3 Eine Kategorie, bei der alle Mengen $[A, B]$ höchstens ein Element enthalten, heißt *vorgeordnete Klasse*. Man schreibt $A \leq B$ für $[A, B] \neq \Phi$.

Enthält sogar $[A, B] \cup [B, A]$ stets höchstens ein Element, so liegt eine (schwache) *Ordnung* vor.

Enthält $[A, B] \cup [B, A]$ stets genau ein Element, so ist die Ordnung *streng* (strikt, linear).

1.5 Additive Kategorien

1.5.1 Eine Kategorie heißt *semiadditiv*, wenn für jede Menge $[A, B]$ eine kommutative, assoziative Addition mit 0-Element (additive Halbgruppe) so erklärt ist, daß die Komposition von Morphismen beiderseits distributiv und mit den 0-Elementen verträglich ist:

$$(4) \qquad (g_1 + g_2)f = g_1 f + g_2 f; \qquad g(f_1 + f_2) = g f_1 + g f_2,$$

$$(5) \qquad g0 = 0; \qquad 0f = 0.$$

Ist hierbei $[A, B]$ stets sogar eine Gruppe, so heißt die Kategorie *additiv* (auch präadditiv). Dabei folgt (5) aus (4).

1.5.2 Mit der üblichen Addition von Homomorphismen sind *Ab*, ${}_R Mod$, Mod_R (1.2.3) additive Kategorien. In einer additiven Kategorie ist $[A, A]$ stets ein Ring und $[A, B]$ bzw. $[B, A]$ ein Rechts- bzw. Linksmodul über $[A, A]$. „Rechts" und „links" sind durch die Festsetzung der Reihenfolge bei Komposition festgelegt (vgl. 1.1.5).

1.5.3 Ein Ring (stets mit 1) ist als additive Kategorie mit nur einem Objekt aufzufassen.

1.6 Unterkategorien

1.6.1 Unterkategorien sind in naheliegender Weise definiert: Eine *Unterkategorie* $\mathscr{D}$ einer Kategorie $\mathscr{C}$ besteht aus Objekten und Morphismen von $\mathscr{C}$, so daß mit der von $\mathscr{C}$ herrührenden Komposition wieder eine Kategorie vorliegt. Dabei wird verlangt: Gehört das Objekt A zu $\mathscr{D}$, so auch der in $\mathscr{C}$ vorliegende identische Morphismus 1_A.

Die Unterkategorie $\mathscr{D}$ heißt *voll*, wenn für je zwei Objekte A, B in $\mathscr{D}$ alle $\mathscr{C}$-Morphismen von A nach B auch zu $\mathscr{D}$ gehören, wenn also $[A, B]_{\mathscr{D}} = [A, B]_{\mathscr{C}}$ ist.

Beispiele

1.6.2 Die endlichen Mengen bilden eine volle Unterkategorie von *Ens*.

1.6.3 Die kommutativen Gruppen bilden eine volle Unterkategorie der Kategorie aller Gruppen. Entsprechend Unterkategorie der freien Gruppen usw. Entsprechend auch Unterkategorie der freien abelschen Gruppen oder etwa der Torsionsgruppen in *Ab*.

1.6.4 Für die Kategorie *Top* von 1.2.4 erhält man volle Unterkategorien durch Beschränkung der Objekte auf Räume mit zusätzlichen Eigenschaften, etwa Hausdorffsch, regulär, vollständig regulär, kompakt usw.

1.6.5 Die Kategorie *Ens* ist eine nicht volle Unterkategorie der Kategorie der Mengenkorrespondenzen von 1.2.7.

1.6.6 Jede Kategorie $\mathscr{C}$ umfaßt eine diskrete Unterkategorie, die alle Objekte von $\mathscr{C}$ enthält.

1.6.7 Man erhält eine Unterkategorie von $\mathscr{C}$, wenn man ein einzelnes Objekt A aus $\mathscr{C}$ nimmt und als Morphismen

(a) nur 1_A,

(b) alle Automorphismen von A,

(c) alle Endomorphismen von A.

1.6.8 Es sei $f\colon A \to B$ ein Morphismus in $\mathscr{C}$ mit $A \neq B$. Dann sind A und B die Objekte, 1_A, 1_B und f die Morphismen einer Unterkategorie von $\mathscr{C}$.

2. Funktoren

2.1 Kovariante Funktoren

2.1.1 Definition. Es seien $\mathscr{C}$ und $\mathscr{D}$ Kategorien. Ein *Funktor* T: $\mathscr{C} \to \mathscr{D}$, genauer: *kovarianter Funktor*, ist eine Abbildung für Objekte und Morphismen: Jedem Objekt $A \in |\mathscr{C}|$ ist ein Objekt $T(A) \in |\mathscr{D}|$, jedem Morphismus $f\colon A \to B$ ein Morphismus $T(f)\colon T(A) \to T(B)$ so zugeordnet, daß stets gilt:

(1) $$T(1_A) = 1_{T(A)}$$

(2) $$T(gf) = T(g)\,T(f), \quad \text{wenn } gf \text{ in } \mathscr{C} \text{ erklärt ist.}$$

Ein Funktor respektiert also Identitäten und die Komposition von Morphismen. Hieraus folgt, daß er auch Isomorphismen respektiert. Sind $\mathscr{C}$, $\mathscr{D}$ semiadditiv, so heißt T: $\mathscr{C} \to \mathscr{D}$ *additiv*, wenn zusätzlich gilt:

(3) $$T(f_1 + f_2) = T(f_1) + T(f_2) \qquad \text{und}$$

(4) $$T(0) = 0$$

für alle 0-Morphismen. Sind $\mathscr{C}$ und $\mathscr{D}$ additiv, so folgt (4) aus (3).

Beispiele

2.1.2 Sind $\mathscr{C}$, $\mathscr{D}$ Gruppen (oder Halbgruppen), so sind die Funktoren T: $\mathscr{C} \to \mathscr{D}$ gerade die Homomorphismen. Sind $\mathscr{C}$, $\mathscr{D}$ Ringe, so sind die additiven Funktoren gerade die Ringhomomorphismen (die die Einselemente respektieren).

2.1.3 Die Zuordnungen „Gruppe $\mapsto$ abelsch gemachte Gruppe, Homomorphismus $\mapsto$ induzierter Homomorphismus" bilden einen Funktor von der Kategorie der Gruppen in sich (bzw. in die Unterkategorie der abelschen Gruppen).

2.1.4 Die Zuordnungen „topologischer Raum $\mapsto$ n-te singuläre Homologiegruppe, stetige Abbildung $\mapsto$ induzierter Homomorphismus" bilden einen Funktor. Entsprechend topologischer Raum mit Grundpunkt $\mapsto$ n-te Homotopiegruppe (vgl. 1.2.5). Entsprechend für die Kategorien 1.2.6.

2.1.5 Sei $\mathscr{C} = {}_R Mod$ und X ein fester R-Rechtsmodul. Setze $T(A) = X \underset{R}{\otimes} A$, $T(f) = \mathrm{id}_X \underset{R}{\otimes} f$ (id_X identische Abbildung von X).

2.2 Standardbeispiele

2.2.1 Der *identische Funktor* $\mathrm{Id}_{\mathscr{C}}\colon \mathscr{C} \to \mathscr{C}$ ($\mathscr{C}$ beliebige Kategorie bildet Objekte und Morphismen identisch auf sich ab.

2.2.2 Die Inklusion einer Unterkategorie $\mathscr{D}$ von $\mathscr{C}$ in $\mathscr{C}$; Bezeichnung $\subset\colon \mathscr{D} \to \mathscr{C}$ oder $\mathscr{D} \subset \mathscr{C}$.

2.2.3 *Konstante Funktoren.* Seien $\mathscr{C}$, $\mathscr{D}$ wieder beliebig und $X \in |\mathscr{D}|$. Für alle Objekte $A \in |\mathscr{C}|$ und Morphismen f in $\mathscr{C}$ setze man $T(A) = X$ und $T(f) = 1_X$.

2.2.4 *Vergiß-Funktoren.* Die Objekte von $\mathscr{C}$ seien Mengen mit einer bestimmten Struktur (etwa Gruppen, topologische Räume usw.), die Morphismen strukturverträgliche Mengenabbildungen (Homomorphismen, stetige Abbildungen usw.). Der Vergiß-Funktor $V\colon \mathscr{C} \to Ens$ ordnet jedem Objekt die zugrundeliegende Menge, jedem Morphismus die entsprechende Mengenabbildung zu. Andere Vergiß-Funktoren vergessen nur einen Teil der Struktur, z. B. $V\colon {}_R Mod \to Ab$ vermöge Modul $\mapsto$ zugrundeliegende additive Gruppe, oder auch Gruppe $\mapsto$ punktierte Menge (Einselement als Grundpunkt).

2.2.5 Die *kovarianten* Hom-*Funktoren* $H^A\colon \mathscr{C} \to Ens$. Sei A ein festes Objekt aus $\mathscr{C}$, $H^A(X) = [A, X]_{\mathscr{C}}$, und für $f\colon X \to Y$ sei $H^A(f)$ diejenige Abbildung $[A, X] \to [A, Y]$, die $u \in [A, X]$ in fu abbildet. Man setzt

$$[A, f] = H^A(f) \qquad \text{und} \qquad [A, ?] = H^A(?).$$

Ist $\mathscr{C}$ additiv, so wird $[A, ?]$ im allgemeinen als Funktor $\mathscr{C} \to Ab$ betrachtet. Dieser Funktor ist additiv.

2.2.6 *Komposition von Funktoren.* Sind $T\colon \mathscr{C} \to \mathscr{D}$ und $U\colon \mathscr{D} \to \mathscr{E}$ Funktoren, so ist UT (U nach T) der durch $A \mapsto U(T(A))$, $f \mapsto U(T(f))$ definierte Funktor. Statt UT schreibt man auch $U \circ T$.

2.2.7 **Bemerkung.** Ein Funktor $T\colon \mathscr{C} \to \mathscr{D}$ definiert vermöge $f \mapsto T(f)$ eine Abbildung der Morphismenmengen

$$T_{A,B}\colon [A, B]_{\mathscr{C}} \to [T(A), T(B)]_{\mathscr{D}}, \tag{5}$$

die zusammen eine Abbildung für die Morphismenklassen ergeben:

(6) $$T\colon \operatorname{Mor}\mathscr{C} \to \operatorname{Mor}\mathscr{D}.$$

Ein Funktor kann als Abbildung T der Morphismenklassen aufgefaßt werden, die entsprechend (1), (2) den folgenden beiden Bedingungen genügt:

(1′) T bildet identische Morphismen in identische ab.

(2′) Ist gf in $\mathscr{C}$ erklärt, so auch $T(g)T(f)$ in $\mathscr{D}$, und es gilt

$$T(gf) = T(g)T(f).$$

(1′) und 1.1.6 legen fest, wie T auf Objekten wirkt. Die Komposition von Funktoren ist dann einfach die Komposition von Abbildungen.

2.2.8 Ist $\mathscr{C}$ die leere Kategorie, so gibt es genau einen Funktor $\mathscr{C} \to \mathscr{D}$, den „leeren Funktor". Man beachte die Analogie zu den Abbildungen der leeren Menge in *Ens*.

2.2.9 Definition. Ein Funktor $T\colon \mathscr{C} \to \mathscr{D}$ heißt *Isomorphismus*, wenn es einen Funktor $S\colon \mathscr{D} \to \mathscr{C}$ gibt mit $ST = \mathrm{Id}_{\mathscr{C}}$, $TS = \mathrm{Id}_{\mathscr{D}}$. T ist genau dann isomorph, wenn (6) eine Bijektion ist. Dies folgt leicht aus (1′), (2′).

2.3 Kontravariante Funktoren

2.3.1 Definition. Ein *kontravarianter Funktor* $T\colon \mathscr{C} \to \mathscr{D}$ ordnet jedem Objekt $A \in |\mathscr{C}|$ ein Objekt $T(A) \in |\mathscr{D}|$ zu und jedem Morphismus $f\colon A \to B$ in $\mathscr{C}$ einen Morphismus $T(f)\colon T(B) \to T(A)$, so daß stets gilt:

(1) $$T(1_A) = 1_{T(A)},$$

(2*) $T(gf) = T(f)T(g)$, wenn gf in $\mathscr{C}$ erklärt ist.

Sind $\mathscr{C}$, $\mathscr{D}$ semiadditiv, so heißt T additiv, wenn außerdem wieder 2.1 (3) und (4) gelten.

Ein kontravarianter Funktor kehrt also die Morphismenrichtungen um. Dabei respektiert er Identitäten und Komposition, folglich auch Isomorphismen. 2.2.7 gilt mit den notwendigen Vertauschungen, insbesondere

(5*) $$T_{A,B}\colon [A, B]_{\mathscr{C}} \to [T(B), T(A)]_{\mathscr{D}}.$$

Beispiele

2.3.2 Die *kontravarianten* Hom-*Funktoren* $H_A\colon \mathscr{C} \to Ens$. Sei A ein festes Objekt aus $\mathscr{C}$, $H_A(X) = [X, A]_{\mathscr{C}}$, und für $f\colon X \to Y$ sei $H_A(f)$ die durch $u \mapsto uf$ beschriebene Abbildung $H_A(Y) \to H_A(X)$. Man setzt

$$[f, A] = H_A(f) \qquad \text{und} \qquad [?, A] = H_A(?).$$

Ist $\mathscr{C}$ additiv, so wird H_A im allgemeinen als kontravarianter Funktor $\mathscr{C} \to Ab$ betrachtet. Klassischer Spezialfall ist $\mathscr{C} = {}_R Mod$ oder $\mathscr{C} = Mod_R$.

2.3.3 Jeder konstante Funktor ist auch kontravariant.

2.3.4 Potenzmenge $\mathfrak{P}$: $Ens \to Ens$. Dieser kontravariante Funktor ordnet jeder Menge A ihre Potenzmenge $\mathfrak{P}A$ (Menge der Teilmengen von A) zu, der Mengenabbildung f: $A \to B$ die durch $X \mapsto f^{-1}(X)$ beschriebene Abbildung $\mathfrak{P}B \to \mathfrak{P}A$. Die Mengen $\mathfrak{P}A$ haben eine algebraische Struktur (Boolesche Algebra), die von Durchschnitt, Vereinigung und Komplement für Teilmengen herrührt. $\mathfrak{P}(f)$ respektiert diese Struktur.

2.3.5 Es sei K ein Körper, also Mod_K die Kategorie der Vektorräume über K. Die Zuordnungen Vektorraum $\mapsto$ dualer Raum, lineare Abbildung $\mapsto$ transponierte Abbildung bilden einen kontravarianten Funktor D: $Mod_K \to Mod_K$. Er hat übrigens die Form $[?, K]$, nur ist die Zielkategorie weder Ens noch Ab. Entsprechend erhält man kontravariante Funktoren D: ${}_R Mod \to Mod_R$ und D: $Mod_R \to {}_R Mod$ für Moduln über einem Ring R. Sie fallen zusammen, wenn R kommutativ ist.

2.3.6 Die Zuordnungen „topologischer Raum $\mapsto$ n-te singuläre Kohomologiegruppe, stetige Abbildung $\mapsto$ induzierter Homomorphismus" ergeben ein weiteres klassisches Beispiel. Es ist der Ursprung für die Verwendung der Vorsilbe „co" in der Theorie der Kategorien, worauf wir noch eingehen.

2.3.7 Komposition von kontravarianten Funktoren untereinander und von ko- und kontravarianten Funktoren ist entsprechend 2.2.7 als Komposition von Abbildungen erklärt. Ordnet man kovarianten Funktoren die Varianz $+1$, kontravarianten die Varianz -1 zu, so ist die Varianz eines Kompositums das Produkt der Varianzen der beteiligten Funktoren.

2.4 Duale Kategorien

2.4.1 Jeder Kategorie $\mathscr{C}$ wird folgendermaßen eine duale Kategorie $\mathscr{C}^o$ (andere übliche Bezeichnungen $\mathscr{C}^*$, $\mathscr{C}^{op}$) zugeordnet: Die Objekte von $\mathscr{C}^o$ sind diejenigen von $\mathscr{C}$, es ist $[B, A]_{\mathscr{C}^o} = [A, B]_{\mathscr{C}}$, und die Komposition fg in $\mathscr{C}^o$ ist definiert als gf in $\mathscr{C}$ (Umkehrung aller Pfeile). Man beachte die Umkehrung auch für $[A, A]_{\mathscr{C}}$. Offenbar ist $\mathscr{C}^{oo} = \mathscr{C}$. Für jede Kategorie $\mathscr{C}$ hat man den kontravarianten Funktor Op: $\mathscr{C} \to \mathscr{C}^o$, der Objekte identisch auf sich abbildet und auf den Morphismen richtungsumkehrend wirkt. Dabei gilt OpOp = Id (vgl. 2.2.1).

2.4.2 Ist $\mathscr{C}$ eine Halbgruppe bzw. eine Gruppe, ein Ring, so ist $\mathscr{C}^o$ die Gegenhalbgruppe bzw. die Gegengruppe, der Gegenring. Ist $\mathscr{C}$ eine abelsche Gruppe oder ein kommutativer Ring, so lassen sich $\mathscr{C}$ und $\mathscr{C}^o$ nicht unterscheiden. Ebenso fällt jede diskrete Kategorie mit ihrer dualen zusammen.

2.4.3 Ist $\mathscr{C}$ eine geordnete Menge, so ist $\mathscr{C}^o$ die Gegenordnung derselben Menge ($\leq$ wird durch $\geq$ ersetzt). Entsprechend bei Vorordnungen.

2.4.4 Vereinbarung. Um Verwechslungen zu vermeiden, setzen wir

$$A^o = \mathrm{Op}(A), \qquad f^o = \mathrm{Op}(f).$$

Wir schreiben also A^o bzw. f^o, wenn wir Objekte A bzw. Morphismen f in $\mathscr{C}$ als solche in $\mathscr{C}^o$ auffassen. Damit gilt

$$(7) \qquad f\colon A \to B \Leftrightarrow f^o\colon B^o \to A^o; \qquad (gf)^o = f^o g^o.$$

Man beachte: Es ist $|\mathscr{C}^o| = |\mathscr{C}|$, $\mathrm{Mor}\,\mathscr{C}^o = \mathrm{Mor}\,\mathscr{C}$, $\mathrm{Op}\colon \mathrm{Mor}\,\mathscr{C} \to \mathrm{Mor}\,\mathscr{C}^o$ die identische Abbildung, die Morphismenkomposition ist jedoch eine andere. (Es gibt Ausnahmen, vgl. 2.4.2.)

2.4.5 Die Einführung dualer Kategorien gestattet es, kontravariante Funktoren auf kovariante zurückzuführen. Dies ist auf zwei Weisen möglich: Ist $T\colon \mathscr{C} \to \mathscr{D}$ kontravariant, so sind $T\mathrm{Op}\colon \mathscr{C}^o \to \mathscr{D}$ und $\mathrm{Op}T\colon \mathscr{C} \to \mathscr{D}^o$ kovariant und umgekehrt.

Vereinbarung. Verwandlung eines kontravarianten Funktors T in einen kovarianten bedeutet stets, daß von T zu $T\mathrm{Op}$ übergegangen wird. Wir sagen geradezu: Die kontravarianten Funktoren $\mathscr{C} \to \mathscr{D}$ *sind* die kovarianten $\mathscr{C}^o \to \mathscr{D}$. „Funktor" ohne Zusatz bedeutet wie bisher stets kovarianter Funktor.

2.4.6 Duale Kategorien führen auf ein *Dualitätsprinzip*, das wir später genauer an Beispielen erläutern. Hier sei nur so viel gesagt: Duale Begriffe entsprechen sich in dualen Kategorien, besser: sie vertauschen sich bei Op. Mit dieser Vertauschung entsteht aus jedem Satz ein dualer („Umkehrung aller Pfeile"). Bezeichnungen „Ding", „Coding" weisen auf duale Begriffspaare hin. Vgl. auch später 3.6.6.

2.4.7 Ist $\mathscr{C}$ Unterkategorie von $\mathscr{D}$, so ist $\mathscr{C}^o$ Unterkategorie von $\mathscr{D}^o$. $\mathscr{C}^o$ ist genau dann voll in $\mathscr{D}^o$, wenn $\mathscr{C}$ voll in $\mathscr{D}$ ist.

2.5 Bifunktoren

Die Beispiele 2.2.5 und 2.3.2 lassen das Bedürfnis entstehen, Funktoren in mehreren Variablen zu definieren, insbesondere einen Funktor $[?, ??]_{\mathscr{C}}$ in zwei Variablen.

2.5.1 Das *Produkt* $\mathscr{C} \times \mathscr{D}$ der Kategorien $\mathscr{C}$ und $\mathscr{D}$ besitzt als Objekte die geordneten Paare (C, D) von Objekten $C \in |\mathscr{C}|$, $D \in |\mathscr{D}|$, die Morphismenmengen sind durch

$$(1) \qquad [(C, D), (C', D')]_{\mathscr{C}\times\mathscr{D}} = [C, C']_{\mathscr{C}} \times [D, D']_{\mathscr{D}}$$

definiert, und die Komposition von Morphismen erfolgt „komponentenweise":

$$(2) \qquad (f', g')(f, g) = (f'f, g'g).$$

Man bestätigt $1_{(C,D)} = (1_C, 1_D)$ und die Assoziativität der Komposition. Man bestätigt ferner $(\mathscr{C} \times \mathscr{D})^o = \mathscr{C}^o \times \mathscr{D}^o$.

2.5.2 Ein (zweifach kovarianter) *Bifunktor* ist ein Funktor, dessen Quelle das Produkt zweier Kategorien ist. Bei einem Bifunktor T: $\mathscr{C} \times \mathscr{D} \to \mathscr{E}$ bezeichnet $T(C, D)$ bzw. $T(f, g)$ das Bild von (C, D) bzw. (f, g) in $\mathscr{E}$. Sind $f'f$ in $\mathscr{C}$ und $g'g$ in $\mathscr{D}$ erklärt. so gilt

$$T(f'f, g'g) = T(f', g')\,T(f, g)\,. \tag{3}$$

2.5.3 Beispiele. Das Tensorprodukt von Moduln ist ein Bifunktor $Mod_R \times {}_RMod \to Ab$ bzw. ${}_RMod \times {}_RMod \to {}_RMod$ bei kommutativem Ring R.

Sind R: $\mathscr{C} \to \mathscr{A}$ und S: $\mathscr{D} \to \mathscr{B}$ Funktoren, so ergibt $(f, g) \mapsto$ $\mapsto (R(f), S(g))$ den Bifunktor $R \times S$: $\mathscr{C} \times \mathscr{D} \to \mathscr{A} \times \mathscr{B}$.

2.5.4 Ist T: $\mathscr{C}^o \times \mathscr{D} \to \mathscr{E}$ ein Bifunktor, so ist jedem geordneten Paar (C, D) von Objekten $C \in |\mathscr{C}|$, $D \in |\mathscr{D}|$ ein Objekt $T(C^o, D)$ in $\mathscr{E}$ zugeordnet, jedem geordneten Paar (f, g) von Morphismen f: $C \to C'$ in $\mathscr{C}$ und g: $D \to D'$ in $\mathscr{D}$ ein Morphismus $T(f^o, g)$: $T(C'^o, D) \to T(C^o, D')$. Setzt man $S(C, D) = T(C^o, D)$, $S(f, g) = T(f^o, g)$, so bezeichnet man S als Funktor mit zwei Argumenten, der im ersten Argument kontravariant, im zweiten kovariant ist, kurz als *kontra-ko-varianten Funktor*.

Man beachte: S ist im allgemeinen kein Funktor mit Quelle $\mathscr{C} \times \mathscr{D}$, sondern eine andere Bezeichnungsweise für den Bifunktor T mit Quelle $\mathscr{C}^o \times \mathscr{D}$. Sind $f'f$ in $\mathscr{C}$ und $g'g$ in $\mathscr{D}$ erklärt, so ist

$$S(f'f, g'g) = S(f, g')\,S(f', g)\,. \tag{3*}$$

2.5.5 *Standardbeispiel* Hom-*Funktor*. Für eine beliebige Kategorie $\mathscr{C}$ ist er ein Bifunktor $\mathscr{C}^o \times \mathscr{C} \to Ens$, der gemäß 2.5.4 als kontra-kovarianter Funktor notiert wird. Als Bifunktor wird er wie folgt definiert: Für Objekte durch $(A^o, B) \to [A, B]_{\mathscr{C}}$, für Morphismen (f^o, g) mit f: $A \to A'$, g: $B \to B'$ durch

$$u \mapsto guf \quad \text{für} \quad u \in [A', B]_{\mathscr{C}}; \tag{4}$$

Bezeichnung

$$[f, g]_{\mathscr{C}}\colon\ [A', B]_{\mathscr{C}} \to [A, B']_{\mathscr{C}}\,. \tag{5}$$

Setzt man hierin $f = 1_A$ bzw. $g = 1_B$, so erhält man

$$[1_A, g] = [A, g]\colon\ [A, B] \to [A, B'], \tag{6}$$

$$[f, 1_B] = [f, B]\colon\ [A', B] \to [A, B], \tag{7}$$

wobei $[A, g]$, $[f, B]$ in den Beispielen 2.2.5 und 2.3.2 definiert sind. Man verifiziert die Funktoreigenschaften: $[1_A, 1_B]$ bildet $[A, B]$ identisch ab. Sind $f'f$ und $g'g$ in $\mathscr{C}$ erklärt, so folgt aus (4)

$$[f'f, g'g] = [f, g']\,[f', g]\,. \tag{8}$$

Insbesondere ist

(9) $$[f, g] = [f, 1_{B'}]\,[1_{A'}, g] = [1_A, g]\,[f, 1_B],$$

d. h. wegen (6), (7), daß für $f\colon A \to A'$ und $g\colon B \to B'$ das folgende Diagramm kommutativ ist:

(10) $$\begin{array}{ccc} [A', B] & \xrightarrow{[A', g]} & [A', B'] \\ \big\downarrow{\scriptstyle [f, B]} & & \big\downarrow{\scriptstyle [f, B']} \\ [A, B] & \xrightarrow[{[A, g]}]{} & [A, B'] \end{array}$$

2.5.6 Für einen Bifunktor $T\colon \mathscr{C} \times \mathscr{D} \to \mathscr{E}$, für den $\mathscr{C} \times \mathscr{D}$ nicht leer ist, setzt man in Analogie zu (6), (7) allgemein

(11) $$T(C, g) = T(1_C, g); \qquad T(f, D) = T(f, 1_D).$$

Damit ergibt sich wegen (2) unmittelbar: Fixiert man in einem Bifunktor mit nicht-leerer Quelle ein Argument durch ein Objekt, so entsteht ein Funktor im anderen Argument. Genauer: Jedes Objekt $C \in |\mathscr{C}|$ bzw. $D \in |\mathscr{D}|$ definiert einen *partiellen Funktor*

$$T(C, ?)\colon \mathscr{D} \to \mathscr{E} \qquad \text{bzw.} \qquad T(?, D)\colon \mathscr{C} \to \mathscr{E}.$$

Entsprechendes gilt für einen kontra-ko-varianten Funktor S, $S(?, D)$ ist dann ein kontravarianter Funktor. Die kovarianten Hom-Funktoren 2.2.5 und die kontravarianten Hom-Funktoren 2.3.2 sind also partielle Funktoren des kontra-ko-varianten Hom-Funktors 2.5.5. Die Vereinbarungen 2.4.5 und 2.5.4 erweisen sich als konsistent. Mit ihnen notieren wir den Hom-Funktor folgendermaßen als Bifunktor:

(12) $$[\mathrm{Op}?, ??]_{\mathscr{C}}\colon \mathscr{C}^0 \times \mathscr{C} \to \mathit{Ens}.$$

2.5.7 Erstes Bifunktorkriterium. *Es seien $\mathscr{C}$, $\mathscr{D}$, $\mathscr{E}$ nicht-leere Kategorien. Für jedes $A \in |\mathscr{C}|$ sei ein Funktor $P_A\colon \mathscr{D} \to \mathscr{E}$ gegeben, für jedes $X \in |\mathscr{D}|$ ein Funktor $Q_X\colon \mathscr{C} \to \mathscr{E}$. Ist*

(i) $P_A(X) = Q_X(A)$ *für alle* $A \in |\mathscr{C}|$, $X \in |\mathscr{D}|$ *und ist*

(ii) $$\begin{array}{ccc} P_A(X) = Q_X(A) & \xrightarrow{Q_X(f)} & Q_X(B) = P_B(X) \\ \big\downarrow{\scriptstyle P_A(u)} & & \big\downarrow{\scriptstyle P_B(u)} \\ P_A(Y) = Q_Y(A) & \xrightarrow{Q_Y(f)} & Q_Y(B) = P_B(Y) \end{array}$$

kommutativ für jedes Paar (f, u) von Morphismen $f\colon A \to B$ aus $\mathscr{C}$, $u\colon X \to Y$ aus $\mathscr{D}$, so wird durch $T(A, X) = P_A(X)$, $T(f, u) = Q_Y(f)\,P_A(u)$ ein Bifunktor $T\colon \mathscr{C} \times \mathscr{D} \to \mathscr{E}$ definiert.

Beweis. Aus den Voraussetzungen folgt sofort $T(1_A, 1_X) = 1_{T(A,X)}$. Die Funktoreigenschaft (3) ergibt sich aus (ii), wenn man vier solche Rechtecke aneinandersetzt.

2.5.8 Nach 2.5.4 dürfte klar sein, was ein ko-kontra-varianter Funktor ist. Bifunktor und ko-ko-varianter Funktor sind synonym. Ein kontra-kontra-varianter Funktor ist ein kontravarianter Bifunktor (beachte 2.4.5). Es dürfte auch klar sein, wie Produkte von endlich vielen Kategorien, Multifunktoren, Funktoren mit mehreren Argumenten, teils kontravariant, teils kovariant zu definieren sind. Keinen dieser Fälle werden wir zunächst benötigen, jedoch die aus 2.4.4 folgende Beziehung zwischen den kontra-ko-varianten Hom-Funktoren dualer Kategorien

(13) $$[?, ??]_{\mathscr{C}} = [\mathrm{Op}??, \mathrm{Op}?]_{\mathscr{C}^0}.$$

2.5.9 Sind $\mathscr{C}$ und $\mathscr{D}$ additive Kategorien, so ist im allgemeinen $\mathscr{C} \times \mathscr{D}$ nicht additiv. Sind $\mathscr{C}, \mathscr{D}, \mathscr{E}$ additiv, so heißt der Bifunktor $T\colon \mathscr{C} \times \mathscr{D} \to \to \mathscr{E}$ *biadditiv*, wenn alle seine partiellen Funktoren additiv sind. Ist $\mathscr{C}$ additiv, so auch $\mathscr{C}^0$, und es wird der Hom-Funktor im allgemeinen als biadditiver kontra-ko-varianter Funktor aufgefaßt. $\mathscr{C} = {}_R\mathit{Mod}$ ist der klassische Fall.

2.6 Natürliche Transformationen

2.6.1 Definition. Es seien $S, T\colon \mathscr{C} \to \mathscr{D}$ Funktoren. Eine *natürliche Transformation* $\eta\colon S \to T$ ordnet jedem Objekt $A \in |\mathscr{C}|$ einen Morphismus $\eta_A\colon S(A) \to T(A)$ in $\mathscr{D}$ zu, und zwar so, daß für jeden Morphismus $f\colon A \to B$ das folgende Diagramm kommutativ ist

(1) $$\begin{array}{ccc} S(A) & \xrightarrow{\eta_A} & T(A) \\ \downarrow{\scriptstyle S(f)} & & \downarrow{\scriptstyle T(f)} \\ S(B) & \xrightarrow{\eta_B} & T(B) \end{array}$$

also $T(f)\eta_A = \eta_B S(f)$ für $f\colon A \to B$ beliebig in $\mathscr{C}$. Eine natürliche Transformation $\eta\colon S \to T$ für kontravariante Funktoren $S, T\colon \mathscr{C} \to \mathscr{D}$ ist eine natürliche Transformation der kovarianten Funktoren $S\mathrm{Op}$, $T\mathrm{Op}\colon \mathscr{C}^0 \to \mathscr{D}$.

Ist $\mathscr{C}$ leer, so gibt es nur den leeren Funktor $\mathscr{C} \to \mathscr{D}$ und für diesen nur die triviale, leere natürliche Transformation.

Beispiele

2.6.2 Sei $T\colon \mathscr{C} \times \mathscr{D} \to \mathscr{E}$ ein Bifunktor. Für $f\colon A \to B$ in $\mathscr{C}$ und $u\colon X \to Y$ in $\mathscr{D}$ gilt wegen 2.5(3)

(2) $$T(f, u) = T(f, 1_Y)\,T(1_A, u) = T(1_B, u)\,T(f, 1_X);$$

oder mit 2.5.7(ii):

$$(3)\qquad \begin{array}{ccc} T(A,X) & \xrightarrow{T(A,u)} & T(A,Y) \\ \downarrow{\scriptstyle T(f,X)} & \searrow{\scriptstyle T(f,u)} & \downarrow{\scriptstyle T(f,Y)} \\ T(B,X) & \xrightarrow{T(B,u)} & T(B,Y) \end{array}$$

Vergleich mit (1) zeigt: $f\colon A \to B$ in $\mathscr{C}$ bzw. $u\colon X \to Y$ in $\mathscr{D}$ bewirken natürliche Transformationen der partiellen Funktoren

$$T(f, ?)\colon T(A, ?) \to T(B, ?); \qquad T(?, u)\colon T(?, X) \to T(?, Y),$$

wobei hier in $T(f, ?)$, $T(?, u)$ nur die Wirkung auf allen Objekten $X \in |\mathscr{D}|$ bzw. $A \in |\mathscr{C}|$ benutzt wird.

Insbesondere bewirkt $f\colon A \to B$ in $\mathscr{C}$ für die partiellen Hom-Funktoren die natürlichen Transformationen [vgl. auch (3) mit 2.5(10)]

$$(4)\qquad \begin{array}{lll} H^f = [f, ?]\colon [B, ?] \to [A, ?], & \text{also} & H^f\colon H^B \to H^A \\ H_f = [?, f]\colon [?, A] \to [?, B], & \text{also} & H_f\colon H_A \to H_B \end{array}$$

2.6.3 Für die Kategorie der Gruppen gibt es eine natürliche Transformation des identischen Funktors in den Funktor „Abelschmachen" (Beispiel 2.1.3). Sie ordnet jeder Gruppe G die „natürliche" Projektion $G \to G/G'$ zu (G' Kommutatorgruppe von G).

2.6.4 Beispiel 2.3.5 ergibt einen kovarianten Funktor $DD\colon Mod_K \to$ $\to Mod_K$ (Vektorraum $\mapsto$ bidualer, lineare Abbildung $\mapsto$ doppelt transponierte). Es gibt eine natürliche Transformation $\eta\colon \mathrm{Id} \to DD$, die jeden Vektorraum in seinen bidualen einbettet. η_A ist ein Isomorphismus für alle endlich-dimensionalen $A \in |Mod_K|$.

Das Bestreben, präzise zu formulieren, worin die „Natürlichkeit" etwa der Abbildungen in den letzten beiden Beispielen besteht, war einer der Beweggründe zur Entwicklung der Begriffe „Kategorie", „Funktor", „natürliche Transformation" durch EILENBERG und MACLANE (1945).

2.6.5 Ein weiteres klassisches Beispiel ist die natürliche Transformation, die jedem topologischen Raum mit Grundpunkt die „natürliche" Abbildung der Fundamentalgruppe in die erste singuläre Homologiegruppe zuordnet.

2.6.6 Bemerkung. Die Kommutativität des Diagrammes (1) ist vermöge 2.2 (5) äquivalent zu der von

$$(5)\qquad \begin{array}{ccc} [A,B]_{\mathscr{C}} & \xrightarrow{T_{A,B}} & [T(A), T(B)]_{\mathscr{D}} \\ \downarrow{\scriptstyle S_{A,B}} & & \downarrow{\scriptstyle [\eta_A, T(B)]} \\ [S(A), S(B)]_{\mathscr{D}} & \xrightarrow{[S(A), \eta_B]} & [S(A), T(B)]_{\mathscr{D}} \end{array} \qquad \begin{array}{ccc} f & \mapsto & T(f) \\ \downarrow & & \downarrow \\ S(f) & \mapsto & \eta_B S(f) \\ & & = T(f)\,\eta_A \end{array}$$

2.6.7 Für jeden Funktor $T\colon \mathscr{C} \to \mathscr{D}$ besteht die identische natürliche Transformation $1_T\colon T \to T$, die $C \in |\mathscr{C}|$ $1_{T(C)}$ zuordnet. Sind $\eta\colon S \to T$ und $\xi\colon T \to U$ natürliche Transformationen, so wird durch $A \mapsto \xi_A \eta_A$ die natürliche Transformation $\xi\eta\colon S \to U$ definiert. Ist η_A isomorph für jedes $A \in |\mathscr{C}|$, so heißt $\eta\colon S \to T$ *natürliche Isomorphie* (herkömmlich: natürliche Äquivalenz; für Kategorien hat jedoch „Äquivalenz" einen anderen Sinn). In diesem Falle ist durch $A \mapsto \eta_A^{-1}$ eine natürliche Transformation $\eta^{-1}\colon T \to S$ definiert, so daß $\eta^{-1}\eta = 1_S$ und $\eta\eta^{-1} = 1_T$ ist. Die Funktoren S, T heißen zueinander isomorph, wenn es eine Isomorphie $\eta\colon S \to T$ gibt.

2.6.8 Seien S und T Bifunktoren $\mathscr{C} \times \mathscr{D} \to \mathscr{E}$. Ist $\eta\colon S \to T$ eine natürliche Transformation, so gilt für $f\colon A \to B$ aus $\mathscr{C}$ und $u\colon X \to Y$ aus $\mathscr{D}$ insbesondere, daß

$$(6)\qquad \begin{array}{ccc} S(A,X) & \xrightarrow{\eta_{A,X}} & T(A,X) \\ \downarrow{\scriptstyle S(f,X)} & & \downarrow{\scriptstyle T(f,X)} \\ S(B,X) & \xrightarrow{\eta_{B,X}} & T(B,X) \end{array} \qquad \begin{array}{ccc} S(B,X) & \xrightarrow{\eta_{B,X}} & T(B,X) \\ \downarrow{\scriptstyle S(B,u)} & & \downarrow{\scriptstyle T(B,u)} \\ S(B,Y) & \xrightarrow{\eta_{B,Y}} & T(B,Y) \end{array}$$

kommutativ sind. Umgekehrt seien Morphismen $\eta_{A,X}\colon S(A,X) \to T(A,X)$ in $\mathscr{E}$ für jedes Paar $(A,X) \in |\mathscr{C} \times \mathscr{D}|$ gegeben, so daß (6) durchweg kommutativ ist. Setzt man die beiden Diagramme (6) untereinander, so zeigt Vergleich mit (3), daß $(A,X) \mapsto \eta_{A,X}$ eine natürliche Transformation $\eta\colon S \to T$ ist. Es genügt also nachzuprüfen, daß $(A,X) \mapsto \eta_{A,X}$ natürliche Transformationen für die partiellen Funktoren liefert.

2.6.9 Ein Funktor $T\colon \mathscr{C} \to \mathscr{D}$ mit nicht-leerem $\mathscr{C}$ ergibt durch Komposition mit dem Hom-Funktor von $\mathscr{D}$ den kontra-ko-varianten Funktor $[T(?), T(??)]_{\mathscr{D}}$ und gemäß 2.2.7 eine natürliche Transformation $[?, ??]_{\mathscr{C}} \to [T(?), T(??)]_{\mathscr{D}}$ vermöge $f \mapsto T(f)$, wie man leicht bestätigt.

2.6.10 Zweites Bifunktorkriterium. *Es seien $\mathscr{C}$, $\mathscr{D}$, $\mathscr{E}$ nicht-leere Kategorien. Jedem $A \in |\mathscr{C}|$ sei ein Funktor $P_A\colon \mathscr{D} \to \mathscr{E}$ zugeordnet, jedem $f\colon A \to B$ in $\mathscr{C}$ eine natürliche Transformation $P_f\colon P_A \to P_B$. Dabei gelte stets*

$$(7)\qquad P_{1_C} = 1_{P_C}, \quad P_{gf} = P_g P_f, \ \text{wenn } gf \text{ in } \mathscr{C} \text{ erklärt ist.}$$

Dann ist durch $T(A,X) = P_A(X)$ und $T(f,u) = P_f(Y)P_A(u)$ für $f\colon A \to B$ in $\mathscr{C}$, $u\colon X \to Y$ in $\mathscr{D}$ ein Bifunktor $T\colon \mathscr{C} \times \mathscr{D} \to \mathscr{E}$ definiert.

Beweis. Die Voraussetzung (7) besagt, daß für jedes $X \in |\mathscr{D}|$ durch $A \mapsto P_A(X)$, $f \mapsto P_f(X)$ ein Funktor $Q_X\colon \mathscr{C} \to \mathscr{E}$ definiert ist. Weil P_f eine natürliche Transformation ist, sind die Voraussetzungen von 2.5.7 erfüllt.

3. Kategorien von Kategorien und von Funktoren

3.1 Vorbemerkungen

Die Komposition von Funktoren 2.2.6 legt es nahe, Kategorien zu betrachten, deren Objekte Kategorien und deren Morphismen Funktoren sind. 2.6.7 führt auf Kategorien, deren Objekte Funktoren $\mathscr{C} \to \mathscr{D}$ und deren Morphismen natürliche Transformationen sind. Damit wird eine Präzisierung der Definition erforderlich, welche Antinomien ausschließt wie „Menge aller Mengen“ oder „Menge aller Mengen, die sich nicht selbst als Element enthalten“. Hierzu bestehen drei Möglichkeiten:

3.1.1 Man legt die Mengenlehre von v. Neumann-Bernays-Gödel zugrunde. Bei ihr ist der Grundbegriff „Klasse“. Mengen sind solche Klassen, die Elemente von Klassen sind. Daneben gibt es Klassen, „Unmengen“, die nicht Element einer Klasse sind. Es existiert die universelle Klasse, die alle Mengen als Elemente besitzt. Für Einzelheiten verweisen wir etwa auf den Anhang in J. L. Kelley: General Topology und auf J. Schmidt: Mengenlehre I.

3.1.2 Man gründet die Mathematik nicht auf eine axiomatische Mengenlehre, sondern nach Lawvere auf eine axiomatische Theorie der „Kategorie der Kategorien“, welche eine Mengenlehre als Theorie der diskreten Kategorien umfaßt.

3.1.3 Man erweitert die (übliche) Mengenlehre von Zermelo-Fraenkel nach einem Vorschlag von Grothendieck durch Einführung von Universen. Das ist bei Brinkmann-Puppe [6] näher ausgeführt und kommt darauf hinaus, daß unzugängliche Kardinalzahlen (Tarski) zugelassen werden. Wir begnügen uns mit einigen Hinweisen, die (hoffentlich) für das Verständnis des Folgenden ausreichen.

Bei 3.1.1 hat man neben gewöhnlichen Kategorien im Sinne unserer Definition 1.1.1 noch „große“ Kategorien, bei denen von $[A, B]_{\mathscr{C}}$ jeweils nur verlangt wird, daß eine Klasse vorliegt. Bei 3.1.2 hat man neben Kategorien, die Elemente der universellen Kategorie sind, noch „große“ Kategorien, die nicht Elemente, aber Unterkategorien der universellen Kategorie sind. 3.1.3 gestattet es, große Kategorien auf gewöhnliche zurückzuführen. Dabei gibt es nur Mengen, unter ihnen aber spezielle, die Universen, wobei ein Universum die universelle Klasse eines Modells der Mengenlehre 3.1.1 ist. Große Kategorien eines Universums sind gewöhnliche eines höheren Universums. Zum Verständnis des Folgenden bemerken wir noch, daß bei einer axiomatischen Mengenlehre „Urelemente“ entbehrlich sind, daher Elemente von Mengen bzw. Klassen stets selbst Mengen sind.

3.2 Universen

3.2.1 Ein *Universum* $\mathfrak{U}$ ist eine Menge (von Mengen), die folgenden Bedingungen genügt:

(1) $A \in \mathfrak{U} \Rightarrow A \subset \mathfrak{U}$,

(2) $A \in \mathfrak{U}$ und $B \in \mathfrak{U} \Rightarrow \{A, B\} \in \mathfrak{U}$ (Menge mit den Elementen A, B),

(3) $A \in \mathfrak{U} \Rightarrow \mathfrak{P}(A) \in \mathfrak{U}$ (Potenzmenge),

(4) Ist $J \in \mathfrak{U}$ und $f\colon\ J \to \mathfrak{U}$ eine Abbildung, so ist $\bigcup\limits_{j \in J} f(j) \in \mathfrak{U}$.

Also: Ist für eine Familie von Mengen, die Elemente von $\mathfrak{U}$ sind, die Indexmenge auch Element von $\mathfrak{U}$, so ist die Vereinigung der Familie ebenfalls Element von $\mathfrak{U}$.

3.2.2 Aus diesen Bedingungen läßt sich folgern: Für $A \in \mathfrak{U}$ ist jede Teilmenge von A auch Element von $\mathfrak{U}$. Für je zwei Mengen A und B, die Elemente von $\mathfrak{U}$ sind, sind auch $A \times B$ und B^A (die Menge aller Abbildungen von A in B) Elemente von $\mathfrak{U}$, und die Produktmenge $\prod\limits_{j \in J} A_j$ ist Element von $\mathfrak{U}$, wenn J und alle A_j Elemente von $\mathfrak{U}$ sind. Kurz: Verwendet man bei den üblichen Mengenbildungen der Mengenlehre nur Elemente von $\mathfrak{U}$, so entstehen Elemente von $\mathfrak{U}$.

3.2.3 Es wird als ein Axiom gefordert: Jede Menge ist Element eines Universums. Damit ist insbesondere jedes Universum Element eines höheren.

3.3 Vereinbarungen

Wir benutzen Universen, wählen aber eine Sprache, die es gestattet, weitgehend die Sprache von 3.1.1 zu verwenden. Ein Universum $\mathfrak{U}$, das die Menge $\boldsymbol{N}$ der natürlichen Zahlen (und damit $\boldsymbol{Z}, \boldsymbol{Q}, \boldsymbol{R}, \boldsymbol{C}$) als Element enthält, sei fortan fest gewählt. Falls ein Wechsel des Universums erforderlich ist, werden wir das anzeigen.

3.3.1 *Mengen* (genauer $\mathfrak{U}$-Mengen) sind die Elemente von $\mathfrak{U}$.

3.3.2 *Klassen* (genauer $\mathfrak{U}$-Klassen) sind die Teilmengen von $\mathfrak{U}$. Man beachte, daß Mengen auch Klassen sind, aber nicht umgekehrt.

3.3.3 Gruppen, Ringe, Moduln, topologische Räume usw. (genauer $\mathfrak{U}$-Gruppen, ... usw.) sollen als Trägermengen stets $\mathfrak{U}$-Mengen haben.

3.3.4 Mit den Vereinbarungen 3.3.1, 3.3.2, 3.3.3 sind die bisherigen Beispiele zu präzisieren. Kategorie „der" Mengen, Gruppen, Moduln, ..., usw. ist stets bezüglich $\mathfrak{U}$ zu verstehen. Hierbei dürfen Gruppenhomomorphismen nicht einfach als Abbildungen der Mengen angesehen werden, die den Gruppen zugrunde liegen. Es müssen vielmehr diese Mengenabbildungen so indiziert werden (vgl. unten Beweis von 3.5.1), daß gleiche Mengenabbildungen bei unterschiedlichen Gruppenstrukturen verschiedene Morphismen sind. Entsprechend bei Moduln, ..., usw.

3.3.5 Für die *Definition der Kategorie* (genauer $\mathfrak{U}$-Kategorie) ist eine über 3.3.2 und 3.3.4 hinausgehende Präzisierung erforderlich, die auf eine Elimination der Objekte hinausläuft. Eine Kategorie $\mathcal{C}$ ist hinfort der Inbegriff ihrer Morphismenklasse Mor $\mathcal{C}$ und des Kompositionsgesetzes ihrer Morphismen. Wir bemerken dazu, daß durch das Kompositionsgesetz insbesondere die Klasse der identischen Morphismen von $\mathcal{C}$, 1-Mor $\mathcal{C}$, und die Partition von Mor $\mathcal{C}$ in die Mengen $[A, B]_{\mathcal{C}}$ festgelegt sind. Die Objekte haben lediglich die Rolle von Indizes. Ersetzen der Objektklasse $|\mathcal{C}|$ durch eine isomorphe (d. h. gleichmächtige) ändert nichts an der Kategorie. Damit entfällt die Forderung, daß $|\mathcal{C}|$ eine $\mathfrak{U}$-Klasse ist. $|\mathcal{C}|$ braucht nicht in $\mathfrak{U}$ enthalten zu sein. Jedoch ist $|\mathcal{C}|$ einer $\mathfrak{U}$-Klasse isomorph, nämlich 1-Mor $\mathcal{C}$. Hiernach ist es eigentlich überflüssig, noch Objekte neben ihren 1-Morphismen beizubehalten. Wir tun dies dennoch, weil sonst unhandliche Formulierungen entstehen. Eine Menge, Gruppe, ..., usw. ist etwas anderes als ihre identische Abbildung.

3.3.6 Eine *Kategorie* $\mathcal{C}$ heißt *klein*, genauer: $\mathfrak{U}$-*klein*, wenn 1-Mor $\mathcal{C}$ eine $\mathfrak{U}$-Menge ist. Gleichwertig damit ist, daß Mor $\mathcal{C}$ eine $\mathfrak{U}$-Menge ist. Ohne Einschränkung der Allgemeinheit kann dabei angenommen werden, daß auch die Objekte eine $\mathfrak{U}$-Menge bilden, was wir ohne besonderen Hinweis benutzen werden. Entsprechend bei Objektklassen beliebiger $\mathfrak{U}$-Kategorien.

3.3.7 Im Sinne der vorangehenden Vereinbarungen denken wir uns fortan 1 und 2 präzisiert. Dazu muß jedoch noch bestätigt werden, daß das Produkt zweier Kategorien $\mathcal{C}$ und $\mathcal{D}$ eine Kategorie ist. 2.5 (1) beschreibt in der Tat $\mathfrak{U}$-Mengen. Diese sind paarweise disjunkt, weil $\{[C, C']_{\mathcal{C}}\}$ und $\{[D, D']_{\mathcal{D}}\}$ Klassen paarweise disjunkter Mengen sind. Da die Mengen 2.5 (1) sämtlich Elemente von $\mathfrak{U}$ sind, bilden sie eine $\mathfrak{U}$-Klasse. Ihre Vereinigung Mor $(\mathcal{C} \times \mathcal{D})$ ist dann ebenfalls eine $\mathfrak{U}$-Klasse (vgl. 3.2 (1)). 1-Mor $(\mathcal{C} \times \mathcal{D})$ ist eine Teilklasse.

3.4 Funktorkategorien

3.4.1 Hilfssatz. *Ist* $\mathcal{C}$ *eine kleine Kategorie, so ist neben* Mor $\mathcal{C} = \bigcup [A, B]_{\mathcal{C}}$ *und* 1-Mor $\mathcal{C} = \{1_A \mid A \in |\mathcal{C}|\}$ *auch* $\prod [A, B]_{\mathcal{C}}$ *eine Menge. Vereinigung und Produkt sind hierbei über alle Paare* $(A, B) \in |\mathcal{C}| \times |\mathcal{C}|$ *zu erstrecken.*

Da $|\mathcal{C}|$ durch 1-Mor $\mathcal{C}$ ersetzt werden kann, folgt das unmittelbar aus 3.2.2. Ebenso folgt:

3.4.2 Satz. *Sind $\mathscr{C}$ und $\mathscr{D}$ kleine Kategorien, so ist auch $\mathscr{C} \times \mathscr{D}$ klein.*

3.4.3 Satz. *Es sei $\mathscr{C}$ eine kleine, $\mathscr{D}$ eine beliebige Kategorie. Die Funktoren $\mathscr{C} \to \mathscr{D}$ sind die Objekte, ihre natürlichen Transformationen die Morphismen einer Kategorie, wobei die Morphismenkomposition diejenige der natürlichen Transformationen ist. Diese Kategorie bezeichnen wir mit $[\mathscr{C}, \mathscr{D}]$. Sind $\mathscr{C}$ und $\mathscr{D}$ klein, so ist $[\mathscr{C}, \mathscr{D}]$ ebenfalls klein.*

Beweis. Ist $\mathscr{C}$ leer, so besitzt $[\mathscr{C}, \mathscr{D}]$ genau ein Objekt mit seinem identischen Morphismus. Ist $\mathscr{D}$ leer, nicht aber $\mathscr{C}$, so ist $[\mathscr{C}, \mathscr{D}]$ leer. Es seien nun $\mathscr{C}$ und $\mathscr{D}$ nicht leer und $S, T\colon \mathscr{C} \to \mathscr{D}$ Funktoren. Weil $\mathscr{C}$ klein ist, sind auch $M_S = \bigcup [S(A), S(B)]_{\mathscr{D}}$, $M_T = \bigcup [T(A), T(B)]_{\mathscr{D}}$ und $N = \prod [S(A), T(A)]_{\mathscr{D}}$ Mengen. S definiert eine Abbildung β_S: $\operatorname{Mor}\mathscr{C} \to M_S$, nämlich $f \mapsto S(f)$, und ist durch $\beta_S \in [\operatorname{Mor}\mathscr{C}, M_S]$ vollständig festgelegt, β_T ist entsprechend erklärt. Eine natürliche Transformation $\eta\colon S \to T$ ist durch ein geeignetes Element von N gegeben. Die natürlichen Transformationen $S \to T$ könnten daher als Teilmenge von N aufgefaßt werden. Es kann aber $\eta\colon S \to T$ gleichzeitig natürliche Transformation eines anderen Funktorpaares sein. Wir fassen daher die natürlichen Transformationen als Tripel $(\beta_S, \beta_T, \eta) \in \in [\operatorname{Mor}\mathscr{C}, M_S] \times [\operatorname{Mor}\mathscr{C}, M_T] \times N$ auf. Damit ist 1.1.1 (ii) für $[\mathscr{C}, \mathscr{D}]$ erfüllt. 1.1.1 (iii) folgt aus 2.6.7 unmittelbar. Ist auch $\mathscr{D}$ klein, so bilden die Funktoren $\mathscr{C} \to \mathscr{D}$ nach 2.2.7 und 3.2.2 eine Teilmenge von $[\operatorname{Mor}\mathscr{C}, \operatorname{Mor}\mathscr{D}]_{\mathit{Ens}}$, womit die letzte Behauptung folgt.

3.4.4 Satz. *Es seien $\mathscr{C}$, $\mathscr{D}$, $\mathscr{E}$ Kategorien, $\mathscr{C}$ und $\mathscr{D}$ klein. Dann besteht eine im folgenden beschriebene Isomorphie*

$$(1) \qquad \Phi\colon [\mathscr{C}, [\mathscr{D}, \mathscr{E}]] \xrightarrow{\cong} [\mathscr{C} \times \mathscr{D}, \mathscr{E}].$$

Beweis. Wir überlassen dem Leser die Diskussion der trivialen Fälle, bei denen $\mathscr{C}$, $\mathscr{D}$ oder $\mathscr{E}$ leer ist. Seien nun $\mathscr{C}$, $\mathscr{D}$ und $\mathscr{E}$ nicht leer. Wegen 3.4.2 und 3.4.3 sind die angegebenen Kategorien vorhanden. Das 2. Bifunktorkriterium 2.6.10 ordnet jedem Funktor $S\colon \mathscr{C} \to [\mathscr{D}, \mathscr{E}]$ einen Bifunktor $R\colon \mathscr{C} \times \mathscr{D} \to \mathscr{E}$ so zu, daß für $A \in |\mathscr{C}|$ und $f \in \operatorname{Mor}\mathscr{C}$ gilt $S(A) = R(A, ?)$, $S(f) = R(f, ?)$. Damit ist Φ für Objekte definiert, und es ist Φ eine Bijektion für die Objektklassen wegen 2.6.10 und 2.6.2. Sei auch $S'\colon \mathscr{C} \to [\mathscr{D}, \mathscr{E}]$ ein Funktor, ferner $R' = \Phi(S')$ und $\eta\colon S \to S'$ eine natürliche Transformation. Für $A \in |\mathscr{C}|$ ist η_A: $S(A) \to S'(A)$ eine natürliche Transformation von Funktoren $\mathscr{D} \to \mathscr{E}$, nämlich $\eta_A\colon R(A, ?) \to R'(A, ?)$. Für $X \in |\mathscr{D}|$ ist damit $\eta_{A,X}$: $R(A, X) \to R'(A, X)$ definiert. Wir behaupten, daß dadurch eine Bifunktortransformation definiert ist. Für $u\colon X \to Y$ in $\mathscr{D}$ ist

$$(2) \qquad \begin{array}{ccc} R(A, X) & \xrightarrow{\eta_{A,X}} & R'(A, X) \\ \big\downarrow {\scriptstyle R(A,u)} & & \big\downarrow {\scriptstyle R'(A,u)} \\ R(A, Y) & \xrightarrow{\eta_{A,Y}} & R'(A, Y) \end{array}$$

kommutativ, weil η_A eine natürliche Transformation ist. Für $f\colon A \to B$ in $\mathscr{C}$ ist

$$(3)\qquad \begin{array}{ccc} S(A) & \xrightarrow{\eta_A} & S'(A) \\ \downarrow{\scriptstyle S(f)} & & \downarrow{\scriptstyle S'(f)} \\ S(B) & \xrightarrow{\eta_B} & S'(B) \end{array} \quad = \quad \begin{array}{ccc} R(A,\,?) & \xrightarrow{\eta_A} & R'(A,\,?) \\ \downarrow{\scriptstyle R(f,\,?)} & & \downarrow{\scriptstyle R'(f,\,?)} \\ R(B,\,?) & \xrightarrow{\eta_B} & R'(B,\,?) \end{array}$$

kommutativ, speziell für $? = X$. Wegen 2.6.8 ist $(A, X) \to \eta_{A,X}$ eine Bifunktortransformation $\Phi(\eta)$. Ist umgekehrt durch $(A, X) \mapsto \eta_{A,X}$ eine natürliche Transformation $R \to R'$ gegeben, so erhält man aus (2) natürliche Transformationen $\eta_A\colon S(A) \to S'(A)$ und danach $\eta\colon S \to S'$ aus (3). Damit ergibt Φ eine Bijektion $\Phi_{S,S'}\colon [S, S'] \to [\Phi(S), \Phi(S')]$. Zusammen mit dem oben Bewiesenen folgt, daß Φ eine Bijektion der Morphismenklassen ist. Aus der Definition von $\Phi(\eta)$ folgt unmittelbar, daß Φ ein Funktor ist.

3.4.5 Durch $(A, X) \mapsto (X, A)$, $(f, u) \mapsto (u, f)$ wird offenbar eine Isomorphie

$$(4)\qquad \tau\colon \mathscr{C} \times \mathscr{D} \xrightarrow{\cong} \mathscr{D} \times \mathscr{C}$$

für beliebige Kategorien definiert. Sie bewirkt für kleine Kategorien $\mathscr{C}, \mathscr{D}$ vermöge $R \mapsto R\tau$ für $R\colon \mathscr{D} \times \mathscr{C} \to \mathscr{E}$ die Isomorphie

$$(5)\qquad [\tau, \mathscr{E}]\colon [\mathscr{D} \times \mathscr{C}, \mathscr{E}] \xrightarrow{\cong} [\mathscr{C} \times \mathscr{D}, \mathscr{E}].$$

Damit erhält man aus 3.4.4 noch

$$(6)\qquad [\mathscr{C}, [\mathscr{D}, \mathscr{E}]] \cong]\mathscr{D}, [\mathscr{C}, \mathscr{E}]].$$

3.5 Die Kategorie der kleinen Kategorien

3.5.1 Satz. *Die kleinen Kategorien bilden die Objekte, die Funktoren die Morphismen einer Kategorie, wobei die Komposition der Morphismen diejenige der Funktoren ist. Diese Kategorie heißt die Kategorie der kleinen Kategorien und wird mit cat bezeichnet.*

Beweis. Eine kleine Kategorie ist vollständig beschrieben durch Angabe ihrer Morphismenmenge Mor $\mathscr{C}$ und die Komposition ihrer Morphismen. Der Graph dieser Komposition, d. h. die Menge der Morphismentripel (u, v, w) mit $w = vu$, ist eine Teilmenge von $\operatorname{Mor}\mathscr{C} \times \operatorname{Mor}\mathscr{C} \times \operatorname{Mor}\mathscr{C}$, also ein Element $\alpha_{\mathscr{C}}$ von $P_{\mathscr{C}} = \mathfrak{P}(\operatorname{Mor}\mathscr{C} \times \operatorname{Mor}\mathscr{C} \times \operatorname{Mor}\mathscr{C})$. Sind $\mathscr{C}$, $\mathscr{D}$ klein, so fassen wir einen Funktor $T\colon \mathscr{C} \to \mathscr{D}$ als Tripel $(\alpha_{\mathscr{C}}, \alpha_{\mathscr{D}}, T) \in P_{\mathscr{C}} \times P_{\mathscr{D}} \times [\operatorname{Mor}\mathscr{C}, \operatorname{Mor}\mathscr{D}]_{Ens}$ auf. Damit folgt die Behauptung wie in 3.4.3.

3.5.2 Sind $\mathscr{C}$, $\mathscr{D}$ kleine Kategorien, so ist $[\mathscr{C}, \mathscr{D}]_{cat}$ gerade die Menge der Objekte für die Funktorkategorie $[\mathscr{C}, \mathscr{D}]$. Daher rührt die Bezeichnung. Die Definition der Isomorphismen in *cat* stimmt mit 2.2.9 überein. Für den identischen Funktor $\mathrm{Id}_{\mathscr{C}}$ schreiben wir auch $1_{\mathscr{C}}$.

3.6 Große Kategorien

3.6.1 Vereinbarung. Ein Vergleich von 2.6.10 mit 3.4.4 zeigt, daß die Beschränkung auf kleine Kategorien in 3.4 und 3.5 unbefriedigend ist. (Dennoch ist sie für manche Zwecke nützlich.) Wir vereinbaren daher: Zu dem Universum $\mathfrak{U}$ werde ein Universum $\mathfrak{V}$ fest gewählt, das $\mathfrak{U}$ als Element enthält. Damit ist jede $\mathfrak{U}$-Kategorie eine kleine $\mathfrak{V}$-Kategorie, und die Resultate über kleine $\mathfrak{V}$-Kategorien ergeben Resultate für beliebige $\mathfrak{U}$-Kategorien.

3.6.2 Mit $\mathcal{ENS}$ bezeichnen wir die Kategorie der $\mathfrak{V}$-Mengen und ihrer Abbildungen, während *Ens* wie bisher die Kategorie der $\mathfrak{U}$-Mengen ist. *Ens* ist volle Unterkategorie von $\mathcal{ENS}$: Durch Vergrößerung des Universums entstehen keine neuen Abbildungen zwischen den bisher vorhandenen Mengen. Entsprechendes gilt auch für andere Kategorien: Für jede mathematische Struktur, deren Modelle Mengen mit Struktur dieser Art sind (Gruppen, Moduln, topologische Räume usw.) geht die Kategorie, die aus den $\mathfrak{U}$-Modellen der Struktur und den strukturverträglichen Abbildungen zwischen ihnen besteht, in eine volle Unterkategorie der entsprechenden $\mathfrak{V}$-Kategorie über. Insbesondere gilt das für die $\mathfrak{U}$-Kategorie *Ab* der additiven Gruppen und ihrer Homomorphismen. Die entsprechende $\mathfrak{V}$-Kategorie bezeichnen wir mit $\mathcal{AB}$.

3.6.3 Wir erhalten aus 3.4.3 für je zwei $\mathfrak{U}$-Kategorien $\mathcal{C}$, $\mathcal{D}$ eine kleine $\mathfrak{V}$-Kategorie $[\mathcal{C}, \mathcal{D}]$ und damit aus 3.4.4 den

Bifunktorsatz. *Sind $\mathcal{C}$, $\mathcal{D}$, $\mathcal{E}$ Kategorien, so besteht eine in* 3.4.4 *beschriebene Isomorphie*

(1) $$\Phi\colon\ [\mathcal{C}, [\mathcal{D}, \mathcal{E}]] \xrightarrow{\cong} [\mathcal{C} \times \mathcal{D}, \mathcal{E}]$$

und 3.4.5 *gilt entsprechend.*

3.6.4 Wir haben soeben bei (1) nicht ausdrücklich auf $\mathfrak{U}$ und $\mathfrak{V}$ Bezug genommen. In der Tat ist dies hierbei unerheblich. Aus der Mengenlehre mit Universen ergibt sich: Zu je endlich vielen Kategorien (in irgendwelchen Universen) gibt es stets ein Universum, das diese Kategorien enthält.

Für die Funktorkategorie $[\mathcal{C}, \mathcal{D}]$ ist auch die Bezeichnung $\mathcal{D}^{\mathcal{C}}$ üblich. (1) nimmt damit die Form eines Exponentialgesetzes an.

3.6.5 Satz. *Die $\mathfrak{U}$-Kategorien bilden die Objekte, die Funktoren die Morphismen einer Kategorie Cat, wobei die Komposition der Morphismen die der Funktoren ist.*

Nach 3.6.1 und 3.6.2 ist *Cat* eine volle Unterkategorie der Kategorie $\mathcal{CAT}$ der kleinen $\mathfrak{V}$-Kategorien.

3.6.6 *Cat* besitzt einen Dualitätsfunktor J: $Cat \to Cat$, der durch $\mathcal{C} \mapsto \mathcal{C}^o$, $T \mapsto \mathrm{Op}T\mathrm{Op}$ erklärt ist. Man beachte: Für T: $\mathcal{C} \to \mathcal{D}$ ist auch $\mathrm{Op}T\mathrm{Op}$: $\mathcal{C}^o \to \mathcal{D}^o$ kovariant. Man verwechsle J nicht mit Op: $Cat \to Cat^o$. Offenbar gilt $JJ = \mathrm{Id}_{Cat}$.

Vermöge J ergibt sich eine Erweiterung des in 2.4.6 skizzierten Dualitätsprinzips. Begriffe und Sätze gelten als dual, wenn sie auseinander durch Anwendung von J entstehen („Dualisierung aller beteiligten Kategorien"). Beispiele werden sich später ergeben.

3.6.7 Vereinbarung. Kategorien seien weiterhin $\mathfrak{U}$-Kategorien („legitime Kategorien"), es sei denn, daß es sich um Kategorien der Gestalt $[\mathscr{C}, \mathscr{D}]$, $[\mathscr{C}, [\mathscr{D}, \mathscr{E}]]$ usw. oder um *Cat*, $\mathscr{ENS}$, $\mathscr{AB}$ handelt, wo der andere Sachverhalt jeweils aus der Bezeichnung ersichtlich ist, oder daß ausdrücklich etwas anderes gesagt wird.

Anmerkungen

3.6.8 $(\mathscr{C}, \mathscr{D}) \mapsto \mathscr{C} \times \mathscr{D}$, $(S, T) \mapsto S \times T$ für $S\colon \mathscr{C} \to \mathscr{C}'$. $T\colon \mathscr{D} \to \mathscr{D}'$ ergibt einen Funktor $X\colon$ *cat* $\times$ *cat* $\to$ *cat* bzw. *Cat* $\times$ *Cat* $\to$ *Cat*. Entsprechend $(\mathscr{C}, \mathscr{D}) \mapsto \mathscr{D} \times \mathscr{C}$, $(S, T) \mapsto T \times S$. Damit wird τ in 3.4.5 eine Isomorphie von Bifunktoren.

3.6.9 Der Hom-Funktor von *cat* bzw. *Cat* läßt sich in einen Bifunktor *cat*° $\times$ *cat* $\to$ *cat* bzw. *Cat*° $\times$ *Cat* $\to \mathscr{CAT}$ verwandeln, wobei $\mathscr{CAT}$ die Kategorie der kleinen $\mathfrak{V}$-Kategorien ist. Dabei gilt $(\mathscr{C}, \mathscr{D}) \mapsto [\mathscr{C}, \mathscr{D}]$. Entsprechend erhält man Trifunktoren *Cat*° $\times$ *Cat*° $\times$ *Cat* $\to \mathscr{CAT}$ durch $(\mathscr{C}, \mathscr{D}, \mathscr{E}) \mapsto [\mathscr{C}, [\mathscr{D}, \mathscr{E}]]$ und $(\mathscr{C}, \mathscr{D}, \mathscr{E}) \mapsto [\mathscr{C} \times \mathscr{D}, \mathscr{E}]$. Damit wird Φ in 3.6.3 ein Isomorphismus von Trifunktoren (vgl. später 16.1.3).

3.7 Der Wertfunktor

3.7.1 Zur Funktorkategorie $[\mathscr{C}, \mathscr{D}]$ gehört der Bifunktor

$$W\colon\ [\mathscr{C}, \mathscr{D}] \times \mathscr{C} \to \mathscr{D},$$

der für Objekte durch $(T, A) \mapsto T(A)$, für Morphismen durch die Diagonale des kommutativen Diagramms

(1)
$$\begin{array}{ccc} T(A) & \xrightarrow{\eta_A} & T'(A) \\ {\scriptstyle T(f)}\downarrow & \searrow & \downarrow{\scriptstyle T'(f)} \\ T(B) & \xrightarrow{\eta_B} & T'(B) \end{array}$$

beschrieben wird. Speziell ist

(2)
$$W(\eta, A) = \eta_A; \qquad W(T, f) = T(f).$$

Daß W in der Tat Bifunktor ist, folgt unmittelbar aus 2.6.10. W ist Objekt von $[[\mathscr{C}, \mathscr{D}] \times \mathscr{C}, \mathscr{D}]$.

3.7.2 Satz. *Mit dem Isomorphismus* Φ *von* 3.6.3 *gilt*

$$W = \Phi(1_{[\mathscr{C}, \mathscr{D}]}).$$

Beweis. Für den Bifunktor $R = \Phi(1_{[\mathscr{C},\mathscr{D}]})$ gilt nach 3.6.3 und 3.4.4

$$R(T, ?) = 1_{[\mathscr{C},\mathscr{D}]}(T) = T\colon \mathscr{C} \to \mathscr{D},$$
$$R(\eta, ?) = 1_{[\mathscr{C},\mathscr{D}]}(\eta) = \eta.$$

Vergleich mit (2) und (1) zeigt $R = W$.

3.8 Der additive Fall

Das Vorangehende überträgt sich auf additive Kategorien und Funktoren.

3.8.1 Sind $\mathscr{C}$, $\mathscr{D}$ additiv, so kann man die Kategorie $Add(\mathscr{C}, \mathscr{D})$ der additiven Funktoren $\mathscr{C} \to \mathscr{D}$ betrachten. Sie ist eine (im allgemeinen nicht volle) Unterkategorie von $[\mathscr{C}, \mathscr{D}]$. Beide Kategorien können wieder als additive Kategorien aufgefaßt werden, die Addition für natürliche Transformationen $\xi, \eta\colon S \to T$ wird vermöge $(\xi + \eta)_A = \xi_A + \eta_A$ erklärt.

Sind $\mathscr{C}$, $\mathscr{D}$, $\mathscr{E}$ additiv, so liefert der Beweis von 3.4.4 und 3.6.3 einen Isomorphismus von $Add(\mathscr{C}, Add(\mathscr{D}, \mathscr{E}))$ mit der Kategorie der biadditiven Funktoren $\mathscr{C} \times \mathscr{D} \to \mathscr{E}$. Er entsteht durch „Einschränkung" von Φ, man entnimmt das der Reihe nach aus 2.5.7, 2.6.10 und 3.4.4, wo in jeweils nur verschiedenen Formulierungen ein Bifunktor aus seinen partiellen Funktoren konstruiert wird.

3.8.2 Entsprechend 3.5 kann man die Kategorie der kleinen additiven Kategorien mit additiven Funktoren betrachten, ebenso das Analogon von 3.6.5. Man erhält dabei nicht Unterkategorien von *cat* bzw. *Cat*. Verschiedene additive Kategorien können in dieselbe Kategorie übergehen, wenn auf die additive Struktur in den Morphismenmengen verzichtet wird. Daher müssen bei der Übertragung des Beweises von 3.5.1 die Mengen $P_{\mathscr{C}}$ durch andere ersetzt werden.

3.8.3 Sind $\mathscr{C}$ und $\mathscr{D}$ additiv, so erhält man entsprechend 3.7 den biadditiven Wertfunktor

$$W\colon\ Add(\mathscr{C}, \mathscr{D}) \times \mathscr{C} \to \mathscr{D}.$$

Hierbei gilt das Analogon von 3.7.2.

4. Darstellbare Funktoren

4.1 Einbettungen

4.1.1 Definition. Ein Funktor $T\colon \mathscr{C} \to \mathscr{D}$ heißt *treu*, wenn die durch ihn bewirkten Abbildungen (vgl. 2.2.7)

$$(1) \qquad T_{A,B}\colon\ [A, B]_{\mathscr{C}} \to [T(A), T(B)]_{\mathscr{D}}$$

für jedes Paar $(A, B) \in |\mathscr{C}| \times |\mathscr{C}|$ injektiv sind.

Er heißt *voll*, wenn (1) stets surjektiv ist, und *völlig treu*, wenn (1) stets bijektiv ist.

4.1.2 Man beachte, daß ein treuer oder völlig treuer Funktor verschiedene Objekte in dasselbe Objekt abbilden kann. Die durch $A \mapsto T(A)$ bzw. $f \mapsto T(f)$ definierten Abbildungen $|\mathscr{C}| \to |\mathscr{D}|$ bzw. $\operatorname{Mor}\mathscr{C} \to \operatorname{Mor}\mathscr{D}$ brauchen also nicht injektiv zu sein. Für einen treuen Funktor ist $|\mathscr{C}| \to |\mathscr{D}|$ genau dann injektiv, wenn $\operatorname{Mor}\mathscr{C} \to \operatorname{Mor}\mathscr{D}$ es ist.

4.1.3 Ein Funktor $T\colon \mathscr{C} \to \mathscr{D}$ heißt *Einbettung*, wenn

$$T\colon \operatorname{Mor}\mathscr{C} \to \operatorname{Mor}\mathscr{D}$$

injektiv ist. Bei einer Einbettung $T\colon \mathscr{C} \to \mathscr{D}$ bilden die Objekte $T(A)$ und Morphismen $T(f)$ eine Unterkategorie von $\mathscr{D}$, bei einer vollen Einbettung eine volle Unterkategorie.

4.1.4 Im allgemeinen bilden die Objekte $T(A)$ und Morphismen $T(f)$ keine Unterkategorie. Gegenbeispiel:

$$\mathscr{C}\colon\ A \xrightarrow{f} B, \quad C \xrightarrow{g} D;$$

$$\mathscr{D}\colon\ X \xrightarrow{u} Y, \quad Y \xrightarrow{v} Z, \quad X \xrightarrow{w} Z \quad \text{mit} \quad w = vu.$$

$\mathscr{C}$ besitzt vier identische Morphismen und zwei weitere f und g. $\mathscr{D}$ besitzt drei identische Morphismen und drei weitere u, v, w mit $vu = w$. Mit $T(f) = u$, $T(g) = v$ ist $T\colon \mathscr{C} \to \mathscr{D}$ definiert. Das Kompositum $T(g)\,T(f)$ ist nicht Bild bei T. T ist treu, aber keine Einbettung.

Ist jedoch $T\colon \mathscr{C} \to \mathscr{D}$ voll oder injektiv für Objekte, so bilden die Objekte $T(A)$ und die Morphismen $T(f)$ eine Unterkategorie von $\mathscr{D}$.

4.1.5 Satz. *Es sei $T\colon \mathscr{C} \to \mathscr{D}$ ein völlig treuer Funktor. Für $f\colon A \to B$ in $\mathscr{C}$ ist $T(f)$ genau dann isomorph, wenn f es ist.*

Beweis. Sei $T(f)\colon T(A) \to T(B)$ isomorph mit Inversem u. Weil T völlig treu ist, gibt es genau einen Morphismus $g\colon B \to A$ mit $T(g) = u$. Es folgt $T(gf) = uT(f) = 1_{T(A)}$ und hieraus $gf = 1_A$, wieder weil T völlig treu ist. Entsprechend folgt $fg = 1_B$, und es ist f isomorph mit Inversem g. Die Umkehrung gilt für beliebige Funktoren (2.1.1).

4.2 Yoneda-Lemma

Sei $\mathscr{C}$ eine nicht-leere Kategorie. Für $A \in |\mathscr{C}|$ betrachten wir den Funktor $H^A = [A, ?]_{\mathscr{C}}$ und einen weiteren Funktor $T\colon \mathscr{C} \to \mathit{Ens}$. Sei $\eta\colon H^A \to T$ eine natürliche Transformation. Wir betrachten sie an der „Stelle“ A, also $\eta_A\colon [A, A] \to T(A)$. $\eta_A(1_A)$ ist ein wohlbestimmtes Element in $T(A)$.

4.2.1 Lemma. *Die durch $\eta \mapsto \eta_A(1_A)$ definierte Yoneda-Abbildung Y: $[H^A, T]_{[\mathscr{C}, \mathit{Ens}]} \to T(A)$ ist bijektiv.*

Beweis. Sei zunächst $\eta\colon H^A \to T$ gegeben und $\eta_A(1_A) = x \in T(A)$. Für $f\colon A \to B$, B, f beliebig, ist

(1)
$$\begin{array}{ccc} [A,A] & \xrightarrow{\eta_A} & T(A) \\ \downarrow{\scriptstyle [A,f]} & & \downarrow{\scriptstyle T(f)} \\ [A,B] & \xrightarrow{\eta_B} & T(B) \end{array} \qquad\qquad \begin{array}{ccc} 1_A & \mapsto & x \\ \downarrow & & \downarrow \\ f & \mapsto & T(f)(x) \end{array}$$

kommutativ, also

(2)
$$\eta_B(f) = T(f)(x) = T(f)(\eta_A(1_A)).$$

η_B wird demnach durch $f \mapsto T(f)(x)$ beschrieben, und es ist η durch $x = \eta_A(1_A)$ völlig bestimmt. Daher ist Y injektiv.

Sei nun $x \in T(A)$ gegeben. Man definiere η_B durch (2) für alle $B \in |\mathscr{C}|$. Es muß gezeigt werden: Für $g\colon B \to C$ beliebig, ist

(3)
$$\begin{array}{ccc} [A,B] & \xrightarrow{\eta_B} & T(B) \\ \downarrow{\scriptstyle [A,g]} & & \downarrow{\scriptstyle T(g)} \\ [A,C] & \xrightarrow{\eta_C} & T(C) \end{array}$$

kommutativ. Für $f \in [A, B]$ ist aber

$$\eta_C[A,g](f) = \eta_C(gf) = T(gf)(x) = T(g)T(f)(x) = T(g)\eta_B(f).$$

Damit folgt die Behauptung.

4.2.2 Satz. *Für $A \in |\mathscr{C}|$, $f \in \operatorname{Mor}\mathscr{C}$ definiert $A \mapsto H^A$, $f \mapsto H^f$ eine volle Einbettung, die Yoneda-Einbettung $H^*\colon \mathscr{C}^o \to [\mathscr{C}, Ens]$.*

Beweis. Es kann $\mathscr{C} \neq \emptyset$ angenommen werden. Sind A und B verschiedene Objekte, so sind die Funktoren H^A und H^B verschieden wegen $[A, A] \cap [B, A] = \emptyset$. Für $f \in [C, A]$ ist $H^f = [f, ?\,?]$ eine natürliche Transformation $H^A \to H^C$ (vgl. 2.6 (4)). Nach 4.2.1 ist $Y(H^f) = H^f_A(1_A) = [f, A](1_A)$. Nun wird aber $[f, A]\colon [A, A] \to [C, A]$ durch $u \mapsto uf$ beschrieben. Mit $u = 1_A$ ergibt sich

(4)
$$Y(H^f) = f.$$

Damit folgt aus 4.2.1, daß der Funktor H^* völlig treu ist.

Ersetzt man $\mathscr{C}$ durch $\mathscr{C}^o$, so erhält man wegen $\mathscr{C}^{oo} = \mathscr{C}$ die durch $A \mapsto H_A$, $f \mapsto H_f$ beschriebene Yoneda-Einbettung $H_*\colon \mathscr{C} \to [\mathscr{C}^o, Ens]$. *Jede (kleine) Kategorie $\mathscr{C}$ kann als volle Unterkategorie der Funktorkategorie $[\mathscr{C}^o, Ens]$ aufgefaßt werden.*

4.2.3 Zum Hom-Funktor der Kategorie $[\mathscr{C}, Ens]$ gehört ein Bifunktor $[\mathscr{C}, Ens]^o \times [\mathscr{C}, Ens] \to \mathscr{ENS}$. Zusammen mit der von 4.2.2 herrührenden Einbettung $\operatorname{Op} H^* \operatorname{Op}\colon \mathscr{C} \to [\mathscr{C}, Ens]^o$ ergibt sich der Bifunktor $[H^?, ?\,?]_{[\mathscr{C}, Ens]}\colon \mathscr{C} \times [\mathscr{C}, Ens] \to \mathscr{ENS}$. Daneben betrachten wir den Wertfunktor W mit der Vertauschung τ (3.7 und 3.4.5) $W\tau\colon \mathscr{C} \times [\mathscr{C}, Ens] \to Ens$.

4.2.4 Theorem. *Die Yoneda-Abbildung* $Y(\eta) = \eta_A(1_A)$ *für* $\eta\colon H^A \to T$ *ist ein Bifunktorisomorphismus*

$$Y\colon\quad [H^?, ??]_{[\mathscr{C}, Ens]} \overset{\cong}{\Rightarrow} W\tau(?, ??). \tag{5}$$

Dabei ist $Ens \subset \mathscr{ENS}$ *benutzt.*

Beweis. Für $\mathscr{C} = \Phi$ steht in (5) beiderseits der leere Funktor. Sei nun $\mathscr{C} \neq \Phi$. Nach 4.2.1 ist Y eine Bijektion an jeder Stelle $(A, T) \in |\mathscr{C} \times [\mathscr{C}, Ens]|$. Es muß gezeigt werden, daß Y eine natürliche Transformation ist. Wegen 2.6.8 genügt es, das für die partiellen Funktoren einzusehen. Ist $\xi\colon T \to R$ eine natürliche Transformation, so ist

$$\begin{array}{ccc} [H^A, T] & \xrightarrow{[H^A,\xi]} & [H^A, R] \\ \downarrow Y & & \downarrow Y \\ T(A) & \xrightarrow{\xi_A} & R(A) \end{array} \qquad \begin{array}{ccc} \eta & \mapsto & \xi\eta \\ \downarrow & & \downarrow \\ \eta_A(1_A) & \mapsto & \xi_A(\eta_A(1_A)) \\ & & = (\xi\eta)_A(1_A) \end{array} \tag{6}$$

kommutativ. Für $f\colon A \to B$ in $\mathscr{C}$ ist

$$\begin{array}{ccc} [H^A, T] & \xrightarrow{[H^f, T]} & [H^B, T] \\ \downarrow Y & & \downarrow Y \\ T(A) & \xrightarrow{T(f)} & T(B) \end{array} \qquad \begin{array}{ccc} \eta & \mapsto & \eta H^f \\ \downarrow & & \downarrow \\ \eta_A(1_A) & \mapsto & T(f)(\eta_A(1_A)) \end{array} \tag{7}$$

kommutativ: $Y(\eta H^f) = (\eta H^f)_B(1_B) = \eta_B(H^f_B(1_B)) = \eta_B(Y(H^f)) = \eta_B(f)$ nach (4) und Definition von Y. Hieraus und aus (2) folgt $Y(\eta H^f) = T(f)(\eta_A(1_A))$ und damit die Behauptung.

4.3 Der additive Fall

Ist $\mathscr{C}$ eine additive Kategorie, so wird H^A als additiver Funktor $\mathscr{C} \to Ab$ aufgefaßt. Ist $T\colon \mathscr{C} \to Ab$ additiv, so gilt 4.2.1 mit $Add(\mathscr{C}, Ab)$ statt $[\mathscr{C}, Ens]$, denn aus der Additivität von T und 4.2 (2) folgt $\eta_B(f_1 + f_2) = \eta_B(f_1) + \eta_B(f_2)$. Ferner ist hier für zwei natürliche Transformationen $\eta, \xi\colon H^A \to T$ die Summe $\eta + \xi$ durch $(\eta + \xi)_B = \eta_B + \xi_B$ für alle $B \in |\mathscr{C}|$ erklärt, wobei $\eta_B + \xi_B$ die Summe zweier Homomorphismen zwischen additiven Gruppen ist. Berücksichtigt man, daß in 4.2 (2) $T(f)$ ebenfalls homomorph ist, so ergibt sich

4.3.1 Lemma. *Es sei* $\mathscr{C}$ *eine additive Kategorie,* $T\colon \mathscr{C} \to Ab$ *ein additiver Funktor. Die durch* $\eta \mapsto \eta_A(1_A)$ *definierte Yoneda-Abbildung* $Y\colon [H^A, T]_{Add(\mathscr{C}, Ab)} \to T(A)$ *ist ein Isomorphismus additiver Gruppen.*

Zusatz. Anwendung des Vergiß-Funktors $V\colon Ab \to Ens$ liefert: *Ist* T *additiv, so gibt es nur additive natürliche Transformationen von* H^A *nach* T.

Das gilt übrigens nicht für beliebige Paare additiver Ab-wertiger Funktoren.

4.3.2 Satz. *Ist $\mathscr{C}$ additiv, so ist $H^*: \mathscr{C}^o \to Add(\mathscr{C}, Ab)$ eine volle additive Einbettung, ebenso $H_*: \mathscr{C} \to Add(\mathscr{C}^o, Ab)$.*

4.3.3 Satz. *Ist $\mathscr{C}$ additiv und nicht-leer, so ergibt die Yoneda-Abbildung $Y(\eta) = \eta_A(1_A)$ für $\eta: H^A \to T$ einen Isomorphismus*

$$Y: [H^?, ??]_{Add(\mathscr{C}, Ab)} \cong W\tau(?, ??)$$

der biadditiven Funktoren $\mathscr{C} \times Add(\mathscr{C}, Ab) \to \mathscr{A}\mathscr{B}$ mit $Ab \subset \mathscr{A}\mathscr{B}$.

Die Beweise für 4.3.2 und 4.3.3 ergeben sich unmittelbar aus denen für 4.2.2 und 4.2.4.

4.4 Darstellbare Funktoren

4.4.1 Definition. Ein Funktor $T: \mathscr{C} \to Ens$ heißt *darstellbar*, wenn er zu einem Funktor H^A für geeignetes $A \in |\mathscr{C}|$ isomorph ist. A heißt dann *darstellendes Objekt* für T. Eine *Darstellung* von T ist ein Isomorphismus $\varrho: H^A \to T$.

Wegen 4.2.1 ist eine Darstellung von T durch Angabe von A und $\varrho_A(1_A) \in T(A)$ vollständig bestimmt. Man beschreibt daher Darstellungen durch Angabe des Paares $(A, \varrho_A(1_A))$ und nennt $\varrho_A(1_A)$ das *universelle Element* der Darstellung. Man sagt: T wird durch $(A, \varrho_A(1_A))$ dargestellt. Die Darstellung ergibt sich hierbei vermöge 4.2 (2).

4.4.2 Aus 4.2 (2) folgt: Sind A und $x \in T(A)$ vorgegeben, so ist die durch (A, x) bestimmte natürliche Transformation $H^A \to T$ genau dann isomorph, wenn es zu jedem $y \in T(B)$, B beliebig, genau ein f: $A \to B$ gibt mit $T(f)(x) = y$.

4.4.3 Beispiele. Es sei $\mathscr{C}$ die Kategorie *Top* der topologischen Räume und $T: \mathscr{C} \to Ens$ der Vergiß-Funktor. Jeder einpunktige topologische Raum ist darstellendes Objekt für T. Ist $\mathscr{C}$ die Kategorie der (multiplikativen) Gruppen und T wieder vergeßlich, so ist jede freie zyklische Gruppe darstellendes Objekt. Man bemerkt, daß ein darstellbarer Funktor T nicht-isomorphe Objekte in dieselbe Menge überführen kann. Die Angabe eines darstellenden Objektes A kann auch nicht durch die Angabe von $T(A)$ ersetzt werden: Eine abzählbare Menge kann mit verschiedenen Gruppenstrukturen versehen werden.

4.4.4 Satz. (a) *Sind $S, T: \mathscr{C} \to Ens$ zueinander isomorph, so ist S genau dann darstellbar, wenn T es ist. Genauer: Ein Isomorphismus ξ: $T \to S$ ergibt eine Bijektion der Darstellungen vermöge $\varrho \mapsto \xi\varrho$.*
(b) *H^A und H^B sind genau dann zueinander isomorph, wenn A und B es sind. Genauer: $u \mapsto H^u$ ergibt eine Bijektion zwischen den Isomorphismen $A \to B$ und den Isomorphismen $H^B \to H^A$.*
(c) *Wird T durch $(A, \varrho_A(1_A))$ und $(B, \sigma_B(1_B))$ dargestellt, so gibt es genau einen Morphismus $u: A \to B$ mit $T(u)(\varrho_A(1_A)) = \sigma_B(1_B)$, und u ist isomorph.*

Beweis. (a) und (b) ergeben sich unmittelbar aus 4.2.2. Bei (c) folgt die Eindeutigkeit von u aus 4.2 (2): Es muß $u = \varrho_B^{-1}\sigma_B(1_B)$ sein;

$\varrho^{-1}\sigma\colon H^B \to H^A$ ist ein Isomorphismus mit $Y(\varrho^{-1}\sigma) = u$, wegen 4.2.2 ist u isomorph. Übrigens ist $u^{-1} = \sigma_A^{-1}\varrho_A(1_A)$.

4.4.5 Satz. *Sei $T\colon \mathscr{C} \to Ens$ darstellbar, A darstellendes Objekt für T und $S\colon \mathscr{C} \to Ens$ ein weiterer Funktor. Es existiert eine Bijektion zwischen der Menge der natürlichen Transformationen $T \to S$ und der Menge $S(A)$. Wird T durch $(A, \varrho_A(1_A))$ dargestellt, so ergibt $\eta \mapsto \eta_A(\varrho_A(1_A))$ eine solche Bijektion.*

Das ist nur eine andere Fassung von 4.2.1. Wir zitieren auch diese Fassung als Yoneda-Lemma. Sie enthält insbesondere eine Aussage über die natürlichen Transformationen eines darstellbaren Funktors in sich.

Man diskutiere 4.4.3.

4.4.6 Der kontravariante Fall ergibt sich dadurch, daß $\mathscr{C}$ durch die duale Kategorie $\mathscr{C}^o$ ersetzt wird. Man erhält wegen 2.5 (13): Ein kontravarianter Funktor $T\colon \mathscr{C} \to Ens$ ist darstellbar, wenn er zu einem Funktor H_A isomorph ist. Eine Darstellung ist durch Angabe von $(A, \varrho_A(1_A))$ wieder völlig bestimmt. 4.4.4 und 4.4.5 übertragen sich sinngemäß, in 4.4.5 ist lediglich „Funktor" durch „kontravarianter Funktor" zu ersetzen. Es gilt 4.2 (2) für $f\colon B \to A$, ebenso 4.4.2.

4.4.7 Beispiel. Der kontravariante Funktor „Potenzmenge" $\mathfrak{P}$ in 2.3.4 ist darstellbar. Eine Menge mit zwei Elementen ist darstellendes Objekt, jede der beiden ein-elementigen Teilmengen ist universelles Element einer Darstellung. Was sind die natürlichen Transformationen von $\mathfrak{P}$ in sich?

4.4.8 Der additive Fall. Ist $\mathscr{C}$ additiv, so ist $H^A\colon \mathscr{C} \to Ab$ stets additiv, entsprechend H_A. Das Vorangehende überträgt sich ohne weiteres mit Ab statt Ens. Die so darstellbaren Funktoren sind stets additiv.

Man betrachtet aber auch Funktoren $T\colon \mathscr{C} \to Ens$. Ein solcher Funktor heißt darstellbar, wenn er isomorph zu einem Funktor VH^A ist. Hierbei ist V der Vergiß-Funktor. Entsprechend im kontravarianten Fall.

4.4.9 Beispiel. Es sei $\mathscr{C} = Ab$ und M eine feste Menge. Für $A \in |Ab|$ sei $T(A)$ die Menge der Abbildungen von M in die Menge $V(A)$, $T(A) = [M, V(A)]_{Ens}$. Für $f \in \operatorname{Mor} Ab$ sei $T(f) = [M, V(f)]_{Ens}$. Es ist also $T = H^M V$. Dieser Funktor wird dargestellt durch die freie additive Gruppe F mit Basis M und die Inklusion $M \subset V(F)$. Entsprechend mit ${}_R Mod$ bzw. Mod_R. Dieses Beispiel ist geradezu die Definition von „frei" über M. Es überträgt sich auf andere, auch nicht-additive Kategorien, z. B. Kategorie der Gruppen.

4.4.10 Theorem. *Es sei $\mathscr{C}$ eine additive Kategorie. Der additive Funktor $T\colon \mathscr{C} \to Ab$ ist genau dann darstellbar, wenn $VT\colon \mathscr{C} \to Ens$ es ist ($V\colon Ab \to Ens$ Vergiß-Funktor).*

Beweis. Sei $(A, \varrho_A(1_A))$ eine Darstellung von VT. $\varrho_A(1_A)$ ist Element der Gruppe $T(A)$ und definiert nach 4.3.1 eine natürliche Transformation $\bar{\varrho}$: $H^A \to T$. Hierbei ist $V(\bar{\varrho}_B) = \varrho_B$ für alle $B \in |\mathscr{C}|$. Damit ist $\bar{\varrho}_B$ stets ein bijektiver Homomorphismus in Ab. Also ist $\bar{\varrho}$ eine Isomorphie. Die Umkehrung ist evident.

4.5 Partiell darstellbare Bifunktoren

4.5.1 Satz. *Es sei* R: $\mathscr{C} \times \mathscr{D} \to Ens$ *ein Bifunktor. Für jedes* $A \in |\mathscr{C}|$ *liege eine Darstellung* ϱ_A: $H^{G(A)} \to R_A$ *des Partialfunktors* $R_A(?) = R(A, ?)$: $\mathscr{D} \to Ens$ *vor. Die Zuordnung* $A \mapsto G(A)$ *setzt sich zu einem kontravarianten Funktor* G: $\mathscr{C} \to \mathscr{D}$ *so fort, daß* $(A, X) \mapsto \varrho_{A,X}$ *eine Isomorphie* ϱ: $[G(?), ??]_{\mathscr{D}} \to R(?, ??)$ *von Bifunktoren ist, und hierdurch ist* G *eindeutig bestimmt.*

Beweis. Für f: $A \to B$ in $\mathscr{C}$ ist $\varrho_B^{-1} R_f \varrho_A$: $H^{G(A)} \to H^{G(B)}$ eine natürliche Transformation nach 2.6.2, wobei wir R_f statt $R(f, ?)$ geschrieben haben. Nach 4.2.2 gibt es genau einen Morphismus u: $G(B) \to G(A)$ in $\mathscr{D}$ mit $H^u = \varrho_B^{-1} R_f \varrho_A$. Man setze $G(f) = u$. Damit liegt G als kontravarianter Funktor vor, wie wieder 4.2.2 zeigt. Vermöge 2.6.8 bestätigt man, daß $\varrho = \{\varrho_{A,X}\}$ eine Bifunktortransformation ist. Mit ϱ_A ist jedes $\varrho_{A,X}$: $[G(A), X] \to R(A, X)$ isomorph und damit ϱ. Es ist G eindeutig bestimmt, weil nach 2.6.8 jedenfalls $\varrho_B H^{G(f)} = R_f \varrho_A$ gelten muß.

4.5.2 Ist im Vorangehenden R ein kontra-ko-varianter Funktor, so ist G kovariant. Damit erhält man aus 4.4.9 einen Funktor F: $Ens \to Ab$, der jeder Menge M die freie additive Gruppe mit Basis M zuordnet. Ferner ergibt sich eine Isomorphie von kontra-ko-varianten Funktoren

$$\psi\colon\ [F(?), ??]_{Ab} \xrightarrow{\cong} [?, V(??)]_{Ens},$$

wobei der Hom-Funktor von Ab hier das Ziel Ens hat.

Entsprechendes gilt für ${}_R Mod$ und die Kategorie der Gruppen. Wir gehen auf solche „adjungierte Situationen" in 16.4 genauer ein, bei denen für Funktoren T: $\mathscr{C} \to \mathscr{D}$, S: $\mathscr{D} \to \mathscr{C}$ ein Isomorphismus ψ: $[S(?), ??]_{\mathscr{C}} \xrightarrow{\cong} [?, T(??)]_{\mathscr{D}}$ kontra-ko-varianter Funktoren vorliegt.

4.5.3 Es seien $\mathscr{C}$ und $\mathscr{D}$ beliebige nicht-leere Kategorien. 4.5.1 legt es nahe, jedem Funktor T: $\mathscr{C} \to \mathscr{D}$ den kontra-ko-varianten Funktor $\Phi(T) = [T(?), ??]_{\mathscr{D}}$ zuzuordnen. Ist η: $T \to S$ eine natürliche Transformation, so entsteht mit $(A, X) \mapsto [\eta_A, X]$ eine natürliche Transformation $\Phi(\eta)$: $\Phi(S) \to \Phi(T)$, wie man vermöge 2.6.8 leicht bestätigt. Damit liegt ein kontravarianter Funktor

$$\Phi\colon\ [\mathscr{C}, \mathscr{D}] \to [\mathscr{C}^\circ \times \mathscr{D}, Ens]$$

vor, wobei rechts die Vereinbarung 2.5.4 benutzt ist. Mit der Vereinbarung 2.4.5 gilt:

4.5.4 Satz. *ΦOp ist eine volle Einbettung* $[\mathscr{C}, \mathscr{D}]^o \to [\mathscr{C}^o \times \mathscr{D}, \mathit{Ens}]$.

Beweis. (a) Φ ist injektiv für Objekte. Sind $S, T: \mathscr{C} \to \mathscr{D}$ verschieden, so gibt es $f: A \to B$ in $\mathscr{C}$ mit $S(f) \neq T(f)$. Ist $S(B) \neq T(B)$, so gilt $\Phi(S) \neq \Phi(T)$ wegen $[S(B), T(B)] \cap [T(B), T(B)] = \emptyset$. Ist $S(B) = T(B)$, so folgt $\Phi(S) \neq \Phi(T)$ aus $[S(f), T(B)]\,(1_{T(B)}) = S(f) \neq [T(f), T(B)]\,(1_{T(B)})$.

(b) Φ ist treu. Sind ξ, η verschiedene natürliche Transformationen $T \to S$, so gibt es $A \in |\mathscr{C}|$ mit $\xi_A \neq \eta_A$, und es ist

$$[\xi_A, S(A)] \neq [\eta_A, S(A)].$$

(c) Φ ist voll. Eine natürliche Transformation $\alpha = \{\alpha_{A,X}\}: \Phi(S) \to \Phi(T)$ ergibt für jedes $A \in |\mathscr{C}|$ eine natürliche Transformation

$$\alpha_A = \{\alpha_{A,X}\}_{X \in |\mathscr{D}|}: [S(A), ??] \to [T(A), ??].$$

Nach 4.2.2 gibt es genau einen Morphismus $\eta_A: T(A) \to S(A)$ mit $\alpha_A = [\eta_A, ??]$. Ist $\eta = \{\eta_A\}$ als natürliche Transformation $T \to S$ erkannt, so folgt aus $\Phi(\eta)_{A,X} = [\eta_A, X] = \alpha_{A,X}$ die Behauptung. Für jedes $X \in |\mathscr{D}|$ ist nun $\{[\eta_A, X]\} = \{\alpha_{A,X}\}$ eine natürliche Transformation $[S(?), X] \to [T(?), X]$. Damit ergibt sich die restliche Behauptung aus dem folgenden Lemma.

4.5.5 Lemma. *Es seien $S, T: \mathscr{C} \to \mathscr{D}$ Funktoren. Für jedes $A \in |\mathscr{C}|$ liege ein Morphismus $\eta_A: T(A) \to S(A)$ vor. Ist $\{[\eta_A, X]\}$ eine natürliche Transformation für jedes $X \in |\mathscr{D}|$, so ist $\{\eta_A\}$ eine natürliche Transformation.*

Beweis. Sei $f: A \to B$ ein beliebiger Morphismus in $\mathscr{C}$. Für $X = S(B)$ ist dann

$$\begin{array}{ccc}
[S(B), S(B)] & \xrightarrow{[\eta_B, S(B)]} & [T(B), S(B)] \\
\Big\downarrow{\scriptstyle [S(f), S(B)]} & & \Big\downarrow{\scriptstyle [T(f), S(B)]} \\
[S(A), S(B)] & \xrightarrow{[\eta_A, S(B)]} & [T(A), S(B)]
\end{array}$$

kommutativ. Für $1_{S(B)} \in [S(B), S(B)]$ erhält man $\eta_B T(f) = S(f)\eta_A$ und damit die Behauptung.

4.5.6 Bemerkung. Es ist $[\mathscr{C}, \mathscr{D}]^o$ isomorph zu $[\mathscr{C}^o, \mathscr{D}^o]$ vermöge $T^o \mapsto \mathrm{Op}\,T\,\mathrm{Op}$ für Funktoren und $\{\eta_A\}^o \mapsto \{\eta_A^0\}$ für natürliche Transformationen $\eta = \{\eta_A\}$ als Morphismen von $[\mathscr{C}, \mathscr{D}]$. Es kann also $[\mathscr{C}^o, \mathscr{D}^o]$ als duale Kategorie von $[\mathscr{C}, \mathscr{D}]$ angesehen werden. Damit erhält man aus 4.5.3, 4.5.4 eine volle Einbettung

$$[\mathscr{C}, \mathscr{D}] \to [\mathscr{C} \times \mathscr{D}^o, \mathit{Ens}],$$

wenn noch $\mathscr{C}^o$ und $\mathscr{D}^o$ durch ihre Dualen ersetzt werden. Mit der Vertauschung τ von 3.4.5 ergibt sich die volle Einbettung

$$[\mathscr{C}, \mathscr{D}] \to [\mathscr{D}^o \times \mathscr{C}, \mathit{Ens}].$$

Man überzeuge sich, daß sie mit $T \mapsto [??, T(?)]_{\mathscr{D}}$ und $\eta \mapsto \{[X, \eta_A]\}$ identisch ist.

4.5.7 Der additive Fall. Sind $\mathscr{C}$ und $\mathscr{D}$ additive Kategorien und ist R: $\mathscr{C} \times \mathscr{D} \to Ab$ ein biadditiver Funktor, so ergibt sich entsprechend 4.5.1 ein additiver kontravarianter Funktor G: $\mathscr{C} \to \mathscr{D}$. Das folgt aus $R_{f+g} = R_f + R_g$ (vgl. 3.8.1) mit 4.3.2. Entsprechend 4.5.4 erhält man eine volle Einbettung $Add\,(\mathscr{C}, \mathscr{D})^o \to Biadd\,(\mathscr{C}^o \times \mathscr{D}, Ab)$ und entsprechend 4.5.6 die volle Einbettung $Add\,(\mathscr{C}, \mathscr{D}) \to Biadd\,(\mathscr{D}^o \times \mathscr{C}, Ab)$, wobei *Biadd* Kategorien biadditiver Funktoren bezeichnet.

5. Einige spezielle Objekte und Morphismen

5.1 Monomorphismen

5.1.1 Ein Morphismus m der Kategorie $\mathscr{C}$ heißt *monomorph*, wenn für alle Morphismenpaare (f, g) von $\mathscr{C}$ gilt

$$mf = mg \Rightarrow f = g. \tag{1}$$

$mf = mg$ kann selbstverständlich nur gelten, wenn mf und mg erklärt sind und f und g dieselbe Quelle haben. Ein Monomorphismus ist ein „am Ende kürzbarer" Morphismus.

5.1.2 Für $\mathscr{C} = Ens$ ist monomorph dasselbe wie injektiv. Für $\mathscr{C} = Ab$, ${}_R Mod$, für die Kategorie der Gruppen, der topologischen Räume ist monomorph gleichwertig damit, daß die zugrunde liegende Mengenabbildung injektiv ist. Es gilt jedoch nicht immer, daß ein Vergiß-Funktor $\mathscr{C} \to Ens$ (wenn er existiert) Monomorphismen in injektive Abbildungen verwandelt. Triviale Gegenbeispiele entstehen so:

Es sei f: $A \to B$ ein beliebiger Morphismus aus $\mathscr{C}$ mit $A \neq B$. Die Unterkategorie $\mathscr{D}$ von $\mathscr{C}$ bestehe aus den Objekten A, B und den Morphismen $1_A, 1_B, f$. In $\mathscr{D}$ ist f monomorph.

5.1.3 Ist m: $A \to B$ in $\mathscr{C}$ monomorph, so auch in jeder Unterkategorie von $\mathscr{C}$, die m enthält.

5.1.4 Gleichwertig sind:

(a) m: $A \to B$ ist monomorph in $\mathscr{C}$.

(b) Für *alle* $X \in |\mathscr{C}|$ ist $[X, m]$: $[X, A] \to [X, B]$ injektiv.

5.1.5 (a) Ist f isomorph, so ist f auch monomorph.

(b) Sind f und g monomorph, gf vorhanden, so ist gf monomorph.

(c) Ist gf monomorph, so ist f monomorph.

5.1.3, 5.1.4, 5.1.5 folgen unmittelbar aus der Definition. Bei 5.1.5 (c) kann man nicht auf g monomorph schließen: Ist f: $A \to B$ eine Inklusion nicht-leerer Mengen, so gibt es stets g mit $gf = 1_A$.

5.1° Epimorphismen

5.1.1° Ein Morphismus h in $\mathscr{C}$ heißt epimorph, wenn h^o in $\mathscr{C}^o$ monomorph ist, wenn also in $\mathscr{C}$ gilt

$$(1^o) \qquad fh = gh \Rightarrow f = g.$$

Ein Epimorphismus ist „am Anfang kürzbar".

5.1.2° Für $\mathscr{C} = Ens$ ist epimorph gleichwertig mit surjektiv, ebenso für $\mathscr{C} = Ab, {}_RMod$. Dies gilt auch für die Kategorie der Gruppen (EILENBERG-MOORE), was nicht evident ist. In der Kategorie der Hausdorffschen Räume ist $f\colon A \to B$ schon dann epimorph, wenn $f(A)$ dicht in B ist. In der Kategorie der Ringe ist $\mathbf{Z} \subset \mathbf{Q}$ ein Epimorphismus.

5.1.3° Ist $h\colon A \to B$ in $\mathscr{C}$ epimorph, so auch in jeder Unterkategorie von $\mathscr{C}$, die h enthält.

5.1.4° Gleichwertig sind:

(a) $h\colon A \to B$ ist epimorph in $\mathscr{C}$.

(b) Für *alle* $X \in |\mathscr{C}|$ ist $[h, X]\colon [B, X] \to [A, X]$ *injektiv.*

5.1.5° (a) Ist f isomorph, so ist f auch epimorph.

(b) Sind f, g epimorph, gf vorhanden, so ist gf epimorph.

(c) Ist gf epimorph, so ist g epimorph.

5.2 Retraktionen und Coretraktionen

5.2.1 $r\colon A \to B$ in $\mathscr{C}$ heißt *Retraktion*, wenn es ein $s\colon B \to A$ gibt mit $rs = 1_B$. $s\colon B \to A$ heißt *Coretraktion* (oder *Schnitt*), wenn es ein $r\colon A \to B$ mit $rs = 1_B$ gibt.

Aus $rs = 1_B$ folgt also: r ist Retraktion, s ist Coretraktion. Man beachte jedoch: Ist r Retraktion, so gibt es im allgemeinen verschiedene s mit $rs = 1_B$, entsprechend für Coretraktionen, wie man sich leicht für *Ens* überlegt.

5.2.2 Jede Retraktion ist epimorph, jede Coretraktion ist monomorph. Es gilt im allgemeinen keine Umkehrung.

Beweis. 5.1.5° und 5.1.5. Daß keine Umkehrung gilt, stellt man leicht in *Ab* fest. In *Ens* ist $\emptyset \subset A$ für $A \neq \emptyset$ ein Monomorphismus, der keine Coretraktion ist.

5.2.3 Ist r Retraktion bzw. Coretraktion in $\mathscr{C}$, so auch in jeder Oberkategorie von $\mathscr{C}$. Allgemeiner gilt: Jeder Funktor respektiert Retraktionen und Coretraktionen.

5.2.4 Gleichwertig sind:

(a) $r\colon A \to B$ ist Retraktion in $\mathscr{C}$.

(b) Für alle $X \in |\mathscr{C}|$ ist $[X, r]\colon [X, A] \to [X, B]$ surjektiv.

(c) $[B, r]\colon [B, A] \to [B, B]$ ist surjektiv.

Beweis und Dualisierung als Aufgabe, ebenso für

5.2.5 (a) Ist f isomorph, so ist f eine Retraktion.

(b) Sind f und g Retraktionen, gf vorhanden, so ist gf eine Retraktion.

(c) Ist gf eine Retraktion, so ist g eine Retraktion.

5.2.6 Monomorph-epimorph, Retraktion-Coretraktion sind erste Beispiele für duale Begriffspaare. Vergleich von 5.1.4 (b) und 5.2.4 (b) könnte eine Dualität zwischen 5.1 und 5.2 vermuten lassen. Dies ist nicht der Fall. 5.2 entsteht aus 5.1 nicht dadurch, daß *Ens* durch Ens^0 ersetzt wird, wie schon die Definitionen zeigen, in denen nur die Kategorie $\mathscr{C}$ vorkommt.

5.2.7 In *Ens* ist jeder Epimorphismus eine Retraktion, jeder Monomorphismus mit nicht-leerer Quelle eine Coretraktion.

5.3 Bimorphismen

5.3.1 Ein Morphismus f in $\mathscr{C}$ heißt *bimorph*, wenn f mono- und epimorph ist.

5.3.2 Jeder Isomorphismus ist bimorph. Das Umgekehrte braucht nicht zu gelten: In *Top* ist jede bijektive stetige Abbildung bimorph. In einer vorgeordneten Klasse (als Kategorie) ist jeder Morphismus bimorph. Vgl. auch 5.1.2.

5.3.3 Eine Kategorie heißt *ausgeglichen* (*balanced*), wenn jeder Bimorphismus isomorph ist. *Ens*, *Ab*, ${}_R Mod$ sind ausgeglichen, ebenso die Kategorie der Gruppen.

5.3.4 Jede monomorphe Retraktion ist isomorph, ebenso jede epimorphe Coretraktion.

Beweis. Aus $rs = 1_B$ für $r\colon A \to B$ folgt $rsr = r$. Ist r monomorph, so folgt $sr = 1_A$.

5.4 Terminale und initiale Objekte

5.4.1 Ein Objekt P der Kategorie $\mathscr{C}$ heißt *terminal* (Punkt, engl. auch null), wenn es für jedes Objekt $A \in |\mathscr{C}|$ genau einen Morphismus $A \to P$ gibt.

5.4.2 Beispiele. In *Ens* ist jede einelementige Menge terminal, in *Top* jeder einpunktige topologische Raum, in der Kategorie der Gruppen jede einelementige Gruppe, entsprechend in *Ab* und ${}_R Mod$. Auch *cat* und *Cat* besitzen terminale Objekte. Eine Kategorie braucht kein terminales Objekt zu besitzen. Faßt man eine geordnete Menge als Kategorie auf, so ist ein terminales Objekt, falls vorhanden, das größte Element.

5.4.3 Ein terminales Objekt ist darstellendes Objekt für einen konstanten kontravarianten Funktor $\mathscr{C} \to Ens$, der allen Objekten dieselbe einelementige Menge zuordnet. Für je zwei terminale Objekte P, P' gibt es genau einen Morphismus $P \to P'$ und dies ist ein Isomorphismus.

5.4.4 Ein Morphismus, dessen Quelle ein terminales Objekt ist, ist eine Coretraktion.

5.4.1° Ein Objekt Q der Kategorie $\mathscr{C}$ heißt *initial* (Copunkt, conull), wenn es terminal in $\mathscr{C}^\circ$ ist, wenn es also in $\mathscr{C}$ für jedes Objekt A genau einen Morphismus $Q \to A$ gibt.

5.4.2° **Beispiele.** In *Ens* ist die leere Menge initial, in *Top* der leere Raum, in der Kategorie der Gruppen jede einelementige Gruppe, ebenso in *Ab* und ${}_R Mod$. In *Cat* und *cat* ist die leere Kategorie initial. Für eine geordnete Menge als Kategorie ist ein initiales Objekt kleinstes Element. In der Kategorie der Ringe (mit Einselement) ist $\boldsymbol{Z}$ initial.

5.4.3° Ein initiales Objekt von $\mathscr{C}$ ist darstellendes Objekt des konstanten (kovarianten) Funktors, der allen Objekten von $\mathscr{C}$ dieselbe einelementige Menge zuordnet.

5.4.4° Ein Morphismus, dessen Ziel ein initiales Objekt ist, ist eine Retraktion.

5.5 Nullobjekte

5.5.1 *Nullobjekt* einer Kategorie $\mathscr{C}$ ist ein Objekt, das gleichzeitig terminal und initial ist.

5.5.2 Je zwei Nullobjekte einer Kategorie sind in eindeutiger Weise isomorph. Falls Nullobjekte existieren, denken wir eines fixiert und bezeichnen dieses mit 0.

5.5.3 **Beispiele.** In der Kategorie der Gruppen ist jede einelementige Gruppe Nullobjekt, ebenso in *Ab* und ${}_R Mod$. Von *Ab* stammt die Bezeichnung.

5.5.4 Die Kategorie der Mengen bzw. topologischen Räume mit ausgezeichnetem Element bzw. Grundpunkt bezeichnen wir mit Ens_* bzw. Top_*. Beide Kategorien besitzen Nullobjekte.

5.5.5 Es sei $\mathscr{C}$ eine Kategorie mit Nullobjekt 0. Sind A und B beliebige Objekte, so gibt es genau einen Morphismus $A \to B$, der über 0 faktorisiert, d. h. der sich in der Form $A \to 0 \to B$ darstellen läßt. Dieser Morphismus heißt 0-*Morphismus* und wird üblicherweise ebenfalls mit 0 bezeichnet (besser $0_{A,B}$). $0\colon A \to B$ hängt nicht von der Wahl des Nullobjektes 0 in $\mathscr{C}$ ab. Ist $0'$ ein weiteres, so betrachte man $A \to 0 \to 0' \to B$.

5.5.6 Ist $\mathscr{C}$ eine semiadditive Kategorie, so hat man in jeder Morphismenmenge $[A, B]$ ein neutrales Element bezüglich der Addition. Man bezeichnet dieses ebenfalls als 0-Morphismus. Das ist mit 5.5.5 verträglich, weil beide Begriffe zusammenfallen, wenn $\mathscr{C}$ ein Nullobjekt besitzt.

Wir überlassen dem Leser zu präzisieren, was eine Kategorie mit Null-Morphismen ist, und festzustellen, daß man eine solche Kategorie stets durch ein Nullobjekt ergänzen kann, wenn noch keines vorhanden ist.

5.5.7 Für eine Kategorie mit Nullobjekt faßt man häufig Ens_* als Ziel des kontra-ko-varianten Hom-Funktors auf, ebenso bei seinen partiellen Funktoren.

5.5.8 Hat die Kategorie $\mathscr{D}$ ein terminales bzw. initiales Objekt bzw. ein Nullobjekt, so hat die Kategorie $[\mathscr{C}, \mathscr{D}]$ ein solches Objekt, wie die entsprechenden konstanten Funktoren zeigen.

5.5.9 ,,Bimorphismus" und ,,Nullobjekt" sind erste Beispiele für selbstduale Begriffe.

6. Diagramme

Wir hatten bereits Anlaß, kommutative Diagramme zu betrachten, welche die Gestalt von Rechtecken hatten. Wir stellen die Hilfsmittel bereit, allgemeinere Diagramme zu diskutieren. Die ,,Gestalt" eines Diagrammes wird durch den Begriff Diagrammschema erfaßt.

6.1 Diagrammschemata und Diagramme

6.1.1 Definition. Ein *Diagrammschema* Σ besteht aus zwei Mengen E und P und zwei Abbildungen $a, z\colon P \to E$. Die Elemente von E heißen *Ecken*, diejenigen von P heißen *Pfeile*, für $p \in P$ heißt $a(p)$ der *Anfang*, $z(p)$ das *Ende* von p. Man sagt, daß p ein Pfeil von $a(p)$ nach $z(p)$ ist. Σ heißt endlich, wenn E und P endlich sind.

6.1.2 Beispiele. Ein Diagrammschema ist nichts anderes als ein gerichteter Graph.

Ist $\mathscr{C}$ eine kleine Kategorie, so erhält man ,,das $\mathscr{C}$ *unterliegende Diagrammschema*" folgendermaßen: Man nehme $|\mathscr{C}|$ als E, Mor $\mathscr{C}$ als P und für $f\colon A \to B$ setze man $a(f) = A$ und $z(f) = B$. Man vergißt dabei die Morphismenkomposition.

Endliche Diagrammschemata gibt man häufig durch Zeichnungen an, indem man Ecken als Punkte und Pfeile als solche zeichnet, z. B.

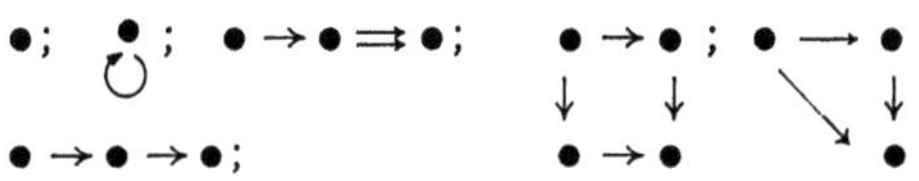

6.1.3 Ein *Weg* w in einem Diagrammschema Σ ist eine endliche Folge von Pfeilen $p_1, p_2, \ldots, p_n$, derart daß $z(p_i) = a(p_{i+1})$ ist für $i = 1, 2, \ldots, n-1$. Hier heißt n (≥ 1) die *Länge* von w. Wir schreiben für einen solchen Weg $w = p_n p_{n-1} \cdots p_2 p_1$ und setzen fest $a(w) = a(p_1)$ als *Anfang* und $z(w) = z(p_n)$ als *Ende* von w.

Sind $w = p_n p_{n-1} \cdots p_1$ und $v = q_m q_{m-1} \cdots q_1$ zwei Wege mit $z(w) = a(v)$, so ist $q_m q_{m-1} \cdots q_1 p_n p_{n-1} \cdots p_1$ wieder ein Weg, den wir mit vw (v nach w) bezeichnen. Diese eben beschriebene Zusammensetzung von Wegen ist offenbar assoziativ, genauer: Sind u, v, w Wege und sind uv und vw als Wege vorhanden, so auch $u(vw)$ und $(uv)w$, und es ist $u(vw) = (uv)w$, so daß auf Klammern verzichtet werden kann.

Jeder Weg ist in eindeutiger Weise aus Wegen der Länge 1 zusammengesetzt. Ein Weg heißt *geschlossen*, wenn Anfang und Ende übereinstimmen. Ist ein Weg w von der Form u_2u_1 oder $u_3u_2u_1$, wobei u_1, u_2, u_3 Wege sind, so nennen wir u_1, u_2 bzw. u_1, u_2, u_3 *Teilwege* von w; wir fassen w auch als Teilweg von sich selbst auf.

6.1.4 Sei Σ ein Diagrammschema und $\mathscr{C}$ eine Kategorie (nicht notwendig klein). Ein *Diagramm* D in $\mathscr{C}$ vom Typ Σ ist eine Abbildung von Σ in $\mathscr{C}$ folgender Art: Für jede Ecke e von Σ ist $D(e)$ ein Objekt von $\mathscr{C}$, und ist p ein Pfeil von Σ mit Anfang e_1 und Ende e_2, so ist $D(p)$ ein Morphismus in $\mathscr{C}$ mit der Quelle $D(e_1)$ und dem Ziel $D(e_2)$. Man schreibt $D\colon\ \Sigma \to \mathscr{C}$. Ist D ein solches Diagramm, so entspricht jedem Weg in Σ ein wohlbestimmter Morphismus von $\mathscr{C}$. Die damit bestimmte Fortsetzung von D auf die Wege in Σ denken wir uns stets vorgenommen. Man definiert natürliche Transformationen für Diagramme vom Typ Σ in $\mathscr{C}$ in naheliegender Weise durch Übertragung der Definition für natürliche Transformationen von Funktoren und erhält damit eine Kategorie $[\Sigma, \mathscr{C}]$ analog zu einer Funktorkategorie. Ist $\mathscr{B}$ eine kleine Kategorie, Σ das unterliegende Diagrammschema, so sind $[\mathscr{B}, \mathscr{C}]$ und $[\Sigma, \mathscr{C}]$ im allgemeinen verschieden. $[\mathscr{B}, \mathscr{C}]$ kann als Unterkategorie von $[\Sigma, \mathscr{C}]$ aufgefaßt werden.

6.1.5 Ein *Diagramm* heißt *endlich*, wenn es zu einem endlichen Diagrammschema gehört. In diesem Falle gibt man das Diagramm meist durch sein Bild an, wie wir das schon bisher bei Diagrammen von rechteckigem Typ getan haben. Dabei verzichtet man teilweise auf die Angabe von Namen für Objekte und Morphismen, wenn es im jeweils vorliegenden Falle nicht darauf ankommt. Insbesondere gestattet man sich, Figuren wie in 6.1.2 als eine Beziehung zwischen nicht näher bezeichneten Objekten und Morphismen einer Kategorie $\mathscr{C}$ zu lesen.

6.1.6 Es ist klar, wie man Diagramme zwischen Diagrammschemata definiert. Man erhält so eine Kategorie, deren Objekte die Diagrammschemata und deren Morphismen die Diagramme sind.

6.2 Diagramme mit Kommutativitätsbedingungen

6.2.1 Eine *Kommutativitätsbedingung* für ein Diagrammschema ist ein Paar von Wegen (v, w), wobei v und w denselben Anfang und dasselbe Ende haben.

Man möchte Diagramme betrachten, bei denen v und w in denselben Morphismus übergehen. Hierbei tritt eine Schwierigkeit auf: Soll ein geschlossener Weg w in einen identischen Morphismus übergehen, so fehlt in Σ der Partner zu w. Man korrigiert das folgendermaßen:

6.2.2 Man ordnet jeder Ecke von Σ einen identischen Pfeil 1_e mit Anfang und Ende e zu, wobei man dafür sorgt, daß die Menge $\{1_e\}$

zur Menge P der bereits vorhandenen Pfeile disjunkt ist. Man verlangt dabei, daß $(p1_e, p)$ bzw. $(1_e p, p)$ eine Kommutativitätsbedingung ist für jeden Pfeil p mit Anfang bzw. Ende e. Nach dieser Ergänzung fordert man bei allen Diagrammen vom Typ Σ, daß jeder identische Pfeil in einen identischen Morphismus übergeht (bzw. im Fall 6.1.6 in einen identischen Pfeil).

Die eben vorgenommene *Ergänzung* von Σ nennen wir *trivial*, ebenso die zugehörigen Kommutativitätsbedingungen.

6.2.3 Sei Σ ein Diagrammschema. Für die triviale Ergänzung Σ_0 von Σ sei eine Menge K von Kommutativitätsbedingungen außer den trivialen gegeben. Ein Diagramm $D\colon\ \Sigma \to \mathscr{C}$, das den Kommutativitätsbedingungen K genügt, ist ein solches, bei dem $D(v) = D(w)$ ist für jede Kommutativitätsbedingung $(v, w) \in K$. Ein *Diagramm* $D\colon\ \Sigma \to \mathscr{C}$ heißt *kommutativ*, wenn es allen möglichen Kommutativitätsbedingungen für Σ_0 genügt, d. h.: Sind v, w zwei Wege in Σ_0 mit gleichem Anfang und gleichem Ende, so ist $D(v) = D(w)$. Insbesondere sprechen wir in Zukunft in naheliegender Weise von kommutativen Dreiecken und Vierecken usw. Gibt man ein Diagramm durch eine Figur wieder, so werden die Bilder der identischen Pfeile im allgemeinen weggelassen.

Häufig tritt der Fall ein, daß bei einem Diagramm aus gegebenen Kommutativitätsbedingungen weitere folgen. In manchen Fällen sind solche Schlüsse unter zusätzlichen Voraussetzungen möglich. Der folgende Satz ist ein Beispiel.

6.2.4 Satz. *In dem prismatischen Diagramm*

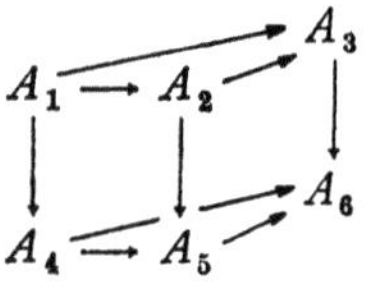

seien die Dachfläche und die drei Seitenflächen kommutativ, ferner sei $A_1 \to A_4$ *epimorph. Dann ist auch die Bodenfläche kommutativ. Sind Bodenfläche und Seitenflächen kommutativ und ist* $A_3 \to A_6$ *monomorph, so ist die Dachfläche kommutativ.*

Beweis. Sei f^i_j der Morphismus $A_i \to A_j$ des Diagramms. Dann gilt

$$f^5_6 f^4_5 f^1_4 = f^5_6 f^2_5 f^1_2 = f^3_6 f^2_3 f^1_2 = f^3_6 f^1_3 = f^4_6 f^1_4$$

für die erste Behauptung und damit $f^5_6 f^4_5 = f^4_6$, weil f^1_4 epimorph ist. Die zweite Behauptung ist bis auf Umbezeichnung dual zur ersten.

6.2.5 Ein Diagramm vom Typ Σ, das einer gegebenen Menge K von Kommutativitätsbedingungen genügt, bezeichnen wir als Diagramm vom Typ $\Sigma/_K$. Für eine Kategorie $\mathscr{C}$ bilden die Diagramme vom Typ $\Sigma/_K$ zusammen mit ihren natürlichen Transformationen eine Kategorie, die wir mit $[\Sigma/_K, \mathscr{C}]$ bezeichnen. Sie ist volle Unterkategorie von $[\Sigma, \mathscr{C}]$.

6.3 Diagramme als Funktordaten

6.3.1 Sei Σ_0 die triviale Ergänzung des Diagrammschemas mit einer gegebenen (möglicherweise leeren) Menge K von Kommutativitätsbedingungen. Wir konstruieren aus Σ_0 eine Kategorie $\mathscr{W}(\Sigma/_K)$ folgendermaßen:

Die Ecken von Σ seien die Objekte von $\mathscr{W}(\Sigma/_K)$. Für die Wege von Σ_0 betrachten wir die kleinste Äquivalenzrelation, die mit der Komposition von Wegen verträglich ist und unter der die beiden Wege einer jeden Kommutativitätsbedingung (aus K oder trivial) äquivalent sind. Die Äquivalenzklassen der Wege nach dieser Relation sind die Morphismen von $\mathscr{W}(\Sigma/_K)$, wobei Quelle bzw. Ziel eines Morphismus durch den gemeinsamen Anfang bzw. das gemeinsame Ende der Wege in der betreffenden Äquivalenzklasse gegeben sind. Die Komposition der Morphismen rührt her von der in 6.1.3 beschriebenen Komposition von Wegen.

Diese Konstruktion enthält eine Anzahl von Behauptungen, deren Beweis wir nur andeuten. Weil die Ecken und die Pfeile von Σ Mengen bilden, bilden auch die Wege von Σ_0 eine Menge W, folglich auch die Äquivalenzklassen. Die Äquivalenzrelation kann man als kleinste Teilmenge von $W \times W$ erhalten, die eine mit der Komposition von Wegen verträgliche Äquivalenzrelation (Kongruenzrelation) darstellt und die gegebenen Wegpaare enthält. Eine direkte Konstruktion ergibt sich so: Zwei Wege u_1 und u_2 heißen äquivalent, wenn es eine endliche Folge von Wegen $u_1 = w_0, w_1, \ldots, w_n = u_2$ gibt derart, daß jeweils w_i aus w_{i-1} $(1 \leq i \leq n)$ dadurch entsteht, daß ein in w_{i-1} auftretender Teilweg v_1, der zu einer geeigneten Kommutativitätsbedingung (v_1, v_2) oder (v_2, v_1) gehört, durch den anderen, v_2, ersetzt wird. Hieraus erkennt man, daß äquivalente Wege denselben Anfang und dasselbe Ende haben.

6.3.2 Satz. *Sei $\mathscr{C}$ eine Kategorie. Jedes Diagramm in $\mathscr{C}$ vom Typ $\Sigma/_K$ setzt sich eindeutig fort zu einem Funktor $\mathscr{W}(\Sigma/_K) \to \mathscr{C}$. Natürliche Transformationen zwischen solchen Diagrammen sind auch solche der durch Fortsetzung entstehenden Funktoren. Damit sind $[\Sigma/_K, \mathscr{C}]$ und $[\mathscr{W}(\Sigma/_K), \mathscr{C}]$ isomorph.*

Der Beweis ergibt sich unmittelbar aus 6.2.3 und der expliziten Konstruktion der Äquivalenzklassen von Wegen in 6.3.1. Genügt ein Diagramm $D\colon \Sigma \to \mathscr{C}$ den Bedingungen K, so haben äquivalente Wege dasselbe Bild bei D.

Beispiele

6.3.3 Statt $\mathscr{W}(\Sigma/\emptyset)$ schreiben wir $\mathscr{W}(\Sigma)$.

6.3.4 Besteht K aus der Menge aller für Σ möglichen Kommutativitätsbedingungen, so gibt es für je zwei Objekte e_1, e_2 von $\mathscr{W}(\Sigma/K)$ höchstens einen Morphismus $e_1 \to e_2$. $\mathscr{W}(\Sigma/K)$ ist hier also eine vorgeordnete Menge.

6.3.5 Sei $\mathscr{C}$ eine kleine Kategorie, Σ das unterliegende Diagrammschema. Man nehme als K die Menge aller Paare (uv, w), für welche $uv = w$ in $\mathscr{C}$ gilt (hierbei ist uv bzw. w in Σ ein Weg der Länge 2 bzw. 1). Man erhält eine evidente Isomorphie $\mathscr{W}(\Sigma/_K) \to \mathscr{C}$. Dies gilt entsprechend, wenn $\mathscr{C}$ nicht klein ist. Wechsel des Universums ist nur hilfsweise für Σ erforderlich.

6.3.6 Ist $\mathscr{C}$ klein, so kann ein Funktor $\mathscr{C} \to \mathscr{D}$ auch als Diagramm mit Kommutativitätsbedingungen aufgefaßt werden. Umgekehrt läßt sich ein Diagramm mit Kommutativitätsbedingungen nach 6.3.2 als abgekürzte Mitteilung eines Funktors auffassen, die alle erforderliche Information enthält. So ist oben „Funktordaten" gemeint.

Satz 6.3.2 charakterisiert die Menge aller Kommutativitätsbedingungen, die aus der gegebenen Menge K folgen. Verschiedene Mengen K können auf dieselbe Kategorie führen.

Ordnet man jeder kleinen Kategorie $\mathscr{C}$ die Menge der Diagramme vom Typ $\Sigma/_K$ zu, so bewirkt jeder Funktor $T\colon \mathscr{C} \to \mathscr{D}$ eine Abbildung dieser Mengen. Man erhält auf diese Weise einen Funktor $cat \to Ens$. Satz 6.3.2 besagt insbesondere, daß dieser Funktor darstellbar ist. Entsprechend für $Cat \to \mathscr{E}\mathscr{N}\mathscr{S}$.

6.3.7 Man kann *Produkte für Diagrammschemata* erklären. Wir gehen so vor:

Es seien Σ und Σ' Diagrammschemata mit Kommutativitätsbedingungen K bzw. K'. $\Sigma \times \Sigma'$ definieren wir als Diagrammschema mit nicht-trivialen Kommutativitätsbedingungen. Die Ecken von $\Sigma \times \Sigma'$ seien Paare (e, e'), wobei e bzw. e' Ecke von Σ bzw. Σ' ist. Pfeile seien Paare (p, e') und (e, p'), wobei p bzw. p' ein Pfeil von Σ bzw. Σ' ist. Dann gibt es ein evidentes Diagramm

$$D\colon\ \Sigma \times \Sigma' \to \mathscr{W}(\Sigma/_K) \times \mathscr{W}(\Sigma'/_{K'}).$$

Als Kommutativitätsbedingungen für $\Sigma \times \Sigma'$ nehmen wir alle Paare von Wegen, die bei D dasselbe Bild haben. Ist L die Menge dieser Paare, so setzt sich also D fort zu einem Isomorphismus

$$\mathscr{W}(\Sigma \times \Sigma'/_L) \xrightarrow{\approx} \mathscr{W}(\Sigma/_K) \times \mathscr{W}(\Sigma'/_{K'}).$$

Es kann auch L durch eine Teilmenge M von L derart ersetzt werden, daß entsprechend 6.3.2 die Kommutativitätsbedingungen M alle von L nach sich ziehen.

Ist Σ das Schema $\bullet \to \bullet$, so ist $\Sigma \times \Sigma$ das Schema

$$\begin{array}{ccc} \bullet & \to & \bullet \\ \downarrow & & \downarrow \\ \bullet & \to & \bullet \end{array}$$

mit einer Kommutativitätsbedingung, die aussagt, daß das Rechteck kommutativ ist.

6.4 Quotienten von Kategorien

6.4.1 Es sei $\mathscr{C}$ eine Kategorie. Für jede Morphismenmenge $[A, B]_{\mathscr{C}}$ sei eine Äquivalenzrelation $\sim$ gegeben, so daß gilt: Ist gf in $\mathscr{C}$ erklärt, $g \sim g'$, $f \sim f'$, so ist $gf \sim g'f'$. Dann gibt es eine Kategorie $\mathscr{Q}$, die mit $\mathscr{C}$ in den Objekten übereinstimmt und für die $[A, B]_{\mathscr{Q}}$ die Menge der Äquivalenzklassen von $[A, B]_{\mathscr{C}}$ ist, und es gibt einen Funktor P: $\mathscr{C} \to \mathscr{Q}$, der jedem Morphismus von $\mathscr{C}$ seine Äquivalenzklasse zuordnet. Man sagt, daß $\mathscr{Q}$ ein *Quotient* von $\mathscr{C}$ und P die zugehörige *Projektion* ist.

6.4.2 Ein klassisches Beispiel ist der Übergang von *Top* zur Homotopiekategorie, bei welcher die Morphismen die Homotopieklassen stetiger Abbildungen sind. Entsprechend mit Grundpunkten. Allgemein gilt: Ist T: $\mathscr{C} \to \mathscr{D}$ ein Funktor, der für die Objektklassen injektiv ist, so setze man $f \sim f'$, wenn $T(f) = T(f')$ ist. Man erhält einen Quotienten von $\mathscr{C}$, über den sich T faktorisieren läßt.

6.4.3 Satz. *Es sei Σ ein Diagrammschema, K_1 und K_2 seien Mengen von Kommutativitätsbedingungen für Σ. Dann ist $\mathscr{W}(\Sigma/_{K_1 \cup K_2})$ Quotient von $\mathscr{W}(\Sigma/_{K_1})$.*

Dies folgt unmittelbar aus 6.3.1.

6.4.4 Sei $\mathscr{C}$ eine kleine Kategorie. Für die Objekte von $\mathscr{C}$ sei eine Äquivalenzrelation gegeben, ferner eine Menge von Morphismenpaaren (f, f'), wobei jeweils die Quellen von f und f' äquivalent sind, ebenso die Ziele. Man erhält ein Diagrammschema Σ, wenn man in dem $\mathscr{C}$ unterliegenden Diagrammschema die Ecken einer jeden Äquivalenzklasse zu jeweils einer identifiziert. Als Menge K von Kommutativitätsbedingungen nehme man die von $\mathscr{C}$ stammenden wie in 6.3.5, alle Paare identischer Morphismen für Paare äquivalenter Objekte und die gegebenen Paare (f, f'). Man erhält einen Funktor P: $\mathscr{C} \to \mathscr{W}(\Sigma/K)$ mit folgender universeller Eigenschaft: Ist T: $\mathscr{C} \to \mathscr{D}$ ein Funktor, bei dem äquivalente Objekte von $\mathscr{C}$ und die Morphismen eines jeden gegebenen Paares (f, f') jeweils dasselbe Bild in $\mathscr{D}$ haben, so ist T von der Form $T = SP$, wobei S durch T eindeutig bestimmt ist. Wir sagen auch hier, daß $\mathscr{W}(\Sigma/K)$ ein *Quotient* von $\mathscr{C}$ ist, und bezeichnen P als *Projektion*. 6.4.1 ist ein Spezialfall.

Ist $\mathscr{C}$ eine beliebige Kategorie, so besteht eine entsprechende Konstruktion bei Übergang zu einem höheren Universum $\mathfrak{V}$. Der entstehende Quotient braucht keine $\mathfrak{U}$-Kategorie zu sein. Man erkennt das, wenn man etwa bei *Ens* alle Objekte zu einem identifiziert.

6.4.5 Sei T: $\mathscr{C} \to \mathscr{D}$ ein Funktor zwischen beliebigen Kategorien $\mathscr{C}, \mathscr{D}$. Erklärt man Objekte von $\mathscr{C}$ als äquivalent, wenn sie unter T dasselbe Bild haben, entsprechend Morphismen, so ist T von der Gestalt SP, wobei S eine Einbettung ist.

Das läßt sich aus 6.4.4 mit hilfsweisem Wechsel des Universums erhalten, jedoch auch unmittelbar. S: $\mathscr{C}' \to \mathscr{D}$ kann als Inklusion derjenigen Unterkategorie $\mathscr{C}'$ von $\mathscr{D}$ gewählt werden, deren Objekte die Gestalt $T(A)$ haben und deren Morphismen Komposita von solchen der Form $T(f)$ sind.

6.5 Klassen von Mono- bzw. Epimorphismen

6.5.1 Die ganzen Zahlen 0 und 1 bilden in ihrer natürlichen Anordnung eine Kategorie **2**. Sie ist isomorph zu $\mathscr{W}(\Sigma)$, wenn Σ das folgende Diagrammschema ist: $\bullet \to \bullet$.

Ist $\mathscr{C}$ eine beliebige Kategorie, so entsprechen die Objekte von $[\mathbf{2}, \mathscr{C}]$ bijektiv den Morphismen von $\mathscr{C}$, die Morphismen kommutativen Rechtecken der Gestalt

(1)
$$\begin{array}{ccc} A_1 & \xrightarrow{f} & A_2 \\ {\scriptstyle t_1}\downarrow & & \downarrow{\scriptstyle t_2} \\ B_1 & \xrightarrow{g} & B_2 \end{array}$$

in $\mathscr{C}$, wobei (t_1, t_2) eine natürliche Transformation von Funktoren $\mathbf{2} \to \mathscr{C}$ darstellt.

6.5.2 Es besteht der Funktor „Quelle" Δ^0: $[\mathbf{2}, \mathscr{C}] \to \mathscr{C}$, der jedem Objekt f von $[\mathbf{2}, \mathscr{C}]$ seine Quelle und dem Morphismus (t_1, t_2) von $[\mathbf{2}, \mathscr{C}]$ den Morphismus t_1 von $\mathscr{C}$ zuordnet. Entsprechend besteht der Funktor „Ziel" Δ^1: $[\mathbf{2}, \mathscr{C}] \to \mathscr{C}$, wobei $\Delta^1(f)$ das Ziel von f ist.

6.5.3 Sei X ein festes Objekt aus $\mathscr{C}$. Man erhält eine Unterkategorie von $[\mathbf{2}, \mathscr{C}]$, wenn man nur solche Funktoren $\mathbf{2} \to \mathscr{C}$ betrachtet, welche die Zahl 1 in X abbilden, und nur solche natürlichen Transformationen, welche der Zahl 1 stets 1_X zuordnen. Bis auf eine evidente Isomorphie von Kategorien hat man also als Objekte $\mathscr{C}$-Morphismen mit Ziel X, als Morphismen die in $\mathscr{C}$ möglichen Auffüllungen von

(2)
$$\begin{array}{ccc} A & \xrightarrow{f} & X \\ & \nearrow{\scriptstyle g} & \\ B & & \end{array} \quad \text{zu} \quad \begin{array}{ccc} A & \xrightarrow{f} & X \\ {\scriptstyle t}\downarrow & \nearrow{\scriptstyle g} & \\ B & & \end{array}$$

wobei das Dreieck kommutativ ist, also $f = gt$.

Man bezeichnet diese Kategorie als die *Kategorie* $\mathscr{C}/_X$ *der Objekte vor (über)* X. Δ^0: $[\mathbf{2}, \mathscr{C}] \to \mathscr{C}$ liefert durch Einschränkung einen Funktor $\mathscr{C}/_X \to \mathscr{C}$, den wir ebenfalls mit Δ^0 bezeichnen.

6.5.4 Wir spezialisieren weiter, indem wir als Objekte nur Monomorphismen mit Ziel X zulassen. Aus $f = gt$ monomorph folgt wegen 5.1.5, daß auch t monomorph ist. Ferner gibt es zu gegebenen f, g höchstens ein t mit $f = gt$, weil g monomorph ist. Man erhält (vgl. 1.4.3):

Die Monomorphismen mit Ziel X bilden eine vorgeordnete Klasse.

Man macht sich für *Ens*, *Ab*, *Top* klar, daß hierbei die Monomorphismen nicht durch ihre Quellen ersetzt werden können. Es kann verschiedene Monomorphismen $A \to X$ geben. Sie sind in der Vorordnung nicht vergleichbar.

6.5.5 Zu einer Vorordnung „$\leq$" auf einer Klasse K gehört stets eine Äquivalenzrelation: Für $a, b \in K$ setzt man $a \sim b$, wenn $a \leq b$ und $b \leq a$ ist. Die zugehörigen Äquivalenzklassen brauchen keine Mengen zu sein, und innerhalb desselben Universums hat es dann keinen Sinn, von der Klasse dieser Äquivalenzklassen zu sprechen, wohl aber in einem höheren Universum. Ist K eine Menge, so induziert die Vorordnung eine Ordnung für die Menge der Äquivalenzklassen und damit auch für jedes Repräsentantensystem von ihnen.

6.5.6 Im Falle 6.5.4 bedeutet $f \leq g$ und $g \leq f$, daß der eindeutig bestimmte $\mathscr{C}$-Morphismus t mit $f = gt$ ein Isomorphismus in $\mathscr{C}$ ist: Es gibt nämlich s mit $g = fs$, und wegen $f = fst$, $g = gts$, f und g monomorph, sind st und ts identische Morphismen in $\mathscr{C}$.

6.5.7 Für die Klassen äquivalenter Monomorphismen mit Ziel X hat man bei speziellen Kategorien $\mathscr{C}$ natürliche Auswahlen von Repräsentanten: Für $\mathscr{C} = \mathit{Ens}$ Inklusionen von Teilmengen von X, für $\mathscr{C} = \mathit{Ab}$ Inklusionen von Untergruppen, für $\mathscr{C} = \mathit{Top}$ Inklusionen von Teilmengen von X, die so mit einer Topologie versehen sind, daß die Inklusion stetig ist.

6.5.8 Für die Klassen äquivalenter Monomorphismen mit Ziel X oder auch für vollständige Repräsentantensysteme von ihnen ist die Bezeichnung *Unterobjekte* von X bisher üblich. Sie kann in doppelter Weise irreführen: Die Unter-„Objekte" sind keine Objekte, vgl. 6.5.4, und das Beispiel *Top* zeigt, daß man nicht nur diejenigen Monomorphismen erhält, die vom Begriff Unterraum herrühren. Es gibt verschiedene Vorschläge, „richtige" Unterobjekte zu definieren.

6.5.2°—6.5.7° Durch Dualisierung ($\mathscr{C}^0$ statt $\mathscr{C}$) ergeben sich Betrachtungen über Morphismen mit fester Quelle X (6.5.3°), insbesondere Epimorphismen (6.5.4°). Diese bilden wieder eine vorgeordnete Klasse. Für die zugehörigen Äquivalenzklassen ist die Bezeichnung *Quotient* von X bisher üblich.

7. Limites

7.1 Definition für Limites

7.1.1 Es sei $\mathscr{C}$ eine Kategorie und Σ ein Diagrammschema. Für $A \in |\mathscr{C}|$ sei A_Σ das konstante Diagramm, das alle Ecken von Σ in A, alle Pfeile in 1_A abbildet. Ein Morphismus $f\colon A \to B$ in $\mathscr{C}$ bewirkt die natürliche Transformation $f_\Sigma\colon A_\Sigma \to B_\Sigma$, die jeder Ecke von Σ den Morphismus f zuordnet. Für ein beliebiges Diagramm $T\colon \Sigma \to \mathscr{C}$ besteht eine natürliche Transformation $\xi\colon A_\Sigma \to T$ aus Morphismen $\xi_e\colon A \to T(e)$ für alle

Ecken e von Σ, so daß

$$(1) \qquad \xi_{z(p)} = T(p)\,\xi_{a(p)} \qquad \begin{array}{ccc} & \xi_{a(p)} & T(a(p)) \\ A & \nearrow\!\!\searrow & \downarrow T(p) \\ & \xi_{z(p)} & T(z(p)) \end{array}$$

für alle Pfeile p von Σ gilt $(a(p)$ bzw. $z(p)$ Anfang bzw. Ende von $p)$. Die natürlichen Transformationen $A_\Sigma \to T$ können als Elemente $\xi = \{\xi_e\}_{e \in E}$ der Produktmenge

$$(2) \qquad \prod_{e \in E} [A, T(e)], \qquad E \text{ Eckenmenge von } \Sigma,$$

aufgefaßt werden, und zwar als solche, die den Bedingungen (1) genügen. (1) läßt sich auch so formulieren:

$$(1') \qquad [A, T(p)]\,(\xi_{a(p)}) = \xi_{z(p)}.$$

7.1.2 Definition. Ein *Limes* (auch *projektiver Limes, inverser Limes,* Linkswurzel, Infimum) (L, λ) für das Diagramm $T\colon\ \Sigma \to \mathscr{C}$ besteht aus einem Objekt L von $\mathscr{C}$ und einer natürlichen Transformation λ: $L_\Sigma \to T$ mit folgender Eigenschaft: Zu beliebiger natürlicher Transformation ξ: $A_\Sigma \to T$ gibt es genau einen Morphismus f: $A \to L$ mit

$$(3) \qquad \xi = \lambda f_\Sigma \qquad \begin{array}{ccc} A_\Sigma & \overset{\xi}{\searrow} & \\ f_\Sigma \Downarrow & & T \\ L_\Sigma & \underset{\lambda}{\nearrow} & \end{array}$$

Es ist zugelassen, daß Σ leer ist. In diesem Falle ist jedes A_Σ ebenso wie T das leere Diagramm, f_Σ, λ, ξ sind die triviale, zugleich identische natürliche Transformation. Ein Limes, falls vorhanden, besteht aus einem terminalen Objekt von $\mathscr{C}$ mit der leeren natürlichen Transformation. Hierbei sind (1) und (1′) gegenstandslos, und unter dem Mengenprodukt (2) ist, wie üblich, die einelementige Menge $\{\emptyset\}$ zu verstehen.

7.1.3 Satz. *Falls vorhanden, stellt ein Limes* (L, λ) *von* $T\colon\ \Sigma \to \mathscr{C}$ *folgenden kontravarianten Funktor* N_T: $\mathscr{C} \to \mathit{Ens}$ *dar: Für* $A \in |\mathscr{C}|$ *ist* $N_T(A)$ *die Menge der natürlichen Transformationen* $A_\Sigma \to T$ *und für* f: $A \to B$ *ist* $N_T(f)$ *die durch* $\eta \mapsto \eta f_\Sigma$ *beschriebene Abbildung* $N_T(B) \to N_T(A)$. *Umgekehrt liefert jede Darstellung von* N_T *einen Limes von* T.

Beweis. Daß ϱ: $[?, L] \to N_T(?)$ ein Isomorphismus kontravarianter Funktoren mit $\varrho_L(1_L) = \lambda \in N_T(L)$ ist, ist wegen 4.4.2 gleichbedeutend damit, daß es zu $\xi \in N_T(A)$ genau einen Morphismus f: $A \to L$ mit $\xi = N_T(f)(\lambda)$ gibt. Wegen $N_T(f)(\lambda) = \lambda f_\Sigma$ ist das aber gerade 7.1.2. Man beachte, daß dies auch für leeres Σ gilt.

7.1.4 Bemerkung. $N_T(A)$ ist Untermenge des Produktes (2), und zwar diejenige, die durch die Bedingungen (1) charakterisiert wird. $N_T(f)$ entsteht durch Einschränkung der Abbildung

$$(4) \qquad \Pi[f, T(e)]: \Pi[B, T(e)] \to \Pi[A, T(e)],$$

die durch $\{\beta_e\} \mapsto \{\beta_e f\}$ beschrieben wird.

Es ist noch eine andere Beschreibung möglich. Dazu sei T ein Diagramm vom Typ Σ, das einer (möglicherweise leeren) Menge K von Kommutativitätsbedingungen genügt. (Für A_Σ sind diese offenbar erfüllt.) Durch $A \mapsto A_\Sigma$, $f \mapsto f_\Sigma$ wird ein Funktor $S: \mathscr{C} \to [\Sigma/K, \mathscr{C}]$ definiert, und es ist

$$(5) \qquad N_T(?) = [S(?), T]_{[\Sigma/K, \mathscr{C}]}.$$

Ein Limes (L, λ) von T ist eine Darstellung von N_T, d. h. derjenige Isomorphismus

$$(6) \qquad \varrho: \quad [?, L]_{\mathscr{C}} \xrightarrow{\cong} [S(?), T]_{[\Sigma/K, \mathscr{C}]},$$

der durch $\varrho_L(1_L) = \lambda$ charakterisiert ist. Man bemerkt: $N_T\mathrm{Op}$ ist partieller Funktor eines Bifunktors

$$(7) \qquad [S\mathrm{Op}(?), ??]: \mathscr{C}^{\circ} \times [\Sigma/K, \mathscr{C}] \to \mathit{Ens}.$$

7.1.5 Satz. *Besitzt $T: \Sigma \to \mathscr{C}$ einen Limes (L, λ), so ist L durch T bis auf Isomorphie bestimmt. Zu je zwei Limites (L, λ) und (M, μ) gibt es genau einen Morphismus $u: L \to M$ mit $\lambda = \mu u_\Sigma$. Dabei ist u isomorph. Insbesondere ist λ durch T und L bis auf einen Automorphismus von L bestimmt.*

Dies folgt unmittelbar aus 7.1.3 und 4.4.4.

7.1.6 Im Vorangehenden kann Σ eine kleine Kategorie und T ein Funktor sein. Ist Σ eine beliebige Kategorie, so kann auch ein Funktor $T: \Sigma \to \mathscr{C}$ einen Limes besitzen, die Definition 7.1.2 gilt ungeändert. Wir sprechen dann von einem *großen Limes*. Bei (1), (2), 7.1.3, 7.1.4 muß nötigenfalls das Universum gewechselt werden. 7.1.5 läßt sich auch direkt aus 7.1.2 folgern.

7.1.7 Satz. *Es sei Z ein terminales Objekt in $\mathscr{C}$. Ist Σ eine beliebige Kategorie oder ein Diagrammschema, so hat Z_Σ den Limes $(Z, \{1_Z\})$.*

Es ist nämlich Z_Σ sogar terminal in $[\Sigma, \mathscr{C}]$. Ist Z nicht terminal, so gilt im allgemeinen keine entsprechende Aussage, wie sich in 7.3 ergeben wird.

7.1.8 Satz. *Es sei Σ eine Kategorie mit initialem Objekt i. Der Funktor $T: \Sigma \to \mathscr{C}$ hat den Limes $\big(T(i), \{T(p')\}\big)$, wobei p' alle Morphismen mit Quelle i in Σ durchläuft.*

Das folgt unmittelbar aus den Definitionen.

7.1.9 Hilfssatz. *Es sei* $\omega\colon S \to T$ *eine natürliche Transformation von Diagrammen* $S, T\colon \Sigma \to \mathscr{C}$ *mit Kommutativitätsbedingungen* K. *Ist* $\xi\colon A_\Sigma \to S$ *eine natürliche Transformation und* (L, λ) *Limes von* T, *so gibt es genau einen Morphismus* $f\colon A \to L$ *mit* $\omega\xi = \lambda f_\Sigma$. *Ist* ω *monomorph in* $[\Sigma/K, \mathscr{C}]$ *und* (A, ξ) *Limes von* S, *so ist auch* f *monomorph.*

Beweis. Die erste Behauptung folgt unmittelbar aus der Definition 7.1.2. Für $u, v\colon B \to A$ gelte $fu = fv$. Dann gilt $\lambda f_\Sigma u_\Sigma = \lambda f_\Sigma v_\Sigma$ und daher $\omega\xi u_\Sigma = \omega\xi v_\Sigma$. Ist ω monomorph, so folgt $\xi u_\Sigma = \xi v_\Sigma$ und weiter $u = v$, wenn (A, ξ) Limes von S ist.

7.1.10 Hinweis. In 7.1.9 ist ω sicher dann monomorph, wenn ω_e monomorph für jede Ecke e von Σ ist. Das Umgekehrte braucht nicht zu gelten.

7.1.11 Bemerkung. Für $T\colon \Sigma \to \mathscr{C}$ heißt $\lambda\colon L_\Sigma \to T$ *schwacher Limes*, wenn es zu $\xi\colon A_\Sigma \to T$ mindestens einen Morphismus $f\colon A \to L$ gibt mit $\xi = \lambda f_\Sigma$. 7.1.3 bis 7.1.9 gelten hierfür nicht. Schwache Differenzkerne (7.2), Produkte (7.3), Pullbacks (7.8) sind später im Sinne dieser Bemerkung zu verstehen.

7.2 Differenzkerne

Wir betrachten für Σ den Spezialfall $\bullet \rightrightarrows \bullet$. Ein zugehöriges Diagramm T hat die Gestalt $A \underset{g}{\overset{f}{\rightrightarrows}} B$. Eine natürliche Transformation $\xi\colon C_\Sigma \to T$ ist durch einen Morphismus $h\colon C \to A$ mit $fh = gh$ vollständig beschrieben. 7.1.2 führt damit auf folgende

7.2.1 Definition. Es seien $f, g\colon A \to B$ zwei Morphismen mit gleicher Quelle A und gleichem Ziel B. Ein *Differenzkern* (auch *equalizer* und sogar kernel) (K, k) von f und g ist ein Morphismus $k\colon K \to A$, so daß gilt

(i) $fk = gk$.

(ii) Zu jedem Morphismus $v\colon Y \to A$ mit $fv = gv$ gibt es genau einen Morphismus $w\colon Y \to K$ mit $v = kw$.

7.2.2 Satz. *Jeder Differenzkern ist monomorph. Jeder epimorphe Differenzkern ist isomorph. Jede Coretraktion ist ein Differenzkern.*

Beweis. Sei $k\colon K \to A$ Differenzkern von $f, g\colon A \to B$. Ist $kw_1 = kw_2$, so folgt mit $v = kw_1$ die erste Behauptung aus 7.2.1 (ii). Ist k epimorph, so folgt $f = g$, und es ist auch 1_A Differenzkern von f und g. Nach 7.1.5 ist k isomorph. Sei $s\colon K \to A$ Coretraktion und t eine zugehörige Retraktion. Man bestätigt leicht, daß s Differenzkern von 1_A und st ist.

7.2.3 Definition. Man sagt, daß die Kategorie $\mathscr{C}$ Differenzkerne besitzt, wenn jedes Paar von Morphismen mit gleicher Quelle und gleichem Ziel einen Differenzkern besitzt.

7.2.4 Differenzkerne sind nach 7.1.5 nur bis auf einen vorgeschalteten Isomorphismus bestimmt. Häufig liegt jedoch eine natürliche Auswahl vor. In den folgenden Beispielen für Kategorien mit Differenzkernen ist das der Fall. Wir geben die ausgewählten Differenzkerne an:

Differenzkern von $A \overset{f}{\underset{g}{\rightrightarrows}} B$ in *Ens* ist die Koinzidenzmenge $\{a \mid f(a) = g(a)\}$ mit ihrer Inklusion in A. Jede Teilmenge tritt als Differenzkern auf. In *Ab* erhält man alle Untergruppen, in ${}_R\mathit{Mod}$ alle Untermoduln und in der Kategorie der Gruppen wieder alle Untergruppen mit ihrer Inklusion (EILENBERG-MOORE) als Differenzkerne. In *Top* gilt entsprechendes für Unterräume, in der Kategorie der Hausdorff-Räume für abgeschlossene Unterräume.

cat und *Cat* besitzen Differenzkerne. Für Funktoren F, G: $\mathscr{A} \to \mathscr{B}$ erhält man als Differenzkern die Inklusion derjenigen Unterkategorie von $\mathscr{A}$, auf der F und G übereinstimmen. Sie kann leer sein.

Das Beispiel *Top* zeigt, daß 7.2.2 nicht umkehrbar ist. Differenzkerne ergeben eine Möglichkeit, gegenüber 6.5.8 „bessere Unterobjekte" zu definieren.

7.2.5 Definition. Die Kategorie $\mathscr{C}$ besitze Null-Morphismen (vgl. 5.5.5, 5.5.6). Ein *Kern* von f: $A \to B$ ist ein Differenzkern von f und 0: $A \to B$. $\mathscr{C}$ besitzt Kerne, wenn jeder Morphismus einen Kern besitzt.

7.2.6 Satz. *In einer additiven Kategorie ist k: $K \to A$ Differenzkern von f, g: $A \to B$ genau dann, wenn k Kern von $f - g$ ist. Eine additive Kategorie besitzt Differenzkerne genau dann, wenn sie Kerne besitzt.*

Die Behauptung folgt ohne weiteres daraus, daß $fv = gv$ gleichwertig mit $(f-g)\,v = 0$ ist.

7.2.7 Gegenbeispiel. In der Kategorie der Gruppen sind die Kerne Inklusionen von Normalteilern, während alle Inklusionen von Untergruppen Differenzkerne sind. Aus der Existenz eines Nullobjektes folgt also noch nicht, daß Differenzkerne und Kerne zusammenfallen.

7.3 Produkte

Produkte sind Limites von Diagrammen, deren Schema diskret ist, d. h. keine Pfeile besitzt. Ein solches Diagramm ist nichts anderes als eine Familie von Objekten, wobei die Indexmenge das Diagrammschema ist.

7.3.1 Definition. Es sei $\{A_e\}_{e\in E}$ eine Familie von Objekten der Kategorie $\mathscr{C}$. Ein *Produkt* dieser Familie ist ein Objekt X mit Morphismen pr_e: $X \to A_e$, so daß gilt: Ist $\{f_e$: $Y \to A_e\}_{e\in E}$ gegeben, so gibt es genau einen Morphismus f: $Y \to X$ mit $pr_e f = f_e$. Für das Objekt X schreibt man meist $\prod\limits_{e\in E} A_e$ bzw. $\prod A_e$, wenn kein Irrtum zu befürchten ist, und man nennt pr_e die e-te *Projektion* des Produktes. Unter einem *endlichen Produkt* ist ein Produkt mit endlicher Indexmenge E zu verstehen. Hierbei ist zugelassen, daß E leer ist und somit ein terminales Objekt von $\mathscr{C}$ vorliegt. Die Kategorie $\mathscr{C}$ besitzt Produkte bzw. endliche

Produkte, wenn jede Familie von Objekten aus $\mathscr{C}$, deren Indizes eine Menge bzw. endliche Menge bilden, ein Produkt besitzt.

7.3.2 Beispiele. Für *Ens* sind Produkte im üblichen Sinne auch solche nach 7.3.1, wobei hier die Projektionen als charakteristische Angaben für das Produkt einbezogen sind. Zugleich liegt hier eine natürliche Auswahl unter den Produkten vor (vgl. 7.1.5 und 7.2.4), wie auch bei den folgenden Beispielen, bei denen die Projektionen evident sind. Für *Top* sind Produkte die topologischen Produkte. Für *Ab*, ${}_R Mod$, die Kategorie der Gruppen sind Produkte die üblichen „direkten Produkte". Entsprechendes gilt für Modelle anderer algebraischer Strukturen, wo die algebraischen Operationen „koordinatenweise" auf der Produktmenge erklärt werden, z. B. Ringe. *cat* und *Cat* besitzen Produkte: Es sei $\{\mathscr{C}_e\}_{e\in E}$ eine Familie von Kategorien. Objekte von $\prod \mathscr{C}_e$ sind Familien $\{A_e \mid A_e \in |\mathscr{C}_e|\}_{e\in E}$ von Objekten. Die Menge der Morphismen von $\{A_e\}$ nach $\{B_e\}$ ist das Mengenprodukt $\prod\, [A_e, B_e]_{\mathscr{C}_e}$. Sind alle $\mathscr{C}_e$ klein, so ist $\prod$ Mor $\mathscr{C}_e$ eine Menge, und es ist $\prod$ Mor $\mathscr{C}_e =$ Mor $\prod \mathscr{C}_e$.

7.3.3 Satz. *Es seien* $\{pr_e\colon X \to A_e\}$ *und* $\{q_e\colon Y \to B_e\}$ *Produkte in* $\mathscr{C}$ *zur gleichen Indexmenge E. Ist für jedes* $e \in E$ *ein Morphismus* f_e: $A_e \to B_e$ *gegeben, so gibt es genau einen Morphismus* $f\colon X \to Y$ *mit* $q_e f = f_e pr_e$ *für alle e. Man schreibt* $f = \prod f_e$. *Sind alle* f_e *monomorph, so ist auch f monomorph.*

Das ist ein häufig benutzter Spezialfall von 7.1.9.

7.3.4 Satz. *Es sei* $\{pr_e\colon X \to A_e\}_{e\in E}$ *ein Produkt in* $\mathscr{C}$. *Ferner sei* $k \in E$. *Gibt es für jedes* $e \in E$ *einen Morphismus* $f_e\colon A_k \to A_e$, *so ist* $pr_k\colon X \to A_k$ *eine Retraktion.*

Beweis. Man definiere $g\colon A_k \to X$ durch $pr_e g = f_e$ für $e \neq k$ und $pr_k g = 1_{A_k}$.

Die Voraussetzung des Satzes ist insbesondere erfüllt, wenn $\mathscr{C}$ Null-Morphismen besitzt, jedoch auch in *Ens*, *Top* und *cat*, wenn kein A_e leer ist.

7.3.5. Die Kategorie $\mathscr{C}$ besitze ein terminales Objekt Z. Für $e \neq k$ sei $A_e = Z$, und es sei A_k ein gegebenes Objekt A. Nimmt man als pr_e den einzigen Morphismus von A nach Z und 1_A als pr_k, so ist A Produkt der Familie. Ist das Produkt der Familie anders fixiert (vgl. 7.3.2), so ist pr_k jedenfalls isomorph.

7.3.6 Vergleich von 7.3.1 mit 7.1.4 zeigt: Es gibt einen Isomorphismus

$$\Theta\colon\ [?, \prod A_e]_{\mathscr{C}} \xrightarrow{\cong} \prod\, [?, A_e]_{\mathscr{C}},$$

wobei rechts Produkte von Mengen bzw. Mengenabbildungen gemäß 7.1.4 (4) stehen.

7.4 Vollständige Kategorien

7.4.1 Definition. Eine Kategorie $\mathscr{C}$ heißt *vollständig* (auch linksvollständig) bzw. *endlich vollständig*, wenn jedes Diagramm bzw. endliche Diagramm in $\mathscr{C}$ einen Limes besitzt.

Unter *endlichen Limites* verstehen wir Limites endlicher Diagramme, einschließlich des leeren.

Eine endlich vollständige Kategorie besitzt also ein terminales Objekt und ist daher nicht leer.

7.4.2 Theorem. *Eine Kategorie $\mathscr{C}$ ist genau dann vollständig bzw. endlich vollständig, wenn sie Differenzkerne und Produkte bzw. endliche Produkte besitzt.*

Beweis. Differenzkerne und Produkte sind Spezialfälle von Limites. Seien sie jetzt in $\mathscr{C}$ vorhanden und $T\colon\ \Sigma \to \mathscr{C}$ ein beliebiges Diagramm. Dabei sei E bzw. P die Menge der Ecken bzw. Pfeile von Σ. Nach Voraussetzung existiert ein Produkt

(1) $$X = \prod_{e \in E} T(e) \quad \text{mit Projektionen } pr_e\colon\ X \to T(e)\,.$$

Es kann nun $P \neq \emptyset$ angenommen werden, weil sonst nichts mehr zu zeigen ist. Es existiert ein Produkt

(2) $$Y = \prod_{p \in P} T(z(p)) \quad \text{mit Projektionen } q_p\colon\ Y \to T(z(p))$$

($a(p)$ bzw. $z(p)$ Anfang bzw. Ende von p). Wir betrachten die beiden Morphismen $v, w\colon\ X \to Y$, die durch

(3) $$q_p v = pr_{z(p)}\colon\ X \to T(z(p))$$

(4) $$q_p w = T(p)\, pr_{a(p)}\colon\ X \to T(a(p)) \to T(z(p))$$

definiert sind. Eine natürliche Transformation $\{\xi_e\}\colon\ A_\Sigma \to T$ definiert einen Morphismus $\xi\colon\ A \to X$ mit $pr_e \xi = \xi_e$, für den wegen (1) und (2) gilt:

(5) $$v\xi = w\xi\colon\ A \to X \to Y\,.$$

Es ist nämlich

(6) $$\begin{aligned} &pr_{z(p)}\xi = T(p)\, pr_{a(p)}\xi, \quad \text{d. h.} \\ &\xi_{z(p)} = T(p)\,\xi_{a(p)}\colon\ A \to T(z(p)) \qquad \text{für alle } p \in P \end{aligned}$$

gerade die Aussage, daß $\{\xi_e\}\colon\ A_\Sigma \to T$ eine natürliche Transformation ist. (Man vergleiche mit 7.1 (1), (2) und 7.3.6). Damit folgt: Ist $k\colon$ $L \to X$ Differenzkern von v und w, so ist (L, λ) mit $\lambda = \{pr_e k\}$ Limes von T. Ist Σ endlich, so sind X und Y endliche Produkte, womit sich das Theorem ergibt.

Aus diesem Beweis folgt zusammen mit 7.2.4 und 7.3.2 sofort

7.4.3 Korollar. *Die folgenden Kategorien sind vollständig, wobei sogar eine natürliche Auswahl von Limites vorliegt: Ens, Ens_*, Top, Top_*, Ab, ${}_R Mod$, Mod_R, cat, Cat, die Kategorie der Gruppen.*

Gleiches gilt von der Kategorie der Ringe mit 1-Element und Homomorphismen, die 1-Elemente respektieren. Man findet leicht Beispiele für vollständige Unterkategorien von *Top* und *Ab*. Beispiele für endlich vollständige Kategorien sind: Die Kategorie der endlichen Mengen bzw. der endlichen Gruppen, der endlich erzeugten abelschen Gruppen, der endlichdimensionalen Vektorräume über einem Körper, ebenso Lie-Gruppen bzw. Lie-Algebren endlicher Dimension.

Man beachte, daß bei *Cat* nur Diagrammschemata des Universums $\mathfrak{U}$ zugelassen sind. Vollständigkeit müßte hierbei genauer $\mathfrak{U}$-Vollständigkeit heißen. Weitere Vollständigkeitsbegriffe lassen sich durch Beschränkung der Mächtigkeit für die Ecken- und Pfeilmengen der Diagramme einführen, etwa abzählbar vollständig usw.

7.4.4 Der Beweis in 7.4.2 gibt für die eben genannten Beispiele zugleich eine Beschreibung der Limites, z. B. in *Ens* als Teilmenge L eines Produktes (zusammen mit denen auf L eingeschränkten Projektionen): Es ist hier $k\colon L \to \prod T(e)$ eine Inklusion, und es besteht L aus denjenigen Elementen $\{x_e\}$ von $\prod T(e)$, für die wegen (6) gilt

$$(7) \qquad x_{z(p)} = T(p)\,(x_{a(p)}) \qquad \text{für alle } p \in P.$$

Bei *Top*, *Ab*, ${}_R$*Mod* usw. gilt eine entsprechende Beschreibung, ebenso auch bei *cat* und *Cat*, wenn für $T(e)$ die Menge bzw. Klasse aller Morphismen der durch $T(e)$ bezeichneten Kategorie genommen wird und für $T(p)$ die zugehörige Abbildung der Morphismenklassen gemäß 2.2.7.

Bei Kategorien mit natürlicher Auswahl von Limites gibt man für einen so ausgewählten Limes (L, λ) meist nur das Objekt L an und unterstellt, daß kein Zweifel über λ besteht.

7.4.5 Der Beweis von 7.4.2 zeigt:

Ist $\mathscr{C}$ eine vollständige bzw. endlich vollständige Kategorie und $S\colon \mathscr{C} \to \mathscr{D}$ ein Funktor, der Produkte (bzw. endliche Produkte) und Differenzkerne respektiert, so respektiert S alle (bzw. alle endlichen) Limites, führt also (endliche) Limites in Limites über. Sind in $\mathscr{C}$ und $\mathscr{D}$ natürliche Auswahlen für Limites vorhanden, so gilt hierfür eine entsprechende Aussage.

Der zuletzt genannte Sachverhalt liegt beispielsweise vor bei Vergiß-Funktoren ${}_R$*Mod* $\to$ *Ab*, *Ab* $\to$ Ens_*, Ens_* $\to$ *Ens*, *Top* $\to$ *Ens* usw. Er liegt für $\mathfrak{U}$-Diagramme auch vor bei den Inklusionen *Ab* $\to \mathscr{A}\mathscr{B}$, *Ens* $\to \mathscr{E}\mathscr{N}\mathscr{S}$, *cat* $\to$ *Cat* usw.

7.5 Limites in Funktorkategorien

7.5.1 Bemerkung. Ist $T\colon \Sigma \to \mathscr{C}$ ein Diagramm, das einer Menge K von Kommutativitätsbedingungen genügt, so setzt sich T zu einem Funktor $\overline{T}\colon \mathscr{W}(\Sigma/_K) \to \mathscr{C}$ fort. Jede natürliche Transformation $A_\Sigma \to T$ ist auch eine für $A_{\mathscr{W}(\Sigma/K)} \to \overline{T}$ und umgekehrt. Die bei 7.1 (1) hinzutretenden Bedingungen sind nämlich Konsequenzen der bereits vorhandenen, wie 6.3.2 zeigt. Insbesondere besitzen T und $\overline{T}$ dieselben Limites. Allgemein gilt: Werden im Bilde des Diagramms $T\colon\ \Sigma \to \mathscr{C}$ Morphismen weggelassen, die Komposita der verbleibenden sind, so ändert sich nichts an natürlichen Transformationen $A_\Sigma \to T$ und Limites.

Wir machen hiervon häufig Gebrauch, insbesondere dann, wenn die Benutzung von Funktoren einfachere Formulierungen gestattet. Endliche Limites sind dabei als Limites von Funktoren aufzufassen, die durch Fortsetzung endlicher Diagramme entstehen.

7.5.2 Theorem. *Es sei $\mathscr{D}$ eine (kleine) Kategorie, $\mathscr{C}$ eine vollständige bzw. endlich vollständige Kategorie. Die Funktorkategorie $[\mathscr{D}, \mathscr{C}]$ ist vollständig bzw. endlich vollständig. Besitzt $\mathscr{C}$ natürliche Auswahl für Limites, so ist das auch für $[\mathscr{D}, \mathscr{C}]$ der Fall.*

Vollständigkeit ist bezüglich des fixierten Universums $\mathfrak{U}$ zu verstehen, auch wenn $\mathscr{D}$ nicht klein ist.

Beweis. Es kann $\mathscr{D} \neq \emptyset$ angenommen werden. Ist Z terminal in $\mathscr{C}$, so ist $Z_{\mathscr{D}}$ terminal in $[\mathscr{D}, \mathscr{C}]$, vgl. 7.1.7. Sei nun $T_0\colon\ \Sigma \to [\mathscr{D}, \mathscr{C}]$ ein nicht-leeres Diagramm bzw. endliches Diagramm. Gemäß 7.5.1 sei T_0 zu einem Funktor $\overline{T}_0\colon\ \mathscr{W}(\Sigma/K) \to [\mathscr{D}, \mathscr{C}]$ fortgesetzt, wofür wir zur Vereinfachung $T'\colon\ \mathscr{Y} \to [\mathscr{D}, \mathscr{C}]$ schreiben.

Ist e Objekt bzw. p Morphismus von $\mathscr{Y}$, so ist $T'(e)$ ein Funktor $\mathscr{D} \to \mathscr{C}$ bzw. $T'(p)\colon\ T'(a_p) \to T'(z_p)$ eine natürliche Transformation. Gemäß 3.4.4 oder 3.6.3 entspricht T' ein Bifunktor $T\colon\ \mathscr{Y} \times \mathscr{D} \to \mathscr{C}$. Zu $A \in |\mathscr{D}|$ besteht der Partialfunktor $T_A\colon\ \mathscr{Y} \to \mathscr{D}$. Hierbei ist

$$T_A(e) = T'(e)(A) \qquad \text{und} \qquad T_A(p) = (T'(p))_A,$$

d. h. T' wird „an der Stelle $A \in |\mathscr{D}|$" betrachtet. Ferner ergibt $f\colon\ A \to B$ aus $\mathscr{D}$ eine natürliche Transformation $T_f\colon\ T_A \to T_B$. Ist $F'\colon\ \mathscr{D} \to \mathscr{C}$ ein beliebiger Funktor, so gehört zu $F'_{\mathscr{Y}}$ ein Bifunktor $F\colon\ \mathscr{Y} \times \mathscr{D} \to \mathscr{C}$ mit $F_A = F(?, A) = (F'(A))_{\mathscr{Y}}$, also konstanten Partialfunktoren bezüglich der Objekte von $\mathscr{D}$, und $F(?, f) = (F'(f))_{\mathscr{Y}}$.

Eine natürliche Transformation $\eta'\colon\ F'_{\mathscr{Y}} \to T'$ ergibt eine natürliche Transformation $\eta\colon\ F \to T$ für Bifunktoren. An der Stelle A induziert η die natürliche Transformation $\eta_A\colon\ F'(A)_{\mathscr{Y}} \to T_A$ von Funktoren $\mathscr{Y} \to \mathscr{C}$, und nach 3.4.4 (3) gilt

(1) $$T_f \eta_A = \eta_B F'(f)_{\mathscr{Y}}\colon\ F'(A)_{\mathscr{Y}} \to T_B.$$

Sei nun für jedes $A \in |\mathscr{D}|$ ein Limes (L_A, λ_A) von T_A ausgewählt, und zwar natürlich, falls dies in $\mathscr{C}$ möglich ist. Dann gibt es für jedes A einen eindeutig bestimmten Morphismus $u_A\colon\ F'(A) \to L_A$ mit

(2) $$\eta_A = \lambda_A (u_A)_{\mathscr{Y}}.$$

Zu T_f: $T_A \to T_B$ gibt es wegen 7.1.9 einen eindeutig bestimmten Morphismus L_f: $L_A \to L_B$ mit

$$(3) \qquad T_f \lambda_A = \lambda_B (L_f)_{\mathscr{Y}}.$$

Hieraus folgt, daß durch $A \mapsto L_A$, $f \mapsto L_f$ ein Funktor L: $\mathscr{D} \to \mathscr{C}$ definiert ist und daß eine natürliche Transformation λ: $L_{\mathscr{Y}} \to T'$ vorliegt, die an der Stelle A durch λ_A gegeben ist. Die Behauptung ergibt sich aus (2), wenn noch gezeigt wird, daß $\{u_A$: $F'(A) \to L_A\}$ eine natürliche Transformation u: $F' \to L$ ist. Nun gilt aber

$$\lambda_B (L_f)_{\mathscr{Y}} (u_A)_{\mathscr{Y}} \overset{(3)}{=} T_f \lambda_A (u_A)_{\mathscr{Y}} \overset{(2)}{=} T_f \eta_A \overset{(1)}{=} \eta_B F'(f)_{\mathscr{Y}} \overset{(2)}{=} \lambda_B (u_B)_{\mathscr{Y}} F'(f)_{\mathscr{Y}}.$$

Weil (L_B, λ_B) Limes von T_B und $T_f \eta_A$ in (1) eine natürliche Transformation ist, folgt $L_f u_A = u_B F'(f)$: $F'(A) \to L_B$ und damit die Behauptung.

7.5.3 Anmerkungen. Unter Berücksichtigung von 7.5.1 haben wir genauer bewiesen:

Haben in $\mathscr{C}$ Diagramme eines gegebenen Typs Σ/K stets einen Limes, so existieren in $[\mathscr{D}, \mathscr{C}]$ Limites für Diagramme dieses Typs, und sie werden „punktweise" konstruiert.

Das trifft auch zu, wenn Σ leer ist. Ist nämlich L: $\mathscr{D} \to \mathscr{C}$ ein Funktor, der jedem Objekt von $\mathscr{D}$ ein terminales in $\mathscr{C}$ zuordnet, so ist L isomorph zu $Z_{\mathscr{D}}$, wobei Z ein terminales Objekt von $\mathscr{C}$ ist.

Falls $\mathscr{C}$ keine natürliche Auswahl für Limites besitzt, so gilt 7.5.2 nur unter der Annahme, daß für das Universum $\mathfrak{U}$ als $\mathfrak{B}$-Menge das Auswahlaxiom zugelassen ist. Die Limites für T_A: $\mathscr{Y} \to \mathscr{C}$ bilden im allgemeinen keine $\mathfrak{U}$-Mengen.

Wird für jedes Diagramm $\Sigma \to \mathscr{C}$, das den Kommutativitätsbedingungen K genügt, ein Limes ausgewählt, so entsteht vermöge 7.1.9 ein Funktor Lim: $[\Sigma/_K, \mathscr{C}] \to \mathscr{C}$ und mit dem Funktor S von 7.1.4 ein Isomorphismus

$$(4) \qquad \varrho\colon\ [?, \operatorname{Lim}(??)]_{\mathscr{C}} \overset{\cong}{\Rightarrow} [S(?), ??]_{[\Sigma/K, \mathscr{C}]}$$

von kontra-ko-varianten Funktoren, wobei sich die zu einem Limesobjekt Lim (T) gehörige natürliche Transformation Lim $(T)_\Sigma \to T$ als $\varrho(1_{\operatorname{Lim}(T)})$ ergibt.

Mit dem Isomorphismus 3.4 (6) erhält man einen Funktor

$$[\Sigma/_K, [\mathscr{D}, \mathscr{C}]] \overset{\cong}{\Rightarrow} [\mathscr{D}, [\Sigma/_K, \mathscr{C}]] \xrightarrow{[\mathscr{D}, \operatorname{Lim}]} [\mathscr{D}, \mathscr{C}].$$

Der Beweis von 7.5.2 zeigt, daß dabei das dortige T_0 in sein Limesobjekt L übergeht. Eine andere Formulierung für die „punktweise" Konstruktion in 7.5.2 ist

7.5.4 Ist $\mathscr{C}$ (endlich) vollständig und $\mathscr{D}$ nicht leer, so respektiert der durch $F \mapsto F(A)$, $\eta \mapsto \eta_A$ beschriebene partielle Wertfunktor W_A: $[\mathscr{D}, \mathscr{C}] \to \mathscr{C}$ (endliche) Limites für jedes $A \in |\mathscr{D}|$.

7.5.5 Es gelten 7.5.2 bis 7.5.4 entsprechend für $Add(\mathscr{D}, \mathscr{C})$, wenn $\mathscr{C}$ und $\mathscr{D}$ additive Kategorien sind. Der Beweis von 7.5.2 ist nur durch den Nachweis zu ergänzen, daß jetzt L ein additiver Funktor ist. Das folgt aber, wenn man 7.5.2 (3) für eine beliebige Ecke e von Σ betrachtet. Für $f, g\colon A \to B$ entsteht

(3a) $$T_{f+g}(e)\lambda_{A,e} = \lambda_{B,e} L_{f+g}.$$

Die Additivität von L ergibt sich damit aus der von $T'(e)\colon \mathscr{D} \to \mathscr{C}$. Der Beweis von 7.5.2 zeigt darüber hinaus: Die Einbettung $Add(\mathscr{D}, \mathscr{C}) \to [\mathscr{D}, \mathscr{C}]$ respektiert (endliche) Limites, wenn $\mathscr{C}$ (endlich) vollständig ist.

Limites von additiven Funktoren sind additiv.

7.6 Doppellimites

Ist in 7.5.2 $\mathscr{C}$ vollständig und $\mathscr{D}$ eine kleine Kategorie, so besitzt der dort als Limesobjekt von $T_0\colon \Sigma \to [\mathscr{D}, \mathscr{C}]$ angegebene Funktor $L\colon \mathscr{D} \to \mathscr{C}$ einen Limes (M, μ). 7.5.3 läßt erwarten, daß damit auch ein Limes für den zu T_0 gehörigen Bifunktor $T\colon \mathscr{W}(\Sigma/_K) \times \mathscr{D} \to \mathscr{C}$ vorliegt. Dies gilt in der Tat. Wir stellen eine Hilfsbetrachtung voran.

7.6.1 Hilfssatz. *Es sei Σ' ein Teilschema des Diagrammschemas Σ (d. h. Ecken und Pfeile von Σ' sind auch solche von Σ). Für $T\colon \Sigma \to \mathscr{C}$ entsteht ein Teildiagramm $T' = T \mid \Sigma'$. Ist (L', λ') Limes von T' und $\eta\colon A_\Sigma \to T$ eine natürliche Transformation, so gibt es genau einen Morphismus $f\colon A \to L'$ mit $\eta_e = \lambda'_e f$ für alle Ecken e von Σ'.*

Dies folgt unmittelbar aus 7.1.2, weil aus η durch Einschränkung eine natürliche Transformation $\eta'\colon A_{\Sigma'} \to T'$ entsteht.

7.6.2 Satz. *Es seien $\mathscr{X}$ und $\mathscr{Y}$ kleine nicht-leere Kategorien und $T\colon \mathscr{X} \times \mathscr{Y} \to \mathscr{C}$ ein Funktor. Für jedes $U \in |\mathscr{X}|$ sei $\{L(U), \lambda(U)\}$ ein Limes des Partialfunktors $T(U, ?)\colon \mathscr{Y} \to \mathscr{C}$. Für $w\colon U \to V$ in $\mathscr{X}$ gibt es genau einen Morphismus $L(w)\colon L(U) \to L(V)$ in $\mathscr{C}$ mit $T(w, ?)\lambda(U) = \lambda(V)(L(w))_{\mathscr{Y}}$. Die Zuordnungen $U \mapsto L(U)$, $w \mapsto L(w)$ bilden einen Funktor $L\colon \mathscr{X} \to \mathscr{C}$. Es besitzt T genau dann einen Limes, wenn dies für L der Fall ist. Ist (M, μ) Limes von L, so ist*

$$(M, \{\lambda_Z(U)\mu_U\}_{(U,Z) \in |\mathscr{X}| \times |\mathscr{Y}|})$$

Limes von T, und jeder Limes von T ist so darstellbar.

Beweis. Daß L ein Funktor ist, ergibt sich wie bei 7.5.2. Ebenso folgt, daß $\{\lambda_Z(U)\mu_U\}$ eine natürliche Transformation $M_{\mathscr{X}\times\mathscr{Y}} \to T$ ist, falls nur $\mu\colon M_{\mathscr{X}} \to L$ eine natürliche Transformation ist. Ist umgekehrt $\xi\colon A_{\mathscr{X}\times\mathscr{Y}} \to T$ eine natürliche Transformation, so existiert wegen 7.6.1 für jedes $U \in |\mathscr{X}|$ genau ein Morphismus $f_U\colon A \to L(U)$ mit $\xi_{(U,Z)} = \lambda_Z(U) f_U$, und es ist $\{f_U\}\colon A_{\mathscr{X}} \to L$ eine natürliche Transformation (vgl. 7.1.9). Damit folgt die Behauptung aus der Definition 7.1.2 für Limites.

7.6.3 Doppelte Anwendung von 7.6.2 liefert eine Vertauschung von Limites für Diagramme fester Typen $\mathscr{X}$ und $\mathscr{Y}$, sofern jedes Diagramm vom Typ $\mathscr{X}$ oder $\mathscr{Y}$ in $\mathscr{C}$ einen Limes besitzt. Wegen 7.1.2 und 7.1.7 gilt das auch dann, wenn $\mathscr{X}$ oder $\mathscr{Y}$ leer ist.

Limites sind mit Limites vertauschbar.

Wir werden hiervon häufig Gebrauch machen.

7.6.4 Satz. *Es sei $\mathscr{B}$ eine beliebige und $\mathscr{C}$ eine vollständige Kategorie. $\mathscr{L}[\mathscr{B},\mathscr{C}]$ sei die volle Unterkategorie von $[\mathscr{B},\mathscr{C}]$, deren Objekte diejenigen Funktoren sind, welche die in $\mathscr{B}$ vorhandenen Limites respektieren. $\mathscr{L}[\mathscr{B},\mathscr{C}]$ ist vollständig. Limites werden wie in $[\mathscr{B},\mathscr{C}]$ gebildet, insbesondere werden sie von der Inklusion $\mathscr{L}[\mathscr{B},\mathscr{C}] \subset [\mathscr{B},\mathscr{C}]$ respektiert.*

$\mathscr{L}[\mathscr{B},\mathscr{C}]$ ist bezüglich Limites abgeschlossen in $[\mathscr{B},\mathscr{C}]$.

Beweis. Für $\mathscr{B} = \emptyset$ ist die Behauptung trivial. Sei nun $\mathscr{B} \neq \emptyset$. Ist $R\colon \mathscr{X} \to \mathscr{L}[\mathscr{B},\mathscr{C}]$ ein Diagramm, so besitzt R jedenfalls einen Limes (M, μ) in $[\mathscr{B},\mathscr{C}]$. Es ist zu zeigen, daß $M\colon \mathscr{B} \to \mathscr{C}$ Limites respektiert. Sei $S\colon \mathscr{Y} \to \mathscr{B}$ ein Diagramm, das einen Limes (N, ν) in $\mathscr{B}$ besitzt. Wegen 7.5.1 kann angenommen werden, daß $\mathscr{X}$ und $\mathscr{Y}$ kleine Kategorien sind. Dann besteht ein Bifunktor $T\colon \mathscr{X} \times \mathscr{Y} \to \mathscr{C}$, der aus $R \times S\colon \mathscr{X} \times \mathscr{Y} \to [\mathscr{B},\mathscr{C}] \times \mathscr{B}$ durch Anwendung des Wertfunktors 3.7 entsteht. Wir nehmen zunächst an, daß $\mathscr{X}$ und $\mathscr{Y}$ nicht leer sind. Für $e \in |\mathscr{X}|$ respektiert $T(e, ?) = R(e)$ Limites, und es wird M „punktweise" konstruiert. Man erhält daher nach 7.6.2 $M(N)$ mit zugehöriger natürlicher Transformation als Limes von T, wenn man zunächst bezüglich S zu den Limites der partiellen Funktoren $T(e, ?)$ übergeht und danach zum Limes bezüglich R. Man erhält dasselbe, wenn man zunächst zu den Limites bezüglich R übergeht, womit MS entsteht, und danach zum Limes bezüglich S. Nach 7.6.2 ist $(M(N), M\nu)$ mit $M\nu = \{M(\nu_d)\}$ und $d \in |\mathscr{Y}|$ Limes von MS.

Die Fälle, in denen $\mathscr{X}$ oder $\mathscr{Y}$ leer ist, ergeben sich entsprechend mit Hilfe von 7.1.7. Man beachte dabei, daß isomorphe Funktoren isomorphe Limites besitzen.

7.6.5 Ergänzungen. 7.6.4 gilt allgemeiner. Es sei $\mathfrak{R}$ eine Klasse von Diagrammschematas und $\mathfrak{R}[\mathscr{B},\mathscr{C}]$ die volle Unterkategorie von $[\mathscr{B},\mathscr{C}]$, deren Objekte diejenigen Funktoren $\mathscr{B} \to \mathscr{C}$ sind, die Limites für alle Diagramme von einem zu $\mathfrak{R}$ gehörigen Typ respektieren, soweit solche Limites in $\mathscr{B}$ vorhanden sind. Wir erwähnen insbesondere die vollen Unterkategorien $l[\mathscr{B},\mathscr{C}]$, ${}_{\pi}[\mathscr{B},\mathscr{C}]$, ${}_{\Pi}[\mathscr{B},\mathscr{C}]$, deren Objekte die Funktoren sind, die in $\mathscr{B}$ vorhandene endliche Limites bzw. endliche Produkte bzw. Produkte respektieren. Jede solche Kategorie $\mathfrak{R}[\mathscr{B},\mathscr{C}]$ ist vollständig und bezüglich Limites in $[\mathscr{B},\mathscr{C}]$ abgeschlossen, wenn $\mathscr{C}$ vollständig ist.

Eine weitere Verallgemeinerung entsteht, wenn von $\mathscr{C}$ nur verlangt wird, daß $\mathscr{C}$ Limites für Diagramme besitzt, deren Typ zu einer gewissen Klasse $\mathfrak{R}'$ von Diagrammschematas gehört. Wir erwähnen insbesondere: Ist $\mathscr{C}$ endlich vollständig, so ist $l[\mathscr{B},\mathscr{C}]$ endlich vollständig und bezüglich endlicher Limites abgeschlossen.

Der Beweis von 7.6.4 gilt auch für diese Fälle, wenn nur $\mathcal{Y}$ bzw. $\mathcal{X}$ und $\mathcal{Y}$ entsprechend gewählt sind.

Weil Limites additiver Funktoren additiv sind (7.5.5), gelten im additiven Fall entsprechende Aussagen für entsprechende volle Unterkategorien von $Add(\mathcal{B}, \mathcal{C})$.

7.7 Kriterien für Limites

Sei wieder $\mathcal{C}$ eine beliebige Kategorie und $T\colon \Sigma \to \mathcal{C}$ ein Diagramm. Für $A \in |\mathcal{C}|$ ist $H^A T$ ein Diagramm in *Ens*. Es besitzt einen Limes, weil *Ens* vollständig ist. Dieser Limes kann gemäß 7.4.4 beschrieben werden, wobei dort $T(e)$ durch $[A, T(e)]_{\mathcal{C}}$ und $T(p)$ durch $[A, T(p)]$ zu ersetzen ist. Vergleich mit 7.1.3, 7.1.4 und 7.1 (1') ergibt:

7.7.1 Satz. *Der Limes von $H^A T$ ist die Menge $N_T(A)$ der natürlichen Transformationen $A_\Sigma \to T$ mit, falls Σ nicht leer ist, den evidenten durch $\xi \mapsto \xi_e$ beschriebenen Abbildungen $q_e\colon N_T(A) \to [A, T(e)]$.*

7.7.2 Eine natürliche Transformation $\eta = \{\eta_e\}\colon D_\Sigma \to T$ geht vermöge H^A in eine natürliche Transformation $H^A\eta\colon H^A(D)_\Sigma \to H^A T$ über, wobei $H^A\eta = \{[A, \eta_e]\}$ ist. Für $g \in [A, D]$ ist $[A, \eta_e](g) = \eta_e g$. Daher bewirkt $H^A\eta$ eine Abbildung

(1) $$\eta^A\colon [A, D] \to N_T(A) \quad \text{mit} \quad \eta^A(g) = \eta g_\Sigma,$$

(2) $$q_e \eta^A = [A, \eta_e] = H^A(\eta_e).$$

Ist Σ leer, so ist (1) eine Abbildung in eine einelementige Menge und (2) gegenstandslos.

Vergleich von (1), (2) mit 7.7.1 und 7.1.2 zeigt, daß η^A gerade die eindeutige Faktorisierung von $H^A\eta$ über den Limes $N_T(A)$ von $H^A T$ liefert. Für $f\colon A \to B$ und η^B entsprechend (1) ist nun

(3) $$\begin{array}{ccc} [B, D] & \xrightarrow{\eta^B} & N_T(B) \\ \downarrow{\scriptstyle [f, D]} & & \downarrow{\scriptstyle N_T(f)} \\ [A, D] & \xrightarrow{\eta^A} & N_T(A) \end{array} \qquad \begin{array}{ccc} h & \mapsto & \eta h_\Sigma \\ \downarrow & & \downarrow \\ hf & \mapsto & \eta(hf)_\Sigma \end{array}$$

kommutativ. Wir erhalten:

Mit $? \in |\mathcal{C}|$ ist $\eta^?$ eine natürliche Transformation $H_D \to N_T$, und zwar diejenige mit $\eta^D(1_D) = \eta \in N_T(D)$.

7.7.3 Theorem. *Es sei $T\colon \Sigma \to \mathcal{C}$ ein Diagramm, $\mathcal{C} \neq \emptyset$ und $\lambda\colon L_\Sigma \to T$ eine natürliche Transformation. Es ist (L, λ) genau dann Limes von T, wenn für alle $A \in |\mathcal{C}|$ gilt: $(H^A(L), H^A\lambda)$ ist ein (nicht notwendig natürlich ausgewählter Limes) von $H^A T$.*

Beweis. Ersetzt man in 7.7.2 (D, η) durch (L, λ), so ergeben (1) und (2): Es ist λ^A genau dann isomorph, wenn $(H^A(L), H^A\lambda)$ Limes von $H^A T$ ist. Durch Vergleich von 7.7.2 und 7.1.3 folgt die Behauptung.

7.7.4 Korollar. *Jeder darstellbare (kovariante) Funktor* $F: \mathscr{C} \to Ens$ *führt Limites (soweit in* $\mathscr{C}$ *vorhanden) in Limites über (nicht notwendig in natürlich ausgewählte).*

Beweis. Sei ϱ: $H^A \to F$ ein Isomorphismus und (L, λ) Limes von T: $\Sigma \to \mathscr{C}$. Dann ist $\left(H^A(L), \{H^A(\lambda_e)\}\right)$ ein Limes von H^AT. Weil ϱ eine natürliche Transformation und isomorph an jeder Stelle $B \in |\mathscr{C}|$ ist, ergeben sich ein Isomorphismus ϱT: $H^AT \to FT$ von Diagrammen und Isomorphismen für die Limites, womit man $\left(F(L), \{F(\lambda_e)\}\right)$ als einen Limes von FT erhält.

7.7.5 Korollar. *Ein Funktor* S: $\mathscr{C} \to \mathscr{D}$ *respektiert Limites genau dann, wenn das für alle* H^XS *mit* $X \in |\mathscr{D}|$ *der Fall ist.*

Beweis. Respektiert S Limites, so auch H^XS wegen 7.7.4. Zur Umkehrung sei (L, λ) Limes von T: $\Sigma \to \mathscr{C}$. Dann ist $\left(H^XS(L), H^XS\lambda\right)$ Limes von H^XST nach Annahme und $\left(S(L), S\lambda\right)$ Limes von ST nach 7.7.3.

7.7.6 Satz. *Es sei* S: $\mathscr{C} \to \mathscr{D}$ *ein völlig treuer Funktor und* T: $\Sigma \to \mathscr{C}$ *ein Diagramm. Ferner sei* λ: $L_\Sigma \to T$ *eine natürliche Transformation. Ist* $S\lambda$: $S(L)_\Sigma \to ST$ *ein Limes, so ist* (L, λ) *Limes von* T.

„Völlig treue Funktoren entdecken Limites."

Beweis. Eine natürliche Transformation η: $A_\Sigma \to T$ geht durch S über in $S\eta$: $S(A)_\Sigma \to ST$. Ist $(S(L), S\lambda)$ Limes von ST, so gibt es genau ein u: $S(A) \to S(L)$ mit $S\eta = (S\lambda)u_\Sigma$. Weil S völlig treu ist, gibt es genau ein f: $A \to L$ mit $S(f) = u$, und es ist $\eta = \lambda f_\Sigma$.

7.7.7 Bemerkungen. 7.7.3 gestattet es, Beziehungen zwischen Limites in $\mathscr{C}$ auf solche in *Ens* zurückzuführen, sofern die betreffenden Limites in $\mathscr{C}$ existieren, z. B. überträgt sich von *Ens* auf beliebige vollständige (endlich vollständige) Kategorien, daß das Bilden von Produkten (endlichen Produkten) assoziativ und kommutativ ist bis auf Isomorphie. Es hätte auch genügt, 7.6.2 für *Ens* zu beweisen.

Es gelten 7.7.3 bis 7.7.6 auch für große Limites, bei denen also Σ ein Diagramm des höheren Universums oder eine beliebige Kategorie ist, soweit diese Limites existieren (vgl. 7.1.7, 7.1.8). Das ergibt sich durch Wechsel des Universums unter Berücksichtigung der Tatsache, daß $\left(H^A(L), H^A\lambda\right)$ dennoch in *Ens* liegt.

7.7.8 Der additive Fall. Ist $\mathscr{C}$ eine additive Kategorie, so gilt 7.7.1 entsprechend in *Ab*, wenn $N_T(A)$ mit der von $\prod\,[A, T(e)]$ herrührenden Gruppenstruktur versehen wird. Dann ist η^A in (1) homomorph, also ein *Ab*-Morphismus. $N_T(?)$ kann als Funktor mit Ziel *Ab* aufgefaßt werden, und es gilt (3) in *Ab*, entsprechend 7.7.3 und 7.7.4 für darstellbare Funktoren $\mathscr{C} \to Ab$. 7.7.5 gilt für additives S mit Werten von H^X in *Ab*. Hieraus folgt (vgl. auch 7.7.7):

7.7.9 Satz. *Der Vergiß-Funktor* $Ab \to Ens$ *respektiert und entdeckt alle vorhandenen Limites, auch große.*

Hierbei bedeutet „entdecken", ebenso wie in 7.7.6, daß eine vorliegende natürliche Transformation als Limes erkannt wird.

7.8 Pullbacks

Pullbacks sind ein wichtiger Spezialfall endlicher Limites, und zwar von Diagrammen folgender Gestalt

(1) $$A \xrightarrow{f} C \xleftarrow{g} B$$

Eine natürliche Transformation eines zugehörigen konstanten Diagramms D_Σ in (1) ist völlig beschrieben durch zwei Morphismen $u: D \to A$, $v: D \to B$ mit $fu = gv$.

7.8.1 Definition. Es seien $f: A \to C$, $g: B \to C$ zwei Morphismen mit gleichem Ziel. Ein *Pullback* (auch *cartesian square*, Faserprodukt) für das Paar (f, g) ist ein kommutatives Rechteck

(2) $$\begin{array}{ccc} P & \xrightarrow{r} & B \\ {\scriptstyle s}\downarrow & & \downarrow{\scriptstyle g} \\ A & \xrightarrow{f} & C \end{array} \qquad gr = fs$$

mit folgender Eigenschaft: Sind $u: D \to A$, $v: D \to B$ Morphismen mit $fu = gv$, so gibt es genau einen Morphismus $w: D \to P$ mit $u = sw$ und $v = rw$.

Eine Kategorie besitzt Pullbacks, wenn in ihr jedes Paar von Morphismen mit gleichem Ziel ein Pullback besitzt.

7.8.2 Satz. *Sei* (2) *ein Pullback. Ist f monomorph, so ist r monomorph. Ist f eine Retraktion, so ist r eine Retraktion.*

Beweis. Sei zunächst f monomorph und $w_1, w_2 : D \to P$ gegeben mit $rw_1 = rw_2$. Durch Anfügen von g ergibt sich $fsw_1 = fsw_2$ aus $gr = fs$ und weiter $sw_1 = sw_2$, weil f monomorph ist. Hieraus folgt $w_1 = w_2$, weil (2) ein Pullback ist. Folglich ist r monomorph. Sei nun f eine Retraktion mit zugehöriger Coretraktion t. Vermöge $tg: B \to A$ und 1_B erhält man wegen $ftg = g = g1_B$ eine zu r gehörige Coretraktion.

7.8.3 Bemerkungen. Pullbacks gestatten es, zu Morphismen mit Ziel C vermöge $f: A \to C$ „induzierte" Morphismen mit Ziel A zu definieren, wobei wegen 7.8.2 (für g statt f) Monomorphismen in Monomorphismen übergehen. Urbilder von „Unterobjekten" sind ein Spezialfall. Induzierte Faserungen sind ein weiterer klassischer Spezialfall. Das Pullback (2) kann auch so beschrieben werden: Es liegt eine natürliche Transformation (r, f) von $s: P \to A$ in $g: B \to C$ vor, und zwar eine solche, daß jede natürliche Transformation (v, f) von $u: D \to A$ in $g: B \to C$ mit *demselben* f eindeutig über (r, f) faktorisierbar ist. Der durch Pullbacks bewirkte Rücktransport von Morphismen mit Ziel C ist assoziativ, wie der folgende Satz zeigt.

7.8.4 Satz. *In dem Diagramm*

$$
(3) \qquad \begin{array}{ccccc}
X & \xrightarrow{x} & Y & \xrightarrow{y} & Z \\
{\scriptstyle r}\downarrow & \text{I} & {\scriptstyle s}\downarrow & \text{II} & \downarrow{\scriptstyle t} \\
A & \xrightarrow{a} & B & \xrightarrow{b} & C
\end{array}
$$

sei das rechte Teilrechteck II *ein Pullback. Das umfassende Rechteck ist genau dann ein Pullback, wenn es das linke Teilrechteck* I *ist.*

Beweis. Sind I und II Pullbacks, so ergibt sich das umfassende Rechteck als Pullback durch doppelte Anwendung der Definition. Sei nun das umfassende Rechteck ein Pullback. Sind $u\colon M \to A$, $v\colon M \to Y$ Morphismen mit $au = sv$, so ist $bau = tyv$, und es gibt genau ein $w\colon M \to X$ mit $yxw = yv$ und $rw = u$. Aus $yxw = yv$ und $sxw = arw = sv$ folgt $xw = v$, weil II ein Pullback ist.

Bemerkung. Sind in (3) das umfassende Rechteck und I Pullbacks, so braucht II kein Pullback zu sein. Es gibt ein Gegenbeispiel in *Ens*, bei dem X, Y, Z, B Mengen mit zwei Elementen und A, C einelementige Mengen sind.

7.8.5 In einer endlich vollständigen Kategorie kann man das Pullback (2) folgendermaßen konstruieren: Es sei $(pr_1\colon X \to A,\ pr_2\colon X \to B)$ Produkt von A und B, und es sei $k\colon P \to X$ Differenzkern von (fpr_1, gpr_2). Mit $s = pr_1 k$, $r = pr_2 k$ entsteht ein Pullback. Das ist z. B. die explizite Konstruktion induzierter Faserungen. Wir vereinbaren, daß bei endlich vollständigen Kategorien mit natürlicher Auswahl von Produkten und Differenzkernen alle Pullbacks auf die eben beschriebene Weise gebildet werden (also nicht nach 7.4.2).

Besitzt die Kategorie $\mathscr{C}$ ein terminales Objekt Z, so sind Produkte von je zwei Objekten spezielle Pullbacks, man nehme statt f und g in (2) den einzigen Morphismus $A \to Z$ bzw. $B \to Z$. Wir merken noch an: Besitzen in $\mathscr{C}$ je zwei Objekte ein Produkt, so ist dies auch für je endlich viele (nicht null) der Fall. Dies folgt aus 7.7.7.

7.8.6 Sind in (2) f und g monomorph, so ist $fs = gr$ monomorph wegen 7.8.2 und 5.1.5, und man bezeichnet diesen Monomorphismus als *Durchschnitt* von f und g. Haben je zwei Monomorphismen mit gleichem Ziel in $\mathscr{C}$ einen Durchschnitt, so sagt man, daß $\mathscr{C}$ endliche Durchschnitte besitzt. Aus 7.7.7 folgt nämlich, daß jedes Diagramm, das aus endlich vielen (nicht null) Monomorphismen mit gleichem Ziel besteht, einen Limes hat, wenn dies für je zwei solche Monomorphismen der Fall ist, und der Durchschnitt der leeren Familie von Monomorphismen mit Ziel A ist 1_A. (In *Ens* sind Durchschnitte bis auf Isomorphie Durchschnitte von Teilmengen mit zugehörigen Inklusionen.) Entsprechend sagt man, daß $\mathscr{C}$ beliebige Durchschnitte besitzt, wenn jede Familie von Monomorphismen mit gleichem Ziel (als Diagramm) einen Limes besitzt. Man bestätigt entsprechend 7.8.2, daß dabei nur Monomorphismen auftreten.

7.8.7 Es seien $f, g\colon\ A \to B$ zwei Morphismen und $(pr_1\colon\ X \to A,$ $pr_2\colon\ X \to B)$ ein Produkt von A und B. Zu $(1_A, f)$ und $(1_A, g)$ gehören eindeutig bestimmte Morphismen $f', g'\colon\ A \to X$. Hierbei gilt:

Es ist $k\colon\ K \to A$ genau dann Differenzkern von f und g, wenn

(4)
$$\begin{array}{ccc} K & \xrightarrow{k} & A \\ {\scriptstyle k}\downarrow & & \downarrow{\scriptstyle g'} \\ A & \xrightarrow{f'} & X \end{array} \qquad\qquad \begin{array}{ccc} K & \xrightarrow{\quad k \quad} & A \\ {\scriptstyle k}\downarrow & & \downarrow{\scriptstyle \binom{1_A}{g}} \\ A & \xrightarrow{\binom{1_A}{f}} & A \sqcap B \end{array}$$

ein Pullback ist (rechts ist eine später zu vereinbarende Schreibweise benutzt).

Beweis. Sind $u, v\colon\ D \to A$ Morphismen, so ist $f'u = g'v$ gleichwertig mit $u = v$ und zugleich $fu = gv$, wie pr_1, pr_2 zeigen. Hieraus folgt, daß (4) jedenfalls nicht kommutativ bleiben kann, wenn die beiden von K ausgehenden Morphismen k durch verschiedene ersetzt werden. Damit folgt die Behauptung aus den Definitionen.

In (4) sind f' und g' übrigens Monomorphismen, wie pr_1 zeigt. Das Pullback ist also ein Durchschnitt. Zusammenfassend erhalten wir:

7.8.8 Satz. *Für eine Kategorie $\mathscr{C}$ sind gleichwertig:*

(a) *$\mathscr{C}$ ist endlich vollständig.*

(b) *$\mathscr{C}$ besitzt endliche Produkte und Differenzkerne.*

(c) *$\mathscr{C}$ besitzt endliche Produkte und Durchschnitte.*

(d) *$\mathscr{C}$ besitzt ein terminales Objekt und Pullbacks.*

Die Gleichwertigkeit von (a) und (b) ist Teil von 7.4.2.

7.8.9 Das Diagramm

(5)
$$\begin{array}{ccc} A & \xrightarrow{1_A} & A \\ {\scriptstyle 1_A}\downarrow & & \downarrow{\scriptstyle u} \\ A & \xrightarrow{u} & B \end{array}$$

ist genau dann ein Pullback, wenn $u\colon\ A \to B$ monomorph ist.

Beides besagt nämlich, daß für jedes Morphismenpaar $f, g\colon\ X \to A$ nur dann $uf = ug$ gelten kann, wenn $f = g$ ist. Aus dieser Bemerkung folgt der

Satz. *Respektiert der Funktor $T\colon\ \mathscr{C} \to \mathscr{D}$ Pullbacks (soweit in $\mathscr{C}$ vorhanden), so respektiert er auch Monomorphismen.*

7.8.10 Bemerkung. Ist

(6)
$$\begin{array}{ccc} \bullet & \xrightarrow{v} & \bullet \\ {\scriptstyle v}\downarrow & & \downarrow{\scriptstyle u} \\ \bullet & \xrightarrow{u} & \bullet \end{array}$$

ein Pullback, so ist u monomorph und v isomorph. Aus $uf = ug$ folgt nach (6) nämlich $f = g$. Also ist u monomorph, und nach (5) muß v isomorph sein.

8. Colimites

Durch Dualisierung von 7 erhält man Colimites und entsprechende Resultate. Diagrammschemata und Kategorien werden durch ihre dualen ersetzt („Umkehrung der Pfeile"). Es besteht jedoch eine Ausnahme: Wo Hom-Funktoren eingehen, darf *Ens* nicht dualisiert werden. Es müssen vielmehr die partiellen kovarianten Hom-Funktoren durch kontravariante ersetzt werden und umgekehrt. Wir führen nicht alle Einzelheiten aus und überlassen die Vervollständigung dem Leser. Er beachte aber: Dualisierung von Sätzen bedeutet andere Interpretation vorhandener Resultate. Die Beweise müssen nicht etwa wiederholt werden.

8.1 Definition für Colimites

8.1.1 Für ein Diagramm $T\colon\ \Sigma \to \mathscr{C}$ betrachten wir jetzt natürliche Transformationen $\xi\colon\ T \to A_\Sigma$. 7.1 (1), (2), (1′) gehen über in

(1) $\qquad \xi_{a(p)} = \xi_{z(p)} T(p)$

(2) $\qquad \xi \in \prod_{e \in E} [T(e), A]$

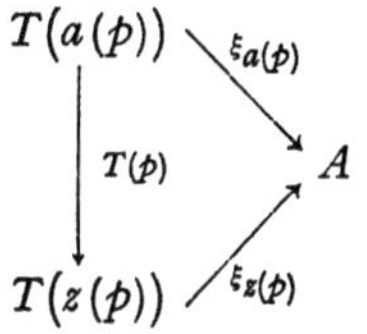

(1′) $\qquad [T(p), A](\xi_{z(p)}) = \xi_{a(p)}$.

Man beachte dabei, daß T wieder kovariant ist, weil Σ und $\mathscr{C}$ an die Stelle ihrer dualen getreten sind.

8.1.2 Definition. Ein *Colimes* (*induktiver Limes, direkter Limes,* Rechtswurzel, Supremum) (L, λ) für das Diagramm $T\colon\ \Sigma \to \mathscr{C}$ besteht aus einem Objekt L und einer natürlichen Transformation $\lambda\colon\ T \to L_\Sigma$ mit folgender Eigenschaft: Zu beliebiger natürlicher Transformation ξ: $T \to A_\Sigma$ gibt es genau sein $f\colon\ L \to A$ in $\mathscr{C}$ mit

(3) $\qquad \xi = f_\Sigma \lambda$

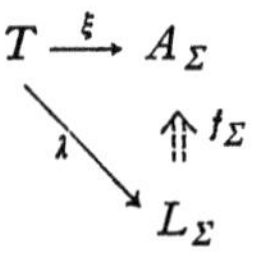

Ist Σ leer, so besteht ein Colimes von T, falls vorhanden, aus einem initialen Objekt von $\mathscr{C}$ und der trivialen natürlichen Transformation des leeren Diagramms.

8.1.3 Satz. (i) *Es ist* (L, λ) *Colimes von* $T: \Sigma \to \mathscr{C}$ *genau dann, wenn* $(\mathrm{Op}(L), \mathrm{Op}\lambda)$ *Limes von* $\mathrm{Op}\,T\,\mathrm{Op}: \Sigma^o \to \mathscr{C}^o$ *ist.*

(ii) *Falls vorhanden, stellt ein Colimes* (L, λ) *von* $T: \Sigma \to \mathscr{C}$ *folgenden Funktor* $N^T: \mathscr{C} \to \mathbf{Ens}$ *dar: Für* $A \in |\mathscr{C}|$ *ist* $N^T(A)$ *die Menge der natürlichen Transformationen* $T \to A_\Sigma$ *und für* $f: A \to B$ *ist* $N^T(f)$ *die durch* $\xi \mapsto f_\Sigma \xi$ *beschriebene Abbildung* $N^T(A) \to N^T(B)$. *Umgekehrt liefert jede Darstellung von* N^T *einen Colimes von* T.

Das ist nach dem oben Gesagten unmittelbar klar. Bei (ii) ist *Ens* nicht durch die duale Kategorie ersetzt, dafür ist jetzt N^T kovariant. Man beachte bei (i), daß sich bei Übergang von Σ zu Σ^o Anfang und Ende jedes Pfeiles vertauschen, so daß sich tatsächlich (1) und 7.1.1 (1) bei Übergang von T zu $\mathrm{Op}\,T\,\mathrm{Op}$ entsprechen.

8.1.4 $N^T(A)$ ist Untermenge des Produktes (2) (wieder Produkt, weil *Ens* nicht dualisiert), und zwar diejenige, die durch die Bedingungen (1) charakterisiert ist. $N^T(f)$ entsteht durch Einschränkung der Abbildung

(4) $$\Pi\,[T(e), f]: \; \Pi\,[T(e), A] \to \Pi\,[T(e), B],$$

die durch $\{\beta_e\} \to \{f\beta_e\}$ beschrieben ist.

Ist wieder $S: \mathscr{C} \to [\Sigma/_K, \mathscr{C}]$ der Funktor $A \mapsto A_\Sigma$, $f \mapsto f_\Sigma$ und genügt T den Kommutativitätsbedingungen K, so ist ein Colimes (L, λ) von T eine Darstellung von

(5) $$N^T(?) = [T, S(?)]_{[\Sigma/K, \mathscr{C}]},$$

und zwar derjenige Isomorphismus

(6) $$\varrho: \; [L, ?]_{\mathscr{C}} \xrightarrow{\cong} [T, S(?)]_{[\Sigma/K, \mathscr{C}]},$$

der durch $\varrho_L(1_L) = \lambda$ charakterisiert ist.

8.2 Differenzcokerne

8.2.1 Definition. Es seien $f, g: A \to B$ zwei Morphismen mit gleichem Ziel B und gleicher Quelle A. Ein *Differenzcokern* (*coequalizer*, sogar auch cokernel) (C, c) ist ein Morphismus $c: B \to C$, so daß gilt

(i) $cf = cg$,

(ii) zu jedem Morphismus $v: B \to Y$ mit $vf = vg$ gibt es genau einen Morphismus $w: C \to Y$ mit $v = wc$.

8.2.2 Jeder Differenzcokern ist ein Epimorphismus. Jeder monomorphe Differenzcokern ist isomorph. Jede Retraktion ist ein Differenzcokern.

8.2.3 Eine Kategorie besitzt Differenzcokerne, wenn die duale Kategorie Differenzkerne besitzt.

8.2.4 Differenzcokerne sind nur bis auf einen nachgeschalteten Isomorphismus bestimmt. Bei den folgenden Beispielen liegt jedoch eine natürliche Auswahl vor.

Für $A \underset{g}{\overset{f}{\rightrightarrows}} B$ in *Ens* sei Q die kleinste Äquivalenzrelation auf der Menge B, unter der für jedes $a \in A$ jeweils $f(a)$ und $g(a)$ äquivalent sind. Die Projektion $c\colon\; B \to B/_Q$ ist Differenzcokern von f und g (Ens_* ebenso). Für *Top* gilt dieselbe Konstruktion, wenn $B/_Q$ mit der Identifizierungstopologie bezüglich c versehen wird. Bei *Ab* ist Q das Bild von A bei $f-g$ und $c\colon\; B \to B/_Q$ die Projektion auf die Faktorgruppe. Analoges gilt für ${}_R Mod$ und Mod_R. In der Kategorie der Ringe ist Q das von den Elementen $f(a)-g(a)$ erzeugte (zweiseitige) Ideal, in der Kategorie der Gruppen ist Q der von den Elementen $f(a)g^{-1}(a)$ erzeugte Normalteiler.

Auch *cat* besitzt natürlich ausgewählte Differenzcokerne. Es seien $F, G\colon\; \mathscr{A} \to \mathscr{B}$ Funktoren zwischen kleinen Kategorien. Auf $|\mathscr{B}|$ und Mor $\mathscr{B}$ betrachte man die kleinste von F und G herrührende Äquivalenzrelation, die verträglich ist mit den Kompositionen von Morphismen in $\mathscr{B}$ und mit Identitäten (vgl. 6.4.4). Damit ergibt sich der Differenzcokern von F und G aus der Konstruktion in 6.4.4. Sei z. B. $\mathscr{B}$ die Kategorie **2** von 6.5.1, $\mathscr{A}$ eine terminale Kategorie, d. h. sie besitzt nur einen (und daher identischen) Morphismus, und es seien F, G die beiden Einbettungen von $\mathscr{A}$ in $\mathscr{B}$. Das Differenzcokernobjekt ist eine Kategorie mit einem Objekt, und die Morphismenmenge dieses Objektes ist isomorph zur additiven Halbgruppe der ganzen nichtnegativen Zahlen. Man erhält übrigens ein Beispiel für einen Epimorphismus in *cat*, der an keiner Stelle (für keine Morphismenmenge) epimorph ist.

8.2.5 Die Kategorie $\mathscr{C}$ besitze Nullmorphismen. Ein Cokern von $f\colon\; A \to B$ ist ein Differenzcokern von f und $0\colon\; A \to B$.

8.2.6 In einer additiven Kategorie ist $c\colon\; B \to C$ Differenzcokern von $f, g\colon\; A \to B$ genau dann, wenn c Cokern von $f-g$ ist.

8.3 Coprodukte

8.3.1 Definition. Es sei $\{A_e\}_{e \in E}$ eine Familie von Objekten der Kategorie $\mathscr{C}$. Ein *Coprodukt* (auch Summe, direkte Summe) dieser Familie ist ein Objekt Y mit Morphismen $i_e\colon\; A_e \to Y$, so daß gilt: Ist $\{f_e\colon\; A_e \to Z\}_{e \in E}$ gegeben, so gibt es genau einen Morphismus $f\colon\; Y \to Z$ mit $f i_e = f_e$. Für das Objekt Y schreibt man $\coprod_{e \in E} A_e$ oder kurz $\coprod A_e$ (in manchen Kategorien auch $\bigoplus A_e$ oder $\sum A_e$), und man nennt i_e die e-te *Injektion* des Coproduktes. Ist E leer, so ist das Coprodukt ein initiales Objekt. Die Kategorie $\mathscr{C}$ besitzt Coprodukte bzw. endliche Coprodukte, wenn die duale Kategorie $\mathscr{C}^0$ Produkte bzw. endliche Produkte besitzt.

8.3.2 Beispiele. Für *Ens* sind natürlich ausgewählte Coprodukte „disjunkte Vereinigungen". Man bildet sie so: Y ist diejenige Teilmenge von $E \times \bigcup A_e$, die aus den Elementen (e, a) mit jeweils $a \in A_e$ besteht, und $i_e\colon\; A_e \to Y$ ist die injektive Abbildung $a \mapsto (e, a)$. Für je zwei Mengen A und B (in dieser Reihenfolge) erhält man $A \sqcup B$ als Coprodukt, indem man $E = \{1, 2\}$ nimmt und $A_1 = A$, $A_2 = B$ setzt. Entsprechend ist der Vorgang bei *Top*, wo die topologische Summe gebildet wird. Bei Ens_* und Top_* sind jeweils noch die Grundpunkte der Teilmengen $i_e(A_e)$ zu einem einzigen zu identifizieren (Bouquet von Mengen bzw. Räumen). Für *Ab* und ${}_R Mod$ sind die Coprodukte die üblichen „direkten Summen". Ihre Objekte sind Untergruppen bzw. Untermoduln der entsprechenden direkten Produkte. Ist E eine endliche Menge, so fallen hier die Objekte für Produkt und Coprodukt zusammen, worauf wir später noch genauer eingehen. In der Kategorie der Gruppen sind Coprodukte die freien Produkte. (Daher kann die Bezeichnung direkte Summe für Coprodukte irreführen.) In der Kategorie der kommutativen Ringe (mit 1) sind Coprodukte die Tensorprodukte über $\mathbf{Z}$ für Ringe als $\mathbf{Z}$-Algebren. Auch die Kategorie der Ringe besitzt Coprodukte. *cat* besitzt Coprodukte. Ist $\{\mathscr{C}_e\}$ eine Familie in *cat*, so ist $|\coprod \mathscr{C}_e|$ bzw. $\mathrm{Mor} \coprod \mathscr{C}_e$ das Mengencoprodukt $\coprod |\mathscr{C}_e|$ bzw. $\coprod \mathrm{Mor}\, \mathscr{C}_e$ mit evidenter Morphismenkomposition.

8.3.3 Es seien $\{i_e\colon A_e \to Y\}$ und $\{j_e\colon B_e \to Z\}$ Coprodukte in $\mathscr{C}$ zur gleichen Indexmenge E. Ist für jedes $e \in E$ ein Morphismus $f_e\colon A_e \to B_e$ gegeben, so gibt es genau einen Morphismus $f\colon Y \to Z$ mit $j_e f_e = f i_e$ für alle e. Man schreibt $f = \coprod f_e$. Sind alle f_e epimorph, so ist f epimorph.

8.3.4 Es existiert ein Isomorphismus

$$\Theta\colon\ [\coprod A_e, ?]_{\mathscr{C}} \xrightarrow{\cong} \prod [A_e, ?]_{\mathscr{C}}.$$

Man beachte, daß *Ens* hier nicht dualisiert wird.

8.4 Covollständige Kategorien

8.4.1 Eine Kategorie $\mathscr{C}$ ist *covollständig* (auch rechtsvollständig) bzw. *endlich covollständig*, wenn die duale Kategorie vollständig bzw. endlich vollständig ist.

8.4.2 Eine Kategorie ist genau dann covollständig bzw. endlich covollständig, wenn sie Differenzcokerne und Coprodukte bzw. endliche Coprodukte besitzt.

8.4.3 Satz. *Die folgenden Kategorien sind covollständig mit natürlicher Auswahl von Colimites: Ens, Ens_*, Top, Top_*, Ab, ${}_R Mod$, Mod_R, cat, die Kategorie der Gruppen.*

Beispiele für endlich covollständige Kategorien sind: Die Kategorien der endlichen Mengen, der abzählbaren Mengen, der endlichen abelschen Gruppen, der endlich erzeugten Gruppen bzw. Moduln in *Ab* bzw. ${}_R Mod$. Die Kategorie der endlichen Gruppen ist nicht endlich covollständig. (Die Diedergruppen zeigen, daß hier kein Coprodukt mit zwei Cofaktoren Z_2 besteht.)

8.4.4 Aus 7.4.2 folgt wegen 8.4.1 eine Beschreibung von natürlich ausgewählten Colimites in *Ens*. Für $T\colon \Sigma \to Ens$ ist Colimes ein Quotient L

des Coproduktes $\coprod T(e)$. Der Quotient wird nach der kleinsten Äquivalenzrelation auf $\coprod T(e)$ gebildet, unter der gilt

$$\big(a(p), x\big) \sim \big(z(p), T(p)(x)\big) \qquad \text{mit } x \in T\big(a(p)\big)$$

für alle Pfeile p von Σ. Die zugehörigen Abbildungen $\lambda_e\colon\ T(e) \to L$ sind durch den Übergang von $x \in T(e)$ zur Klasse von (e, x) beschrieben. Dieselbe Beschreibung gilt bei *Top* und analog bei Ens_*, Top_*, *cat*. Für *Ab* und ${}_R Mod$ ergeben sich die Beschreibungen aus 8.2.4 und 8.3.2.

8.4.5 Ein Funktor $T\colon\ \mathscr{C} \to \mathscr{D}$ respektiert Colimites, wenn OpTOp: $\mathscr{C}^o \to \mathscr{D}^o$ Limites respektiert.

Der Vergiß-Funktor ${}_R Mod \to Ab$ respektiert Colimites, er respektiert nämlich Coprodukte und Cokerne, und es gilt 8.2.5. Der Vergiß-Funktor $Top \to Ens$ respektiert Colimites. Der Vergiß-Funktor $Ab \to Ens$ respektiert Colimites nicht, insbesondere nicht Coprodukte. Die Inklusionen $Ens \to \mathscr{ENS}$, $Ab \to \mathscr{AB}$ respektieren $\mathfrak{U}$-Colimites.

8.5 Colimites in Funktorkategorien

8.5.1 Es sei $\mathscr{C}$ eine covollständige bzw. endlich covollständige Kategorie. Die Funktorkategorie $[\mathscr{D}, \mathscr{C}]$ ist dann ebenfalls covollständig bzw. endlich covollständig. Die Konstruktion der Colimites erfolgt „punktweise", d. h. einzeln an den Stellen $A \in |\mathscr{D}|$.

Das entsteht aus 7.5.2 dadurch, daß Σ, $\mathscr{Y}$, $\mathscr{D}$, $\mathscr{C}$ zugleich durch ihre Dualen ersetzt werden. Für Diagramme vom Typ $\Sigma/_K$ in $[\mathscr{D}, \mathscr{C}]$ braucht wieder nur die Existenz der entsprechenden Colimites in $\mathscr{C}$ gefordert zu werden.

8.5.2 Auswahl von Colimites vom Typ $\Sigma/_K$ in $\mathscr{C}$ ergibt einen Isomorphismus

(1) $$\varrho\colon\ [\mathrm{Colim}(??), ?]_{\mathscr{C}} \xrightarrow{\cong} [??, S(?)]_{[\Sigma/_K, \mathscr{C}]},$$

der als Isomorphismus von Bifunktoren $[\Sigma/_K, \mathscr{C}]^o \times \mathscr{C} \to Ens$ aufzufassen ist.

8.5.3 Wenn $\mathscr{D}$ und $\mathscr{C}$ additiv sind, gilt 8.5.1 entsprechend für $Add(\mathscr{D}, \mathscr{C})$, weil für jede additive Kategorie auch die duale additiv und dabei Op ein additiver kontravarianter Funktor ist.

Colimites von additiven Funktoren sind additiv.

8.6 Doppelte Colimites

8.6.1 Hilfssatz. *Es sei Σ' Teilschema des Diagrammschemas Σ und T: $\Sigma \to \mathscr{C}$ ein Diagramm. Ist (L', λ') Colimes des Teildiagramms $T' = T \mid \Sigma'$ und η: $T \to A_\Sigma$ eine natürliche Transformation, so gibt es genau einen Morphismus f: $L' \to A$ mit $\eta_e = f\lambda_e'$ für alle Ecken e von Σ'.*

8.6.2 Satz 7.6.2 und die Folgerung 7.6.3 dualisieren sich ohne weiteres. Colimites (festen Typs $\mathscr{X}$) sind mit Colimites (festen Typs $\mathscr{Y}$) vertauschbar (Existenz vorausgesetzt). Ebenso dualisieren sich 7.6.4 und 7.6.5.

8.6.3 Im allgemeinen sind Limites nicht mit Colimites vertauschbar. Dies gilt in *Ens* schon nicht für endliche Produkte und Coprodukte (siehe jedoch später 9.4).

8.7 Kriterien für Colimites

8.7.1 Vorbemerkungen. Wir müssen im folgenden auch kontravariante Diagramme $T\colon\ \Sigma \to \mathscr{C}$ betrachten. Sie sind (vgl. 2.4.5) gewöhnliche Diagramme $T\mathrm{Op}\colon\ \Sigma^0 \to \mathscr{C}$, wobei Op in evidenter Weise auf Diagrammschemata fortgesetzt ist, was mit 6.3.2 verträglich ist. Damit ist klar, was natürliche Transformationen, Limites und Colimites von kontravarianten Diagrammen sind. Dabei sind in 7.1 (1), (1′) und 8.1 (1), (1′) $a(p)$ und $z(p)$ zu vertauschen. A_Σ und A_{Σ^0} fallen zusammen, ebenso f_Σ und f_{Σ^0}.

$\mathrm{Op}\colon\ \mathscr{C} \to \mathscr{C}^0$ vertauscht Limites und Colimites. Für den kontravarianten Hom-Funktor $H_A = [?, A]_{\mathscr{C}}$ ist $H_A\mathrm{Op} = [A^0, ??]_{\mathscr{C}^0} = H^{A^0}$ (mit $A^0 = \mathrm{Op}(A)$). Bei Dualisierung von 7.7 entstehen daher in *Ens* wieder Limites.

8.7.2 Satz. *Sei $T\colon\ \Sigma \to \mathscr{C}$ ein Diagramm und $A \in |\mathscr{C}|$. Der Limes von H_AT ist die Menge $N^T(A)$ der natürlichen Transformationen $T \to A_\Sigma$ mit, falls Σ nicht leer ist, den durch $\xi \mapsto \xi_e$ beschriebenen Abbildungen $N^T(A) \to [T(e), A]$.*

8.7.3 Theorem. *Es sei $T\colon\ \Sigma \to \mathscr{C}$ ein Diagramm und $\lambda\colon\ T \to L_\Sigma$ eine natürliche Transformation. Es ist (L, λ) genau dann Colimes von T, wenn für alle $A \in |\mathscr{C}|$ gilt: $(H_A(L), H_A\lambda)$ ist ein Limes von H_AT.*

8.7.4 Korollar. *Jeder darstellbare kontravariante Funktor $F\colon\ \mathscr{C} \to Ens$ führt Colimites (soweit in $\mathscr{C}$ vorhanden) in Limites über.*

8.7.5 Korollar. *Ein Funktor $S\colon\ \mathscr{C} \to \mathscr{D}$ respektiert Colimites genau dann, wenn H_XS für jedes $X \in |\mathscr{D}|$ Colimites in Limites überführt.*

8.7.6 Satz. *Völlig treue (kovariante) Funktoren entdecken Colimites.*

Hierbei ist „entdecken" ebenso wie in 7.7.6 und 7.7.9 so zu verstehen, daß eine vorhandene natürliche Transformation als Colimes bzw. Limes erkannt wird. Für $T\colon\ \Sigma \to \mathscr{C}$ und einen völlig treuen Funktor $F\colon\ \mathscr{C} \to \mathscr{D}$ kann FT einen Limes oder Colimes besitzen, auch wenn dies für T nicht der Fall ist, umgekehrt braucht ein völlig treuer Funktor nicht einmal endliche Limites oder Colimites zu respektieren, vgl. später 10.2.6. Wir verwenden „entdecken" auch künftig im angegebenen Sinne. Hierfür ist auch „reflektieren" im Gebrauch.

8.7.7 Ist $\mathscr{C}$ additiv, so gelten 8.7.2 bis 8.7.4 entsprechend mit *Ab* statt *Ens*, 8.7.5 ebenso für additives S.

8.8 Pushouts

8.8.1 Definition. Es seien $f\colon\ A \to B$, $g\colon\ A \to C$ zwei Morphismen mit gleicher Quelle. Ein *Pushout* (auch *cocartesian square*, verschmolzene oder amalgamierte Summe, sogar auch Fasersumme) für das Paar (f, g) ist ein kommutatives Rechteck

$$(1)\qquad \begin{array}{ccc} A & \xrightarrow{f} & B \\ {\scriptstyle g}\downarrow & & \downarrow{\scriptstyle s} \\ C & \xrightarrow{r} & Q \end{array} \qquad sf = rg$$

mit folgender Eigenschaft: Sind $u\colon B \to X$, $v\colon C \to X$ Morphismen mit $uf = vg$, so gibt es genau einen Morphismus $w\colon Q \to X$ mit $ws = u$ und $wr = v$.

8.8.2 Ist (1) ein Pushout mit epimorphem f, so ist r epimorph.

8.8.3 Die Abschnitte 7.8.3 bis 7.8.5 lassen sich einfach dualisieren, insbesondere auch 7.8.5: In endlich covollständigen Kategorien konstruiert man das Pushout (1) so, daß man zuächst das Coprodukt $B \sqcup C$ mit Injektionen i_1, i_2 bildet und danach den Differenzcokern von $i_1 f$ und $i_2 g$.

8.8.4 Sind f und g in (1) epimorph, so nennt man den Epimorphismus $sf = rg$ den *Codurchschnitt* von f und g.

8.8.5 Die Dualisierung von 7.8.7 bis 7.8.10 ist evident. Wir werden in Zukunft Dualisierungen nur noch in besonderen Fällen angeben.

9. Filtrierende Colimites

9.1 Zur Berechnung von Limites und Colimites

Mit Rücksicht auf die häufigeren Anwendungen geben wir im folgenden den Colimites den Vorrang. Wir betrachten zunächst Colimites für beliebige Funktoren.

9.1.1 Definition. Es sei $\mathfrak{X}$ eine Kategorie. Ein Diagramm bzw. Funktor $D\colon \Sigma \to \mathfrak{X}$ heißt *final* in $\mathfrak{X}$, wenn gilt:

(i) Zu $Y \in |\mathfrak{X}|$ gibt es stets einen Morphismus $Y \to D(e)$ mit $e \in |\Sigma|$.

(ii) Zu je zwei nicht notwendig verschiedenen Morphismen $u\colon Y \to D(e)$, $u'\colon Y \to D(e')$ mit gleicher Quelle gibt es eine Ecke d und Pfeile $p\colon e \to d$, $p'\colon e' \to d$ in Σ mit

$$(1)\qquad D(p)\,u = D(p')\,u',$$

es sei denn, daß $e = e'$ und $u = u'$ ist.

Ein Diagramm bzw. Funktor $D\colon \Sigma \to \mathfrak{X}$ heißt *initial* in $\mathfrak{X}$, wenn $\mathrm{Op}D\mathrm{Op}\colon \Sigma^{\circ} \to \mathfrak{X}^{\circ}$ final in $\mathfrak{X}^{\circ}$ ist.

9.1.2 Theorem. *Es sei $D\colon \Sigma \to \mathfrak{X}$ final in $\mathfrak{X}$. Ist $T\colon \mathfrak{X} \to \mathfrak{C}$ ein Funktor, so gibt es zu jeder natürlichen Transformation $\xi\colon TD \to A_{\Sigma}$*

genau eine η: $T \to A_{\mathscr{X}}$ *mit*

(2) $$\eta_{D(e)} = \xi_e$$

für alle Ecken e von Σ. *Dabei ist* (A, η) *genau dann Colimes von* T, *wenn* (A, ξ) *Colimes von* TD *ist.*

Beweis. Wir greifen auf 8.1.1 (1), (2) zurück. Es ist $\xi = \{\xi_e \colon TD(e) \to A\}$ mit

(3) $$\xi_{a(p)} = \xi_{z(p)} TD(p)$$

für jeden Pfeil p: $a(p) \to z(p)$ in Σ. Sei jetzt $Y \in |\mathscr{X}|$. Wegen (i) gibt es u: $Y \to D(e)$ für geeignetes $e \in |\Sigma|$. Wir setzen

(4) $$\eta_Y = \xi_e T(u).$$

Hierdurch ist η_Y widerspruchsfrei definiert. Liegt nämlich noch u': $Y \to D(e')$ vor, so gilt (ii), und wegen (1) und (3) folgt

$$\xi_e T(u) = \xi_d TD(p) T(u) = \xi_d TD(p') T(u') = \xi_{e'} T(u').$$

Sei nun w: $Z \to Y$ ein Morphismus in $\mathscr{X}$, und es liege wieder u: $Y \to D(e)$ vor. Nach dem eben Bewiesenen und (4) folgt

(5) $$\eta_Z = \xi_e T(uw) = \xi_e T(u) T(w) = \eta_Y T(w).$$

Es liegt also eine natürliche Transformation $\eta = \{\eta_Y\}$: $T \to A_{\mathscr{X}}$ vor. Dabei gilt (2) wegen (4) für $Y = D(e)$ und $u = 1_Y$. Durch ξ und (2) ist η eindeutig bestimmt, weil jedenfalls (4) gelten muß. Umgekehrt bestimmt η: $T \to A_{\mathscr{X}}$ vermöge (2) eindeutig ξ: $TD \to A_\Sigma$. Damit liegt eine Bijektion φ_A: $N^{TD}(A) \to N^T(A)$ vor (möglicherweise in $\mathscr{ENS}$). Wegen $f_\Sigma \xi = \{f\xi_e\}$ und $f_{\mathscr{X}} \eta = \{f\eta_Y\}$ für f: $A \to B$ in $\mathscr{C}$ folgt aus (2) und (4), daß $\{\varphi_A\}$ ein Isomorphismus φ: $N^{TD} \to N^T$ ist. Damit ergibt sich aus 8.1.3 (falls nötig, mit Wechsel des Universums) die letzte Behauptung des Theorems.

9.1.3 Bemerkungen. Bei 9.1.1 und 9.1.2 kann zugelassen werden, daß Σ Diagrammschema des höheren Universums $\mathfrak{B}$ oder eine beliebige Kategorie ist. In Anwendungen ist D meist die Inklusion einer Menge von Objekten und Morphismen von $\mathscr{X}$, insbesondere auch die Inklusion einer Unterkategorie von $\mathscr{X}$. Es wird dann Σ als *finale Menge* bzw. *Unterkategorie* bezeichnet (initial im dualen Fall). Falls vorhanden, bildet ein terminales (initiales) Objekt mit seinem identischen Morphismus eine finale (initiale) Unterkategorie. 7.1.8 ist also ein Spezialfall des Dualen von 9.1.2. Ist $\mathscr{X}$ eine vorgeordnete Menge (als Kategorie), so ist eine volle Unterkategorie Σ genau dann final in $\mathscr{X}$, wenn jedes Element von $\mathscr{X}$ durch eines aus Σ übertroffen wird (Gleichheit zugelassen). Hierfür ist auch die Bezeichnung kofinal bzw. konfinal üblich. Wir vermeiden sie wegen der Verwendung der Vorsilbe „co“ bei Dualisierung.

9.1.4 Satz. *Es sei $\mathfrak{X}$ eine nicht-leere Kategorie und $\{d_j\}_{j \in J}$ eine Menge von Objekten aus $\mathfrak{X}$ derart, daß gilt*

(i) *Zu $e \in |\mathfrak{X}|$ gibt es mindestens einen Morphismus $e \to d_j$ für ein geeignetes d_j.*

(ii) *Für jedes Paar $(j, k) \in J \times J$ existiert in $\mathfrak{X}$ ein schwaches Produkt (vgl. 7.1.11) mit Projektionen*

$$pr_{jk,1}: d_j \sqcap d_k \to d_j \qquad \text{und} \qquad pr_{jk,2}: d_j \sqcap d_k \to d_k.$$

Ist $\mathscr{C}$ eine covollständige Kategorie und $T: \mathfrak{X} \to \mathscr{C}$ ein Funktor, so besitzt T einen Colimes, der sich folgendermaßen ergibt: Es seien

$$(6) \qquad p, q: \coprod T(d_j \sqcap d_k) \to \coprod T(d_j)$$

die beiden Morphismen, die durch

$$(7) \qquad pi_{jk} = i_j T(pr_{jk,1}) \qquad \text{und} \qquad qi_{jk} = i_k T(pr_{jk,2})$$

definiert sind, und es sei $c: \coprod T(d_j) \to L$ Differenzcokern von p und q. Die Morphismenmenge $\{\xi_j = ci_j\}$ läßt sich auf genau eine Weise zu einer natürlichen Transformation $\xi: T \to L_{\mathfrak{X}}$ ergänzen, und es ist (L, ξ) Colimes von T.

Beweis. Für die schwachen Produkte $d_j \sqcap d_k$ setzen wir zunächst

$$(8) \qquad \begin{aligned} \xi_{jk} &= \xi_j T(pr_{jk,1}) = ci_j T(pr_{jk,1}) = cpi_{jk} = cqi_{jk} \\ &= ci_k T(pr_{jk,2}) = \xi_k T(pr_{jk,2}). \end{aligned}$$

Ist e ein beliebiges Objekt von $\mathfrak{X}$ und $u: e \to d_j$ ein Morphismus gemäß (i), so setzen wir

$$(9) \qquad \xi_e = \xi_j T(u).$$

Hierdurch ist ξ_e widerspruchsfrei bestimmt. Ist nämlich $v: e \to d_k$ ein weiterer Morphismus gemäß (i), so existiert ein $w: e \to d_j \sqcap d_k$ mit $u = pr_{jk,1} w$ und $v = pr_{jk,2} w$. Damit folgt aus (8) und (9)

$$\xi_j T(u) = \xi_j T(pr_{jk,1} w) = \xi_{jk} T(w) = \xi_k T(pr_{jk,2} w) = \xi_k T(v).$$

Wie oben bei (4), (5) folgt, daß damit eine natürliche Transformation $\xi: T \to L_{\mathfrak{X}}$ vorliegt, die als Fortsetzung von $\{\xi_j\}$ eindeutig bestimmt ist.

Die Objekte d_j und $d_j \sqcap d_k$ ergeben mit den Projektionen $pr_{jk,1}$ und $pr_{jk,2}$ ein evidentes Diagrammschema $\mathfrak{Y}$ mit Diagramm $D: \mathfrak{Y} \to \mathfrak{X}$. Das Diagramm TD hat als Colimes das Objekt L mit den Morphismen ξ_j und ξ_{jk}, wie vermöge (8) leicht aus dem Dualen von 7.4.2 folgt. Eine beliebige natürliche Transformation $\eta: T \to A_{\mathfrak{X}}$ ergibt eine von TD nach $A_{\mathfrak{Y}}$. Die Faktorisierung über den Colimes von TD liefert einen eindeutig bestimmten Morphismus $f: L \to A$. Entsprechend (8), (9) folgt, daß η bereits durch die Einschränkung auf die Objekte d_j bestimmt ist. Daher ist $\eta = f_{\mathscr{X}}\xi$, was die Behauptung ergibt.

9.1.5 Definition. Eine Kategorie heißt *zusammenhängend*, wenn es zu je zwei Objekten e, d endlich viele Objekte $e = e_0, e_1, \ldots, e_{2n} = d$ gibt, derart daß Morphismen $e_{2j-2} \to e_{2j-1}$ und $e_{2j} \to e_{2j-1}$ für $j = 1, 2, \ldots, n$ vorhanden sind.

Für eine beliebige Kategorie $\mathscr{C}$ betrachte man die kleinste Äquivalenzrelation für die Objekte, bei der je zwei durch einen Morphismus verbundene Objekte äquivalent sind. Jede Äquivalenzklasse bestimmt eine volle Unterkategorie von $\mathscr{C}$. Diese Unterkategorien heißen *Zusammenhangskomponenten* von $\mathscr{C}$.

9.1.6 Man bestätigt: Jede Zusammenhangskomponente ist zusammenhängend und als Unterkategorie von $\mathscr{C}$ maximal bezüglich dieser Eigenschaft. $\mathscr{C}$ ist Coprodukt seiner Zusammenhangskomponenten. Besitzt $\mathscr{C}$ ein initiales oder ein terminales Objekt, so ist $\mathscr{C}$ zusammenhängend.

Warnung. Ein unendliches Produkt zusammenhängender Kategorien braucht nicht zusammenhängend zu sein.

9.1.7 Satz. *Es sei $\mathscr{X}$ eine zusammenhängende, nicht-leere Kategorie und $\mathscr{C}$ eine beliebige. Für $A \in |\mathscr{C}|$ hat der konstante Funktor $A_{\mathscr{X}}$ den Limes und den Colimes $(A, \{1_A\})$.*

9.1.8 Satz. *Es sei $\mathscr{X}$ eine kleine Kategorie mit den Zusammenhangskomponenten $\mathscr{X}_j$. Ist $\mathscr{C}$ eine covollständige Kategorie und $T\colon \mathscr{X} \to \mathscr{C}$ ein Funktor, so ist der Colimes von T das Coprodukt der Colimites der Funktoren $T \mid \mathscr{X}_j$.*

Beide Sätze ergeben sich leicht aus den Definitionen und 8.6.1.

9.2 Filtrierende Kategorien

Klassische Spezialfälle von Colimites sind neben Coprodukten und Cokernen solche, bei denen $T\colon \Sigma \to \mathscr{C}$ ein Funktor und Σ eine geordnete, nach oben gerichtete Menge ist (d. h. zu e_1, e_2 in Σ gibt es stets e_3 mit $e_1 \leqq e_3$ und $e_2 \leqq e_3$). Sie wurden als *direkte Limites* eingeführt und später auch als *induktive Limites* bezeichnet. Inzwischen hat es sich als zweckmäßig erwiesen, geordnete Mengen durch eine Verallgemeinerung zu ersetzen. Wir stellen einige Hilfsmittel voran.

9.2.1 Definition. Ein *Pinsel* mit Quelle A ist eine nicht-leere Familie von Morphismen $\{s_j\colon A \to B_j\}$ mit gleicher Quelle A, wobei die Indices eine ($\mathfrak{U}$-)Menge bilden. Ein Copinsel mit Ziel B ist dual dazu definiert. Ein Pinsel bzw. Copinsel heißt endlich, wenn seine Indexmenge endlich und nicht-leer ist.

9.2.2 Ein *verallgemeinertes Pullback* zu dem Copinsel $\{s_j\colon B_j \to C\}$ besteht aus diesem Copinsel und einem Pinsel $\{\lambda_j\colon L \to B_j\}$, so daß $s_j\lambda_j\colon L \to C$ unabhängig von j ist und daß es zu jedem Pinsel $\{\eta_j\colon$

$A \to B_j\}$ mit dieser Eigenschaft genau einen Morphismus $f\colon A \to L$ gibt mit $\eta_j = \lambda_j f$ für alle j. Es liegt also ein Limes für den Copinsel vor. *Verallgemeinerte Pushouts* sind dual dazu.

Eine Kategorie $\mathscr{C}$ besitzt verallgemeinerte Pullbacks, wenn es zu jedem Copinsel ein verallgemeinertes Pullback gibt. Besitzt $\mathscr{C}$ ein terminales Objekt, so ist $\mathscr{C}$ genau dann vollständig, wenn $\mathscr{C}$ verallgemeinerte Pullbacks besitzt. Das folgt entsprechend 7.8.8.

9.2.3 Satz. *Es sei* $\{\lambda_j\colon L \to B_j;\ s_j\colon B_j \to C\}$ *ein verallgemeinertes Pullback. Ist* s_j *monomorph für alle* $j \neq k$, *so ist* λ_k *monomorph.*

Beweis. Liegen $w_1, w_2\colon A \to L$ mit $\lambda_k w_1 = \lambda_k w_2$ vor, so ist $s_j \lambda_j w_1 = s_j \lambda_j w_2$ für alle j. Hieraus folgt $\lambda_j w_1 = \lambda_j w_2$ für alle j nach Annahme und Voraussetzung. Nach Definition für Limites folgt $w_1 = w_2$.

9.2.4 Definition. Eine Kategorie $\mathscr{X}$ heißt *pseudofiltrierend* (quasifiltrierend), wenn sie nicht-leer ist und wenn gilt:

(i) Jedes Diagramm der Form  besitzt eine kommutative Ergänzung der Form 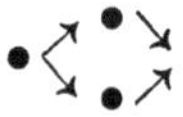.

(ii) Zu jedem Diagramm $e_1 \overset{u}{\underset{v}{\rightrightarrows}} e_2$ gibt es einen Morphismus $w\colon e_2 \to e_3$ mit $wu = wv$.

$\mathscr{X}$ heißt *stark pseudofiltrierend*, wenn $\mathscr{X}$ nicht-leer ist, (ii) gilt und die folgende Verschärfung von (i):

(i_s) Zu jedem Pinsel $\{s_j\colon e \to d_j\}$ gibt es eine kommutative Ergänzung, d. h. einen Copinsel $\{t_j\colon d_j \to d\}$, so daß $t_j s_j$ unabhängig von j ist.

$\mathscr{X}$ heißt *filtrierend* bzw. *stark filtrierend*, wenn wieder $\mathscr{X}$ nicht-leer ist und außer (i), (ii) bzw. (i_s), (ii) noch gilt:

(iii) Zu je zwei Objekten e_1, e_2 gibt es ein Objekt d mit Morphismen $e_1 \to d$, $e_2 \to d$.

9.2.5 Bemerkungen. Aus (i) folgt durch vollständige Induktion, daß jeder endliche Pinsel eine kommutative Ergänzung besitzt. Außerdem folgt (i) aus (ii) und (iii).

Erfüllt $\mathscr{X} \neq \emptyset$ die Bedingung (i) und besitzt $\mathscr{X}$ endliche schwache Coprodukte, so ist $\mathscr{X}$ filtrierend. Es gilt nämlich eine Verschärfung von (iii), aus der sich (ii) vermöge (i) folgern läßt nach dem Muster der Dualisierung von 7.8.7.

9.2.6 Beispiele. Diskrete nicht-leere Kategorien sind stark pseudofiltrierend. Covollständige Kategorien und Kategorien mit terminalem Objekt sind stark filtrierend. Dasselbe gilt für jede volle Unterkategorie von *Ens* mit nur einem Objekt (Endomorphismen einer Menge als Morphismen). Endlich covollständige Kategorien sind filtrierend, ebenso vorgeordnete, nach oben gerichtete, nicht-leere Mengen, insbesondere streng geordnete.

9.2.7 Die Zusammenhangskomponenten einer (stark) pseudofiltrierenden Kategorie $\mathscr{X}$ sind (stark) filtrierend.

Beweis. Man setze $e_1 \sim e_2$, wenn es ein Objekt d mit Morphismen $e_1 \to d$, $e_2 \to d$ gibt. Diese Relation ist offenbar reflexiv und symmetrisch. Die Transitivität ergibt sich aus (i). Ist nämlich $e_1 \sim e_2$ und $e_2 \sim e_3$, so besteht ein kommutatives Diagramm

$$\begin{array}{ccccc} e_1 & & & & \\ & \searrow & & & \\ & & d_1 & & \\ & \nearrow & & \searrow & \\ e_2 & & & & d \\ & \searrow & & \nearrow & \\ & & d_2 & & \\ & \nearrow & & & \\ e_3 & & & & \end{array} \tag{1}$$

Nach 9.1.5 sind die zu den Äquivalenzklassen gehörigen vollen Unterkategorien gerade die Zusammenhangskomponenten von $\mathscr{X}$.

9.2.8 In stark pseudofiltrierenden Kategorien gilt folgende Verschärfung von (ii):

Ist $\{u_j\colon e_1 \to e_2\}$ eine Familie von Morphismen mit gleicher Quelle und gleichem Ziel, so gibt es $w\colon e_2 \to d$, so daß wu_j unabhängig von j ist.

Beweis. Der Index k sei fest gewählt. Zu jedem j gibt es $w_j\colon e_2 \to d_j$ mit $w_j u_k = w_j u_j$. Der Pinsel $\{w_j\}$ besitzt eine kommutative Ergänzung $\{t_j\colon d_j \to d\}$, und es hat $w = t_j w_j$ die gewünschte Eigenschaft.

9.3 Filtrierende Colimites

9.3.1 Definition. Unter einem *filtrierenden Colimes* verstehen wir den Colimes eines Funktors $T\colon \mathscr{X} \to \mathscr{C}$, wobei $\mathscr{C}$ eine kleine filtrierende Kategorie ist. Pseudofiltrierende bzw. stark filtrierende, stark pseudofiltrierende Colimites sind entsprechend erklärt.

9.3.2 Aus 8.4.4 ergibt sich eine direkte Beschreibung von pseudofiltrierenden Colimites in *Ens*. Ist $\mathscr{X}$ eine kleine pseudofiltrierende Kategorie und $T\colon \mathscr{X} \to \mathit{Ens}$ ein Funktor, so bilde man das Coprodukt

$$\coprod T(e) = \{(e, a) \mid e \in |\mathscr{X}|, \quad a \in T(e)\} \tag{2}$$

und setze $(e_1, a_1) \sim (e_2, a_2)$, wenn es Morphismen $u_1\colon e_1 \to d$, $u_2\colon e_2 \to d$ in $\mathscr{X}$ gibt mit

$$T(u_1)\, a_1 = T(u_2)\, a_2 . \tag{3}$$

Aus 9.2.7 (1) folgt, daß damit eine Äquivalenzrelation vorliegt. Sie ist die kleinste, unter der für $u\colon e \to d$ die Paare (e, a) und $(d, T(u)\,a)$ stets äquivalent sind, weil hieraus (3) folgt. Es sei $[e, a]$ die Äquivalenzklasse von (e, a). Diese Klassen sind die Elemente des Colimesobjektes L von T. Die zugehörige natürliche Transformation $T \to L_{\mathscr{X}}$ besteht aus den Abbildungen $T(e) \to L$, die durch $a \mapsto [e, a]$ beschrieben werden.

9.3.3 Es besteht eine entsprechende Beschreibung in *Top*, wenn das Colimesobjekt L mit der Identifizierungstopologie bezüglich der zugehörigen Abbildung $\coprod T(e) \to L$ versehen wird.

9.3.4 Für 9.3.2 und 9.3.3 braucht nur 9.2.4 (i) erfüllt zu sein. (ii) wurde, ebenso wie bei 9.2.7, nicht benutzt. Die Äquivalenzrelation (3) induziert auf jeder Menge $T(e)$ eine Äquivalenzrelation. Ist 9.2.4 (ii) erfüllt, so gibt es zu je zwei äquivalenten Elementen a_1, a_2 von $T(e)$ einen Morphismus u: $e \to d$ in $\mathscr{X}$, so daß $T(u)a_1 = T(u)a_2$ ist. Ist 9.2.4 (ii) nicht erfüllt, so braucht das nicht der Fall zu sein. Es sei $\mathscr{X}$ die zyklische multiplikative Gruppe der Ordnung 2 (als Kategorie). T: $\mathscr{X} \to Ab$ ordne dem einzigen Objekt von $\mathscr{X}$ die Gruppe $\boldsymbol{Z}_4$ zu, den beiden Morphismen von $\mathscr{X}$ die beiden Automorphismen von $\boldsymbol{Z}_4$. $\mathscr{X}$ erfüllt 9.2.4 (i), aber nicht (ii). Anwendung des Vergiß-Funktors $Ab \to Ens$ liefert das gewünschte Gegenbeispiel.

9.3.5 Hilfssatz. *Es sei $\mathscr{X}$ eine (nicht notwendig kleine) stark pseudofiltrierende Kategorie und T: $\mathscr{X} \to Ens$ ein Funktor, der einen Colimes (L, λ) besitzt. Ferner sei $\{[e, a_j]\}$ eine Familie von Elementen in L mit Repräsentantenfamilien $\{(e, a_j)\}$ und $\{(e, a'_j)\}$ auf der Menge $T(e)$. Dann gibt es einen Morphismus u: $e \to d$ in $\mathscr{X}$, so daß $T(u)a_j = T(u)a'_j$ für alle j gilt.*

Ist $\mathscr{X}$ pseudofiltrierend, so gilt die entsprechende Aussage für endliche Familien.

Beweis. Zu jedem j gibt es d_j mit Morphismen u_j: $e \to d_j$, $u'_j : e \to d_j$, so daß $T(u_j)a_j = T(u'_j)a'_j$ ist. Wegen 9.2.4 (ii) läßt sich d_j so wählen, daß $u_j = u'_j$ ist. Nun ist $\{u_j$: $e \to d_j\}$ ein Pinsel, der eine kommutative Ergänzung $\{v_j$: $d_j \to d\}$ besitzt. $u = v_j u_j$ hat die gewünschte Eigenschaft.

9.3.6 Hilfssatz. *Es sei $\mathscr{X}$ eine stark filtrierende Kategorie und T: $\mathscr{X} \to Ens$ ein Funktor, der einen Colimes (L, λ) besitzt. Ferner sei $\{[e_j, a_j]\}$ eine Familie von Elementen in L. Dann gibt es $d \in |\mathscr{X}|$, so daß alle Glieder der Familie Repräsentanten auf $T(d)$ besitzen.*

Stimmen alle $[e_j, a_j]$ als Elemente von L überein und ist (e_j, a_j) Repräsentant von $[e_j, a_j]$, so kann d mit Morphismen u_j: $e_j \to d$ so gewählt werden, daß $T(u_j)a_j$ unabhängig von j ist.

Ist $\mathscr{X}$ filtrierend, so gelten entsprechende Aussagen für endliche Familien.

Beweis. Es sei (e_j, a_j) Repräsentant von $[e_j, a_j]$ und k ein fest gewählter Index. Zu jedem j gibt es d_j mit Morphismen v_j: $e_k \to d_j$, w_j: $e_j \to d_j$. Zu dem Pinsel $\{v_j\}$ gibt es eine kommutative Ergänzung $\{t_j$: $d_j \to d\}$, womit die erste Behauptung folgt. Stimmen die Elemente $[e_j, a_j]$ von L überein, so können d_j, v_j, w_j für jedes j wegen (3) so gewählt werden, daß $T(v_j)a_k = T(w_j)a_j$ ist. Weil $T(t_j v_j)a_k$ unabhängig von j ist, folgt die zweite Behauptung mit $u_j = t_j w_j$.

Bemerkung. Die zweite Behauptung gilt auch, wenn $\mathfrak{X}$ stark pseudofiltrierend ist, weil dann alle e_j zu der gleichen Zusammenhangskomponente von $\mathfrak{X}$ gehören.

9.3.7 In Ab lassen sich filtrierende Colimites wie in Ens beschreiben. Der pseudofiltrierende Fall wird durch 9.2.7 und 9.1.8 ohnehin auf den filtrierenden zurückgeführt. Sei also $\mathfrak{X}$ eine kleine filtrierende Kategorie und $T\colon \mathfrak{X} \to Ab$ ein Funktor. Wir weichen von 8.4.4 ab und ersetzen 9.3.2 (2) nicht durch die direkte Summe, sondern konstruieren zunächst nach 9.3.2 den Colimes für VT, wobei $V\colon Ab \to Ens$ der Vergiß-Funktor ist. Für das Colimesobjekt L wird nun eine Addition folgendermaßen erklärt:

Es seien α, β Elemente von L. Nach 9.3.6 besitzen sie Repräsentanten a, b auf einer Menge $T(e)$. Wir setzen

$$\alpha + \beta = [e, a] + [e, b] = [e, a + b]. \tag{4}$$

Es muß gezeigt werden, daß damit eine Addition auf L definiert ist. Sind a', b' ebenfalls Repräsentanten auf $T(e)$, so sind $(e, a + b)$ und $(e, a' + b')$ äquivalent wegen 9.3.5 und (3). Sind ferner a', b' Repräsentanten von α und β auf $T(e')$, so gibt es Morphismen $u\colon e \to d$, $u'\colon e' \to d$, und es sind $T(u)(a + b)$ und $T(u')(a' + b')$ äquivalent nach dem eben Bewiesenen. Die durch (4) definierte Addition ist assoziativ wegen 9.3.6, und es ist L damit eine additive Gruppe. Die für $a \in T(e)$ durch $a \mapsto [e, a]$ definierten Abbildungen sind jetzt homomorph, und aus (3) folgt leicht, daß nun ein Colimes in Ab vorliegt.

9.3.8 Dieselbe Konstruktion wie für Ab ist für filtrierende Colimites bei anderen algebraischen Strukturen möglich, wobei die algebraischen Operationen auf dem Colimesobjekt L entsprechend (4) definiert werden. Insbesondere gilt das für ${}_R Mod$, die Kategorien der Gruppen, der Ringe, der R-Algebren über einem kommutativen Ring R. Hieraus folgt noch, daß Vergiß-Funktoren zwischen solchen Kategorien filtrierende Colimites respektieren und entdecken. Insbesondere gilt:

Satz. *Der Vergiß-Funktor $Ab \to Ens$ respektiert und entdeckt filtrierende Colimites.*

9.3.9 Bemerkung. 9.1.2 enthält als Spezialfall einen bekannten Satz für direkte Limites im klassischen Sinn. In der pseudofiltrierenden Kategorie $\mathfrak{X}$ ist eine finale Unterkategorie $\mathfrak{Y}$ charakterisiert durch

(i) Zu $e \in |\mathfrak{X}|$ gibt es stets einen Morphismus $e \to d$ mit $d \in |\mathfrak{Y}|$.

(ii) Zu je zwei Morphismen $u_1\colon e \to d_1$, $u_2\colon e \to d_2$ in $\mathfrak{X}$ mit $d_1, d_2 \in |\mathfrak{Y}|$ gibt es Morphismen $p_1\colon d_1 \to d$, $p_2\colon d_2 \to d$ in $\mathfrak{Y}$ mit $p_1 u_1 = p_2 u_2$.

Für eine volle Unterkategorie $\mathfrak{Y}$ von $\mathfrak{X}$ folgt (ii) aus (i). Das ist insbesondere dann der Fall, wenn $\mathfrak{X}$ eine vorgeordnete, nach oben gerichtete Menge ist und die Teilmenge $\mathfrak{Y}$ mit der induzierten Vorordnung betrachtet wird.

9.3.10 Bei Dualisierung filtrierender Colimites ist es üblich, die Quelle des Funktors $T\colon \mathscr{X} \to \mathscr{C}$ nicht explizit durch ihr Duales zu ersetzen und statt dessen von kontravarianten Funktoren zu sprechen, insbesondere deshalb, weil in Anwendungen häufig $\mathscr{X}$ die geordnete Menge der natürlichen Zahlen ist. Wir verstehen daher unter einem pseudofiltrierenden bzw. *filtrierenden Limes* einen Limes eines kontravarianten Funktors $T\colon \mathscr{X} \to \mathscr{C}$, wobei $\mathscr{X}$ wieder eine pseudofiltrierende bzw. filtrierende kleine Kategorie ist. Inverse oder projektive Limites im klassischen Sinn sind Spezialfälle ($\mathscr{X}$ eine geordnete nach oben gerichtete Menge).

9.4 Vertauschungssätze

9.4.1 Satz. *In Ens sind stark pseudofiltrierende Colimites mit verallgemeinerten Pullbacks vertauschbar, pseudofiltrierende Colimites mit Pullbacks.*

Beweis. Es sei $\mathscr{X}$ eine kleine, stark pseudofiltrierende Kategorie und

(1) $$\{\lambda_j\colon L \to R_j, \quad \eta_j\colon R_j \to S\}$$

ein verallgemeinertes Pullback in $[\mathscr{X}, Ens]$. Die zu den Funktoren $L, R_j, S\colon \mathscr{X} \to Ens$ gehörigen Colimites werden gemäß 9.3.2 konstruiert. Werden die Colimesobjekte und die von λ_j, η_j zwischen ihnen induzierten Abbildungen durch Überstreichen gekennzeichnet, so ist

(2) $$\{\bar{\lambda}_j\colon \bar{L} \to \bar{R}_j, \quad \bar{\eta}_j\colon \bar{R}_j \to \bar{S}\}$$

jedenfalls kommutativ, d. h. $\bar{\eta}_j\bar{\lambda}_j$ unabhängig von j. Es muß gezeigt werden, daß (2) sogar ein verallgemeinertes Pullback ist.

Wegen der „punktweisen" Konstruktion von Limites in $[\mathscr{X}, Ens]$ ist (1) an jeder Stelle $e \in |\mathscr{X}|$ ein verallgemeinertes Pullback in *Ens*, und es kann $L(e)$ wegen 9.2.2 und 7.4.4 beschrieben werden durch

(3) $$L(e) = \{\{r_j\} \mid r_j \in R_j(e),\ \eta_{j,e}(r_j) \text{ unabhängig von } j\},$$

wobei für jeden Index k gilt $\lambda_{k,e}(\{r_j\}) = r_k$. Die Behauptung folgt, wenn gezeigt wird, daß sich die Elemente von $\bar{L}$ durch

(4) $$\{\bar{r}_j\} \mid \bar{r}_j \in \bar{R}_j,\ \bar{\eta}_j(\bar{r}_j) \text{ unabhängig von } j$$

mit $\bar{\lambda}_k(\{\bar{r}_j\}) = \bar{r}_k$ eindeutig beschreiben lassen.

Weil $\bar{\lambda}_j$, $\bar{\eta}_j$ von λ_j, η_j induziert sind, bestimmt jedes Element $\{r_j\}$ von $L(e)$ eine Familie (4) mit $\bar{r}_j = [e, r_j]$. Sind $(e, \{r_j\})$ und $(e', \{r'_j\})$ Repräsentanten desselben Elementes von $\bar{L}$, so erhält man vermöge Morphismen $u\colon e \to d$, $u'\colon e' \to d$ in $\mathscr{X}$, daß $L(u)(\{r_j\}) = L(u')(\{r'_j\}) \in L(d)$ ist. Weil λ_j, η_j natürliche Transformationen von Funktoren sind, ist $L(u)(\{r_j\}) = \{R_j(u)(r_j)\} = \{R_j(u')(r'_j)\}$, und es folgt, daß jedes Element von $\bar{L}$ eindeutig eine Familie der Gestalt (4) bestimmt.

Sei jetzt umgekehrt die Familie (4) gegeben und (e_j, a_j) Repräsentant von $\bar{r}_j$ für jedes j. Weil $\bar{\eta}_j$ von η_j induziert wird, ist $(e_j, \eta_{j,e_j}(a_j))$ Repräsentant von $\bar{z} = \bar{\eta}_j(\bar{r}_j)$. Nach 9.3.6 gibt es $d \in |\mathfrak{X}|$ mit Morphismen $u_j\colon e_j \to d$, so daß

(5) $$z = S(u_j)\,\eta_{j,e_j}(a_j) \in S(d)$$

unabhängig von j ist. Sei $r_j = R_j(u_j)(a_j) \in R_j(d)$. Weil alle η_j natürliche Transformationen von Funktoren sind, ist $\eta_{j,d}(r_j) = z$. Wegen $[d, r_j] = [e_j, a_j] \in \bar{R}_j$ folgt aus (3), daß $\{r_j\}$ ein Element von $L(d)$ ist mit $[d, r_j] = \bar{r}_j$ für alle j. Es ist also $[d, \{r_j\}]$ ein Element von $\bar{L}$, zu dem die vorgegebene Familie (4) gehört. Es muß noch gezeigt werden, daß es in $\bar{L}$ nur ein solches Element gibt.

Sei also auch $[d', \{r'_j\}]$ ein Element von $\bar{L}$ mit Repräsentanten $\{r'_j\} \in L(d')$ und $[d', r'_j] = \bar{r}_j = [d, r_j]$ für alle j. Hierbei gilt

$$[d, \eta_{j,d}(r_j)] = \bar{\eta}_j(\bar{r}_j) = [d', \eta_{j,d'}(r'_j)].$$

Nun gibt es $u\colon d \to e$, $u'\colon d' \to e$ in $\mathfrak{X}$. Weil λ_j und η_j natürliche Transformationen sind, kann zur Vereinfachung der Schreibweise angenommen werden, daß $d = d' = e$ ist, so daß $[d, r_j] = [d, r'_j]$ für alle j gilt. Für jedes j gibt es nun $h_j \in |\mathfrak{X}|$ mit Morphismen $u_j\colon d \to h_j$, $v_j\colon d \to h_j$, so daß $R_j(u_j)(r_j) = R_j(v_j)(r'_j)$ ist, und wegen 9.2.4 (ii) kann h_j so gewählt werden, daß $u_j = v_j$ ist. Zu dem Pinsel $\{u_j\colon d \to h_j\}$ gibt es eine kommutative Ergänzung $\{t_j\colon h_j \to h\}$. Nun gilt

$$R_j(t_j u_j)(r_j) = R_j(t_j u_j)(r'_j) \in R_j(h).$$

Weil $t_j u_j$ nicht von j abhängt, repräsentieren $[d, \{r_j\}]$, $[d, \{r'_j\}]$ und $[h, \{R_j(t_j u_j)(r_j)\}]$ dasselbe Element von $\bar{L}$, womit die erste Behauptung folgt. Die zweite ergibt sich entsprechend.

9.4.2 Theorem. *In Ens sind filtrierende Colimites (von festem Typ) mit endlichen Limites (von festem Typ) vertauschbar, ebenso stark filtrierende Colimites mit Limites.*

Colimites von Funktoren $T\colon \mathfrak{X} \to \mathcal{ENS}$, wobei $\mathfrak{X}$ eine stark filtrierende $\mathfrak{U}$-Kategorie ist, sind in $\mathcal{ENS}$ vertauschbar mit Limites von Diagrammen $D\colon \Sigma \to \mathcal{ENS}$, wobei Σ klein bezüglich $\mathfrak{U}$ ist.

Bemerkung. Man beachte, daß filtrierende Kategorien nach Definition nicht leer sind.

Beweis. Es sei Z terminal in *Ens*, also eine einelementige Menge. Ist $\mathfrak{X}$ zusammenhängend und nicht leer, so hat der konstante Funktor $Z_{\mathfrak{X}}$ nach 9.1.7 den Colimes $(Z, \{1_Z\})$. Hieraus und aus 9.4.1 folgt, daß stark filtrierende Colimites in *Ens* mit Produkten vertauschbar sind. Die Vertauschbarkeit mit beliebigen Limites folgt damit aus 9.4.1 entsprechend 7.8.8. Die erste Behauptung folgt ebenso aus 7.8.8 und 9.4.1. Die Behauptung für $\mathcal{ENS}$ folgt ebenfalls aus dem Beweis von 9.4.1.

9.4.3 Satz. *In Ab sind pseudofiltrierende Colimites mit endlichen Limites vertauschbar, stark filtrierende Colimites mit Limites.*

Beweis. Die zweite Behauptung folgt vermöge des Vergiß-Funktors $V\colon Ab \to Ens$ aus 7.7.9, 9.3.8 und 9.4.2, ebenso die erste für filtrierende Colimites. Wegen 9.2.7 und 9.1.8 folgt die erste Behauptung daraus, daß in Ab Coprodukte, also direkte Summen, mit endlichen Produkten und mit Kernen vertauschbar sind (vgl. auch später 14.5.5).

9.4.4 Bemerkungen. 9.4.3 überträgt sich auf $_R Mod$. Wird pseudofiltrierend durch filtrierend ersetzt, so gelten wegen 7.4.4, 7.4.5 und 9.3.8 entsprechende Aussagen für Kategorien anderer algebraischer Strukturen wie etwa Gruppen oder Ringe.

In Ens und Ab sind Pullbacks nicht mit Differenzcokernen vertauschbar. Es sei $p\colon \mathbf{Z}_4 \twoheadrightarrow \mathbf{Z}_2$ der einzige Epimorphismus, und es seien e, a die beiden Automorphismen von $\mathbf{Z}_4$, wobei $a^2 = e$ der identische ist. Bildet man zu $\mathbf{Z}_4 \xrightarrow{p} \mathbf{Z}_2 \xleftarrow{p} \mathbf{Z}_4$ das Pullback, so erhält man zwei natürliche Transformationen, indem man e bzw. a zugleich auf beide Exemplare $\mathbf{Z}_4$ anwendet. Übergang zu den Differenzcokernen liefert das gewünschte Gegenbeispiel in Ab. Wendet man zuvor den Vergiß-Funktor $Ab \to Ens$ an, so ergibt sich ein Gegenbeispiel in Ens.

9.4.5 Universelle Colimites. Es sei $\mathscr{C}$ eine endlich vollständige und Σ eine kleine Kategorie. Zu einem Funktor $T\colon \Sigma \to \mathscr{C}$ seien gegeben eine natürliche Transformation $\eta\colon T \to A_\Sigma$ und ein $\mathscr{C}$-Morphismus $u\colon B \to A$. In $[\Sigma, \mathscr{C}]$ existiert ein Pullback

$$
\begin{array}{ccc}
P & \xrightarrow{\xi} & B_\Sigma \\
{\scriptstyle \varrho}\downarrow & & \downarrow{\scriptstyle u_\Sigma} \\
T & \xrightarrow{\eta} & A_\Sigma
\end{array}
\tag{6}
$$

Wir nehmen an, daß T den Colimes (L, λ) besitzt. η induziert einen eindeutig bestimmten Morphismus $f\colon L \to A$ mit

$$f_\Sigma \lambda = \eta \tag{7}$$

Zu f und u existieren Pullbacks

$$
\begin{array}{ccc}
R & \xrightarrow{g} & B \\
{\scriptstyle h}\downarrow & & \downarrow{\scriptstyle u} \\
L & \xrightarrow{f} & A
\end{array}
\qquad
\begin{array}{ccc}
R_\Sigma & \xrightarrow{g_\Sigma} & B_\Sigma \\
{\scriptstyle h_\Sigma}\downarrow & & \downarrow{\scriptstyle u_\Sigma} \\
L_\Sigma & \xrightarrow[f_\Sigma]{} & A_\Sigma
\end{array}
\tag{8}
$$

Vermöge (7) entsteht eine natürliche Transformation $(\mu, \lambda, (1_B)_\Sigma, (1_A)_\Sigma)$ des Pullbacks (6) in das rechte von (8), eben weil das letzte ein Pullback ist.

Definition. Der *Colimes* (L, λ) von T heißt ***universell***, wenn für jede Wahl von $A, B, u\colon B \to A$ und $\eta\colon T \to A_\Sigma$ in der soeben beschriebenen Weise ein Colimes (R, μ) von P entsteht.

Der Sachverhalt läßt sich noch anders ausdrücken. Dazu bezeichnen wir einen Morphismus $u\colon B \to A$ als Faserung mit Basis A und den Morphismus (hier h), der bei einem Pullback der Gestalt (8) links u gegenüber liegt, als die vom Basiswechsel vermöge f induzierte Faserung. Beachtet man, daß (6) an jeder Stelle $e \in |\Sigma|$ ein Pullback ist, so ergibt die Definition:

Universelle Colimites sind solche, die mit induzierten Faserungen vertauschbar sind.

Wegen 9.1.7 und 9.4.3 sind filtrierende Colimites in *Ab* universell. In *Ens* gilt darüber hinaus:

9.4.6 Theorem. *Colimites in Ens sind universell.*

Beweis. Pullback (6) wird wegen 7.5.3 an jeder Stelle $e \in |\Sigma|$ gemäß 7.8.5 beschrieben durch

(9) $$P(e) = \{(t, y) \mid \eta_e(t) = u(y)\}$$

mit den Projektionen $(t, y) \mapsto t$ und $(t, y) \mapsto y$. Für $q\colon e \to d$ in Σ wird $P(q)$ beschrieben durch

(10) $$(t, y) \to \big(T(q)t, y\big).$$

Der Colimes von P existiert, und er wird gemäß 8.4.4 beschrieben durch Äquivalenzklassen von Tripeln (e, t, y) mit $(t, y) \in P(e)$ nach der von

(11) $$(e, t, y) \sim \big(d, T(q)(t), y\big) \qquad \text{für alle } q\colon e \to d \text{ in } \Sigma$$

erzeugten Äquivalenzrelation. L besteht aus Äquivalenzklassen von Paaren (e, t) mit $t \in T(e)$ nach der von

(12) $$(e, t) \sim \big(d, T(q)(t)\big) \qquad \text{für alle } q\colon e \to d \text{ in } \Sigma$$

erzeugten Äquivalenzrelation. Dabei ist

(13) $$f[e, t] = \eta_e(t).$$

Vergleich von (11) und (12) zeigt wegen (9) und (13):

Wird das linke Pullback von (8) gemäß 7.8.5 beschrieben, so ist R das Colimesobjekt von P, und es sind h und g evidente Projektionen. Damit folgt die Behauptung für nicht-leeres Σ. Für leeres Σ folgt sie daraus, daß in (8) für $L = \Phi$ auch $R = \Phi$ ist.

9.4.7 Bemerkungen. 9.4.6 gilt nicht in *Ab*, endliche Coprodukte in *Ab* sind nicht universell.

Bei Pullbacks wie in (8) links schreibt man häufig $R = L \sqcap_A B$, wobei man unterstellt, daß Klarheit über die beteiligten Morphismen besteht. 9.4.6 läßt sich dann so ausdrücken

$$(\mathrm{Colim}\ T) \sqcap_A B = \mathrm{Colim}\,\big(T(e) \sqcap_A B\big).$$

Eine entsprechende Notation $Q = B \sqcup_A C$ verwendet man bei Pushouts.

9.4.8 Satz. *In Ens sind Differenzkerne mit Coprodukten vertauschbar.*

Das folgt daraus, daß Coprodukte disjunkte Vereinigungen und Differenzkerne Inklusionen von Koinzidenzmengen sind. Entsprechendes gilt für *cat* und *Top*.

10. Mengenwertige Funktoren

10.1 Erbschaft der Zielkategorie

10.1.1 Als Gedächtnishilfe und heuristisches Prinzip läßt sich angeben, daß sich „schöne" Eigenschaften einer Kategorie $\mathscr{C}$ auf die Funktorkategorien $[\mathscr{D}, \mathscr{C}]$ vererben. Hat beispielsweise $\mathscr{C}$ ein initiales, ein terminales oder ein Null-Objekt, so gilt dasselbe für $[\mathscr{D}, \mathscr{C}]$, wie die entsprechenden konstanten Funktoren zeigen. Ist $\mathscr{C}$ additiv, so ist auch $[\mathscr{D}, \mathscr{C}]$ additiv, wenn man für Funktoren $S, T\colon \mathscr{D} \to \mathscr{C}$ die Addition natürlicher Transformationen $\xi, \eta\colon S \to T$ „punktweise" bezüglich $\mathscr{D}$ erklärt, d. h. $(\xi + \eta)_A = \xi_A + \eta_A$ für jedes $A \in |\mathscr{D}|$. 7.5.2, 7.5.3 und 8.5.1 besagen, daß $[\mathscr{D}, \mathscr{C}]$ die Existenz von Limites und Colimites (bestimmten Typs oder allgemein) von $\mathscr{C}$ erbt. Die dabei benutzte „punktweise" Konstruktion hat weitere Erbschaften zur Folge.

10.1.2 Satz. *$\mathscr{C}$ sei endlich vollständig und besitze filtrierende Colimites. Sind in $\mathscr{C}$ endliche Limites mit filtrierenden Colimites vertauschbar, so ist das auch in $[\mathscr{D}, \mathscr{C}]$ der Fall.*

Beweis. Wegen 7.8.8 und 9.1.7 genügt es zu zeigen, daß Pullbacks mit filtrierenden Colimites vertauschbar sind. Sei

$$(1)\qquad \begin{array}{ccc} P & \xrightarrow{\ \xi\ } & R \\ {\scriptstyle \mu}\downarrow & & \downarrow{\scriptstyle \nu} \\ T & \xrightarrow{\ \eta\ } & S \end{array}$$

ein Pullback in $[\mathscr{X}, [\mathscr{D}, \mathscr{C}]]$, wobei $\mathscr{X}$ klein und filtrierend ist. Es sei $(\overline{P}, \pi)$ Colimes von P, entsprechend $(\overline{T}, \tau)$, $(\overline{R}, \varrho)$, $(\overline{S}, \sigma)$ für T, R, S. Nach Definition der Colimites entsteht ein kommutatives Quadrat in $[\mathscr{D}, \mathscr{C}]$

$$(2) \qquad \begin{array}{ccc} \bar{P} & \xrightarrow{\bar{\xi}} & \bar{R} \\ {\scriptstyle \bar{\mu}}\downarrow & & \downarrow{\scriptstyle \bar{\nu}} \\ \bar{T} & \xrightarrow{\bar{\eta}} & \bar{S} \end{array}$$

wobei $\bar{\mu}$, $\bar{\xi}$, $\bar{\eta}$, $\bar{\nu}$ von den entsprechenden natürlichen Transformationen für Funktoren $\mathscr{X} \to [\mathscr{D}, \mathscr{C}]$ in (1) herrühren. Dabei ist $(\pi, \tau, \varrho, \sigma)$ eine natürliche Transformation von (1) in dasjenige Quadrat, das aus (2) dadurch entsteht, daß überall der Index $\mathscr{X}$ angefügt wird. Ferner besteht in $[\mathscr{D}, \mathscr{C}]$ ein Pullback

$$(3) \qquad \begin{array}{ccc} M & \xrightarrow{x} & \bar{R} \\ {\scriptstyle m}\downarrow & & \downarrow{\scriptstyle \bar{\nu}} \\ \bar{T} & \xrightarrow{\bar{\eta}} & \bar{S} \end{array}$$

und es gibt einen eindeutig bestimmten Morphismus $j: \bar{P} \to M$ mit $xj = \bar{\xi}$ und $mj = \bar{\mu}$. Nun ist j eine natürliche Transformation von Funktoren $\bar{P}, M: \mathscr{D} \to \mathscr{C}$, und es können (2), (3) an jeder Stelle $A \in |\mathscr{D}|$ betrachtet werden. Nach Voraussetzung über $\mathscr{C}$ ist $j_A: \bar{P}(A) \to M(A)$ isomorph. Daher ist j ein Isomorphismus, also auch (2) ein Pullback.

Bemerkung. Es existiert offenbar ein entsprechender Satz für Limites und stark filtrierende Colimites.

10.1.3 Satz. *Es sei $\mathscr{C}$ covollständig und endlich vollständig. Sind Colimites in $\mathscr{C}$ universell, so ist dies auch in $[\mathscr{D}, \mathscr{C}]$ der Fall.*

Der Beweis von 10.1.2 gilt mit entsprechenden Modifikationen.

10.1.4 Satz. *Es sei $\mathscr{C}$ endlich vollständig. Eine natürliche Transformation $\eta: S \to T$ von Funktoren $\mathscr{D} \to \mathscr{C}$ ist genau dann ein Monomorphismus in $[\mathscr{D}, \mathscr{C}]$, wenn $\eta_A: S(A) \to T(A)$ monomorph ist für jedes $A \in |\mathscr{D}|$. Ist $\mathscr{C}$ endlich covollständig, so ist η genau dann epimorph, wenn jedes η_A es ist.*

Beweis. Es kann $\mathscr{D} \neq \emptyset$ angenommen werden. Für die erste Aussage betrachten wir ein Pullback

$$\begin{array}{ccc} R & \xrightarrow{\sigma} & S \\ {\scriptstyle \varrho}\downarrow & & \downarrow{\scriptstyle \eta} \\ S & \xrightarrow{\eta} & T \end{array}$$

in $[\mathscr{D}, \mathscr{C}]$. Es gibt genau eine natürliche Transformation $\tau: S \to R$ von Funktoren $R, S: \mathscr{D} \to \mathscr{C}$ mit $\sigma\tau = \varrho\tau = 1_S$. Dabei ist τ genau dann ein Isomorphismus, wenn τ_A für alle $A \in |\mathscr{D}|$ isomorph ist (2.6.7 und 3.4.3). Damit folgt die erste Behauptung aus 7.8.9, die zweite ist dual dazu.

10.1.5 Korollar. *Ist $\mathscr{C}$ endlich vollständig, endlich covollständig und ausgeglichen (d. h. jeder Bimorphismus isomorph), so ist dies auch für $[\mathscr{D}, \mathscr{C}]$ der Fall.*

10.1.6 Die Voraussetzungen von 10.1.2 bis 10.1.5 sind insbesondere für $\mathscr{C} = Ens$ erfüllt. In *Ens* gestattet jeder Morphismus $f\colon\ M \to N$ eine kanonische Zerlegung $M \overset{f'}{\twoheadrightarrow} f(M) \overset{i}{\rightarrowtail} N$, $f = if'$, wobei i die Inklusion der Bildmenge ist. f' ist epimorph. Ist

$$\begin{array}{ccc} M & \xrightarrow{f} & N \\ {\scriptstyle u}\downarrow & & \downarrow{\scriptstyle v} \\ P & \xrightarrow{g} & Q \end{array}$$

kommutativ in *Ens*, so ergibt v durch Restriktion eine Abbildung $v'\colon\ f(M) \to g(P)$ mit $g'u = v'f'$ und $jv' = vi$, wenn $g = jg'$ die kanonische Zerlegung von g ist. Nach dem zuvor Gesagten folgt unmittelbar

Satz. *Jeder Morphismus $\eta\colon\ S \to T$ in $[\mathscr{C}, Ens]$ besitzt eine kanonische Zerlegung $\eta = \iota\pi$, wobei π epimorph und ι monomorph ist. (Vgl. auch später* 12.4.10.)

10.1.7 Satz. *In $[\mathscr{C}, Ens]$ ist jeder Epimorphismus $\eta\colon\ S \to H^X$ eine Retraktion.*

Beweis. Wegen 10.1.4 gibt es $a \in S(X)$ mit $\eta_X(a) = 1_X$. Nach 4.2.1 existiert $\alpha\colon\ H^X \to S$ mit $\alpha_X(1_X) = a$, und es ist $\eta\alpha = 1_{H^X}$.

10.1.8 Satz. *Es sei $\mathscr{C}$ eine $\mathfrak{U}$-Kategorie. Die volle Einbettung $Ens \to \mathscr{ENS}$ induziert eine volle Einbettung $i\colon\ [\mathscr{C}, Ens] \to [\mathscr{C}, \mathscr{ENS}]$. Diese Einbettung respektiert und entdeckt Limites und Colimites und daher auch Mono- und Epimorphismen. Ist T Objekt von $[\mathscr{C}, Ens]$ und $\eta\colon\ S \to i(T)$ ein Monomorphismus in $[\mathscr{C}, \mathscr{ENS}]$, so gibt es einen Monomorphismus $\mu\colon\ R \to T$ in $[\mathscr{C}, Ens]$ und einen Isomorphismus $\varrho\colon\ S \to i(R)$ mit $\eta = i(\mu)\varrho$. Entsprechend ist jeder Epimorphismus $\eta\colon\ i(T) \to S$ von der Form $\eta = \varrho i(\mu)$, wobei ϱ isomorph und μ epimorph ist. Ein Funktor $T\colon\ \mathscr{C} \to Ens$ ist genau dann darstellbar, wenn $iT\colon\ \mathscr{C} \to \mathscr{ENS}$ es ist.*

Beweis. Daß i eine volle Einbettung ist, folgt unmittelbar daraus, daß *Ens* volle Unterkategorie von $\mathscr{ENS}$ ist. Limites und Colimites werden respektiert wegen der „punktweisen" Konstruktion. Sie werden entdeckt, weil i völlig treu ist. Die beiden nächsten Aussagen behaupten, daß keine neuen „Unterobjekte" und „Quotienten" entstehen. Das erste folgt aus 10.1.6 mit Bildmengen, das letzte entsprechend mit Quotientenmengen, weil für jede Menge in *Ens* alle Quotientenmengen zu *Ens* gehören. Die letzte Behauptung folgt wieder daraus, daß i eine volle Einbettung ist.

10.1.9 Der additive Fall. Sind $\mathscr{C}$ und $\mathscr{D}$ additive Kategorien, so gelten 10.1.1 bis 10.1.5 entsprechend für $Add(\mathscr{D}, \mathscr{C})$, weil Limites und Colimites additiver Funktoren wieder additiv sind. 10.1.6 überträgt sich bei beliebigem $\mathscr{C}$ auf $[\mathscr{C}, Ab]$ und bei additivem $\mathscr{C}$ auf $Add(\mathscr{C}, Ab)$. Auf $Add(\mathscr{C}, Ab)$ überträgt sich auch 10.1.7. Entsprechend überträgt sich 10.1.8 auf die Einbettungen, die von der Inklusion $Ab \to \mathscr{AB}$ herrühren. 10.1.8 bedeutet, grob gesagt, daß die in der Wahl von Universen liegende Willkür keinen Einfluß auf die Resultate hat.

10.2 Die Yoneda-Einbettung H_*: $\mathscr{C} \to [\mathscr{C}^o, Ens]$

10.2.1 Satz. *Es sei $\mathscr{C}$ eine kleine Kategorie. Jeder Funktor T: $\mathscr{C} \to Ens$ ist in $[\mathscr{C}, Ens]$ Colimes von darstellbaren Funktoren, genauer Colimesobjekt eines Funktors F: $\Sigma \to [\mathscr{C}, Ens]$, bei dem Σ eine kleine Kategorie ist und jedes Objekt von Σ in einen kovarianten* Hom-*Funktor (der Gestalt H^A mit $A \in |\mathscr{C}|$) übergeht. Ist $\mathscr{C}$ nicht klein, so gilt die entsprechende Aussage mit einer Kategorie Σ.*

Beweis. Ist T der konstante Funktor $\Phi_{\mathscr{C}}$, so ist T initial in $[\mathscr{C}, Ens]$ und Colimes des trivialen Funktors F, bei dem Σ die leere Kategorie ist. Sei nun $T \neq \Phi_{\mathscr{C}}$.

Es sei Σ die folgende Kategorie: Objekte sind natürliche Transformationen α: $H^A \to T$ für $A \in |\mathscr{C}|$, Morphismen von β: $H^B \to T$ nach α: $H^A \to T$ sind Tripel (β, α, f) mit f: $A \to B$ in $\mathscr{C}$ und $\beta = \alpha H^f$.

(1)
$$\begin{array}{ccc} H^B & \searrow^{\beta} & \\ {\scriptstyle H^f}\downarrow & & T \qquad f\colon A \to B \\ H^A & \nearrow_{\alpha} & \end{array}$$

F: $\Sigma \to [\mathscr{C}, Ens]$ bilde α: $H^A \to T$ in H^A und (β, α, f) in H^f ab. (1) ergibt eine natürliche Transformation λ: $F \to T_\Sigma$ mit $\lambda_\alpha = \alpha$. Sei nun R: $\mathscr{C} \to Ens$ ein beliebiger Funktor und ψ: $F \to R_\Sigma$ eine natürliche Transformation für Funktoren $\Sigma \to [\mathscr{C}, Ens]$. ψ_α ist ein $[\mathscr{C}, Ens]$-Morphismus $F(\alpha) \to R$, also eine natürliche Transformation α': $H^A \to R$. Hat β' die entsprechende Bedeutung für β, so ist

(2)
$$\begin{array}{ccc} H^B & \searrow^{\beta'} & \\ {\scriptstyle H^f}\downarrow & & R \\ H^A & \nearrow_{\alpha'} & \end{array}$$

kommutativ, vgl. 8.1.1 (1). Die Yoneda-Abbildung Y von 4.2.1 bewirkt nun eine Abbildung

(3) σ_A: $T(A) \to R(A)$ vermöge $a \mapsto \big(Y^{-1}(a) = \alpha\big) \mapsto \alpha' \mapsto Y(\alpha')$.

Nach Theorem 4.2.4 besteht der Isomorphismus Y: $[H^?, T] \to T(?)$ und (1) besagt, daß $T(f)[Y(\alpha)] = Y(\beta)$ ist $\big($vgl. 4.2.4 (7)$\big)$. Aus (2) folgt entsprechend $R(f)[Y(\alpha')] = Y(\beta')$. Damit ergibt (3), daß $\{\sigma_A\}$ eine natürliche Transformation $\sigma\colon\ T \to R$ ist. Für beliebiges $\alpha\colon H^A \to T$ gilt $\sigma\alpha = \alpha'$ wegen (3) und 4.2 (2). Umgekehrt folgt hieraus (3), also ist σ eindeutig bestimmt und (T, λ) Colimes von F.

Sei nun $\mathscr{C}$ klein. Dann ist $|\Sigma|$ die Vereinigung der disjunkten Mengen $[H^A, T]$ für $A \in |\mathscr{C}|$ und damit $\mathfrak{U}$-Menge. Damit folgt, daß die Morphismen von β nach α eine $\mathfrak{U}$-Menge bilden, und diese Mengen sind paarweise disjunkt. Ist $\mathscr{C}$ nicht klein, so ist Σ vermöge der Yoneda-Abbildung Y isomorph zu einer $\mathfrak{U}$-Kategorie. Y bewirkt nämlich Bijektionen

$$(4)\qquad \{\alpha \mid \alpha\colon H^A \to T,\ A \in |\mathscr{C}|\} \rightarrowtail\!\!\!\twoheadrightarrow \{(A, a) \mid a \in T(A),\ A \in |\mathscr{C}|\},$$

$$(5)\qquad \{(\beta, \alpha, f) \mid \beta = \alpha H^f\} \rightarrowtail\!\!\!\twoheadrightarrow \{(f, T(f))\colon\ (A, a) \to (B, b) \mid b = T(f)a\}.$$

Man erkennt übrigens, daß der Satz nur ausdrückt, daß T durch die Elemente aller $T(A)$ und die Wirkung der Abbildungen $T(f)$ bestimmt ist. Die Aussage des Satzes ist nicht diese Trivialität, sondern die Beziehung zum Colimes-Begriff.

10.2.2 Korollar. *Sei $\mathscr{C}$ klein. Sind $R, T\colon\ \mathscr{C} \to Ens$ Funktoren, so ist $[T, R]_{[\mathscr{C}, Ens]}$ Limesobjekt des kontravarianten Funktors $G\colon\ \Sigma \to Ens$, für den $G(\alpha) = R(A)$ und $G(\beta, \alpha, f) = R(f)$ ist. Hierbei haben Σ, α und β dieselbe Bedeutung wie in* (1). *Ist $\mathscr{C}$ nicht klein, so erhält man $[T, R]$ als Limes in $\mathscr{E}\mathscr{N}\mathscr{S}$.*

Beweis. Ist T initial und damit Σ leer, so ist $[T, R]$ einelementig, also terminal in *Ens*. Sei nun T nicht initial. Nach 10.2.1 und 8.7.3 ist $[T, R]$ Limesobjekt des kontravarianten Funktors $[F(?), R]\colon\ \Sigma \to Ens$, und vermöge der Yoneda-Abbildung 4.2.4 ist $[F(?), R]$ isomorph zu $R(F(?)) = G$.

10.2.3 Bemerkung. Die in 10.2.1 und 10.2.2 benutzte Kategorie Σ läßt sich folgendermaßen beschreiben: Man betrachtet in $[\mathscr{C}, Ens]$ die Kategorie der „Objekte vor T" gemäß 6.5.3 und in ihr diejenige Unterkategorie, die sich vermöge der Yoneda-Einbettung $H^*\colon\ \mathscr{C}^o \to [\mathscr{C}, Ens]$ von 4.2.2 ergibt. Wir bezeichnen diese Kategorie Σ in Zukunft mit $\mathscr{C}^o/_T$.

10.2.4 Die kontravarianten Funktoren $\mathscr{C} \to Ens$ „sind" die kovarianten $\mathscr{C}^o \to Ens$. Ersetzt man in 10.2.1 und 10.2.2 $\mathscr{C}$ durch $\mathscr{C}^o$, so erhält man nach den Bemerkungen in 8.7.1 entsprechende Aussagen für kontravariante Funktoren $\mathscr{C} \to Ens$, wobei nur H^A, H^f durch H_A, H_f und $\beta = \alpha H^f$ durch $\alpha = \beta H_f$ zu ersetzen sind. Man beachte, daß dann bei 10.2.1 wieder ein Colimes, bei 10.2.2 wieder ein Limes vorliegt.

10.2.5 Theorem. *Die Yoneda-Einbettung $H_*\colon\ \mathscr{C} \to [\mathscr{C}^o, Ens]$ respektiert Limites.*

Beweis. Sei zunächst Z terminal in $\mathscr{C}$. Für jedes $A \in |\mathscr{C}|$ ist dann $H_Z(A) = [A, Z]$ einelementig. Hieraus folgt, daß H_Z terminal in

$[\mathscr{C}^o, Ens]$ ist. Sei nun $T\colon\ \Sigma \to \mathscr{C}$ ein nicht-leeres Diagramm. Wegen der Vollständigkeit von $[\mathscr{C}^o, Ens]$ besitzt $H_* T\colon\ \Sigma \to [\mathscr{C}^o, Ens]$ einen Limes. Dieser wird „punktweise" konstruiert. Nun ist $H_* T = [?, T(??)]_{\mathscr{C}}$ mit ? aus $\mathscr{C}$ und ?? aus Σ. An der „Stelle" $A \in |\mathscr{C}|$ ergibt sich $H^A T$, und wegen 7.7.1 erhält man als Limes $N_T(A)$ mit evidenten Projektionen. Es folgt, daß $N_T(?)$ Limesobjekt von $H_* T$ ist. Ein Limes (L, λ) von T in $\mathscr{C}$ ist wegen 7.1.4 der Isomorphismus $\varrho\colon\ H_L \to N_T$ mit $\varrho_L(1_L) = \lambda$, was die Behauptung ergibt.

10.2.6 Anmerkung. H_* entdeckt Limites und Colimites, weil H_* völlig treu ist. Jedoch respektiert H_* im allgemeinen nicht Colimites. Dies folgt noch nicht aus 10.2.1 bis 10.2.3, weil entweder $\mathscr{C}$ klein und damit im allgemeinen nicht covollständig ist oder aber Colimites bezüglich einer nicht kleinen Kategorie gebildet werden.

Es sei $\mathscr{C} = Ab$, $A = B = \boldsymbol{Z}$, $C = \boldsymbol{Z}_2$, $m\colon\ A \to B$ die Multiplikation mit 2 und $c\colon\ B \to C$ der Cokern von m. Die Einbettung $H_*\colon\ Ab \to [Ab^o, Ens]$ liefert folgendes Diagramm:

$$[?, \boldsymbol{Z}]_{Ab} \underset{[?,\,0]}{\overset{[?,\,m]}{\rightrightarrows}} [?, \boldsymbol{Z}]_{Ab}.$$

Der Colimes an der Stelle $\boldsymbol{Z}_2$ ist die einelementige Menge $[\boldsymbol{Z}_2, \boldsymbol{Z}]$ (mit ihrer identischen Abbildung). Dagegen hat $[\boldsymbol{Z}_2, \boldsymbol{Z}_2]$ zwei Elemente. Es ist also $[?, \boldsymbol{Z}_2]$ nicht Colimes.

Es wird sich später (17.3.2) ergeben, daß H_* die in $\mathscr{C}$ vorhandenen Colimites vergißt.

10.2.7 Der additive Fall. Ist $\mathscr{C}$ eine additive Kategorie, so gilt 10.2.5 entsprechend für $Add(\mathscr{C}, Ab)$ und $[\mathscr{C}, Ab]$. Beim Beweis wird die additive Variante von 7.7.1 gemäß 7.7.8 benutzt. 10.2.1 und 10.2.2 gelten nicht für $[\mathscr{C}, Ab]$, weil Colimites additiver Funktoren stets additiv sind (8.5.3). Im Beweis macht sich das dadurch bemerkbar, daß die Yoneda-Abbildung nicht für $[\mathscr{C}, Ab]$ zur Verfügung steht. Für $Add(\mathscr{C}, Ab)$ gelten 10.2.1 und 10.2.2 im allgemeinen nur dann, wenn $\mathscr{C}$ endliche Produkte besitzt. Damit kann (vgl. später 12.2.6 und 17.2.10) geschlossen werden, daß σ_A in (3) homomorph ist. Andernfalls braucht das nicht zuzutreffen. Besitzt $\mathscr{C}$ als einziges Objekt die additive Gruppe $\boldsymbol{Z}$ der ganzen Zahlen und als Morphismen die Endomorphismen von $\boldsymbol{Z}$, so ist $Add(\mathscr{C}, Ab)$ isomorph zu Ab, und es gilt 10.2.1 beispielsweise nicht für den Funktor, der dem einzigen Objekt von $\mathscr{C}$ die Gruppe $\boldsymbol{Z} \times \boldsymbol{Z}$ in Ab zuordnet. Man erhält als Colimes gemäß 8.2.4 und 8.3.2 vielmehr eine direkte Summe (Coprodukt) von abzählbar vielen Summanden $\boldsymbol{Z}$.

10.3 Der allgemeine Darstellungssatz

10.3.1 Definition. Ein Funktor $T\colon\ \mathscr{C} \to Ens$ heißt *eigentlich*, wenn es in $\mathscr{C}$ eine Menge $\mathfrak{D}$ von Objekten mit der folgenden Eigenschaft gibt:

Ist X ein beliebiges Objekt von $\mathscr{C}$ und $x \in T(X)$, so gibt es für ein geeignetes Objekt D in $\mathfrak{D}$ ein $d \in T(D)$ und einen Morphismus f: $D \to X$ mit $x = T(f)d$.

$\mathfrak{D}$ heißt dann *dominierende Menge* für T. Die Definition gilt entsprechend für additive Kategorien und additive Funktoren mit Werten in Ab.

10.3.2 Die Definition gestattet eine „funktorielle" Formulierung. Zu einem Funktor T: $\mathscr{C} \to Ens$ und einer beliebigen Menge $\mathfrak{D}$ von Objekten aus $\mathscr{C}$ sei $\mathfrak{D}(T)$ die Menge aller Paare (D, δ), die aus einem $D \in \mathfrak{D}$ und einer natürlichen Transformation δ: $H^D \to T$ bestehen. Ferner sei a: $\mathfrak{D}(T) \to [\mathscr{C}, Ens]$ die Abbildung $(D, \delta) \mapsto H^D$, also $a(D, \delta) = H^D$. Es besteht der kanonische Morphismus

$$\psi(\mathfrak{D}, T): \coprod_{\mathfrak{D}(T)} a(D, \delta) \to T$$

mit $\psi(\mathfrak{D}, T)\, i_{(D,\delta)} = \delta$: $H^D \to T$. (Ist $\mathfrak{D}(T)$ leer, so ist unter dem Coprodukt natürlich der initiale Funktor zu verstehen.) Nun gilt:

Satz. T: $\mathscr{C} \to Ens$ *ist genau dann eigentlich mit dominierender Menge* $\mathfrak{D}$, *wenn* $\psi(\mathfrak{D}, T)$ *epimorph ist.*

Beweis. Der Morphismus $\psi(\mathfrak{D}, T)$ ist wegen 10.1.4 (mit $[\mathscr{C}, Ens]$ statt $[\mathscr{D}, \mathscr{C}]$) genau dann epimorph, wenn er es an jeder Stelle $X \in |\mathscr{C}|$ ist, d. h. wenn es zu jedem $x \in T(X)$ ein $(D, \delta) \in \mathfrak{D}(T)$ und ein $f \in H^D(X) = [D, X]_{\mathscr{C}}$ gibt mit $\delta_X(f) = x$. Wegen des Yoneda-Lemmas 4.2.1 (2) ist das gerade die Bedingung der Definition.

10.3.3 Beispiele. Ist T darstellbar mit darstellendem Objekt A, so ist T eigentlich mit dominierender Menge $\{A\}$.

Ist $\mathscr{C}$ klein, so ist jeder Funktor $\mathscr{C} \to Ens$ eigentlich.

Ein etwas weniger naheliegendes Beispiel bildet man wie folgt: Man ordnet jeder Gruppe die ihrer Kommutatorgruppe zugrunde liegende Menge zu und erhält so einen mengenwertigen Funktor K auf der Kategorie der Gruppen. K ist eigentlich mit dominierender Menge $\{F_n \mid n \geq 1\}$, wobei mit F_n eine freie Gruppe vom Rang n bezeichnet ist.

10.3.4 Es sei $\mathscr{C}$ eine nicht-leere Kategorie. Für $A \in |\mathscr{C}|$ respektiert H^A: $\mathscr{C} \to Ens$ alle in $\mathscr{C}$ vorhandenen Limites nach 7.7.4. Die Yoneda-Einbettung H^*: $\mathscr{C}^0 \to [\mathscr{C}, Ens]$ induziert daher eine volle Einbettung $H^*_{\mathfrak{K}}$: $\mathscr{C}^0 \to \mathfrak{K}[\mathscr{C}, Ens]$, wobei $\mathfrak{K}[\mathscr{C}, Ens]$ die Bedeutung von 7.6.5 hat, und es ist H^* das Kompositum von $H^*_{\mathfrak{K}}$ und der Inklusion

$$\mathfrak{K}[\mathscr{C}, Ens] \subset [\mathscr{C}, Ens].$$

Aus 7.6.5 und 10.2.5 folgt unmittelbar, daß $H^*_{\mathfrak{K}}$ die in $\mathscr{C}^0$ vorhandenen Limites respektiert.

10.3.5 Satz. *Mit den vorangehenden Bezeichnungen gilt: Colimites in* $\mathscr{C}^0$ *von Diagrammen, deren Typ dual zu einem der Klasse* $\mathfrak{K}$ *ist, werden von*

$H^*_{\mathfrak{K}}$: $\mathscr{C}^0 \to \mathfrak{K}[\mathscr{C}, Ens]$ *respektiert, insbesondere respektiert* $H^*_{\mathscr{L}}$: $\mathscr{C}^0 \to \mathscr{L}[\mathscr{C}, Ens]$ *Colimites,* H^*_l: $\mathscr{C}^0 \to l[\mathscr{C}, Ens]$ *endliche Colimites,* H^*_π: $\mathscr{C}^0 \to_\pi [\mathscr{C}, Ens]$ *endliche Coprodukte.*

Beweis. Sei Σ ein Diagrammschema aus $\mathfrak{K}$ und D: $\Sigma \to \mathscr{C}$ ein Diagramm, das einen Limes (L, λ) in $\mathscr{C}$ hat. Damit ist gleichwertig, daß $(\mathrm{Op}(L), \mathrm{Op}\,\lambda)$ Colimes von $\mathrm{Op} D \mathrm{Op}$: $\Sigma^0 \to \mathscr{C}^0$ ist. Für einen beliebigen Funktor T: $\mathscr{C} \to Ens$ gilt wegen Theorem 4.2.4 $[H^* \mathrm{Op} D, T] \cong TD$: $\Sigma \to Ens$. Für $T \in |\mathfrak{K}[\mathscr{C}, Ens]|$ ist $(T(L), T\lambda)$ Limes von TD und damit $([H^L, T], [H^\lambda, T])$ Limes von $[H^* \mathrm{Op} D, T]$ wieder nach 4.2.4. $H^* \mathrm{Op} D$ kann als kontravariantes Diagramm $H^*_{\mathfrak{K}} \mathrm{Op} D$: $\Sigma \to \mathfrak{K}[\mathscr{C}, Ens]$ aufgefaßt werden. Wegen 8.7.5 ist (H^L, H^λ) in $\mathfrak{K}[\mathscr{C}, Ens]$ Colimes des Diagramms $H^*_{\mathfrak{K}} \mathrm{Op} D \mathrm{Op}$, was die Behauptung ergibt.

10.3.6 Bemerkung. Die Inklusion $\mathscr{L}[\mathscr{C}, Ens] \subset [\mathscr{C}, Ens]$ respektiert Limites nach 7.6.4, dagegen Colimites im allgemeinen nicht (vgl. 10.2.6). Der vorangehende Beweis ergibt zusammen mit 8.7.5, daß $\mathscr{L}[\mathscr{C}, Ens]$ die größte volle Unterkategorie von $[\mathscr{C}, Ens]$ ist, für die H^* eine Colimites respektierende Einbettung induziert.

10.3.7 Korollar. *Ist* $\mathscr{C}$ *endlich vollständig und respektiert* T: $\mathscr{C} \to Ens$ *endliche Limites, so ist* $\mathscr{C}^0/_T$ *in* 10.2.3 *filtrierend.*

Beweis. $\mathscr{C}^0/_T$ kann hier in $l(\mathscr{C})$ gebildet werden. Wegen 10.3.5 folgen daher die Bedingungen (i), (ii), (iii) von 9.2.4 der Reihe nach aus der Existenz von Pullbacks, Differenzkernen und endlichen Produkten in $\mathscr{C}$. Außerdem ist $T \neq \Phi_{\mathscr{C}}$, weil T terminale Objekte respektiert, und daher ist $\mathscr{C}^0/_T \neq \Phi$.

10.3.8 Satz. $\mathscr{C}$ *sei endlich vollständig,* T: $\mathscr{C} \to Ens$ *respektiere endliche Limites. T ist genau dann eigentlich, wenn T Colimes-Objekt eines (kleinen) Diagramms darstellbarer Funktoren in* $[\mathscr{C}, Ens]$ *ist.*

Beweis. Sei T eigentlich mit dominierender Menge $\mathfrak{D}$. Mit $\mathfrak{D}/T$ bezeichnen wir die volle Unterkategorie von $\mathscr{C}^0/_T$, deren Objekte die natürlichen Transformationen δ: $H^D \to T$ für $D \in \mathfrak{D}$ sind. Nach 9.3.9, 10.3.7 und dem Yoneda-Lemma 4.2.1 besagt die Bedingung der Definition 10.3.1, daß $\mathfrak{D}/T$ final in $\mathscr{C}^0/_T$ ist, so daß 9.1.2 zusammen mit 10.2.1 die eine Behauptung liefert.

Ist umgekehrt T Colimes-Objekt eines Diagramms darstellbarer Funktoren, so zeigt die Konstruktion von 8.4.2, daß T epimorphes Bild eines Coproduktes einer Menge darstellbarer Funktoren ist, woraus nach 10.3.2 die Eigentlichkeit von T folgt.

10.3.9 Theorem. $\mathscr{C}$ *sei eine vollständige Kategorie. Ein Funktor* T: $\mathscr{C} \to Ens$ *ist genau dann darstellbar, wenn gilt:*

(i) *T ist eigentlich,*

(ii) *T respektiert Limites.*

Beweis. Ist A darstellendes Objekt für T, so ist $\{A\}$ dominierende Menge für T, und T respektiert Limites nach 7.7.4.

Gelten umgekehrt (i), (ii) für T, so ist T nicht der initiale Funktor $\Phi_{\mathscr{C}}$, weil $\mathscr{C}$ ein terminales Objekt besitzt und T Limites respektiert. Nach 10.3.8 ist T Colimes-Objekt eines Diagramms D: $\Sigma \to [\mathscr{C}, Ens]$, so daß jedes $D(e)$ für $e \in |\Sigma|$ die Form H^A für geeignetes $A \in |\mathscr{C}|$ hat. Daher besteht ein zugehöriges kontravariantes Diagramm D': $\Sigma \to \mathscr{C}$, das wegen der Vollständigkeit von $\mathscr{C}$ einen Limes (L, λ) hat. Nach 10.3.5 hat $H^*_{\mathscr{L}} \operatorname{Op} D'$ den Colimes $(H^L, \{H^{\lambda_e}\})$. Weil T in $\mathscr{L}[\mathscr{C}, Ens]$ liegt, $H^*_{\mathscr{L}} \operatorname{Op} D'$ vermöge $\mathscr{L}[\mathscr{C}, Ens] \subset [\mathscr{C}, Ens]$ in D übergeht und diese volle Einbettung Colimites entdeckt (8.7.6), sind H^L und T isomorph.

10.3.10 Für additive Kategorien $\mathscr{C}$ und additive Funktoren $\mathscr{C} \to Ab$ gilt das Vorangehende entsprechend, insbesondere 10.3.9. Die für 10.3.8 benötigte additive Version von 10.2.1 kann man wegen 10.3.7 hier auch aus 9.3.8 und der „punktweisen" Konstruktion von Colimites in Funktorkategorien erhalten. Die additive Version von 10.3.9 folgt unmittelbar aus 4.4.10 und 7.7.9.

10.3.11 Die Bedingung, daß T eigentlich ist, ist in 10.3.9 wesentlich. Sei $\mathscr{C}$ die geordnete Klasse der Kardinalzahlen in $\mathfrak{U}$. $\mathscr{C}^\circ$ ist vollständig (vgl. 14.1). Ein terminaler Funktor $\mathscr{C}^\circ \to Ens$ respektiert Limites und ist nicht darstellbar, weil $\mathscr{C}$ kein terminales Objekt besitzt. Siehe jedoch unten 10.6.5.

Sei $\mathscr{C}$ eine beliebige Kategorie. Der Funktor F in 10.2.1 hat die Form $H^* F'$ mit F': $\Sigma \to \mathscr{C}^\circ$. Nun gilt: T ist genau dann darstellbar, wenn $\operatorname{Op} F' \operatorname{Op}$ einen Limes besitzt und T diesen Limes respektiert. Das folgt durch Verallgemeinerung von 7.6.5 und 10.3.5.

10.4 Projektive und injektive Objekte

10.4.1 Definition. Ein Objekt P der Kategorie $\mathscr{C}$ heißt *projektiv*, wenn H^P Epimorphismen respektiert. Gleichwertig damit ist: Für jedes Diagramm

$$(1) \qquad \begin{array}{ccc} & & P \\ & & \downarrow g \\ A & \xrightarrow{f} & B \end{array}$$

mit epimorphem f gibt es mindestens einen Morphismus h: $P \to A$ mit $fh = g$.

10.4.2 Beispiele. In Ens und Ens_* ist jedes Objekt projektiv, in Top und Top_* jeder diskrete Raum, in Ab jede freie additive Gruppe, in ${}_R Mod$ jeder freie Modul. In der Kategorie der Gruppen ist jede freie Gruppe projektiv. Jedes initiale Objekt ist trivialerweise projektiv.

Für $A \in |\mathscr{C}|$ ist H^A projektiv in $[\mathscr{C}, Ens]$. Es gilt sogar (vgl. das Duale zu 7.8.9):

10.4.3 Satz. *Ist F: $\mathscr{C} \to Ens$ darstellbar, so respektiert $H^F = [F, ?]_{[\mathscr{C}, Ens]}$: $[\mathscr{C}, Ens] \to \mathscr{ENS}$ Colimites bezüglich $\mathfrak{U}$.*

Beweis. Ist $D\colon \Sigma \to [\mathscr{C}, Ens]$ ein Diagramm und $A \in |\mathscr{C}|$, so besteht nach 4.2.4 der Yoneda-Isomorphismus

$$H^{H^A}D = [H^A, D(?)]_{[\mathscr{C}, Ens]} \cong D(?)(A).$$

Das bedeutet, daß D an der „Stelle A" betrachtet wird, und aus der punktweisen Konstruktion von Colimites in Funktorkategorien folgt die Behauptung für $F = H^A$ und damit allgemein.

Man beachte, daß H^F für darstellbares F zu einem Funktor $[\mathscr{C}, Ens] \to Ens$ isomorph ist.

Der Satz gilt entsprechend für $Add(\mathscr{C}, Ab)$, wenn $\mathscr{C}$ additiv ist.

10.4.4 Satz. *Jedes Coprodukt projektiver Objekte ist projektiv. Jeder Retrakt eines projektiven Objektes ist projektiv.*

Beweis. Das erste folgt unmittelbar aus der Definition für Coprodukte. Ist $r\colon U \to P$ eine Retraktion, so gibt es $i\colon P \to U$ mit $ri = 1_P$. Liegt die Situation von (1) vor und ist U projektiv, so gibt es $k\colon U \to A$ mit $fk = gr$, und es ist $fki = gri = g$, also P projektiv.

10.4.5 Bemerkung. Wir verstehen hier und im folgenden unter Coprodukten und Produkten jeweils entsprechende Colimes- bzw. Limesobjekte. Wie bisher ist ein initiales bzw. terminales Objekt (falls vorhanden) als Coprodukt bzw. Produkt mit leerer Indexmenge aufzufassen.

10.4.6 Satz. *Ist $j\colon A \to P$ epimorph und P projektiv, so ist j eine Retraktion. Besitzt die Kategorie $\mathscr{C}$ ein Nullobjekt, so ist das Coprodukt $P = \coprod P_\varepsilon$ nur dann projektiv, wenn jedes P_ε projektiv ist.*

Beweis. Die erste Aussage folgt aus (1) mit $f = j$ und $g = 1_P$, die zweite wegen 10.4.4 daraus, daß die Injektionen für ein Coprodukt hier Coretraktionen sind (7.3.4 dual), die P_ε also Retrakte von P sind.

10.4.7 Definition. Eine Kategorie $\mathscr{C}$ besitzt (genügend viele) Projektive, wenn jedes Objekt Quotient eines projektiven ist, d. h. wenn es zu $A \in |\mathscr{C}|$ stets einen Epimorphismus $P \twoheadrightarrow A$ mit einem projektiven P gibt.

Die Kategorien Ab, ${}_R Mod$ und die Kategorie der Gruppen besitzen Projektive (Ens und Top trivialerweise). In Ab sind die Projektiven genau die freien additiven Gruppen, in der Kategorie der Gruppen genau die freien Gruppen. In beiden Fällen ist jede Gruppe Quotient einer freien, eine projektive ist wegen 10.4.6 isomorph zu einer Untergruppe einer freien und damit selbst frei. Ist R kein Hauptidealring, so sind in ${}_R Mod$ projektive Objekte nicht notwendig freie Moduln. In der Kategorie der Ringe ist der Polynomring $\mathbf{Z}[x]$ frei über x, aber nicht projektiv, wie der Epimorphismus $\mathbf{Z} \subset \mathbf{Q}$ zeigt.

10.4.1⁰ Definition. Ein Objekt Q der Kategorie $\mathscr{C}$ heißt *injektiv*, wenn es projektiv in $\mathscr{C}^0$ ist, wenn also $[?, Q]_{\mathscr{C}}$ Monomorphismen in Epimorphismen überführt oder gleichwertig: Für jedes Diagramm

$$\begin{array}{ccc} F & \overset{f}{\rightarrowtail} & A \\ & \underset{g}{\searrow} & \\ & & Q \end{array}$$

mit monomorphem f gibt es $h\colon\ A \to Q$ mit $hf = g$.

10.4.2° In *Ens* und Ens_* ist jedes nicht-leere Objekt injektiv, in *Top* und Top_* jeder nicht-leere Raum mit gröbster Topologie. In der vollen Unterkategorie von *Top*, deren Objekte die kompakten Räume sind, ist das Einheitsintervall injektiv (wegen des Fortsetzungssatzes von TIETZE-URYSOHN).

In *Ab* sind die additive Gruppe $\boldsymbol{Q}$ der rationalen Zahlen und die Faktorgruppe $\boldsymbol{Q}/\boldsymbol{Z}$ injektiv, ebenso $\boldsymbol{R}$ (reelle Zahlen) und $\boldsymbol{R}/\boldsymbol{Z}$. *Ab* besitzt (genügend viele) Injektive, jede additive Gruppe ist in eine injektive einbettbar. Für beliebiges R besitzt ${}_R Mod$ Injektive (siehe 15.3.5). 10.4.4 und 10.4.6 können dualisiert werden.

10.5 Generatoren und Cogeneratoren

10.5.1 Definition. Eine Menge $\mathfrak{G}$ von Objekten der Kategorie $\mathscr{C}$ heißt *Generatormenge* (*erzeugend*), wenn es für jedes Paar verschiedener Morphismen $f, g\colon\ A \to B$ mit gleicher Quelle und gleichem Ziel einen Morphismus $h\colon\ G \to A$ mit $fh \neq gh$ und $G \in \mathfrak{G}$ gibt. Ein Objekt G heißt *Generator*, wenn es allein eine Generatormenge bildet. Damit ist gleichwertig, daß H^G treu ist, also $H^G\colon\ \mathscr{C} \to Ens$ bzw. $H^G\colon\ \mathscr{C} \to Ab$ für additives $\mathscr{C}$, eine Einbettung ist.

Bemerkungen. Die Definition ist gegenstandslos, wenn $\mathscr{C}$ eine vorgeordnete Klasse ist. Hier ist jede Menge von Objekten, auch die leere, erzeugend.

Statt „erzeugend" wäre die Bezeichnung „coseparierend" besser. Sie entspricht erstens dem Sachverhalt, daß verschiedene Elemente von $[A, B]$ als verschieden erkennbar bleiben, und zweitens einer systematischen Benutzung der Vorsilbe „co" bei Objekten, die als kontravariantes Argument des Hom-Funktors auftreten. Von GROTHENDIECK stammt eine andere Definition für Generator, die jedoch in den meisten Anwendungen mit der hier angegebenen zusammenfällt.

10.5.2 Beispiele. In *Ens* ist jede nicht-leere Menge ein Generator, in *Top* jeder diskrete nicht-leere Raum. In *Ab* ist $\boldsymbol{Z}$, in ${}_R Mod$ ist ${}_R R$ (R als R-Linksmodul) ein Generator. In der Kategorie der Gruppen ist jede freie zyklische Gruppe ein Generator, in der Kategorie der Ringe (mit 1) der Polynomring $\boldsymbol{Z}[x]$. Außer $\boldsymbol{Z}[x]$ sind die angegebenen Generatoren zugleich projektiv. Für eine kleine Kategorie $\mathscr{C}$ ist $|\mathscr{C}|$ Generatormenge, und die Menge aller H^A ist Generatormenge für $[\mathscr{C}, Ens]$ bzw. $Add[\mathscr{C}, Ab]$ im additiven Fall. Sind nämlich $\xi, \eta\colon\ T \to R$ natürliche Transformationen, so daß für jedes $\alpha\colon H^A \to T$ stets $\xi\alpha = \eta\alpha$ ist, so folgt aus Theorem 4.2.4, daß $\xi = \eta$ ist. Ist $\mathscr{C}$ nicht klein, so muß für $[\mathscr{C}, Ens]$ ohnehin das Universum gewechselt werden.

10.5.3 Satz. *Ein Coprodukt von Generatoren mit nicht-leerer Indexmenge ist ein Generator. Ist $\mathfrak{G}$ eine Generatormenge und gibt es zu jedem nicht-initialem $A \in |\mathscr{C}|$ für jedes Objekt G aus $\mathfrak{G}$ einen Morphismus $G \to A$, so ist das Coprodukt über alle Objekte aus $\mathfrak{G}$ (falls es existiert) ein Generator.*

Das folgt unmittelbar aus der Definition.

10.5.4 Satz. *$\mathscr{C}$ besitze Coprodukte, also auch ein initiales Objekt. Eine Menge $\mathfrak{G}$ von Objekten ist eine Generatormenge genau dann, wenn für jedes $A \in |\mathscr{C}|$ gilt: Für*

(1) $$G_A = \coprod_{\substack{e \in \bigcup [G, A] \\ G \in \mathfrak{G}}} G_e, \qquad G_e \text{ die Quelle von } e,$$

ist der durch $\pi_A i_e = e$ definierte Morphismus $\pi_A\colon G_A \to A$ epimorph.

Die Behauptung folgt unmittelbar aus der Definition von Coprodukten und aus 10.5.1. Man beachte, daß $\bigcup\ [G, A]$ leer sein kann.

10.5.5 Korollar. *Eine Kategorie mit Coprodukten und einer erzeugenden Menge projektiver Objekte besitzt Projektive.*

10.5.1° Definition. Eine Menge $\mathfrak{G}$ von Objekten der Kategorie $\mathscr{C}$ heißt *Cogeneratormenge* (*coerzeugend*), wenn $\mathfrak{G}$ für $\mathscr{C}^\circ$ eine Generatormenge ist, wenn es also für jedes Paar verschiedener Morphismen $f, g\colon A \to B$ einen Morphismus $h\colon B \to G$ mit G aus $\mathfrak{G}$ und $hf \neq hg$ gibt. Ein Objekt G heißt *Cogenerator*, wenn es allein eine Cogeneratormenge bildet. Damit ist gleichwertig, daß der kontravariante Funktor H_G treu ist, also $H_G \mathrm{Op}\colon \mathscr{C}^\circ \to Ens$ (bzw. $\to Ab$) eine Einbettung ist.

10.5.2° Beispiele. In *Ens* ist jede Menge mit mindestens zwei Elementen ein Cogenerator, in *Top* jeder Raum mit gröbster Topologie und mindestens zwei Punkten. In der vollen Unterkategorie von *Top*, deren Objekte die vollständig regulären Räume sind, ist das Einheitsintervall ein Cogenerator. In *Ab* ist $\boldsymbol{Q}/\boldsymbol{Z}$ ein injektiver Cogenerator. ${}_R Mod$ besitzt stets einen injektiven Cogenerator, nämlich $[R_R, \boldsymbol{Q}/\boldsymbol{Z}]_{Ab}$, wobei zunächst nur die additive Gruppe von R betrachtet wird und dann $[R, \boldsymbol{Q}/\boldsymbol{Z}]$ durch die Rechtsoperation von R auf sich zum R-Linksmodul wird (siehe später 15.3.5).

10.5.3 bis 10.5.5 lassen sich dualisieren, für 10.5.4 ist $\prod G_e$ mit $e \in \bigcup\ [A, G]$ zu betrachten.

10.6 Lokal kleine Kategorien

10.6.1 Definition. Eine Kategorie $\mathscr{C}$ heißt *lokal klein*, wenn für jedes Objekt A die Äquivalenzklassen von Monomorphismen mit Ziel A (siehe 6.5.4 bis 6.5.8) eine Menge als vollständiges Repräsentantensystem besitzen. „Für jedes Objekt bilden die Unterobjekte eine Menge.“

10.6.2 Jede kleine Kategorie ist lokal klein. *Ens, Top, Ab,* ${}_R Mod$ sind lokal klein mit natürlicher Auswahl, ebenso die Kategorien der Gruppen und der Ringe.

10.6.3 Satz. *Eine ausgeglichene Kategorie $\mathscr{C}$ mit endlichen Durchschnitten von Monomorphismen und mit einer Generatormenge ist lokal klein.*

Beweis. Es sei $\{G_\alpha\}$ Generatormenge von $\mathscr{C}$. Es kann angenommen werden, daß $\{G_\alpha\}$ nicht-leer ist, weil sonst $\mathscr{C}$ eine vorgeordnete Klasse ist, deren Morphismen Isomorphismen sind. Für $A \in |\mathscr{C}|$ betrachten wir die Menge M aller Morphismen $G_\alpha \to A$, also $M = \bigcup\, [G_\alpha, A]$. Jedem Monomorphismus $m\colon\ A' \to A$ ordnen wir diejenige Untermenge $N(m)$ von M zu, die aus den über m faktorisierenden Morphismen $G_\alpha \to A$ besteht (also aus denen der Gestalt mf_α). Wir zeigen: Sind $m_1\colon\ A_1 \to A$, $m_2\colon\ A_2 \to A$ nicht-äquivalente Monomorphismen, so sind $N(m_1)$ und $N(m_2)$ verschieden. Die Behauptung des Satzes folgt hieraus. Wir betrachten den Durchschnitt

$$\begin{array}{ccc} A_3 & \xrightarrow{n_2} & A_2 \\ {\scriptstyle n_1}\downarrow & & \downarrow{\scriptstyle m_2} \\ A_1 & \xrightarrow{m_1} & A \end{array} \tag{1}$$

(Pullback). Hierbei sind n_1 und n_2 monomorph. Sind n_1 und n_2 auch epimorph, so sind n_1 und n_2 isomorph, weil $\mathscr{C}$ ausgeglichen ist, und es sind m_1 und m_2 äquivalent. Sei etwa n_2 nicht epimorph. Dann gibt es Morphismen $u, v\colon\ A_2 \to B$ mit $u \neq v$ aber $un_2 = vn_2$. Für geeignetes G_α gibt es einen Morphismus $f\colon\ G_\alpha \to A_2$ mit $uf \neq vf$. Nun faktorisiert $m_2 f\colon\ G_\alpha \to A$ nicht über m_1, weil andernfalls f nach Definition für Pullbacks über n_2 faktorisierte, was wegen $un_2 = vn_2$ nicht möglich ist.

10.6.4 Satz. *Es sei $\mathscr{B}$ eine kleine und $\mathscr{C}$ eine endlich vollständige, lokal kleine Kategorie. Dann ist $[\mathscr{B},\mathscr{C}]$ lokal klein. Insbesondere ist $[\mathscr{B}, Ens]$ lokal klein. Im additiven Fall gilt Entsprechendes für $Add\,(\mathscr{B},\mathscr{C})$.*

Beweis. Sei $T\colon\ \mathscr{B} \to \mathscr{C}$ ein Funktor. Für jedes $A \in |\mathscr{B}|$ sei ein Repräsentantensystem $\mathfrak{M}_A$ für die Monomorphismen mit Ziel $T(A)$ ausgewählt. Ist $\eta\colon\ S \to T$ monomorph in $[\mathscr{B},\mathscr{C}]$, so ist nach 10.1.4 $\eta_A\colon$ $S(A) \to T(A)$ monomorph für jedes $A \in |\mathscr{B}|$. Es gibt daher $m_A \in \mathfrak{M}_A$ und einen Isomorphismus ϱ_A, so daß $\eta_A = m_A \varrho_A$ ist. Für $f\colon\ A \to B$ in $\mathscr{B}$ setze man $S'(f) = \varrho_B S(f) \varrho_A^{-1}$ und $S'(A)$ für die Quelle von m_A. Dann ist S' ein Funktor, $\{\varrho_A\}\colon\ S \to S'$ eine Isomorphie und $\{m_A\}\colon$ $S' \to T$ monomorph. $\{m_A\}$ ist eine Abbildung der Menge $|\mathscr{B}|$ in die Menge $\bigcup \mathfrak{M}_A$, womit die Behauptung folgt. Der additive Fall ergibt sich entsprechend.

10.6.5 Spezieller Darstellungssatz. *Es sei $\mathscr{C}$ eine lokal kleine, vollständige Kategorie mit einer Cogeneratormenge $\mathfrak{G}$. Ein Funktor T:*

$\mathscr{C} \to Ens$ ist genau dann darstellbar, wenn er Limites respektiert. Ist $\mathscr{C}$ außerdem additiv, so gilt dasselbe für additives $T: \mathscr{C} \to Ab$.

Beweis. T respektiere Limites. Wegen 10.3.9 genügt es zu zeigen, daß T eigentlich ist. Sei $\mathfrak{G} = \{G_\alpha\}$. Wir betrachten

(2) $$P = \prod_{G_\alpha} \prod_{x \in T(G_\alpha)} G_{\alpha,x} \quad \text{mit} \quad G_{\alpha,x} = G_\alpha$$

und Projektionen $pr_{\alpha,x}$, außerdem zu $A \in |\mathscr{C}|$ entsprechend dem Dualen von 10.5.4

(3) $$Q = \prod_{e \in \cup [A,\, G_\alpha]} G_e, \qquad G_e \text{ das Ziel von } e,$$

mit Projektionen pr_e. Durch

(4) $$pr_e \Delta = e$$

wird $\Delta: A \to Q$ definiert. Δ ist monomorph (10.5.4 dual). Es kann $T(A) \neq \Phi$ angenommen werden. $a \in T(A)$ bewirkt Abbildungen $[A, G_\alpha] \to T(G_\alpha)$ für alle G_α vermöge $e \mapsto T(e)(a)$. Damit wird durch

(5) $$pr_e u = pr_{\alpha, T(e)(a)}, \qquad G_\alpha \text{ das Ziel von } e,$$

ein Morphismus $u: P \to Q$ definiert. In $\mathscr{C}$ besteht nun ein Pullback

(6) $$\begin{array}{ccc} M_a & \overset{m_a}{\rightarrowtail} & P \\ {\scriptstyle v_a}\downarrow & & \downarrow{\scriptstyle u} \\ A & \overset{\Delta}{\rightarrowtail} & Q \end{array}$$

Mit Δ ist auch m_a monomorph. Anwendung von T liefert ein (im allgemeinen nicht natürlich ausgewähltes) Pullback in *Ens*, wobei $T(P)$ und $T(Q)$ Produkte mit Projektionen $T(pr_{\alpha,x})$ bzw. $T(pr_e)$ sind. In $T(P)$ existiert ein Element y mit

(7) $$T(pr_{\alpha,x})(y) = x.$$

Für $e: A \to G_\alpha$ und $x = T(e)(a)$ folgt damit aus (4) und (5)

$$T(pr_e)\, T(\Delta)(a) = T(e)(a) = T(pr_{\alpha, T(e)(a)})(y) = T(pr_e)\, T(u)(y),$$

also $T(\Delta)(a) = T(u)(y)$. Vergleich mit (6) zeigt, daß es in $T(M_a)$ ein Element z_a gibt mit

(8) $$T(m_a)(z_a) = y \quad \text{und} \quad T(v_a)(z_a) = a.$$

Durch u und Δ ist (6) nur bis auf Isomorphie bestimmt, also der Monomorphismus m_a nur innerhalb seiner Äquivalenzklasse. Weil $\mathscr{C}$ lokal klein ist, ergibt sich durch Auswahl von Repräsentanten für die Äquivalenzklassen von Monomorphismen mit Ziel P eine dominierende Menge für T.

10.6.6 Bemerkungen. (a) Satz und Beweis gelten auch, wenn $\{G_\alpha\}$ leer ist (vgl. 10.5.1). P und Q sind dann terminale Objekte.

(b) Im vorangehenden Satz ist enthalten, daß $\mathscr{C}$ unter den angegebenen Voraussetzungen ein initiales Objekt besitzt. Man betrachte dazu den konstanten Funktor $Z_{\mathscr{C}}$, wobei Z eine einelementige Menge ist. In 16.4.9 wird sich sogar ergeben, daß $\mathscr{C}$ auch covollständig ist.

(c) Man betrachte im Beweis von 10.6.5 diejenigen Monomorphismen $m\colon M \to P$, für die es in $T(M)$ ein Element z mit $T(m)(z) = y$ gibt. Sei $n\colon N \to P$ Durchschnitt einer Repräsentantenmenge (und damit aller) dieser Monomorphismen. Weil $T(n)\colon T(N) \to T(P)$ Durchschnitt entsprechender Monomorphismen in *Ens* ist, zeigt Vergleich mit (8), daß T von N allein dominiert wird. Hiermit ergibt sich, daß ein 10.6.5 entsprechender Satz gilt, wenn die Voraussetzung, daß $\mathscr{C}$ lokal klein sei, dadurch ersetzt wird, daß in $\mathscr{C}$ für jede Klasse von Monomorphismen mit gleichem Ziel ein Durchschnitt existiert und daß T auch solche Durchschnitte respektiert. (Für darstellbare Funktoren gilt das tatsächlich wegen 7.7.7).

(d) Ist Δ in (4), (6) für jedes $A \in |\mathscr{C}|$ stets ein Differenzkern (vgl. 10.2.1, 10.5.2 und später 17.2.1 für den dualen Fall), so kann in 10.6.5 die Bedingung, daß $\mathscr{C}$ lokal klein sei, dadurch ersetzt werden, daß für jedes $A \in |\mathscr{C}|$ die Klassen äquivalenter Differenzkerne mit Ziel A eine Menge als Repräsentantensystem besitzen. Man bestätigt nämlich leicht: Ist in (6) Δ Differenzkern, so ist m_a ein Differenzkern (siehe auch später 12.3.5).

10.6.7 Eine Kategorie $\mathscr{C}$ heißt *lokal coklein*, wenn $\mathscr{C}^0$ lokal klein ist. Die Kategorien in 10.6.2 sind auch lokal coklein. 10.6.3 und 10.6.4 lassen sich dualisieren.

10.7 Elementarer Beweis des Darstellungssatzes

1. Schritt. Sei $\mathfrak{D} = \{D_i\}$ eine als Familie aufgefaßte dominierende Menge für T. Ohne Einschränkung der Allgemeinheit kann angenommen werden, daß kein $T(D_i)$ leer ist. $\mathfrak{D}$ kann nicht leer sein wegen (ii). In $\mathscr{C}$ existiert ein Produkt $D = \prod D_i$ mit Projektionen k_i. Anwendung von T zeigt wegen (ii), daß $T(D) \neq \Phi$ und daß T durch D allein dominiert wird (7.3.4).

2. Schritt. Für $d \in T(D)$ sei $D_d = D$. Es existiert ein Produkt $B = \prod D_d$ mit Projektionen q_d. In dem natürlich ausgewählten Produkt $\prod T(D_d)$ in *Ens* betrachten wir das Element $v' = \{d\}$, d. h. $pr_d v' = d \in T(D_d) = T(D)$. Weil $T(B)$ zu $\prod T(D_d)$ isomorph ist, gibt es in $T(B)$ ein Element v mit $T(q_d)(v) = d \in T(D)$. Hieraus folgt, daß T von dem Objekt B dominiert wird, und zwar so, daß es für $x \in T(X)$ ein $f\colon B \to X$ mit $T(f)(v) = x$ gibt. v ist beinahe universelles Element, aber B ist noch zu groß.

3. Schritt. Es sei M die Menge aller Endomorphismen α von B mit $T(\alpha)(v) = v$. Für $(\alpha, \beta) \in M \times M$ existiert ein Differenzkern $d_{\alpha,\beta}$: $D_{\alpha,\beta} \to B$. Für jedes Paar (α, β) sei ein solcher ausgewählt. Nach 7.8.6 existiert ein Durchschnitt dieser Monomorphismen, d. h. ein Morphismus m: $A \to B$ und Morphismen $m_{\alpha,\beta}$: $A \to D_{\alpha,\beta}$ mit $d_{\alpha,\beta} m_{\alpha,\beta} = m$, wobei m und damit alle $m_{\alpha,\beta}$ monomorph sind. Bis auf eindeutig bestimmte Isomorphie sind $T(D_{\alpha,\beta})$ und $T(A)$ Teilmengen von $T(B)$, die nach Wahl von M alle das Element v enthalten. Es gibt daher $u \in T(A)$ mit $T(m)(u) = v$.

4. Schritt. Es gibt einen Morphismus r: $B \to A$ mit $T(r)(v) = u$. Nun ist mr: $B \to B$ Element von M, etwa α. Mit $\beta = 1_B$ hat man $mrd_{\alpha,\beta} = d_{\alpha,\beta}$, und durch Vorschalten von $m_{\alpha,\beta}$ ergibt sich $mrm = m$. Weil m monomorph ist, gilt $rm = 1_A$. Also ist r eine Retraktion. Sei nun h: $A \to A$ ein Morphismus mit $T(h)(u) = u$. Dann ist mhr: $B \to B$ Element von M, etwa γ. Mit $mr = \alpha$ gilt $mrd_{\alpha,\gamma} = mhrd_{\alpha,\gamma}$ und damit $mrm = mhrm$. Wegen $rm = 1_A$ folgt $m = mh$ und damit $h = 1_A$, weil m monomorph ist.

5. Schritt. Sei jetzt $x \in T(X)$ beliebig. Es gibt einen Morphismus f: $A \to X$ mit $T(f)(u) = x$ wegen des 2. und 3. Schrittes. Ist für g: $A \to X$ auch $T(g)(u) = x$, so bilde man einen Differenzkern k: $K \to A$ für f und g. Anwendung von T zeigt, daß es $w \in T(K)$ gibt mit $T(k)(w) = u$. Andererseits gibt es j: $A \to K$ mit $T(j)(u) = w$. Es folgt $T(kj)(u) = u$, und wegen des 4. Schrittes ist $kj = 1_A$. Nun ist k eine monomorphe Retraktion, also isomorph. Es folgt $f = g$. Nach dem Yoneda-Lemma wird T durch (A, u) dargestellt.

11. Objekte mit algebraischer Struktur

11.1 Algebraische Strukturen

Algebraische Strukturen auf Mengen entstehen dadurch, daß „algebraische Verknüpfungen“ wie Multiplikation oder Addition von je zwei Elementen, Inversenbildung bezüglich einer solchen Verknüpfung und neutrale Elemente definiert werden. Wir beschränken uns dabei auf solche Operationen, die durchweg definiert sind und nicht nur für Elemente von Teilmengen. Das bedeutet insbesondere, daß wir auf Körper und Divisionsalgebren verzichten, weil da die Inversenbildung bezüglich der Multiplikation nicht durchweg definiert ist. Mit dieser Beschränkung lassen sich algebraische Verknüpfungen durch Abbildungen von Produkten und die üblichen Gesetze für solche Verknüpfungen durch kommutative Diagramme beschreiben. Das ist aber in einer beliebigen Kategorie möglich, sofern die benötigten Produkte und ein terminales Objekt vorhanden sind, was im folgenden jeweils unterstellt ist. Durch Dualisierung entstehen coalgebraische Strukturen, wobei Coprodukte und initiale Objekte benötigt werden. Hier sind interessante Beispiele in *Ens* nicht verfügbar, wohl aber in anderen Kategorien.

11.1.1 Definition. Es sei A ein Objekt der Kategorie $\mathscr{C}$. Eine *n-stellige algebraische Operation* auf A ist ein Morphismus $t\colon \prod\limits_{1 \leq j \leq n} A_j \to A$, wobei $A_j = A$ für $1 \leq j \leq n$ ist. Hierbei ist $n = 0$ zugelassen und dann unter $\prod A_j$ ein terminales Objekt Z von $\mathscr{C}$ zu verstehen. Eine n-stellige *coalgebraische Operation* auf A ist ein Morphismus $t\colon A \to \coprod\limits_{1 \leq j \leq n} A_j$, wobei für $n = 0$ unter $\coprod A_j$ ein initiales Objekt J zu verstehen ist.

11.1.2 Ein mit einer nullstelligen Operation $n : Z \to A$ versehenes Objekt A (d. h. es ist ein solcher Morphismus fixiert) heißt *punktiertes* Objekt. In *Ens* erhält man so gerade punktierte Mengen. Entsprechend ergibt eine nullstellige Operation $A \to J$ ein copunktiertes Objekt, in *Ens* ist hier nur $\emptyset$ möglich.

11.1.3 Ein mit einer zweistelligen Operation $u\colon A \sqcap A \to A$ versehenes Objekt bezeichnen wir als *multiplikatives Objekt* (später auch als *additives*) und nennen u die zugehörige Multiplikation (Addition). Entsprechend liegt bei $v\colon A \to A \sqcup A$ ein comultiplikatives Objekt vor.

11.1.4 Für das weitere führen wir einige Notationen ein. Es seien $X_1, X_2, \ldots, X_n, Y$ beliebige Objekte, $f_j\colon Y \to X_j$ Morphismen. Für den damit bestimmten Morphismus $f\colon Y \to \prod X_j$ mit $f_j = pr_j f$ (pr_j Projektionen des Produktes) schreiben wir $(f_1, f_2, \ldots, f_n)$. Ist auch $Y = \prod Y_j$ ein Produkt von n Faktoren mit Projektionen q_j und $f_j = g_j q_j$ für $g_j;\ Y_j \to X_j$, so schreiben wir $g_1 \sqcap g_2 \sqcap \ldots \sqcap g_n$ oder $\prod g_j$ für f. Ist $\{j_1, j_2, \ldots, j_s\}$ eine Teilmenge von $\{1, \ldots, n\}$, so besteht ein Morphismus $(pr_{j_1}, pr_{j_2}, \ldots, pr_{j_s})\colon \prod X_j \to \prod X_{j_k}$, den wir kurz mit $pr_{j_1 j_2 \cdots j_s}$ bezeichnen und auch Projektion auf das durch $\{j_1, \ldots, j_s)$ bestimmte Teilprodukt nennen. Für Coprodukte sind $(f_1, f_2, \ldots, f_n)\colon \coprod X_j \to Y$, $\coprod g_j = g_1 \sqcup g_2 \sqcup \ldots \sqcap g_n\colon \coprod X_j \to \coprod Y_j$, $i_{j_1 j_2 \cdots j_s}\colon \coprod X_{j_k} \to \coprod X_j$ entsprechend erklärt.

11.1.5 Es sei A mit einer Multiplikation $u\colon A \sqcap A \to A$ versehen und vermöge $n\colon Z \to A$ punktiert. Wir betrachten

(1)

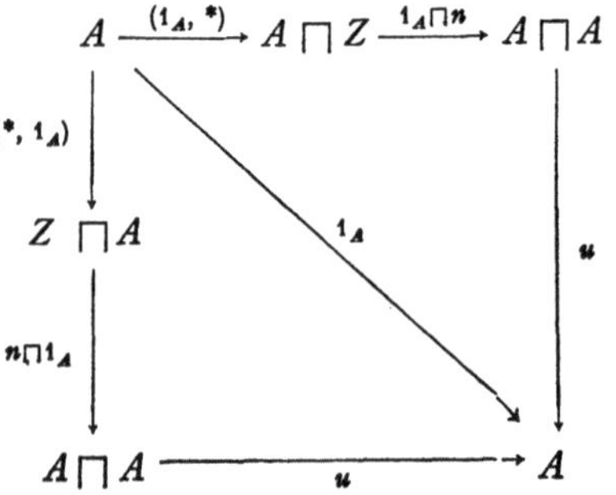

wobei $*\colon A \to Z$ der einzige vorhandene Morphismus ist. Ist in (1) das obere Dreieck kommutativ, so heißt n *rechts-neutral* für u; entsprechend *links-neutral*, wenn das untere Dreieck kommutativ ist, und *neutral*, wenn (1) kommutativ ist.

Ein multiplikatives Objekt mit zugehöriger neutraler Punktierung heißt *H-Objekt* (H zu Ehren von H. HOPF). Ein Co-H-Objekt ist ein comultiplikatives Objekt mit zugehöriger neutraler Copunktierung.

11.1.6 Eine Multiplikation $u\colon A \sqcap A \to A$ heißt *assoziativ*, wenn

(2)
$$\begin{array}{ccc} A \sqcap A \sqcap A & \xrightarrow{u \sqcap 1_A} & A \sqcap A \\ {\scriptstyle 1_A \sqcap u}\downarrow & & \downarrow{\scriptstyle u} \\ A \sqcap A & \xrightarrow{\quad u \quad} & A \end{array}$$

kommutativ ist. Hierbei ist $1_A \sqcap u$ in naheliegender Weise durch $(pr_1, u\,pr_{23})$ erklärt, entsprechend $u \sqcap 1_A = (u\,pr_{12}, pr_3)$. Assoziativität einer Comultiplikation wird durch das zu (2) duale Diagramm beschrieben. Ein H-Objekt mit assoziativer Multiplikation heißt *Halbgruppenobjekt* (*Monoid*), Co-Halbgruppen-Objekte sind dazu dual.

11.1.7 Das H-Objekt A sei noch mit einer einstelligen Operation $v\colon A \to A$ versehen. Wir betrachten

(3)
$$\begin{array}{ccccc} A & & \xrightarrow{(1_A,\, v)} & & A \sqcap A \\ & \searrow^{*} & & & \\ {\scriptstyle (v,\, 1_A)}\downarrow & & Z & & \downarrow{\scriptstyle u} \\ & & & \searrow^{n} & \\ A \sqcap A & & \xrightarrow[u]{\quad} & & A \end{array}$$

v heißt *Rechts-Inversion* (*Links-Inversion*) für u, wenn das obere (untere) Dreieck kommutativ ist. v heißt *Inversion* für u, wenn es Rechts- und Links-Inversion ist.

Ein *Gruppenobjekt* ist ein Halbgruppenobjekt mit Inversion für die Multiplikation. Ein Cogruppenobjekt ist dual dazu. Gruppenobjekte in *Ens*, *Top*, der Kategorie der differenzierbaren bzw. algebraischen Mannigfaltigkeiten sind Gruppen bzw. topologische Gruppen, Lie-Gruppen, algebraische Gruppen. In der punktierten Homotopie-Kategorie 1.2.6 ist die (reduzierte) Einhängung eines punktierten Raumes ein Cogruppenobjekt.

11.1.8 Eine Multiplikation $u\colon A \sqcap A$ heißt *kommutativ*, wenn

(4)
$$\begin{array}{ccc} A \sqcap A & \searrow^{u} & \\ {\scriptstyle (pr_2,\, pr_1)}\downarrow & & A \\ A \sqcap A & \nearrow_{u} & \end{array}$$

kommutativ ist.

Es dürfte klar sein, was ein Ringobjekt, ein Lie-Ringobjekt und ein kommutatives Ringobjekt ist. Die Distributivgesetze sind ebenfalls kommutative Diagramme. Für eine n-stellige algebraische Operation mit $n > 2$ lassen sich ebenfalls zugehörige neutrale Operationen erklären (mit Produkten, bei denen $n-1$ Faktoren terminal sind), Assoziativitätsbedingungen entstehen durch verschiedene Auswahlen von n Faktoren aus Produkten mit $2n-1$ Faktoren, Kommutativitätsbedingungen entstehen durch Permutation der Faktoren in n-fachen Produkten.

11.1.9 Definition. In einer Kategorie $\mathscr{C}$ mit endlichen Produkten und einem terminalen Objekt Z ist ein Objekt mit algebraischer Struktur ein Objekt A, das mit einer Menge $\{t_j\}$ von algebraischen Operationen versehen ist, zwischen denen noch Relationen der folgenden Art bestehen sollen: Es werden Kommutativitätsbedingungen an eine Menge endlicher Diagramme $D_i\colon\ \Sigma_i \to \mathscr{C}$ gestellt, bei denen Ecken auf Produkte von endlich vielen Exemplaren von A und Z abgebildet werden; bezeichnen ferner für eine Ecke e von Σ_i $pr_1, \ldots, pr_k$ die Projektionen von $D_i(e)$ auf seine Faktoren, so soll ein Pfeil $p\colon\ e' \to e$ von Σ_i auf einen Morphismus $D_i(p)$ abgebildet werden, bei dem sich die $pr_e D_i(p)$ jeweils aus einer Projektion von $D_i(e')$ auf ein Teilprodukt und einer Operation t_j oder 1_A oder dem kanonischen Morphismus „$*$" mit Ziel Z (darunter fallen $*\colon\ A \to Z$ und 1_Z) zusammensetzen.

Es dürfte klar sein, was Objekte mit algebraischer Struktur desselben Typs $\mathfrak{S}$, kurz *$\mathfrak{S}$-Objekte*, sind und was unter dem Typ einer algebraischen Struktur zu verstehen ist.

Wird ein Objekt A der Kategorie $\mathscr{C}$ mit einer algebraischen Struktur vom Typ $\mathfrak{S}$ versehen, so sagt man, daß A der *Träger* des entstehenden $\mathfrak{S}$-Objektes ist.

11.2 Operation eines Objektes auf einem anderen

11.2.1 Definition. Eine *Operation* des Objektes K auf dem Objekt A ist ein Morphismus $w\colon\ K \sqcap A \to A$.

Es kann sein, daß K oder A algebraische Operationen besitzen und daß dann w Bedingungen unterworfen ist, die durch kommutative Diagramme beschrieben werden, wobei die Beschreibung der Diagramme in 11.1.9 in naheliegender Weise zu ergänzen ist. Besitzt K eine Multiplikation $u\colon\ K \sqcap K \to K$ und ist

(5)
$$\begin{array}{ccc} K \sqcap K \sqcap A & \xrightarrow{u \sqcap 1_A} & K \sqcap A \\ {\scriptstyle 1_K \sqcap w}\downarrow & & \downarrow{\scriptstyle w} \\ K \sqcap A & \xrightarrow[w]{} & A \end{array}$$

kommutativ, so bezeichnet man w als *Linksoperation* von K auf A. Ersetzt man in der oberen Zeile von (5) u in $u \sqcap 1_A$ durch $u(pr_2, pr_1)$:

$K \sqcap K \to K$ und ist das so entstehende Diagramm kommutativ, so spricht man von einer *Rechtsoperation*. Üblicherweise betrachtet man dann statt $w\colon\ K \sqcap A \to A$ den Morphismus $w(pr_2, pr_1)$:

$$A \sqcap K \to K \sqcap A \to A.$$

Ist die Multiplikation auf K kommutativ, so fallen diese beiden Begriffe zusammen.

11.2.2 Beispiele. Links- und Rechtsmoduln ordnen sich 11.2.1 unter, ebenso Algebren über einem kommutativen Ring und Operation einer topologischen Gruppe auf einem topologischen Raum. Für Objekte A, B einer Kategorie $\mathscr{C}$ operiert $[A, A]$ von rechts, $[B, B]$ von links auf $[A, B]$, vgl. 1.5.2.

11.2.3 Es ist klar, daß auf einem Objekt mehrere andere operieren können und daß dabei Verträglichkeitsbedingungen wieder kommutative Diagramme sind, z. B. bei Bimoduln.

Das Duale einer Operation ist eine *Cooperation* $w\colon\ A \to K \sqcup A$, die genauer eine Links- oder Rechts-Cooperation sein kann. Beispiele hierfür finden sich in der Homotopietheorie.

11.2.4 Ein terminales Objekt Z gestattet jeden Typ algebraischer Struktur, weil Produkte von beliebig vielen Faktoren Z stets isomorph zu Z sind. Ebenso gestattet Z jede Art Operation von Objekten auf Z. Für einelementige Mengen, also terminale Objekte von *Ens*, ist das wohlbekannt.

11.3 Homomorphismen

11.3.1 Definition. Die Objekte A und A' der Kategorie $\mathscr{C}$ seien mit algebraischen Strukturen desselben Typs $\mathfrak{S}$ versehen. Ein Morphismus $f\colon\ A \to A'$ heißt *$\mathfrak{S}$-Homomorphismus* (auch einfach Homomorphismus, wenn kein Zweifel über $\mathfrak{S}$ besteht), wenn für jedes Paar sich entsprechender algebraischer Operationen $t\colon\ \Pi A_j \to A$ und $t'\colon\ \Pi A_j \to A'$

$$\begin{array}{ccc} \Pi A_j & \xrightarrow{\Pi f_j} & \Pi A'_j \\ {\scriptstyle t}\downarrow & & \downarrow{\scriptstyle t'} \\ A & \xrightarrow{f} & A' \end{array} \qquad \text{mit } f_j = f \text{ für alle } j \tag{6}$$

kommutativ ist.

Für Gruppen, Halbgruppen, Ringe (als Objekte mit algebraischer Struktur in *Ens*) erhält man so die übliche Definition von Homomorphismen.

Man beachte bei (6), daß in $\Pi f_j\colon\ \Pi A_j \to \Pi A'_j$ die Projektionen der beiden Produkte einbezogen sind nach Definition von Πf_j. Die Beschreibung der zu einer algebraischen Struktur gehörigen Diagramme in 11.1.9 zeigt, daß ein Homomorphismus natürliche Transformationen zwischen sich entsprechenden Diagrammen bewirkt.

11.3.2 Satz. *Für eine algebraische Struktur vom Typ $\mathfrak{S}$ bilden die $\mathfrak{S}$-Objekte einer Kategorie $\mathscr{C}$ die Objekte, die $\mathfrak{S}$-Homomorphismen zwischen ihnen die Morphismen einer Kategorie $\mathscr{C}_{\mathfrak{S}}$. Wir nennen sie die Kategorie der $\mathfrak{S}$-Objekte über $\mathscr{C}$.*

Der Satz folgt unmittelbar aus der Definition 11.3.1. Man beachte dabei, daß ein Objekt in $\mathscr{C}$ möglicherweise mit verschiedenen Strukturen vom Typ $\mathfrak{S}$ versehen werden kann, wodurch verschiedene $\mathfrak{S}$-Objekte entstehen. Beispielsweise kann eine Menge im allgemeinen mit verschiedenen Gruppenstrukturen versehen werden. *Ab*, die Kategorie der Gruppen oder der Ringe entstehen aus *Ens*. $\mathscr{C}_{\mathfrak{S}}$ ist nicht Unterkategorie von $\mathscr{C}$. Es besteht aber ein Vergißfunktor $\mathscr{C}_{\mathfrak{S}} \to \mathscr{C}$. Es besteht auch ein Vergißfunktor $\mathscr{C}_{\mathfrak{S}} \to \mathscr{C}_{\mathfrak{S}'}$, wenn $\mathfrak{S}$ aus $\mathfrak{S}'$ durch Hinzunahme weiterer algebraischer Operationen oder Diagrammbedingungen entsteht. Beispielsweise besteht ein Vergißfunktor von der Kategorie der abelschen Gruppen in die Kategorie der Gruppen, auch ein Vergißfunktor von der Kategorie der Ringe nach *Ab*.

Aus (6) folgt unmittelbar

11.3.3 Satz. *Der Vergißfunktor $\mathscr{C}_{\mathfrak{S}} \to \mathscr{C}$ ist treu, und er entdeckt Isomorphismen.*

11.3.4 Theorem. *Der Funktor $T: \mathscr{C} \to \mathscr{D}$ respektiere endliche Produkte (einschließlich terminaler Objekte). T induziert einen Funktor $T_{\mathfrak{S}}$: $\mathscr{C}_{\mathfrak{S}} \to \mathscr{D}_{\mathfrak{S}}$ für jeden Typ algebraischer Strukturen. Ist T treu und $T(A)$ mit einer $\mathfrak{S}$-Struktur versehen, so gibt es höchstens eine $\mathfrak{S}$-Struktur für A, die vermöge T in die $\mathfrak{S}$-Struktur von $T(A)$ übergeht. Es gibt sicher eine, wenn T völlig treu ist und $\mathscr{C}$ endliche Produkte besitzt.*

Beweis. Die erste Aussage ist unmittelbar klar, weil jeder Funktor kommutative Diagramme respektiert. Ist T treu, so führt T nichtkommutative Diagramme in nichtkommutative über. T entdeckt also die Kommutativität von Diagrammen. Außerdem gibt es höchstens einen Morphismus $t: \prod A_j \to A$ mit vorgegebenem Bild t': $T(\prod A_j) \to T(A)$. Ist T völlig treu und besitzt $\mathscr{C}$ endliche Produkte, so gibt es ein solches t. Wir haben hierbei benutzt, daß $T(\prod A_j)$ ein Produkt (nicht notwendig natürlich ausgewählt) mit Projektionen $T(pr_j)$ ist und daß dieses Produkt bis auf Isomorphie eindeutig bestimmt ist.

11.3.5 Korollar. *Es sei $\mathscr{C}$ eine beliebige Kategorie. Vermöge der Yoneda-Einbettung $A \mapsto H_A$, $f \mapsto H_f$ von $\mathscr{C}$ in $[\mathscr{C}^\circ, Ens]$ überträgt sich jede $\mathfrak{S}$-Struktur für $A \in |\mathscr{C}|$ in eine $\mathfrak{S}$-Struktur für H_A. Dabei gehen $\mathfrak{S}$-Homomorphismen in solche in $[\mathscr{C}^\circ, Ens]$ über. Hat $\mathscr{C}$ endliche Produkte, so erhält man auf diese Weise alle $\mathfrak{S}$-Strukturen für die kontravarianten Funktoren H_A.*

Beweis. $[\mathscr{C}^\circ, Ens]$ ist vollständig. Die Einbettung ist völlig treu nach 4.2.2 und respektiert Limites nach 10.2.5.

11.3.6 Zu jedem Typ $\mathfrak{S}$ einer algebraischen Struktur gehört ein dualer Typ einer coalgebraischen Struktur. Wir sprechen einfach von der Costruktur vom Typ $\mathfrak{S}$. Dualisiert man 11.3.5 vermöge der durch $A \mapsto H^A$, $f \mapsto H^f$ bewirkten Einbettung $\mathscr{C}^o \to [\mathscr{C}, Ens]$, so erhält man entsprechende Aussagen für $\mathfrak{S}$-Costrukturen für Objekte von $\mathscr{C}$ und $\mathfrak{S}$-Strukturen für die Funktoren H^A. 11.3.2 bis 11.3.4 dualisieren sich selbstverständlich zu Sätzen über coalgebraische Strukturen. Es können bei 11.3.4 auch kontravariante Funktoren wie soeben einbezogen werden.

11.3.7 Entsprechend 11.3.1 lassen sich Homomorphismen für Operationen $w\colon\ K \sqcap A \to A$ definieren, wobei K und A noch mit algebraischen Strukturen vom Typ $\mathfrak{R}$ bzw. $\mathfrak{S}$ versehen sind. Liegt der entsprechende Sachverhalt bei $w'\colon\ K' \sqcap A' \to A'$ vor, so besteht ein mit $\mathfrak{R}$- und $\mathfrak{S}$-Strukturen verträglicher *Operationshomomorphismus* aus einem Paar (k, f) mit $k\colon\ K \to K'$, $f\colon\ A \to A'$, so daß

$$\begin{array}{ccc} K \sqcap A & \xrightarrow{w} & A \\ {\scriptstyle k\sqcap f}\downarrow & & \downarrow{\scriptstyle f} \\ K' \sqcap A' & \xrightarrow{w'} & A' \end{array} \tag{7}$$

kommutativ und k ein $\mathfrak{R}$-Homomorphismus, f ein $\mathfrak{S}$-Homomorphismus ist.

11.3.2 bis 11.3.6 übertragen sich sinngemäß. Wir überlassen die Formulierung dem Leser.

Ein einfaches Beispiel für Operationshomomorphismen ergibt sich bei Moduln. Hier sind K und K' Ringe, A und A' additive Gruppen, w und w' ergeben Linksmodulstrukturen. Man erhält „Modulhomomorphismen mit Ringwechsel".

11.3.8 Man kann 11.3.5, 11.3.6 und die Analoga für Operationen und Cooperationen zum Anlaß nehmen, 11.1.9 und 11.2.1 abzuschwächen und etwa von einer schwachen $\mathfrak{S}$-Struktur bzw. $\mathfrak{S}$-Costruktur für $A \in |\mathscr{C}|$ sprechen, wenn H_A bzw. H^A mit einer $\mathfrak{S}$-Struktur versehen ist.

11.4 Reduktion auf *Ens*

Mit 11.3.5 und 11.3.6 lassen sich Untersuchungen algebraischer bzw. coalgebraischer Strukturen auf die Unterkategorie der darstellbaren Funktoren von $[\mathscr{C}^o, Ens]$ bzw. $[\mathscr{C}, Ens]$ zurückführen. Damit entsteht sogar eine Reduktion auf *Ens*, denn es gilt allgemein:

11.4.1 Satz. *Die Kategorie $\mathscr{D}$ besitze endliche Produkte. Ist der Funktor $T\colon\ \mathscr{C} \to \mathscr{D}$ als Objekt von $[\mathscr{C}, \mathscr{D}]$ mit einer algebraischen Struktur vom Typ $\mathfrak{S}$ versehen, so liegt an jeder Stelle $A \in |\mathscr{C}|$ eine $\mathfrak{S}$-Struktur für $T(A)$ vor, und für jeden Morphismus $f\colon\ A \to A'$ ist $T(f)$ ein $\mathfrak{S}$-Homomorphismus. Ist umgekehrt für jedes $A \in |\mathscr{C}|$ eine $\mathfrak{S}$-Struktur für $T(A)$ so fixiert, daß für beliebiges $f\colon\ A \to A'$ stets $T(f)\colon\ T(A) \to T(A')$ ein*

$\mathfrak{S}$-Homomorphismus ist, so besitzt T eine eindeutig bestimmte $\mathfrak{S}$-Struktur, die an jeder Stelle $A \in |\mathscr{C}|$ mit der vorgegebenen übereinstimmt.

Besitzt $\mathscr{D}$ endliche Coprodukte, so gilt dasselbe für coalgebraische Strukturen.

Zusatz. Die erste Aussage des Satzes bedeutet, daß T die Gestalt $T = VT_{\mathfrak{S}}$ hat, wobei $V\colon \mathscr{D}_{\mathfrak{S}} \to \mathscr{D}$ Vergißfunktor und $T_{\mathfrak{S}}$ ein wohlbestimmter Funktor $\mathscr{C} \to \mathscr{D}_{\mathfrak{S}}$ ist.

Beweis. Morphismen in $[\mathscr{C}, \mathscr{D}]$ sind natürliche Transformationen. Sie und ihre Kompositionen sind „punktweise" definiert ebenso wie Produkte von Funktoren (7.5.2). Hieraus folgt unmittelbar, daß jede zum Strukturtyp $\mathfrak{S}$ gehörige algebraische Operation t für T eine solche an jeder Stelle A ist und daß für $T(f)\colon\ T(A) \to T(A')$ die Bedingung (6) in 11.3.1 mit entsprechender Umbezeichnung erfüllt ist. Eine Kommutativitätsaussage für ein Diagramm ist eine Aussage, daß gewisse Morphismen gleich sind (vgl. 6.2), und für natürliche Transformationen $\xi, \eta\colon\ T_1 \to T_2$ ist $\xi = \eta$ gleichwertig mit $\xi_A = \eta_A$ für alle $A \in |\mathscr{C}|$. Damit ergibt sich die erste Aussage des Satzes und auch die Umkehrung, weil hier gerade gefordert ist, daß sich die an jeder Stelle vorgegebenen algebraischen Operationen zu entsprechenden natürlichen Transformationen $\prod T_j \to T$ zusammensetzen.

11.4.2 Nach dem oben Bemerkten lassen sich nun wohlbekannte Resultate über algebraische Strukturen auf Mengen und deren Homomorphismen übertragen auf Objekte mit entsprechender algebraischer Struktur in beliebigen Kategorien und zugehörige Homomorphismen. Wir führen an:

(1) Zu einer Multiplikation $u\colon\ A \sqcap A \to A$ gibt es höchstens eine neutrale Operation, genauer: Besitzt u eine links- und eine rechtsneutrale Operation, so stimmen diese (als Punktierungen) überein.

(2) Für eine assoziative Multiplikation besteht Assoziativität für Multiplikation bei endlich vielen Faktoren, für eine assoziative und kommutative Multiplikation besteht Kommutativität für Multiplikation bei endlich vielen Faktoren.

(3) Für eine assoziative Multiplikation u mit Neutralem gibt es höchstens eine Inversion, genauer: Besitzt u eine Links- und eine Rechts-Inversion, so stimmen beide überein.

(4) Besitzt eine assoziative Multiplikation u eine links-neutrale Operation n und eine Links-Inversion v, so ist n neutral und v Inversion. Es liegt also ein Gruppenobjekt vor. Außerdem ist vv der identische Morphismus.

(5) Es seien $\mathscr{C}_G, \mathscr{C}_H, \mathscr{C}_M$ die Kategorien der Gruppen- bzw. H- bzw. multiplikativen Objekte über der Kategorie $\mathscr{C}$. $V_1\colon\ \mathscr{C}_G \to \mathscr{C}_H$, $V_2\colon\ \mathscr{C}_H \to \mathscr{C}_M$ seien die zugehörigen Vergißfunktoren. Es sind V_1 und V_2V_1 völlig treu, V_2 ist treu. Für Gruppen ist nämlich eine Abbildung der Trägermengen schon dann ein Homomorphismus, wenn sie mit den

Gruppenmultiplikationen verträglich ist. Außerdem sind verschiedene Abbildungen für H-Mengen auch verschieden, wenn die H-Mengen nur als M-Mengen betrachtet werden.

11.4.3 Es gelten selbstverständlich die dualen Aussagen für coalgebraische Strukturen wegen 11.3.6. Außerdem lassen sich offenbar auch Operationen eines Objektes auf einem anderen (beide möglicherweise mit zusätzlicher algebraischer Struktur) und Cooperationen (mit zusätzlicher coalgebraischer Struktur) auf Operationen für Mengen zurückführen.

11.5 Limites und filtrierende Colimites

11.5.1 Satz. *Besitzt die Kategorie $\mathscr{C}$ endliche Produkte bzw. Produkte oder ist $\mathscr{C}$ endlich vollständig bzw. vollständig, so gilt das Entsprechende für die Kategorie $\mathscr{C}_{\mathfrak{S}}$ der $\mathfrak{S}$-Objekte über $\mathscr{C}$ für jeden Typ $\mathfrak{S}$ einer algebraischen Struktur.*

Beweis. Wir zeigen genauer: Existieren in $\mathscr{C}$ endliche Produkte und Limites für beliebige Diagramme eines festen Typs Σ, so auch in $\mathscr{C}_{\mathfrak{S}}$. Da nämlich Limites vom Typ Σ mit Produkten vertauschbar sind und da natürliche Transformationen zwischen Diagrammen vom Typ Σ Morphismen zwischen den Limesobjekten induzieren, folgt unmittelbar aus den Definitionen, daß man einen Limes für ein Diagramm D: $\Sigma \to \mathscr{C}_{\mathfrak{S}}$ wie folgt erhält: Man bildet einen Limes (L, λ) für VD: $\Sigma \to \mathscr{C}$, wobei V: $\mathscr{C}_{\mathfrak{S}} \to \mathscr{C}$ den Vergißfunktor bezeichnet, und stellt fest, daß L Träger einer kanonischen $\mathfrak{S}$-Struktur wird, bezüglich derer jedes λ_e: $L \to D(e)$ (e Ecke von Σ) ein Homomorphismus ist. Hierbei ist benutzt, daß Z_Σ für terminales Z den Limes $(Z, \{1_Z\})$ besitzt (7.1.7).

11.5.2 Beispiel. Es seien A und B Mengen, die mit einer Multiplikation u: $A \times A \to A$ und v: $B \times B \to B$ versehen seien. Für $(a_1, a_2) \in A \times A$ schreiben wir $a_1 a_2$ statt $u(a_1, a_2)$, entsprechend $b_1 b_2$ für $v(b_1, b_2)$. Die von u und v herrührende Multiplikation u'' für $A \times B$ ergibt sich aus

$$\begin{array}{ccc} (A \times B) \times (A \times B) & \xrightarrow{pr_1 \times pr_1} & A \times A \\ \downarrow{\scriptstyle u''} & & \downarrow{\scriptstyle u} \\ A \times B & \xrightarrow{\quad pr_1 \quad} & A \end{array}$$

und der entsprechenden Bedingung für pr_2 und v. Man erhält $(a_1, b_1) \times (a_2, b_2) = (a_1 a_2, b_1 b_2)$. Gehören zu den Multiplikationen u und v neutrale Elemente e bzw. 0, so ist $(e, 0)$ neutral für u''.

11.5.3 Korollar. *Der Vergiß-Funktor V: $\mathscr{C}_{\mathfrak{S}} \to \mathscr{C}$ respektiert und entdeckt endliche Produkte bzw. Produkte, endliche Limites, Limites, wenn $\mathscr{C}$ endliche Produkte bzw. Produkte, endliche Limites, Limites besitzt.*

Beweis. Das Respektieren folgt aus der Konstruktion, das Entdecken aus 11.3.3 und der Definition von Limites.

11.5.4 Korollar. *Für* $A \in |\mathscr{C}|$ *sei der kontravariante Funktor* H_A: $\mathscr{C} \to Ens$ *mit einer algebraischen Struktur vom Typ* $\mathfrak{S}$ *versehen, womit ein kontravarianter Funktor* $H_{A\mathfrak{S}}$: $\mathscr{C} \to Ens_{\mathfrak{S}}$ *entsteht. Ist* (L, λ) *Colimes des Diagramms* T: $\Sigma \to \mathscr{C}$, *so ist* $(H_{A\mathfrak{S}}(L), H_{A\mathfrak{S}}\lambda)$ *Limes des kontravarianten Diagramms* $H_{A\mathfrak{S}}T$.

Mit anderen Worten: Die von H_A herrührende algebraische Struktur auf $[L, A]_{\mathscr{C}}$ ist diejenige, die man als Struktur des Limesobjektes $[L, A]$ von $H_A T$ erhält.

Beweis. H_A führt Colimites in Limites über (8.7.3), daher folgt die Behauptung aus 11.5.3.

11.5.5 Beispiel. Es sei u: $H_A \sqcap H_A \to H_A$ gegeben und damit u_X: $[X, A] \times [X, A] \to [X, A]$ für jedes $X \in |\mathscr{C}|$. Ist das Coprodukt $X \sqcup Y$ in $\mathscr{C}$ vorhanden, so geht die Abbildung

$$u_{X \sqcup Y}\colon\ [X \sqcup Y, A] \times [X \sqcup Y, A] \to [X \sqcup Y, A]$$

vermöge des Isomorphismus $[X \sqcup Y, A] \to [X, A] \times [Y, A]$ über (vgl. 11.5.2) in

$$[X, A] \times [Y, A] \times [X, A] \times [Y, A] \xrightarrow{1 \times \tau \times 1}$$

$$[X, A] \times [X, Y] \times [Y, A] \times [Y, A] \xrightarrow{u_X \times u_Y} [X, A] \times [Y, A],$$

wobei $1 \times \tau \times 1$ die beiden mittleren Faktoren des ersten Produktes vertauscht. (Das ist eine Vertauschung von Limites mit Limites, vgl. auch 11.5.2.) Wird die Multiplikation an jeder Stelle X mit einem Punkt bezeichnet, so erhält man

$$(x, y) . (x', y') = (x . x', y . y')$$

für $x, x' \in [X, A]$ und $y, y' \in [Y, A]$.

11.5.6 Bemerkungen. 11.5.1 macht deutlich, warum die Beschränkung auf durchweg definierte algebraische Operationen (Anfang von 11.1) notwendig war: Die Kategorie der Körper hat keine Produkte. Wie die Kategorie der Ringe (mit 1-Element) für $\mathscr{C} = Ens$ zeigt, braucht $\mathscr{C}_{\mathfrak{S}}$ nicht Nullmorphismen und Kerne zu besitzen. Besitzt jedoch $\mathfrak{S}$ genau eine nullstellige Operation und ist $\mathscr{C}$ endlich vollständig, so besitzt $\mathscr{C}_{\mathfrak{S}}$ ein Nullobjekt und Kerne. Auf die Existenz von Coprodukten kann nicht allgemein geschlossen werden, wie der Vergleich der in keiner Beziehung zueinander stehenden Coprodukte in *Ens*, *Ab* und der Kategorie der Gruppen zeigt. Differenzcokerne lassen sich ebenfalls nicht erhalten. Es gilt jedoch:

11.5.7 Theorem. *Die Kategorie* $\mathscr{C}$ *sei endlich vollständig und besitze filtrierende Colimites, und es seien filtrierende Colimites mit endlichen*

Limites vertauschbar. Dann gilt dasselbe für die Kategorie $\mathscr{C}_{\mathfrak{S}}$ der $\mathfrak{S}$-Objekte über $\mathscr{C}$ für jeden Typ $\mathfrak{S}$ einer algebraischen Struktur.

Beweis. Für eine kleine filtrierende Kategorie $\mathscr{X}$ wird ein Funktor $T\colon \mathscr{X} \to \mathscr{C}_{\mathfrak{S}}$ betrachtet. V sei der Vergiß-Funktor $\mathscr{C}_{\mathfrak{S}} \to \mathscr{C}$. Man bildet den Colimes (L, λ) von VT. Nach Voraussetzung ist das Bilden endlicher Produkte mit dem Bilden filtrierender Colimites in $\mathscr{C}$ vertauschbar. Die algebraischen Operationen für das Colimesobjekt von VT und die Kommutativität der zur Struktur gehörigen Diagramme ergeben sich daraus, daß natürliche Transformationen von Funktoren $\mathscr{X} \to \mathscr{C}$ eindeutig bestimmte Morphismen für die Colimesobjekte induzieren. Die natürliche Transformation $\lambda\colon\ VT \to L_{\mathscr{X}}$ ergibt für jedes $e \in |\mathscr{X}|$ einen $\mathfrak{S}$-Homomorphismus. Hierbei ist benutzt, daß $Z_{\mathscr{X}}$ bei filtrierendem, also zusammenhängendem $\mathscr{X}$ den Colimes $(Z, \{1_Z\})$ besitzt (9.1.7).

Für $\mathscr{C} = Ens$ wurde in 9.3.7 und 9.3.8 eine explizite Konstruktion gegeben, sie sich jetzt als Spezialfall erweist.

11.5.8 Korollar. *Unter den Voraussetzungen von* 11.5.7 *respektiert und entdeckt der Vergißfunktor $\mathscr{C}_{\mathfrak{S}} \to \mathscr{C}$ filtrierende Colimites.*

11.5.9 Auf Operationen eines Objektes auf einem anderen lassen sich 11.5.1 und 11.5.7 übertragen. Dabei ergibt sich für Modulhomomorphismen mit Ringwechsel (vgl. 11.3.6) aus 11.5.7 ein klassisches Resultat.

11.6 Homomorph verträgliche Strukturen

11.6.1 Theorem. *Die Kategorie $\mathscr{C}$ besitze endliche Produkte. Das Objekt A in $\mathscr{C}$ sei mit zwei H-Strukturen (u, n) und (u', n') versehen. Ist $u'\colon A \sqcap A \to A$ homomorph bezüglich der Multiplikation u auf A und der von u herrührenden Multiplikation auf $A \sqcap A$, so ist $u = u'$, $n = n'$, und es ist u assoziativ und kommutativ.*

Beweis. Wegen 11.3.5 und 11.4.1 genügt der Beweis für $\mathscr{C} = Ens$. Sei also A eine Menge. Für $(x, y) \in A \times A$ schreiben wir xy statt $u(x, y)$ und $x + y$ statt $u'(x, y)$. n und n' bestimmen eindeutig je ein neutrales Element e bzw. 0 von A, also $xe = ex = x$ und $x + 0 = 0 + x = x$ für alle $x \in A$. Die von u herrührende Multiplikation von $A \times A$ bezeichnen wir mit u''. Gemäß 11.5.2 wird sie durch $u''(x_1, x_2, x_3, x_4) = (x_1 x_3, x_2 x_4)$ beschrieben. Die Voraussetzung über u' besagt nach 11.3.1 (6), daß

$$\text{(8)}\qquad \begin{array}{ccc} (A \times A) \times (A \times A) & \xrightarrow{u' \times u'} & A \times A \\ \big\downarrow{\scriptstyle u''} & & \big\downarrow{\scriptstyle u} \\ A \times A & \xrightarrow{\quad u' \quad} & A \end{array}$$

kommutativ ist, also gilt

$$(x_1 + x_2)(x_3 + x_4) = (x_1 x_3) + (x_2 x_4).$$

Hieraus folgt der Reihe nach

(1) $e = ee = (e + 0)(0 + e) = (e0) + (0e) = 0 + 0 = 0$

(2) $xy = (x + 0)(0 + y) = (x + e)(e + y) = (xe) + (ey) = x + y$

(3) $xy = (0 + x)(y + 0) = (e + x)(y + e) = (ey) + (xe) = y + x$

(4) $(x + y) + z = (x + y) + (0 + z) = (x + y)(e + z) = (xe)$
$+ (yz) = x + (y + z)$

11.6.2 Korollar. *Es sei $\mathscr{C}$ eine Kategorie mit endlichen Produkten. Die H-Objekte der Kategorie $\mathscr{C}_H$ sind diejenigen Objekte von $\mathscr{C}_H$, deren H-Struktur kommutativ und assoziativ ist. Insbesondere: Für die Kategorie der Gruppen sind H-Objekte die abelschen Gruppen.*

11.6.3 Korollar. *Es seien A und B Objekte der Kategorie $\mathscr{C}$, und es seien H^A und H_B mit H-Strukturen versehen. Existiert $A \sqcup A$ oder $B \sqcap B$ in $\mathscr{C}$, so stimmen die von H^A und H_B herrührenden H-Strukturen auf $[A, B]_{\mathscr{C}}$ überein, und sie sind assoziativ und kommutativ.*

Beweis. Sei etwa $A \sqcup A$ vorhanden. Weil $A \mapsto H^A$, $f \mapsto H^f$ eine völlig treue Einbettung von $\mathscr{C}^0$ in $[\mathscr{C}, Ens]$ bewirkt, welche Produkte respektiert, rührt die Multiplikation der H-Struktur von H^A von einer eindeutig bestimmten Comultiplikation $v\colon A \to A \sqcup A$ her (11.3.4). $u\colon H_B \sqcap H_B \to H_B$ sei die Multiplikation für H_B.

$$\begin{array}{ccc}
[A \sqcup A, B] \times [A \sqcup A, B] & \xrightarrow{[v,B]\times[v,B]} & [A, B] \times [A, B] \\
\downarrow u_{A \sqcup A} & & \downarrow u_A \\
[A \sqcup A, B] & \xrightarrow{[v,B]} & [A, B]
\end{array}$$

ist kommutativ, weil u eine natürliche Transformation ist. Mit dem eindeutig bestimmten Isomorphismus $[A \sqcup A, B] \to [A, B] \times [A, B]$ folgt die Behauptung aus 11.6.1 für den betrachteten Fall. Der andere ist dazu dual.

11.6.4 Korollar. *Für jedes $A \in |\mathscr{C}|$ seien H_A* und *H^A mit H-Strukturen versehen. Ist in $\mathscr{C}$ stets $A \sqcup A$ oder stets $A \sqcap A$ vorhanden, so ist $\mathscr{C}$ in eindeutig bestimmter Weise semiadditiv* (vgl. 1.5), *wobei die Addition in $[A, B]$ diejenige algebraische Operation ist, die von der Multiplikation für H^A stammt.*

Beweis. Nach 11.6.3 besitzt jedes $[A, B]$ eine durch H^A und auch durch H_B eindeutig bestimmte kommutative Halbgruppenstruktur, deren Kompositionsgesetz als Addition aufgefaßt ist. Für $b\colon B \to B'$ ist H_b homomorph, weil die Struktur von H^A herrührt, für $a\colon A \to A'$ ist entsprechend H^a homomorph.

11.6.5 Eine Kategorie mit endlichen Produkten oder endlichen Coprodukten kann nach 11.6.4 auf höchstens eine Weise zu einer semiadditiven Kategorie gemacht werden. Ist nämlich $\mathscr{C}$ semiadditiv, so besitzt jedes H_A und H^A eine davon herrührende H-Struktur nach Definition von semiadditiv (1.5). Könnte $\mathscr{C}$ mit zwei verschiedenen semiadditiven Strukturen versehen werden, so ergäbe sich ein Widerspruch zu 11.6.4. Auf die Existenz dieser Produkte oder Coprodukte in 11.6.3 und 11.6.4 kann nicht verzichtet werden.

Gegenbeispiel. Die Ringe $\mathbf{Z}$ und $\mathbf{Z}[x]$ (Polynomring) besitzen isomorphe multiplikative Struktur, weil sie dieselben Einheiten ± 1, eindeutige Primfaktorzerlegung und abzählbar unendlich viele Primelemente besitzen. Diese multiplikative Struktur kann als Morphismenkomposition einer Kategorie mit nur einem Objekt aufgefaßt werden. Diese Kategorie kann auf verschiedene Weise zu einer additiven gemacht werden, denn es sind $\mathbf{Z}$ und $\mathbf{Z}[x]$ als Ringe nicht isomorph, $\mathbf{Z}$ ist Hauptidealring, $\mathbf{Z}[x]$ nicht.

11.6.6 Bekannte Spezialfälle von 11.6.1 sind:

(1) Fundamentalgruppen von H-Räumen (H-Objekte in *Top* oder der zugehörigen Homotopiekategorie), insbesondere von topologischen Gruppen, sind kommutativ. Die Gruppenkomposition für Homotopiegruppen von H-Räumen läßt sich auch mit der H-Struktur des Raumes beschreiben.

(2) Doppelte Einhängungen sind in der punktierten Homotopiekategorie kommutative Co-Gruppen (11.6.1 dual). Insbesondere ist dabei die Sphäre S^n für $n \geq 2$ eine kommutative Co-Gruppe. Daher sind, abgesehen von der Fundamentalgruppe, Homotopiegruppen abelsch.

12. Abelsche Kategorien

12.1 Überblick

12.1.1 Definition. Eine Kategorie heißt *abelsch*, wenn sie folgenden Axiomen genügt:

A0 Es gibt ein Null-Objekt.
A1 Es gibt endliche Produkte.
A1° Es gibt endliche Coprodukte.
A2 Jeder Morphismus hat einen Kern.
A2° Jeder Morphismus hat einen Cokern.
A3 Jeder Monomorphismus ist Kern.
A3° Jeder Epimorphismus ist Cokern.

12.1.2 Als Konsequenz wird sich ergeben: Eine abelsche Kategorie ist in eindeutiger Weise semiadditiv und damit sogar additiv. Sie ist daher auch endlich vollständig und endlich covollständig (7.2.6, 7.4.2 und dual).

12.1.3 Weitere Konsequenz ist: Endliche Produkte sind auch endliche Coprodukte. Mit Injektionen i_j und Projektionen pr_j gilt für $\coprod A_j = \prod A_j$ mit $j = 1, 2, \ldots, n$ und $n \geq 1$

$$(1) \qquad pr_k i_j = \delta_{kj} = \begin{cases} 0 & \text{für } j \neq k \\ 1_{A_k} & \text{für } j = k \end{cases}$$

$$(2) \qquad \sum_{j=1}^{n} i_j pr_j = 1_{\prod A_j}$$

12.1.4 Jeder Morphismus besitzt eine bis auf Isomorphie eindeutige „natürliche" Zerlegung in einen Epimorphismus und einen anschließenden Monomorphismus. Abelsche Kategorien sind der geeignete Rahmen zur Betrachtung exakter Folgen, sie sind in der Tat die Grundlage der homologischen Algebra. Ab, ${}_R Mod$ und Mod_R sind abelsche Kategorien.

12.1.5 Die Axiome in 12.1.1 gehen bei Dualisierung in sich über. Die duale einer abelschen Kategorie ist ebenfalls abelsch.

12.1.6 **Satz.** *Ist $\mathscr{C}$ eine beliebige, $\mathscr{A}$ eine abelsche Kategorie, so ist $[\mathscr{C}, \mathscr{A}]$ abelsch und auch $Add(\mathscr{C}, \mathscr{A})$, falls $\mathscr{C}$ additiv ist.*

Beweis. Dies folgt aus der „punktweisen" Konstruktion von Limites und Colimites in Funktorkategorien, wenn man 10.1.4, 12.1.2 und unten 12.4.3 berücksichtigt, wonach jeder Mono- bzw. Epimorphismus in $\mathscr{A}$ Kern bzw. Cokern seines Cokerns bzw. Kerns ist.

12.1.7 Die Kategorie der Gruppen erfüllt alle Axiome außer $A3$, Ens_* erfüllt alle außer A 3°. Das zeigt, daß bei Abschwächung der Definition wesentliche Eigenschaften verloren gehen. Wir werden trotzdem bei Einzelbetrachtungen nur Teile des Axiomensystems, gelegentlich zusammen mit semiadditiver Struktur, heranziehen und damit nützliche Hilfssätze gewinnen. Wir verzichten aber darauf, dem axiomatischen Puzzle-Spiel in alle Verästelungen zu folgen.

12.1.8 Das Axiomensystem 12.1.1 läßt sich noch reduzieren. Man kann auf A 1 oder auf A 1° verzichten. Außerdem gibt es äquivalente Axiomensysteme. Wir begnügen uns mit diesen Hinweisen.

12.2 Semiadditive Struktur

12.2.1 Es sei $A = A_1 \sqcup A_2 \sqcup \ldots \sqcup A_m$ ein Coprodukt mit Injektionen i_j und $B = B_1 \sqcap B_2 \sqcap \ldots \sqcap B_n$ ein Produkt mit Projektionen pr_k. Ist für jedes Paar (k, j) ein Morphismus $f_{kj}\colon A_j \to B_k$ gegeben, so gibt es genau einen Morphismus $f\colon A \to B$ mit $pr_k f i_j = f_{kj}$. Wir bezeichnen f durch die Matrix

$$(3) \qquad (f_{kj}) = \begin{pmatrix} f_{11} \cdots f_{1m} \\ f_{n1} \cdots f_{nm} \end{pmatrix}$$

Man beachte die Spezialfälle $m = 1$ bzw. $n = 1$.

12.2.2 Satz. *Die Kategorie $\mathscr{C}$ besitze ein Nullobjekt und endliche Produkte und Coprodukte. Für jedes Paar (A, B) von Objekten sei ein Produkt und ein Coprodukt ausgewählt. Dann ist*

$$(4) \qquad \varrho_{A,B} = \begin{pmatrix} 1_A & 0 \\ 0 & 1_B \end{pmatrix} : \ A \sqcup B \to A \sqcap B$$

eine natürliche Transformation der Bifunktoren $\sqcup, \sqcap : \mathscr{C} \times \mathscr{C} \to \mathscr{C}$.

Beweis. $\sqcup$ und $\sqcap$ sind in der Tat Bifunktoren, wie aus 7.3.3, 8.3.3 folgt. Für $f\colon A \to X$, $g\colon B \to Y$ ist

$$(f \sqcap g)\, \varrho_{A,B} = \begin{pmatrix} f & 0 \\ 0 & g \end{pmatrix} = \varrho_{X,Y} (f \sqcup g).$$

Auf Null-Morphismen kann hierbei nicht verzichtet werden, wie *Ens* mit $A = \emptyset$, $B \neq \emptyset$ zeigt. Im allgemeinen ist $\varrho = \{\varrho_{A,B}\}$ weder mono- noch epimorph.

12.2.3 Satz. *Ist unter den Voraussetzungen von 12.2.2 die natürliche Transformation ϱ isomorph, so besitzt $\mathscr{C}$ eine eindeutig bestimmte semiadditive Struktur.*

Beweis. Jedes $A \in |\mathscr{C}|$ besitzt eine Multiplikation

$$u\colon \ A \sqcap A \xrightarrow{\varrho^{-1}} A \sqcup A \xrightarrow{(1,1)} A .$$

Für diese ist $0 \to A$ rechtsneutral, wie aus

$$(5) \qquad \begin{array}{ccccccc} A & \xrightarrow{\binom{1}{0}} & A \sqcap 0 & \xrightarrow{\varrho^{-1}} & A \sqcup 0 & \xrightarrow{(1,0)} & A \\ & & \downarrow{\scriptstyle 1_A \sqcap 0} & & \downarrow{\scriptstyle 1_A \sqcup 0} & & \downarrow{\scriptstyle 1_A} \\ & & A \sqcap A & \xrightarrow{\varrho^{-1}} & A \sqcup A & \xrightarrow{(1,1)} & A \end{array}$$

folgt: Die obere Zeile besteht aus Isomorphismen mit Inversen pr_1, ϱ, i_1 (7.3.5 und Duales). Wegen $pr_1 \varrho i_1 = 1_A$ ist 1_A das Kompositum der oberen Zeile. Die beiden Rechtecke sind kommutativ, wobei hier nur je zwei Produkte und Coprodukte fixiert sein müssen. Nach 11.1.5 ist $0 \to A$ rechtsneutral für u, entsprechend auch linksneutral. Damit hat A und auch H_A eine H-Struktur. Dual hierzu erhält man eine *Co-H*-Struktur für A und damit eine H-Struktur für H^A. Aus 11.6.4 folgt die Behauptung.

12.2.4 Hilfssatz. *Es sei $\mathscr{C}$ semiadditiv. Es ist $A_1 \xleftarrow{pr_1} A \xrightarrow{pr_2} A_2$ genau dann Produkt von A_1 und A_2, wenn es Morphismen $i_j\colon A_j \to A$ für $j = 1, 2$ gibt mit $pr_k i_j = \delta_{kj}$ (d. h. 1_{A_k} für $k = j$, 0 für $k \neq j$) und $i_1 pr_1 + i_2 pr_2 = 1_A$.*

Beweis. Es liege ein Produkt vor. Man definiere i_1: $A_1 \to A$ durch $\begin{pmatrix}1\\0\end{pmatrix}$, entsprechend i_2. Dann gilt $pr_k i_j = \delta_{kj}$. Es folgt $pr_j(i_1 pr_1 + i_2 pr_2) = pr_j$ und damit $i_1 pr_1 + i_2 pr_2 = 1_A$ nach Definition für Produkte. Seien umgekehrt i_1, i_2 mit den angegebenen Eigenschaften vorhanden. Sind f_j: $B \to A_j$ gegeben, so setze man $f = i_1 f_1 + i_2 f_2$. Es folgt $pr_j f = f_j$, und hieraus folgt umgekehrt $f = i_1 f_1 + i_2 f_2$. Also liegt ein Produkt vor.

12.2.5 Satz. *Eine semiadditive Kategorie mit Nullobjekt besitzt endliche Produkte genau dann, wenn sie endliche Coprodukte besitzt. Ist dies der Fall, so sind die endlichen Coprodukte zugleich Produkte, wobei die obigen Formeln* (1) *und* (2) *gelten.*

Beweis. 12.2.4 gilt offenbar entsprechend für beliebige endliche Produkte mit mindestens einem Faktor, ebenso das Duale, womit die Behauptung folgt. Der Fall mit leerer Indexmenge ist trivial.

12.2.6 Vereinbarung. In einer semiadditiven Kategorie mit endlichen Produkten erfolge die Auswahl von endlichen Coprodukten stets so, daß die Objekte mit den entsprechenden Produkten zusammenfallen und die Formeln (1), (2) von 12.1.3 gelten (vgl. 8.3.2). Wir sprechen dann von *Biprodukten* und bezeichnen sie auch mit $\oplus A_j$.

12.2.1 beschreibt jetzt einen Morphismus von Biprodukten. Komposition solcher Morphismen ist gerade die Matrizenmultiplikation. Die Addition solcher Morphismen ist die Matrizenaddition. Beides bestätigt man mit (1) und (2). Wir benötigen nur die Fälle $n \leq 2$, $m \leq 2$. Mit Δ bezeichnen wir

die *Diagonalabbildung*: $\Delta = \begin{pmatrix}1\\1\end{pmatrix}$: $A \to A \oplus A$,

mit ∇ die *Codiagonalabbildung* $\nabla = (1, 1)$: $A \oplus A \to A$.

Die Addition von f, g: $A \to B$ wird nach dem Gesagten durch jede der folgenden drei Kompositionen beschrieben

(6) $$A \xrightarrow{\Delta} A \oplus A \xrightarrow{(f,g)} B,$$

(7) $$A \xrightarrow{\begin{pmatrix}f\\g\end{pmatrix}} B \oplus B \xrightarrow{\nabla} B,$$

(8) $$A \xrightarrow{\Delta} A \oplus A \xrightarrow{\begin{pmatrix}f & 0\\0 & g\end{pmatrix}} B \oplus B \xrightarrow{\nabla} B.$$

12.2.7 Satz. *Es seien $\mathscr{C}$ und $\mathscr{D}$ semiadditive Kategorien. Ein additiver Funktor T: $\mathscr{C} \to \mathscr{D}$ respektiert Produkte (einschließlich Null-Objekt, falls vorhanden). Besitzt $\mathscr{D}$ ein Nullobjekt und $\mathscr{C}$ endliche Produkte, so ist jeder Funktor T: $\mathscr{C} \to \mathscr{D}$, der endliche Produkte respektiert, additiv.*

Beweis. Ist T additiv, so respektiert T Nullmorphismen und daher auch Nullobjekte, weil diese durch $1_0 = 0$ charakterisiert sind. T respektiert endliche Produkte wegen 12.2.4, 12.2.5.

Sei umgekehrt das der Fall, und es seien endliche Produkte in $\mathscr{C}$ vorhanden. Dann respektiert T Nullobjekte und damit Nullmorphismen. Der Beweis von 12.2.4 zeigt, daß T Biprodukte respektiert. Wegen (6) ist T additiv.

12.2.8 Bemerkungen. Unter den Voraussetzungen von 12.2.2 läßt sich leicht folgern, daß eine H-Struktur mit Multiplikation u für das Objekt A genau dann vorliegt, wenn

$$\begin{array}{ccc} A \sqcup A & \xrightarrow{\varrho_{A,A}} & A \sqcap A \\ & {\scriptstyle \nabla}\searrow \quad \swarrow{\scriptstyle u} & \\ & A & \end{array}$$

kommutativ ist. Ist $\varrho_{A,A}$ isomorph, so existiert genau ein solches u.

Eine semiadditive Kategorie $\mathscr{C}$ läßt sich zu einer Kategorie von Matrizen über $\mathscr{C}$ erweitern (in 12.2.1 sind A und B durch m-tupel bzw. n-tupel zu ersetzen). Die Erweiterung besitzt endliche Produkte. Additive Funktoren setzen sich auf die Erweiterungen fort.

12.3 Kerne und Cokerne

Es sei durchweg ein Nullobjekt vorhanden.

12.3.1 Es hat hier Sinn, von Kernen und Cokernen zu sprechen. Einen ausgewählten Kern $k\colon K \to A$ von $f\colon A \to B$ bezeichnen wir mit $\ker f$, entsprechend $\operatorname{coker} f$ für einen Cokern. Jeder Kern ist monomorph (7.2 2). Im Sinne der Vorordnung 6.5.4 von Monomorphismen mit Ziel A ist $\ker f$ unter den durch f annullierten Monomorphismen ein größter. $\ker f$ ist auch dadurch charakterisiert, daß

$$(9) \qquad \begin{array}{ccc} K & \longrightarrow & 0 \\ {\scriptstyle k}\downarrow & & \downarrow \\ A & \xrightarrow{f} & B \end{array}$$

ein Pullback ist. 1_A sei stets als Kern von $A \to 0$ und als Cokern von $0 \to A$ ausgewählt.

12.3.2 Ist $m\colon B \to C$ monomorph, so haben $f\colon A \to B$ und mf dieselben Kerne, denn für $u\colon X \to A$ ist $mfu = 0$ gleichwertig mit $fu = 0$.

12.3.3 Ist m monomorph, so ist $\ker m = 0$. Insbesondere gilt $\ker(\ker f) = 0$. Das folgt aus (9) und 7.8.2.

12.3.4 Theorem. *In*

$$(10)\qquad \begin{array}{ccccc} A_1 & \xrightarrow{a_1} & A_2 & \xrightarrow{a_2} & A_3 \\ \Downarrow & & \downarrow{\scriptstyle f_2} & & \downarrow{\scriptstyle f_3} \\ K & \xrightarrow{\ker g} & B_2 & \xrightarrow{g} & B_3 \end{array}$$

sei das Viereck rechts kommutativ und $a_2 a_1 = 0$.

(a) *Es gibt genau einen Morphismus* $f_1\colon\ A_1 \to K$, *so daß links ein kommutatives Viereck entsteht.*

(b) *Ensteht links ein Pullback, so ist* a_1 *Kern von* a_2.

(c) *Ist* a_1 *Kern von* a_2 *und* f_3 *monomorph, so entsteht links ein Pullback.*

(d) *Ist das rechte Viereck ein Pullback, so ist* a_1 *genau dann Kern von* a_2, *wenn* f_1 *isomorph ist.*

Beweis. (a) folgt wegen $g f_2 a_1 = 0$ unmittelbar aus der Definition für Kerne.

(b) Ist $v\colon\ X \to A_2$ mit $a_2 v = 0$ gegeben, so ist $g f_2 v = f_3 a_2 v = 0$, und es gibt genau einen Morphismus $u\colon\ X \to K$ mit $(\ker g) u = f_2 v$. Nach Pullback-Eigenschaft gibt es genau einen Morphismus $w\colon\ X \to A_1$ mit $a_1 w = v$ und $f_1 w = u$. Wegen 7.8.2 ist a_1 monomorph und daher w bereits durch $a_1 w = v$ eindeutig bestimmt. Also ist a_1 Kern von a_2.

(c) Sind $u\colon\ X \to K$ und $v\colon\ X \to A_2$ mit $(\ker g) u = f_2 v$ gegeben, so ist $0 = g(\ker g) u = g f_2 v = f_3 a_2 v$. Weil f_3 monomorph ist, ist $a_2 v = 0$. Daher gibt es genau ein $w\colon\ X \to A_1$ mit $a_1 w = v$. Es ist $(\ker g) f_1 w = f_2 a_1 w = f_2 v = (\ker g) u$ und damit $f_1 w = u$, weil $\ker g$ monomorph ist. Das ergibt die Behauptung.

(d) Mit $0\colon\ K \to A_3$ entsteht ein eindeutig bestimmter Morphismus $h\colon\ K \to A_2$ mit $a_2 h = 0$ und $f_2 h = \ker g$. Liegt $v\colon\ X \to A_2$ mit $a_2 v = 0$ vor, so ist $g f_2 v = 0$, und es gibt eindeutig $w\colon\ X \to K$ mit $f_2 v = (\ker g) w = f_2 h w$. Mit $a_2 v = 0 = a_2 h w$ folgt aus der Pullback-Eigenschaft $v = hw$. Also ist h Kern von a_2. Speziell für $v = a_1$ und $a_1 = hw$ folgt $f_2 a_1 = f_2 h w = (\ker g) w$ und damit $w = f_1$ wegen (a). Aus $a_1 = h f_1$ ergibt sich (d).

12.3.5 Bemerkung. 12.3.4 (a) bis (c) lassen sich auf Differenzkerne übertragen. An Stelle von a_2 und g treten je zwei Morphismen a_2, a_2' bzw. g, g' mit $a_2 a_1 = a_2' a_1$, $f_3 a_2 = g f_2$ und $f_3 a_2' = g' f_2$. An Stelle von $\ker g$ tritt ein Differenzkern von g und g'. Die Beweise sind fast wörtlich dieselben.

12.3.6 Ist $k\colon\ K \to A$ Kern von $f\colon\ A \to B$ und $p\colon\ A \to C$ Cokern von k, so ist k auch Kern von p. In der Kategorie der Monomorphismen mit Ziel A (6.5.4, 6.5.6) gilt also $\ker f \cong \ker \operatorname{coker} \ker f$.

Beweis. Wegen $fk = 0$ gibt es genau einen Morphismus $q\colon\ C \to B$ mit $qp = f$ nach Definition Cokern. Außerdem ist $pk = 0$. Liegt $v\colon\ X \to A$ mit $pv = 0$ vor, so ist $qpv = fv = 0$, und es gibt genau einen Morphismus $w\colon\ X \to K$ mit $v = kw$. Also ist k Kern von p.

12.3.7 Definition. Es seien ein Nullobjekt, Kerne und Cokerne vorhanden. Für $f\colon A \to B$ setzen wir $\mathrm{im}\, f = \ker(\mathrm{coker}\, f)$ und $\mathrm{coim}\, f = \mathrm{coker}(\ker f)$ und nennen $\mathrm{im}\, f$ *Bild*, $\mathrm{coim}\, f$ *Cobild* von f.

12.3.8 Satz. *Die Kategorie $\mathscr{C}$ besitze ein Nullobjekt, Kerne und Cokerne. Für $f\colon A \to B$ gibt es eine Zerlegung*

$$(11)\qquad \begin{array}{ccc} \bar A & \xrightarrow{\bar f} & B' \\ {\scriptstyle \mathrm{coim}\, f}\uparrow & & \downarrow{\scriptstyle \mathrm{im}\, f} \\ A & \xrightarrow{f} & B \\ {\scriptstyle \ker f}\uparrow & & \downarrow{\scriptstyle \mathrm{coker}\, f} \\ \bullet & & \bullet \end{array}$$

mit eindeutig bestimmten $\bar f$, so daß $f = (\mathrm{im}\, f)\bar f(\mathrm{coim}\, f)$ ist. Ist

$$(12)\qquad \begin{array}{ccc} A & \xrightarrow{f} & B \\ {\scriptstyle h_1}\downarrow & & \downarrow{\scriptstyle h_2} \\ C & \xrightarrow{g} & D \end{array}$$

kommutativ, so setzt sich (12) *in eindeutiger Weise zu einer natürlichen Transformation des Diagramms* (11) *in das entsprechende für $g\colon C \to D$ fort.*

Beweis. Wegen $f(\ker f) = 0$ gibt es $u\colon \bar A \to B$ mit $f = u(\mathrm{coim}\, f)$ nach Definition von $\mathrm{coim}\, f$. Es folgt $(\mathrm{coker}\, f)u = 0$, weil $(\mathrm{coker}\, f)f = 0$ und $\mathrm{coim}\, f$ epimorph ist. Daher gibt es $\bar f$ mit $u = (\mathrm{im}\, f)\bar f$. Die Eindeutigkeit von $\bar f$ folgt daraus, daß $\mathrm{coim}\, f$ epimorph und $\mathrm{im}\, f$ monomorph ist. Zum Beweis der zweiten Aussage lasse man $\bar f$ in (11) zunächst fort. Die Fortsetzung von (12) zu einer natürlichen Transformation ergibt sich dann aus den Definitionen für Kerne und Cokerne und 12.3.7. Fügt man wieder $\bar f$ und $\bar g$ hinzu, so ergibt sich die Kommutativität des entstehenden Dachvierecks daraus, daß $\mathrm{coim}\, f$ epimorph und $\mathrm{im}\, g$ monomorph ist. Man schaltet $\mathrm{coim}\, f$ vor und fügt $\mathrm{im}\, g$ an und nützt die Kommutativität der übrigen Seiten des Würfels aus, der aus dem Oberteil von (11) vermöge (12) entsteht (vgl. 6.2.4).

12.3.9 Bemerkungen. Sind in $\mathscr{C}$ Kerne und Cokerne ausgewählt, so besagt die zweite Aussage von 12.3.8, daß ein Funktor der Kategorie der $\mathscr{C}$-Morphismen (6.5.1) in eine Kategorie kommutativer Diagramme über $\mathscr{C}$ vorliegt (*natürliche Zerlegung*). Mit Untergruppen als Kernen und Faktorgruppen als Cokernen ist dies insbesondere bei *Ab* der Fall, entsprechend bei ${}_R\mathit{Mod}$, wobei $\bar f$ ein Isomorphismus ist.

Ohne zusätzliche Bedingungen ist $\bar f$ nicht monomorph oder epimorph, wie Ens_*, Top_* und die Kategorie der Gruppen zeigen. In der Tat ist 12.3.7 und damit die Bezeichnung in 12.3.8 ohne Zusatzbedingungen nicht korrekt, wenn man Bild und Cobild allgemein so definieren will, daß sie durch Extremalbedingungen charakterisiert und natürlich sind.

12.4 Zerlegung von Morphismen

In den folgenden Hilfssätzen geben wir die Voraussetzungen in den Bezeichnungen von 12.1.1 an.

12.4.1 Aus A0, A2, A3 folgt: Monomorphismen mit gleichem Ziel haben endliche Durchschnitte.

Beweis. Ist $m\colon\ K \to B_2$ monomorph, so ist m Kern, etwa von $g\colon B_2 \to B_3$. Ist auch $f_2\colon\ A_2 \to B_2$ monomorph, so folgt die Behauptung aus 12.3.4 (c) mit $f_3 = 1_{B_3}$ und $a_2 = gf_2$ für Durchschnitte von zwei Monomorphismen, was nach 7.8.6 genügt.

12.4.2 Aus A0, A1, A2, A3 folgt endliche Vollständigkeit, insbesondere die Existenz von Differenzkernen und Pullbacks.

Beweis. 12.4.1 und 7.8.8.

12.4.3 A0, A2, A2°, A3: Ist m monomorph, so ist m Kern von coker m. Ist außerdem coker $m = 0$, so ist m isomorph. Jeder Bimorphismus ist isomorph. (Die Kategorie ist ausgeglichen.)

Beweis. Die erste Behauptung folgt aus A3 und 12.3.6. Ist coker $m = 0$ für $m\colon\ A \to B$, so ist m und auch 1_B Kern von coker m, also m isomorph. Ist m bimorph, so ist coker $m = 0$ (12.3.3 dual).

12.4.4 Lemma. *Es seien* A0 *und* A2° *erfüllt. Die Zuordnung* $m \mapsto$ coker m *(bei ausgewählten Cokernen) ergibt einen Funktor* γ *von der Kategorie der Monomorphismen mit Ziel* A (6.5.4) *in die Kategorie der Epimorphismen mit Quelle* A. *Sind auch* A2 *und* A3 *erfüllt. so induziert* γ *eine injektive Abbildung, wenn zu Äquivalenzklassen von Monomorphismen und von Epimorphismen übergegangen wird. Diese Abbildung ist bijektiv, wenn noch* A3° *gilt.*

Beweis. In

$$(13)\qquad \begin{array}{ccccc} K_1 & \xrightarrow{m_1} & A & \overset{p_1}{\twoheadrightarrow} & L_1 \\ \downarrow{\scriptstyle t} & & \Vert\ {\scriptstyle 1_A} & & \\ K_2 & \xrightarrow{m_2} & A & \overset{p_2}{\twoheadrightarrow} & L_2 \end{array}$$

sei $m_1 = m_2 t$ und es seien m_1 und m_2, also auch t, monomorph. Ferner sei $p_j =$ coker m_j für $j = 1, 2$. Es ist $p_2 m_1 = 0$ und nach Definition Cokern gibt es genau einen Morphismus $\gamma(t)\colon\ L_1 \to L_2$ mit $\gamma(t) p_1 = p_2$. Offenbar liegt damit ein Funktor vor, insbesondere ist $\gamma(t)$ isomorph, wenn t isomorph ist. Gelten A2 und A3, so ist m_j ein Kern von p_j (12.4.3), und je zwei Kerne von p_j sind äquivalent. Der Rest folgt aus 12.4.3 dual. Die Umkehrabbildung für Äquivalenzklassen wird von $p \mapsto \ker p$ induziert.

12.4.5 A0, A2, A2°, A3: Es seien $f\colon A \to B$ und ein Monomorphismus $m\colon M \to B$ gegeben. Es ist f genau dann von der Gestalt $f = mg$, wenn $(\operatorname{coker} m)f = 0$. Ist dies der Fall, so ist $\operatorname{im} f$ von der Form $\operatorname{im} f = mh$, also ist $\operatorname{im} f$ ein kleinster Monomorphismus, über den f faktorisiert.

Beweis. Aus $(\operatorname{coker} m)m = 0$ folgt $(\operatorname{coker} m)mg = 0$. Sei nun $(\operatorname{coker} m)f = 0$. Dann gibt es $g\colon A \to M$ mit $f = mg$ wegen 12.4.3 nach Definition für Kerne. Nach Definition Cokern gibt es q mit $q(\operatorname{coker} f) = \operatorname{coker} m$. Nach Definition Kern und 12.4.3 gibt es h mit $\operatorname{im} f = mh$, und es ist $\operatorname{im} f$ kleiner als m im Sinne von 6.5.4.

12.4.6 Es seien A0, A2, A2°, A3 erfüllt und Differenzkerne vorhanden (also etwa noch A1 erfüllt (12.4.2) oder die Kategorie additiv (7.2.6)). Dann gilt

(a) Gleichwertig sind:

(i) $f\colon A \to B$ ist epimorph

(ii) $\operatorname{im} f = 1_B$

(iii) $\operatorname{coker} f = 0$

(b) In der Zerlegung $f = (\operatorname{im} f)f'$ ist f' epimorph.

Beweis. (a) (ii) und (iii) sind gleichwertig nach 12.4.3. Aus (i) folgt (iii) nach 12.3.3 dual. Sei jetzt $\operatorname{coker} f = 0$, und es seien $u, v\colon B \to X$ mit $uf = vf$ gegeben. $m\colon M \to B$ sei Differenzkern von u und v. Dann hat f die Gestalt $f = mg$. Nach 12.4.5 und (ii) ist 1_B von der Form mh. Daher sind m und 1_B äquivalente Monomorphismen mit Ziel B. Also ist m isomorph Es folgt $u = v$ und damit (i).

(b) Wir setzen $\operatorname{im} f\colon B' \to B$ und $f' = \bar{f}(\operatorname{coim} f)$ gemäß 12.3.8. Es seien $u, v\colon B' \to X$ mit $uf' = vf'$ gegeben, und es sei $m'\colon M \to B'$ Differenzkern von u und v. Dann ist f' von der Form $m'g'$ und m' monomorph, also auch $m = (\operatorname{im} f)m'$. Nach 12.4.5 sind $\operatorname{im} f$ und m äquivalente Monomorphismen mit Ziel B. Also ist m' isomorph, $u = v$ und daher f' epimorph.

12.4.7 A0, A2, A2°, A3: Es sei

$$(14)\qquad \begin{array}{ccc} A & \overset{a}{\twoheadrightarrow} & B \\ {\scriptstyle \bar{a}}\downarrow & & \downarrow{\scriptstyle b} \\ D & \underset{\bar{b}}{\rightarrowtail} & C \end{array}$$

kommutativ, a epimorph und $\bar{b}$ monomorph. Dann gibt es genau einen Morphismus $d\colon B \to D$ mit $\bar{a} = da$ und $b = \bar{b}d$. Dabei ist d epimorph (monomorph), falls $\bar{a}$ epimorph (b monomorph) ist. d ist isomorph, wenn es bimorph ist.

Beweis. Es sei $c\colon C \to E$ Cokern von $\bar{b}$. Dann ist $0 = c\bar{b}\bar{a} = cba$. Weil a epimorph ist, folgt $cb = 0$. Nach 12.4.3 ist $\bar{b}$ Kern von c. Daher gibt es genau einen Morphismus d mit $b = \bar{b}d$. Es folgt $\bar{b}da = ba = \bar{b}\bar{a}$ und damit $da = \bar{a}$, weil $\bar{b}$ monomorph ist. Die nächste Behauptung folgt aus 5.1.5° bzw. 5.1.5, die letzte aus 12.4.3.

12.4.8 Satz. *Es seien* A 0, A 2, A 2°, A 3 *erfüllt. Läßt sich ein Morphismus in einen Epimorphismus und anschließenden Monomorphismus zerlegen, so ist die Zerlegung bis auf Isomorphie eindeutig. Existiert die Zerlegung für jeden Morphismus* (*vgl.* 12.4.6), *so ist sie natürlich. Genauer: Es sei*

$$\begin{array}{ccccc} A & \overset{a}{\twoheadrightarrow} & B & \overset{b}{\rightarrowtail} & C \\ {\scriptstyle h}\downarrow & & \xrightarrow{\quad c \quad} & & \downarrow{\scriptstyle k} \\ & & \xrightarrow{\quad z \quad} & & \\ X & \underset{x}{\twoheadrightarrow} & Y & \underset{y}{\rightarrowtail} & Z \end{array} \tag{15}$$

kommutativ, a und x seien epimorph, b und y monomorph. Es gibt genau einen Morphismus $d\colon B \to Y$ mit $da = xh$ und $yd = kb$. Dabei ist d epimorph (*monomorph*), *wenn h epimorph* (*k monomorph*) *ist. d ist isomorph, wenn es bimorph ist.*

Die Behauptungen folgen unmittelbar aus 12.4.7.

12.4.9 Satz. *Es seien* A 0, A 2, A 2°, A 3, A 3° *erfüllt. Besitzt f eine Zerlegung $f = f''f'$ mit epimorphem f' und monomorphem f'', so ist f' Cokern von* ker f *und f'' Kern von* coker f. *In der Zerlegung* 12.3.8 *ist $\bar{f}$ isomorph.*

Zusatz. Die Zerlegung $f = f''f'$ existiert für beliebiges f, wenn Differenzkerne oder Differenzcokerne vorhanden sind, insbesondere wenn noch A 1 oder A 1° erfüllt oder die Kategorie additiv ist.

Beweis. Nach 12.3.2 ist ker f auch Kern von f', und nach 12.4.3 dual ist f' Cokern von ker f. Dualerweise ist f'' Kern von coker f. Die letzte Behauptung ist damit evident. Der Zusatz folgt aus 12.4.6 (b) und seinem Dualen.

12.4.10 Bemerkung. In der Kategorie $\mathscr{C}$ sei jeder Morphismus bis auf Isomorphie eindeutig in einen Epimorphismus und anschließenden Monomorphismus zerlegbar (was z. B. auch in *Ens* und jeder Kategorie [$\mathscr{C}$, *Ens*] gilt). Ist (14) kommutativ mit epimorphem a und monomorphem $\bar{b}$, so gibt es genau einen Morphismus $d\colon B \to D$ mit $\bar{a} = da$ und $b = d\bar{b}$. Das folgt, wenn man $\bar{a}$ und b in Epi- und Monomorphismus zerlegt und die Zerlegung von $ba = \bar{b}\bar{a}$ betrachtet. 12.4.8 gilt entsprechend, auch daß jeder Bimorphismus $f\colon A \to B$ isomorph ist, was mit $1_B f = f 1_A$ vermöge 5.3.4 folgt.

Aus der Natürlichkeit der Morphismenzerlegung in der Kategorie $\mathscr{C}$ folgt eine kanonische Zerlegung in jeder Funktorkategorie [$\mathscr{D}, \mathscr{C}$] bzw. $Add(\mathscr{D}, \mathscr{C})$, vgl. 10.1.6, 10.1.9. Die Zerlegung in Epi- und Monomorphismus ist bis auf Isomorphie sicher dann eindeutig, wenn 10.1.5 gilt.

12.5 Die additive Struktur

12.5.1 A0: Für das Coprodukt $A \sqcup B$ mit Injektionen i_1, i_2 ist $(0, 1)$: $A \sqcup B \to B$ Cokern von i_1.

Beweis. Für (u, v): $A \sqcup B \to X$ sei $(u, v) i_1 = 0$. Das ist gleichwertig mit $u = 0$ nach Definition von (u, v) in 12.2.1. Nach Definition Coprodukt ist $(0, v) = v(0, 1)$ für v: $B \to X$, denn durch Vorschalten von i_1 bzw. i_2 entsteht beiderseits 0 bzw. v. Aus $v(0, 1) = w(0,1)$ folgt $w = v$ und damit die Behauptung.

12.5.2 A0, A2, A2°, A3: Ist $A \sqcup B$ vorhanden, so ist

(1)
$$\begin{array}{ccc} 0 & \longrightarrow & B \\ \downarrow & & \downarrow {\scriptstyle i_2} \\ A & \xrightarrow[i_1]{} & A \sqcup B \end{array}$$

ein Pullback.

Beweis. Man betrachte

$$\begin{array}{ccccc} 0 & \longrightarrow & B & \xrightarrow{1_B} & B \\ \downarrow & & \downarrow {\scriptstyle i_2} & & \downarrow {\scriptstyle 1_B} \\ A & \xrightarrow[i_1]{} & A \sqcup B & \xrightarrow{(0,1)} & B \end{array}$$

Das Diagramm ist kommutativ. Nach 12.4.3 und 12.5.1 ist i_1 Kern von $(0, 1)$. Da $0 \to B$ Kern von 1_B ist, folgt die Behauptung aus 12.3.4 (c). (1) ist übrigens auch ein Pushout.

12.5.3 In einer abelschen Kategorie ist

$$\varrho = \begin{pmatrix} 1 & 0 \\ 0 & 1 \end{pmatrix} : \quad A \sqcup B \to A \sqcap B \quad \text{isomorph.}$$

Beweis. Es ist $pr_2 \varrho = (0, 1)$ und i_1 Kern von $pr_2 \varrho$. Sei k: $K \to A \sqcup B$ Kern von ϱ. Dann ist $pr_2 \varrho k = 0$, und es gibt genau einen Morphismus k_1: $K \to A$ mit $k = i_1 k_1$. Entsprechend ist $k = i_2 k_2$. Wegen 12.5.2 ist $k = 0$. Aus 12.4.6 dual folgt, daß ϱ monomorph ist. Dualerweise ist ϱ epimorph und damit isomorph nach 12.4.3.

12.5.4 Die nach 12.5.3 und 12.2.3 vorhandene, eindeutig bestimmte semiadditive Struktur einer abelschen Kategorie ist sogar additiv.

Beweis. Es sei f: $A \to B$ gegeben. Wir können jetzt Produkte als Biprodukte auffassen und betrachten

$$h = \begin{pmatrix} 1 & 0 \\ f & 1 \end{pmatrix} : \quad A \oplus B \to A \oplus B.$$

Es ist $\operatorname{coker} h = 0$. Für $(u, v)\colon A \oplus B \to X$ ist nämlich $(u, v) h = (u + vf, v)$, und das ist nur dann 0, wenn $v = 0$ und $u = 0$ ist. Dualerweise ist $\ker h = 0$. Damit folgt aus 12.4.3, daß h isomorph ist. Das Inverse von h kann als Matrix geschrieben werden. Aus

$$\begin{pmatrix} 1 & 0 \\ 0 & 1 \end{pmatrix} = \begin{pmatrix} 1 & 0 \\ f & 1 \end{pmatrix} \begin{pmatrix} a & b \\ c & d \end{pmatrix} = \begin{pmatrix} a & b \\ fa + c & fb + d \end{pmatrix}$$

folgt $a = 1_A$ und damit $f + c = 0$.

Also ist $[A, B]$ eine additive Gruppe.

12.6 Idempotente

12.6.1 Definition. Ein Endomorphismus $h\colon A \to A$ heißt *idempotent*, wenn $hh = h$ ist.

Man bestätigt unmittelbar

12.6.2 Ist $r\colon A \to B$ eine Retraktion mit $ri = 1_B$, so ist $ir\colon A \to A$ idempotent. Ist in einer additiven Kategorie $h\colon A \to A$ idempotent, so ist auch $1_A - h$ idempotent.

12.6.3 Satz. *Sei $\mathscr{C}$ eine additive Kategorie.*

(a) *Ist $r\colon A \to B$ Retraktion mit $ri = 1_B$, so ist i Kern von $1_A - ir$.*

(b) *Ist $h\colon A \to A$ idempotent, $i_1\colon A_1 \to A$ Kern von h und $i_2\colon A_2 \to$ Kern von $1_A - h$, so ist A Biprodukt von A_1 und A_2 mit Injektionen i_1, i_2.*

Beweis. (a) Es ist $(1_A - ir) i = 0$. Ist $u\colon X \to A$ gegeben mit $(1_A - ir) u = 0$, so gilt $u = i(ru)$. Weil i monomorph ist, ist i Kern von $(1_A - ir)$.
(b) Wegen $h(1 - h) = 0$ gibt es $p_1\colon A \to A_1$ mit $i_1 p_1 = 1_A - h$ nach Definition Kern. Ebenso gibt es $p_2\colon A \to A_2$ mit $i_2 p_2 = h$. Es folgt $i_1 p_1 + i_2 p_2 = 1_A$, $i_1 p_1 i_1 = i_1 - h i_1 = i_1$ und damit $p_1 i_1 = 1_{A_1}$, weil i_1 monomorph ist, ebenso $i_1 p_1 i_2 = (1 - h) i_2 = 0$ und damit $p_1 i_2 = 0$. Man erhält ebenso $p_2 i_2 = 1_{A_2}$, $p_2 i_1 = 0$ und damit (b) nach 12.2.4 dual.

13. Exakte Folgen

13.1 Exakte Folgen in exakten Kategorien

13.1.1 Definition. In einer Kategorie mit Nullobjekt und Kernen heißt eine *Folge* von zwei Morphismen

(1) $$A \xrightarrow{f} B \xrightarrow{g} C$$

exakt, wenn gilt

(i) $gf = 0$,

(ii) In der wegen (i) vorhandenen Zerlegung $f = (\ker g) f'$ ist f' epimorph.

Eine Folge von Morphismen

$$\longrightarrow A_{n-1} \xrightarrow{a_{n-1}} A_n \xrightarrow{a_n} A_{n+1} \xrightarrow{a_{n+1}} A_{n+2} \longrightarrow \cdots$$

heißt exakt an der Stelle A_n, wenn a_{n-1} und a_n (i) und (ii) erfüllen. Sie heißt exakt, wenn sie an jeder Stelle exakt ist.

Diese Definition ist auch für Gruppen korrekt. Im Hinblick auf die beabsichtigten Anwendungen begnügen wir uns jedoch mit stärkeren Voraussetzungen für die betrachteten Kategorien.

13.1.2 Definition. Eine Kategorie heißt *exakt*, wenn sie den Axiomen A0, A2, A2°, A3, A3° in 12.1.1 genügt und wenn jeder Morphismus in einen Epimorphismus und einen anschließenden Monomorphismus zerlegbar ist.

Wir schließen uns hier der Terminologie von MITCHELL an. Additive exakte Kategorien oder sogar abelsche sind exakte Kategorien im ursprünglichen Sinn (BUCHSBAUM). Die angegebene Zerlegbarkeit der Morphismen braucht dann nicht besonders gefordert zu werden.

Für die Zerlegung der Morphismen gelten 12.4.8 und 12.4.9. Jeder Bimorphismus ist isomorph (12.4.3). Die duale einer exakten Kategorie ist ebenfalls exakt. In einer exakten Kategorie sind folgende Aussagen für (1) gleichwertig

(E_1) (1) ist exakt, d. h. f besitzt eine Zerlegung $f = (\ker g) f'$ mit epimorphem f'.
(E_1^0) g besitzt eine Zerlegung $g = g''(\operatorname{coker} f)$ mit monomorphem g''.
(E_2) $\operatorname{im} f$ ist Kern von g.
(E_2^0) $\operatorname{coim} g$ ist Cokern von f.
(E_3) $\operatorname{im} f$ ist Kern von $\operatorname{coim} g$.
(E_4) ker g ist Kern von $\operatorname{coker} f$
und die zu (E_3) und (E_4) dualen Aussagen.

Beweis. g und $\operatorname{coim} g$ besitzen nach 12.3.2 dieselben Kerne, und $\operatorname{im} f$ ist Kern von $\operatorname{coker} f$. Wegen 12.4.9 ist (E_1), (E_2), (E_3), (E_4) stets die Aussage, daß g, $\operatorname{coim} g$ und $\operatorname{coker} f$ dieselben Kerne besitzen. Wegen 12.4.4 ist (E_3) gleichwertig damit, daß $\operatorname{coim} g$ Cokern von $\operatorname{im} f$ ist. Das ist das Duale von (E_3). Die zu (E_1) bis (E_4) dualen Aussagen sind ebenfalls gleichwertig, weil die duale einer exakten Kategorie exakt ist.

13.1.3 In einer exakten Kategorie gilt

(a) $0 \to A \xrightarrow{m} B$ ist genau dann exakt, wenn m monomorph ist.

(a°) $A \xrightarrow{p} B \to 0$ ist genau dann exakt, wenn p epimorph ist.

(b) $0 \to A \xrightarrow{j} B \to 0$ ist genau dann exakt, wenn j isomorph ist.

(c) $0 \to A \xrightarrow{m} B \xrightarrow{f} C$ ist genau dann exakt, wenn m Kern von f ist.

(c°) $A \xrightarrow{f} B \xrightarrow{p} C \to 0$ ist genau dann exakt, wenn p Cokern von f ist.

Beweis. (a) Es ist 1_A Cokern von $0 \to A$. Damit folgt (a) unmittelbar aus (E_1^0), (a°) ist dual dazu. (b) folgt aus (a) und (a°). Ist bei (c) m Kern von f, so ist Exaktheit an der Stelle A wegen (a) und an der Stelle B wegen (E_1) vorhanden. Die Umkehrung folgt ebenfalls aus (a) und (E_1). (c^0) ist zu (c) dual.

13.1.4 Satz. *Es liege vor*

$$A \xrightarrow{f} B \xrightarrow{g} C \xrightarrow{h} D. \tag{2}$$

(a) *Ist h monomorph, so ist (2) an der Stelle B genau dann exakt, wenn $A \xrightarrow{f} B \xrightarrow{hg} D$ exakt ist.*

(b) *Ist g Cokern von f und $A \xrightarrow{f} B \xrightarrow{hg} D$ exakt, so ist h monomorph.*

(c) *Ist g monomorph und $A \xrightarrow{gf} C \xrightarrow{h} D$ exakt, so ist $A \xrightarrow{f} B \xrightarrow{hg} D$ exakt.*

Beweis. (a) folgt unmittelbar aus (E_2) wegen 12.3.2. (b) folgt aus (E_2^0) und 12.4.9. Bei (c) ist $f = (\mathrm{im}\, f)\, f'$ mit epimorphem f'. Wir betrachten:

$$\begin{array}{ccccc} B' & \xrightarrow{\mathrm{im}\, f} & B & \xrightarrow{hg} & D \\ {\scriptstyle 1_{B'}}\downarrow & & \downarrow{\scriptstyle g} & & \downarrow{\scriptstyle 1_D} \\ B' & \xrightarrow{g(\mathrm{im}\, f)} & C & \xrightarrow{h} & D \end{array} \tag{3}$$

Aus den Voraussetzungen folgt wegen (E_1), daß $g(\mathrm{im}\, f)$ Kern von h ist. Das Kompositum in der oberen Zeile von (3) ist 0, das rechte Viereck ist kommutativ und das linke ist ein Pullback, weil g monomorph ist. Damit folgt aus 12.3.4 (b) die Behauptung.

13.1.5 Das Diagramm

$$\begin{array}{ccccc} A_1 & \xrightarrow{a_1} & A_2 & \xrightarrow{a_2} & A_3 \\ {\scriptstyle f_1}\downarrow & & {\scriptstyle f_2}\downarrow & & \downarrow{\scriptstyle f_3} \\ B_1 & \xrightarrow[b_1]{} & B_2 & \xrightarrow[b_2]{} & B_3 \end{array} \tag{4}$$

sei kommutativ, f_1 epimorph, f_2 monomorph und die untere Zeile exakt.

(a) Ist f_3 monomorph, so ist die obere Zeile exakt.

(b) Ist a_2 Cokern von a_1, so ist f_3 monomorph.

Beweis. Nach dem Dualen von 13.1.4 (a) ist auch

$$A_1 \to B_2 \xrightarrow{b_2} B_3$$

exakt mit $b_1 f_1 = f_2 a_1 \colon A_1 \to B_2$. Wegen 13.1.4 (c) ist

$$A_1 \xrightarrow{a_1} A_2 \to B_3$$

exakt mit $b_2 f_2 = f_3 a_2 \colon A_2 \to B_3$. Damit folgen die Behauptungen aus 13.1.4 (a), (b).

13.2 Kurze exakte Folgen

13.2.1 Eine *kurze exakte Folge* ist eine exakte Folge der Gestalt

(5) $$0 \to A \xrightarrow{m} B \xrightarrow{p} C \to 0.$$

Exakte Folgen sind spezielle Diagramme. Damit ist klar, was natürliche Transformationen und Isomorphismen von exakten Folgen sind. In Anlehnung an den Sachverhalt bei Ab schreibt man für (5) oder eine zu (5) isomorphe kurze exakte Folge auch

$$0 \to A \to B \to B/A \to 0.$$

13.2.2 Zu jedem Morphismus $f\colon\ A \to B$ gehören zwei kurze exakte Folgen

(6) $$0 \to K \xrightarrow{\ker f} A \xrightarrow{\operatorname{coim} f} \bar{A} \to 0 \quad \text{und}$$

(7) $$0 \to B' \xrightarrow{\operatorname{im} f} B \xrightarrow{\operatorname{coker} f} K' \to 0$$

mit einem Isomorphismus $\bar{f}\colon\ \bar{A} \to B'$ (12.4.9).

Daß $A \xrightarrow{f} B \xrightarrow{g} C$ exakt ist, läßt sich gemäß (E_2), (E_2^0) durch die Isomorphie zweier kurzer, zu f und g gehöriger exakter Folgen beschreiben.

13.2.3 Man kann längere exakte Folgen

$$\begin{array}{ccccccc}
\cdots \to A_{n-1} \to & A_n & & \xrightarrow{a_n} & & A_{n+1} & \to \cdots \\
& & \searrow & & \nearrow & & \\
& & & C & & & \\
& & \nearrow & & \searrow & & \\
& 0 & & & & 0 &
\end{array}$$

zu zwei exakten Folgen aufbrechen, indem man einen Morphismus in einen Epimorphismus und anschließenden Monomorphismus zerlegt (13.1.3). Umgekehrt kann man eine mit $C \to 0$ endende exakte Folge mit einer mit $0 \to C$ beginnenden verkoppeln.

13.2.4 Man sagt, daß die kurze exakte Folge (5) *aufspaltet*, wenn p eine Retraktion ist. Für exakte additive Kategorien besagt 12.6.3: Spaltet (5) auf, so ist B Biprodukt von A und C, wobei m eine der Injektionen, p eine der Projektionen ist. Die zu C gehörige Injektion ist im allgemeinen nicht eindeutig bestimmt, wie man etwa an $B = \mathbf{Z} \oplus \mathbf{Z}$ in Ab sieht.

13.2.5 Satz. *In einer exakten additiven Kategorie* $\mathscr{C}$ *sind gleichwertig*

(a) $0 \to A \xrightarrow{f} B \xrightarrow{g} C$ *ist exakt.*

(b) $0 \to [X, A] \to [X, B] \to [X, C]$ *ist exakt in* Ab *für jedes* $X \in |\mathscr{C}|$.

Wegen 13.1.3 (c) folgt dies unmittelbar aus 7.7.3. Die duale Fassung lautet:

$A \to B \to C \to 0$ ist genau dann exakt, wenn $0 \to [C, X] \to [B, X] \to [A, X]$ exakt in Ab ist für alle $X \in |\mathscr{C}|$.

In Ab ist $0 \to \mathbf{Z} \xrightarrow{f} \mathbf{Z} \xrightarrow{p} \mathbf{Z}_2 \to 0$ exakt, wenn f die Multiplikation mit 2 und p Cokern von f ist.

$$0 \to [\mathbf{Z}_2, \mathbf{Z}] \to [\mathbf{Z}_2, \mathbf{Z}] \to [\mathbf{Z}_2, \mathbf{Z}_2] \to 0$$

und

$$0 \to [\mathbf{Z}, \mathbf{Z}_2] \to [\mathbf{Z}, \mathbf{Z}_2] \to [\mathbf{Z}_2, \mathbf{Z}_2] \to 0$$

sind nicht exakt. Der Satz und sein Duales lassen sich also nicht auf beliebige exakte Folgen ausdehnen.

13.2.6 Nach 13.1.3 (a^0) und (c) und nach 10.4.1 ist ein Objekt P einer exakten additiven Kategorie genau dann projektiv, wenn für jede kurze exakte Folge $0 \to A \to B \to C \to 0$ stets $0 \to [P, A] \to [P, B] \to [P, C] \to 0$ exakt in Ab ist.

13.2.7 Satz. *In einer exakten additiven Kategorie $\mathscr{C}$ sind gleichwertig:*

(a) $0 \to A \xrightarrow{f} B \xrightarrow{g} C \to 0$ *ist eine aufspaltende kurze exakte Folge;*

(b) *für jedes* $X \in |\mathscr{C}|$ *ist* $0 \to [X, A] \to [X, B] \to [X, C] \to 0$ *exakt in* Ab.

Beweis. Offenbar folgt (b) aus (a). Gilt (b), so folgt wegen 13.2.5 zunächst die Exaktheit von $0 \to A \xrightarrow{f} B \xrightarrow{g} C$; wählt man in (b) $X = C$, so folgt, daß g eine Retraktion ist. Dabei ist g epimorph, und die Bedingung von 13.2.4 ist erfüllt.

13.3 Exakte und treue Funktoren

13.3.1 Definition. Ein Funktor $T: \mathscr{C} \to \mathscr{D}$ zwischen exakten Kategorien heißt *linksexakt*, wenn er Kerne respektiert, *rechtsexakt*, wenn er Cokerne respektiert, und *exakt*, wenn er links- und rechtsexakt ist. T heißt *halbexakt*, wenn für jede kurze exakte Folge (5) in $\mathscr{C}$ gilt, daß $T(A) \to T(B) \to T(C)$ exakt ist.

13.3.2 Satz. *Es seien $\mathscr{C}$ und $\mathscr{D}$ exakte Kategorien und* T: $C \to D$ *ein Funktor.*

(a) *T ist genau dann linksexakt (rechtsexakt), wenn für jede kurze exakte Folge (5) stets*

$$0 \to T(A) \xrightarrow{T(m)} T(B) \xrightarrow{T(p)} T(C)$$

$$\left(\text{bzw.} \quad T(A) \to T(B) \to T(C) \to 0\right)$$

exakt ist.

(b) *T ist genau dann exakt, wenn T exakte Folgen in exakte Folgen überführt.*

(c) *Ist $\mathscr{C}$ abelsch, $\mathscr{D}$ exakt additiv und $T: \mathscr{C} \to \mathscr{D}$ additiv, so ist T genau dann linksexakt, wenn T endliche Limites respektiert.*

(d) *Ist $\mathscr{C}$ abelsch, $\mathscr{D}$ exakt additiv, so ist jeder halbexakte Funktor T: $\mathscr{C} \to \mathscr{D}$ additiv.*

Beweis. (a) Ist T linksexakt, so folgt die Aussage für kurze exakte Folgen aus 13.1.3 (c). Zur Umkehrung betrachten wir für $f: A \to B$ die beiden zu f gehörigen kurzen exakten Folgen (6), (7) zusammen mit dem Isomorphismus $\bar{f}: \bar{A} \to B'$. Dann ist $T(\operatorname{im} f)$ monomorph, also auch $T(\operatorname{im} f)\,T(\bar{f})$. Wegen $f = (\operatorname{im} f)\bar{f}\,(\operatorname{coim} f)$ haben $T(f)$ und $T(\operatorname{coim} f)$ dieselben Kerne (12.3.2). Damit folgt aus (6), daß $T(\ker f)$ Kern von $T(f)$ ist. Der rechtsexakte Fall ist dual zum linksexakten.

(b) folgt unmittelbar aus (a) und 13.2.3.

(c) folgt aus 7.4.5 wegen 12.2.7.

(d) Für beliebiges $A \in |\mathscr{C}|$ ist $0 \to A \xrightarrow{1_A} A \to 0$ exakt. Weil T halbexakt ist, ist $T(0) \to T(A)$ ein Null-Morphismus. T respektiert daher Null-Morphismen. Null-Objekte 0 sind durch $1_0 = 0$ charakterisiert. Daher respektiert T auch Null-Objekte. Ist $A \oplus B$ ein Biprodukt in $\mathscr{C}$ mit Injektionen i_1, i_2 und Projektionen pr_1, pr_2, so ist $T(pr_k)\,T(i_j) = \delta_{kj}$ und daher $T(pr_j)$ Retraktion, $T(i_j)$ Coretraktion. Wegen 12.5.1 und der Halbexaktheit von T ist

$$0 \to T(A) \xrightarrow{T(i_1)} T(A \oplus B) \xrightarrow{T(pr_2)} T(B) \to 0$$

exakt, weil $T(i_1)$ monomorph, $T(pr_2)$ epimorph ist. Wegen 13.2.4 ist $T(A \oplus B)$ Biprodukt mit Injektionen $T(i_j)$ und Projektionen $T(pr_j)$. Wegen 12.2.7 ist T additiv.

13.3.3 Für eine exakte additive Kategorie $\mathscr{C}$ ist die Einbettung H_*: $\mathscr{C} \to Add(\mathscr{C}^\circ, Ab)$ linksexakt nach 13.2.5, aber nicht exakt.

13.3.4 Satz. *In abelschen Kategorien sind endliche Produkte von exakten Folgen wieder exakt. Dabei wird unter dem Produkt zweier Folgen*

$$\cdots \to A_{n-1} \xrightarrow{a_{n-1}} A_n \xrightarrow{a_n} A_{n+1} \to \cdots \quad \textit{und}$$

$$\cdots \to B_{n-1} \xrightarrow{b_{n-1}} B_n \xrightarrow{b_n} B_{n+1} \to \cdots \quad \textit{die Folge}$$

$$\cdots \to A_{n-1} \oplus B_{n-1} \xrightarrow{\begin{pmatrix} a_{n-1} & 0 \\ 0 & b_{n-1} \end{pmatrix}} A_n \oplus B_n \xrightarrow{\begin{pmatrix} a_n & 0 \\ 0 & b_n \end{pmatrix}} A_{n+1} \oplus B_{n+1}$$

verstanden.

Beweis. Offenbar genügt es, die Behauptung für das Produkt zweier kurzer exakter Folgen zu beweisen. Mit 12.6.3 (c), (c°) läßt sich das leicht nachrechnen. Es folgt aber auch so: Wegen 7.6.3 ist das Bilden von Produkten vertauschbar mit dem Bilden von Kernen, und es gilt das Duale für Coprodukte und Cokerne. Außerdem fallen endliche Produkte und endliche Coprodukte zusammen.

13.3.5 Satz. *Es sei $T\colon \mathscr{C} \to \mathscr{D}$ ein treuer Funktor.*

(a) *Sind $\mathscr{C}$, $\mathscr{D}$ beliebige Kategorien, so entdeckt T Mono- und Epimorphismen, ebenso kommutative Diagramme. T entdeckt terminale und initiale Objekte, insbesondere Null-Objekte, falls vorhanden.*

(b) *Besitzen $\mathscr{C}$ und $\mathscr{D}$ Null-Morphismen und $\mathscr{C}$ Kerne, so entdeckt T Null-Morphismen und respektiert sie, falls für einen Morphismus f in $\mathscr{C}$ gilt $T(f) = 0$.*

(c) *Sind $\mathscr{C}$ und $\mathscr{D}$ exakt, so führt T nicht-exakte Folgen in nicht-exakte über, entdeckt also exakte Folgen. Insbesondere entdeckt T Kerne und Cokerne.*

(d) *Ist $\mathscr{C}$ abelsch, $\mathscr{D}$ additiv und außerdem T additiv, so entdeckt T endliche Limites und Colimites.*

Beweis. (a) Zu $m\colon B \to C$ in $\mathscr{C}$ mögen f, g mit $mf = mg$ vorliegen. Ist $T(m)$ monomorph, so ist $T(f) = T(g)$. Weil T treu ist, ist $f = g$ und m monomorph. Der epimorphe Fall ist dual dazu. Eine Kommutativitätsbedingung für ein Diagramm ist verletzt, wenn zwei gewisse Morphismen mit gleicher Quelle und gleichem Ziel verschieden sind. Bei Anwendung von T bleiben sie verschieden. Die nächste Behauptung folgt ebenso aus den Definitionen.

(b) Ist $n\colon A \to B$ ein Null-Morphismus in $\mathscr{C}$, so läßt sich jeder beliebige $X \xrightarrow{0} Y$ über n faktorisieren: $X \xrightarrow{0} A \xrightarrow{n} B \xrightarrow{0} Y$. Es folgt: Respektiert T einen Null-Morphismus, so alle. Für $f\colon B \to C$ sei nun $T(f) = 0$. Dann ist $f(\ker f) = 0$ und $T(f)\,T(\ker f) = 0$, und T respektiert Null-Morphismen. Für $0\colon B \to C$ ist also $T(0) = 0$ und daher $f = 0$.

(c) Für $g\colon A \to B$, $f\colon B \to C$ sei zunächst $fg \neq 0$. Dann ist $T(f)\,T(g) \neq 0$ wegen (b). Sei jetzt $fg = 0$, $k\colon K \to B$ Kern von f und $c\colon B \to D$ Cokern von g. Wir betrachten

$$
\begin{array}{ccccc}
 & & T(K) & & \\
 & & \downarrow{\scriptstyle T(k)} & & \\
T(A) & \xrightarrow{T(g)} & T(B) & \xrightarrow{T(f)} & T(C) \\
 & & \downarrow{\scriptstyle T(c)} & & \\
 & & T(D) & &
\end{array}
$$

Ist die Zeile exakt, so respektiert T Null-Morphismen nach (b). Daher ist $T(f)\,T(k) = 0$ und $T(c)\,T(g) = 0$. Also faktorisiert $T(k)$ über $\ker T(f)$ und $T(c)$ über $\operatorname{coker} T(g)$, und wegen

$$(\operatorname{coker} T(g))(\ker T(f)) = 0 \quad \text{ist} \quad T(ck) = 0$$

und damit $ck = 0$. Daher faktorisiert k über $\operatorname{im} g = \ker c$. Wegen $gf = 0$ faktorisiert $\operatorname{im} g$ über k. Also sind k und $\operatorname{im} g$ äquivalent, und $A \xrightarrow{g} B \xrightarrow{f} C$ ist exakt. Ist $T(g)$ Kern von $T(f)$, so ist g monomorph nach (a) und daher Kern von f. Cokerne sind der duale Fall dazu.

(d) Der Beweis von 12.2.7 zeigt, daß T endliche Produkte als Biprodukte respektiert. Für das endliche Diagramm $D\colon\ \Sigma \to \mathscr{C}$ induziert jede natürliche Transformation $\xi\colon\ A_\Sigma \to D$ einen eindeutig bestimmten Morphismus $h\colon\ A \to \prod D(e)$ mit $\xi_e = pr_e h$, wobei e die Ecken von Σ durchläuft. Sei $c\colon\ \prod D(e) \to C$ der Cokern von h. Ist $(T(A), T\xi)$ Limes von TD, so ist $T(h)$ monomorph und auch h wegen (a). Für die natürliche Transformation $\eta\colon\ B_\Sigma \to D$ sei $g\colon\ B \to \prod D(e)$ der induzierte Morphismus. Faktorisierte g nicht über h, so wäre $cg \neq 0$, denn h ist Kern von c. Es folgte $T(cg) \neq 0$. Wegen $T(ch) = 0$ könnte $T(g)$ nicht über $T(h)$ faktorisieren, also $(T(A), T\xi)$ nicht Limes von TD sein. Daher faktorisiert g über h, und zwar eindeutig, weil h monomorph ist. Damit folgt, daß (A, ξ) Limes von D ist. Die Aussage für Colimites ist dual hierzu.

13.3.6 Bemerkung. Ein treuer Funktor braucht keinen Null-Morphismus zu respektieren. In einer abelschen Kategorie $\mathscr{C}$ sei $A \neq 0$. Man setze $T(f) = \begin{pmatrix} f & 0 \\ 0 & 1_A \end{pmatrix}$.

13.3.7 Es sei $\mathscr{C}$ eine abelsche, $\mathscr{D}$ eine exakte additive Kategorie. Ist $T\colon\ \mathscr{C} \to \mathscr{D}$ ein exakter Funktor, der Null-Objekte entdeckt, so ist T treu.

Beweis. Nach 13.3.2 (d) ist T additiv. Es genügt daher zu zeigen: Ist $f \neq 0$, so ist $T(f) \neq 0$. Für $f \neq 0$ ist aber $\operatorname{im} f \neq 0$ und $\operatorname{coim} f \neq 0$. Die beiden zu f gehörigen kurzen exakten Folgen (13.2.2 (6), (7)) werden durch T in exakte Folgen übergeführt. Weil T Null-Objekte entdeckt, sind $T(\operatorname{im} f)$, $T(\operatorname{coim} f)$ und damit $T(f)$ nicht 0.

13.4 Exakte Quadrate

In diesem Abschnitt sei die vorliegende Kategorie stets abelsch.

13.4.1 Ein Quadrat

(1) $$\begin{array}{ccc} C & \xrightarrow{a} & A \\ {\scriptstyle b}\downarrow & & \downarrow{\scriptstyle \bar{b}} \\ B & \xrightarrow{\bar{a}} & D \end{array}$$

gibt Anlaß zu Morphismen

(2) $$C \xrightarrow{\binom{a}{b}} A \oplus B \xrightarrow{(\bar{b},\, -\bar{a})} D,$$

und (1) ist genau dann kommutativ, wenn in (2) das Kompositum $\bar{b}a - \bar{a}b$ der Morphismen 0 ist. (1) heißt *exakt*, wenn (2) exakt ist. Pullbacks und Pushouts sind Spezialfälle. Nach 7.8.5 ist (1) genau dann ein Pullback, wenn $\begin{pmatrix} a \\ b \end{pmatrix}$ in (2) Kern von $(\bar{b}, -\bar{a})$ ist, entsprechend ein Pushout, wenn $(\bar{b}, -\bar{a})$ Cokern von $\begin{pmatrix} a \\ b \end{pmatrix}$ ist. Ist (1) zugleich Pullback und Pushout, so heißt (1) *bicartesisch* (bei FREYD Doolittle-Quadrat). Das liegt genau dann vor, wenn

$$0 \to C \xrightarrow{\binom{a}{b}} A \oplus B \xrightarrow{(\bar{b}, -\bar{a})} D \to 0$$

exakt ist.

13.4.2 Bemerkungen. (a) Es sei (1) kommutativ. Bildet man zu $\bar{a}, \bar{b}$ ein Pullback

$$(3) \qquad \begin{array}{ccc} P & \xrightarrow{a'} & A \\ {\scriptstyle b'}\downarrow & & \downarrow{\scriptstyle \bar{b}} \\ B & \xrightarrow{\bar{a}} & D \end{array}$$

so gibt es genau einen Morphismus $c\colon C \to P$ mit $a'c = a$ und $b'c = b$. Es ist (1) genau dann exakt, wenn c epimorph ist. Das folgt unmittelbar aus (2) und dem Dualen von 13.1.4 (a), (b).

(b) Bildet man für das Pullback (3) das Pushout

$$(4) \qquad \begin{array}{ccc} P & \xrightarrow{a'} & A \\ {\scriptstyle b'}\downarrow & & \downarrow{\scriptstyle \bar{b}'} \\ B & \xrightarrow[\bar{a}']{} & Q \end{array}$$

zu a' und b', so ist (4) bicartesisch und der eindeutig bestimmte Morphismus $d\colon Q \to D$ mit $d\bar{a}' = \bar{a}$ und $d\bar{b}' = \bar{b}$ ist monomorph. Das folgt aus (2) und dem Dualen von (a).

(c) Ist (1) exakt und bildet man zunächst zu a und b das Pushout und für die beiden entstehenden Morphismen das Pullback, so entsteht bis auf Isomorphie das bicartesische Quadrat (4). Das folgt aus (2) und 13.1.2 (E_1), (E_1^o).

13.4.3 Satz.

(a) *Ist* (1) *exakt und a oder b monomorph, so ist* (1) *ein Pullback.*

(b) *Ist* (1) *ein Pullback, so ist* $b(\ker a)$ *Kern von $\bar{a}$. Es ist a genau dann monomorph, wenn $\bar{a}$ es ist.*

(c) *Ist* (1) *ein Pullback und $\bar{a}$ epimorph, so ist* (1) *bicartesisch und a epimorph.*

Beweis. (a) Ist a monomorph, so auch $\binom{a}{b}$ wegen $pr_1 \binom{a}{b} = a$, und aus (2) folgt, daß (1) ein Pullback ist.

(b) Die erste Behauptung ist 12.3.4 (d). Hieraus folgt: Ist a monomorph, so ist $\ker \bar{a} = 0$ und daher $\bar{a}$ monomorph. Die Umkehrung ist 7.8.2.

(c) folgt aus dem Dualen von (a) und (b).

13.4.4 Bemerkungen. Es gibt kein Analogon zu 13.4.3 (c), wenn a statt $\bar{a}$ als epimorph vorausgesetzt wird. 7.8.9 liefert Gegenbeispiele. Ist (1) ein Pullback (bzw. Pushout) in *Ens* und $\bar{a}$ epimorph (bzw. a monomorph), so ist auch a epimorph (bzw. $\bar{a}$ monomorph). Das folgt daraus, daß Epimorphismen in *Ens* Retraktionen (bzw. Monomorphismen mit nichtleerer Quelle Coretraktionen) sind. Wegen 10.1.4 und der „punktweisen" Konstruktion von Limites und Colimites gelten entsprechende Aussagen für Pullbacks und Pushouts auch für jede Kategorie $[\mathscr{C}, Ens]$.

13.4.5 Satz. *Sind in*

(5)
$$\begin{array}{ccccc} A_1 & \xrightarrow{a_1} & A_2 & \xrightarrow{a_2} & A_3 \\ {\scriptstyle f_1}\downarrow & & \downarrow{\scriptstyle f_2} & & \downarrow{\scriptstyle f_3} \\ B_1 & \xrightarrow{b_1} & B_2 & \xrightarrow{b_2} & B_3 \end{array}$$

das linke und das rechte Quadrat exakt bzw. Pullback, Pushout, bicartesisch, so gilt dasselbe für das umfassende Rechteck.

Beweis. Die Behauptung für Pullbacks ist in 7.8.4 enthalten, für Pushouts dual dazu, aus beiden folgt der bicartesische Fall. Seien nun das linke und das rechte Quadrat in (5) exakt. Wir bilden zunächst das Pullback zu b_2 und f_3 und erhalten a_2', f_2' und den Epimorphismus c_2 gemäß 13.4.2 (a). Danach bilden wir zu b_1 und f_2' das Pullback und erhalten

(6)
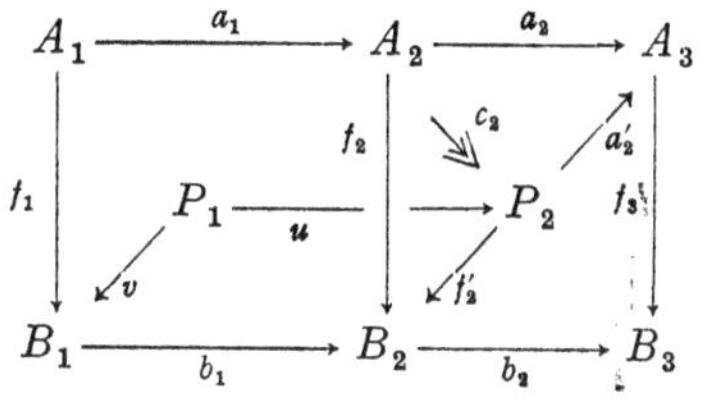

Schließlich bilden wir das Pullback zu c_2 und u

(7)
$$\begin{array}{ccc} T & \xrightarrow{w} & A_2 \\ {\scriptstyle c_1}\downarrow & & \downarrow{\scriptstyle c_2} \\ P_1 & \xrightarrow[u]{} & P_2 \end{array}$$

Wegen 13.4.3 (c) ist (7) bicartesisch und c_1 epimorph. Bei (6) gilt nun $f_2'(c_2a_1) = b_1f_1$, und es gibt genau einen Morphismus $s\colon A_1 \to P_1$ mit $vs = f_1$ und $us = c_2a_1$. Hieraus folgt wegen (7), daß es genau einen Morphismus $t\colon A_1 \to T$ gibt mit $c_1t = s$ und $wt = a_1$. Nach der bereits bewiesenen Aussage für Pullbacks ergeben (6) und (7) ein Pullback

$$\begin{array}{ccc} T & \xrightarrow{w} & A_2 \\ {\scriptstyle vc_1}\downarrow & & \downarrow{\scriptstyle f_2'c_2 = f_2} \\ B_1 & \xrightarrow{b_1} & B_2 \end{array}$$

Aus 13.4.2 (a) und der Voraussetzung folgt nun, daß t epimorph ist. Damit ist $s = c_1 t$ epimorph. Damit folgt die Behauptung aus (6) wiederum vermöge 13.4.2 (a) und der bereits bewiesenen Aussage für Pullbacks.

13.4.6 Satz. *Es sei* (5) *kommutativ,* a_2 *und* b_2 *seien monomorph, und das umfassende Rechteck sei exakt bzw. ein Pullback, dann ist das linke Quadrat exakt bzw. ein Pullback.*

Beweis. Wir betrachten

(8)
$$\begin{array}{ccccc} A_1 & \xrightarrow{\begin{pmatrix} a_1 \\ f_1 \end{pmatrix}} & A_2 \oplus B_1 & \xrightarrow{(f_2,\, -b_1)} & B_2 \\ {\scriptstyle 1_{A_1}} \downarrow & & \downarrow {\scriptstyle u} & & \downarrow {\scriptstyle b_2} \\ A_1 & \xrightarrow{\begin{pmatrix} a_2 a_1 \\ f_1 \end{pmatrix}} & A_3 \oplus B_1 & \xrightarrow{(f_3,\, -b_2 b_1)} & B_3 \end{array}$$

mit $u = \begin{pmatrix} a_2 & 0 \\ 0 & 1 \end{pmatrix}$. Nach Annahme und (2) ist die untere Zeile in (8) exakt, b_2 monomorph und auch u. Außerdem ist (8) kommutativ. Nach 13.1.5 ist in (8) die obere Zeile exakt, also auch das linke Quadrat in (5). Ist das umfassende Rechteck in (5) ein Pullback, so ist $\begin{pmatrix} a_2 a_1 \\ f_1 \end{pmatrix} = u \begin{pmatrix} a_1 \\ f_1 \end{pmatrix}$ monomorph nach 13.4.1 und damit auch $\begin{pmatrix} a_1 \\ f_1 \end{pmatrix}$.

13.4.7 Hilfssatz. *Es sei* (1) *ein Pullback in einer exakten Kategorie und* $a, \bar{a}$ *seien monomorph. Man bilde die Cokerne* $u, \bar{u}$ *von* a *und* $\bar{a}$ *und zu ihnen den induzierten Morphismus* v.

(9)
$$\begin{array}{ccccc} C & \overset{a}{\rightarrowtail} & A & \overset{u}{\twoheadrightarrow} & F \\ {\scriptstyle b} \downarrow & & \downarrow {\scriptstyle \bar{b}} & & \downarrow {\scriptstyle v} \\ B & \underset{\bar{a}}{\rightarrowtail} & D & \underset{\bar{u}}{\twoheadrightarrow} & G \end{array}$$

Dann ist v *monomorph und* a *Kern von* $\bar{u}\bar{b}$.

Beweis. Die zweite Behauptung folgt aus der ersten und 13.1.4 (a). Zum Beweis der ersten zerlegen wir $\bar{u}\bar{b}$ in einen Epimorphismus u' und einen anschließenden Monomorphismus v'. Wegen 12.3.4 (c) entsteht aus $\bar{a}, \bar{b}$ mit ker u' ein Pullback. Daher ist auch a Kern von u' und u' Cokern von a. Also unterscheiden sich u und u', also auch v und v' nur um einen Isomorphismus.

13.4.8 Theorem. *In einer abelschen Kategorie sei das Quadrat* (1) *exakt.* a *und* $\bar{a}$ *seien in einem Epimorphismus und einen anschließenden Monomorphismus zerlegt. Zusammen mit den Kernen* $k, \bar{k}$ *und Cokernen* $u, \bar{u}$ *von* a *und* $\bar{a}$ *und dem gemäß* 12.4.8 *bestehenden Morphismus entsteht das*

kommutative Diagramm

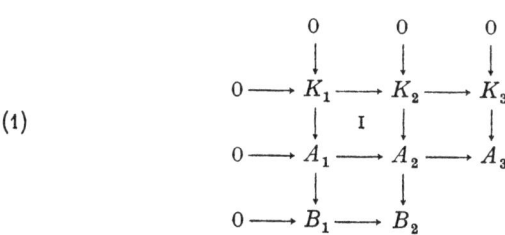

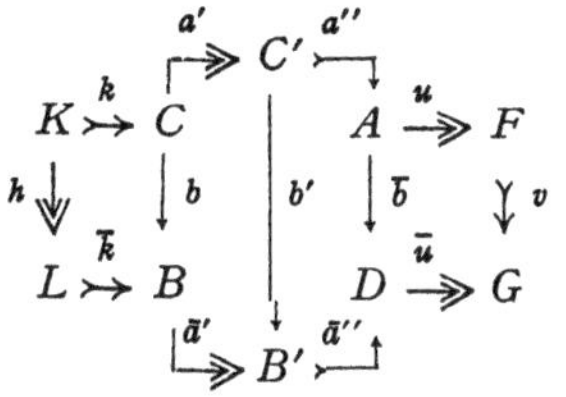

mit $a''a' = a$, $\bar a''\bar a' = \bar a$. *Hierbei gilt*

(a) $a', b, \bar a', b'$ *bilden einen Pushout.*

(b) $a'', b', \bar a'', \bar b$ *bilden ein Pullback.*

(c) h *ist epimorph, und es ist* $\bar a'$ *Cokern von* bk.

(d) v *ist monomorph, und es ist* a'' *Kern von* $\bar u \bar b$.

(e) *Ist* (1) *ein Pullback, so ist das unter* (a) *genannte Quadrat bicartesisch, und* h *ist isomorph.*

(f) *Ist* (1) *bicartesisch, so sind es die unter* (a) *und* (b) *genannten Quadrate, und es sind* h *und* v *isomorph.*

Beweis. (a) folgt aus 13.4.6 und dem Dualen von 13.4.3 (a).

(b) ist dazu dual. (d) ist 13.4.7, weil a und a'' bzw. $\bar a$ und $\bar a''$ dieselben Cokerne haben (13.1.4 (a) dual).

(c) ist dazu dual. (e) folgt aus (a), 13.4.6 und 12.3.4 (d). Schließlich folgt (f) aus (e) und dessen Dualem.

13.5 Einige Diagrammlemmata

Die vorliegende Kategorie sei stets exakt. Teilweise würden schwächere Voraussetzungen genügen.

13.5.1 In dem kommutativen Diagramm

$$(1) \qquad \begin{array}{ccccccc} & & 0 & & 0 & & 0 \\ & & \downarrow & & \downarrow & & \downarrow \\ 0 & \longrightarrow & K_1 & \longrightarrow & K_2 & \longrightarrow & K_3 \\ & & \downarrow & \text{I} & \downarrow & & \downarrow \\ 0 & \longrightarrow & A_1 & \longrightarrow & A_2 & \longrightarrow & A_3 \\ & & \downarrow & & \downarrow & & \\ 0 & \longrightarrow & B_1 & \longrightarrow & B_2 & & \end{array}$$

seien die Spalten und zweite und dritte Zeile exakt. Dann ist das Quadrat I ein Pullback und die erste Zeile exakt.

Vereinbarung. $B_1 \to B_2$ usw. bezeichne hier und im folgenden jeweils den entsprechenden Morphismus des betrachteten Diagramms.

Beweis. 12.3.4 (c) (angewendet auf die ersten beiden Spalten) ergibt, daß I ein Pullback ist. Weil $K_3 \to A_3$ monomorph ist, ist $K_1 \to K_2 \to K_3 = 0$,

und wegen 12.3.4 (b) (angewendet auf die ersten beiden Zeilen) ist
$K_1 \to K_2$ Kern von $K_2 \to K_3$, was zu zeigen war.

13.5.2 Zusatz. In (1) seien die Spalten und die mittlere Zeile exakt. Außerdem sei $A_1 \to B_1$ epimorph. Die erste Zeile ist genau dann exakt, wenn es die dritte ist.

Beweis. Ist die erste Zeile exakt, so ist I wieder ein Pullback nach 12.3.4 (c). Aus

$$\begin{array}{ccc} K_1 & \to A_1 & \to B_2 \\ \downarrow & \text{I} \downarrow & \parallel \\ K_2 & \to A_2 & \to B_2 \end{array}$$

mit $A_1 \to B_2 = A_1 \to A_2 \to B_2$ und aus 12.3.4 (b) folgt, daß $K_1 \to A_1$ Kern von $A_1 \to B_2$ ist. Nach 13.1.4 (b) ist $B_1 \to B_2$ monomorph.

13.5.3 Kernlemma. *Es sei*

(2)
$$\begin{array}{ccccc} & 0 & 0 & 0 & \\ & \downarrow & \downarrow & \downarrow & \\ & K_1 & K_2 & K_3 & \\ & \downarrow & \downarrow & \downarrow & \\ 0 & \to A_1 & \to A_2 & \to A_3 & \\ & \downarrow & \downarrow & \downarrow & \\ 0 & \to B_1 & \to B_2 & \to B_3 & \end{array}$$

kommutativ mit exakten Zeilen und Spalten. Es gibt eindeutig bestimmte Ergänzungen $K_1 \to K_2$ und $K_2 \to K_3$, so daß das ergänzte Diagramm kommutativ ist.
Dabei ist $0 \to K_1 \to K_2 \to K_3$ exakt.

Beweis. Die Ergänzung existiert nach Definition für Kerne, der Rest folgt aus 13.5.1.

13.5.4 Viererlemma. *In dem kommutativen Diagramm*

(3)
$$\begin{array}{cccc} A_1 \xrightarrow{a_1} & A_2 \xrightarrow{a_2} & A_3 \xrightarrow{a_3} & A_4 \\ f_1 \downarrow & \downarrow f_2 & \downarrow f_3 & \downarrow f_4 \\ B_1 \xrightarrow{b_1} & B_2 \xrightarrow{b_2} & B_3 \xrightarrow{b_3} & B_4 \end{array}$$

seien die Zeilen exakt, f_1 epimorph, f_2 und f_4 monomorph. Dann ist f_3 monomorph.

Beweis. Die Zeilen werden bei a_2 und b_2 gemäß 13.2.3 aufgebrochen. Mit 12.4.8 entsteht

(4)
$$\begin{array}{ccc} & A_2' & \\ A_2 \nearrow & \searrow & A_3 \\ \downarrow f_2 & \downarrow f_2' & \downarrow f_3 \\ B_2 & \searrow & B_3 \\ & B_2' \nearrow & \end{array}$$

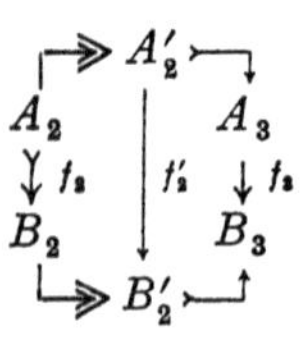

Nach 13.1.5 (b) ist f_2' monomorph. Hieraus und aus $\ker f_4 = 0$ folgt $\ker f_3 = 0$ nach 13.5.3.

13.5.5 Fünferlemma. *Es sei*

$$
(5)\qquad
\begin{array}{ccccccccc}
A_1 & \to & A_2 & \to & A_3 & \to & A_4 & \to & A_5 \\
\downarrow f_1 & & \downarrow f_2 & & \downarrow f_3 & & \downarrow f_4 & & \downarrow f_5 \\
B_1 & \to & B_2 & \to & B_3 & \to & B_4 & \to & B_5
\end{array}
$$

kommutativ, die Zeilen exakt, f_2 und f_4 seien isomorph, f_1 epimorph, f_5 monomorph. Dann ist f_3 isomorph.

Das folgt aus 13.5.4 und seinem Dualen.

13.5.6 3 × 3-Lemma (Neunerlemma).

$$
(6)\qquad
\begin{array}{ccccccccc}
 & & 0 & & 0 & & 0 & & \\
 & & \downarrow & & \downarrow & & \downarrow & & \\
0 & \to & K_1 & \to & K_2 & \to & K_3 & \to & 0 \\
 & & \downarrow & \text{I} & \downarrow & \text{II} & \downarrow & & \\
0 & \to & A_1 & \to & A_2 & \to & A_3 & \to & 0 \\
 & & \downarrow & \text{III} & \downarrow & \text{IV} & \downarrow & & \\
0 & \to & B_1 & \to & B_2 & \to & B_3 & \to & 0 \\
 & & \downarrow & & \downarrow & & \downarrow & & \\
 & & 0 & & 0 & & 0 & &
\end{array}
$$

(a) *Es sei* (6) *kommutativ mit exakten Spalten und exakter mittlerer Zeile. Die erste Zeile ist genau dann exakt, wenn es die dritte ist.*

(b) *Es seien die mittlere Zeile und mittlere Spalte exakt. Es ist* (6) *genau dann kommutativ mit exakten Zeilen und Spalten, wenn* I *ein Pullback,* IV *ein Pushout und* $K_2 \to K_3 \to A_3$, $A_1 \to B_1 \to B_2$ *Zerlegungen von* $K_2 \to A_2 \to A_3$, $A_1 \to A_2 \to B_2$ *in Epi- und Monomorphismus sind.*

Beweis. (a) Sei die erste Zeile exakt. Dann ist $B_1 \to B_2 \to B_3 \to 0$ exakt nach dem Dualen von 13.5.1. Nach 13.5.2 ist auch $0 \to B_1 \to B_2$ exakt. Der Schluß von dritter auf erste Zeile ist der duale Fall.

(b) Ist (6) kommutativ mit exakten Zeilen und Spalten, so ist I Pullback nach 13.5.1, dual dazu IV Pushout, und die Behauptungen über II und III sind evident. Stellen umgekehrt II und III die geforderten Zerlegungen dar, so läßt sich nach 12.3.4 (c) mit dem Kern von $K_2 \to K_3$ an Stelle I ein Pullback konstruieren. Weil I Pullback sein soll, ist $K_1 \to K_2$ Kern von $K_2 \to K_3$. Aus gleichem Grund ist $K_1 \to A_1$ Kern von $A_1 \to B_1$. Der Schluß für IV ist der duale Fall.

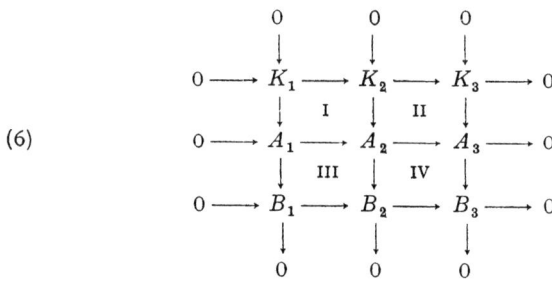

13.5.7 Erster Isomorphiesatz. *Es seien* $N \rightarrowtail M$ *und* $M \rightarrowtail A$ *monomorph. Dann ist*

$$
\begin{array}{ccccccccc}
 & & 0 & & 0 & & 0 & & \\
 & & \downarrow & & \downarrow & & \downarrow & & \\
0 & \longrightarrow & N & \longrightarrow & M & \longrightarrow & M/N & \longrightarrow & 0 \\
 & & \| & & \downarrow & & \downarrow & & \\
0 & \longrightarrow & N & \longrightarrow & A & \longrightarrow & A/N & \longrightarrow & 0 \\
 & & \downarrow & & \downarrow & & \downarrow & & \\
 & & 0 & \longrightarrow & A/M & \rightarrow & {}^{A/N}/_{M/N} & \rightarrow & 0 \\
 & & & & \downarrow & & \downarrow & & \\
 & & & & 0 & & 0 & &
\end{array}
\tag{7}
$$

kommutativ mit exakten Zeilen und Spalten.

Beweis. Die beiden ersten Zeilen und beiden ersten Spalten sind exakt nach Definition Cokern, $M/N \to A/N$ existiert nach Definition Cokern und ist monomorph nach 13.1.5 (b). Damit ist die dritte Spalte exakt. Die Morphismen der dritten Zeile existieren nach Definition Cokern. Die Exaktheit folgt aus 13.5.6 (a).

13.5.8 Bemerkung. 13.5.7 ergibt die exakte Folge

$$0 \to N \to M \to A/N \to A/M \to 0. \tag{8}$$

13.5.9 Satz (*Verbindungslemma*). *Es sei*

$$
\begin{array}{ccccccc}
 & & A_1 & \longrightarrow & A_2 & \longrightarrow & A_3 & \longrightarrow & 0 \\
 & & \downarrow{\scriptstyle f_1} & & \downarrow{\scriptstyle f_2} & & \downarrow{\scriptstyle f_3} & & \\
0 & \longrightarrow & B_1 & \longrightarrow & B_2 & \longrightarrow & B_3 & &
\end{array}
\tag{9}
$$

kommutativ mit exakten Zeilen.

(a) *Durch Hinzunahme von Kernen* k_i: $K_i \to A_i$ *und Cokernen* c_i: $B_i \to C_i$ *von* f_i *für* $i = 1, 2, 3$ *ergibt sich mit induzierten Morphismen eine exakte Folge*

$$K_1 \to K_2 \to K_3 \xrightarrow{\Delta} C_1 \to C_2 \to C_3. \tag{10}$$

(b) *Ist* $A_1 \to A_2$ *monomorph, so ist auch* $K_1 \to K_2$ *monomorph. Ist* $B_2 \to B_3$ *epimorph, so auch* $C_2 \to C_3$.

(c) *Die Zuordnung von* (10) *zu* (9) *ist natürlich, d. h. eine natürliche Transformation von Diagramm der Gestalt* (9) *induziert eine solche für die zugehörigen exakten Folgen* (10).

Beweis. Wir führen nicht alle Einzelheiten aus. Der wesentliche Teil besteht in der Konstruktion von Δ.

(a) Wir nehmen zunächst an, daß $A_1 \to A_2$ monomorph und $B_2 \to B_3$ epimorph ist. Nach 13.5.3 und seinem Dualen bestehen dann exakte

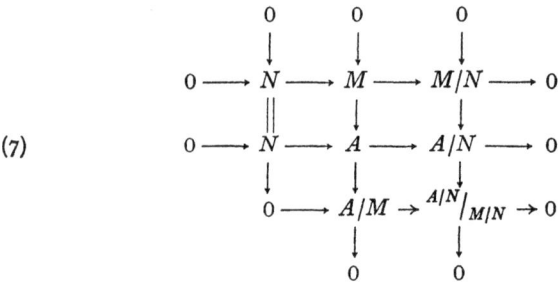

Folgen

(11) $\qquad 0 \to K_1 \to K_2 \to K_3$ und $C_1 \to C_2 \to C_3 \to 0$.

Durch Zerlegung in Epi- und Monomorphismus von $K_2 \to K_3$, $C_1 \to C_2$ und $A_i \to B_i$ erhält man

(12) $\qquad K_2 \twoheadrightarrow K \rightarrowtail K_3; \quad C_1 \twoheadrightarrow C \rightarrowtail C_2,$

$$A_i \twoheadrightarrow D_i \rightarrowtail B_i.$$

Nach 13.5.1 und seinem Dualen bestehen exakte Folgen

(13) $\qquad 0 \to D_1 \to D_2 \to E \to 0,$

$$0 \to F \to D_2 \to D_3 \to 0.$$

Ferner ist $D_1 \to D_2 \to D_3$ ein Nullmorphismus. Nach 13.5.6 bestehen exakte Folgen

(14) $\qquad 0 \to K \to A_3 \to E \to 0,$

$$0 \to F \to B_1 \to C \to 0.$$

Nach (8), (12), (13), (14) bestehen exakte Folgen

$$K_2 \to K_3 \to E \to D_3 \to 0,$$

(15) $\qquad 0 \to D_1 \to F \to E \to D_3 \to 0,$

$$0 \to D_1 \to F \to C_1 \to C_2.$$

Durch Zerlegung der mittleren Morphismen in (15) erhält man (10) wegen (11) im betrachteten Spezialfall. Der allgemeine Fall läßt sich durch Zerlegung von $A_1 \to A_2$ und $B_2 \to B_3$ hierauf zurückführen.

(b) ist im Beweis von (a) enthalten.

(c) folgt daraus, daß die Morphismenzerlegung natürlich ist, ebenso wie das Bilden von Kernen und Cokernen.

14. Colimites von Monomorphismen

14.1 Vorgeordnete Klassen

14.1.1 Wir erinnern daran, daß eine vorgeordnete Klasse $\mathcal{K}$ eine Kategorie ist, bei der jede Morphismenmenge $[A, B]$ höchstens ein Element besitzt und $[A, B] \neq \emptyset$ durch $A \leq B$ bezeichnet wird. Für eine Familie $\{A_e\}$ von Objekten von $\mathcal{K}$ heißt $C \in \mathcal{K}$ *obere Schranke*, wenn $A_e \leq C$ für alle e gilt. Unter einer *gerichteten Klasse* verstehen wir eine vorgeordnete Klasse, bei der je zwei Objekte eine obere Schranke besitzen. Offenbar hat dann jede nicht-leere endliche Familie von Objekten eine obere Schranke. Jede gerichtete Klasse ist eine spezielle filtrierende Kategorie. Für eine beliebige Menge bilden die endlichen Teilmengen mit ihren Inklusionen eine gerichtete Menge.

14.1.2 In einer vorgeordneten Klasse existieren Differenzkerne und -cokerne trivialerweise und sind stets identische Morphismen. Produkte, soweit sie existieren, sind *Infima*, d. h. größte gemeinsame untere Schranken der beteiligten Objekte. Coprodukte sind entsprechend *Suprema*.

Man bemerkt, daß eine vorgeordnete Menge vollständig sein kann. Umgekehrt gilt:

14.1.3 Jede kleine vollständige oder covollständige Kategorie $\mathcal{K}$ ist eine vorgeordnete Menge.

Beweis. Nehmen wir an, daß eine Morphismenmenge $[A, B]$ mehr als ein Element besitzt. Sei E eine Indexmenge, die höhere Mächtigkeit hat als die Morphismenmenge von $\mathcal{K}$. Existierte $\prod B_e$ mit $B_e = B$ für alle $e \in E$, so lieferte $[A, \prod B_e]$ einen Widerspruch. Entsprechendes gilt für $[\coprod A_e, B]$.

14.1.4 Ist eine vorgeordnete Menge vollständig, so besitzt sie ein kleinstes Element als Infimum aller Objekte. Sie besitzt außerdem ein größtes Element als Infimum der leeren Familie. Hieraus folgt, daß die vorgeordnete Menge auch covollständig ist. Nach Annahme ist für jede Familie von Objekten eine gemeinsame obere Schranke vorhanden. Ein Infimum aller gemeinsamen oberen Schranken ist ein Supremum der Familie, weil jedes Glied der Familie untere Schranke für die Menge der gemeinsamen oberen Schranken ist.

14.1.5 Unter einem *gerichteten Colimes* in einer Kategorie $\mathcal{C}$ verstehen wir den Colimes eines Funktors $T\colon \mathcal{Y} \to \mathcal{C}$, wobei $\mathcal{Y}$ eine gerichtete Menge ist. Jeder gerichtete Colimes ist auch ein filtrierender.

14.1.6 In jeder vorgeordneten Klasse $\mathcal{K}$ ist ein filtrierender Colimes zugleich ein gerichteter. Genauer: Ist $\mathcal{X}$ eine (kleine) filtrierende Kategorie und $T\colon \mathcal{X} \to \mathcal{K}$ ein Funktor, so erkläre man Objekte bzw. Morphismen von $\mathcal{X}$ als äquivalent, wenn sie unter T dasselbe Bild haben. Man erhält einen Quotienten $\mathcal{Y}$ von $\mathcal{X}$ mit Projektion $P\colon \mathcal{X} \to \mathcal{Y}$, und es ist T von der Form $T = RP$, wobei R eine Einbettung ist (6.4.5). Weil $\mathcal{X}$ filtrierend und $\mathcal{K}$ vorgeordnet ist, ist $\mathcal{Y}$ eine gerichtete Klasse (Menge). T besitzt genau dann einen Colimes, wenn das für R der Fall ist. Ein Colimes für T ist nämlich nach 14.1.2 Supremum für $\{T(e)\}_{e \in \mathcal{X}}$, und man erhält dieselben Objekte bei R.

14.1.7 Es sei $\mathcal{K}$ eine vorgeordnete Menge. Werden Objekte A, B als äquivalent erklärt, wenn $A \leq B$ und $B \leq A$ gilt, so bilden die Äquivalenzklassen mit der von $\mathcal{K}$ herrührenden Vorordnung eine geordnete Menge $\dot{\mathcal{K}}$. Es ist $\mathcal{K}$ genau dann gerichtet bzw. endlich vollständig, endlich covollständig, vollständig, covollständig, wenn dies für $\dot{\mathcal{K}}$ der Fall ist. Ist $\mathcal{K}$ eine vorgeordnete Klasse, so erhält man $\dot{\mathcal{K}}$

als Menge des höheren Universums $\mathfrak{V}$. Vollständigkeit bzw. Covollständigkeit beziehen sich dabei (wie bisher) auf $\mathfrak{U}$-Diagramme.

14.2 Vereinigungen von Monomorphismen

14.2.1 Es sei $\mathscr{C}$ eine beliebige Kategorie und $A \in |\mathscr{C}|$. Die Monomorphismen mit (festem) Ziel A bilden eine vorgeordnete Klasse $\mathscr{M}/A$, ihre Äquivalenzklassen eine geordnete Klasse $\dot{\mathscr{M}}/A$. 1_A ist größtes Objekt von $\mathscr{M}/A$. Infima, also Produkte und damit alle Limites, in $\mathscr{M}/A$ sind Durchschnitte (7.8.6). Endliche bzw. beliebige Durchschnitte **sind sicher** dann vorhanden, wenn $\mathscr{C}$ endlich vollständig bzw. vollständig ist. Man vergleiche auch mit 12.4.1. Für einen Durchschnitt der Familie $\{m_e\colon\ M_e \rightarrowtail A\}$ von Monomorphismen schreiben wir $\bigcap m_e\colon\ \bigcap M_e \to A$ (falls er existiert).

14.2.2 Suprema in $\mathscr{M}/A$ bezeichnen wir als *Vereinigungen*. Für diese Vereinigung der Familie $\{m_e\colon\ M_e \rightarrowtail A\}$ von Monomorphismen schreiben wir $\bigcup m_e\colon\ \bigcup M_e \to A$ (falls sie existiert). Die Existenz von (endlichen) Vereinigungen folgt ohne Zusatzbedingungen nicht aus (endlicher) Covollständigkeit von $\mathscr{C}$.

14.2.1°–2° Die Kategorie der Epimorphismen mit fester Quelle A bezeichnen wir mit $A/\mathscr{E}$. Bei Übergang von $\mathscr{C}$ zu $\mathscr{C}^0$ verwandeln sich Epimorphismen in Monomorphismen mit Umkehrung der Vorordnung. 1_A ist kleinstes Objekt von $A/\mathscr{E}$. Codurchschnitte (8.8.4) sind Suprema. Infima bezeichnen wir als *Covereinigungen*.

14.2.3 Ist $\mathscr{C}$ lokal klein (10.6.1) und besitzt $\mathscr{C}$ Durchschnitte, so sind Vereinigungen von Monomorphismen mit gleichem Ziel A vorhanden. Vermöge $\dot{\mathscr{M}}/A$ folgt dies aus 14.1.3, 14.1.4 und 14.1.7.

14.2.4 Die Kategorie $\mathscr{C}$ erfülle A0, A2, A2°, A3, A3° von 12.1.1. Für die Familie $\{m_e\colon\ M_e \rightarrowtail A\}$ von Monomorphismen existiert $\bigcup m_e$ wegen 12.4.4 genau dann, wenn der Codurchschnitt von $\{\operatorname{coker} m_e\}$ existiert, und es ist dann $\bigcup m_e$ Kern dieses Codurchschnittes. Wegen 12.4.1 und seinem Dualen sind endliche Durchschnitte und endliche Vereinigungen stets vorhanden.

14.2.5 Theorem. *In $\mathscr{C}$ sei jeder Morphismus eindeutig bis auf Isomorphie in einen Epimorphismus f' und anschließenden Monomorphismus f'' zerlegbar. Ist (L, λ) Colimes des Diagramms $T\colon\ \Sigma \to \mathscr{C}$, $\eta\colon\ T \to A_\Sigma$ eine natürliche Transformation und $f\colon\ L \to A$ der eindeutig bestimmte Morphismus mit $f_\Sigma \lambda = \eta$, so ist $f'' = \bigcup \eta_e''$.*

Beweis. Sei zunächst Σ nicht leer.

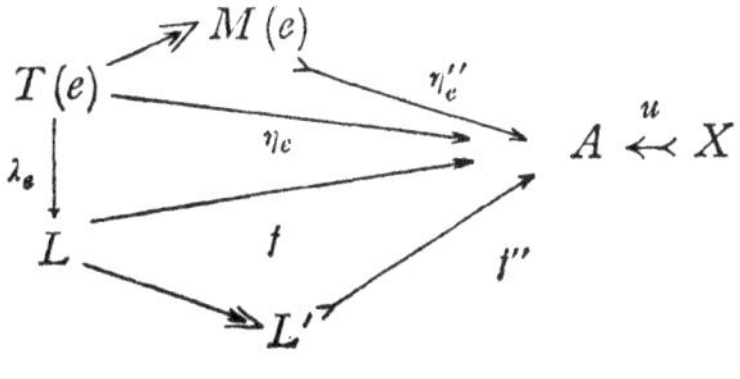

ist kommutativ. Nach 12.4.10 gibt es genau einen Morphismus n_e: $M(e) \to L'$ mit $f'' n_e = \eta_e''$. Also ist f'' obere Schranke von $\{\eta_e''\}$. Ist u: $X \rightarrowtail A$ eine obere Schranke für $\{\eta_e''\}$, so faktorisieren alle η_e über u, und weil u monomorph ist, entsteht eine natürliche Transformation $T \to X_\Sigma$. Daher faktorisiert f nach Colimeseigenschaft über u und auch f'' wieder nach 12.4.10. Ist Σ leer, so ist L initial in $\mathscr{C}$ und für f: $L \to A$ ist f'' initial in $\mathscr{M}/A$, wie man leicht bestätigt.

14.2.6 Korollar. *Erfüllt $\mathscr{C}$ die Voraussetzung von 14.2.5 und besitzt $\mathscr{C}$ (endliche) Coprodukte, so existieren (endliche) Vereinigungen von Monomorphismen mit gleichem Ziel A.*

Für $\{m_e\colon M_e \rightarrowtail A\}$ setze man $(L, \lambda) = (\coprod M_e, \{i_e\})$.

14.2.7 Korollar. *In einer abelschen Kategorie $\mathscr{C}$ ist für je zwei Monomorphismen m: $M \to A$, n: $N \to A$*

(1) 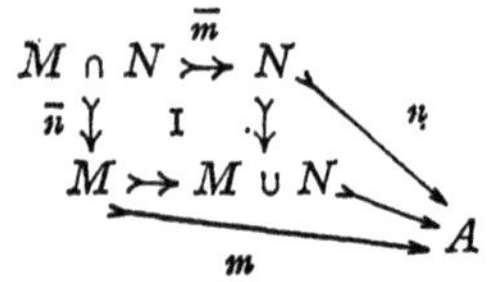

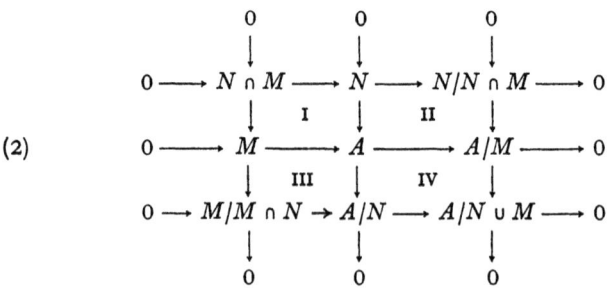

das Quadrat I *in* (1) *bicartesisch.*

Das folgt wegen 14.2.5 aus 13.4.2 (b).

Bemerkung. Ist in einer beliebigen Kategorie für $\{m_e\colon M_e \rightarrowtail A\}$ die Vereinigung $\bigcup m_e$: $\bigcup M_e \rightarrowtail A$ vorhanden und für die entstehenden Monomorphismen $M_e \rightarrowtail \bigcup M_e$ der Durchschnitt, so erhält man damit $\bigcap m_e$: $\bigcap M_e \to A$. Weil $\bigcup m_e$ monomorph ist, folgt das aus der Definition der Durchschnitte in 7.8.6.

14.2.8 In einer exakten Kategorie besteht für je zwei Monomorphismen m: $M \rightarrowtail A$, n: $N \rightarrowtail A$ ein kommutatives Diagramm

$$
(2)\qquad
\begin{array}{ccccccccc}
 & & 0 & & 0 & & 0 & & \\
 & & \downarrow & & \downarrow & & \downarrow & & \\
0 & \longrightarrow & N \cap M & \longrightarrow & N & \longrightarrow & N/N \cap M & \longrightarrow & 0 \\
 & & \downarrow & \mathrm{I} & \downarrow & \mathrm{II} & \downarrow & & \\
0 & \longrightarrow & M & \longrightarrow & A & \longrightarrow & A/M & \longrightarrow & 0 \\
 & & \downarrow & \mathrm{III} & \downarrow & \mathrm{IV} & \downarrow & & \\
0 & \longrightarrow & M/M \cap N & \to & A/N & \longrightarrow & A/N \cup M & \longrightarrow & 0 \\
 & & \downarrow & & \downarrow & & \downarrow & & \\
 & & 0 & & 0 & & 0 & &
\end{array}
$$

mit exakten Zeilen und Spalten.

Beweis. I ist ein Pullback, und es sind erste und zweite Zeile ebenso wie erste und zweite Spalte exakt nach Konstruktion. IV wird als Pushout konstruiert, wobei benutzt ist, daß der Codurchschnitt von $A \to A/M$ und $A \to A/N$ nach 14.2.4 den Kern $M \cup N \to A$ hat. In II ist

$N/N \cap M \to A/M$ vorhanden und monomorph nach 13.4.7. Entsprechendes gilt bei III. Damit folgt die Behauptung aus 13.5.6 (b).

14.2.9 Zweiter Isomorphiesatz. *In einer exakten Kategorie existiert zu je zwei Monomorphismen* $M \rightarrowtail A$, $N \rightarrowtail A$ *ein Isomorphismus* $N/M \cap N \rightarrowtail\!\!\!\twoheadrightarrow M \cup N/N$, *mit dem*

$$
(3)\qquad
\begin{array}{ccccccccc}
0 & \longrightarrow & M \cap N & \longrightarrow & N & \longrightarrow & N/M \cap N & \longrightarrow & 0 \\
 & & \downarrow & \mathrm{I} & \downarrow & & \downarrow & & \\
0 & \longrightarrow & M & \longrightarrow & M \cup N & \longrightarrow & M \cup N/M & \longrightarrow & 0
\end{array}
$$

kommutativ ist.

Beweis. Nach der Bemerkung in 14.2.7 darf man in (2) A durch $M \cup N$ ersetzen. Man beachte, daß $M \cup N/M \cup N \cong 0$ ist.

Bemerkung. In einer abelschen Kategorie folgt (3) auch aus 14.2.7 und 13.4.8.

14.3 Urbilder von Monomorphismen

14.3.1 Es seien Pullbacks vorhanden. Ist $f\colon A \to B$ gegeben, so ist es nach 7.8.3 möglich, zu jedem Monomorphismus $n\colon N \to B$ einen induzierten Monomorphismus $m\colon M \to A$ zu konstruieren. Liegt keine natürliche Auswahl von Pullbacks vor, so ist m nur bis auf einen vorgeschalteten Isomorphismus bestimmt. Wir treffen dann eine Auswahl und nennen m *Urbild* von n bezüglich f. Wir schreiben $m = f^{-1}(n)$. Ist f ebenfalls monomorph, so ist $f \circ f^{-1}(n) = n \circ n^{-1}(f)$ Durchschnitt von f und n nach Definition Durchschnitt.

Der Übergang zu Urbildern respektiert nach Pullbackeigenschaft die Vorordnung der Monomorphismen mit festem Ziel, insbesondere gehen äquivalente in äquivalente über. Als $f^{-1}(1_B)$ sei stets 1_A ausgewählt. Nach 7.8.4 ist die Konstruktion von Urbildern mit der Komposition von Morphismen bis auf Isomorphie verträglich: Ist fh definiert, so sind $(fh)^{-1}(n)$ und $h^{-1}(f^{-1}(n))$ äquivalent. Wegen der Vertauschbarkeit der Limites (7.6.3) ist das Bilden endlicher Durchschnitte (beliebiger, falls möglich) mit dem Übergang zu Urbildern vertauschbar (bis auf Isomorphie).

14.3.2 Satz. *In Ens ist der Übergang zu Urbildern mit Vereinigungen vertauschbar. Dasselbe gilt für jede Funktorkategorie* $[\mathscr{C}, \mathit{Ens}]$.

Beweis. Das erste ist bekannt. Sei $\{\mu_e\colon S_e \rightarrowtail T\}$ eine Familie von Monomorphismen in $[\mathscr{C}, \mathit{Ens}]$. Nach 10.1.4 ist μ_e an jeder Stelle $A \in |\mathscr{C}|$ monomorph. $\bigcup \mu_e$ werde folgendermaßen konstruiert: Für jedes $A \in |\mathscr{C}|$ wird die Vereinigung $S(A)$ der Bildmengen $\mu_{e,A}(S_e(A)) \subset T(A)$ gebildet. Für $f\colon A \to B$ in $\mathscr{C}$ bewirkt $T(f)$ eine Abbildung $S(f)\colon S(A) \to S(B)$. Wegen 10.1.6 folgt das daraus, daß Mengenabbildungen mit Vereinigungen von Teilmengen vertauschbar sind. Es entsteht ein Funktor S mit Monomorphismus $\mu\colon S \to T$, der an jeder Stelle eine

Inklusion ist. Offenbar ist $\mu = \bigcup \mu_e$. Die Behauptung folgt nun daraus, daß Pullbacks in $[\mathscr{C}, Ens]$ „punktweise" konstruiert werden.

Bemerkung. Ein anderer Beweis ergibt sich daraus, daß Colimites in $[\mathscr{C}, Ens]$ universell sind. Man benutze die Konstruktion 14.2.6 und beachte 7.8.4, 7.8.2 und 13.4.4.

14.3.3 In *Ab* ist der Übergang zu Urbildern schon nicht mit endlichen Vereinigungen vertauschbar.

Gegenbeispiel. Bezüglich der Diagonalabbildung $\mathbf{Z} \xrightarrow{\Delta} \mathbf{Z} \oplus \mathbf{Z}$ besitzt jede der beiden Injektionen i_1, i_2: $\mathbf{Z} \to \mathbf{Z} \oplus \mathbf{Z}$ das Urbild 0, und es ist $1_{\mathbf{Z}\oplus\mathbf{Z}}$ die Vereinigung von i_1 und i_2.

14.4 Bilder von Monomorphismen

14.4.1 Generelle Voraussetzung. Jeder Morphismus f besitze eine bis auf Isomorphie eindeutige Zerlegung $f = f''f'$ mit epimorphem f' und monomorphem f''.

14.4.2 Liegen ein Monomorphismus m: $M \rightarrowtail A$ und ein Morphismus f: $A \to B$ vor, so wählen wir eine Zerlegung $(fm) = (fm)''(fm)'$ aus und bezeichnen dann $(fm)''$ als *Bild* von m bezüglich f. Wir schreiben

$$(fm)'' = f(m)\colon\ f(M) \rightarrowtail B$$

(4)
$$\begin{array}{ccc} M & \twoheadrightarrow & f(M) \\ {\scriptstyle m}\downarrow & & \downarrow{\scriptstyle f(m)} \\ A & \xrightarrow{f} & B \end{array}$$

Der Übergang zu Bildern respektiert wegen 12.4.10 die Vorordnung der Monomorphismen, insbesondere gehen äquivalente in äquivalente über. Ist gf definiert, so ist $(gf)(m)$ äquivalent zu $g(f(m))$, wie unmittelbar aus (4) folgt.

Bemerkung. In einer exakten Kategorie ist $\operatorname{im} f = f(1_A)$. In einer beliebigen Kategorie, die 14.4.1 erfüllt, läßt sich $\operatorname{im} f$ so definieren. In Kategorien, die 14.4.1 nicht erfüllen, ist zur korrekten Definition von Bildern die Betrachtung spezieller Klassen von Monomorphismen erforderlich. Beispielsweise ist in *Top* jeder Morphismus bis auf Isomorphie eindeutig in einen Epimorphismus und einen anschließenden Differenzkern zerlegbar. Bilder sind daher in diesem Fall als Differenzkerne zu definieren. Wir begnügen uns mit diesem Hinweis auf allgemeinere Situationen.

14.4.3 Es seien Pullbacks vorhanden und die Voraussetzung 14.4.1 erfüllt. Für f: $A \to B$ und Monomorphismen m: $M \to A$ und n: $N \to B$ gilt

(a) $m \leq f^{-1}(f(m))$.

(b) $n \geq f(f^{-1}(n))$.

(c) $f(m)$ und $f(f^{-1}(f(m)))$ sind äquivalent.

(d) $f^{-1}(n)$ und $f^{-1}(f(f^{-1}(n)))$ sind äquivalent.

Beweis. (a) folgt aus den Definitionen und der Pullback-Eigenschaft. (b) folgt aus den Definitionen wegen 12.4.10. (c) folgt aus (a) und (b), indem man f auf (a) anwendet und in (b) n durch $f(m)$ ersetzt. (d) ergibt sich entsprechend.

14.4.4 Ist f in (4) monomorph, so ist $f(m) = fm$, und der Übergang zu Bildern bezüglich f bewirkt eine injektive Abbildung $\dot{\mathcal{M}}/A \to \dot{\mathcal{M}}/B$. Dabei sind m und $f^{-1}(f(m))$ äquivalent, was man leicht bestätigt.

14.4.5 Es sei $f: A \to B$ ein Morphismus in einer abelschen Kategorie und $m: M \rightarrowtail A$ monomorph. Es sind m und $f^{-1}(f(m))$ genau dann äquivalent, wenn $m \geq \ker f$ ist.

Beweis. Wegen $f(m) \geq 0$ ist $f^{-1}(f(m)) \geq \ker f$. Sei nun $m \geq \ker f$. Wegen 14.4.3 (a) besteht folgendes kommutative Diagramm:

$$\begin{array}{ccccc} K & \rightarrowtail & M & \twoheadrightarrow & f(M) \\ \| & & \downarrow & & \| \\ K & \rightarrowtail & & \twoheadrightarrow & f(M) \\ \| & & {}^m\downarrow \; {}^{f^{-1}(f(m))}\downarrow & & \downarrow {}^{f(m)} \\ K & \rightarrowtail_{\ker f} & A & \xrightarrow{f} & B \end{array}$$

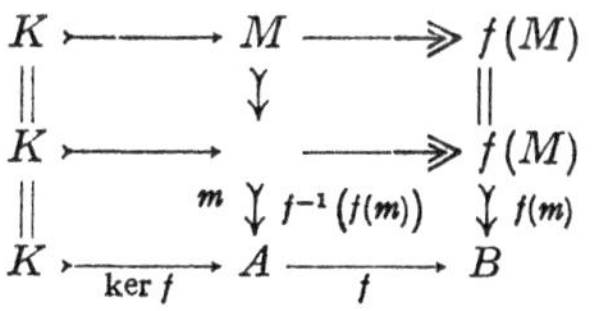

Wegen 13.1.5 (a) sind erste und zweite Zeile exakt. Damit folgt die Behauptung aus 13.5.5.

14.4.6 Es sei $f: A \twoheadrightarrow B$ epimorph in einer abelschen Kategorie oder in Ens oder in einer Funktor-Kategorie $[\mathscr{C}, Ens]$. Ist $n: N \rightarrowtail B$ monomorph, so sind n und $f(f^{-1}(n))$ äquivalent.

Für abelsche Kategorien folgt das aus 13.4.3 (c), für die anderen Fälle aus 13.4.4.

14.4.7 Es seien die Voraussetzung 14.4.1 erfüllt und (endliche) Coprodukte vorhanden. Für jede (endliche) Familie $\{m_e: M_e \rightarrowtail A\}$ von Monomorphismen und jedes $f: A \to B$ sind $f(\cup m_e)$ und $\cup f(m_e)$ äquivalent.

Beweis. Es sei $f(m_e) = n_e: N_e \rightarrowtail B$ und damit $fm_e = n_e p_e$ mit epimorphem $p_e: M_e \twoheadrightarrow N_e$. Nach 8.3.3 ist $p = \coprod p_e: \coprod M_e \to \coprod N_e$ epimorph. $\{m_e\}$ und $\{n_e\}$ definieren Morphismen $m: \coprod M_e \to A$ und $n: \coprod N_e \to B$, wobei $fm = np$ ist. Werden m, n und fm im Epi- und Monomorphismus zerlegt,

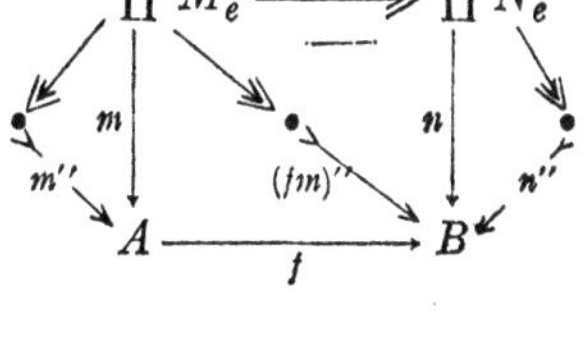

so sind n'' und $(fm)''$ äquivalent, weil p epimorph ist. Konstruktion von $f(m'')$ zeigt, daß $f(m'')$ und $(fm)''$ äquivalent sind. Damit folgt die Behauptung aus 14.2.6.

14.4.8 Bemerkung. Das Bild eines Durchschnittes von Monomorphismen ist untere Schranke für den Durchschnitt der Bilder. Wie schon *Ens* und *Ab* zeigen, braucht keine Isomorphie zu bestehen.

14.4.9 Bilder von Epimorphismen werden dual zu 14.3.1 mit Pushouts konstruiert, Urbilder dual zu 14.4.2 durch Morphismenzerlegung. In einer exakten Kategorie können Urbilder von Monomorphismen nach 12.3.4 (c) als Kerne der Urbilder ihrer Cokerne konstruiert werden, dual dazu Bilder von Epimorphismen als Cokerne der Bilder ihrer Kerne. Die benötigten Pullbacks und Pushouts sind also vorhanden, und es gilt 14.4.5 auch für exakte Kategorien. Außerdem gilt 14.2.4 für Vereinigungen und sein Duales für Durchschnitte.

14.4.10 In einer covollständigen abelschen Kategorie sei $\{n_e\colon N_e \rightarrowtail B\}$ eine Familie von Monomorphismen und $p\colon A \twoheadrightarrow B$ epimorph. Dann sind $p^{-1}(\bigcup (n_e))$ und $\bigcup p^{-1}(n_e)$ äquivalent. (Vgl. mit 14.3.3.)

Beweis. Offenbar ist $\bigcup p^{-1}(n_e) \geq \ker p$. Wegen 14.4.5 ist $\bigcup p^{-1}(n_e)$ äquivalent zu $p^{-1}\big(p(\bigcup p^{-1}(n_e))\big)$. Damit folgt die Behauptung aus 14.4.7 und 14.4.6.

14.5 Konstruktionen für Colimites

14.5.1 In einer (endlich) vollständigen Kategorie sei $\prod B_p$ ein (endliches) Produkt mit Projektionen pr_p. Für $u, v\colon A \to \prod B_p$ sei h der Differenzkern und h_p der Differenzkern von $pr_p u$, $pr_p v$. Dann ist h Durchschnitt der Familie $\{h_p\}$.

Beweis. Für $w\colon X \to A$ ist $uw = vw$ gleichwertig mit $pr_p uw = pr_p vw$ für alle p. Nach Definition Differenzkern ist für monomorphes w also $w \leq h$ gleichwertig mit $w \leq h_p$ für alle p.

14.5.2 Es sei $T\colon \Sigma \to \mathscr{C}$ ein Diagramm für die vollständige Kategorie $\mathscr{C}$. Die Konstruktion des Limes von T in 7.4.2 kann vermöge 14.5.1 folgendermaßen beschrieben werden: Zur Eckenmenge E von Σ bilde man $\prod\limits_{e \in T} T(e)$ mit Projektionen pr_e. Für jeden Pfeil p von Σ sei $d_p\colon D_p \to \prod T(e)$ der Differenzkern von $pr_{z(p)}$ und $T(p)\,pr_{a(p)}$. Für $\bigcap d_p\colon \bigcap D_p \to \prod T(e)$ ist $\big(\bigcap D_p, \{pr_e(\bigcap d_p)\}\big)$ Limes von T.

14.5.3 Es sei $\mathscr{C}$ eine covollständige abelsche Kategorie und $T\colon \Sigma \to \mathscr{C}$ ein Diagramm mit Colimes (L, λ). Für $\coprod T(e)$ mit Injektionen i_e besteht ein Epimorphismus $c\colon \coprod T(e) \twoheadrightarrow L$ mit $ci_e = \lambda_e$. Es ist $\bigcup im\big(i_{a(p)} - i_{z(p)} T(p)\big)$ Kern von c.

Beweis. Nach 8.2.6 und dem Dualen von 14.5.2 ist c Codurchschnitt von coker $\big(i_{a(p)} - i_{z(p)} T(p)\big)$. Damit folgt die Behauptung aus 14.2.4.

14.5.4 Satz. *Die Kategorie $\mathscr{C}$ besitze Coprodukte. Sei D Teilmenge der Menge E. Für $\coprod A_e$ mit Injektionen i_e definiert i_d: $A_d \to \coprod A_e$ einen Morphismus i_D:*

$$\coprod_{d \in D} A_d \to \coprod_{e \in E} A_e.$$

(a) *Durchläuft D die endlichen Teilmengen von E, so ist $\coprod A_e$ vermöge $\{i_D\}$ gerichteter Colimes von $\{\coprod A_d\}$, wenn für $D \subset D'$ noch $i_{DD'}$: $\coprod_{d \in D} A_d \to \coprod_{d' \in D'} A_d$, entsprechend i_D definiert wird.*

(b) *Besitzt $\mathscr{C}$ ein Nullobjekt, so ist i_D eine Coretraktion und $1_{\coprod A_e} = \bigcup i_D = \bigcup i_e$.*

Beweis. (a) ergibt sich leicht aus der Definition für Colimites. (b) Besitzt $\coprod A_d$ die Injektionen j_d, so definiere man p_D: $\coprod A_e \to \coprod A_d$ durch j_e: $A_e \to \coprod A_d$ für $e \in D$ und 0: $A_e \to \coprod A_d$ sonst. p_D ist eine zu i_D gehörige Retraktion. (Das folgt auch aus dem Dualen von 7.3.4 und 7.7.7). Die letzte Behauptung folgt damit aus (a).

14.5.5 Satz. *Sind in einer covollständigen abelschen Kategorie endliche Limites mit filtrierenden Colimites vertauschbar, so sind sie auch mit pseudofiltrierenden Colimites vertauschbar.*

Beweis. Pseudofiltrierende Colimites sind nach 9.1.8 Coprodukte von filtrierenden. Jedes endliche Coprodukt ist Biprodukt und daher mit Limites vertauschbar. Damit folgt die Behauptung aus 14.5.4.

14.6 Grothendieck-Kategorien

14.6.1 Definition. Eine *Grothendieck-Kategorie* ist eine covollständige abelsche Kategorie, die folgender Bedingung genügt:

(AB 5) Ist m: $A \to B$ monomorph und $\{n_e: N_e \rightarrowtail B\}$ eine gerichtete Familie von Monomorphismen, so ist

(1) $$\bigcup (m \cap n_e) \cong m \cap \bigcup n_e.$$

Daß $\{n_e\}$ gerichtet ist, bedeutet, daß die durch die Objekte n_e in $\mathscr{M}/B$ (Monomorphismen mit Ziel B) bestimmte volle Unterkategorie eine gerichtete Menge ist. Die Isomorphie (1) besteht in $\mathscr{M}/B$.

Manche Autoren fordern bei Grothendieck-Kategorien zusätzlich, daß eine ausgezeichnete Generatormenge vorliegt.

14.6.2 In einer covollständigen abelschen Kategorie ist (AB 5) gleichwertig damit, daß gerichtete Vereinigungen von Monomorphismen mit dem Übergang zum Urbild bezüglich beliebiger Morphismen f: $A \to B$ bis auf Isomorphie vertauschbar sind:

(2) $$f^{-1}(\bigcup n_e) \cong \bigcup f^{-1}(n_e), \quad \{n_e\} \text{ gerichtet.}$$

Beweis. Zu $m\colon A \rightarrowtail B$ und $n\colon N \rightarrowtail B$ betrachten wir das Pullback

(3)
$$\begin{array}{ccc} \bullet & \rightarrowtail & N \\ {\scriptstyle m^{-1}(n)}\downarrow & & \downarrow{\scriptstyle n} \\ A & \underset{m}{\rightarrowtail} & B \end{array}$$

Die Diagonale ist $m \cap n = m(m^{-1}(n))$. Damit folgt (1) aus (2) und 14.4.7. Umgekehrt folgt (2) aus (1) für monomorphes f nach Definition für Monomorphismen. Der allgemeine Fall folgt damit aus 14.4.10 durch Zerlegung von f.

14.6.3 Es sei $\mathscr{C}$ eine covollständige abelsche Kategorie. Für $\mathscr{C}$ ist (AB 5) gleichwertig mit:

(AB 5′) In $\mathscr{C}$ ist jeder filtrierende Colimes von Monomorphismen mit festem Ziel ein Monomorphismus.

Beweis. Sei zunächst (AB 5) erfüllt, $\mathscr{X}$ eine kleine filtrierende Kategorie und $T\colon \mathscr{X} \to \mathscr{C}/B$ (vgl. 6.5.3) ein Funktor, wobei jedes

$$T(e) = n_e\colon N_e \rightarrowtail B \quad \text{für} \quad e \in |\mathscr{X}|$$

ein Monomorphismus mit Ziel B ist. Der Colimes von T wird „punktweise" konstruiert. Weil $\mathscr{X}$ filtrierend (also zusammenhängend) ist, ist $(B, \{1_B\})$ Colimes von $B_{\mathscr{X}}$. Sei $h\colon L \to B$ Colimesobjekt von T und $k\colon K \to L$ Kern von h. Für jedes $e \in |\mathscr{X}|$ besteht ein kommutatives Diagramm

(4)
$$\begin{array}{ccccc} U_e & \xrightarrow{k'_e} & N_e & \xrightarrow{n_e} & \\ {\scriptstyle \lambda'_e}\downarrow & & \downarrow{\scriptstyle \lambda_e} & & B \\ K & \underset{k}{\rightarrowtail} & L & \xrightarrow[h]{} & \end{array}$$

Dabei ist $(L, \{\lambda_e\})$ Colimes von T an der Stelle $0 \in |\mathbf{2}|$, und es ist links in (4) zu k und λ_e ein Pullback gebildet. Es ist $n_e k'_e = hk\lambda'_e = 0$. Nach 12.3.4 (b) ist k'_e Kern von n_e und damit $U_e = 0$. Nun ist λ_e monomorph wegen $h\lambda_e = n_e$, und wegen 14.2.5 mit $\lambda_e = \eta_e$ und $f = 1_L$ ist $1_L = \bigcup \lambda_e$. Nach Definition Colimes induziert T einen Funktor $S\colon \mathscr{X} \to \mathscr{M}/L$ mit $S(e) = \lambda_e$, und wegen 14.1.6 ist $\{\lambda_e\}$ eine gerichtete Familie. Aus (1) folgt nun $k = k \cap 1_L = k \cap \bigcup \lambda_e \cong \bigcup (k \cap \lambda_e) = \bigcup \lambda_e k'_e = 0$. Also ist h monomorph.

Sei nun umgekehrt (AB 5′) erfüllt. In der Situation 14.6.1 bilden wir für jedes e gemäß 14.2.7 das kommutative Diagramm

(5)
$$\begin{array}{ccccc} A \cap N_e & \to & N_e & & \\ \downarrow & \mathrm{I} & \downarrow & \searrow{\scriptstyle n_e} & \\ A & \to & A \cup N_e & \to & B \end{array} \qquad m\colon A \to B$$

wobei alle Morphismen monomorph sind und I bicartesisch ist. Jeder Morphismus $n_e \to n_d$ in $\mathscr{M}/B$ setzt sich mit 1_B und 1_A fort zu einer natürlichen Transformation der entsprechenden Diagramme (5). Weil $\{n_e\}$ gerichtet ist, erhalten wir mit gerichteten Colimites

$$(6)\qquad \begin{array}{ccccc} \operatorname{Colim}(A \cap N_e) & \to & \operatorname{Colim} N_e & & \\ \downarrow & \mathrm{I} & \downarrow & \searrow{\scriptstyle \operatorname{Colim} n_e} & \\ A & \to & \operatorname{Colim}(A \cup N_e) & \to & B \\ & & \xrightarrow{\quad m \quad} & & B \end{array}$$

Nach Voraussetzung sind die Morphismen mit Ziel B monomorph und wegen 14.2.5 Vereinigungen der entsprechenden Morphismen der Diagramme (5). Es folgt, daß alle Morphismen in (6) monomorph sind. Außerdem ist I ein Pushout, weil Colimites mit Colimites vertauschbar sind. Wegen 13.4.3 (a) ist I bicartesisch. Weil $\operatorname{Colim}(A \cup N_e) \to B$ monomorph ist, ist die äußere Kontur von (6) ein Pullback. Also gilt (1).

14.6.4 Hilfssatz. *Es sei $\mathfrak{X}$ eine kleine filtrierende und $\mathfrak{C}$ eine Grothendieck-Kategorie. (L, λ) sei Colimes des Funktors $T\colon \mathfrak{X} \to \mathfrak{C}$. Für $d \in |\mathfrak{X}|$ sei $k_d\colon K_d \to T(d)$ Kern von $\lambda_d\colon T(d) \to L$ und für jedes $u\colon d \to e$ in $\mathfrak{X}$ sei $k_u\colon K_u \to T(d)$ Kern von $T(u)\colon T(d) \to T(e)$. Dann ist*

$$k_d \cong \bigcup k_u, \quad d \text{ Quelle von } u.$$

Beweis. Aus $\lambda_d = \lambda_e T(u)$ für $u\colon d \to e$ folgt $k_d \geq k_u$ und damit $k_d \geq \bigcup k_u$. Es muß $\bigcup k_u \geq k_d$ bewiesen werden. Sei dazu $\mathfrak{Y}$ die volle Unterkategorie von $\mathfrak{X}$, deren Objekte alle $e \in |\mathfrak{X}|$ sind, zu denen es ein $u\colon d \to e$ gibt. $\mathfrak{Y}$ enthält d und 1_d. Außerdem ist $\mathfrak{Y}$ filtrierend und final in $\mathfrak{X}$, wie leicht aus der Definition 9.2.4 und 9.3.9 folgt. Wegen 9.1.2 kann $\mathfrak{X}$ durch $\mathfrak{Y}$ ersetzt werden. Um neue Bezeichnungen zu vermeiden, nehmen wir an, daß $\mathfrak{Y} = \mathfrak{X}$ ist.

Nach 14.5.3 und Definition Kern besteht folgendes kommutative Diagramm:

$$(7)\qquad \begin{array}{ccccc} K_d & \xrightarrow{k_d} & T(d) & \xrightarrow{\lambda_d} & L \\ \downarrow & \mathrm{I} & \downarrow{\scriptstyle i_d} & c & \|{\scriptstyle 1_L} \\ K & \xrightarrow{k} & \coprod T(e) & \twoheadrightarrow & L \end{array}$$

wobei $k = \bigcup\limits_{p} \operatorname{im}\bigl(i_{a(p)} - i_{z(p)} T(p)\bigr)$ Kern von c ist und p alle Morphismen p von $\mathfrak{X}$ durchläuft. i_d ist monomorph (vgl. 14.5.4 (b)) und I ein Pullback nach 12.3.4 (c). Für jede endliche Teilmenge D der Morphismenmenge von $\mathfrak{X}$ bilden wir

$$(8)\qquad v_D = \bigcup_{p \in D} \operatorname{im}\bigl(i_{a(p)} - i_{z(p)} T(p)\bigr).$$

Aus den Inklusionen für Teilmengen ergibt sich, daß $\{v_D\}$ eine gerichtete Familie ist. Ferner ist auch $k = \bigcup v_D$. Damit folgt aus (7) und (2)

$$(9)\qquad k_d = i_d^{-1}(k) = \bigcup_D i_d^{-1}(v_D).$$

Wir zeigen, daß es zu jedem D ein u: $d \to e$ gibt mit

$$k_u \geq i_d^{-1}(v_D). \tag{10}$$

Hieraus und aus (9) folgt $\bigcup k_u \geq k_d$ und damit die Behauptung.

Es bestehe D aus den Morphismen p_ν: $e_\nu \to e'_\nu$ mit $\nu = 1, 2, \ldots, n$. Für jedes ν wählen wir ein u_ν: $d \to e_\nu$. Weil $\mathscr{X}$ filtrierend ist, gibt es $h \in |\mathscr{X}|$ mit Morphismen v_ν: $e'_\nu \to h$. Die Objekte $d, e_1, \ldots, e_n, e'_1, \ldots, e'_n$ sind nicht notwendig paarweise verschieden, und für jedes liegen ein oder mehrere Morphismen der Gestalt $v_\nu p_\nu u_\nu$, $v_\nu p_\nu$, v_ν mit Ziel h vor. Wiederholte Anwendung von 9.2.4 (ii) zeigt jedoch, daß h so gewählt werden kann, daß Morphismen der Gestalt $v_\nu p_\nu u_\nu$, $v_\nu p_\nu$, v_ν stets zusammenfallen, wenn sie dieselbe Quelle haben. Sei dies der Fall und $u = v_\nu p_\nu u_\nu$. Wir definieren f: $\coprod T(e) \to T(h)$ folgendermaßen: Für $e = d$ bzw. e_ν, e'_ν sei $f i_e = T(u)$, bzw. $T(v_\nu p_\nu)$, $T(v_\nu)$, für alle anderen e sei $f i_e = 0$. Für p_ν ist nun $f i_{e_\nu} = T(v_\nu p_\nu) = f i_{e'_\nu} T(p_\nu)$. Damit folgt aus (8) und 14.4.7 $f v_D = 0$, also erst recht $f i_d i_d^{-1}(v_D) = 0$. Wegen $f i_d = T(u)$ gilt (10).

14.6.5 Satz. *In einer Grothendieck-Kategorie ist jeder filtrierende Colimes von Monomorphismen ein Monomorphismus.*

Beweis. Es sei $\mathscr{X}$ eine kleine filtrierende, $\mathscr{C}$ eine Grothendieck-Kategorie und T: $\mathscr{X} \to [2, \mathscr{C}]$ ein Funktor, wobei $T(e) = n_e$: $A_e \rightarrowtail B_e$ für alle $e \in |\mathscr{X}|$ monomorph ist. T besteht aus zwei Funktoren R, S: $\mathscr{X} \to \mathscr{C}$ und einer monomorphen natürlichen Transformation n: $R \to S$.

Sei (L, λ) Colimes von R, (M, μ) Colimes von S und h: $L \to M$ der von n induzierte Morphismus, also $(h, \{(\lambda_e, \mu_e)\})$ Colimes von T. Für u: $d \to e$ in $\mathscr{X}$ betrachten wir

$$\begin{array}{ccccc} K_u & \overset{k_u}{\rightarrowtail} & A_d & \overset{R(u)}{\to} & A_e \\ \downarrow & \mathrm{I} & \downarrow{\scriptstyle n_d} & & \downarrow{\scriptstyle n_e} \\ K'_u & \underset{k'_u}{\rightarrowtail} & B_d & \underset{S(u)}{\to} & B_e \end{array} \tag{11}$$

mit Kernen k_u von $R(u)$ und k'_u von $S(u)$. Wegen 12.3.4 (c) ist I ein Pullback, also $k_u = n_d^{-1}(k'_u)$. Aus 14.6.4 und (2) folgt $\ker \lambda_d \cong n_d^{-1}(\ker \mu_d)$. Schreiben wir statt d wieder e, so erhalten wir, wenn wir noch λ_e und μ_e in Epi- und Monomorphismus zerlegen

$$\begin{array}{ccccccc} K_e & \xrightarrow{\ker \lambda_e} & A_e & \twoheadrightarrow & A'_e & \xrightarrow{\mathrm{im}\, \lambda_e} & L \\ \downarrow & \mathrm{I} & \downarrow{\scriptstyle n_e} & & \downarrow{\scriptstyle j_e} & & \downarrow{\scriptstyle h} \\ K'_e & \xrightarrow{\ker \mu_e} & B_e & \twoheadrightarrow & B'_e & \xrightarrow{\mathrm{im}\, \mu_e} & M \end{array} \tag{12}$$

Hierbei ist I ein Pullback nach dem eben Gesagten. j_e ist der induzierte Morphismus für Cokerne. Nach 13.4.7 ist j_e monomorph. Für p: $e \to e'$ setzt sich $T(p)$ zu einer natürlichen Transformation der entsprechenden

Diagramme (12) fort. Damit folgt aus 14.6.3, daß h als filtrierender Colimes der Monomorphismen (im μ_e) j_e monomorph ist.

14.6.6 Theorem. *Für eine covollständige abelsche Kategorie sind gleichwertig:*

(a) *Es gilt* (AB 5).

(b) *Pseudofiltrierende Colimites sind mit endlichen Limites vertauschbar.*

(c) *Pseudofiltrierende Colimites von exakten Folgen sind exakt.*

Gleichwertig damit sind auch die Aussagen, die aus (b) *und* (c) *dadurch entstehen, daß pseudofiltrierend durch gerichtet ersetzt wird.*

Beweis. Weil Colimites mit Colimites vertauschbar sind, folgt aus (a) wegen 14.6.5, daß filtrierende Colimites von kurzen exakten Folgen exakt sind. Damit folgt durch Zerlegung gemäß 13.2.3 die entsprechende Aussage für beliebige exakte Folgen, also auch, daß filtrierende Colimites mit Kernen vertauschbar sind. Endliche Produkte sind Biprodukte und daher mit allen Colimites vertauschbar. Aus 14.5.5 folgt (b). Aus (b) folgt (c). Ersetzt man in (b) oder (c) pseudofiltrierend durch gerichtet und beachtet man, daß jeder Monomorphismus ein Kern ist, so erhält man die Aussage von 14.6.5 und den Spezialfall (AB 5') für den gerichteten Fall und damit wieder (a) nach 14.6.3.

Warnung. Aus (b) folgt nicht (1) für pseudofiltrierende Familien (14.3.3!).

14.6.7 Bemerkung. In 14.6.6 (c) ist enthalten:

(AB4) Coprodukte $\coprod m_e$: $\coprod A_e \to \coprod B_e$ von Monomorphismen sind monomorph.

14.6.8 Satz. *In der Grothendieck-Kategorie* $\mathscr{C}$ *existiere das Produkt* $\prod A_e$ *mit Projektionen* pr_e. *Dann ist* h: $\coprod A_e \to \prod A_e$ *mit* $pr_d h i_e = \delta_{de}$ *monomorph.*

Beweis. Sei $\{e_1, e_2, \ldots, e_n\}$ endliche Teilmenge der Indexmenge E. h_ν: $A_{e_\nu} \to \prod A_e$ ist durch $pr_d h_\nu = \delta_{de_\nu}$ definiert und damit $h_{e_1 e_2 \cdots e_n}$: $\prod A_{e_\nu} \to \prod A_e$ mit $h_\nu = h_{e_1 e_2 \cdots e_n} i_{e_\nu}$. Weil $\coprod A_{e_\nu}$ ein Biprodukt ist, ist $h_{e_1 e_2 \cdots e_n}$ monomorph und sogar Coretraktion mit zugehöriger Retraktion $pr_{e_1 e_2 \cdots e_n}$. Damit folgt die Behauptung aus 14.5.4 und 14.6.3.

14.6.9 Ab und damit $[\mathscr{C}, Ab]$ und $Add\,(\mathscr{C}, Ab)$ für jede kleine bzw. additive kleine Kategorie $\mathscr{C}$ sind vollständige Grothendieck-Kategorien (10.1.2, 10.1.9). Wegen „punktweiser“ Konstruktion von Limites und Colimites gilt in diesen Kategorien auch die zu 14.6.7 duale, für Ab bekannte Aussage:

Produkte von Epimorphismen sind epimorph.

Sie ist wegen der Vollständigkeit und der Vertauschbarkeit von Limites mit Limites gleichwertig mit:

Produkte von exakten Folgen sind exakt.

Dagegen besteht jede vollständige Grothendieck-Kategorie nur aus Null-Objekten, wenn sie auch das Duale von (AB 5) erfüllt oder wenn schwächer die zu 14.6.8 duale Aussage gilt, daß stets $h\colon \coprod A_e \to \prod A_e$ epimorph ist (siehe MITCHELL [19]).

15. Injektive Hüllen

15.1 Moduln über additiven Kategorien

15.1.1 Definition. Es sei $\mathscr{C}$ eine additive Kategorie und R ein Ring. Wir fassen R als additive Kategorie mit nur einem Objekt $*$ auf. Ein additiver Funktor $F\colon R \to \mathscr{C}$ ist ein Objekt $F(*) = A$ von $\mathscr{C}$ mit einem Ring-Homomorphismus $\varrho\colon R \to [A, A]_{\mathscr{C}}$. Wir sagen dafür, daß A mit einer *R-Linksmodulstruktur* versehen ist oder daß ein *R-Linksmodulobjekt* über $\mathscr{C}$ vorliegt. Wir bezeichnen es mit ${}_{\varrho}A$ oder auch mit ${}_{R}A$, wenn kein Mißverständnis zu befürchten ist. Man beachte aber dabei, daß $A \in |\mathscr{C}|$ möglicherweise verschiedene Linksmodulstrukturen gestatten kann. Wir nennen A das *unterliegende $\mathscr{C}$-Objekt* von ${}_{R}A$.

Die Kategorie $Add\,(R, \mathscr{C})$ bezeichnen wir als die Kategorie ${}_{R}\mathscr{C}$ der R-Linksmodulobjekte über $\mathscr{C}$. Sind ${}_{\varrho}A$, ${}_{\sigma}B$ Objekte aus ${}_{R}\mathscr{C}$, so ist ein Morphismus $f\colon {}_{\varrho}A \to {}_{\sigma}B$ in ${}_{R}\mathscr{C}$ nach 2.6.1 ein $\mathscr{C}$-Morphismus $f\colon A \to B$, für den gilt

$$(1) \qquad f\varrho(r) = \sigma(r)f \quad \text{für alle} \quad r \in R.$$

Wir bezeichnen f als (Modul-)*Homomorphismus* und nennen f den *unterliegenden $\mathscr{C}$-Morphismus*.

15.1.2 Beispiele. Für $\mathscr{C} = Ab$ ist ${}_{R}Ab = {}_{R}Mod$: Für $A \in |{}_{R}Mod|$ bewirkt $r \in R$ einen Endomorphismus der additiven Gruppe von A. Die Wirkung auf $a \in A$ bezeichnet man einfach mit ra. Es gilt also $r(a_1 + a_2) = ra_1 + ra_2$. Daß ein Homomorphismus von R in den Endomorphismenring der additiven Gruppe von A vorliegt, drückt sich aus durch $1a = a$, $r_2(r_1a) = (r_2r_1)a$, $(r_1 + r_2)a = r_1a + r_2a$ für 1, r_1, $r_2 \in R$ und $a \in A$.

Für $\mathscr{C} = {}_{S}Mod$ erhält man entsprechend R-S-Linksbimoduln, also ${}_{R}({}_{S}Mod) = {}_{R,S}Mod$, wobei für $r \in R$, $s \in S$, $a \in A \in |{}_{R,S}Mod|$ gilt $r(sa) = s(ra)$.

Für $R = \mathbf{Z}$ ist ${}_{Z}\mathscr{C}$ in evidenter, kanonischer Weise isomorph zu $\mathscr{C}$.

15.1.3 Es ist R^{0} der Gegenring zu R (2.4.2). Wir bezeichnen $Add\,(R^{0}, \mathscr{C})$ als Kategorie $\mathscr{C}_{R}$ der *R-Rechtsmoduln* über $\mathscr{C}$. Das steht im Einklang mit der kanonischen Isomorphie ${}_{R^0}Mod = Mod_{R}$, die sich aus $r^{0}a \mapsto ar$ wegen $r_2^{0}r_1^{0}a = (r_1r_2)^{0}a$ ergibt. Ist R kommutativ, so fallen damit ${}_{R}\mathscr{C}$ und $\mathscr{C}_{R}$ zusammen.

Wir identifizieren $({}_{R}\mathscr{C})^{0}$ mit $\mathscr{C}^{0}_{R}$. Es kann nämlich für beliebige Kategorien $\mathscr{B}, \mathscr{C}$ stets $[\mathscr{B}^{0}, \mathscr{C}^{0}]$ als duale Kategorie von $[\mathscr{B}, \mathscr{C})$ angesehen werden und im additiven Fall $Add\,(\mathscr{B}^{0}, \mathscr{C}^{0})$ als Duale von $Add\,(\mathscr{B}, \mathscr{C})$

(vgl. 4.5.6). Die Beziehung $({}_R\mathscr{C})^0 = \mathscr{C}_R^0$ gestattet es, Resultate für Linksmodul-Kategorien durch Dualisierung auf Rechtsmodul-Kategorien zu übertragen.

15.1.4 Es besteht der *Vergiß-Funktor* $V\colon {}_R\mathscr{C} \to \mathscr{C}$. Er ordnet jedem Objekt bzw. Morphismus in ${}_R\mathscr{C}$ das unterliegende Objekt bzw. den unterliegenden Morphismus in $\mathscr{C}$ zu und stimmt mit dem partiellen Wertfunktor $W(?, *)\colon\ Add\,(R, \mathscr{C}) \to \mathscr{C}$ überein (3.7.1). Der Vergiß-Funktor ist treu, und er entdeckt Isomorphismen (vgl. 2.6.7).

Existenz von Limites und Colimites (bestimmter Typen oder allgemein) vererbt sich von $\mathscr{C}$ auf ${}_R\mathscr{C}$, und der Vergiß-Funktor respektiert und entdeckt sie. Das folgt aus der „punktweisen" Konstruktion in Funktorkategorien. Ebenso übertragen sich Vertauschbarkeitsaussagen von endlichen Limites mit filtrierenden bzw. pseudofiltrierenden Colimites (10.1.2). Ist insbesondere $\mathscr{C}$ exakt, abelsch, Grothendiecksch, so gilt dasselbe für ${}_R\mathscr{C}$, und der Vergiß-Funktor ist dabei insbesondere exakt, und er entdeckt auch exakte Folgen.

15.1.5 Es seien $\mathscr{C}, \mathscr{D}$ additive Kategorien und $T\colon \mathscr{C} \to \mathscr{D}$ ein additiver Funktor. T induziert einen „gelifteten" Funktor

(2) $$ {}_RT\colon\ {}_R\mathscr{C} \to {}_R\mathscr{D} \quad \text{mit} \quad V_RT = TV. $$

Es besteht zunächst der Ring-Homomorphismus

$$ T_{A,A}\colon\ [A, A]_{\mathscr{C}} \to [T(A), T(A)]_{\mathscr{D}}, $$

und $\varrho\colon R \to [A, A]$ ergibt $T_{A,A}\,\varrho\colon R \to [T(A), T(A)]$, womit

(3) $$ {}_RT\,({}_\varrho A) = {}_{T_{A,A}\varrho}(T(A)) $$

entsteht. Für $\bar{f}\colon {}_\varrho A \to {}_\sigma B$ erhält man nun ${}_RT(\bar{f})$ als Homomorphismus ${}_RT({}_\varrho A) \to {}_RT({}_\sigma B)$ mit unterliegendem $\mathscr{D}$-Morphismus $T(f)$. Es liegt hier ein einfacher Spezialfall von 16.1.4 vor.

15.1.6 Für $A, B \in |\mathscr{C}|$ operiert $[A, A]$ von links (1.5.2) auf $[B, A]$. Vermöge $\varrho\colon R \to [A, A]$ entsteht damit aus $[B, A] \in |Ab|$ der R-Linksmodul $[B, {}_\varrho A]$, was durch

(4) $$ rf = \varrho(r)f \qquad \text{für } f\colon B \to A,\ r \in R \quad \text{und} \quad \varrho\colon R \to [A, A] $$

beschrieben wird. Entsprechend ist $[{}_\varrho A, B]_{\mathscr{C}}$ ein R-Rechtsmodul mit

(4′) $$ fr = f\varrho(r) \qquad \text{für } f\colon A \to B,\ r \in R \quad \text{und} \quad \varrho\colon R \to [A, A]. $$

Aus den partiellen Hom-Funktoren für $\mathscr{C}$ entstehen damit Funktoren

(5) $$ [\mathrm{Op}?, {}_\varrho A]_{\mathscr{C}}\colon\ \mathscr{C}^0 \to {}_RMod; \qquad [{}_\varrho A, ?]_{\mathscr{C}}\colon\ \mathscr{C} \to Mod_R. $$

Insbesondere gilt das für den Fall, daß $R = [A, A]$ und $\varrho = 1_R$ ist.

Aus (5) entstehen Bifunktoren $\mathscr{C}^o \times {}_R\mathscr{C} \to {}_R Mod$ und $({}_R\mathscr{C})^o \times \mathscr{C} \to Mod_R$. Durch Anwendung des Vergiß-Funktors $V\colon {}_R Mod \to Ab$ bzw. $Mod_R \to Ab$ erhält man aus (4), (4') und (5)

(6) $$V[?, {}_\varrho A]_{\mathscr{C}} = [?, A]_{\mathscr{C}}; \qquad V[{}_\varrho A, ?]_{\mathscr{C}} = [A, ?]_{\mathscr{C}}.$$

Für ${}_\varrho A \in |{}_R\mathscr{C}|$ und ${}_\sigma B \in |{}_S\mathscr{C}|$ wird $[A, B]_{\mathscr{C}}$ zum R-Rechts-S-Links-Bimodul, wie aus (4) und (4') folgt. Für ${}_R A, {}_R B \in |{}_R\mathscr{C}|$ bezeichnet man die additive Gruppe der ${}_R\mathscr{C}$-Morphismen von ${}_R A$ und ${}_R B$ meist mit

(7) $$\mathrm{Hom}_R({}_R A, {}_R B),$$

um Verwechslungen mit dem zweiseitigen R-Modul $[{}_R A, {}_R B]_{\mathscr{C}}$ zu vermeiden.

Ist R kommutativ, so läßt sich (5) noch mit einer R-Modulstruktur versehen. Mit den Bezeichnungen von (1) setze man $rf = f\varrho(r) = \sigma(r) f$ für $r \in R$ und $f\colon {}_\varrho A \to {}_\sigma B$. Weil R kommutativ ist, ist rf wieder ein Homomorphismus ${}_\varrho A \to {}_\sigma B$.

15.1.7 Für additive Kategorien $\mathscr{C}$, $\mathscr{D}$ besteht nach der additiven Version von 3.6.3 die kanonische Isomorphie

$$Add(\mathscr{C}, {}_R\mathscr{D}) = Add(\mathscr{C}, Add(R, \mathscr{D})) \cong Add(R, Add(\mathscr{C}, \mathscr{D})) = {}_R Add(\mathscr{C}, \mathscr{D}).$$

Das besagt insbesondere, daß additive Funktoren $\mathscr{C} \to {}_R\mathscr{D}$ als R-Linksmodul-Objekte über $Add(\mathscr{C}, \mathscr{D})$ angesehen werden können.

Vermöge der Yoneda-Einbettung $H_*\colon \mathscr{C} \to Add(\mathscr{C}^o, Ab)$ besteht eine Bijektion zwischen den Modulstrukturen auf $A \in |\mathscr{C}|$ und auf $H_A \in |Add(\mathscr{C}^o, Ab)|$. Liften von H_* bzw. H^* ergibt daher volle Einbettungen

(8) $${}_R H_*\colon {}_R\mathscr{C} \to {}_R Add(\mathscr{C}^o, Ab) \cong Add(\mathscr{C}^o, {}_R Mod),$$

$$_{R^o}H^*\colon ({}_R\mathscr{C})^o = \mathscr{C}^o_R \to Add(\mathscr{C}, Ab)_R \cong Add(\mathscr{C}, Mod_R).$$

An der Stelle $A \in |\mathscr{C}|$ erhält man damit (5) aus (8) und (6) aus (8) und (2).

Beachtet man, daß ein Isomorphismus $\eta\colon F \to G$ für additive Funktoren $\mathscr{C} \to Ab$ eine Bijektion für die Modulstrukturen von F und G bewirkt, so folgt aus (8) und dem zuvor Gesagten unmittelbar:

Satz. *Es sei $T\colon \mathscr{C} \to Mod_R$ ein additiver Funktor. Ist $VT\colon \mathscr{C} \to Ab$ (mit Vergiß-Funktor $V\colon Mod_R \to Ab$) darstellbar, so ist T isomorph zu einem Funktor $[{}_\varrho A, ?]_{\mathscr{C}}$ für geeignetes ${}_\varrho A \in |{}_R\mathscr{C}|$.*

Bemerkungen. Bei Kombination mit den additiven Versionen von 10.3.9 oder 10.6.5 beachte man, daß T wegen 15.1.4 genau dann Limites respektiert, wenn das für VT der Fall ist. Ist $\mathscr{C} = {}_R Mod$, so ist ${}_\varrho A$ ein Bimodul, auch wenn R kommutativ ist.

15.1.8 Es sei R^+ die additive Gruppe des Ringes R. Jede Multiplikation mit einem Ringelement von links ist ein Endomorphismus von R^+, und es entsteht so der R-Linksmodul ${}_RR$ in ${}_R\mathit{Mod}$. (Man beachte, daß R im allgemeinen nicht der Endomorphismenring von R^+ ist, wie etwa die komplexen Zahlen zeigen.) Linksideale von R sind (nach Definition) Untermoduln von ${}_RR$. Man erhält entsprechend den R-Rechtsmodul R_R und den zweiseitigen Modul ${}_RR_R$ mit Rechtsidealen bzw. (zweiseitigen) Idealen als Untermoduln. ${}_RR$, R_R und ${}_RR_R$ sollen stets die angegebene Bedeutung haben.

Für $A \in {}_R\mathit{Mod}$ ist ein Homomorphismus $f\colon {}_RR \to A$ durch $f(1)$ bereits völlig bestimmt, und durch $f \mapsto f(1)$ entsteht die kanonische Isomorphie

(9) $$\mathrm{Hom}_R({}_RR, ?) \xrightarrow{\cong} V,$$

$V\colon {}_R\mathit{Mod} \to \mathit{Ab}$ der Vergiß-Funktor. Hieraus folgt übrigens, daß ${}_RR$ ein projektiver Generator von ${}_R\mathit{Mod}$ ist (10.4.1, 10.5.1, 15.1.4). Nach dem Dualen von (5) entsteht aus (9) ein kanonischer Isomorphismus

(10) $$\mathrm{Hom}_R({}_RR_R, ?) \xrightarrow{\cong} 1_{{}_R\mathit{Mod}}.$$

Für Mod_R gelten (9), (10) entsprechend. Aus (9), (10) folgt übrigens, daß R^o bzw. R der Endomorphismenring von ${}_RR$ bzw. R_R ist. Wegen (6) folgt ferner

(11) $$\mathrm{Hom}_R[R_R, [{}_RA, B]_{\mathscr{C}}] = [A, B]_{\mathscr{C}}$$

für ${}_RA \in |{}_R\mathscr{C}|$ und $B \in |\mathscr{C}|$, und es liegt damit eine Isomorphie von kontra-ko-varianten Funktoren vor, die wir später zu einer Isomorphie von Trifunktoren fortsetzen werden (Tensorprodukt, 17.7). Wir merken aber hier schon folgende Isomorphie kontra-ko-varianter Funktoren an

(12) $$\varphi\colon\ \mathrm{Hom}_R(M, \mathrm{Hom}_{\mathbf{Z}}(R_R, G)) \xrightarrow{\cong} [V(M), G]_{\mathit{Ab}}$$

für $M \in |{}_R\mathit{Mod}|$ und $G \in |\mathit{Ab}|$. Man kann (12) durch Rechnung beweisen. Für $f\colon M \to \mathrm{Hom}_{\mathbf{Z}}(R_R, G)$ und $m \in M$ ist φ durch $\varphi(f)(m) = f(m)(1)$ gegeben, der inverse Isomorphismus ψ durch $(\psi(h)(m))(r) = h(rm)$ für $h\colon V(M) \to G$, $m \in M$ und $r \in R$.

15.1.9 Der nicht-additive Fall. Ist $\mathscr{C}$ eine beliebige Kategorie und R eine mit nur einem Objekt, so kann man entsprechend 15.1.1 die Funktorkategorie $[R, \mathscr{C}]$ als Kategorie der R-Objekte über $\mathscr{C}$ auffassen. Das Vorangehende läßt sich mühelos auf diesen Fall (mit *Ens* statt *Ab*) übertragen. Ist insbesondere R terminal in *Cat*, so besteht der triviale Isomorphismus $[R, \mathscr{C}] \cong \mathscr{C}$. Dabei kann für R insbesondere eine einelementige Menge mit ihrer identischen Abbildung genommen werden.

15.2 Wesentliche Erweiterungen

Dieser Abschnitt hat vorbereitenden Charakter für 15.3. Die Kategorie $\mathscr{C}$ sei im folgenden stets abelsch.

15.2.1 Definition. Eine *Erweiterung* des Objektes $A \in |\mathscr{C}|$ ist ein Monomorphismus $m\colon\ A \to B$. Sie heißt *echt*, wenn m nicht isomorph ist. Ist $0 \to A \xrightarrow{m} B \xrightarrow{p} C \to 0$ exakt, so wird diese kurze exakte Folge (gelegentlich auch nur B) als Erweiterung von A mit C bezeichnet (entsprechend auch in anderen, nicht notwendig abelschen Kategorien, z. B. Kategorie der Gruppen). Durch A und C sind B und damit m und p noch nicht bestimmt, auch nicht bis auf Isomorphie, wie für Ab wohlbekannt ist.

Eine Erweiterung $m\colon\ A \rightarrowtail B$ heißt *wesentlich*, wenn gilt: Ist $n\colon\ N \rightarrowtail B$ ein Morphismus mit $n \cap m = 0$, so ist $n = 0$. („Jedes nicht-triviale Unterobjekt von B trifft A"). Man beachte, daß $m \cap n = 0$ gleichwertig mit $m^{-1}(n) = 0$ ist und auch mit $n^{-1}(m) = 0$.

In Ab ist jeder von 0 verschiedene Endomorphismus von $\mathbf{Z}$ wesentlich. Die Folge der Gruppen $\mathbf{Z}_p, \mathbf{Z}_{p^2}, \ldots, \mathbf{Z}_{p^n}, \ldots$ liefert sukzessive wesentliche Erweiterungen.

15.2.2 Sind $m\colon\ A \rightarrowtail B$ und $n\colon\ B \rightarrowtail C$ Erweiterungen, so ist nm genau dann wesentlich, wenn m und n es sind.

Beweis. Sind m und n wesentlich, so ist nm wesentlich nach 7.8.4 und Definition. Ist m nicht wesentlich, so gibt es einen Monomorphismus $q\colon\ D \rightarrowtail B$ mit $q \neq 0$ und $m \cap q = 0$, und wegen $nm \cap nq = n(m \cap q)$ ist nm nicht wesentlich. Ist n nicht wesentlich, so ist es nm erst recht nicht.

15.2.3 Es sei $m\colon\ A \rightarrowtail B$ monomorph. Dann sind gleichwertig

(a) m ist wesentlich.

(b) Ist $g\colon\ D \to B$ ein beliebiger von 0 verschiedener Morphismus, so ist $g \circ g^{-1}(m) \neq 0$.

(c) Jeder Morphismus $f\colon\ B \to C$, für den fm monomorph ist, ist selbst monomorph.

Beweis. Aus (a) folgt (b), indem man g in Epi- und Monomorphismus zerlegt und Pullbacks bildet. Man beachte dabei 14.4.6. Aus (b) entsteht (a) durch Beschränkung auf monomorphe g. Zum Nachweis der Gleichwertigkeit von (a) und (c) sei $k\colon\ K \to B$ Kern von $f\colon\ B \to C$. Vergleich von

$$(1)\qquad \begin{array}{ccccc} & \xrightarrow{\ker fm} & A & \xrightarrow{fm} & C \\ & & \downarrow{\scriptstyle m} & & \| \\ K & \xrightarrow{k} & B & \xrightarrow{f} & C \end{array}$$

mit 12.3.4 zeigt: Es ist fm genau dann monomorph, wenn $k \cap m = 0$ ist. Ist m wesentlich, so folgt (c). Ist m nicht wesentlich, so gibt es einen

Monomorphismus $k \neq 0$ mit $k \cap m = 0$, und für $f = \operatorname{coker} k$ ist fm monomorph, nicht aber f.

15.2.4 Es sei $\mathscr{C}$ eine Grothendieck-Kategorie. Jeder filtrierende Colimes von wesentlichen Erweiterungen des Objektes A ist eine wesentliche Erweiterung von A.

Beweis. Es sei $\mathscr{X}$ eine kleine filtrierende Kategorie und $T\colon \mathscr{X} \to {}^{A}/_{\mathscr{C}}$ (Morphismen mit Quelle A, 6.5.3 dual) ein Funktor, so daß $T(e)\colon A \rightarrowtail B_e$ für jedes $e \in |\mathscr{X}|$ eine wesentliche Erweiterung ist. Der Colimes von T besteht nach 14.6.5 und 9.1.7 aus einem Monomorphismus $m\colon A \rightarrowtail B$ und Morphismen $\mu_e\colon B_e \to B$ mit $\mu_e T(e) = m$ für alle e. Wegen 15.2.3 (c) sind alle μ_e monomorph. Ist $n\colon N \rightarrowtail B$ monomorph und $m \cap n = 0$, so ist $\mu_e \cap n = 0$ für alle e, weil $T(e)$ wesentlich ist. Weil $\{\mu_e\}$ eine filtrierende Familie von Monomorphismen mit $\bigcup \mu_e = 1_B$ ist, folgt $n = 0$ aus (AB 5) in 14.6.1. Daher ist m wesentlich.

Bemerkung. Die wesentlichen Erweiterungen eines Objektes bilden im allgemeinen keine filtrierende Kategorie. Man betrachte etwa in Ab die wesentliche Erweiterung $\mathbf{Z}_2 \to \mathbf{Z}_4$. Die beiden Automorphismen von $\mathbf{Z}_4$ zeigen, daß 9.2.4 (ii) für die wesentlichen Erweiterungen von $\mathbf{Z}_2$ nicht erfüllt ist.

15.2.5 Es sei $m\colon A \rightarrowtail B$ ein Monomorphismus in einer lokal kleinen Grothendieck-Kategorie. Zu m gibt es einen Epimorphismus $p\colon B \twoheadrightarrow C$, so daß pm monomorph und wesentlich ist.

Beweis. Für die Äquivalenzklassen der Monomorphismen mit Ziel B gibt es eine Menge M von Repräsentanten. Sei $\mathfrak{D}$ die Teilmenge derjenigen, die mit m den Durchschnitt 0 haben. Für $\mathfrak{D} = \{0\}$ ist m wesentlich, und man setze $p = 1_B$. Sei nun $\mathfrak{D} \neq 0$. $\mathfrak{D}$ ist geordnet (als Menge in $\mathscr{M}/_B$). Sei $\{d_e\}$ eine streng geordnete Teilmenge. Nach (AB 5) ist $m \cap \bigcup d_e = \bigcup (m \cap d_e) = 0$. Also ist $\bigcup d_e$ zu einem Element von $\mathfrak{D}$ äquivalent, und nach dem Satz von Zorn gibt es in $\mathfrak{D}$ ein maximales Element, etwa $k\colon K \rightarrowtail B$. Sei $p = \operatorname{coker} k\colon B \twoheadrightarrow C$. Nach (1) und 12.3.4 ist pm monomorph. Ist $n\colon N \rightarrowtail C$ monomorph, so ist $(pm)^{-1}(n) = m^{-1}(p^{-1}(n))$. Dabei ist $p^{-1}(n) \geq k$. Wegen der Maximalität von k folgt aus $m^{-1}(p^{-1}(n)) = 0$, daß $p^{-1}(n)$ zu k äquivalent ist. Wegen 14.4.6 folgt $n = 0$. Daher ist pm wesentlich.

15.2.6 Das Objekt $Q \in |\mathscr{C}|$ ist genau dann injektiv, wenn jede Erweiterung von Q eine Coretraktion ist. Ist $\mathscr{C}$ eine lokal kleine Grothendieck-Kategorie, so ist Q genau dann injektiv, wenn Q keine echte wesentliche Erweiterung besitzt.

Beweis. Nach dem Dualen von 10.4.6 ist jede Erweiterung $m\colon Q \rightarrowtail B$ eines injektiven Objektes Q eine Coretraktion, und nach 12.6.3 besitzt B eine Darstellung als Biprodukt, so daß m eine Injektion ist. Ist m eine echte Erweiterung, so ist m nicht wesentlich.

Zur ersten Umkehrung seien ein Monomorphismus $n\colon N \rightarrowtail L$ und ein Morphismus $f\colon N \to Q$ gegeben. Wir bilden das Pushout.

(2)
$$\begin{array}{ccc} N & \overset{n}{\rightarrowtail} & L \\ f\downarrow & & \downarrow \bar{f} \\ Q & \overset{\bar{n}}{\to} & P \end{array}$$

Nach 13.4.3 (c) dual ist $\bar{n}$ monomorph. Ist $\bar{n}$ Coretraktion, so gibt es $r\colon P \to Q$ mit $r\bar{n} = 1_Q$, womit $(r\bar{f})n = r\bar{n}f = f$ folgt. Nach Definition von injektiv (10.4.1°) folgt die erste Behauptung. Aus dem bereits Bewiesenen folgt die zweite vermöge (2) und 15.2.5: Besitzt Q keine echte wesentliche Erweiterung, so ist $\bar{n}$ eine Coretraktion.

15.2.7 Definition. Eine *injektive Hülle* für das Objekt A ist eine wesentliche Erweiterung $m\colon A \rightarrowtail Q$ mit injektivem Q.

15.2.8 In lokal kleinen Grothendieck-Kategorien sind injektive Hüllen, soweit vorhanden, maximale wesentliche Erweiterungen. Dabei gilt: Sind $m\colon A \rightarrowtail Q$ und $m'\colon A \rightarrowtail Q'$ injektive Hüllen, so gibt es einen Isomorphismus $h\colon Q \to Q'$ mit $hm = m'$.

Beweis. Die erste Behauptung folgt unmittelbar aus 15.2.6. Bei der zweiten existiert h mit $hm = m'$, weil Q' injektiv ist. h ist monomorph nach 15.2.3 (c) und wesentlich nach 15.2.2. Nach 15.2.6 ist h isomorph.

15.3 Existenz von Injektiven

Wir gehen zunächst auf einige Resultate für Moduln ein. Wir benutzen, daß ${}_R\mathit{Mod}$ eine lokal kleine Grothendieck-Kategorie ist (15.1.4, 10.6.3).

15.3.1 Satz. *Sei R ein Ring. Ein R-Linksmodul A ist genau dann injektiv, wenn gilt: Für jedes Linksideal L von R und jeden Modulhomomorphismus $f\colon L \to A$ gibt es $a \in A$ mit $f(r) = ra$ für alle $r \in L$.*

Beweis. Ist A injektiv, so setzt sich f zu einem Homomorphismus $f'\colon {}_RR \to A$ fort. $a = f'(1)$ hat die gewünschte Eigenschaft. Sei jetzt die Bedingung erfüllt und $m\colon A \rightarrowtail B$ eine echte Erweiterung. Es kann angenommen werden, daß m eine Inklusion ist. Sei b ein Element von B, das nicht in A liegt. Die Menge der Elemente r von R, für welche rb in A liegt, ist ein Linksideal. Nach Voraussetzung gibt es $a \in A$ mit $rb = ra$ für alle $r \in L$. Der von $b-a$ erzeugte Untermodul von B zeigt, daß m keine wesentliche Erweiterung ist. Nach 15.2.6 ist A injektiv.

15.3.2 Satz. *In Ab ist $T = \mathbf{Q}/\mathbf{Z}$ ein injektiver Cogenerator.*

Beweis. Eine additive Gruppe A heißt *teilbar*, wenn es zu $a \in A$ und $n \in \mathbf{Z}$, $n \neq 0$, stets $a' \in A$ mit $na' = a$ gibt. 15.3.1 zeigt für $R = \mathbf{Z}$, daß in Ab die teilbaren Gruppen genau die injektiven sind. Insbesondere ist T injektiv. Für $B \in |Ab|$ und $b \in B$ mit $b \neq 0$ gibt es für die von b erzeugte zyklische Untergruppe von B einen Homomorphismus f':

$B' \to T$ mit $f'(b) \neq 0$. Weil T injektiv ist, setzt sich f' zu einem Homomorphismus $f\colon B \to T$ fort. Ist $g\colon A \to B$ ein von 0 verschiedener Homomorphismus, so gibt es $a \in A$ mit $g(a) \neq 0$ und daher $f\colon B \to T$ mit $fg \neq 0$, womit die Behauptung folgt.

Der letzte Schluß ist ein Spezialfall des folgenden Satzes.

15.3.3 Satz. *In der abelschen Kategorie $\mathscr{C}$ sei U ein injektives Objekt. U ist genau dann ein injektiver Cogenerator, wenn gilt $[A, U]_{\mathscr{C}} \neq 0$ für jedes A, das nicht Null-Objekt ist.*

Beweis. Die Bedingung ist notwendig nach Definition 10.5.1°, wie 1_A und $0\colon Y \to A$ zeigen. Ist sie erfüllt, so entdeckt $H_U\colon \mathscr{C} \to Ab$ Null-Objekte. Außerdem ist H_U exakt nach dem Dualen von 13.2.6. Nach 13.3.7 ist H_U treu und daher Cogenerator.

15.3.4 Satz. *Für die Funktoren $T\colon \mathscr{C} \to \mathscr{D}$ und $S\colon \mathscr{D} \to \mathscr{C}$ bestehe eine Isomorphie*

(1) $$\psi\colon\ [S(?), ??]_{\mathscr{C}} \to [?, T(??)]_{\mathscr{D}}$$

von kontra-ko-varianten Funktoren. (Es liegt ein adjungiertes Funktorpaar vor, siehe später 16.4.1.)

(a) *Ist S treu und $A \in |\mathscr{C}|$ Cogenerator, so ist $T(A)$ Cogenerator in $\mathscr{D}$.*

(b) *Es seien $\mathscr{C}$, $\mathscr{D}$ exakte additive Kategorien und S, T additiv. Ist S exakt und $A \in |\mathscr{C}|$ injektiv, so ist $T(A)$ injektiv.*

Beweis. (a) Aus den Voraussetzungen folgt wegen (1) unmittelbar, daß $[?, T(A)]_{\mathscr{D}}$ ein treuer kontravarianter Funktor ist.

(b) Für Hom-Funktoren von $\mathscr{C}$ und $\mathscr{D}$ kann Ab als Ziel genommen werden. Wegen des Dualen von 13.2.6 und (1) ist $[?, T(A)]_{\mathscr{D}}$ exakt, und es ist $T(A)$ injektiv wieder nach dem Dualen von 13.2.6.

15.3.5 Satz. *${}_R Mod$ besitzt einen injektiven Cogenerator und Injektive.*

Beweis. Wegen des Dualen von 10.5.5 muß nur gezeigt werden, daß ein injektiver Cogenerator existiert. Weil der Vergiß-Funktor $V\colon {}_R Mod \to Ab$ treu und exakt ist (15.1.4), folgt das aber aus 15.3.2 wegen 15.1.8 (12) und 15.3.4: Es ist $\mathrm{Hom}_{\boldsymbol{Z}}(R_R, \boldsymbol{Q}/\boldsymbol{Z})$ injektiver Cogenerator von ${}_R Mod$.

15.3.6 Satz. *Es sei $\mathscr{C}$ eine abelsche Kategorie mit Injektiven und einem Generator G. Ist $\mathscr{C}$ außerdem vollständig oder covollständig, so besitzt $\mathscr{C}$ einen injektiven Cogenerator.*

Beweis. Nach 10.6.3 ist $\mathscr{C}$ lokal klein, nach 12.4.4 auch lokal coklein. Für die Äquivalenzklassen der Epimorphismen mit Quelle G sei $\{g_e\colon G \twoheadrightarrow G_e\}$ eine Menge von Repräsentanten. Sei $\mathscr{C}$ etwa vollständig. Wir betrachten $P = \prod G_e$ und eine Erweiterung $m\colon P \to Q$ mit injektivem Q. Nach 15.3.3 ist Q Cogenerator, wenn $[A, Q] \neq 0$ ist für alle A, die nicht Null-Objekte sind. Für $A \neq 0$ gibt es $g\colon G \to A$ mit $g \neq 0$, weil G Generator ist. g faktorisiert über ein G_e, etwa G_d, mit $g = g'' g_d$, so daß $g''\colon G_d \to A$ monomorph ist. Wegen $g \neq 0$ ist

$G_d \neq 0$. Nun ist pr_d eine Retraktion (7.3.4). Sei etwa $pr_d i_d = 1_{G_d}$. Weil Q injektiv ist, gibt es $h\colon A \to Q$ mit $hg'' = mi_d$. Weil m und i_d monomorph sind und $G_d \neq 0$, ist $mi_d \neq 0$ und damit $h \neq 0$. Also ist $[A, Q] \neq 0$. Ist $\mathscr{C}$ covollständig, so setze man $P = \coprod G_e$ mit Injektionen $i_d\colon G_d \to P$.

Bemerkung. Aus 16.4.8 und seinem Dualen wird folgen, daß hier $\mathscr{C}$ vollständig und covollständig ist.

15.3.7 Theorem. *Ist $\mathscr{C}$ eine Grothendieck-Kategorie mit einem Generator G, so besitzt $\mathscr{C}$ einen injektiven Cogenerator und jedes Objekt eine injektive Hülle. $\mathscr{C}$ ist auch vollständig.*

Beweis. $R = [G, G]$ ist ein Ring, der auf $[G, A]$ von rechts operiert (15.1.6). Wir fassen daher $H^G = [G, ?]$ als Funktor $T\colon \mathscr{C} \to Mod_R$ auf. Mit $H^G\colon \mathscr{C} \to Ab$ ist auch T eine Einbettung (10.5.1), und es respektiert T Limites, weil der Vergiß-Funktor $Mod_R \to Ab$ Limites entdeckt (15.1.4). Wir beweisen zunächst zwei Lemmas.

Lemma 1. *T respektiert und entdeckt wesentliche Erweiterungen.*

Beweis. Sei $m\colon A \rightarrowtail B$ monomorph in $\mathscr{C}$. Dann ist $T(m)$ monomorph, weil T Limites respektiert. Sei nun zunächst m wesentlich, $M \neq 0$ ein Untermodul von $T(B)$ und $g \neq 0$ Element von M. Es ist g ein $\mathscr{C}$-Morphismus $G \to B$. Wir betrachten das Pullback

$$\begin{array}{ccc} C & \xrightarrow{h} & A \\ {\scriptstyle j}\downarrow & & \downarrow{\scriptstyle m} \\ G & \xrightarrow{g} & B \end{array}$$

Nach 15.2.3 (b) ist $gj = mh \neq 0$. Weil G Generator ist, gibt es $f\colon G \to C$ mit $gjf = mhf \neq 0$. Wegen $jf \in R$ und $g \in M$ ist $gjf \in M$. Ferner ist $hf \in T(A)$ und $T(m)(hf) = mhf = gjf$. Das Urbild von M bezüglich $T(m)$ besteht also nicht nur aus 0. Daher ist $T(m)$ wesentlich. Sei nun umgekehrt $T(m)$ wesentlich und $n\colon N \rightarrowtail B$ ein Monomorphismus mit $m \cap n = 0$. Weil T Limites respektiert, ist $T(n)$ monomorph und $T(m) \cap T(n) = 0$. Weil $T(m)$ wesentlich ist, ist $T(n) = 0$. Weil T treu ist, folgt $n = 0$ nach 13.3.5 (b). Daher ist m wesentlich.

Bemerkung. Wir haben bisher nur benutzt, daß $\mathscr{C}$ eine abelsche Kategorie mit Generator ist.

Lemma 2. *T ist eine volle Einbettung.*

Beweis. Es muß noch gezeigt werden, daß T voll ist. Sei $u\colon T(A) \to T(B)$ ein Morphismus in Mod_R. Gemäß 10.5.4 betrachten wir den Epimorphismus

(2) $p\colon \coprod_{e \in T(A)} G_e \twoheadrightarrow A$ mit $G_e = G$ für alle e und $pi_e = e$.

Nun ist $u(e)$ ein $\mathscr{C}$-Morphismus $G \to B$, und es besteht der Morphismus

$$(3) \qquad q: \coprod_{e \in T(A)} G_e \to B \text{ mit } q i_e = u(e).$$

Sei $k: K \to \coprod G_e$ Kern von p. Wir zeigen $qk = 0$. Weil p Cokern von k ist, gibt es dann $f: A \to B$ mit $q = fp$. Wegen (2), (3) folgt $fe = u(e)$ und damit $T(f) = u$ nach Definition von T (vgl. 2.2.5).

Für jede endliche Teilmenge D von $T(A)$ besteht nach 14.5.4 die Inklusion $i_D: \coprod_{d \in D} G_d \to \coprod_{e \in T(A)} G_e$, und es ist damit $(\coprod G_e, \{i_D\})$ filtrierender Colimes. Daher ist p filtrierender Colimes der Morphismen $p i_D$. Sei $k_D: K_D \to \coprod G_d$ Kern von $p i_D$. Nach 14.6.6 (b) ist k Colimes der Kerne k_D, und es genügt zu zeigen, daß $q i_D k_D = 0$ ist. Weil G Generator ist, ist das gleichwertig damit, daß für $h: G \to K_D$ stets $q i_D k_D h = 0$ ist. Seien i'_d und pr'_d die Injektionen und Projektionen des Biproduktes $\coprod G_d$. Wir setzen $r_d = pr'_d k_D h: G \to G$. Wegen $i_D i'_d = i_d$ und $k_D h = \sum i'_d pr'_d k_D h = \sum i'_d r_d$ folgt aus (2)

$$0 = p i_D k_D h = \sum_{d \in D} p i_D i'_d r_d = \sum_{d \in D} d r_d .$$

Hieraus und aus (3) folgt

$$q i_D k_D h = \sum_{d \in D} q i_D i'_d pr'_d k_D h = \sum_{d \in D} q i_d r_d = \sum_{d \in D} u(d) r_d = u\Big(\sum_{d \in D} d r_d\Big) = 0,$$

das letzte, weil $r_d \in R$ und u ein Modul-Homomorphismus ist. Damit ist Lemma 2 bewiesen.

Beweis des Theorems.[1] Zu $A \in |\mathscr{C}|$ gibt es nach 15.3.5 in Mod_R einen Monomorphismus $\alpha: T(A) \rightarrowtail J$ mit injektivem J. Ist $m: A \rightarrowtail B$ eine wesentliche Erweiterung, so ist $T(m)$ wesentlich nach Lemma 1. Weil J injektiv ist, gibt es $\beta: T(B) \to J$ mit $\alpha = \beta T(m)$, und wegen 15.2.3 (c) ist β monomorph. Weil T eine Einbettung ist, sind B und m durch β eindeutig bestimmt. Sind $\beta: T(B) \rightarrowtail J$ und $\beta': T(B') \rightarrowtail J$ äquivalente Monomorphismen, so gibt es genau einen Isomorphismus f: $B \to B'$ mit $\beta' T(f) = \beta$, weil T völlig treu ist, und es sind m und fm isomorphe wesentliche Erweiterungen in $\mathscr{C}$.

Sei jetzt A fest gewählt. Wir betrachten in Mod_R Monomorphismen der Form $\beta: T(B) \to J$ derart, daß es eine wesentliche Erweiterung $\mu: T(A) \to T(B)$ mit $\beta\mu = \alpha$ gibt. Aus der Klasse aller Monomorphismen mit Ziel J erhält man durch Einschränkung Äquivalenz und Vorordnung für die betrachteten. Durch Auswahl von Repräsentanten für die Äquivalenzklassen erhält man eine geordnete Menge $\mathscr{Y}$. Wegen Lemma 1 und 2 existiert ein Funktor W von $\mathscr{Y}$ in die Kategorie der wesentlichen Erweiterungen von A: $\beta \in |\mathscr{Y}|$ bestimmt eindeutig

[1] Dieser Beweis kann übergangen werden, da sich die Behauptung in 19.8.7 als Korollar ergibt.

$\mu\colon\ T(A) \to T(B)$ mit $\beta\mu = \alpha$ und damit eindeutig $W(\beta) = m\colon A \to B$ mit $T(m) = \mu$ (m existiert nach Lemma 2, ist monomorph nach 13.3.5 und wesentlich nach Lemma 1). Zu $\beta' \in |\mathscr{Y}|$, $\beta'\colon T(B') \to J$ gibt es höchstens einen Morphismus $\nu\colon \beta \to \beta'$, d. h. $\nu\colon T(B) \to T(B')$ mit $\beta'\nu = \beta$. Dabei ist ν eine wesentliche Erweiterung wegen 15.2.2 (weil $\alpha = \beta'\mu'$ für geeignetes μ' gilt und $\mu' = \nu\mu$ folgt). $W(\nu)$ ist wesentliche Erweiterung von B mit $T(W(\nu)) = \nu$. Damit liegt W vor, und jede wesentliche Erweiterung von A ist nach dem oben Gesagten zu einer der Form $W(\beta)$ isomorph.

Wir zeigen, daß jede streng geordnete Teilmenge $\mathscr{X}$ von $\mathscr{Y}$ eine obere Schranke (in $\mathscr{Y}$) besitzt. $W(\mathscr{X})$ ist eine streng geordnete Menge wesentlicher Erweiterungen von A. Wegen 15.2.4 erhält man als Colimes eine wesentliche Erweiterung $g\colon A \rightarrowtail C$ mit Monomorphismen $n_\beta\colon B_\beta \to C$, wobei $\beta \in |\mathscr{X}|$ und $n_\beta W(\beta) = g$ ist. Ordnet man jedem $\beta \in |\mathscr{X}|$ in Mod_R das Diagramm

$$T(A) \xrightarrow{TW(\beta)} T(B_\beta) \xrightarrow{\beta} J$$

zu, so erhält man eine streng geordnete Menge von Diagrammen, die in Mod_R einen Colimes

$$T(A) \xrightarrow{\nu} L \xrightarrow{\gamma} J$$

mit Morphismen $\lambda_\beta\colon T(B_\beta) \to L$ besitzt. Hierbei ist $\nu = \lambda_\beta TW(\beta)$, $\beta = \gamma\lambda_\beta$ für $\beta \in |\mathscr{X}|$, ν und γ sind monomorph nach 14.6.5, und ν ist wesentlich nach 15.2.4. Weil der Colimes in $\mathscr{C}$ durch T in eine natürliche Transformation übergeht, gibt es genau einen Morphismus $\varrho\colon L \to T(C)$ mit $\varrho\lambda_\beta = T(n_\beta)$ für alle $\beta \in |\mathscr{X}|$. Nun ist $\varrho\nu = \varrho\lambda_\beta TW(\beta) = T(n_\beta)TW(\beta) = T(g)$. Weil ν wesentlich ist, ist ϱ monomorph (15.2.3); weil $T(g)$ wesentlich ist, ist $\varrho\colon L \to T(C)$ wesentlich (15.2.2). Es gibt daher (vgl. oben) einen Monomorphismus $\sigma\colon T(C) \to J$ mit $\sigma\varrho = \gamma$. Nun ist $\sigma T(g) = \alpha$. Also ist σ zu einem Element von $\mathscr{Y}$ äquivalent. Dieses ist obere Schranke für $\mathscr{X}$ in $\mathscr{Y}$ wegen $\beta = \gamma\lambda_\beta = \sigma\varrho\lambda_\beta$.

Nach dem Satz von Zorn gibt es in $\mathscr{Y}$ ein maximales Element, etwa $\delta\colon T(D) \rightarrowtail J$. Sei $s\colon D \rightarrowtail E$ eine wesentliche Erweiterung von D in $\mathscr{C}$. Weil $T(s)$ wesentlich ist, gibt es (vgl. oben) einen Monomorphismus $\tau\colon T(E) \rightarrowtail J$ mit $\delta = \tau T(s)$. Weil $sW(\delta)\colon A \rightarrowtail E$ wesentlich ist (15.2.2), ist τ zu einem Element ε von $\mathscr{Y}$ äquivalent. Wegen der Maximalität von δ, ist $\varepsilon = \delta$. Also ist $T(s)$ und damit s isomorph. Nach 15.2.6 ist D injektiv, und nach 15.2.7 ist $W(\delta)\colon A \rightarrowtail D$ eine injektive Hülle von A.

Die Existenz eines injektiven Cogenerators für $\mathscr{C}$ folgt nun aus 15.3.6. Die letzte Behauptung des Theorems ergibt sich durch Vorgriff auf das Duale von 16.4.8.

15.3.8 Bemerkungen. Aus dem vorangehenden Beweis ergibt sich durch Vereinfachung ($\mathscr{C}$, $1_\mathscr{C}$ statt Mod_R, T):

Ist $\mathscr{C}$ eine lokal kleine Grothendieck-Kategorie und besitzt das Objekt A eine Erweiterung $a\colon A \rightarrowtail J$ mit injektivem J, so besitzt A eine injektive Hülle. Eine lokal kleine Grothendieck-Kategorie braucht jedoch keine Injektiven zu besitzen (siehe Freyd [11]).

Die Benutzung injektiver Hüllen ist nicht immer zweckmäßig. Ist ein injektiver Cogenerator Q vorhanden, so existiert nach dem Dualen von 10.5.4 ein Monomorphismus $m_A\colon A \rightarrowtail \prod Q_e$ mit $e \in [A, Q]$ und $Q_e = Q$, Dabei ist $\prod Q_e$ injektiv nach dem Dualen von 10.4.4. $f\colon A \to B$ induziert vermöge $[f, Q]$ einen Morphismus

$$f_*\colon \prod_{e \in [A,Q]} Q_e \to \prod_{d \in [B,Q]} Q_d \quad \text{mit} \quad pr_d f_* = pr_{df}.$$

Damit entsteht ein Funktor $\mathscr{C} \to [2, \mathscr{C}]$, der jedem Objekt von $\mathscr{C}$ eine Erweiterung mit injektivem Ziel zuordnet.

15.3.9 Wir merken noch an, daß unter den Voraussetzungen von 15.3.6 ein additiver Funktor $\mathscr{C} \to Ab$ genau dann darstellbar ist, wenn er Limites respektiert. Wegen 10.6.3 folgt das aus 10.6.5. Insbesondere gilt das für $\mathscr{C} = {}_R Mod$.

15.4 Ein Einbettungssatz

15.4.1 Satz. *Es sei $\mathscr{C}$ eine kleine exakte, additive Kategorie. In $Add(\mathscr{C}, Ab)$ ist $G = \coprod_{A \in |\mathscr{C}|} H^A$ ein projektiver Generator, der als Funktor $G\colon \mathscr{C} \to Ab$ linksexakt ist.*

Beweis. Jedes H^A ist projektiv nach 10.4.3 und linksexakt nach 13.2.5. Alle H^A zusammen bilden eine Generatormenge nach 10.5.2. Wegen 10.5.3 und 10.4.4 ist G ein projektiver Generator. Weil $\coprod H^A$ „punktweise" konstruiert wird und Ab eine Grothendieck-Kategorie ist, ist G linksexakt nach 14.6.6.

15.4.2 Satz. *Es sei $\mathscr{C}$ eine exakte additive Kategorie. Ist ein additiver Funktor $T\colon \mathscr{C} \to Ab$ injektives Objekt von $Add(\mathscr{C}, Ab)$, so ist T rechtsexakt.*

Beweis. Ist $A \to B \to C \to 0$ eine exakte Folge in $\mathscr{C}$, so ist $0 \to H^C \to$ $\to H^B \to H^A$ exakt in $Add(\mathscr{C}, Ab)$ nach 10.2.5, 10.2.7. Ist T injektiv, so ist $[H^A, T] \to [H^B, T] \to [H^C, T) \to 0$ exakt, wobei $[H^A, T]$ usw. Morphismengruppe für Add $(\mathscr{C}, Ab)$ ist. Nach dem Yoneda-Lemma (4.3.1) ist $T(A) \to T(B) \to T(C) \to 0$ exakt.

15.4.3 Definition. Ein Funktor heißt *Monofunktor*, wenn er Monomorphismen respektiert.

Ein rechtsexakter Monofunktor zwischen exakten Kategorien ist exakt.

15.4.4 Lemma. *Es sei $\mathscr{C}$ eine abelsche Kategorie und $M\colon \mathscr{C} \to Ab$ ein additiver Monofunktor. Ist $\mu\colon M \rightarrowtail N$ eine wesentliche Erweiterung in $Add(\mathscr{C}, Ab)$, so ist auch N ein Monofunktor.*

Beweis indirekt. Ist N kein Monofunktor, so gibt es einen Monomorphismus $f\colon A \rightarrowtail B$ in $\mathscr{C}$, so daß $N(f)$ nicht monomorph ist, d. h. in $N(A)$ gibt es $x \neq 0$ mit $N(f)(x) = 0$. Nach dem Yoneda-Lemma gibt es eine natürliche Transformation $\xi\colon H^A \to N$ mit $Y(\xi) = \xi_A(1_A) = x$. Mit noch zu definierenden Objekten und Morphismen betrachten wir folgendes Diagramm

$$(1)\qquad \begin{array}{ccccccc} H^P & \xrightarrow{H^u} & H^D & \xrightarrow{\varrho} & F & \xrightarrow{\eta} & M \\ & \searrow^{H^v} & \text{II} & \searrow^{H^g} & \downarrow{\scriptstyle \bar{\mu}} & \text{I} & \downarrow{\scriptstyle \mu} \\ & & H^B & \xrightarrow{H^f} & H^A & \xrightarrow{\xi} & N \end{array}$$

Hierbei ist I ein Pullback. Wegen $\xi \neq 0$ ist $\xi\bar{\mu} = \mu\eta \neq 0$ nach 15.2.3 (b). Es gibt also eine Stelle $D \in |\mathscr{C}|$ mit $y \in F(D)$, so daß $(\mu\eta)_D(y) \neq 0$ ist. y bestimmt $\varrho\colon H^D \to F$ mit $Y(\varrho) = y$ und damit $g\colon A \to D$ mit $H^g = \bar{\mu}\varrho$. Für f und g wird in $\mathscr{C}$ das Pushout gebildet. Vermöge der Yoneda-Einbettung $\mathscr{C}^0 \to Add(\mathscr{C}, Ab)$ geht es in das Pullback II über (10.2.5, 10.2.7). Nach 13.4.3 (b) ist mit f auch $u\colon D \to P$ monomorph. Weil M ein Monofunktor ist, ist $M(u)$ monomorph, nach 4.2.4 also auch $[H^u, M]\colon [H^D, M] \to [H^P, M]$. Wegen $0 \neq \eta\varrho \in [H^D, M]$ ergibt sich $\mu\eta\varrho H^u \neq 0$. Das ist ein Widerspruch gegen die Kommutativität von (1), denn aus $N(f)(x) = 0$ und dem Yoneda-Lemma folgt $\xi H^f = [H^f, N](\xi) = 0$.

15.4.5 Theorem. *Jede kleine abelsche Kategorie $\mathscr{C}$ besitzt eine exakte Einbettung in Ab.*

Beweis. $Add(\mathscr{C}, Ab)$ ist eine Grothendieck-Kategorie (10.1.2, 14.6.6). Sie besitzt nach 15.4.1 einen Generator G, der ein Monofunktor ist. Die injektive Hülle $\mu\colon G \rightarrowtail Q$ von G ist nach 15.3.7 vorhanden. Nach 15.4.2 und 15.4.4 ist Q exakt. $G = \coprod H^A$ respektiert und entdeckt Null-Morphismen. Dasselbe gilt für Q, weil μ monomorph ist, und zwar „punktweise" wegen 10.1.4. Damit ist Q ein exakter treuer Funktor. Daß man damit sogar eine Einbettung in Ab erhalten kann, folgt durch Vorgriff auf 16.2.7.

Literatur[1]

A. Sammelwerke

[1] Proceedings of the Conference on Categorical Algebra, La Jolla 1965. Berlin/Heidelberg/New York: Springer 1966.

[2] Reports of the Midwest Category Seminar I, II. Lecture Notes in Math. **47, 61.** Berlin/Heidelberg/New York: Springer 1967, 1968.

[3] Seminar on Triples and Categorical Homotopy Theory. Lecture Notes in Math. **80.** Berlin/Heidelberg/New York: Springer 1969.

---

[1] Wir beschränken uns auf die benutzte Literatur und eine Auswahl aus der weiterführenden Literatur.

[4] Category Theory, Homology Theory and their Applications I. Lecture Notes in Math. **86**. Berlin/Heidelberg/New York: Springer 1969.

B. Bücher und Lecture Notes

[5] ARTIN, M., et A. GROTHENDIECK: Cohomologie étale des schémas. Seminaire de Géometrie algébrique **4**, 1963/64. Amsterdam: North Holland, Paris: Masson 1969.
[6] BRINKMANN, H. B., u. D. PUPPE: Kategorien und Funktoren. Lecture Notes in Math. **18**. Berlin/Heidelberg/New York: Springer 1966.
[7] BUCUR, I., and A. DELEANU: Categories and Functors. London/New York/Sydney/Toronto: Wiley 1968.
[8] CARTAN, H., and S. EILENBERG: Homological Algebra. Princeton, N. J.: Princeton Univ. Press 1956.
[9] DOLD, A.: Halbexakte Homotopiefunktoren. Lecture Notes in Math. **12**. Berlin/Heidelberg/New York: Springer 1966.
[10] EHRESMAN, CH.: Catégories et structures. Paris: Dunod 1965.
[11] FREYD, P.: Abelian Categories. Evenston-London: Harper and Row 1964.
[12] GABRIEL, P., and M. ZISMAN: Calculus of Fractions and Homotopy Theory, Berlin/Heidelberg/New York: Springer 1967.
[13] GODEMENT, R.: Théorie des faisceaux. Paris: Hermann 1958.
[14] HARTSHORNE, R.: Residues and Duality. Lecture Notes in Math. **20**. Berlin/Heidelberg/New York: Springer 1966.
[15] HASSE, M., u. L. MICHLER: Theorie der Kategorien. Berlin: VEB Verlag der Wissenschaften 1966.
[16] HERRLICH, H.: Topologische Reflexionen und Coreflexionen. Lecture Notes in Math. **78**. Berlin/Heidelberg/New York: Springer 1968.
[17] LAMBEK, J.: Completion of Categories. Lecture Notes in Math. **24**. Berlin/Heidelberg/New York: Springer 1966.
[18] MACLANE, S.: Homology, 2. Aufl. Berlin/Heidelberg/New York: Springer 1967.
[19] MITCHELL, B.: Theory of Categories. New York/London: Academic Press 1965.

C. Abhandlungen

[20] BÉNABOU, J.: Catégories avec multiplication. C. R. Acad. Sci. Paris **256**, 1887–1890 (1963).
[21] BUCHSBAUM, D. A.: Exact categories and duality. Trans. Am. Math. Soc. **80**, 1–34 (1955).
[22] DUSKE, J.: Analogie zwischen k-Räumen und bornologischen Räumen. Diss. Kiel 1967.
[23] ECKMANN, B., and P. J. HILTON: Group-like structures in general categories I, II, III. Math. Ann. **145**, 227–255 (1961); **151**, 150–186 (1963); **150**, 165–187 (1963).
[24] —, —: Commuting limits with colimits. J. of Alg. **11**, 116–144 (1969).
[25] EILENBERG, S., and G. M. KELLEY: Closed categories. In [1].
[26] EILENBERG, S., and S. MACLANE: Group extensions and homology. Ann. Math. **43**, 757–831 (1942).
[27] —, —: General theory of natural equivalences. Trans. Am. Math. Soc. **58**, 231–294 (1945).
[28] EILENBERG, S., and J. MOORE: Adjoint functors and triples. Ill. J. Math. **9**, 381–398 (1965).

[29] Fisher, J. L.: The tensor product of functors, satellites, and derived functors. J. of Alg. **8**, 277–294 (1968).
[30] Gabriel, P.: Des catégories abéliennes. Bull. Soc. Math. France **90**, 323–448 (1962).
[31] Gabriel, P., et N. Popescu: Caractérisation des catégories abéliennes avec générateurs et limites inductives exactes. C. R. Acad. Sc. Paris **258**, 4188–4190 (1964).
[32] Grothendieck, A.: Sur quelques points d'algèbre homologique. Tôhoku Math. J. 2, **9**, 119–221 (1957).
[33] Hilton, P. J.: Correspondences and exact squares. In [1].
[34] Isbell, J.: Subobjects, adequacy, completenes and categories of algebras. Rozprawy Mat. **36**, 1–32 (1964).
[35] Kan, D. M.: Adjoint functors. Trans. Am. Math. Soc. **87**, 294–329 (1958).
[36] Lawvere, F. W.: The category of categories as a foundation for mathematics. In [1].
[37] —: Functorial semantics of algebraic theories. Proc. Nat. Ac. Sci. **50**, 869–872 (1963).
[38] —: Some algebraic problems in the context of functorial semantics of algebraic theories. In [2]. II.
[39] Linton, F. E. J.: Autonomous categories and duality of functors. J. of Alg. **2**, 315–341 (1965).
[40] —: Some aspects of equational categories. In [1].
[41] —: An outline of functorial semantics. In [3].
[42] MacLane, S.: Natural associativity and commutativity. Rice Univ. Studies **49**, 28–46 (1963).
[43] —: Categorical algebra. Bull. Am. Math. Soc. **71**, 40–106 (1965).
[44] Puppe, D.: Über die Axiome für abelsche Kategorien. Archiv d. Math. **XVIII**, 217–222 (1967).
[45] Roos, J.-E.: Locally distributive spectral categories and strongly regular rings. In [2], I.
[46] Thode, Th.: Bruchrechnung in Kategorien. Diplomarbeit Kiel 1969.
[47] Ulmer, F.: Properties of dense and relative adjoint functors. J. of Alg. **8**, 77–95 (1968).
[48] —: Representable functors with values in arbitrary categories. J. of Alg. **8**, 96–129 (1968).
[49] Verdier, J. L.: Exposés I, II, III in [5].
[50] Volger, H.: Kategorien von Algebren über algebraischen Theorien. Diplomarbeit Freiburg/Brsg. 1967.
[51] Yoneda, N.: On the homology theory of modules. J. Fac. Sci. Univ. Tokyo Sect. I, **7**, 193–227 (1954).

Sachverzeichnis

Erschienene Bände der Heidelberger Taschenbücher

1 **Max Born: Die Relativitätstheorie Einsteins.** 5. Auflage DM 10,80
2 **K. H. Hellwege: Einführung in die Physik der Atome** 3., verbesserte Auflage. DM 8,80
3 **Wolfhard Weidel: Virus und Molekularbiologie** 2., erweiterte Auflage. DM 5,80
4 **L. S. Penrose: Einführung in die Humangenetik.** DM 8,80
5 **Hans Zähner: Biologie der Antibiotica.** DM 8,80
6 **Siegfried Flügge: Rechenmethoden der Quantentheorie** 3. Auflage. DM 10,80
7/8 **G. Falk: Theoretische Physik I und Ia auf der Grundlage einer allgemeinen Dynamik**
Band 7: Elementare Punktmechanik (I). DM 8,80
Band 8: Aufgaben und Ergänzungen zur Punktmechanik (Ia). DM 8,80
9 **Kenneth W. Ford: Die Welt der Elementarteilchen.** DM 10,80
10 **Richard Becker: Theorie der Wärme.** DM 10,80
11 **P. Stoll: Experimentelle Methoden der Kernphysik.** DM 10,80
12 **B. L. van der Wærden: Algebra I** 7., neubearbeitete Auflage der Modernen Algebra. DM 10,80
13 **H. S. Green: Quantenmechanik in algebraischer Darstellung.** DM 8,80
14 **Alfred Stobbe: Volkswirtschaftliches Rechnungswesen.** 2., revidierte und erweiterte Auflage DM 10,80
15 **Lothar Collatz/Wolfgang Wetterling: Optimierungsaufgaben.** DM 10,80
16/17 **Albrecht Unsöld: Der neue Kosmos.** DM 18,–
18 **Fred Lembeck/Karl-Friedrich Sewing: Pharmakologie-Fibel.** DM 5,80
19 **A. Sommerfeld/H. Bethe: Elektronentheorie der Metalle.** DM 10,80
20 **K. Marguerre: Technische Mechanik.** I. Teil: Statik. DM 10,80
21 **K. Marguerre: Technische Mechanik.** II. Teil: Elastostatik. DM 10,80
22 **K. Marguerre: Technische Mechanik.** III. Teil: Kinetik. DM 12,80
23 **B. L. van der Wærden: Algebra II** 5. Auflage der Modernen Algebra. DM 14,80
24 **Manfred Körner: Der plötzliche Herzstillstand.** DM 8,80
25 **W. Reinhard: Massage und physikalische Behandlungsmethoden.** DM 8,80
26 **H. Grauert/I. Lieb: Differential- und Integralrechnung I.** DM 12,80
27/28 **G. Falk: Theoretische Physik II und IIa**
Band 27: Allgemeine Dynamik. Thermodynamik (II). DM 14,80
Band 28: Aufgaben und Ergänzungen zur Allgemeinen Dynamik und Thermodynamik (IIa). DM 12,80
29 **P. D. Samman: Nagelerkrankungen.** DM 14,80
30 **R. Courant/D. Hilbert: Methoden der mathematischen Physik I** 3. Auflage. DM 16,80
31 **R. Courant/D. Hilbert: Methoden der mathematischen Physik II** 2. Auflage. DM 16,80
32 **F. W. Ahnefeld: Sekunden entscheiden – Lebensrettende Sofortmaßnahmen.** DM 6,80
33 **K. H. Hellwege: Einführung in die Festkörperphysik I.** DM 9,80
36 **H. Grauert/W. Fischer: Differential- und Integralrechnung II** DM 12,80
37 **V. Aschoff: Einführung in die Nachrichtenübertragungstechnik** DM 11,80

38 **R. Henn/H. P. Künzi: Einführung in die Unternehmensforschung I** DM 10,80

39 **R. Henn/H. P. Künzi: Einführung in die Unternehmensforschung II** DM 12,80

40 **M. Neumann: Kapitalbildung. Wettbewerb und ökonomisches Wachstum.** DM 9,80

41 **G. Martz: Die hormonale Therapie maligner Tumoren.** DM 8,80

42 **W. Fuhrmann/F. Vogel: Genetische Familienberatung.** DM 8,80

43 **H. Grauert/I. Lieb: Differential- und Integralrechnung III.** DM 12,80

44 **J. H. Wilkinson: Rundungsfehler.** DM 14,80

45 **G. H. Valentine: Die Chromosomenstörungen.** DM 14,80

46 **Robert D. Eastham: Klinische Hämatologie.** DM 8,80

47 **C. N. Barnard/V. Schrire: Die Chirurgie der häufigen angeborenen Herzmißbildungen.** DM 12,80

48 **R. Gross: Medizinische Diagnostik — Grundlagen und Praxis.** DM 9,80

49 **K. Jacobs: Selecta Mathematica I.** DM 10,80

50 **H. Rademacher/O. Toeplitz: Von Zahlen und Figuren.** DM 8,80

51 **E. B. Dynkin/A. A. Juschkewitsch: Sätze und Aufgaben über Markoffsche Prozesse.** DM 14,80

52 **H. M. Rauen: Chemie für Mediziner — Übungsfragen.** DM 7,80

53 **H. M. Rauen: Biochemie — Übungsfragen.** DM 9,80

54 **G. Fuchs: Mathematik für Mediziner und Biologen.** DM 12,80

55 **H. N. Christensen: Elektrolytstoffwechsel.** DM 12,80

56 **M. J. Beckmann/H. P. Künzi: Mathematik für Ökonomen I.** DM 12,80

57/58 **H. Dertinger/H. Jung: Molekulare Strahlenbiologie.** DM 16,80

59/60 **C. Streffer: Strahlen-Biochemie.** DM 14,80

61 **Herzinfarkt. Hrsg. W. Hort** DM 9,80

62 **K. W. Rothschild: Wirtschaftsprognose. Methoden und Probleme** DM 12,80

64 **R. Rehbock: Darstellende Geometrie.** 3. Auflage. DM 12,80

65 **H. Schubert: Kategorien I.** DM 12,80

66 **H. Schubert: Kategorien II.** DM 10,80

Bitte Gesamtverzeichnis der Reihe anfordern!

MIX
Papier aus verantwortungsvollen Quellen
Paper from responsible sources
FSC® C105338
FSC
www.fsc.org

If you have any concerns about our products,
you can contact us on
ProductSafety@springernature.com

In case Publisher is established outside the EU,
the EU authorized representative is:
Springer Nature Customer Service Center GmbH
Europaplatz 3, 69115 Heidelberg, Germany

Printed by Libri Plureos GmbH
in Hamburg, Germany

Horst Schubert

Kategorien II

Springer-Verlag Berlin Heidelberg GmbH 1970

Professor Dr. H. Schubert
Mathematisches Institut der Universität Düsseldorf

ISBN 978-3-662-38922-5 ISBN 978-3-662-39862-3 (eBook)
DOI 10.1007/978-3-662-39862-3

Titel-Nr. 7593

Ursprünglich erschienen bei Springer-Verlag Berlin Heidelberg New York 170.

Vorwort

Dieses Buch entstand aus Aufzeichnungen, die ich für die Hörer einer Vorlesung im Jahre 1967/68 in Kiel angefertigt hatte. Angesichts der rasch wachsenden Anwendung der kategoriellen Sprache setzt es sich das Ziel, in den zentralen Teil der Theorie einzuführen und dem weiter Interessierten Zugang zur Literatur zu verschaffen.

An Vorkenntnissen sind in der Sache nur die einfachsten Grundbegriffe der Mengenlehre und der Algebra erforderlich. Moduln treten zwar von Anfang an in den Beispielen auf, sie werden aber in 15.1 definiert. Ein Teil der Beispiele entstammt der Topologie. Selbstverständlich wird das Verständnis der Begriffsbildungen wesentlich erleichtert, wenn man mit den Beispielen aus Algebra oder Topologie vertraut ist.

Im Mittelpunkt steht der Begriff des darstellbaren Funktors mit seinen Abwandlungen: Limites und adjungierte Funktorpaare. Es handelt sich um die Charakterisierung spezieller Objekte durch universelle Abbildungseigenschaften, die für Spezialfälle schon lange und im Werk von Bourbaki, bei anderer Sprache, systematisch benutzt wird. Das Yoneda-Lemma wird möglichst früh bereitgestellt. Dagegen wird die Behandlung adjungierter Funktorpaare aufgeschoben, bis sie zusammenhängend möglich ist und auch die Kansche Konstruktion sofort angeschlossen werden kann. Filtrierende Colimites werden gebührend berücksichtigt. Additive Kategorien und Funktorkategorien sind von Anfang an in die Betrachtung einbezogen. Dabei wird die benutzte Mengenlehre dort referiert, wo sich ihr Gebrauch aufdrängt. Nach dem gegenwärtigen Stand scheinen Universa am handlichsten, und ich vertraue darauf, daß bei einer möglichen Revision der Grundlagen die Substanz der Theorie erhalten bleibt.

Auswahl des Stoffes fordert immer eine Entscheidung, und angesichts der umfangreichen Literatur läßt sich leicht vieles aufzählen, dessen Behandlung ebenfalls wünschenswert gewesen wäre. Einführung in Anwendungen enthalten nur die Kapitel 18 und 20. Auf Homologische Algebra, den eigentlichen Ursprung der Theorie, konnte schon aus Gründen des Umfangs nicht eingegangen werden, und damit wurde auch auf Tripel und auf derivierte Kategorien verzichtet. Die Darstellung führt jedoch an diese Dinge und an andere heran. Ich hoffe, den Stoff unabhängig von speziellen Interessen ausgewählt und damit das Kernstück der Theorie erfaßt zu haben, das sich wohl nicht mehr allzusehr in Fluß befindet.

Bei den behandelten Gegenständen wird eine gewisse Vollständigkeit angestrebt, die es vielleicht auch gestattet, das Buch zum Nachschlagen und als Referenz zu benutzen. Die Sätze wurden so formuliert, daß sie nach Möglichkeit unabhängig lesbar sind. Hinsichtlich der Terminologie habe ich der verworrenen Lage in der Literatur durch Hinweise im Text und im Register Rechnung getragen. Aufgaben sind als solche nicht ausdrücklich gekennzeichnet. Jedoch wird der daran Interessierte in den Bemerkungen und Beispielen genügend Stoff vorfinden.

Da dieses Buch ein Lehrbuch sein will, habe ich mich nicht gescheut, gelegentlich Spezialfälle zu erörtern, die sich später allgemeineren Sachverhalten unterordnen. Besonders deutlich wird das bei den algebraischen Strukturen, für die zunächst in Kapitel 11 eine elementare und für Anwendungen, etwa in der Topologie, bequeme Darstellung gegeben wurde.

Auf Zitate der Originalarbeiten glaubte ich im Text verzichten zu können. Dem Lernenden ist damit wenig geholfen, und das Literaturverzeichnis gibt über die benutzten Quellen Auskunft.

Bei der Erstellung des Manuskriptes wurde mir mannigfache Hilfe zuteil. Besonderen Dank schulde ich Herrn Dr. J. Gamst für Hinweise, zahlreiche Diskussionen und Durchsicht des Manuskriptes. Herr Th. Thode trug zur Gestaltung von Abschnitt 9.2 und Kapitel 19 bei. Außerdem verwandte er viel Mühe auf die Vervielfältigung der ursprünglichen Vorlesungsnotizen. Frau K. Mayer-Lindenberg danke ich für die geduldige Reinschrift verschiedener Versionen des Manuskriptes.

Düsseldorf, November 1969

H. Schubert

Inhaltsverzeichnis

Kategorien I

Inhaltsübersicht

16. Adjungierte Funktoren

16.1 Komposition von Funktoren und natürlichen Transformationen

16.1.1 Regeln. Ist $U\colon \mathscr{D} \to \mathscr{E}$ ein Funktor und $\xi\colon T \to T'$ eine natürliche Transformation von Funktoren $T, T'\colon \mathscr{C} \to \mathscr{D}$, so erhält man vermöge $C \mapsto U(\xi_C)$ für $C \in |\mathscr{C}|$ eine natürliche Transformation $UT \to UT'$, die wir mit $U * \xi$ oder einfach mit $U\xi$ bezeichnen. (Wir haben das bereits in 7.7.2 benutzt.) Ist $S\colon \mathscr{B} \to \mathscr{C}$ ein Funktor, so erhält man vermöge $B \mapsto \xi_{S(B)}$ für $B \in |\mathscr{B}|$ eine natürliche Transformation $\xi * S = \xi S\colon TS \to T'S$. Sind $R\colon \mathscr{A} \to \mathscr{B}$ und $V\colon \mathscr{E} \to \mathscr{F}$ weitere Funktoren, so gelten offenbar folgende Regeln

(1) $$(VU) * \xi = V * (U * \xi);\quad C \mapsto VU(\xi_C)$$

(2) $$\xi * (SR) = (\xi * S) * R;\quad A \mapsto \xi_{SR(A)}$$

(3) $$(U * \xi) * S = U * (\xi * S);\quad B \mapsto U(\xi_{S(B)})$$

Die Schreibweisen $VU\xi$, ξSR, $U*\xi*S$, $U\xi S$ sind daher erlaubt. Sind noch $\xi'\colon T' \to T''$ und $\beta\colon S \to S'$ natürliche Transformationen von Funktoren $T', T''\colon \mathscr{C} \to \mathscr{D}$ bzw. $S, S'\colon \mathscr{B} \to \mathscr{C}$, so gilt ferner

(4) $$U * (\xi'\xi) * S = (U * \xi' * S)(U * \xi * S),$$

(5) $$(\xi * S')(T * \beta) = (T' * \beta)(\xi * S)\colon\ TS \to T'S',$$

wie man leicht bestätigt.

16.1.2 Ist ξ isomorph, so ist auch $U * \xi * S$ isomorph. Für $\xi * S$ folgt das daraus, daß eine natürliche Transformation genau dann isomorph ist, wenn sie es an jeder Stelle ist, für $U * \xi$ daraus, daß jeder Funktor Isomorphismen respektiert.

Man beachte, daß bei $U\xi S$ zugelassen ist, daß U oder S ein identischer Funktor ist.

16.1.3 Die Regeln (1) bis (4) besagen, daß der Hom-Funktor von *cat* als kontra-ko-varianter Funktor mit Werten in *cat* aufgefaßt werden kann (entsprechend für die Kategorie $\mathscr{CAT}$ der kleinen $\mathfrak{B}$-Kategorien). Für beliebige Kategorien ist

$$[\mathscr{C}, U]\colon\ [\mathscr{C}, \mathscr{D}] \to [\mathscr{C}, \mathscr{E}]$$

ein Funktor vermöge $T \mapsto UT$, $\xi \mapsto U * \xi$ wegen (4) und 16.1.2, und

(1) besagt

$$(1') \qquad [\mathscr{C}, V][\mathscr{C}, U] = [\mathscr{C}, VU].$$

Entsprechend ist $[S, \mathscr{D}]$: $[\mathscr{C}, \mathscr{D}] \to [\mathscr{B}, \mathscr{D}]$ ein Funktor vermöge $T \mapsto TS$, $\xi \mapsto \xi * S$, und (2) besagt

$$(2') \qquad [R, \mathscr{D}][S, \mathscr{D}] = [SR, \mathscr{D}].$$

Zusammen mit $(UT)S = U(TS)$ besagt (3), daß

$$(3') \qquad [S, U]_{Cat} = [S, \mathscr{E}][\mathscr{C}, U] = [\mathscr{B}, U][S, \mathscr{D}]$$

gilt, also in der Tat ein kontra-ko-varianter Funktor vorliegt.

(5) gibt zusätzliche Struktur. Zunächst erhält man natürliche Transformationen

$$(5_1') \qquad [\mathscr{B}, \xi]: \; [\mathscr{B}, T] \to [\mathscr{B}, T']$$

dieser Funktoren $[\mathscr{B}, \mathscr{C}] \to [\mathscr{B}, \mathscr{D}]$ vermöge $\xi S: TS \to T'S$ für alle $S: \mathscr{B} \to \mathscr{C}$,

$$(5_2') \qquad [\beta, \mathscr{D}]: \; [S, \mathscr{D}] \to [S', \mathscr{D}]$$

dieser Funktoren $[\mathscr{C}, \mathscr{D}] \to [\mathscr{B}, \mathscr{D}]$ vermöge $T\beta$: $TS \to TS'$ für alle T: $\mathscr{C} \to \mathscr{D}$. Mit wiederholter Anwendung von (5) lassen sich außerdem natürliche Transformationen $[\beta, U]_{Cat}$, $[R, \xi]_{Cat}$ und schließlich $[\alpha, \xi]_{Cat}$ mit α: $R \to R'$ erhalten.

Man beachte bei $(5_2')$, daß S und S' bei $[\beta, \mathscr{D}]$ ihre Reihenfolge behalten. Vermöge $(5_1')$, $(5_2')$ liegen Funktoren vor

$$[\mathscr{B}, ?]: \; [\mathscr{C}, \mathscr{D}] \to [[\mathscr{B}, \mathscr{C}], [\mathscr{B}, \mathscr{D}]],$$

$$[?, \mathscr{D}]: \; [\mathscr{B}, \mathscr{C}] \to [[\mathscr{C}, \mathscr{D}], [\mathscr{B}, \mathscr{D}]].$$

16.1.4 Sind alle beteiligten Kategorien und Funktoren additiv, so ergeben sich entsprechend dem Vorangehenden

$$[\mathscr{C}, U]: \; Add(\mathscr{C}, \mathscr{D}) \to Add(\mathscr{C}, \mathscr{E})$$

und

$$[S, \mathscr{D}]: \; Add(\mathscr{C}, \mathscr{D}) \to Add(\mathscr{B}, \mathscr{D}),$$

womit sich 16.1.3 ohne weiteres überträgt.

16.2 Äquivalenzen von Kategorien

16.2.1 Definition. Ein Funktor T: $\mathscr{C} \to \mathscr{D}$ heißt *Äquivalenz*, wenn es einen Funktor S: $\mathscr{D} \to \mathscr{C}$ mit Isomorphismen Φ: $ST \to 1_{\mathscr{C}}$, Ψ: $1_{\mathscr{D}} \to TS$ gibt. S heißt dabei *äquivalenzinvers* zu T. Die Kategorien $\mathscr{C}$ und $\mathscr{D}$ heißen äquivalent, wenn es eine Äquivalenz T: $\mathscr{C} \to \mathscr{D}$ gibt.

16.2.2 Beispiele und Bemerkungen. Äquivalenz ist eine Abschwächung von Isomorphie. (Es besteht eine Analogie zum Begriff der Homotopie-Äquivalenz in $\mathcal{T}op$, wobei natürliche Isomorphien von Funktoren den Homotopien entsprechen.) In Anwendungen tritt meist Äquivalenz statt Isomorphie von Kategorien auf.

Ist $\mathscr{C}$ die Kategorie der endlich-dimensionalen Vektorräume über dem Körper K, so ist für den kontravarianten Funktor D: $\mathscr{C} \to \mathscr{C}$, der durch Vektorraum $\mapsto$ dualer Vektorraum, lineare Abbildung $\mapsto$ transponierte Abbildung definiert ist, $\mathrm{Op}D$: $\mathscr{C} \to \mathscr{C}^0$ eine Äquivalenz mit Äquivalenz-Inversem $D\,\mathrm{Op}$: $\mathscr{C}^0 \to \mathscr{C}$.

Für die Theorie der Lie-Gruppen ist die Äquivalenz der Kategorie der einfach-zusammenhängenden Lie-Gruppen mit der Kategorie der Lie-Algebren endlicher Dimension fundamental.

Ist in einer exakten Kategorie zu jedem Monomorphismus mit Ziel A ein Cokern und zu jedem Epimorphismus mit Quelle A ein Kern ausgewählt, so liefert der Übergang zu Cokernen gemäß 12.4.4 eine Äquivalenz $\mathscr{M}/A \to A/\mathscr{E}$.

16.2.3 Satz. *Es seien* V: $\mathscr{B} \to \mathscr{C}$ *und* T: $\mathscr{C} \to \mathscr{D}$ *Äquivalenzen mit Äquivalenz-Inversen* U: $\mathscr{C} \to \mathscr{B}$ *bzw.* S: $\mathscr{D} \to \mathscr{C}$.

(a) $\mathrm{Op}\,T\,\mathrm{Op}$: $\mathscr{C}^0 \to \mathscr{D}^0$ *ist eine Äquivalenz mit Äquivalenz-Inversem* $\mathrm{Op}\,S\,\mathrm{Op}$.

(b) TV *ist eine Äquivalenz mit Äquivalenz-Inversem* US.

(c) *Ist* $\mathscr{A}$ *eine beliebige Kategorie, so ist* $[\mathscr{A}, T]$: $[\mathscr{A}, \mathscr{C}] \to [\mathscr{A}, \mathscr{D}]$ (vgl. 16.1.3) *eine Äquivalenz mit Äquivalenz-Inversem* $[\mathscr{A}, S]$.

(d) $[T, \mathscr{A}]$: $[\mathscr{D}, \mathscr{A}] \to [\mathscr{C}, \mathscr{A}]$ *ist eine Äquivalenz mit Äquivalenz-Inversem* $[S, \mathscr{A}]$.

(e) T': $\mathscr{C} \to \mathscr{D}$ *ist genau dann isomorph zu* T, *wenn* S *auch äquivalenz-invers zu* T' *ist. Das ist schon dann der Fall, wenn* $T'S$ *isomorph zu* $1_{\mathscr{D}}$ *oder* ST' *isomorph zu* $1_{\mathscr{C}}$ *ist.*

Bemerkung. Zwei Äquivalenzen T, T': $\mathscr{C} \to \mathscr{D}$ brauchen nicht zueinander isomorph zu sein. Für $\mathscr{C} = \mathscr{D} = \mathscr{A} \sqcup \mathscr{A}$ betrachte man $1_{\mathscr{C}}$ und die Vertauschung der beiden Cofaktoren $\mathscr{A}$.

Beweis. (a) folgt aus $\mathrm{Op}\mathrm{Op} = 1$ und der Definition.

(b) Mit Isomorphismen Φ: $ST \to 1_{\mathscr{C}}$ und χ: $UV \to 1_{\mathscr{B}}$ erhält man nach 16.1.1 und 16.1.2 den Isomorphismus

$$\chi(U * \Phi * V):\ USTV \to UV \to 1_{\mathscr{B}}$$

und entsprechend $1_{\mathscr{D}} \to TVUS$. (c) folgt aus 16.1.3 ($1'$) und ($5_1'$), (d) aus 16.1.3 ($2'$) und ($5_2'$). (e) Ist T isomorph zu T', so sind TS und $T'S$ isomorph nach 16.1.2, ebenso ST und ST'. Daher ist S auch äquivalenz-Invers zu T'. Ist $T'S$ isomorph zu $1_{\mathscr{D}}$, so ist $T'ST$ isomorph zu T und zu T', wieder nach 16.1.2. Ist ST' isomorph zu $1_{\mathscr{C}}$, so schließt man entsprechend.

16.2.4 Satz. *Es sei $T\colon \mathscr{C} \to \mathscr{D}$ eine Äquivalenz mit Äquivalenz-Inversem $S\colon \mathscr{D} \to \mathscr{C}$.*

(a) *T ist völlig treu, und jedes Objekt von $\mathscr{D}$ ist isomorph zu einem der Gestalt $T(A)$.*

(b) *T respektiert und entdeckt Limites und Colimites einschließlich terminaler und initialer Objekte. Insbesondere respektiert und entdeckt T Monomorphismen und Epimorphismen.*

(c) *Ist $\mathscr{C}$ oder $\mathscr{D}$ (semi-)additiv, so gibt es genau eine (semi-)additive Struktur auf der anderen Kategorie, bezüglich welcher T additiv ist. Damit ist auch S additiv.*

(d) *Ist $\mathscr{C}$ (endlich) vollständig oder (endlich) covollständig oder exakt oder abelsch oder eine Grothendieck-Kategorie, so ist dasselbe für $\mathscr{D}$ der Fall. Ist $\mathscr{C}$ exakt, so respektiert und entdeckt T exakte Folgen.*

Beweis. (a) Für $A, B \in |\mathscr{C}|$ ist $(ST)_{A,B}\colon [A, B] \to [ST(A), ST(B)]$ bijektiv. Wegen $(ST)_{A,B} = S_{T(A),T(B)} T_{A,B}$ ist $S_{T(A),T(B)}$ surjektiv und $T_{A,B}$ injektiv. Betrachtet man $(TS)_{T(A),T(B)}$, so erhält man, daß $S_{T(A),T(B)}$ injektiv und damit bijektiv ist. Daher ist $T_{A,B}$ bijektiv und T völlig treu. $X \in |\mathscr{D}|$ ist isomorph zu $TS(X)$.

(b) T entdeckt Limites wegen (a) und 7.7.6. Sei (L, λ) Limes von $D\colon \Sigma \to \mathscr{C}$. Vermöge einer Isomorphie $\Phi^{-1}\colon 1_{\mathscr{C}} \to ST$ ist D isomorph zu STD und L zu $ST(L)$. Daher ist $(ST(L), ST\lambda)$ Limes von STD. Weil S völlig treu ist, ist $(T(L), T\lambda)$ Limes von TD. Die Behauptung über Monomorphismen folgt aus 7.8.9. Die Aussagen für Colimites sind dual zu denen für Limites.

(c) Besitze etwa $\mathscr{D}$ eine (semi-)additive Struktur. Wegen (a) gibt es genau eine auf $\mathscr{C}$, für welche T additiv ist. Die Additivität von S ergibt sich vermöge eines Isomorphismus $\Psi\colon 1_{\mathscr{D}} \to TS$.

(d) folgt leicht aus (b) und (c). Die Liste der Eigenschaften könnte verlängert werden.

16.2.5 Bemerkung. Ist der additive Funktor $T\colon \mathscr{C} \to \mathscr{D}$ eine Äquivalenz zwischen additiven Kategorien und ist $\mathscr{A}$ eine additive Kategorie, so sind

$$[\mathscr{A}, T]\colon\ Add(\mathscr{A}, \mathscr{C}) \to Add(\mathscr{A}, \mathscr{D}) \quad \text{und}$$

$$[T, \mathscr{A}]\colon\ Add(\mathscr{D}, \mathscr{A}) \to Add(\mathscr{C}, \mathscr{A})$$

Äquivalenzen. Mit 16.2.4 (c) folgt das entsprechend 16.2.3 (c), (d) aus 16.1.3 und 16.1.4.

16.2.6 Satz. *Es sei $T\colon \mathscr{C} \to \mathscr{D}$ ein Funktor zwischen beliebigen Kategorien. Es gibt eine Kategorie $\mathscr{D}'$ mit einer vollen Einbettung $S\colon \mathscr{D} \to \mathscr{D}'$, so daß S eine Äquivalenz und ST isomorph zu einem für die Objektklassen injektiven Funktor $T'\colon \mathscr{C} \to \mathscr{D}'$ ist.*

Beweis. Es kann angenommen werden, daß $\mathscr{C}$ nicht leer ist. $\mathscr{D}'$ habe als Objekte Paare (A, X) mit $A \in |\mathscr{C}|$ und $X \in |\mathscr{D}|$, als Morphismen von (A, X) nach (A', X') Tripel (A, A', u) mit u: $X \to X'$. Morphismenkomposition ist durch $(A', A'', u')(A, A', u) = (A, A'', u'u)$ für u': $X' \to X''$ erklärt.

Sei B ein fest gewähltes Objekt von $\mathscr{C}$. $X \mapsto (B, X)$, $u \mapsto (B, B, u)$ definiert eine volle Einbettung S: $\mathscr{D} \to \mathscr{D}'$. Durch $(A, X) \mapsto X$, $(A, A', u) \mapsto u$ ist V: $\mathscr{D}' \to \mathscr{D}$ definiert. Es ist $VS = 1_{\mathscr{D}}$, und $(A, X) \mapsto (A, B, 1_X)$ ist eine Isomorphie Ψ: $1_{\mathscr{D}'} \to SV$. Nun werde T': $\mathscr{C} \to \mathscr{D}'$ durch $T'(A) = (A, T(A))$ und $T'(f) = (A, B, T(f))$ für f: $A \to B$ definiert. Es ist $T = VT'$, $ST = SVT'$, und nach 16.1.2 ist ST vermöge $\Psi T'$ isomorph zu T'.

16.2.7 Bemerkung. Für $\mathscr{D} = Ens$ oder $\mathscr{D} = Ab$ kann S in 16.2.6 als Funktor $Ens \to Ens$ bzw. $Ab \to Ab$ gewählt werden. Man ersetze (A, X) durch die Menge der Paare (A, x) mit $x \in X$, bei Ab mit evidenter Gruppenstruktur.

16.3 Skelette

16.3.1 Definition. Eine Kategorie $\mathscr{K}$ heißt *reduziert*, wenn je zwei isomorphe Objekte identisch sind. Eine Unterkategorie $\mathscr{K}$ von $\mathscr{C}$ heißt *Skelett* von $\mathscr{C}$, wenn $\mathscr{K}$ reduziert und die Inklusion $\mathscr{K} \subset \mathscr{C}$ eine Äquivalenz ist.

16.3.2 Satz. *Es seien $\mathscr{H}$ und $\mathscr{K}$ reduzierte Kategorien.*

Für einen Funktor T: $\mathscr{H} \to \mathscr{K}$ sind gleichwertig

(a) *T ist ein Isomorphismus,*

(b) *T ist eine Äquivalenz,*

(c) *T ist völlig treu und surjektiv für die Objektklassen.*

Beweis. Aus (a) folgt (b), aus (b) folgt (c) nach 16.2.4 (a).

Sei nun (c) erfüllt. Haben $A, B \in |\mathscr{H}|$ dasselbe Bild $X = T(A) = T(B)$ bei T, so gibt es genau je einen Morphismus u: $A \to B$ und v: $B \to A$ mit $T(u) = T(v) = 1_X$, weil T völlig treu ist. Wegen $T(uv) = T(vu) = T(1_A) = T(1_B)$ sind u und v reziproke Isomorphismen. Weil $\mathscr{H}$ reduziert ist, ist T bijektiv für die Objektklassen. Es folgt, daß T eine Bijektion $\operatorname{Mor} \mathscr{H} \to \operatorname{Mor} \mathscr{K}$ und damit isomorph ist.

16.3.3 Bemerkungen zum Auswahlaxiom. Wir nehmen an, daß für das Universum $\mathfrak{U}$ als Menge das Auswahlaxiom zulässig ist. Wir haben dies bereits mehrfach benutzt, z. B. bei Doppellimites. Ohne diese Annahme ließen sich manche Resultate nur für kleine Kategorien erhalten, andere müßten umständlich formuliert werden. Ist $\mathfrak{U}$ die universelle Klasse für 3.1.1 und liegt für eine Teilklasse von $\mathfrak{U}$ eine Äquivalenzrelation vor, so gestattet das Gödelsche Auswahlaxiom Auswahl von Repräsentanten der Äquivalenzklassen. Hierdurch wird unsere Annahme gestützt.

16.3.4 Satz. *Jede Kategorie $\mathscr{C}$ besitzt ein Skelett.*

Beweis. Isomorphie ist eine Äquivalenzrelation für die Objekte von $\mathscr{C}$. Man wähle aus jeder Äquivalenzklasse ein Objekt aus. Es sei $\mathscr{K}$ die volle Unterkategorie von $\mathscr{C}$, deren Objekte die ausgewählten sind. Sei S: $\mathscr{K} \to \mathscr{C}$ die Inklusion. V: $\mathscr{C} \to \mathscr{K}$ wird folgendermaßen konstruiert: Zu $A \in |\mathscr{K}|$ werde für jedes zu A isomorphe Objekt A' in $\mathscr{C}$ ein Isomorphismus $w_{A'}$: $A' \to A$ ausgewählt. Dabei sei $w_A = 1_A$. Man setze $V(A') = A$. Sind A, B Objekte von $\mathscr{K}$, $w_{A'}$: $A' \to A$, $w_{B'}$: $B' \to B$ ausgewählte Isomorphismen, so setze man $V(f) = w_{B'} f w_{A'}^{-1}$ für f: $A' \to B'$. Damit ist V ein Funktor. Wegen $w_A = 1_A$ ist $VS = 1_{\mathscr{K}}$, und $\{w_{A'}\}$ ist ein Isomorphismus $1_{\mathscr{C}} \to SV$ nach Konstruktion.

16.3.5 Bemerkung. 16.3.4 gestattet es in manchen Fällen, eine Kategorie auf eine kleine zurückzuführen. Das ist beispielsweise der Fall für endlich erzeugte Moduln, speziell für endlich erzeugte additive Gruppen und für endlich-dimensionale Vektorräume. Dasselbe gilt für Lie-Gruppen und Lie-Algebren endlicher Dimension. In den genannten Fällen stehen übrigens natürliche Auswahlen für die Objekte einer äquivalenten kleinen Kategorie zur Verfügung.

16.3.6 Satz. *Ein Funktor T: $\mathscr{C} \to \mathscr{D}$ ist genau dann eine Äquivalenz, wenn T völlig treu und jedes Objekt von $\mathscr{D}$ isomorph zu einem Objekt der Gestalt $T(A)$ ist.*

Beweis. Die eine Aussage ist 16.2.4 (a). Seien umgekehrt die genannten Bedingungen erfüllt, S: $\mathscr{K} \to \mathscr{C}$ und R: $\mathscr{L} \to \mathscr{D}$ Inklusionen von Skeletten mit Äquivalenz-Inversen V: $\mathscr{C} \to \mathscr{K}$, U: $\mathscr{D} \to \mathscr{L}$. Jeder der Funktoren U, T, S erfüllt die entsprechenden Bedingungen, daher auch UTS. Nach 16.3.2 ist UTS isomorph, und nach 16.2.3 (b) ist $RUTSV$ eine Äquivalenz. Sie ist natürlich isomorph zu T nach 16.1.2. Wegen 16.2.3 (e) ist T eine Äquivalenz.

16.3.7 Korollar. *Zwei Kategorien sind genau dann äquivalent, wenn ihre Skelette isomorph sind.*

16.3.8 Korollar. *Jeder völlig treue Funktor läßt sich zerlegen in eine Äquivalenz und die Inklusion einer vollen Unterkategorie.*

16.3.9 Satz. *Es seien $\mathscr{C}$, $\mathscr{D}$ additive Kategorien mit endlichen Produkten, und es sei $\mathscr{B}$ eine volle Unterkategorie von $\mathscr{C}$ derart, daß jedes Objekt von $\mathscr{C}$ endliches Produkt von Objekten aus $\mathscr{B}$ ist. Die Einschränkung von additiven Funktoren $\mathscr{C} \to \mathscr{D}$ und ihrer natürlichen Transformationen ist eine Äquivalenz $\tilde{R}$: Add $(\mathscr{C}, \mathscr{D}) \to$ Add $(\mathscr{B}, \mathscr{D})$ mit einem Äquivalenz-Inversen Q, derart daß $\tilde{R}Q = 1_{\mathrm{Add}(\mathscr{B},\mathscr{D})}$ ist.*

Beweis. Es sei R: $\mathscr{B} \to \mathscr{C}$ die Inklusion. Wir zeigen:

(a) Jeder additive Funktor F': $\mathscr{B} \to \mathscr{D}$ läßt sich (auf mindestens eine Weise) zu einem additiven Funktor F: $\mathscr{C} \to \mathscr{D}$ fortsetzen.

(b) Sind $F, G\colon \mathscr{C} \to \mathscr{D}$ additiv, so setzt sich jede natürliche Transformation $\xi\colon FR \to GR$ eindeutig zu einer natürlichen Transformation $\eta\colon F \to G$ fort.

Q entsteht für Objekte durch Auswahl von Fortsetzungen nach (a) und ist dadurch wegen (b) völlig bestimmt. Wegen (a) und (b) ist $\tilde{R}$ eine Äquivalenz nach 16.3.6, und es ist Q äquivalenz-invers zu $\tilde{R}$ nach 16.2.3 (e).

(a) Für jedes Objekt A von $\mathscr{C}$ sei eine Darstellung $A = \bigoplus X_e$ als endliches Biprodukt von Objekten aus $\mathscr{B}$ mit Projektionen pr_e und Injektionen i_e ausgewählt, wobei die Objekte von $\mathscr{B}$ Biprodukte mit nur einem Faktor und identischen Morphismen als Projektion und Injektion seien. Nunmehr wird jeder Morphismus in $\mathscr{C}$ durch genau eine Matrix beschrieben, deren Glieder Morphismen aus $\mathscr{B}$ sind (vgl. 12.2.1). Ist $\bigoplus X_e$ die ausgewählte Darstellung für A, so werde $F(A) = \bigoplus F'(X_e)$ gesetzt (mit Auswahl eines Biproduktes in $\mathscr{D}$), wobei $F(A) = F'(A)$ sei, falls A zu $\mathscr{B}$ gehört. Für Morphismen ergibt sich nun F dadurch, daß F' auf die Glieder der Matrizen angewandt wird, mit denen die Morphismen in $\mathscr{C}$ beschrieben werden. Damit ist F ein additiver Funktor, wie Multiplikation und Addition von Matrizen zeigen, und es ist $F' = FR$.

(b) Für die Objekte von $\mathscr{C}$ sei eine Darstellung als Biprodukt wie unter (a) ausgewählt. Falls $\eta_A\colon F(A) \to G(A)$ für $A = \bigoplus X_e$ existiert, muß jedenfalls gelten

$$\eta_A F(i_e) = G(i_e)\xi_{X_e}. \tag{1}$$

Weil $F(\bigoplus X_e)$ Coprodukt mit Injektionen $F(i_e)$ ist (12.2.7), ist η_A durch (1) eindeutig bestimmt. Wir definieren nun η_A durch (1). Für $A \in |\mathscr{B}|$ ist dabei $\eta_A = \xi_A$ nach Wahl der Darstellung von A als Biprodukt. Sei nun $B = \bigoplus Y_j$ mit Injektionen i_j und Projektionen pr_j die gewählte Darstellung für $B \in |\mathscr{C}|$ und $f\colon A \to B$ ein Morphismus in $\mathscr{C}$. Für $g = fi_e\colon X_e \to B$ gilt

$$g = \sum_j i_j pr_j g\colon\ X_e \to B. \tag{2}$$

Nun ist $\xi_{Y_j} F(pr_j g) = G(pr_j g)\,\xi_{X_e}$. Wegen (1) für B folgt

$$\eta_B F(i_j pr_j g) = G(i_j pr_j g)\,\xi_{X_e},$$

und weil F und G additiv sind, folgt nach (2)

$$\eta_B F(f)\,F(i_e) = \eta_B F(g) = G(g)\,\xi_{X_e} = G(f)\,\eta_A F(i_e),$$

das letzte wegen (1). Weil $F(A)$ Coprodukt mit Injektionen $F(i_e)$ ist, folgt weiter $\eta_B F(f) = G(f)\,\eta_A$, was die Behauptung unter (b) ergibt.

16.3.10 Bemerkungen. Ist $\mathscr{C}$ eine additive Kategorie mit endlichen Biprodukten und $\mathscr{B}$ eine volle kleine Unterkategorie, so läßt sich $\mathscr{B}$ zu einer vollen kleinen Unterkategorie mit endlichen Biprodukten ergänzen, indem man für je endlich viele Objekte aus $\mathscr{B}$ ein Biprodukt in $\mathscr{C}$ auswählt. Die entstehende Unterkategorie ist wieder klein, und sie besitzt endliche Biprodukte nach 7.7.7. Eine (kleine) additive Kategorie $\mathscr{B}$ kann stets zu einer (kleinen) additiven Kategorie $\mathscr{C}$ mit endlichen Biprodukten ergänzt werden: Man wende das eben Gesagte auf die Yoneda-Einbettung H_*: $\mathscr{B} \to Add\,(\mathscr{B}^o, Ab)$ an.

16.4 Adjungierte Funktoren

16.4.1 Definition. Es seien S: $\mathscr{D} \to \mathscr{C}$ und T: $\mathscr{C} \to \mathscr{D}$ Funktoren. (S, T) heißt *adjungiertes Funktorpaar*, wenn es einen Isomorphismus

$$\text{(1)} \qquad \bar{\psi}\colon\ [S\,\mathrm{Op}(?), ??]_{\mathscr{C}} \xrightarrow{\cong} [\mathrm{Op}(?), T(??)]_{\mathscr{D}}$$

von Bifunktoren $\mathscr{D}^o \times \mathscr{C} \to Ens$ gibt. $\bar{\psi}$ ist ein Isomorphismus

$$\text{(2)} \qquad \psi\colon\ [S(?), ??]_{\mathscr{C}} \xrightarrow{\cong} [?, T(??)]_{\mathscr{D}}$$

kontra-ko-varianter Funktoren. In diesem Falle heißt T (vermöge ψ) *rechtsadjungiert* zu S, S *linksadjungiert* zu T und ψ *Adjunktions-Isomorphismus* für (S, T). Wir sagen auch, daß ψ den Funktor T zu S rechts adjungiert (S zu T links adjungiert) und daß $(\psi, S, T, \mathscr{C}, \mathscr{D})$ eine *Adjunktion* ist.

Erste Beispiele sind 4.5.2, 7.5.3, 8.5.2 und 15.1.8 (12). Es sind auch die Bezeichnungen „adjungiert, coadjungiert" im Gebrauch, wobei adjungiert je nach Autor rechtsadjungiert oder aber linksadjungiert bedeutet. Links- und rechtsadjungiert beziehen sich auf die Stellung im Hom-Funktor.

16.4.2 Satz. *Es seien* $(\psi, S, T, \mathscr{C}, \mathscr{D})$ *und* $(\chi, R, U, \mathscr{B}, \mathscr{C})$ *Adjunktionen. Die folgenden Funktorpaare sind adjungierte Paare*

(a) $(\mathrm{Op}T\mathrm{Op}, \mathrm{Op}S\mathrm{Op})$,

(b) (RS, TU).

Beweis. (a) folgt unmittelbar aus der Definition. (b) ergibt sich durch die von χ und ψ herrührenden Isomorphien

$$[RS(?), ??]_{\mathscr{B}} \xrightarrow{\cong} [S(?), U(??)]_{\mathscr{C}} \xrightarrow{\cong} [?, TU(??)]_{\mathscr{D}}.$$

Bemerkung. (a) gestattet es, Aussagen über adjungierte Funktorpaare zu dualisieren.

16.4.3 Es seien $(\psi, S, T, \mathscr{C}, \mathscr{D})$ und $(\chi, R, U, \mathscr{C}, \mathscr{D})$ Adjunktionen. Eine natürliche Transformation τ: $T \to U$ induziert eine eindeutig bestimmte natürliche Transformation ϱ: $R \to S$ (Gegenrichtung!), so daß

$$(4)\qquad \begin{array}{ccc} [S(X), A] & \xrightarrow{\psi_{X,A}} & [X, T(A)] \\ {\scriptstyle [\varrho_X, A]}\downarrow & & \downarrow{\scriptstyle [X, \tau_A]} \\ [R(X), A] & \xrightarrow{\chi_{X,A}} & [X, U(A)] \end{array}$$

stets kommutativ ist. ϱ und τ heißen zueinander *konjugierte Transformationen.* Ist τ isomorph, so ist auch ϱ isomorph.

Beweis. $(X, A) \mapsto [X, \tau_A]$ ist eine natürliche Transformation σ zwischen kontra-ko-varianten Funktoren (vgl. 4.5.3) und daher auch $\chi^{-1}\sigma\psi$: $[S(?), ??] \to [R(?), ??]$. Damit folgt die erste Behauptung aus 4.5.4, die zweite aus 4.1.5.

16.4.4 Korollar. *Bei einem adjungierten Funktorpaar (S, T) bestimmt jeder der beiden Funktoren den anderen eindeutig bis auf Isomorphie.*

16.4.5 Satz. *Der Funktor T: $\mathscr{C} \to \mathscr{D}$ besitzt genau dann einen Linksadjungierten S: $\mathscr{D} \to \mathscr{C}$, wenn $[X, T(?)]_{\mathscr{D}}$: $\mathscr{C} \to$ Ens für jedes $X \in |\mathscr{D}|$ darstellbar ist.*

Beweis. Ist $(\psi, S, T, \mathscr{C}, \mathscr{D})$ eine Adjunktion, so ist ψ_X: $[S(X), ?] \to$ $\to [X, T(?)]$ eine Darstellung. Die Umkehrung folgt aus 4.5.1.

Bemerkung. Sind $S(X) \in |\mathscr{C}|$ und Ψ_X: $X \to TS(X)$ gegeben, so wird $[X, T(?)]_{\mathscr{D}}$ genau dann durch $(S(X), \Psi_X)$ dargestellt, wenn gilt: Zu jedem $A \in |\mathscr{C}|$ und u: $X \to T(A)$ in $\mathscr{D}$ gibt es genau ein f: $S(X) \to A$ in $\mathscr{C}$ mit $u = T(f)\,\Psi_X$.

$$\begin{array}{ccc} X & \xrightarrow{\Psi_X} & TS(X) \\ & {\scriptstyle u}\searrow & \Downarrow{\scriptstyle T(f)} \\ & & T(A) \end{array}$$

Wegen $u \in [X, T(A)]$ und $T(f)\,\Psi_X = [X, T(f)](\Psi_X)$ folgt das unmittelbar aus 4.4.2.

16.4.6 Satz. *Ist $(\psi, S, T, \mathscr{C}, \mathscr{D})$ eine Adjunktion, so respektiert T alle in $\mathscr{C}$ vorhandenen Limites (auch große), insbesondere Monomorphismen, und S Colimites, insbesondere Epimorphismen.*
Ein rechtsadjungierter Funktor respektiert Limites, ein linksadjungierter Colimites.

Beweis. $[X, T(?)]$ ist darstellbar und respektiert Limites nach 7.7.4 für jedes $X \in |\mathscr{D}|$. Nach 7.7.5 respektiert T Limites. Die Aussage für S ist dazu dual (16.4.2 (a)).

16.4.7 Satz. *Es sei $\mathscr{C}$ eine vollständige Kategorie. Ein Funktor T: $\mathscr{C} \to \mathscr{D}$ besitzt genau dann einen linksadjungierten, wenn er Limites respektiert und wenn $[X, T(?)]_{\mathscr{D}}$ für jedes $X \in |\mathscr{D}|$ eigentlich ist. Ist $\mathscr{C}$*

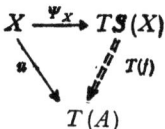

außerdem lokal klein und besitzt $\mathscr{C}$ eine Cogeneratormenge, so besitzt T genau dann einen Linksadjungierten, wenn T Limites respektiert.

Beweis. Nach 7.7.5 respektiert T genau dann Limites, wenn das für alle $H^X T$ mit $X \in |\mathscr{D}|$ der Fall ist. Damit folgt die erste Behauptung aus 16.4.5 und 10.3.9, die zweite aus 10.6.5.

16.4.8 Satz. *Es sei $\mathscr{C}$ eine lokal kleine vollständige Kategorie mit einer Cogeneratormenge. $\mathscr{C}$ ist auch covollständig.*

Beweis. Sei Σ eine beliebige kleine Kategorie. Sei $T: \mathscr{C} \to [\Sigma, \mathscr{C}]$ der Funktor $T(A) = A_\Sigma$, $T(f) = f_\Sigma$. Wegen der „punktweisen" Konstruktion von Limites in $[\Sigma, \mathscr{C}]$ respektiert T Limites, auch für $\Sigma = \emptyset$. Nach 16.4.7 besitzt T einen linksadjungierten $S: [\Sigma, \mathscr{C}] \to \mathscr{C}$, der wegen 16.4.4 bis auf Isomorphie eindeutig bestimmt ist. Vergleich mit 8.5.2 zeigt, daß jeder Funktor $F: \Sigma \to \mathscr{C}$ einen Colimes mit Colimesobjekt $S(F)$ besitzt.

16.4.9 Bemerkung. Eine exakte Kategorie ist wegen 12.4.4 genau dann lokal klein, wenn sie lokal coklein ist. Sie ist ausgeglichen (13.1.2). Besitzt sie eine Cogeneratormenge, so ist sie nach den Dualen von 12.4.1 und 10.6.3 lokal coklein. In 16.4.8 kann daher lokal klein durch exakt und insbesondere auch durch abelsch ersetzt werden.

16.5 Quasi-inverse Adjunktions-Transformationen

16.5.1 Bei einer Adjunktion $(\psi, S, T, \mathscr{C}, \mathscr{D})$ wird die Darstellung ψ_X: $[S(X), ?]_\mathscr{C} \to [X, T(?)]_\mathscr{D}$ gemäß 4.4.1 durch $(S(X), \Psi_X)$ beschrieben, wobei

(1) $$\Psi_X = \psi_{X, S(X)}(1_{S(X)}): X \to TS(X)$$

ist. Für den vorliegenden Fall besagt 4.2 (2): Für $f \in [S(X), A]$ ist $\psi_{X,A}(f) = [X, T(f)](\Psi_X)$, und das ist $T(f) \circ \Psi_X = [\Psi_X, T(A)](T(f))$. Also ist

(2)
$$\begin{array}{ccc} [S(X), A] & \xrightarrow{T_{S(X),A}} & [TS(X), T(A)] \\ {}_{\psi_{X,A}} \searrow & & \swarrow {}_{[\Psi_X, T(A)]} \\ & [X, T(A)] & \end{array} \qquad \begin{array}{c} f \mapsto T(f) \\ \searrow \swarrow \\ \psi_{X,A}(f) = T(f) \circ \Psi_X \end{array}$$

kommutativ. $T_{S(X),A}$ ist injektiv, weil $\psi_{X,A}$ bijektiv ist.

16.5.2 Satz. *Für die Adjunktion $(\psi, S, T, \mathscr{C}, \mathscr{D})$ bilden die universellen Elemente Ψ_X der Darstellungen ψ_X: $[S(X), ?] \to [X, T(?)]$ eine natürliche Transformation*

$$\Psi: 1_\mathscr{D} \to TS.$$

Beweis. Für $u: X \to Y$ beliebig in $\mathscr{D}$ ist

$$S(u) = [S(X), S(u)](1_{S(X)}) = [S(u), S(Y)](1_{S(Y)}).$$

Anwendung von ψ liefert $[X, TS(u)](\Psi_X) = [u, TS(Y)](\Psi_Y)$, also $TS(u) \circ \Psi_X = \Psi_Y \circ u: X \to TS(Y)$, und das ist die Behauptung. Sie ist gleichwertig damit, daß

$$
\begin{array}{ccc}
[X, Y]_{\mathscr{D}} & \xrightarrow{(TS)_{X,Y}} & [TS(X), TS(Y)]_{\mathscr{D}} \\
{\scriptstyle [X,\Psi_Y]} \searrow & & \swarrow {\scriptstyle [\Psi_X, TS(Y)]} \\
& [X, TS(Y)]_{\mathscr{D}} &
\end{array}
$$

kommutativ ist für alle $X, Y \in |\mathscr{D}|$. Durch Zerlegung von TS ergibt sich wegen (2)

$$
\begin{array}{ccc}
[X, Y]_{\mathscr{D}} & \xrightarrow{S_{X,Y}} & [S(X), S(Y)]_{\mathscr{C}} \\
\downarrow {\scriptstyle [X,\Psi_Y]} & \swarrow {\scriptstyle \psi_{X,S(Y)}} & \downarrow {\scriptstyle T_{S(X),S(Y)}} \\
[X, TS(Y)]_{\mathscr{D}} & \xleftarrow[{[\psi_X, TS(Y)]}]{} & [TS(X), TS(Y)]_{\mathscr{D}}
\end{array}
\tag{3}
$$

Bemerkung. Wie die Beweise zeigen, bestehen (2) und (3) schon dann, wenn ψ: $[S(?), ??]_{\mathscr{C}} \to [?, T(??)]_{\mathscr{D}}$ eine natürliche Transformation ist. Liegt umgekehrt die natürliche Transformation Ψ: $1_{\mathscr{D}} \to TS$ vor, so läßt sich ψ durch (2) als Komposition zweier natürlicher Transformationen von kontra-ko-varianten Funktoren definieren. Dabei gilt wieder (1).

16.5.2° Durch Dualisierung erhält man, daß der Funktor S: $\mathscr{D} \to \mathscr{C}$ genau dann einen rechtsadjungierten besitzt, wenn der kontravariante Funktor $[S(?), A]_{\mathscr{C}}$ für jedes $A \in |\mathscr{C}|$ darstellbar ist. Mit $\varphi = \psi^{-1}$ wird eine solche Darstellung φ_A: $[?, T(A)]_{\mathscr{D}} \to [S(?), A]_{\mathscr{C}}$ durch $(T(A), \Phi_A)$ mit

$$\Phi_A = \varphi_{A,T(A)}(1_{T(A)}):\ ST(A) \to A \tag{1°}$$

beschrieben. Diese universellen Elemente bilden eine natürliche Transformation Φ: $ST \to 1_{\mathscr{C}}$, und die beiden folgenden Diagramme sind kommutativ

$$
\begin{array}{ccc}
[X, T(A)] & \xrightarrow{S_{X,T(A)}} & [S(X), ST(A)] \\
{\scriptstyle \varphi_{A,X}} \searrow & & \swarrow {\scriptstyle [S(X),\Phi_A]} \\
& [S(X), A] &
\end{array}
\qquad
\begin{array}{c}
u \mapsto S(u) \\
\searrow \quad \swarrow \\
\varphi_{A,X}(u) = \Phi_A \circ S(u)
\end{array}
\tag{2°}
$$

$$
\begin{array}{ccc}
[A, B]_{\mathscr{C}} & \xrightarrow{T_{A,B}} & [T(A), T(B)]_{\mathscr{D}} \\
\downarrow {\scriptstyle [\Phi_A,B]} & \swarrow {\scriptstyle \varphi_{B,T(A)}} & \downarrow {\scriptstyle S_{T(A),T(B)}} \\
[ST(A), B]_{\mathscr{C}} & \xleftarrow[{[ST(A),\Phi_B]}]{} & [ST(A), ST(B)]_{\mathscr{C}}
\end{array}
\tag{3°}
$$

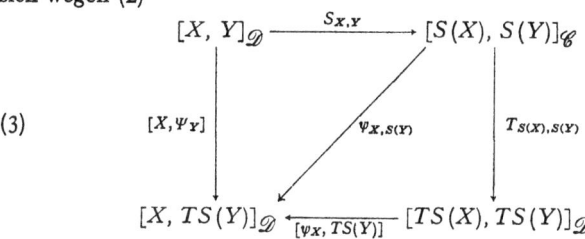

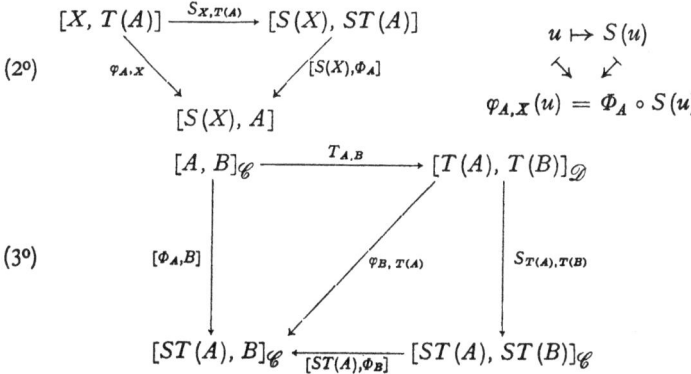

16.5.3 Satz. *Mit den bisherigen Bezeichnungen gilt, daß die folgenden Aussagen gleichwertig sind:*

(a) *T ist treu.*

(b) *T entdeckt Epimorphismen.*

(c) *φ respektiert Epimorphismen.*

(d) *Jedes Φ_A ist epimorph.*

Beweis. Aus (a) folgt (b) nach 13.3.5. Sei (b) erfüllt und u: $X \to T(A)$ epimorph. Wegen (2) ist $u = T(\psi_{X,A}^{-1}(u)) \circ \Psi_X$. Daher ist $T(\psi_{X,A}^{-1}(u))$ epimorph und damit $\psi_{X,A}^{-1}(u) = \varphi_{A,X}(u)$. Aus (c) folgt (d) nach (1°). Aus (d) folgt (a) wegen (3°) und 5.1.4°, weil φ isomorph ist.

16.5.4 Satz. *Mit den bisherigen Bezeichnungen gilt:*

(a) *T ist genau dann voll, wenn alle Φ_A Coretraktionen sind.*

(b) *Es sei T voll und $X \in |\mathcal{D}|$. Ist Ψ_X: $X \to TS(X)$ eine Coretraktion, so ist Ψ_X isomorph.*

(c) *Ist T voll und jedes Ψ_X monomorph, so sind alle Ψ_X bimorph.*

(d) *T ist genau dann völlig treu, wenn Φ isomorph ist.*

Beweis. (a) folgt aus (3°) und dem Dualen von 5.2.4.

(b) Sei $r\Psi_X = 1_X$. Dann ist $\Psi_X r \Psi_X = \Psi_X$. Weil T voll ist, gibt es f: $S(X) \to S(X)$ mit $T(f) = \Psi_X r$. Wegen (2) und $T(f)\Psi_X = \Psi_X = T(1_{S(X)})\Psi_X$ ist $f = 1_{S(X)}$. Also ist $\Psi_X r = 1_{TS(X)}$ und r invers zu Ψ_X.

(c) für u, v: $TS(X) \to Y$ sei $u\Psi_X = v\Psi_X$. Es folgt $\Psi_Y u \Psi_X = \Psi_Y v \Psi_X$. Weil T voll ist, gibt es f, g: $S(X) \to S(Y)$ mit $T(f) = \Psi_Y u$, $T(g) = \Psi_Y v$. Damit folgt aus (2) $\psi_{X,S(Y)}(f) = \psi_{X,S(Y)}(g)$ und weiter $f = g$, also $\Psi_Y u = \Psi_Y v$. Weil Ψ_Y monomorph ist, ist $u = v$, also Ψ_X epimorph.

(d) folgt aus (a), 16.5.3 und 5.3.4.

Bemerkungen. Nach dem Dualen von 16.5.3 sind alle Ψ_X genau dann monomorph, wenn S treu ist. Aussage (d) wird häufig benutzt werden.

16.5.5 Satz. *Ist $(\psi, S, T, \mathcal{C}, \mathcal{D})$ eine Adjunktion, so gilt für die zugehörigen natürlichen Transformationen Ψ: $1_{\mathcal{D}} \to TS$, Φ: $ST \to 1_{\mathcal{C}}$*

$$(T * \Phi)(\Psi * T) = 1_T, \tag{4}$$

$$(\Phi * S)(S * \Psi) = 1_S. \tag{4°}$$

Ist S oder T voll, so sind $\Psi * T$ und $S * \Psi$ isomorph mit Inversen $T * \Phi$ bzw. $\Phi * S$.

Beweis. An der Stelle $A \in |\mathcal{C}|$ ist die linke Seite von (4) $T(\Phi_A)\,\Psi_{T(A)}$. Wegen (2) und (1°) ist das $\psi_{T(A),A}(\Phi_A) = 1_{T(A)}$. (4°) ist zu (4) dual. Sei nun etwa S voll. Dann ist $\Psi_{T(A)}$ eine Retraktion nach dem Dualen von 16.5.4 (a) und monomorph (sogar Coretraktion) wegen (4), also isomorph nach 5.3.4. Mit (4°) ergibt sich $S(\Psi_X)$ als monomorphe Retraktion.

16.5.6 Bemerkung. Ist S oder T voll und $X \in |\mathscr{D}|$, so ist Ψ_X genau dann isomorph, wenn X isomorph zu einem Objekt $T(A)$ ist. Wegen 16.5.5 ist nämlich $\Psi_{T(A)}$ isomorph, und für einen Isomorphismus u: $X \to T(A)$ ist $\Psi_X = TS(u^{-1}) \circ \Psi_{T(A)} \circ u$: $X \to TS(X)$ isomorph. Umgekehrt hat $TS(X)$ die Form $T(A)$. Es besteht die duale Aussage für Φ_A.

16.5.7 Satz. *Es seien Funktoren* T: $\mathscr{C} \to \mathscr{D}$ *und* S: $\mathscr{D} \to \mathscr{C}$ *gegeben mit einer natürlichen Transformation* Ψ: $1_{\mathscr{D}} \to TS$. *Damit ist durch* (2) *eine natürliche Transformation* ψ: $[S(?), ??]_{\mathscr{C}} \to [?, T(??)]_{\mathscr{C}}$ *definiert. Sie ist genau dann isomorph, wenn es eine natürliche Transformation* Φ: $ST \to 1_{\mathscr{C}}$ *gibt, so daß* (4) *und* (4°) *gelten.*

Beweis. Seien Ψ und Φ vorhanden. Nach der Bemerkung in 16.5.2 sind ψ und φ durch (2) und (2°) definiert. Außerdem gelten (3) und (3°). Gilt noch (4), so ist $\psi\varphi$: $[?, T(??)]_{\mathscr{D}} \to [?, T(??)]_{\mathscr{D}}$ isomorph, denn für u: $X \to P(A)$ ergibt sich

$$\psi_{X,A}(\varphi_{A,X}(u)) \overset{(2^0)}{=} \psi_{X,A}(\Phi_A \circ S(u)) \overset{(2)}{=}$$

$$T(\Phi_A) \circ TS(u) \circ \Psi_X \overset{(3)}{=} T(\Phi_A) \circ \Psi_{T(A)} \circ u \overset{(4)}{=} 1_{T(A)} \circ u.$$

Aus (4°) folgt dualerweise $\varphi_{A,X}(\psi_{X,A}(f)) = f$ für f: $S(X) \to A$. Zusammen mit 16.5.5 folgt die Behauptung.

16.5.8 Definition. Wegen 16.5.5 und 16.5.7 werden Φ und Ψ als *quasi-inverse Adjunktions-Transformationen* bezeichnet.

16.5.9 Bemerkung. Äquivalenz-inverse Paare von Funktoren sind spezielle Paare adjungierter; genauer gilt: S: $\mathscr{D} \to \mathscr{C}$ und T: $\mathscr{C} \to \mathscr{D}$ sind genau dann äquivalenz-invers, wenn (S, T) ein adjungiertes Funktorpaar ist, bei dem T völlig treu und Ψ: $1_{\mathscr{D}} \to TS$ isomorph ist.

Beweis. Sind S, T äquivalenz-invers, so ist T völlig treu nach 16.2.4 (a), und es gibt einen Isomorphismus Ψ: $1_{\mathscr{D}} \to TS$. Dann definiert (2) einen Adjunktions-Isomorphismus. Die Umkehrung ergibt sich sofort aus 16.3.6 oder aus 16.5.4 (d).

16.5.10 Satz. *Es sei* $(\psi, S, T, \mathscr{C}, \mathscr{D})$ *eine Adjunktion, wobei* $\mathscr{C}$ *und* $\mathscr{D}$ *additive Kategorien sind.*

(a) *T ist genau dann additiv, wenn S es ist, und das ist genau dann der Fall, wenn ψ die Addition respektiert, also ein Isomorphismus Ab-wertiger Funktoren ist.*

(b) *Besitzen $\mathscr{C}$ und $\mathscr{D}$ Nullobjekte und $\mathscr{C}$ oder $\mathscr{D}$ endliche Produkte, so ist T additiv.*

Beweis. (a) Ist T additiv, so ist $[X, T(?)]_{\mathscr{D}}$ additiv. Wegen 4.3 respektiert jedes ψ_X die Addition. Wegen (3) ist das gleichwertig damit, daß S additiv ist. Die Umkehrung ist hierzu dual. (b) Besitzt $\mathscr{C}$ endliche Produkte, so ist T additiv nach 16.4.6 und 12.2.7. Der Fall, daß $\mathscr{D}$ endliche Produkte besitzt, ist wegen (a) dual.

16.5.11 Satz. *Sei* $(\psi, S, T, \mathscr{C}, \mathscr{D})$ *eine Adjunktion mit quasi-inversen Adjunktions-Transformationen* Ψ, Φ.

(a) *Für jede Kategorie* $\mathscr{A}$ *ist* $[\mathscr{A}, T]$: $[\mathscr{A}, \mathscr{C}] \to [\mathscr{A}, \mathscr{D}]$ *zu* $[\mathscr{A}, S]$: $[\mathscr{A}, \mathscr{D}] \to [\mathscr{A}, \mathscr{C}]$ *rechtsadjungiert mit quasi-inversen Adjunktions-Transformationen*

$$[\mathscr{A}, \Psi]\colon\quad 1_{[\mathscr{A}, \mathscr{D}]} \to [\mathscr{A}, T][\mathscr{A}, S] = [\mathscr{A}, TS],$$

$$[\mathscr{A}, \Phi]\colon\quad [\mathscr{A}, S][\mathscr{A}, T] = [\mathscr{A}, ST] \to 1_{[\mathscr{A}, \mathscr{C}]}.$$

(b) *Für jede Kategorie* $\mathscr{E}$ *ist* $[T, \mathscr{E}]$: $[\mathscr{D}, \mathscr{E}] \to [\mathscr{C}, \mathscr{E}]$ *zu* $[S, \mathscr{E}]$: $[\mathscr{C}, \mathscr{E}] \to [\mathscr{D}, \mathscr{E}]$ *linksadjungiert mit quasi-inversen Adjunktions-Transformationen*

$$[\Phi, \mathscr{E}]\colon\quad [T, \mathscr{E}][S, \mathscr{E}] = [ST, \mathscr{E}] \to 1_{[\mathscr{C}, \mathscr{E}]},$$

$$[\Psi, \mathscr{E}]\colon\quad 1_{[\mathscr{D}, \mathscr{E}]} \to [S, \mathscr{E}][T, \mathscr{E}] = [TS, \mathscr{E}].$$

Bemerkung. Sind $\mathscr{C}$, $\mathscr{D}$, T und also auch S additiv, so gelten die zu (a), (b) analogen Aussagen natürlich auch für additive Kategorien $\mathscr{A}$, $\mathscr{E}$ und die entsprechenden Kategorien additiver Funktoren (vgl. 16.1.4).

Beweis. Wir beschränken uns auf den Nachweis von (4) im Falle (a); man hat die folgenden Gleichungen:

$$([\mathscr{A}, T] * [\mathscr{A}, \Phi])([\mathscr{A}, \Psi] * [\mathscr{A}, T]) = [\mathscr{A}, T * \Phi][\mathscr{A}, \Psi * T] =$$
$$= [\mathscr{A}, (T * \Phi)(\Psi * T)] = [\mathscr{A}, 1_T] = 1_{[\mathscr{A}, T]}.$$

16.5.12 Anmerkung. Eine Adjunktion $(\psi, S, T, \mathscr{C}, \mathscr{D})$ führt auf den Funktor $R = TS$: $\mathscr{D} \to \mathscr{D}$ mit natürlichen Transformationen

(1) $$\Psi\colon\ 1_{\mathscr{D}} \to R \quad \text{und} \quad \mu\colon\ RR \to R,$$

wobei $\mu = T * \Phi * S$ ist. Diese genügen folgenden Bedingungen:

(2) $$\mu(\Psi * R) = \mu(R * \Psi) = 1_R,$$

(3) $$\mu(\mu * R) = \mu(R * \mu),$$

(4) $$(\Psi * R)\Psi = (R * \Psi)\Psi.$$

Hierbei folgt (2) vermöge 16.1 (4) aus 16.5.5. Aus 16.1 (5) folgt (4) wegen $\Psi = \Psi * 1_{\mathscr{D}} = 1_{\mathscr{D}} * \Psi$. Entsprechend gilt $\Phi(\Phi * ST) = \Phi(ST * \Phi)$, woraus (3) wegen 16.1 (4) folgt.

Ist S oder T voll, so ist μ isomorph nach 16.5.5.

Man spricht von einem *Tripel* (R, Ψ, μ) oder einer Monade auf $\mathcal{D}$, wenn für einen Funktor $R\colon \mathcal{D} \to \mathcal{D}$ natürliche Transformationen (1) vorliegen, so daß (2) und (3) gelten. Dabei gilt auch (4) wegen 16.1 (5). Aus Adjunktionen entstehen also Tripel und dualerweise Cotripel. Diesen kommt selbständiges Interesse zu, insbesondere für Anwendungen in der homologischen Algebra. Wir verweisen auf [3] und [28].

16.6 Völlig treue Adjungierte

16.6.1 Theorem. *Es sei* $(\psi, S, T, \mathcal{C}, \mathcal{D})$ *eine Adjunktion und* $T\colon \mathcal{C} \to \mathcal{D}$ *völlig treu.*

(a) *Ist* $R\colon \Sigma \to \mathcal{C}$ *ein Diagramm und* (L, λ) *Limes bzw. Colimes von* TR, *so ist* $\big(S(L), (\Phi * R)(S * \lambda)\big)$ *Limes bzw.* $\big(S(L), (S * \lambda)(\Phi^{-1} * R)\big)$ *Colimes von* R.

(b) *Ist* $\mathcal{D}$ *vollständig bzw. endlich vollständig, covollständig, endlich covollständig, so gilt dasselbe für* $\mathcal{C}$.

Warnung. (a) besagt nicht, daß S Limites respektiert.

Beweis. (a) Ist (L, λ) Colimes von TR, so ist $\big(S(L), S * \lambda\big)$ Colimes von STR, weil S nach 16.4.6 Colimites respektiert. Nach 16.5.4 ist Φ isomorph und daher $\big(S(L), (S * \lambda)(\Phi^{-1} * R)\big)$ Colimes von R.

Sei nun (L, λ) Limes von TR. Wegen 16.5.2 (3) ist

$$\begin{array}{ccc} L_\Sigma & \xrightarrow{\lambda} & TR \\ \big\downarrow{\scriptstyle (\Psi_L)_\Sigma} & & \big\downarrow{\scriptstyle \Psi*(TR)} \\ TS(L)_\Sigma & \xrightarrow{(TS)*\lambda} & TSTR \end{array} \tag{5}$$

kommutativ. Nach 16.5.5 ist $\Psi * (TR) = (\Psi * T) * R$ isomorph, und wegen (5) ist $\big(L, ((TS) * \lambda)(\Psi_L)_\Sigma\big)$ Limes von $TSTR$. Nach Definition für Limites gibt es genau einen Morphismus $u\colon TS(L) \to L$ mit $(TS) * \lambda = \big((TS) * \lambda\big)(\Psi_L)_\Sigma u_\Sigma$. Vorschalten von $(\Psi_L)_\Sigma$ liefert, wieder nach Definition für Limites, $u\Psi_L = 1_L$. Erst recht ist $S(u)S(\Psi_L) = 1_{S(L)}$. Wegen 16.5.5 ist $S(\Psi_L)$ isomorph und $S(u) = \Phi_{S(L)}$. Nach 16.5.2 (3) gilt $\Psi_L u = TS(u)\Psi_{TS(L)}$, und es folgt $\Psi_L u = T(\Phi_{S(L)})\Psi_{TS(L)} = 1_{TS(L)}$ nach 16.5.5. Also ist Ψ_L invers zu u und damit wegen (5) $\big(TS(L), (TS) * \lambda\big)$ Limes von $TSTR$. Weil T Limites entdeckt (7.7.6), ist $\big(S(L), S * \lambda\big)$ Limes von STR. Nach 16.5.4 ist Φ isomorph, womit die Behauptung unter (a) folgt. (b) ergibt sich unmittelbar aus (a).

16.6.2 Korollar. *Es sei* $(\psi, S, T, \mathcal{C}, \mathcal{D})$ *eine Adjunktion,* T *sei völlig treu und* S *respektiere endliche Limites. Ferner sei* $\mathcal{D}$ *endlich vollständig.*

(a) *Besitzt* $\mathcal{D}$ *filtrierende Colimites und sind diese mit endlichen Limites vertauschbar, so gilt dasselbe für* $\mathcal{C}$.

(b) *Ist* $\mathcal{D}$ *covollständig und sind Colimites in* $\mathcal{D}$ *universell* (9.4.5), *so gilt dasselbe für* $\mathcal{C}$.

Beweis. (a) $\mathscr{C}$ ist endlich vollständig und besitzt filtrierende Colimites nach 16.6.1. Wie bei 10.1.2 genügt es zu zeigen, daß filtrierende Colimites mit Pullbacks vertauschbar sind. Ist

(6)
$$\begin{array}{ccc} P & \to & R \\ \downarrow & & \downarrow \\ M & \to & N \end{array}$$

ein Pullback in $[\mathscr{X}, \mathscr{C}]$, wobei $\mathscr{X}$ eine kleine filtrierende Kategorie ist, so erhält man durch Anwendung von T ein Pullback in $[\mathscr{X}, \mathscr{D}]$ und durch Anwendung von ST wieder ein Pullback in $[\mathscr{X}, \mathscr{C}]$ nach Annahme über S. Φ^{-1} bewirkt einen Isomorphismus von (6) in das Pullback, das durch Anwendung von ST entsteht. Hieraus und aus 16.6.1 folgt die Behauptung, wieder weil S endliche Limites respektiert.

(b) ergibt sich entsprechend.

16.6.3 Satz. *Es sei* $T: \mathscr{C} \to \mathscr{D}$ *ein völlig treuer Funktor.*

(a) *Die beiden folgenden Aussagen sind äquivalent.*
  (i) *T besitzt einen Linksadjungierten S, und $\Psi_X: X \to TS(X)$ ist epimorph für alle $X \in |\mathscr{D}|$.*
  (ii) *Für jedes $X \in |\mathscr{D}|$ gibt es einen Epimorphismus $\Psi_X: X \to T(B_X)$ mit geeignetem $B_X \in |\mathscr{C}|$, so daß jeder Morphismus $u: X \to T(A)$ für beliebiges $A \in |\mathscr{C}|$ über Ψ_X faktorisiert.*

(b) *Besitzt $\mathscr{C}$ Produkte und ist $\mathscr{D}$ lokal coklein, so ist gleichwertig mit* (i):
  (iii) *T respektiert Produkte, und jeder Morphismus der Form $u: X \to T(A)$ faktorisiert über einem Epimorphismus $u': X \to T(A_u)$ für jeweils geeignetes $A_u \in |\mathscr{C}|$.*

(c) *Es seien die Voraussetzungen unter* (b) *erfüllt. Außerdem besitze $\mathscr{D}$ Differenzkerne, und es sei jeder Morphismus in $\mathscr{D}$ zerlegbar in einen Epimorphismus und einen anschließenden Differenzkern. Dann ist mit* (i) *gleichwertig:*
  (iv) *T respektiert Produkte, und ist $K \to T(A)$ ein Differenzkern in $\mathscr{D}$, so ist K zu einem Objekt der Gestalt $T(C)$ isomorph.*

Beweis. (a) Ist (i) erfüllt, so gilt (ii) mit $B_X = S(X)$ wegen $u = T(\psi_{X,A}^{-1}(u))\Psi_X$ nach 16.5.1. Es gelte nun (ii). Sei $u = \bar{u}\Psi_X$: $X \to T(B_X) \to T(A)$. Durch u ist $\bar{u}$ eindeutig bestimmt, weil Ψ_X epimorph ist. Weil T völlig treu ist, gibt es genau ein $f: B_X \to A$ mit $T(f) = \bar{u}$. Wegen 16.4.5 ist (B_X, Ψ_X) eine Darstellung von $[X, T(?)]_{\mathscr{D}}$, und es gilt (i).

(b) Aus (i) und (ii) folgt unmittelbar (iii). Es gelte nun (iii). Für $X \in |\mathscr{D}|$ betrachten wir Epimorphismen der Gestalt $X \twoheadrightarrow T(A)$. Nach Annahme gibt es unter diesen eine Menge $\{p_e: X \twoheadrightarrow T(A_e)\}$, so daß jeder andere zu einem p_e äquivalent ist. Weil $\mathscr{C}$ Produkte besitzt und diese von T respektiert werden, besteht der Morphismus $p: X \to T(\prod A_e)$

mit $T(pr_e)p = p_e$. Er faktorisiert über einen Epimorphismus p': $X \to T(A_p)$. Ist u: $X \to T(A)$ ein beliebiger Morphismus, so faktorisiert u über ein p_e und damit auch über p und über p'. Also gilt (ii) und damit (i).

(c) Aus (iv) folgt unmittelbar (iii) und damit (i). Ist (i) erfüllt, so respektiert T Produkte, und die restliche Behauptung ist ein Spezialfall des folgenden Satzes.

16.6.4 Satz. *Es sei* $(\psi, S, T, \mathscr{C}, \mathscr{D})$ *eine Adjunktion und* (L, λ) *Limes eines Diagramms* R: $\Sigma \to \mathscr{D}$ *mit folgender Eigenschaft:*

Ist $R(e)$ *für* $e \in |\Sigma|$ *nicht isomorph zu einem Objekt der Form* $T(A_e)$, *so gibt es einen Pfeil* $d \to e$ *in* Σ, *so daß* $R(d)$ *isomorph zu einem Objekt der Form* $T(A_d)$ *ist.*

Ferner sei Ψ_L: $L \to TS(L)$ *epimorph. Dann ist* Ψ_L *isomorph.*

Beweis. Ist Σ leer, so ist L terminal und Ψ_L eine epimorphe Coretraktion, also isomorph. Sei nun Σ nicht leer. Es kann angenommen werden, daß R die folgende Bedingung erfüllt:

Hat $R(e)$ nicht die Form $T(A_e)$, so gibt es einen Pfeil p: $d \to e$, so daß $R(d)$ von der Form $T(A_d)$ ist.

Dies läßt sich nämlich dadurch erreichen, daß R durch ein isomorphes Diagramm ersetzt und λ: $L_\Sigma \to R$ entsprechend geändert wird.

Wir definieren Morphismen λ'_e: $TS(L) \to R(e)$ mit $\lambda_e = \lambda'_e \Psi_L$ folgendermaßen:

(a) Ist $R(e) = T(A_e)$ für geeignetes $A_e \in |\mathscr{C}|$, so gibt es nach 16.5.1 genau einen Morphismus f_e: $S(L) \to A_e$ mit $T(f_e)\Psi_L = \lambda_e$. Wir setzen $\lambda'_e = T(f_e)$.

(b) Hat $R(e)$ nicht die Form $T(A)$, so wählen wir einen Pfeil p: $d \to e$, so daß $R(d) = T(A_d)$ für geeignetes A_d ist und setzen $\lambda'_e = R(p)\lambda'_d$, wobei λ'_d nach (a) bestimmt ist. Es ist $\lambda'_e \Psi_L = \lambda_e$ wegen $R(p)\lambda'_d \Psi_L = R(p)\lambda_d = \lambda_e$.

Nun ist $\{\lambda'_e\}$ eine natürliche Transformation λ': $TS(L) \to R$. Ist nämlich q: $e_1 \to e_2$ irgendein Pfeil in Σ, so ist $\lambda'_{e_2}\Psi_L = \lambda_{e_2} = R(q)\lambda_{e_1} = R(q)\lambda'_{e_1}\Psi_L$ und damit $\lambda'_{e_2} = R(q)\lambda'_{e_1}$, weil Ψ_L epimorph ist.

Weil (L, λ) Limes von R ist, gibt es einen Morphismus u: $TS(L) \to L$ mit $\lambda' = \lambda u_\Sigma$. Es folgt $\lambda = \lambda'(\Psi_L)_\Sigma = \lambda(u\Psi_L)_\Sigma$ und damit $u\Psi_L = 1_L$ wieder nach Limeseigenschaft. Also ist Ψ_L eine epimorphe Coretraktion und daher isomorph.

Bemerkungen. Ist T die Inklusion eine Unterkategorie und Ψ: $1_{\mathscr{D}} \to TS$ epimorph an allen Stellen $X \in |\mathscr{D}|$, so besagt der Satz: Liegt ein Diagramm von $\mathscr{D}$ „anfangs" in $\mathscr{C}$ und hat es einen Limes, so gibt es ein Limesobjekt in $\mathscr{C}$. Man beachte auch 16.5.6. Im Beweis des Satzes wurde übrigens von der Adjunktion nur benutzt, daß $[L, T(?)]_{\mathscr{D}}$ durch $(S(L), \Psi_L)$ dargestellt wird.

16.6.5 In Anwendungen ist öfter eine Inklusion $T\colon \mathscr{C} \to \mathscr{D}$ einer Unterkategorie zu betrachten. Die Untersuchung eines beliebigen Funktors $T\colon \mathscr{C} \to \mathscr{D}$ kann nach 16.2.6 durch Anfügen einer Äquivalenz auf diesen Spezialfall zurückgeführt werden. Ist T treu bzw. voll, völlig treu, respektiert T (endliche) Limites oder Colimites, so gilt das Entsprechende nach Anfügen der Äquivalenz (16.2.4). (Endliche) Vollständigkeit, Covollständigkeit und Vertauschungsaussagen für $\mathscr{D}$ bleiben bei Übergang zu einer äquivalenten Kategorie erhalten. Für völlig treue Funktoren ist auch 16.3.8 anwendbar. Auf diesen Fall gehen wir in 19.4 genauer ein.

Es sei $\mathscr{C}$ volle Unterkategorie von $\mathscr{D}$ und $T\colon \mathscr{C} \to \mathscr{D}$ die Inklusion. Besitzt T einen Linksadjungierten $S\colon \mathscr{D} \to \mathscr{C}$, so kann S so gewählt werden, daß S auf $\mathscr{C}$ die Identität ist, also $ST = 1_{\mathscr{C}}$ gilt. Wegen 16.5.4 (d) ist das ein Spezialfall des folgenden Satzes.

16.6.6 Satz. *Es seien $R\colon \mathscr{C} \to \mathscr{E}$ und $S\colon \mathscr{D} \to \mathscr{E}$ Funktoren und $T\colon \mathscr{C} \to \mathscr{D}$ ein für die Objektklassen injektiver Funktor. Ist ST isomorph zu R, so gibt es einen zu S isomorphen Funktor S' mit $S'T = R$.*

Beweis. Sei $\xi\colon ST \to R$ eine Isomorphie. Wir setzen $S'(T(A)) = R(A)$, $\eta_{T(A)} = \xi_A$ für alle $A \in |\mathscr{C}|$ und $S'(X) = S(X)$, $\eta_X = 1_{S(X)}$ für alle diejenigen $X \in |\mathscr{D}|$, die nicht die Form $T(A)$ haben. Für $u\colon X \to Y$ in $\mathscr{D}$ sei nun $S'(u) = \eta_Y S(u) \eta_X^{-1}$. Dann ist S' ein Funktor, $\eta\colon S \to S'$ ein Isomorphismus und $S'T = R$.

16.6.7 Ist $T\colon \mathscr{C} \to \mathscr{D}$ eine Inklusion, so wird ein Linksadjungierter $S\colon \mathscr{D} \to \mathscr{C}$ je nach Autor als Coreflektor (z. B. MITCHELL) oder als Reflektor (z. B. FREYD) bezeichnet. Wir nennen eine Unterkategorie $\mathscr{C}$ von $\mathscr{D}$ *epireflektiv*, wenn sie voll ist und für die Inklusion $T\colon \mathscr{C} \to \mathscr{D}$ 16.6.3 (i) gilt. Der Linksadjungierte S kann nach dem Vorangehenden so gewählt werden, daß $ST = 1_{\mathscr{C}}$ ist. Wir bezeichnen ihn als *Epireflektor*.

Für eine vollständige Kategorie $\mathscr{D}$ ist jede epireflektive Unterkategorie vollständig nach 16.6.1. Ist in $\mathscr{D}$ noch jeder Morphismus in einen Epimorphismus und einen anschließenden Differenzkern zerlegbar und ist $\mathscr{D}$ lokal coklein, so werden die epireflektiven Unterkategorien durch 16.6.3 (c) charakterisiert.

16.6.8 Anwendungen. In der Kategorie *Top* der topologischen Räume und stetigen Abbildungen sei eine volle Unterkategorie durch Eigenschaften definiert, die sich auf Produkte und Unterräume vererben. Jede solche Unterkategorie ist epireflektiv. Beispielsweise definieren die Trennungsaxiome T_0, T_1, das Hausdorffsche Trennungsaxiom oder auch die Axiome für Regularität, für vollständige Regularität epireflektive Unterkategorien. Ist ferner eine Klasse K von Räumen vorgegeben, so gibt es eine kleinste epireflektive Unterkategorie, die K umfaßt und mit jedem Objekt alle dazu isomorphen enthält. Ihre Objekte sind die Räume, die zu einem Unterraum eines Produktes von Räumen aus K homöomorph sind.

In der Kategorie der Hausdorffschen Räume gilt Entsprechendes Eigenschaften, die sich auf Produkte und abgeschlossene Unterräume vererben, definieren epireflektive Unterkategorien. Zum Beispiel ist das für Kompaktheit der Fall. Der zugehörige Epireflektor ist die Čech-Stone-Kompaktifizierung.

In der Kategorie der uniformen bzw. separierten uniformen Räume (mit gleichmäßig stetigen Abbildungen) ergeben sich epireflektive Unterkategorien entsprechend. Zum Beispiel ist in der Kategorie der uniformen Räume die Unterkategorie der separierten epireflektiv und in dieser die Unterkategorie der vollständigen Räume.

Bei lokalkonvexen Vektorräumen gilt Entsprechendes.

Es gibt zahlreiche weitere Beispiele. Zum Beispiel ist in der Kategorie der Gruppen die Unterkategorie der abelschen epireflektiv und in dieser die Unterkategorie der torsionsfreien abelschen Gruppen.

16.6.9 Eine zu 16.6.3 duale Situation liegt vor für die Unterkategorie der Kelley-Räume in der Kategorie der Hausdorffschen Räume. Ein *Kelley-Raum* ist ein Hausdorffscher Raum, bei dem eine Teilmenge genau dann abgeschlossen ist, wenn es ihr Durchschnitt mit allen kompakten Teilräumen ist. Das ist z. B. der Fall bei lokalkompakten Räumen und bei (CW-)Zellenkomplexen. Jede Hausdorffsche Topologie läßt sich zu einer Kelley-Topologie verfeinern, indem man als abgeschlossene Mengen diejenigen nimmt, deren Durchschnitte mit den kompakten Mengen in der vorhandenen Topologie abgeschlossen sind.

In der Kategorie der lokalkonvexen Vektorräume spielt die Unterkategorie der bornologischen Räume die entsprechende Rolle.

Man beachte, daß das Duale von 16.6.1 gilt.

16.7 Tensorprodukte

16.7.1 Der Begriff des adjungierten Funktorpaares gestattet folgende Verallgemeinerung: Es seien $\mathscr{C}$, $\mathscr{D}$, $\mathscr{M}$ Kategorien und $S\colon \mathscr{D} \times \mathscr{M} \to \mathscr{C}$, $T'\colon \mathscr{M}^0 \times \mathscr{C} \to \mathscr{D}$ Bifunktoren, wobei statt T' der zugehörige kontra-ko-variante Funktor T betrachtet werde. T heißt *rechtsadjungiert* zu S und S *linksadjungiert* zu T, wenn es eine Isomorphie

$$(1) \qquad \psi\colon\ [S(?, ??), ???]_{\mathscr{C}} \xrightarrow{\cong} [?, T(??, ???)]_{\mathscr{D}}$$

als Isomorphie von Trifunktoren $\mathscr{D}^0 \times \mathscr{M}^0 \times \mathscr{C} \to Ens$ gibt. Für jedes Objekt $M \in |\mathscr{M}|$ liegt damit insbesondere ein adjungiertes Funktorpaar $(S(?, M), T(M, ?))$ im gewöhnlichen Sinne gemäß 16.4.1 vor. 16.4.2 bis 16.4.5 lassen sich mühelos übertragen. Wir formulieren insbesondere:

Satz. *Der kontra-ko-variante Funktor T zum Bifunktor $T'\colon \mathscr{M}^0 \times \mathscr{C} \to \mathscr{D}$ besitzt einen Linksadjungierten $S\colon \mathscr{D} \times \mathscr{M} \to \mathscr{C}$ genau dann, wenn der Funktor $[X, T(M, ?)]_{\mathscr{D}}$ für jedes Paar (X, M) von Objekten $X \in |\mathscr{D}|$, $M \in |\mathscr{M}|$ darstellbar ist.*

16.7.2 Ein wichtiger Spezialfall entsteht dadurch, daß $\mathcal{D}$ einen Vergiß-Funktor $V\colon \mathcal{D} \to Ens$ besitzt, $\mathcal{M} = \mathcal{C}$ ist und VT der Hom-Funktor von $\mathcal{C}$ ist. Wir nennen dann den Linksadjungierten S, falls er existiert, ein Tensorprodukt, und wir schreiben $X \otimes M$, $u \otimes f$ für $S(X, M)$ bzw. $S(u, f)$. Die Bedingung, daß V ein Vergiß-Funktor ist, läßt sich abschwächen. Außerdem spricht man auch in allgemeineren Situationen von einem Tensorprodukt, siehe Beispiel 2 unten und später 17.7.

Beispiel 1. In Ens besteht die Isomorphie

$$(2) \qquad [A \times B, C] \xrightarrow{\cong} [A, [B, C]]$$

als Isomorphie von Trifunktoren. Gemäß 3.4.4 und 16.1.3 gilt (2) auch in cat, entsprechend auch für $\mathcal{CAT}$ (kleine $\mathfrak{B}$-Kategorien), und es gilt ein Analogon für den additiven Fall.

Beispiel 2. Mit dem üblichen Tensorprodukt für Moduln besteht die Isomorphie

$$(3) \qquad \mathrm{Hom}_S(M \underset{R}{\otimes} N, G) \xrightarrow{\cong} \mathrm{Hom}_R(N, \mathrm{Hom}_S(M, G))$$

$$\text{mit} \quad N \in |{}_RMod|, \quad G \in |{}_SMod| \quad \text{und} \quad M \in |{}_SMod_R|.$$

Man kann sie mit expliziten Formeln nachrechnen. Ein Beweis wird sich jedoch in 17.7.4 ergeben. Man beachte die Spezialfälle $R = \mathbf{Z}$ oder $S = \mathbf{Z}$ und insbesondere den Fall, daß $R = S$ ein kommutativer Ring ist, so daß Rechts- und Links-Moduln zusammenfallen und jeder Modul zugleich Bimodul ist. In diesem Falle haben in (3) alle Funktoren Hom das Ziel ${}_RMod$.

Beispiel 3. Sind X und Y topologische Räume, so erhält man aus der Menge $[X, Y]$ der stetigen Abbildungen $X \to Y$ vermöge der kompakt-offenen Topologie einen topologischen Raum ${}_{co}[X, Y]$ und hieraus durch Verfeinerung (vgl. 16.6.9) den Kelley-Raum ${}_{kco}[X, Y]$. Mit der entsprechenden Verfeinerung $X \times_k Y$ des topologischen Produktes erhält man Isomorphien

$$(4) \qquad {}_{co}[X \times_k Y, Z] \xrightarrow{\cong} {}_{co}[X, {}_{co}[Y, Z]] = {}_{co}[X, {}_{kco}[Y, Z]],$$

$$(4') \qquad {}_{kco}[X \times_k Y, Z] \xrightarrow{\cong} {}_{kco}[X, {}_{kco}[Y, Z]],$$

wenn X und Y Kelley-Räume sind und Z ein beliebiger Hausdorffscher topologischer Raum ist.

Beispiel 4. Ein zu Beispiel 3 analoger Sachverhalt liegt für lokalkonvexe Vektorräume vor (mit stetigen linearen Abbildungen). An die Stelle der kompakt-offenen Topologie tritt die beschränkt-offene, an die Stelle der Kelley-Räume und -Verfeinerungen die bornologischen. Man erhält

$$(5) \qquad {}_{bbo}[X \otimes_b Y, Z] \xrightarrow{\cong} {}_{bbo}[X, {}_{bbo}[Y, Z]],$$

wobei X und Y bornologische Vektorräume sind und Z ein lokalkonvexer ist. *bbo* bezeichnet die bornologische Verfeinerung der beschränkt-offenen Topologie. $X \otimes_b Y$ ist filtrierender Colimes der Tensorprodukte $A \otimes B$, wobei A und B algebraische Unterräume von X und Y durchlaufen, die von beschränkten, absolut-konvexen Mengen aufgespannt werden und mit der zugehörigen Seminorm versehen sind.

16.7.3 In den Beispielen 1, 3, 4 und in Beispiel 2, wenn $R = S$ ein kommutativer Ring ist, liegen Tensorprodukte im engeren Sinne vor. Ein solches Tensorprodukt für eine Kategorie $\mathscr{C}$ ist ein Bifunktor $\otimes$: $\mathscr{C} \times \mathscr{C} \to \mathscr{C}$, der ein Tensorprodukt im bisherigen Sinne ist und für den noch gilt:

(i) Es gibt eine Isomorphie $\otimes(\otimes \times 1_{\mathscr{C}}) \to \otimes(1_{\mathscr{C}} \times \otimes)$, also $(A \otimes B) \otimes C \cong A \otimes (B \otimes C)$ (Assoziativität).

(ii) Es gibt eine Isomorphie $\otimes\, \tau \to \otimes$, wobei τ Vertauschung der Faktoren ist, also $A \otimes B \cong B \otimes A$ (Kommutativität).

(iii) Es gibt ein Objekt J und einen Isomorphismus $J \otimes ? \to 1_{\mathscr{C}}$ (neutrales Objekt).

(iv) Die Isomorphismen (i), (ii), (iii) sind in einem zu präzisierenden Sinne verträglich (Kohärenz). Das bedeutet, grob gesagt, daß in Zusammensetzungen mit ihnen so gerechnet werden kann, als ob es algebraische Identitäten wären.

Das Objekt J gemäß (iii) ist in Beispiel 1 eine terminale Menge bzw. Kategorie, in Beispiel 2 für $R = S$ kommutativ der Ring R als Modul über sich, in Beispiel 3 ein einpunktiger Raum, in Beispiel 4 ein eindimensionaler Raum.

Wir begnügen uns mit diesen Bemerkungen und verweisen auf MacLane [42, 43], Eilenberg-Kelly [25], Linton [39] und Bénabou [20].

16.7.4 Sind $\mathscr{B}$ und $\mathscr{C}$ additive Kategorien, so erhält man das Tensorprodukt $\mathscr{B} \otimes \mathscr{C}$ folgendermaßen: Objekte sind Paare (B, C) mit $B \in |\mathscr{B}|$, $C \in |\mathscr{C}|$, und man setzt $[(B, C), (B', C')] = [B, B'] \otimes [C, C']$, wobei dieses Tensorprodukt in Ab gebildet ist. Seine Elemente lassen sich (nicht eindeutig) in der Form $\sum_{i=1}^{n} u_i \otimes f_i$ darstellen. Komposition mit $\sum_{j=1}^{m} u'_j \otimes f'_j \in [B', B''] \otimes [C', C'']$ ist durch $\sum_{i=1}^{n} \sum_{j=1}^{m} u'_j u_i \otimes f'_j f_i$ erklärt, wobei man bestätigt, daß das Kompositum eindeutig bestimmt ist. $\mathscr{B} \otimes \mathscr{C}$ ist wieder eine additive Kategorie. Ist noch $\mathscr{D}$ additiv, so besteht ein Isomorphismus zwischen der Kategorie der biadditiven Funktoren von $\mathscr{B} \times \mathscr{C}$ nach $\mathscr{D}$ mit $Add(\mathscr{B} \otimes \mathscr{C}, \mathscr{D})$ und damit $Add(\mathscr{B} \otimes \mathscr{C}, \mathscr{D}) \cong\!\!> Add(\mathscr{B}, Add(\mathscr{C}, \mathscr{D}))$ entsprechend 3.8.1. Das Tensorprodukt (kleiner) additiver Kategorien ist ein Tensorprodukt in der Kategorie der (kleinen) additiven Kategorien mit additiven Funktoren.

17. Adjungierte Funktorpaare zwischen Funktorkategorien

17.1 Die Konstruktion von Kan

17.1.1 Diagrammkategorien. Sei $\mathscr{C}$ eine Kategorie. Wir ordnen ihr folgende Diagrammkategorie $Dg(\mathscr{C})$ zu: Objekte sind Funktoren T: $\Sigma \to \mathscr{C}$, wobei Σ eine kleine Kategorie ist. Sind T: $\Sigma \to \mathscr{C}$ und T': $\Sigma' \to \mathscr{C}$ Objekte, so besteht ein Morphismus (R, ϱ): $T \to T'$ aus einem Funktor R: $\Sigma \to \Sigma'$ und einer natürlichen Transformation ϱ: $T \to T'R$.

Ist $\mathscr{C}$ covollständig und zu jedem Diagramm in $\mathscr{C}$ ein Colimes ausgewählt, so besteht folgender Funktor Colim: $Dg(\mathscr{C}) \to \mathscr{C}$. Es ist $\operatorname{Colim} T = L$, wenn (L, λ) der ausgewählte Colimes von T: $\Sigma \to \mathscr{C}$ ist. Seien (R, ϱ): $T \to T'$ ein $Dg(\mathscr{C})$-Morphismus und (L, λ), (L', λ') die Colimites von T bzw. T'. Nun ist $\lambda' * R$: $T'R \to L'_\Sigma$ eine natürliche Transformation (mit $(\lambda' * R)_e = \lambda'_{R(e)}$ für $e \in \Sigma$) und damit auch $(\lambda' * R)\varrho$: $T \to L'_\Sigma$. Nach Definition für Colimites gibt es genau einen Morphismus f: $L \to L'$ mit $f_\Sigma \lambda = (\lambda' * R)\varrho$. Wir setzen $f = \operatorname{Colim}(R, \varrho)$, womit man bestätigt, daß Colim: $Dg(\mathscr{C}) \to \mathscr{C}$ ein Funktor ist.

Man bemerkt, daß $[\Sigma, \mathscr{C}]$ Unterkategorie von $Dg(\mathscr{C})$ ist (stets mit 1_Σ für R) und daß sich 8.6.1 hier ebenfalls unterordnet. Ein Funktor F: $\mathscr{C} \to \mathscr{D}$ induziert vermöge $T \mapsto FT$, $(R, \varrho) \mapsto (R, F\varrho)$ einen Funktor $Dg(\mathscr{C}) \to Dg(\mathscr{D})$, den wir ebenfalls mit F bezeichnen.

17.1.1° Die duale Situation ergibt sich vermöge der Kategorie $Dg'(\mathscr{C})$, deren Objekte wieder Funktoren T: $\Sigma \to \mathscr{C}$ mit kleiner Kategorie Σ sind, bei der aber ein Morphismus (R, ϱ'): $T \to T'$ aus einem Funktor R: $\Sigma \to \Sigma'$ und einer natürlichen Transformation ϱ': $T'R \to T$ besteht.

Ist $\mathscr{C}$ vollständig und sind Limites für Diagramme ausgewählt, so besteht der kontravariante Funktor Lim: $Dg'(\mathscr{C}) \to \mathscr{C}$ (vgl. 7.6.1).

Ist F: $\mathscr{C} \to \mathscr{D}$ ein kontravarianter Funktor, so induziert F (kovariante!) Funktoren $Dg(\mathscr{C}) \to Dg'(\mathscr{D})$ und $Dg'(\mathscr{C}) \to Dg(\mathscr{D})$.

17.1.2 Für die Kategorie $[2, \mathscr{C}]$ (siehe 6.5.1, 6.5.2) bestehen die beiden Funktoren Δ^0, Δ^1: $[2, \mathscr{C}] \to \mathscr{C}$, die jedem Morphismus von $\mathscr{C}$ seine Quelle bzw. sein Ziel zuordnen und jeder natürlichen Transformation von Morphismen den beteiligten $\mathscr{C}$-Morphismus für die Quellen bzw. die Ziele. Sind U: $\mathscr{B} \to \mathscr{C}$ und V: $\mathscr{E} \to \mathscr{C}$ Funktoren, so besteht in *Cat* folgendes Diagramm:

(1)

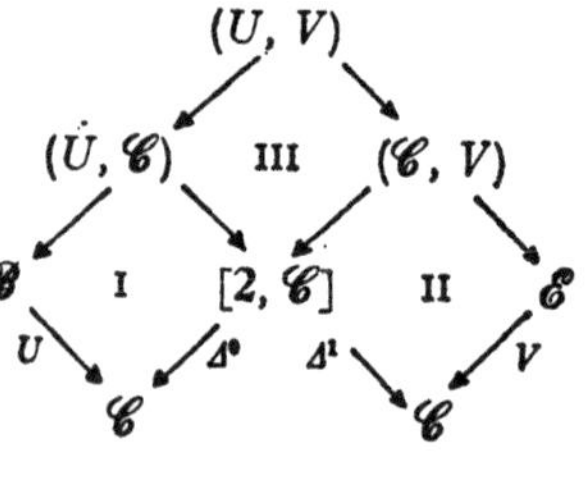

wobei I, II, III Pullbacks sind (Komma-Konstruktion von Lawvere). Die Objekte der Kategorie (U, V) sind Tripel (X, Y, a) mit $X \in |\mathscr{B}|$, $Y \in |\mathscr{E}|$ und $a\colon\ U(X) \to V(Y)$ in $\mathscr{C}$. Morphismen von (X, Y, a) nach (X', Y', a') sind kommutative Vierecke

(2)
$$\begin{array}{ccc} U(X) & \xrightarrow{a} & V(X) \\ {\scriptstyle U(u)}\downarrow & & \downarrow{\scriptstyle V(v)} \\ U(X') & \xrightarrow{a'} & V(Y') \end{array}$$

mit $u\colon\ X \to X'$ in $\mathscr{B}$ und $v\colon\ Y \to Y'$ in $\mathscr{E}$. Wir benötigen hier (ebenso wie in 10.2) nur Spezialfälle.

17.1.3 Es sei $U\colon\ \mathscr{B} \to \mathscr{C}$ ein fest gewählter Funktor. Für jedes $A \in |\mathscr{C}|$ sei Σ_A folgende (möglicherweise leere) Kategorie: Objekte sind die Paare (X, a) mit $X \in |\mathscr{B}|$ und $a\colon\ U(X) \to A$, Morphismen von (X, a) nach (X', a') sind Tripel (a, a', w) mit $w\colon\ X \to X'$, so daß $a'U(w) = a$ ist. Ein Morphismus $f\colon\ A \to B$ in $\mathscr{C}$ induziert einen Funktor $\Sigma_f\colon\ \Sigma_A \to \Sigma_B$, der (X, a) in (X, fa) und (a, a', w) in (fa, fa', w) überführt. Man bemerkt übrigens, daß Σ_f treu ist.

Sei nun $\mathscr{B}$ klein. Dann besteht folgender Funktor $Q\colon\ \mathscr{C} \to Dg(\mathscr{B})$: Es ist $Q_A\colon\ \Sigma_A \to \mathscr{B}$ der Funktor $(X, a) \mapsto X$, $(a, a', w) \mapsto w$, und es ist $Q_f = (\Sigma_f, 1_{Q_A})$, was wegen

(3)
$$Q_B \Sigma_f = Q_A$$

sinnvoll ist. Neben $UQ\colon\ \mathscr{C} \to Dg(\mathscr{C})$ besteht der Funktor $Z\colon\ \mathscr{C} \to \to Dg(\mathscr{C})$ mit $Z_A = A_{\Sigma_A}$ und $Z_f = (\Sigma_f, f_{\Sigma_A})$. Dabei ist $(X, a) \mapsto a$ eine natürliche Transformation $\gamma_A\colon\ UQ_A \to Z_A$, also $(1_{\Sigma_A}, \gamma_A)$ ein $Dg(\mathscr{C})$-Morphismus, womit eine natürliche Transformation $\gamma\colon\ UQ \to Z$ entsteht.

17.1.4 Wird anstelle von $U\colon\ \mathscr{B} \to \mathscr{C}$ der Funktor $1_{\mathscr{B}}$ zugrundegelegt, so erhält man für $Y \in |\mathscr{B}|$ die Kategorie $\mathscr{B}/_Y$ der $\mathscr{B}$-Morphismen mit Ziel Y in der Rolle eines Σ_A. Entsprechend Σ_f entsteht für $v\colon\ Y \to Y'$ ein Funktor $\mathscr{B}/_v\colon\ \mathscr{B}/_Y \to \mathscr{B}/_{Y'}$. In der Rolle von Q besteht $P\colon\ \mathscr{B} \to \to Dg(\mathscr{B})$. Außerdem besteht eine natürliche Transformation $\beta\colon\ P \to QU$. Für $Y \in |\mathscr{B}|$ hat man nämlich den Funktor $\Xi_Y\colon \mathscr{B}/_Y \to \Sigma_{U(Y)}$, der $z\colon\ X \to Y$ in $(X, U(z))$ und (z, z', w) mit $z'w = z$ in $(U(z), U(z'), w)$ überführt. Es gilt offenbar $P_Y = Q_{U(Y)}\, \Xi_Y$, also ist $(\Xi_Y, \mathrm{id})\colon P_Y \to Q_{U(Y)}$ ein $Dg(\mathscr{B})$-Morphismus und damit insgesamt eine natürliche Transformation $\beta\colon\ P \to QU$ definiert.

17.1.5 Bemerkungen

(a) $\mathscr{B}/_Y$ besitzt das terminale Objekt 1_Y.

(b) Es ist $(\Xi_Y, \gamma_{U(Y)} \circ U\beta_Y)$ ein $Dg(\mathscr{C})$-Morphismus $UP_Y \to UQ_{U(Y)} \to \to Z_{U(Y)}$. Dem terminalen Objekt 1_Y von $\mathscr{B}/_Y$ ist hierbei der Morphismus $1_{U(Y)}$ zugeordnet (nach Definition von β und γ).

(c) U ist genau dann treu, wenn Ξ_Y: $\mathscr{B}/_Y \to \Sigma_{U(Y)}$ für jedes Y eine Einbettung ist.

(d) U ist genau dann völlig treu, wenn Ξ_Y für alle Y ein Isomorphismus von Kategorien ist. In diesem Falle ist β: $P \to QU$ isomorph.

(e) Ist $\mathscr{B}$ endlich covollständig und respektiert U endliche Colimites, so ist jedes Σ_A filtrierend. Das folgt unmittelbar aus den Definitionen.

17.1.6 Theorem. *Es sei $\mathscr{B}$ eine kleine Kategorie, U: $\mathscr{B} \to \mathscr{C}$ ein Funktor und $\mathscr{D}$ eine covollständige Kategorie.*

(a) *Der Funktor $\tilde{U} = [U, \mathscr{D}]$: $[\mathscr{C}, \mathscr{D}] \to [\mathscr{B}, \mathscr{D}]$ besitzt einen Linksadjungierten V: $[\mathscr{B}, \mathscr{D}] \to [\mathscr{C}, \mathscr{D}]$.*

(b) *$\tilde{U} = [U, \mathscr{D}]$ respektiert Limites und Colimites.*

(c) *Ist U völlig treu, so ist auch V völlig treu (dagegen $\tilde{U}$ im allgemeinen nicht), und F: $\mathscr{B} \to \mathscr{D}$ ist isomorph zu $V(F)\,U$.*

(d) *Hat jedes Objekt von $\mathscr{C}$ die Gestalt $U(X)$, so ist $\tilde{U}$ treu.*

(e) *Ist $\mathscr{B}$ endlich covollständig, $\mathscr{D}$ endlich vollständig, respektiert U endliche Colimites und sind ferner in $\mathscr{D}$ endliche Limites mit filtrierenden Colimites vertauschbar, so respektiert V endliche Limites.*

(f) *Sind $\mathscr{B}$, $\mathscr{C}$, $\mathscr{D}$ additive Kategorien und ist U additiv, so gelten* (a) *bis* (e) *entsprechend für die Kategorien $Add(\mathscr{B}, \mathscr{D})$ und $Add(\mathscr{C}, \mathscr{D})$. Dabei sind $\tilde{U}$ und V additiv.*

Beweis. (a) Wir benutzen die Bezeichnungen, die im Vorangehenden eingeführt wurden. U induziert den Bifunktor

$$\hat{U}\colon\ [\mathscr{B}, \mathscr{D}] \times \mathscr{C} \to Dg(\mathscr{D})$$

mit

$$\hat{U}(F, A) = FQ_A\colon\ \Sigma_A \to \mathscr{D},$$

$$\hat{U}(F, f) = FQ_f = (\Sigma_f, 1_{FQ_A}),\quad \hat{U}(\eta, A) = (1_{\Sigma_A}, \eta * Q_A).$$

Durch Anfügen von Colim: $Dg(\mathscr{D}) \to \mathscr{D}$ (Colimites ausgewählt) entsteht ein Bifunktor $[\mathscr{B}, \mathscr{D}] \times \mathscr{C} \to \mathscr{D}$ und damit V: $[\mathscr{B}, \mathscr{D}] \to [\mathscr{C}, \mathscr{D}]$ gemäß 3.4.4, 3.6.3. Für F: $\mathscr{B} \to \mathscr{D}$ ist also

(4) $$V(F)(A) = \operatorname{Colim} FQ_A.$$

Für G: $\mathscr{C} \to \mathscr{D}$ ist $\tilde{U}(G) = GU$. Es besteht die natürliche Transformation $G * \gamma$: $GUQ \to GZ$. Wegen $GZ_A = G(A)_{\Sigma_A}$ ergibt sich nach Definition für Colimites der Morphismus

(5) $$\Phi_{G,A}\colon\ V(\tilde{U}(G))(A) = \operatorname{Colim} GUQ_A \to G(A).$$

Damit liegt eine natürliche Transformation Φ: $V\tilde{U} \to 1_{[\mathscr{C}, \mathscr{D}]}$ vor, weil $\{\Phi_{G,A}\}$ nach Konstruktion eine natürliche Transformation des Bifunktors $\operatorname{Colim} \hat{U}(\tilde{U} \times 1_{\mathscr{C}})$ in den Wertfunktor $[\mathscr{C}, \mathscr{D}] \times \mathscr{C} \to \mathscr{D}$ ist.

Andererseits ist $\tilde{U}(V(F)) = V(F) \circ U$, also $\tilde{U}(V(F))(Y) = \operatorname{Colim} FQ_{U(Y)}$, was von dem Bifunktor $\operatorname{Colim} \hat{U}(1_{[\mathscr{B},\mathscr{D}]} \times U)\colon [\mathscr{B},\mathscr{D}] \times \mathscr{B} \to \mathscr{D}$ herrührt. Mit $\beta\colon F \to QU$ ergibt sich für $F\colon \mathscr{B} \to \mathscr{D}$, die natürliche Transformation $F * \beta\colon FP \to FQU$ und damit der Morphismus $\operatorname{Colim} FP_Y \to \operatorname{Colim} FQ_{U(Y)}$. Weil 1_Y terminal in $\mathscr{B}/_Y$ ist, ist $\operatorname{Colim} FP_Y = F(Y)$ (bei geeigneter Auswahl für Colimites), und es entsteht eine natürliche Transformation

$$\Psi\colon 1_{[\mathscr{B},\mathscr{D}]} \to \tilde{U}V.$$

Der Nachweis, daß Ψ und Φ quasi-inverse Adjunktions-Transformationen sind, kann „punktweise" erfolgen. $(\tilde{U} * \Phi)(\Psi * \tilde{U})$ an der Stelle $(G, Y) \in |[\mathscr{C},\mathscr{D}] \times \mathscr{B}|$ liefert $GU(Y) \to \operatorname{Colim} GUQ_{U(Y)} \to GU(Y)$ als identischen Morphismus wegen 17.1.5 (b).

Zu zeigen ist noch $(\Phi * V)(V * \Psi) = 1_V$. Wendet man V auf $\tilde{U}V(F)$ an, so erhält man an der Stelle A

$$V\tilde{U}V(F)(A) = \operatorname*{Colim}_{Q_A} [\operatorname*{Colim}_{?\,\text{fest}} FQ_{UQ_A(?)} \mid ?\text{ in } \Sigma_A],$$

wobei der innere Colimes für Objekte über Diagramme zu bilden ist, die vermöge U in „UQ_A vorangehende" Diagramme übergehen.

(6)

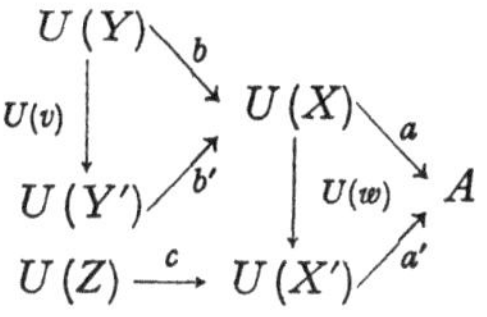

Für $(X, a) \in \Sigma_A$ besteht der Funktor $\Sigma_a\colon \Sigma_{U(X)} \to \Sigma_A$, nach (3) ist $Q_A \Sigma_a = Q_{U(X)}$. Benutzt man $\operatorname{Colim} FP_? = F(?)$ für $?$ in $\mathscr{B}$ (7.1.8 dual), so ist nun

(7)
$$\begin{aligned} \operatorname*{Colim}_{Q_A} FQ_A &= \operatorname*{Colim}_{Q_A} [\operatorname*{Colim}_{P} FP_{Q_A(?)} \mid ?\text{ in } \Sigma_A] \\ &\to \operatorname*{Colim}_{Q_A} [\operatorname*{Colim}_{?\,\text{fest}} FQ_{UQ_A(?)} \mid ?\text{ in } \Sigma_A] \quad \to (\operatorname*{Colim}_{Q_A} FQ_A)_{\Sigma_A} \end{aligned}$$

zu betrachten. Ist Σ_A leer, so liegt stets das als Colimes ausgewählte initiale Element von $\mathscr{D}$ vor. Für $(X, a) \in |\Sigma_A|$ läßt sich der zur „Koordinate" (X, a) gehörige Morphismus der natürlichen Transformation $FQ_A \to (\operatorname{Colim} FQ_A)_{\Sigma_A}$ als derjenige Morphismus auffassen, der dem terminalen Objekt 1_X von $\mathscr{B}/_X$ bei

$$FP_X \to FQ_{U(X)} = FQ_A \Sigma_a \to \operatorname{Colim} FQ_A$$

zugeordnet ist. Geht man zu $\operatorname{Colim} FP_X \to \operatorname{Colim} FQ_{U(X)} \to \operatorname{Colim} FQ_A$ über, so liegt noch immer dieser Morphismus vor. Hieraus folgt, daß (7) in der Tat den identischen Morphismus von $\operatorname{Colim} FQ_A$ liefert. Damit ist Behauptung (a) bewiesen.

(b) $\tilde{U}$ respektiert Limites als Rechtsadjungierter von V. Colimites in $[\mathscr{B}, \mathscr{D}]$ und $[\mathscr{C}, \mathscr{D}]$ können „punktweise" gebildet werden, weil $\mathscr{D}$ covollständig ist. Ein Colimes in $[\mathscr{C}, \mathscr{D}]$ ist daher insbesondere Colimes an allen Stellen $U(X)$, und es respektiert $\tilde{U}$ Colimites.

(c) Ist U völlig treu, so ist $\beta\colon P \to QU$ isomorph nach 17.1.5 (d). Daher ist $F * \beta\colon FP \to FQU$ isomorph. Übergang zu den Colimites ergibt den Isomorphismus $\Psi_F\colon F \to \tilde{U}V(F) = V(F)U$. Nach dem Dualen von 16.5.4 (d) ist V völlig treu.

(d) Sind $G_1, G_2\colon \mathscr{C} \to \mathscr{D}$ Funktoren und ist $\eta = \{\eta_A\}\colon G_1 \to G_2$ eine natürliche Transformation, so ist $\tilde{U}(\eta) = \eta * U = \{\eta_{U(X)}\}$, woraus die Behauptung unter (d) unmittelbar folgt.

(e) Unter diesen Voraussetzungen besitzt $\mathscr{B}$ ein initiales Objekt, das von U respektiert wird. Daher ist kein Σ_A leer, und es ist jedes Σ_A filtrierend nach 17.1.5 (e). Endliche Limites können in $[\mathscr{B}, \mathscr{D}]$ und $[\mathscr{C}, \mathscr{D}]$ „punktweise" gebildet werden. Außerdem ist die Konstruktion von V an der Stelle A als filtrierender Colimes vom Typ Σ_A mit endlichen Limites in $\mathscr{D}$ vertauschbar.

(f) Wir nehmen zunächst an, daß $\mathscr{B}$ endliche Produkte besitzt. Für $a\colon U(X) \to A$ und $f\colon A \to B$ in $\mathscr{C}$ gehören zu a die Morphismen $\lambda_a\colon F(X) \to V(F)(A)$ und $\mu_{fa}\colon F(X) \to V(F)(B)$ als Bestandteile der Colimites $\bigl(V(F)(A), \lambda\bigr)$ bzw. $\bigl(V(F)(B), \mu\bigr)$ von FQ_A bzw. FQ_B. Nach Definition von $V(F)(f)$ und wegen $Q_B\Sigma_f = Q_A$ gilt

(8) $$V(F)(f)\lambda_a = \mu_{fa}.$$

In $\mathscr{B}$ existiert das Biprodukt $X \oplus X$ mit Injektionen i_1, i_2 und Diagonalabbildung $\varDelta\colon X \to X \oplus X$. Nach 12.2.7 respektieren U und F Biprodukte und Diagonalabbildungen. Nun besteht in $\mathscr{C}$ für $f, g\colon A \to B$ folgendes kommutative Diagramm

(9)
$$\begin{array}{c} U(X) \\ U(i_1)\downarrow \end{array} \quad \overset{fa}{\searrow}$$
$$U(X) \xrightarrow{\cdot U(\varDelta)} U(X \oplus X) \cong U(X) \oplus U(X) \xrightarrow{(fa,\, ga)} B$$
$$\begin{array}{c} U(i_2)\uparrow \\ U(X) \end{array} \quad \overset{ga}{\nearrow}$$

In $\mathscr{D}$ erhält man wegen (4)

(9′)
$$\begin{array}{c} F(X) \\ F(i_1)\downarrow \end{array} \quad \overset{\mu_{fa}}{\searrow}$$
$$F(X) \xrightarrow{F(\varDelta)} F(X \oplus X) \cong F(X) \oplus F(X) \xrightarrow{(\mu_{fa},\, \mu_{ga})} V(F)(B)$$
$$\begin{array}{c} F(i_2)\uparrow \\ F(X) \end{array} \quad \overset{\mu_{ga}}{\nearrow}$$

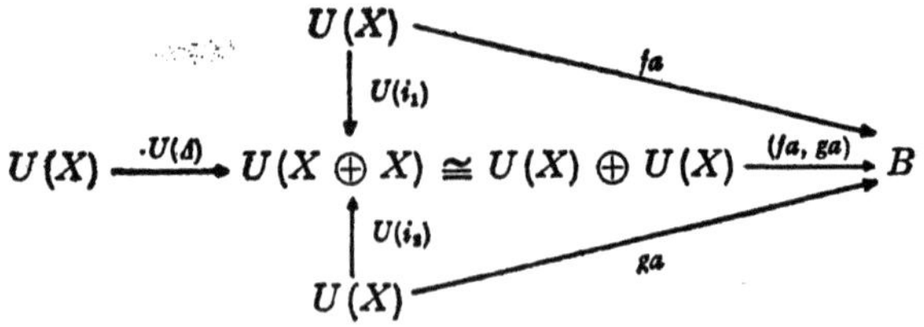

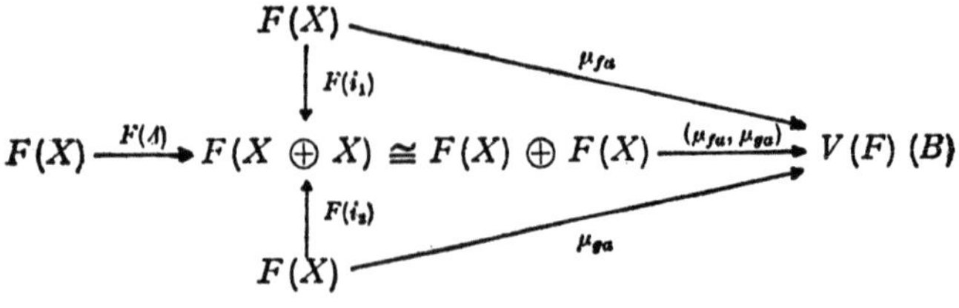

Es gilt also $\mu_{fa+ga} = \mu_{fa} + \mu_{ga}$. Wegen (8) folgt

$$V(F)(f+g)\lambda_a = \mu_{(f+g)a} = \big(V(F)(f) + V(F)(g)\big)\lambda_a.$$

Hieraus und aus der Definition von Colimites folgt $V(F)(f+g) = V(F)(f) + V(F)(g)$. Also ist $V(F)$ additiv. Für additives $G: \mathscr{C} \to \mathscr{D}$ ist $\tilde{U}(G) = GU$ offenbar additiv. Damit entstehen aus V und U Funktoren zwischen $Add(\mathscr{B}, \mathscr{D})$ und $Add(\mathscr{C}, \mathscr{D})$, und mit $\tilde{U}$ ist auch V additiv nach 16.5.10. Wegen 8.5.3 gilt wieder (b), und (c), (d), (e) folgen wie zuvor.

Besitzt $\mathscr{B}$ keine endlichen Produkte, so läßt sich $\mathscr{B}$ gemäß 16.3.10 zu einer kleinen additiven Kategorie $\mathscr{B}'$ mit endlichen Produkten ergänzen. Besitzt nun $\mathscr{C}$ endliche Produkte, so läßt sich U gemäß 16.3.9 zu einem additiven Funktor $U': \mathscr{B}' \to \mathscr{C}$ fortsetzen, und man erhält den soeben behandelten Fall für U'. Ist $R: \mathscr{B} \to \mathscr{B}'$ die Inklusion, so ist $U = U'R$ und $\tilde{U} = \tilde{R}\tilde{U}'$. Nach 16.3.9 ist $\tilde{R}$ eine Äquivalenz, womit (f) nach 16.4.2 (b) auch in vorliegendem Falle folgt. Man beachte aber, daß (4), (5) im allgemeinen nicht mehr gelten.

Hat weder $\mathscr{B}$ noch $\mathscr{C}$ endliche Produkte, so ergänze man $\mathscr{C}$ durch endliche Produkte zu $\mathscr{C}'$. Sei $S: \mathscr{C} \to \mathscr{C}'$ die Inklusion. Nach dem zuvor Gesagten hat $\widetilde{(SU)}: Add(\mathscr{C}', \mathscr{D}) \to Add(\mathscr{B}, \mathscr{D})$ einen Linksadjungierten V'. Sei Q äquivalenz-invers zu $\tilde{S}$. Dann ist $V = \tilde{S}V'$ linksadjungiert zu $\widetilde{(SU)}Q = \tilde{U}\tilde{S}Q$ und damit auch zu $\tilde{U}$, weil $\tilde{U}$ und $\tilde{U}\tilde{S}Q$ isomorph sind. Damit folgt (f) allgemein.

17.1.6° Ist $\mathscr{B}$ wieder klein, $U: \mathscr{B} \to \mathscr{C}$ ein Funktor und $\mathscr{D}$ eine vollständige Kategorie, so besitzt $\tilde{U} = [U, \mathscr{D}]: [\mathscr{C}, \mathscr{D}] \to [\mathscr{B}, \mathscr{D}]$ einen Rechtsadjungierten V^+. Auch hier respektiert $\tilde{U}$ Limites und Colimites, und es ist V^+ völlig treu, wenn U völlig treu ist.

Das entsteht aus 17.1.6 dadurch, daß $\mathscr{B}$, $\mathscr{C}$ und $\mathscr{D}$ durch ihre dualen Kategorien ersetzt werden. Es ist hier $V^+(F)(A) = \operatorname{Lim} FQ'_A$, wobei Σ'_A als Objekte Paare (X, a) mit $a: A \to U(X)$ besitzt und Q'_A das Objekt (X, a) wieder in X überführt.

Sei $\mathscr{D}$ wieder covollständig. Nach früheren Vereinbarungen sind $[\mathscr{B}^o, \mathscr{D}]$, $[\mathscr{C}^o, \mathscr{D}]$ als Kategorien der kontravarianten Funktoren $\mathscr{B} \to \mathscr{D}$ bzw. $\mathscr{C} \to \mathscr{D}$ aufzufassen. Zu $U: \mathscr{B} \to \mathscr{C}$ gehört $\operatorname{Op} U \operatorname{Op}: \mathscr{B}^o \to \mathscr{C}^o$. Für $\tilde{U} = [\operatorname{Op} U \operatorname{Op}, \mathscr{D}]$ entsteht ein Linksadjungierter, wieder nach 17.1.6, mit Colimites in $\mathscr{D}$. Für 17.1.6 (e) sind die Voraussetzungen über $\mathscr{B}$ und $U: \mathscr{B} \to \mathscr{C}$ durch die dualen zu ersetzen.

17.1.7 Sei wieder $\mathscr{B}$ klein und $\mathscr{D}$ covollständig. Besitzt $\mathscr{B} \to \mathscr{C}$ einen Rechtsadjungierten $W: \mathscr{C} \to \mathscr{B}$, so ist $\tilde{W}: [\mathscr{B}, \mathscr{D}] \to [\mathscr{C}, \mathscr{D}]$ linksadjungiert zu $\tilde{U}$ nach 16.5.11 (b) und daher isomorph zu dem in 17.1.6 konstruierten Funktor V wegen 16.4.4. Ist $\mathscr{D}$ außerdem noch vollständig, so respektiert $\tilde{W}$ Limites und Colimites (wegen der punktweisen Konstruktion in $[\mathscr{B}, \mathscr{D}]$ und $(\mathscr{C}, \mathscr{D}]$, also auch V.

17.1.8 Der mengenwertige Fall. Sei $\mathscr{B}$ weiterhin klein und $U: \mathscr{B} \to \mathscr{C}$ gegeben. Wir setzen $U^o = \operatorname{Op} U \operatorname{Op}: \mathscr{B}^o \to \mathscr{C}^o$. Ferner seien H^*:

$\mathscr{B}^o \to [\mathscr{B}, Ens]$ und $H^*\colon \mathscr{C}^o \to [\mathscr{C}, Ens]$ die Yoneda-Einbettungen 4.2.2. Für $G\colon \mathscr{C} \to Ens$ und $X \in |\mathscr{B}|$ erhält man durch doppelte Anwendung von 4.2.4 die Isomorphismen

$$[H^X, GU]_{[\mathscr{B}, Ens]} \cong G(U(X)) \cong [H^{U(X)}, G]_{[\mathscr{C}, Ens]} \tag{10}$$

als Isomorphismen von Bifunktoren $\mathscr{B}^o \times [\mathscr{C}, Ens] \to Ens$. Ein beliebiger Funktor $F\colon \mathscr{B} \to Ens$ ist nach 10.2.1 Colimes-Objekt für einen Funktor $\mathscr{B}^o/_F \to [\mathscr{B}, Ens]$, der bezüglich H^* die Form H^*Q_F hat (entsprechend UQ_A in 17.1.3, hier mit $\mathscr{B}^o/_F$ anstelle von Σ_A). Durch doppelte Anwendung von 8.7.3 ergibt sich aus (10) ein zu $\tilde{U}\colon [\mathscr{C}, Ens] \to [\mathscr{B}, Ens]$ linksadjungierter Funktor V vermöge

$$V(F) = \operatorname{Colim} H^* U^o Q_F \quad \text{mit } Q_F\colon \mathscr{B}^o/_F \to \mathscr{B}^o, \text{ wobei} \tag{11}$$

$$\begin{array}{ccc} \mathscr{B}^o & \xrightarrow{U^o} & \mathscr{C}^o \\ {\scriptstyle H^*}\downarrow & & \downarrow{\scriptstyle H^*} \\ [\mathscr{B}, Ens] & \xrightarrow{V} & [\mathscr{C}, Ens] \end{array} \tag{12}$$

kommutativ ist, d. h. $V(H^?) = H^{U(?)}$ für $?$ in $\mathscr{B}$. Wegen 16.4.4 ist der hier angegebene Funktor V isomorph zu dem in 17.1.6 konstruierten. Für $F = Y$ muß es insbesondere eine natürliche Transformation

$$\varrho_A(?)\colon \; [Y, Q_A(?)] \to [U(Y), A]_{\Sigma_A} \qquad (? \in |\Sigma_A|) \tag{13}$$

geben, die ein Colimes ist. Umgekehrt folgt hieraus mit Vertauschung von Colimites die Isomorphie des hier betrachteten V mit dem von 17.1.6.

Man kann (13) unmittelbar beweisen, indem man den Colimes gemäß 8.4.4 mit Äquivalenzklassen des Coproduktes $\coprod [Y, X]_{(X,a)}$ konstruiert. Er ist genau dann nicht leer, wenn $[U(Y), A] \neq \emptyset$ ist, und in diesem Falle erhält man die gewünschte Bijektion, indem man $b \in [U(Y), A]$ die Äquivalenzklasse von $1_Y \in [Y, Y]_{(Y,b)}$ zuordnet.

17.1.9 Der *Ab*-wertige Fall. Sind $\mathscr{B}$, $\mathscr{C}$ und $U\colon \mathscr{B} \to \mathscr{C}$ additiv, so gilt (10) entsprechend mit $Add(\mathscr{B}, Ab)$ und $Add(\mathscr{C}, Ab)$ für additives $G\colon \mathscr{C} \to Ab$. Besitzt $\mathscr{B}$ endliche Produkte, so gelten (11), (12), (13) entsprechend, wobei $V(F)$ als Colimes darstellbarer und damit additiver Funktoren additiv ist. Die für (11) benötigte additive Version von 10.2.1 erfordert die Additivität in 10.2.1 (3). Sie ergibt sich entsprechend (9). Es genügt hierfür übrigens wie bei (9), daß für jedes $X \in |\mathscr{B}|$ stets $X \oplus X$ vorhanden ist.

Der Fall, daß $\mathscr{B}$ keine endlichen Produkte besitzt, wohl aber $\mathscr{C}$, läßt sich auf den eben behandelten zurückführen (vgl. Ende des Beweises von 17.1.6), indem man $\mathscr{B}$ zu einer kleinen additiven Kategorie $\mathscr{B}'$ mit endlichen Produkten ergänzt und U fortsetzt. Ist $R\colon \mathscr{B} \to \mathscr{B}'$ die Inklusion, so ist $\tilde{R}\colon Add(\mathscr{B}', Ab) \to Add(\mathscr{B}, Ab)$ eine Äquivalenz. Wie der Beweis von 16.3.9 zeigt, läßt sich ein Äquivalenz-Inverses S dadurch erhalten, daß jeder additive Funktor $\mathscr{B} \to Ab$ zu einem $\mathscr{B}' \to Ab$ fortgesetzt wird. Das kann offenbar so geschehen, daß

$$\begin{array}{ccc} \mathscr{B}^o & \xrightarrow{R^o} & \mathscr{B}'^o \\ {\scriptstyle H^*}\downarrow & & \downarrow{\scriptstyle H^*} \\ Add(\mathscr{B}, Ab) & \longrightarrow & Add(\mathscr{B}', Ab) \end{array}$$

kommutativ ist. Damit erreicht man die Kommutativität von (12) auch im vorliegenden Fall. Jedoch brauchen (11) und (13) nicht mehr zu gelten.

17.2 Dichte Funktoren

17.2.1 Sind $\mathscr{B}$ und $\mathscr{C}$ beliebige Kategorien und ist U: $\mathscr{B} \to \mathscr{C}$ ein Funktor, so hat die Konstruktion von 17.1.3 einen Sinn. U: $\mathscr{B} \to \mathscr{C}$ heißt *dicht* (linksadäquat), wenn (A, γ_A) für jedes $A \in |\mathscr{C}|$ Colimes von UQ_A ist.

Eine Unterkategorie $\mathscr{B}$ von $\mathscr{C}$ heißt dicht (in $\mathscr{C}$), wenn die Inklusion dicht ist. Hierbei brauchen die Kategorien Σ_A nicht klein zu sein. 10.2.1 besagt, daß die Yoneda-Einbettung H^*: $\mathscr{C}^o \to [\mathscr{C}, Ens]$ von 4.2.2 stets dicht ist. 10.3.8 zeigt, daß bei dichten Funktoren zwischen nicht-kleinen Kategorien Colimites kleiner Diagramme von Interesse sein können. Bei einem dichten Funktor braucht die Zielkategorie nicht covollständig zu sein, wie $1_{\mathscr{B}}$ für beliebige Kategorien $\mathscr{B}$ zeigt, und es brauchen Colimites nicht respektiert zu werden, wie wieder die Yoneda-Einbettung zeigt.

17.2.2 Beispiele für dichte Unterkategorien. Hierbei ist $\mathscr{B}$ jeweils eine volle Unterkategorie von $\mathscr{C}$.

(a) $\mathscr{C} = Ens$, $\mathscr{B}$ besitzt als einziges Objekt eine einelementige Menge.

(b) $\mathscr{C} = {}_R Mod$. $\mathscr{B}$ besitzt $R \oplus R$ (als Biprodukt zweier Linksmoduln ${}_R R$) als einziges Objekt.

(c) $\mathscr{C} = {}_R Mod$, $\mathscr{B}$ die Unterkategorie der endlich erzeugten Moduln (oder auch: Unterkategorie der durch endlich viele Erzeugende und Relationen präsentierbaren Moduln).

(d) $\mathscr{C}$ Kategorie der Ringe (mit Eins), $\mathscr{B}$ hat als einziges Objekt die freie assoziative $\mathbf{Z}$-Algebra mit zwei freien Erzeugenden.

(e) $\mathscr{C}$ Kategorie der kommutativen Ringe (mit Eins), $\mathscr{B}$ hat als einziges Objekt den Polynomring $\mathbf{Z}[X, Y]$.

Beispiele (b) und (c) gelten insbesondere für $R = \mathbf{Z}$, also $\mathscr{C} = Ab$. In (b) kann $R \oplus R$ nicht durch den Generator R ersetzt werden, weil bei dieser Unterkategorie zu wenig Morphismen vorhanden sind: Besitzt für $\mathscr{C} = Ab$ die Unterkategorie $\mathscr{B}$ nur das Objekt $\mathbf{Z}$, so ist $A = \mathbf{Z} \oplus \mathbf{Z}$ nicht Colimes von UQ_A, man erhält als Colimes vielmehr eine direkte

Summe von abzählbar vielen Summanden $\mathbf{Z}$. In allen Fällen (a) bis (e) läßt sich die Definition 17.2.1 unmittelbar verifizieren. Die duale Situation liegt vor bei der Kategorie der (Hausdorffschen) kompakten Räume. Die volle Unterkategorie, die das Einheitsquadrat als einziges Objekt besitzt, ist codicht. Das läßt sich mit Hilfe des Dualen des folgenden Satzes bestätigen.

17.2.3 Satz. *Der Funktor $U\colon \mathscr{B} \to \mathscr{C}$ ist genau dann dicht, wenn der durch $A \mapsto [U(?), A]_{\mathscr{C}}$, $f \mapsto [U(?), f]_{\mathscr{C}}$ beschriebene Funktor $\check{U}\colon \mathscr{C} \to [\mathscr{B}^o, Ens]$ völlig treu ist.*

Beweis. Es besteht eine Bijektion

$$(1) \qquad \Theta_{A,B}\colon\ [UQ_A, B_{\Sigma_A}] \to [\check{U}(A), \check{U}(B)],$$

die folgendermaßen beschrieben wird: Sei $\eta\colon\ UQ_A \to B_{\Sigma_A}$ eine natürliche Transformation. Für $(X, a) \in |\Sigma_A|$ liegt damit $\eta_{(X,a)}\colon\ U(X) \to B$ vor, bei festem $X \in |\mathscr{B}|$ vermöge $a \mapsto \eta_{(X,a)}$ also $\eta_X\colon\ [U(X), A] \to \to [U(X), B]$. Mit η ist auch $\{\eta_X\}\colon\ [U(?), A] \to [U(?), B]$ eine natürliche Transformation, und man bestätigt, daß $\eta \mapsto \{\eta_X\}$ eine Bijektion ist. Mit $\gamma_{A,(X,a)} = a$ (vgl. 17.1.3) besteht die Abbildung

$$(2) \qquad \Omega_{A,B}\colon\ [A, B] \to [UQ_A, B_{\Sigma_A}],$$

die durch $f \mapsto f_{\Sigma_A}\gamma_A$ beschrieben wird.
Nun ist $\Theta_{A,B}\Omega_{A,B} = \check{U}_{A,B}\colon\ [A, B] \to [\check{U}(A), \check{U}(B)]$, wie $f \mapsto \{a \mapsto fa\}$ zeigt. Bei festem A ist $\Omega_{A,B}$ eine natürliche Transformation $H^A \to N^{UQ_A}$ (vgl. 8.1.3) und genau dann isomorph, wenn (A, γ_A) Colimes von UQ_A ist. Nach dem eben Bewiesenen ist das genau dann der Fall, wenn $\check{U}_{A,B}$ für alle B isomorph ist. Damit folgt die Behauptung.

17.2.4 Bemerkungen. $\check{U}\colon\ \mathscr{C} \to [\mathscr{B}^o, Ens]$ ist das Kompositum der Yoneda-Einbettung $H_*\colon\ \mathscr{C} \to [\mathscr{C}^o, Ens]$ mit $\tilde{U}^o = [\mathrm{Op}\, U\, \mathrm{Op}, Ens]\colon [\mathscr{C}^o, Ens] \to [\mathscr{B}^o, Ens]$. Wegen der punktweisen Konstruktion von Limites in Funktorkategorien (vgl. das Argument im Beweis von 17.1.6 (b) für Colimites) und wegen 10.2.5 respektiert $\check{U}$ Limites.

Für Komposita von Funktoren ergibt sich ferner

$$(3) \qquad (U_2 U_1) = \tilde{U}_1^o \tilde{U}_2^o H_* = \tilde{U}_1^o \check{U}_2$$

und damit durch doppelte Anwendung von 17.2.3:
Ist $U_2 U_1$ dicht, so ist $\check{U}_2$ treu. Falls $\tilde{U}_1^o = [\mathrm{Op}\, U_1 \mathrm{Op}, Ens]$ auch treu ist, so ist U_2 dicht. $\tilde{U}_1^o$ ist sicher dann treu, wenn U_1 surjektiv für die Objektklassen ist, wie 17.1.6 (d) zeigt.

Ist insbesondere $U\colon \mathscr{B} \to \mathscr{C}$ dicht, U_1 der von U induzierte Funktor, dessen Ziel die kleinste Unterkategorie $\mathscr{C}$ ist, die alle Morphismen der Form $U(f)$ enthält (das „Bild" von U), und U_2 die Einbettung dieser Unterkategorie in $\mathscr{C}$, so ist U_2 dicht.

17.2.5 Es ist $U\colon \mathscr{B} \to \mathscr{C}$ genau dann völlig treu, wenn $\check{U}U$ isomorph zur Yoneda-Einbettung $H_*\colon \mathscr{B} \to [\mathscr{B}^o, Ens]$ ist. Es bewirkt nämlich U eine natürliche Transformation $[?, ??]_{\mathscr{B}} \to [U(?), U(??)]_{\mathscr{C}}$ von kontra-ko-varianten Funktoren, und aus $\check{U}U(X) = [U(?), U(X)]$ folgt die Behauptung.

Für $H_*\colon \mathscr{B} \to [\mathscr{B}^o, Ens]$ ist $\check{H}_* \cong 1_{[\mathscr{B}^o, Ens]}$. Wegen $\check{H}_*(T) = [H_?, T]_{[\mathscr{B}^o, Ens]}$ folgt das aus 4.2.4. Daher ist 10.2.1 ein Spezialfall von 17.2.3.

17.2.6 Satz. *Es sei* $(\psi, S, T, \mathscr{C}, \mathscr{D})$ *eine Adjunktion. Die folgenden Aussagen sind gleichwertig:*

(a) *T ist völlig treu.*

(b) *S ist dicht.*

(c) $\Phi\colon ST \to 1_{\mathscr{C}}$ *ist isomorph.*

Ist ferner $U\colon \mathscr{B} \to \mathscr{D}$ *dicht, so ist auch gleichwertig:*

(d) *SU ist dicht.*

Beweis. Die Gleichwertigkeit von (a) und (c) ist 16.5.4 (d). (b) ist in (d) mit $U = 1_{\mathscr{D}}$ enthalten. Nun wirkt $\check{U}T\colon \mathscr{C} \to [\mathscr{B}^o, Ens]$ durch $A \mapsto [U(?), T(A)]_{\mathscr{D}}$ und $(SU)^\vee\colon \mathscr{C} \to [\mathscr{B}^o, Ens]$ durch $A \mapsto [SU(?), A]_{\mathscr{C}}$. Vermöge ψ sind $\check{U}T$ und $(SU)^\vee$ isomorph. Nach Voraussetzung und 17.2.3 ist $\check{U}$ völlig treu. Also ist T genau dann völlig treu, wenn $(SU)^\vee$ es ist. Daher sind (a) und (d) gleichwertig.

17.2.7 Theorem. *Es sei $\mathscr{B}$ eine kleine, $\mathscr{D}$ eine covollständige Kategorie und* $U\colon \mathscr{B} \to \mathscr{C}$ *ein dichter Funktor.* $\tilde{U} = [U, \mathscr{D}]\colon [\mathscr{C}, \mathscr{D}] \to [\mathscr{B}, \mathscr{D}]$ *bewirkt für* $G, G'\colon \mathscr{C} \to \mathscr{D}$ *die Abbildung* (2.2.7)

$$\tilde{U}_{G,G'}\colon [G, G']_{[\mathscr{C}, \mathscr{D}]} \to [\tilde{U}(G), \tilde{U}(G')]_{[\mathscr{B}, \mathscr{D}]} = [GU, G'U]_{[\mathscr{B}, \mathscr{D}]}.$$

Respektiert G Colimites, so ist $\tilde{U}_{G,G'}$ eine Bijektion. Insbesondere sind zwei Colimites respektierende Funktoren $G, G'\colon \mathscr{C} \to \mathscr{D}$ *genau dann isomorph, wenn GU und $G'U$ es sind.*

Beweis. Wir benutzen wieder die Bezeichnungen von 17.1.3 und 17.1.6. Weil U dicht ist, ist Colim $UQ = 1_{\mathscr{C}}$, wenn stets (A, γ_A) als Colimes von UQ_A gewählt wird. Weil G Colimites respektiert, ist $(G(A), G\gamma_A)$ Colimes von GUQ_A. Nach 17.1.6 (4) und (5) kann angenommen werden, daß $V(GU) = G$ und $\Phi_G = 1_G$ ist. Damit folgt aus 16.5.5 (4) $\Psi_{GU} = (\Psi * \tilde{U})_G = 1_{GU}$, und wegen 16.5.1 (2) ist $\tilde{U}_{G,G'} = \tilde{U}_{V(GU),G'}$ isomorph. Die restliche Behauptung folgt damit durch wiederholte Anwendung.

17.2.8 Bemerkungen. Man beachte den Spezialfall, daß U eine Inklusion, also $\tilde{U}$ eine Einschränkung ist. 17.2.7 besagt dann, daß natürliche Transformationen der auf $\mathscr{B}$ eingeschränkten Funktoren auf genau eine Weise fortgesetzt werden können.

Auf die Bedingung, daß $\mathscr{D}$ covollständig sei, kann verzichtet werden. Im Beweis muß dann die Anwendung von 17.1.6 durch Rechnungen entsprechend dem Beweis von 17.1.6 (a) ersetzt werden, Colim GUQ existiert nach Voraussetzung über U und G. Die Voraussetzung, daß $\mathscr{B}$ klein sei, kann daher auch durch die Forderung ersetzt werden, daß G alle in $\mathscr{C}$ vorhandenen Colimites respektiert, auch große.

Ist zu $U\colon \mathscr{B} \to \mathscr{C}$ ein Funktor $F\colon \mathscr{B} \to \mathscr{D}$ gegeben, so stellt sich die Frage nach der Existenz eines Colimites respektierenden Funktors $G\colon \mathscr{C} \to \mathscr{D}$, so daß F und GU isomorph sind. Wie $U = 1_{\mathscr{B}}$ zeigt, braucht ein solcher Funktor nicht zu existieren. Der Zusatz des folgenden Lemmas gibt (mit $W = 1_{\mathscr{C}}$) eine Existenzaussage, wobei G als Colimites respektierende „Fortsetzung" von F nach dem eben Bewiesenen bis auf Isomorphie eindeutig bestimmt ist. Universelle Fortsetzungsaussagen ergeben sich in 17.3.1 und 17.3.2.

17.2.9 Lemma. *Es mögen folgende Funktoren vorliegen*

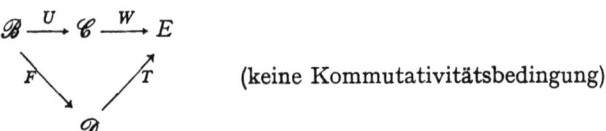

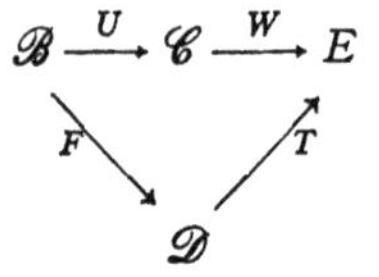

(keine Kommutativitätsbedingung).

Hierbei gelte:

(i) *Zu jedem Objekt* $A \in |\mathscr{C}|$ *gibt es eine Kategorie* Σ_A *und einen Funktor* $Q_A\colon \Sigma_A \to \mathscr{B}$, *so daß* A *Colimes-Objekt von* UQ_A *ist.*

(ii) *W respektiert die Colimites unter* (i).

(iii) *Es gibt eine Bifunktorisomorphie*

$$(4) \qquad \varphi\colon \ [F(?), ??]_{\mathscr{D}} \to [WU(?), T(??)]_{\mathscr{E}}.$$

Dann sind gleichwertig:

(a) *Für alle* $A \in |\mathscr{C}|$ *ist ein Colimes von* FQ_A *in* $\mathscr{D}$ *vorhanden.*

(b) *Es gibt einen Funktor* $G\colon \mathscr{C} \to \mathscr{D}$ *mit einem Bifunktorisomorphismus*

$$(5) \qquad \chi\colon \ [G(?), ??]_{\mathscr{D}} \to [W(?), T(??)]_{\mathscr{E}}.$$

Zusatz. Hierbei sind F und GU isomorph. G respektiert alle diejenigen Colimites, die von W respektiert werden.

Beweis. Sei zunächst (a) erfüllt. Wir konstruieren G analog zu $V(F)$ in 17.1.6. Sei also $(G(A), \varrho_A)$ ein (ausgewählter) Colimes von FQ_A. Für $D \in |\mathscr{D}|$ gilt nun

$$\begin{aligned} &[G(A), D] = [\operatorname{Colim} FQ_A, D] \cong \operatorname{Lim}[FQ_A, D] \cong \operatorname{Lim}[WUQ_A, T(D)] \cong \\ (6) \qquad &\cong [\operatorname{Colim} WUQ_A, T(D)] \cong [W(\operatorname{Colim} UQ_A), T(D)] = \\ &= [W(A), T(D)] \end{aligned}$$

nach Voraussetzungen und 8.7.3 (möglicherweise mit Wechsel des Universums). Die Isomorphismen sind jedenfalls natürlich bezüglich des zweiten Arguments. Daher liegt eine Darstellung von $[W(A), T(??)]$ mit darstellendem Objekt $G(A)$ vor, und es folgt (b) aus 4.5.1.

Wir beweisen nun den Zusatz. Vergleich von (4) und (5) ergibt wegen 4.5.4, daß F und GU isomorph sind. Der Rest des Zusatzes folgt aus (5) durch doppelte Anwendung von 8.7.3.

Sei schließlich (b) erfüllt. Die obige Umformung (6) ergibt, rückwärts durchlaufen, $\operatorname{Lim}[FQ_A, D] \cong [W(A), T(D)] \cong [G(A), D]$. Nach 8.7.3 existiert Colim FQ_A mit $G(A)$ als Colimes-Objekt.

17.2.10 Der additive Fall. Sind $\mathscr{B}$, $\mathscr{C}$ additive Kategorien, ist U: $\mathscr{B} \to \mathscr{C}$ additiv und besitzt $\mathscr{B}$ endliche Produkte, so gilt 17.2.3 entsprechend für $\check{U}$: $\mathscr{C} \to Add(\mathscr{B}^{\circ}, Ab)$. Dazu muß nur nachgeprüft werden, daß (1) additiv ist (für (2) ist das evident), und das ergibt sich entsprechend (9) in 17.1.6. Damit übertragen sich 17.2.4 bis 17.2.6 ohne weiteres. Insbesondere entsteht damit die additive Version von 10.2.1 als Spezialfall. Die additive Version von 17.2.7 mit $\tilde{U}$: $Add(\mathscr{C}, \mathscr{D}) \to$ $\to Add(\mathscr{B}, \mathscr{D})$ gilt wegen 16.3.9 und 17.1.6 (f) auch, wenn sich U bei Ergänzung von $\mathscr{B}$ durch endliche Produkte zu einem dichten Funktor fortsetzt. Sind in 17.2.9 alle Kategorien, die vorgegebenen Funktoren und ψ in (4) additiv, so sind G und χ in (5) additiv, wie aus (6) und 4.5.7 folgt.

17.3 Charakterisierung der Yoneda-Einbettung

17.3.1 Theorem. *Es sei $\mathscr{B}$ eine kleine und $\mathscr{D}$ eine covollständige Kategorie.*

(a) *Der zur Yoneda-Einbettung H_*: $\mathscr{B} \to [\mathscr{B}^{\circ}, Ens]$ gehörige Funktor $\tilde{H}_* = [H_*, \mathscr{D}]$: $[[\mathscr{B}^{\circ}, Ens], \mathscr{D}] \to [\mathscr{B}, \mathscr{D}]$ besitzt einen Linksadjungierten K, und K ist völlig treu.*

(b) *Für F: $\mathscr{B} \to \mathscr{D}$ ist $K(F)$ linksadjungiert zu: $\check{F}$ $\mathscr{D} \to [\mathscr{B}^{\circ}, Ens]$ und $K(F)H_* = F$.*

(c) *G: $[\mathscr{B}^{\circ}, Ens] \to \mathscr{D}$ besitzt genau dann einen Rechtsadjungierten, wenn G Colimites respektiert. Ist das der Fall, so ist $(GH_*)^{\vee}$ rechtsadjungiert zu G.*

(d) *K bewirkt eine Äquivalenz von $[\mathscr{B}, \mathscr{D}]$ mit derjenigen vollen Unterkategorie von $[[\mathscr{B}^{\circ}, Ens], \mathscr{D}]$, deren Objekte die Colimites respektierende Funktoren $[\mathscr{B}^{\circ}, Ens] \to \mathscr{D}$ sind.*

Beweis. (a) ist ein Spezialfall von 17.1.6 (a), (c), wobei wir K statt V geschrieben haben.

(b) Wir betrachten 17.2.9 in folgender Situation

(1)

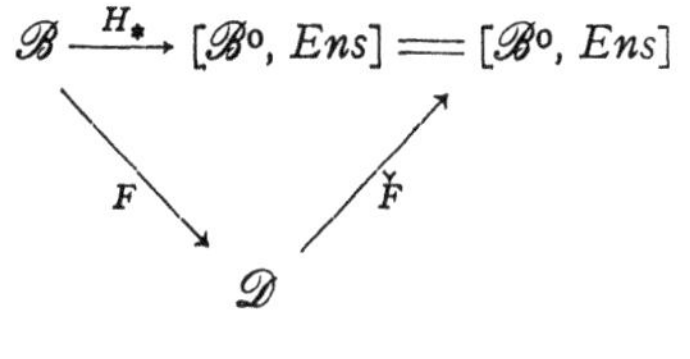

Hierbei ist H_* dicht nach 10.2.1, also (i) von 17.2.9 erfüllt. (ii) ist gegenstandslos, (iii) folgt aus der Definition von $\check{F}$ (17.2.3) und dem Yoneda-Lemma:

$$(2) \qquad [F(X), A]_{\mathscr{D}} = \check{F}(A)(X) \cong [H_X, \check{F}(A)]_{[\mathscr{B}^o, Ens]},$$

und diese Isomorphie gehört wegen 4.2.4 zu einer Bifunktorisomorphie

$$(3) \qquad [F(?), ??]_{\mathscr{D}} \xrightarrow{\cong} [H_?, \check{F}(??)]_{[\mathscr{B}^o, Ens]}.$$

Nach Lemma 17.2.9 und seinem Zusatz besitzt $\check{F}$ einen Linksadjungierten G, und es ist GH_* isomorph zu F. Daher sind $K(F)$ und $K(GH_*)$ isomorph. G respektiert Colimites als Linksadjungierter von F (16.4.6), und H_* ist dicht. Damit folgt aus 17.1.6 (5), daß $K(GH_*) = K(\tilde{H}_*(G))$ isomorph zu G ist. Also ist $K(F)$ linksadjungiert zu $\check{F}$ und $K(F)H_* \cong GH_* \cong F$. Nach 16.6.6 kann $K(F)$ durch eine Isomorphie so geändert werden, daß $K(F)H_* = F$ ist. Geschieht das für alle F: $\mathscr{B} \to \mathscr{D}$, so entsteht nach 16.4.4 ein Funktor K, der noch immer zu $\tilde{H}_*$ linksadjungiert ist.

(c) Soll G einen Rechtsadjungierten besitzen, so muß G Colimites respektieren. Sei das der Fall. Wir setzen $F = GH_*$. Wegen (b) ist $K(F)H_* = GH_*$, und nach 17.2.7 sind $K(F)$ und G isomorph. Daher ist $\check{F} = (GH_*)^{\vee}$ rechtsadjungiert zu G.

(d) folgt wegen (a), (b), (c) unmittelbar aus 16.3.8.

17.3.2 Theorem. *Es sei $\mathscr{B}$ eine kleine, $\mathscr{C}$ eine covollständige Kategorie und U: $\mathscr{B} \to \mathscr{C}$ ein Funktor. Die folgenden Aussagen sind gleichwertig:*

(a) *Es gibt eine Äquivalenz T: $\mathscr{C} \to [\mathscr{B}^o, Ens]$, so daß TU isomorph zur Yoneda-Einbettung H_*: $\mathscr{B} \to [\mathscr{B}^o, Ens]$ ist.*

(b) *Zu jedem Funktor F: $\mathscr{B} \to \mathscr{D}$ in eine covollständige Kategorie $\mathscr{D}$ gibt es einen Colimites respektierenden Funktor G: $\mathscr{C} \to \mathscr{D}$, so daß GU isomorph zu F ist, und je zwei solche Funktoren sind isomorph.*

(c) *$\check{U}$: $\mathscr{C} \to [\mathscr{B}^o, Ens]$ ist eine Äquivalenz.*

(d) *U ist dicht, $\check{U}$ respektiert Colimites, und es ist $\check{U}U \cong H_*$.*

(e) *U ist völlig treu und dicht. Außerdem ist $H^{U(X)}$: $\mathscr{C} \to Ens$ ein Colimites respektierender Funktor für jedes $X \in |\mathscr{B}|$.*

Beweis. (a) $\Rightarrow$ (b). Sei S äquivalenz-invers zu T. Wegen 17.3.1 (b) ist $K(F)$ ein Colimites respektierender Funktor $[\mathscr{B}^o, Ens] \to \mathscr{D}$, so daß $K(F)H_* = F$ ist. Man setze $G = K(F)T$. Respektiert G': $\mathscr{C} \to \mathscr{D}$ Colimites und ist $G'U \cong F$, so respektiert $G'S$ Colimites, und es gilt $G'SH_* \cong G'STU \cong G'U \cong F = K(F)H_*$. Weil H_* dicht ist, folgt aus 17.2.7 $G'S \cong K(F)$ und damit $G' \cong G'ST \cong K(F)T = G$.

(b) $\Rightarrow$ (c). Es gibt einen Colimes respektierenden Funktor T: $\mathscr{C} \to [\mathscr{B}^o, Ens]$, so daß $TU \cong H_*$ ist. Man setze $S = K(U)$ gemäß 17.3.1 (b). TS und ST respektieren Colimites, weil S und T dies tun.

Nun ist $TSH_* = TK(U)H_* = TU \cong H_*$. Wegen 17.2.7 ist $TS \cong \cong 1_{[\mathscr{B}^\circ, Ens]}$. Ferner ist $STU \cong SH_* = K(U)H_* = U$. Wegen (b) für $F = U$ ist $ST \cong 1_{\mathscr{C}}$. Daher ist T äquivalenz-invers zu $K(U)$. Wegen 17.3.1 (b) und 16.4.4 ist $\check{U}$ isomorph zu T. Man bemerkt, daß (a) aus (c) folgt.

(c) $\Rightarrow$ (d). Wegen 17.2.3 ist U dicht. Wegen 17.3.1 (b) ist $K(U)$ äquivalenz-invers zu $\check{U}$. Damit folgt $\check{U}U = \check{U}K(U)H_* \cong H_*$.

(d) $\Rightarrow$ (a). Weil $\check{U}$ und $K(U)$ Colimites respektieren und weil H_* und U dicht sind, folgt aus 17.2.7

$$\check{U}K(U) \cong 1_{[\mathscr{B}^\circ, Ens]} \quad \text{wegen} \quad \check{U}K(U)H_* = \check{U}U \cong H_*,$$

$$K(U)\check{U} \cong 1_{\mathscr{C}} \quad \text{wegen} \quad K(U)\check{U}U \cong K(U)H_* = U.$$

Mit $T = \check{U}$ gilt (a).

(d) $\Leftrightarrow$ (e). Nach 17.2.5 ist U genau dann völlig treu, wenn $\check{U}U \cong H_*$ ist. Für ein Diagramm $D\colon \Sigma \to \mathscr{C}$ ist $\check{U}D = [U(?), D]_{\mathscr{C}}$ ein Diagramm in $[\mathscr{B}^\circ, Ens]$. Aus der „punktweisen" Konstruktion von Colimites in Funktorkategorien folgt, daß $\check{U}$ genau dann Colimites respektiert, wenn das für alle $H^{U(X)}$ der Fall ist.

17.3.3 Theorem. *Für die Kategorie $\mathscr{C}$ sind gleichwertig:*

(a) *$\mathscr{C}$ ist covollständig, und es besitzt $\mathscr{C}$ eine dichte kleine Unterkategorie $\mathscr{C}'$.*

(b) *Es gibt eine kleine Kategorie $\mathscr{B}$ und einen völlig treuen Funktor $T\colon \mathscr{C} \to [\mathscr{B}^\circ, Ens]$ mit einem Linksadjungierten S.*

Zusatz. Ist (a) und damit (b) erfüllt, so ist $\mathscr{C}$ auch vollständig.

Beweis. Es gelte (a). Wir setzen $\mathscr{B} = \mathscr{C}'$ und $F\colon \mathscr{B} \to \mathscr{C}$ für die Inklusion. Dann ist $T = \check{F}$ völlig treu nach 17.2.3 und rechtsadjungiert zu $K(F)$ nach 17.3.1 (b). Es gelte nun (b). Sei $\mathscr{C}'$ die volle Unterkategorie von $\mathscr{C}$ mit den Objekten $S(H_X)$ mit $X \in |\mathscr{B}|$. Mit $\mathscr{B}$ ist auch $\mathscr{C}'$ klein. Weil T völlig treu ist und $H_*\colon \mathscr{B} \to [\mathscr{B}^\circ, Ens]$ dicht, ist SH_* dicht nach 17.2.6 (d). Nach 17.2.4 ist $\mathscr{C}'$ dicht in $\mathscr{C}$. Ferner ist $[\mathscr{B}^\circ, Ens]$ vollständig und covollständig. Nach 16.6.1 (b) gilt dasselbe für $\mathscr{C}$.

17.3.4 Der additive Fall. Nach 17.1.6 und 17.2.10 gilt die additive Version von 17.3.1 mit $Add(\mathscr{B}^\circ, Ab)$ und $Add(Add(\mathscr{B}^\circ, Ab), \mathscr{D})$ statt $[\mathscr{B}^\circ, Ens]$ und $[[\mathscr{B}^\circ, Ens], \mathscr{D}]$ jedenfalls dann, wenn $\mathscr{B}$ endliche Produkte besitzt. Ist das nicht der Fall, so ergänze man $\mathscr{B}$ entsprechend zu $\mathscr{B}'$ gemäß 16.3.10. Ist $R\colon \mathscr{B} \to \mathscr{B}'$ die Inklusion, so erhält man folgende Situation

(4) 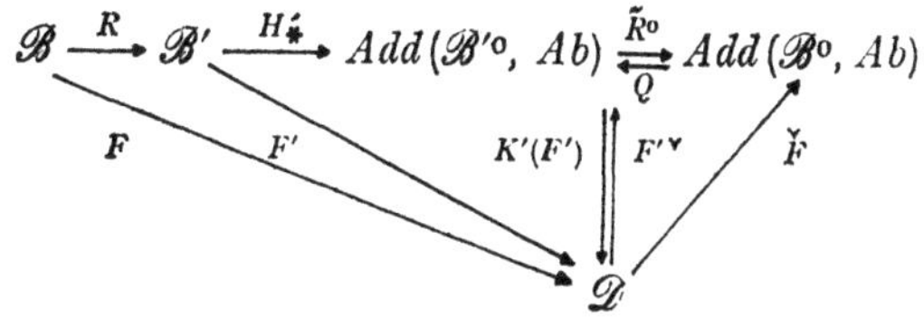

Hierbei ist H'_* die Yoneda-Einbettung für $\mathcal{B}'$ und $\tilde{R}^\circ H'_* R = H_*$. F' ist eine Fortsetzung von F. Dann ist $\tilde{R}^\circ \check{F}' = \check{F}$. Q sei äquivalenz-invers zu $\tilde{R}^\circ$. Mit $K(F) = K'(F')Q$ liegt die Situation von 17.1.6 (f) vor. Damit erhält man die additive Version von 17.3.1 auch für diesen Fall.

Die additive Version von 17.3.2 besteht jedenfalls dann, wenn $\mathcal{B}$ endliche Produkte besitzt. Ist das nicht der Fall, so ergänze man wieder $\mathcal{B}$, womit man entsprechend (4) erhält, daß auch jetzt die additive Versionen von 17.3.3 (a), (b), (c) gleichwertig sind. Bei (d), (e) ist U jedenfalls völlig treu, und wegen 16.3.8 ist $\mathcal{B}$ äquivalent zu der Unterkategorie von $\mathcal{C}$, die Bild bei U ist. Ersetzt man in 17.3.3 (d), (e) die Forderung, daß U dicht sei, dadurch, daß aus dem Bild bei Ergänzung durch endliche Biprodukte eine dichte Unterkategorie von $\mathcal{C}$ entstehen soll, so erhält man zu (a), (b), (c) äquivalente Aussagen. Wir kommen auf diese Situation in 17.4.9 zurück.

Bei 17.3.3 gilt die additive Version, wenn in (a) für $\mathcal{C}'$ eine kleine Unterkategorie genommen wird, die bei Ergänzung durch endliche Produkte dicht wird. Wir wählen diese umständliche Formulierung, weil wegen (4) noch immer gilt, daß sich T in (b) aus der Inklusion F: $\mathcal{B} \to \mathcal{C}$ ($\mathcal{B} = \mathcal{C}'$) als $\check{F}$ ergibt, was wir noch benutzen werden.

17.4 Kleine projektive Objekte

Aus 17.3.1 und 17.3.2 ergibt sich, daß in der Kategorie $[\mathcal{B}^\circ, Ens]$ die Objekte H_X (mit $X \in \mathcal{B}$) „unabhängig bezüglich Colimites" sind. Der entsprechende Sachverhalt im additiven Fall führt auf eine Begriffsbildung, die covollständigen abelschen Kategorien angepaßt ist.

17.4.1 Definition. Ein Objekt P der additiven Kategorie $\mathcal{C}$ heißt *klein*, wenn der Ab-wertige Funktor $H^P = [P, ?]_{\mathcal{C}}$ Coprodukte respektiert.

17.4.2 Satz. *Es sei $\mathcal{C}$ eine covollständige abelsche Kategorie. Das Objekt $P \in |\mathcal{C}|$ ist genau dann klein projektiv, wenn der Ab-wertige Funktor H^P Colimites respektiert.*

Beweis. Ist P projektiv, so ist H^P exakt nach 13.2.6 und respektiert daher Cokerne. Ist P noch klein, so respektiert H^P Colimites nach dem Dualen von 7.4.5, weil $\mathcal{C}$ covollständig ist. Die Umkehrung folgt aus den Definitionen 17.4.1 und 10.4.1 wegen des Dualen von 7.8.9.

17.4.3 Satz. *Es sei $\mathcal{B}$ eine kleine additive Kategorie. In $Add(\mathcal{B}^\circ, Ab)$ bilden die Objekte H_X mit $X \in |\mathcal{B}|$ eine erzeugende Menge kleiner projektiver Objekte.*

Beweis. Die Objekte H_X bilden eine Generatormenge nach 10.5.2. Damit folgt die Behauptung aus 17.4.2 und 10.4.3.

17.4.4 In $_RMod$ ist $_RR$ ein kleiner projektiver Generator.

Beweis. Es ist $[_RR_R, ?]$ isomorph zum identischen Funktor von $_RMod$ (15.1.8). Der Vergiß-Funktor V: $_RMod \to Ab$ respektiert Colimites

(15.1.4). Wegen $V[_R R_R, ?] = [_R R, ?]$ (15.1.8) und 17.4.2 ist $_R R$ klein projektiv. Außerdem ist $_R R$ Generator (15.1.8).

17.4.5 Satz. *Es sei $\mathscr{C}$ eine additive Kategorie mit Coprodukten. Das Objekt P ist genau dann klein, wenn gilt:*

Jeder Morphismus von P in ein Coprodukt faktorisiert über die Injektion eines endlichen Teilcoproduktes. Zu $f\colon P \to \coprod_{e\in E} A_e$ gibt es also eine endliche Teilmenge D von E, so daß sich f in der Form $i_D f'$ mit $f'\colon P \to \coprod A_d$ und $i_D\colon \coprod_{d\in D} A_d \to \coprod_{e\in E} A_e$ (vgl. 14.5.4) darstellen läßt.

Beweis. Ist P ein beliebiges Objekt, so besteht in Ab der Morphismus

(1) $$j\colon \coprod [P, A_e] \to [P, \coprod A_e] \quad \text{mit } j i'_e = [P, i_e],$$

wenn die Injektionen des Coproduktes in Ab bzw. $\mathscr{C}$ mit i'_e bzw. i_e bezeichnet werden. Jedes i_e ist Coretraktion, und es gibt eine zugehörige Retraktion p_e mit

(2) $$p_e i_e = 1; \quad p_e i_d = 0 \quad \text{für } d \neq e.$$

Entsprechend bestehen Retraktionen p'_e in Ab. Ein Element a von $\coprod [P, A_e]$ bestimmt eindeutig eine Familie $\{a_e \mid a_e \in [P, A_e]\}$, so daß nur endlich viele a_e von 0 verschieden sind, und es ist

(3) $$a = \sum i'_e(a_e) = \sum i'_e p'_e(a); \; a_e = p'_e(a),$$

(4) $$j(a) = \sum j i'_e(a_e) = \sum [P, i_e](a_e),$$

(5) $$[P, p_e] j(a) = a_e.$$

Hieraus folgt, daß j jedenfalls monomorph ist. j ist genau dann epimorph, wenn es zu beliebigem $f \in [P, \coprod A_e]$ ein $a \in \coprod [P, A_e]$ mit $j(a) = f$ gibt, und das ist wegen (4), (5) genau dann der Fall, wenn f sich in der Form

(6) $$f = i_D f'$$

mit endlichem D darstellen läßt, wobei für D die Menge derjenigen Indizes genommen werden kann, für die $a_e = [P, p_e](f)$ nicht 0 ist. Damit folgt die Behauptung.

Bemerkung. Daß $f\colon P \to \coprod A_e$ über ein endliches Teilcoprodukt von $\coprod A_e$ faktorisiert, ist wegen (2) und 12.2.5 gleichwertig damit, daß gilt

(7) $f = \sum_e i_e p_e f$, nur endlich viele Summanden nicht 0.

17.4.6 Satz. *Es sei $\mathscr{C}$ eine covollständige abelsche Kategorie.*

(a) *Ist P klein projektiv, so gilt*

(K) *Die Vereinigung einer filtrierenden Familie $m_e\colon A_e \rightarrowtail P$ von*

Monomorphismen mit Ziel P ist nur dann äquivalent zu 1_P, wenn das bereits für einen Monomorphismus der Familie gilt.

(b) *Ist $\mathscr{C}$ eine Grothendieck-Kategorie, so ist jedes Objekt P mit der Eigenschaft* (K) *klein.*

Beweis. (a) Wir benutzen 14.2.5 mit $A = P$, $T(e) = M(e) = A_e$, $\eta_e = \eta_e'' = m_e$, wobei L Colimesobjekt der filtrierenden Familie $\{A_e\}$ ist. Nach Annahme kann $f'' = 1_P$ gewählt werden, und es ist f epimorph. Nach 14.5.3 gibt es einen Epimorphismus c: $\coprod A_e \twoheadrightarrow L$, und fc ist epimorph. Weil P projektiv ist, gibt es g: $P \to \coprod A_e$ mit $fcg = 1_P$. Weil P klein ist, faktorisiert g über ein endliches Teilcoprodukt (17.4.5) und ist nach (7) von der Form $g = \sum i_e p_e g$, wobei nur endlich viele $p_e g$: $P \to A_e$ nicht 0 sind, etwa für $e = e_1, e_2, \ldots, e_n$. Weil die Indexkategorie filtrierend ist, gibt es einen Index d mit Pfeilen p_j: $e_j \to d$ für $j = 1, 2, \ldots, n$, und für den Morphismus $g' = \sum T(p_j) p_{e_j} g$: $P \to A_d$ ist $ci_d g' = cg$ wegen $c(i_d - i_{e_j} T(p_j)) = 0$ nach 14.5.3. Nun ist (wieder mit den Bezeichnungen von 14.2.5) $m_d = \eta_d = f\lambda_d = fci_d$ und daher $m_d g' = fci_d g' = fcg = 1_P$. Damit ist m_d eine monomorphe Retraktion, also isomorph.

(b) Sei $A = \coprod A_e$ und f: $P \to A$ ein Morphismus. Nach 14.5.4 ist $1_A = \bigcup i_D$, wobei i_D die Injektionen der endlichen Teilcoprodukte von $\coprod A_e$ durchläuft. $\{i_D\}$ ist filtrierend, und nach 14.6.2 ist $1_P = f^{-1}(\bigcup i_D) = \bigcup f^{-1}(i_D)$. Wegen (K) ist $f^{-1}(i_D) = 1_P$ für geeignetes D. Das zugehörige Pullback zeigt, daß f über i_D faktorisiert. Nach 17.4.5 ist P klein.

17.4.7 Satz. *Es sei $\mathscr{B}$ eine kleine additive Kategorie mit endlichen Biprodukten. Ferner sei in $\mathscr{B}$ jeder idempotente Morphismus h (12.6.1) in der Form $h = ir$ darstellbar, wobei i eine Coretraktion und r eine zugehörige Retraktion sei (Idempotente spalten auf). Ein Objekt T aus $Add(\mathscr{B}, Ab)$ ist genau dann klein projektiv, wenn T ein darstellbarer Funktor ist.*

Bemerkung. Wegen 12.6.3 spalten Idempotente in $\mathscr{B}$ sicher dann auf, wenn $\mathscr{B}$ Kerne oder Cokerne besitzt.

Beweis. Sei T klein projektiv. Nach 17.2.10 ist T Colimes von darstellbaren Funktoren. Es gibt daher ein Coprodukt $U = \coprod [A_e, ?]_{\mathscr{B}}$ mit einem Epimorphismus c: $U \twoheadrightarrow T$ in $Add(\mathscr{B}, Ab)$. Weil T klein projektiv ist, gibt es g mit $cg = 1_T$, und es läßt sich g in der Form $i_D g'$ darstellen, wobei i_D die Injektion eines endlichen Teilcoproduktes in U ist. Dieses ist ein Biprodukt und isomorph zu $V = [\oplus A_d, ?]$ mit $d \in D$ (8.3.4). Mit g ist auch g' Coretraktion, und mit $B = \oplus A_d$ erhält man eine Coretraktion φ: $T \to H^B$. Sei χ eine zugehörige Retraktion. Dann ist $\varphi\chi$: $H^B \to T \to H^B$ idempotent, und nach dem Yoneda-Lemma gibt es h: $B \to B$ mit $\varphi\chi = H^h$. Wegen $H^h H^h = \varphi\chi = H^h$ ist h idempotent. Nach Voraussetzung gibt es eine Retraktion r: $B \to C$ mit Coretraktion i: $C \to B$, so daß $ir = h$ ist. Nun ist $\varphi\chi = H^r H^i$, wobei φ und H^r Coretaktionen und χ, H^i Retraktionen sind. Nach 12.6.2 ist $\psi = 1 - \varphi\chi = 1 - H^r H^i\colon\ H^B \to H^B$ idempotent, und nach 12.6.3 ist φ und auch H^r Kern von ψ. Daher ist T isomorph zu H^C. Die Umkehrung gilt nach 17.4.3.

17.4.8 Lemma. *Es sei $\mathscr{C}$ eine covollständige abelsche Kategorie und $\mathscr{B}$ eine kleine volle Unterkategorie mit endlichen Biprodukten. $\mathscr{B}$ ist dicht in $\mathscr{C}$, wenn eine der beiden folgenden Voraussetzungen gilt:*

(a) *$|\mathscr{B}|$ ist erzeugende Menge von kleinen Objekten in $\mathscr{C}$.*

(b) *$|\mathscr{B}|$ ist Generatormenge für $|\mathscr{C}|$, und $\mathscr{C}$ ist eine Grothendieck-Kategorie.*

Beweis. Es sei $U\colon\ \mathscr{B} \to \mathscr{C}$ die Inklusion. Für $A \in |\mathscr{C}|$ bilden wir Σ_A gemäß 17.1.3 und $\gamma_A\colon\ UQ_A \to A_{\Sigma_A}$. Wir müssen zeigen, daß (A, γ_A) Colimes von UQ_A ist.
Es ist $\gamma_A = \{e\}$, wobei $e\colon\ P_e \to A$ alle Morphismen mit Ziel A und Quelle in $\mathscr{B}$ durchläuft. Weil die Objekte von $\mathscr{B}$ eine Generatormenge für $\mathscr{C}$ bilden, besteht nach 10.5.4 der Epimorphismus $g\colon\ \coprod P_e \twoheadrightarrow A$ mit $gi_e = e$ für alle e. Eine natürliche Transformation $\mu\colon\ UQ_A \to B_{\Sigma_A}$ bewirkt einen Morphismus

$$q\colon\ \coprod P_e \to B \quad \text{mit } qi_e = \mu_e.$$

Es gibt höchstens ein $f\colon\ A \to B$ mit $fg = q$, weil g epimorph ist. Wir zeigen, daß ein solches f existiert. Damit folgt die Behauptung aus der Definition für Colimites.

Sei zunächst (a) erfüllt und $k\colon\ K \to \coprod P_e$ Kern von g. Weil g epimorph ist, ist g Cokern von k. Die Existenz von f folgt aus der Definition für Cokerne, wenn $qk = 0$ ist. Nach Definition für Generatormenge ist das genau dann der Fall, wenn für jeden Morphismus $u\colon\ Q \to K$ mit $Q \in |\mathscr{B}|$ gilt $qku = 0$.

Für $v = ku\colon\ Q \to \coprod P_e$ muß $qv = 0$ gezeigt werden. Weil Q klein ist, gilt 17.4.5 für v, und wegen (7) besitzt v eine Darstellung

$$v = \sum i_e v_e \qquad \text{mit} \qquad v_e = p_e v\colon\ Q \to P_e,$$

wobei nur endlich viele v_e nicht 0 sind, etwa für $e = e_1, e_2, \ldots, e_n$. In $\mathscr{B}$ existiert ein Objekt N, das Biprodukt von $P_{e_1}, P_{e_2}, \ldots, P_{e_n}$ mit Inklusionen h_j ist, und es existiert die Inklusion $i_D\colon\ N \to \coprod A_e$ mit $i_D h_j = i_{e_j}$. In $\mathscr{B}$ existiert ferner das Biprodukt $\oplus Q_j$ mit Inklusionen k_j und mit $Q_j = Q$ für $j = 1, 2, \ldots, n$. Sei $\Delta\colon\ Q \to \oplus Q_j$ die Diagonalabbildung. Ferner sei $w_j = h_j v_{e_j}\colon\ Q \to N$, $w'\colon\ Q_j \to N$ der durch $w'k_j = w_j\colon\ Q \to N$ definierte Morphismus, $w = w'\Delta$ und $gi_D = n\colon$ $N \to A$. Das folgende Diagramm ist also kommutativ:

(8)

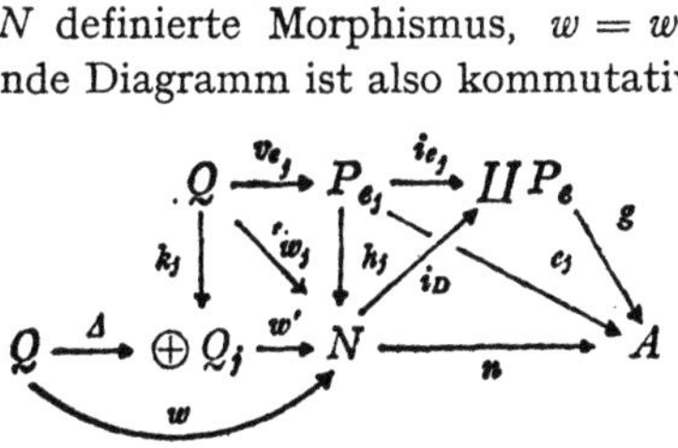

Wegen 12.2.6 (6) gilt

$$nw = n \sum w_j = gi_D \sum h_j v_{e_j} = g \sum i_{e_j} v_{e_j} = gv = gku = 0.$$

Es ist n einer der Morphismen e, ebenso nw. Aus $nw = 0$ folgt $\mu_{nw} = 0$, denn für $0\colon Q \to Q$ ist $nw = nw0$ und damit $\mu_{nw} = \mu_{nw} 0 = 0$, weil $\mu\colon UQ_A \to B_{\Sigma_A}$ eine natürliche Transformation ist. Aus der Kommutativität von (8) folgt nun

$$0 = \mu_{nw} = \mu_n w = \mu_n \sum w_j = \sum \mu_n h_j v_{e_j} = \sum \mu_{e_j} v_{e_j} =$$

$$= \sum q i_{e_j} v_{e_j} = qv,$$

und das war im Falle (a) noch zu zeigen.

Sei nun (b) erfüllt, $\coprod P_d$ endliches Teilcoprodukt von $\coprod P_e$ zur Indexmenge D und $i_D\colon \coprod P_d \to \coprod P_e$ die Inklusion. Es kann angenommen werden, daß $\coprod P_d$ Objekt von $\mathscr{B}$ ist. Sei $k_D\colon K_D \to \coprod P_d$ der Kern von gi_D und wieder $k\colon K \to \coprod P_e$ der Kern von g. Weil jetzt $\mathscr{C}$ Grothendieck-Kategorie ist, also Kerne mit filtrierenden Colimites vertauschbar sind, und weil g nach 14.5.4 filtrierender Colimes der Morphismen gi_D ist (wenn D alle endlichen Teilmengen der Indexmenge von $\coprod P_e$ durchläuft), ist k filtrierender Colimes der Kerne k_D. Es folgt $qk = 0$, wenn stets $qi_D k_D = 0$ ist, und das ist genau dann der Fall, wenn für jeden Morphismus $u\colon Q \to K_D$ mit $Q \in |\mathscr{B}|$ gilt $qi_D k_D u = 0$. Mit $v = i_D k_D u$ folgt die Behauptung wie zuvor.

17.4.9 Theorem. *Eine covollständige abelsche Kategorie $\mathscr{C}$ ist genau dann äquivalent zu einer Kategorie der Form $Add(\mathscr{B}^o, Ab)$ mit geeigneter kleiner additiver Kategorie $\mathscr{B}$, wenn $\mathscr{C}$ eine erzeugende Menge kleiner projektiver Objekte besitzt. Ist das der Fall und $\mathscr{B}$ die volle Unterkategorie von $\mathscr{C}$ mit diesen Objekten, so besitzt die Yoneda-Einbettung $H_*\colon \mathscr{B} \to Add(\mathscr{B}^o, Ab)$ eine Äquivalenz $\mathscr{C} \to Add(\mathscr{B}^o, Ab)$ als Fortsetzung.*

Beweis. Sei $\mathscr{B}$ Unterkategorie von $\mathscr{C}$ mit der angegebenen Eigenschaft. Falls $\mathscr{B}$ noch keine endlichen Biprodukte besitzt, so ergänze man $\mathscr{B}$ entsprechend 16.3.10 zu $\mathscr{B}'$. Für endliche Biprodukte $\oplus P_e$ gilt $[\oplus P_e, ?] \cong \oplus [P_e, ?]$. Wegen 17.4.2 sind die Objekte von $\mathscr{B}'$ ebenfalls klein projektiv, und sie bilden erst recht eine Generatormenge für $\mathscr{C}$. Wegen 17.4.8 ist die Inklusion $U\colon \mathscr{B}' \to \mathscr{C}$ dicht. Aus der additiven Version von 17.3.2 gemäß 17.3.4 ergibt sich die Äquivalenz von $\mathscr{C}$ mit $Add(\mathscr{B}'^o, Ab)$. Mit der Zerlegung von H_* gemäß 17.3.4 (4) ergibt sich die Äquivalenz mit $Add(\mathscr{B}^o, Ab)$. Die Umkehrung folgt aus 17.4.3 und der Tatsache, daß erzeugende Mengen kleiner projektiver Objekte von Äquivalenzen respektiert werden.

17.4.10 Theorem. *Eine additive Kategorie ist genau dann äquivalent zu einer Modulkategorie ${}_R Mod$, wenn sie abelsch und covollständig ist und außerdem einen kleinen projektiven Generator besitzt.*

Beweis. ${}_R Mod$ hat die genannten Eigenschaften nach 15.1.4 und 17.4.4. Sei jetzt $\mathscr{C}$ covollständig und abelsch und G ein kleiner projektiver Generator. Nach 17.4.9 ist $\mathscr{C}$ äquivalent zu $Add(\mathscr{B}^o, Ab)$, wobei $\mathscr{B}$ die volle Unterkategorie von $\mathscr{C}$ mit dem einzigen Objekt G ist. Mit $R = [G, G]_{\mathscr{C}}$ ist aber $Add(\mathscr{B}^o, Ab) = {}_{R^o}Mod$ nach 15.1.2.

17.4.11 Bemerkungen. Nach Lemma 2 in 15.3.7 besitzt jede Grothendieck-Kategorie mit einem Generator eine volle Einbettung in eine Modulkategorie. Diese Einbettung ist wegen 15.1.4 und 13.2.6 genau dann exakt, wenn der Generator projektiv ist. Lemma 2 von 15.3.7 folgt übrigens aus 17.4.8 (b) und der additiven Version von 17.3.3 gemäß 17.3.4. Der in 15.3.7 angegebene unmittelbare Beweis ist eine Variante des Beweises von 17.5.5 entsprechend dem Beweise von 17.4.8.

Der Beweis von 17.4.9 zeigt insbesondere: Ist $\mathscr{B}$ eine kleine additive Kategorie, so besitzt $Add(\mathscr{B}^o, Ab)$ eine kleine, dichte volle Unterkategorie, deren Objekte endliche Biprodukte von Objekten H_A sind.

17.5 Endlich erzeugte Objekte

17.5.1 Definition. In der Kategorie $\mathscr{C}$ sei eine Generatormenge $\mathfrak{G}$ fixiert. Ein Objekt A heißt *endlich erzeugt* (bezüglich $\mathfrak{G}$), wenn es einen Epimorphismus $\coprod G_d \twoheadrightarrow A$ eines endlichen Coproduktes von Objekten aus $\mathfrak{G}$ nach A gibt.

In ${}_R Mod$ wird als fixierte Generatormenge stets das einzelne Objekt ${}_R R$ zugrunde gelegt (speziell $\boldsymbol{Z}$ in Ab). „Endlich erzeugt" ist dann gleichwertig mit der üblichen Definition, wonach ein endlich erzeugter Modul von endlich vielen seiner Elemente erzeugt ist.

17.5.2 Satz. *Jeder endlich erzeugte Modul ist klein, jeder kleine projektive Modul ist endlich erzeugt.*

Beweis. Das erste folgt nach dem zuvor Gesagten unmittelbar aus 17.4.5. Weil ${}_R R$ Generator von ${}_R Mod$ ist, ist jeder Modul M Quotient eines freien Moduls. Ist M klein projektiv, so folgt aus 17.4.5, daß M Retrakt eines endlich erzeugten freien Moduls und damit selbst endlich erzeugt ist.

17.5.3 Satz. *Es sei $\mathscr{C}$ eine Grothendieck-Kategorie mit einer ausgezeichneten Generatormenge $\mathfrak{G}$. Für jedes $A \in |\mathscr{C}|$ bilden die Monomorphismen mit Ziel A und endlich erzeugter Quelle eine filtrierende Klasse mit Vereinigung 1_A. In ihr gibt es finale Mengen, und A ist Colimesobjekt der entsprechenden filtrierenden Familien der Quellen.*

Jedes Objekt ist filtrierender Colimes seiner endlich erzeugten Unterobjekte.

Beweis. Nach 10.5.4 gibt es einen Epimorphismus $u: \coprod G_e \twoheadrightarrow A$, wobei alle G_e zu $\mathfrak{G}$ gehören. Für $G = \coprod G_e$ ist 1_G Vereinigung von Injektionen i_D endlicher Teilcoprodukte (14.5.4). Weil u epimorph ist, ist $u(1_G) = 1_A$ (14.4.2), und nach 14.4.7 ist $1_A = \bigcup u(i_D)$.

Nach 14.2.6 hat die Vereinigung zweier Monomorphismen mit endlich erzeugter Quelle wieder eine endlich erzeugte Quelle. Wegen 14.1.2 folgt die erste Behauptung aus dem zuvor Gesagten. Die zweite folgt daraus, daß $\mathscr{C}$ lokal klein ist (10.6.3). Die dritte folgt wegen der zweiten daraus, daß $\mathscr{C}$ Grothendieck-Kategorie ist (14.6.3).

17.5.4 Definition. Es sei $\mathscr{C}$ eine endlich covollständige Kategorie mit ausgezeichneter Generatormenge $\mathfrak{G}$. Ein Objekt A heißt *endlich präsentierbar*, wenn es endliche Coprodukte M, N von Objekten aus $\mathfrak{G}$ und Morphismen f, g: $M \to N$ gibt, so daß A Ziel eines Differenzcokernes c von f und g ist. Man bezeichnet dann

$$M \underset{g}{\overset{f}{\rightrightarrows}} N \xrightarrow{c} A$$

als *endliche Präsentation* von A. Im additiven Fall kann $g = 0$, also $c = \operatorname{coker} f$ genommen werden.

In $_R Mod$ und in der Kategorie der Gruppen handelt es sich um eine Darstellung durch endlich viele Erzeugende (N) und endlich viele Relationen (M).

17.5.5 Satz. *Es sei $\mathscr{C}$ eine abelsche Kategorie mit projektivem Generator G. Mit der Rechtsoperation des Ringes $R = [G, G]_{\mathscr{C}}$ auf den Gruppen $[G, A]_{\mathscr{C}}$ entsteht der Funktor $T = [_R G, ?]_{\mathscr{C}}$: $\mathscr{C} \to Mod_R$. T ist eine exakte Einbettung, und für jedes endlich erzeugte $A \in |\mathscr{C}|$ ist $T_{A,B}$: $[A, B]_{\mathscr{C}} \to \operatorname{Hom}_R(T(A), T(B))$ isomorph.*

Beweis. Weil G projektiver Generator ist, ist H^G: $\mathscr{C} \to Ab$ eine exakte Einbettung (13.2.6). Wegen 15.1.4 gilt dasselbe für T. Ist A endlich erzeugt, so gibt es einen Epimorphismus p: $\oplus G_j \twoheadrightarrow A$, wobei $\oplus G_j$ endliches Biprodukt mit Faktoren $G_j = G$ und Injektionen i_j, Projektionen pr_j ist. Sei φ: $T(A) \to T(B)$ ein Modul-Homomorphismus. Nun ist pi_j: $G \to A$ Element von $T(A)$ und damit $\varphi(pi_j)$: $G \to B$ erklärt. Es besteht der Morphismus $q = \sum \varphi(pi_j)pr_j$: $\oplus G_j \to B$. Wir zeigen, daß es g: $A \to B$ in $\mathscr{C}$ gibt mit $q = gp$. Sei dazu k: $K \to \oplus P_j$ Kern von p und damit p Cokern von k. Die Existenz von g folgt aus $qk = 0$ nach Definition Cokern. Weil G Generator ist, genügt es zu zeigen, daß für jeden Morphismus u: $G \to K$ gilt $qku = 0$. Nun ist aber

$$qku = \sum \varphi(pi_j)pr_j ku = \varphi(\sum pi_j pr_j ku) = \varphi(pku) = 0,$$

weil φ ein Modul-Homomorphismus und $pr_j ku$: $G \to G$ Element von R ist. Wir zeigen nun, daß φ und $T(g)$ dieselbe Abbildung $T(A) \to T(B)$ sind. Sei dazu a: $G \to A$ Element von $T(A)$. Weil G projektiv ist und p epimorph, gibt es f: $G \to \oplus G_j$ mit $pf = a$. Weil $pr_j f$: $G \to G$ Element von R ist, folgt

$$T(g)(a) = ga = gpf = qf = \sum \varphi(pi_j)pr_j f =$$

$$= \varphi(\sum pi_j pr_j f) = \varphi(pf) = \varphi(a).$$

Bemerkung. Weil $\mathscr{C}$ endlich covollständig ist, T endliche Biprodukte und Cokerne respektiert und $T(G) = R_R$ ist, ist jeder endlich präsentierbare R-Rechtsmodul isomorph zu einem der Form $T(A)$.

17.6 Natürliche Transformationen mit Parametern

17.6.1 Es seien F, G: $\mathscr{M} \to \mathscr{C}$ Funktoren. Eine natürliche Transformation α: $F \to G$ ist nach 2.6.1 eine Familie $\{\alpha_M\}_{M \in |\mathscr{M}|}$ von $\mathscr{C}$-Morphismen, die folgenden Bedingungen genügt:

$$\text{(1)} \quad \begin{aligned} &\alpha_M \in [F(M), G(M)]_{\mathscr{C}}, \\ &[F(p), G(N)](\alpha_N) = [F(M), G(p)](\alpha_M) \end{aligned}$$

für beliebiges p: $M \to N$ in M.

17.6.2 Sei P: $\mathscr{A} \times \mathscr{B} \to \mathscr{C}$ ein Bifunktor. Für die Kategorie $\mathscr{M}$ erhält man durch „Einsetzen" von $[\mathscr{M}, \mathscr{B}]$ für $\mathscr{B}$ den Bifunktor

$$\text{(2)} \qquad \bar{P}\colon \ \mathscr{A} \times [\mathscr{M}, \mathscr{B}] \to [\mathscr{M}, \mathscr{C}],$$

der durch

$$\text{(2a)} \qquad (A, U) \mapsto P(A, U(?)),$$

$$\text{(2b)} \qquad (f, U) \mapsto P(f, U(?)),$$

$$\text{(2c)} \qquad (A, \eta) \mapsto \{P(A, \eta_X)\}_{X \in |\mathscr{M}|}$$

beschrieben wird. Beispielsweise entsteht so aus dem Hom-Funktor für $\mathscr{B}$ ein kontra-ko-varianter Funktor, der für Objekte durch $(A, U) \to [A, U(?)]_{\mathscr{B}}$ beschrieben wird. Das Duale von 4.5.3 entsteht hieraus nach 3.6.3 mit den kanonischen Isomorphien

$$[\mathscr{B}^o \times [\mathscr{M}, \mathscr{B}], \ [\mathscr{M}, Ens]] \cong \big[[\mathscr{M}, \mathscr{B}], \ [\mathscr{B}^o, [\mathscr{M}, Ens]]\big]$$

und

$$[\mathscr{B}^o, [\mathscr{M}, Ens]] \cong [\mathscr{B}^o \times \mathscr{M}, Ens].$$

Entsprechendes „Einsetzen" in das kontravariante Argument eines kontra-ko-varianten Funktors ergibt sich aus dem Gesagten durch partielle Dualisierung. Man beachte dabei, daß nach 4.5.6 $[\mathscr{M}^o, \mathscr{B}^o]$ als duale Kategorie von $[\mathscr{M}, \mathscr{B}]$ angesehen werden kann. Wir benutzen im folgenden die Vereinbarungen 2.4.5, 2.5.6.

17.6.3 Neben P: $\mathscr{A} \times \mathscr{B} \to \mathscr{C}$ liege noch der Bifunktor Q: $\mathscr{X} \times \mathscr{Y} \to \mathscr{C}$ vor. Durch „Einsetzen" in Q entsteht ein Bifunktor

$$\bar{Q}\colon \ \mathscr{X} \times [\mathscr{M}, \mathscr{Y}] \to [\mathscr{M}, \mathscr{C}].$$

Für U: $\mathscr{M} \to \mathscr{B}$ und V: $\mathscr{M} \to \mathscr{Y}$ kann man bei festem $A \in |\mathscr{A}|$ und $X \in |\mathscr{X}|$ die $\mathfrak{V}$-Menge der natürlichen Transformationen

$P(A, U(?)) \to Q(X, V(?))$ betrachten, die wir hier der Deutlichkeit halber mit

(3) $\quad \mathrm{Nat}\,(P(A, U), Q(X, V)) \quad$ oder $\quad \mathrm{Nat}\,(P(A, U(?)), Q(X, V(?)))$

bezeichnen. Vermöge (2), (2a), (2b), (2c) erhält man (3) als Funktor

$$\mathscr{A}^{0} \times [\mathscr{M}, \mathscr{B}]^{0} \times \mathscr{X} \times [\mathscr{M}, \mathscr{Y}] \to \mathscr{E}\mathscr{N}\mathscr{S}.$$

Er entsteht durch Komposition des kontra-ko-varianten Hom-Funktors von $[\mathscr{M}, \mathscr{C}]$ mit $\mathrm{Op}\,\overline{P}\,\mathrm{Op} \times \overline{Q}$.

17.6.4 Lemma. *Es seien* $P\colon \mathscr{A} \times \mathscr{B} \to \mathscr{C}$, $Q\colon \mathscr{X} \times \mathscr{Y} \to \mathscr{C}$, $R\colon \mathscr{X}^{0} \times \mathscr{B} \to \mathscr{D}$, $S\colon \mathscr{A}^{0} \times \mathscr{Y} \to \mathscr{D}$ *Bifunktoren, und es bestehe eine natürliche Transformation*

(4) $\quad \psi_{A,B,X,Y}\colon [P(A, B), Q(X, Y)]_{\mathscr{C}} \to [R(X, B), S(A, Y)]_{\mathscr{D}}$

von Funktoren $\mathscr{A}^{0} \times \mathscr{B}^{0} \times \mathscr{X} \times \mathscr{Y}$. *Dann besteht eine natürliche Transformation*

(5) $\quad \chi_{A,U,X,V}\colon \mathrm{Nat}\,(P(A, U), Q(X, V)) \to \mathrm{Nat}\,(R(X, U), S(A, V))$

von Funktoren $\mathscr{A}^{0} \times [\mathscr{M}, \mathscr{B}]^{0} \times \mathscr{X} \times [\mathscr{M}, \mathscr{Y}] \to \mathscr{E}\mathscr{N}\mathscr{S}$, *die für* $\alpha\colon P(A, U) \to Q(X, V)$ *und* $M \in |\mathscr{M}|$ *durch*

(6) $$(\chi_{A,U,X,V}(\alpha))_M = \psi_{A,U(M),X,V(M)}(\alpha_M)$$

beschrieben wird. Ist (4) *eine Isomorphie, so ist auch* (5) *eine Isomorphie.*

Beweis. Es muß zunächst gezeigt werden, daß in (6) links tatsächlich eine natürliche Transformation steht. Liege etwa $p\colon M \to N$ in $\mathscr{M}$ vor. Weil (4) natürliche Transformation ist, folgt aus (1)

$$\begin{aligned} &[R(X, p), S(A, V(N))]\,\psi_{A,U(N),X,V(N)}(\alpha_N) = \\ &\quad = \psi_{A,U(M),X,V(N)}[P(A, p), Q(X, V(N))](\alpha_N) = \\ &\quad = \psi_{A,U(M),X,V(N)}[P(A, U(M)), Q(X, V(p))](\alpha_M) = \\ &\quad = [R(X, U(M)), S(A, V(p))]\,\psi_{A,U(M),X,V(M)}(\alpha_M), \end{aligned}$$

und das ist (1) für $\chi_{A,U,X,V}(\alpha)$.

Der Nachweis, daß (5) eine natürliche Transformation ist, kann wegen 2.6.8 in den Argumenten einzeln erfolgen. Liege etwa $f\colon A' \to A$ in $\mathscr{A}$ vor. Dann ist $\{[P(f, U(M)), Q(X, V(M))](\alpha_M)\}$ eine natürliche Transformation $\alpha'\colon P(A', U) \to Q(X, V)$, und man erhält aus (6) und (4) wieder durch einfache Rechnung, daß $\{\chi_{A,U,X,V}\}$ natürlich bezüglich A ist. Entsprechend schließt man für die anderen Argumente. Die letzte Behauptung folgt unmittelbar aus (6).

17.6.5 Bemerkungen. (a) Für Funktoren $P\colon \mathscr{A} \times \mathscr{B} \to \mathscr{C}$, $Q\colon \mathscr{X} \times \mathscr{Y} \to \mathscr{C}$, $R'\colon \mathscr{X} \times \mathscr{B}^0 \to \mathscr{D}$, $S'\colon \mathscr{A} \times \mathscr{Y}^0 \to \mathscr{D}$ erhält man aus einer natürlichen Transformation (Isomorphie)

(4′) $$\psi_{A,B,X,Y}\colon [P(A, B), Q(X, Y)]_{\mathscr{C}} \to [S'(A, Y), R'(X, B)]_{\mathscr{D}}$$

eine natürliche Transformation (Isomorphie)

(5′) $$\chi_{A,U,X,V}\colon \mathrm{Nat}\,\big(P(A, U), Q(X, V)\big) \to \mathrm{Nat}\,\big(S'(A, V), R'(X, U)\big),$$

wobei ebenfalls (6) gilt. Das folgt aus 17.6.4, indem man $\mathscr{D}$ durch $\mathscr{D}^0$ ersetzt und die Vereinbarung 2.4.5 benutzt.

(b) Ist $\mathscr{A}$ eine terminale Kategorie, so besteht die kanonische Isomorphie $pr_2\colon \mathscr{A} \times \mathscr{B} \to \mathscr{B}$, und es können P, S einfach als Funktoren $\mathscr{B} \to \mathscr{C}$ bzw. $\mathscr{Y} \to \mathscr{D}$ aufgefaßt werden. Entsprechendes gilt für $\mathscr{X}$, Q, R. Man beachte andererseits, daß $\mathscr{A}$ und $\mathscr{X}$ Produkte von Kategorien sein können.

17.6.6 Beispiel. Aus einer verallgemeinerten Adjunktion 16.7.1

(7) $$\psi_{D,A,C}\colon [S(D, A), C]_{\mathscr{C}} \xrightarrow{\cong} [D, T(A, C)]_{\mathscr{D}}$$

erhält man mit $U\colon \mathscr{M} \to \mathscr{D}$, $V\colon \mathscr{M} \to \mathscr{C}$ die verallgemeinerte Adjunktion

(8) $$\chi_{U,A,V}\colon \mathrm{Nat}\,\big(S(U, A), V\big) \xrightarrow{\cong} \mathrm{Nat}\,\big(U, T(A, V)\big).$$

17.6.7 Das Vorangehende gilt offenbar entsprechend für additive Kategorien und additive bzw. multiadditive Funktoren, wobei *Ab* und $\mathscr{AB}$ an die Stelle von *Ens* und $\mathscr{ENS}$ treten.

17.7 Tensorprodukte über kleinen Kategorien

17.7.1 Definition. Es sei $\mathscr{B}$ eine kleine und $\mathscr{C}$ eine covollständige additive Kategorie. Für den additiven Funktor $F\colon \mathscr{B} \to \mathscr{C}$ besteht nach der additiven Version von 17.3.1 (b) gemäß 17.3.4 der Adjunktions-Isomorphismus

(1) $$\psi_F\colon [K(F)(?), ??]_{\mathscr{C}} \xrightarrow{\cong} [?, \check{F}(??)]_{Add(B^0, Ab)}.$$

Die Zuordnung $(F, A) \mapsto \check{F}(A) = [F(?), A]_{\mathscr{C}}$ gehört nach der additiven Version von 17.6.2 zu einem biadditiven kontra-ko-varianten Funktor $\langle ?, ??\rangle$ mit zugehörigem Bifunktor

(2) $$\langle \mathrm{Op}(?), ??\rangle\colon Add\,(\mathscr{B}, \mathscr{C})^0 \times \mathscr{C} \to Add\,(\mathscr{B}^0, Ab).$$

Nun besagt (1) insbesondere, daß $[M, \langle F, ??\rangle]$ stets darstellbar ist. Nach 16.7.1 existiert ein Bifunktor *Tensorprodukt*

(3) $$? \otimes_{\mathscr{B}} ??\colon Add\,(\mathscr{B}^0, Ab) \times Add\,(\mathscr{B}, \mathscr{C}) \to \mathscr{C}$$

mit einem Isomorphismus von Trifunktoren

$$(4) \qquad \varphi_{M,F,A}\colon\ [M \otimes_{\mathscr{B}} F, A]_{\mathscr{C}} \xrightarrow{\cong} [M, \langle F, A\rangle]_{Add(\mathscr{B}^o, Ab)}.$$

17.7.2 Theorem. (a) *Mit der Yoneda-Einbettung* $H_*\colon \mathscr{B} \to Add(\mathscr{B}^o, Ab)$ *und dem Wertfunktor* $W\colon\ Add(\mathscr{B}, \mathscr{C}) \times \mathscr{B} \to \mathscr{C}$ *besteht ein Bifunktorisomorphismus*

$$(5) \qquad \chi_{X,F}\colon\ H_X \otimes_{\mathscr{B}} F \xrightarrow{\cong} W(F, X) = F(X).$$

(b) *Das Tensorprodukt* (3) *respektiert Colimites in* $Add(\mathscr{B}^o, Ab)$ *für jede feste* $F \in |Add(\mathscr{B}, \mathscr{C})|$.

(c) *Durch* (a) *und* (b) *ist das Tensorprodukt bis auf Isomorphie eindeutig bestimmt.*

(d) *Der durch* $F \mapsto ? \otimes_{\mathscr{B}} F,\ \ \eta \mapsto ? \otimes_{\mathscr{B}} \eta$ *beschriebene Funktor ist isomorph zu* K *und damit linksadjungiert zu*

$$[H_*, \mathscr{C}]\colon\ Add\big(Add(\mathscr{B}^o, Ab), \mathscr{C}\big) \to Add(\mathscr{B}, \mathscr{C}).$$

Er bewirkt eine Äquivalenz von $Add(\mathscr{B}, \mathscr{C})$ *mit der vollen Unterkategorie von* $Add\big(Add(\mathscr{B}^o, Ab), \mathscr{C}\big)$, *deren Objekte die Colimites respektierenden additiven Funktoren* $Add(\mathscr{B}^o, Ab) \to \mathscr{C}$ *sind.*

(e) *Das Tensorprodukt respektiert Colimites in* $Add(\mathscr{B}, \mathscr{C})$ *für jedes feste* $M \in |Add(\mathscr{B}^o, Ab)|$.

Beweis. (a) Mit dem Yoneda-Isomorphismus 4.3.3 erhält man aus (4)

$$(6) \qquad [H_X \otimes_{\mathscr{B}} F, A]_{\mathscr{C}} \xrightarrow{\cong} [H_X, \langle F, A\rangle] \xrightarrow{\cong} [F(X), A]$$

als Isomorphismus von Trifunktoren. Damit folgt (a) aus der additiven Version 4.5.7 von 4.5.4.

(b) folgt unmittelbar aus (4) und 16.4.6.

(c) Nach der additiven Version von 3.6.3 entspricht (3) eindeutig einem additiven Funktor

$$T\colon\ Add(\mathscr{B}^o, Ab) \to Add\big(Add(\mathscr{B}, \mathscr{C}), \mathscr{C}\big).$$

Nach „punktweiser" Konstruktion von Colimites in Funktorkategorien ist (b) gleichwertig damit, daß T Colimites respektiert. Durch (5) ist TH_* fixiert. Mit den additiven Versionen von 17.2.1 und 17.2.7 folgt (c) jedenfalls dann, wenn $\mathscr{B}$ endliche Biprodukte besitzt. Ist das noch nicht der Fall, so entsteht bei Ergänzung von $\mathscr{B}$ gemäß 16.3.10 aus H_* ein dichter Funktor, vgl. 17.4.11.

(d) Nach der additiven Version von 17.3.1 (a) und dem Dualen von 16.5.4 (d) ist $\tilde{H}_*K$ isomorph zu $1_{Add(\mathscr{B},\mathscr{C})}$. Damit ist $W(??, ?)$: $Add(\mathscr{B}, \mathscr{C}) \times \mathscr{B} \to \mathscr{C}$ isomorph zu $W\big(\tilde{H}_*K(??), ?\big) = W\big(K(??)H_*, ?\big) =$

$= W'(K(??), H_?)$, wobei W' der Wertfunktor

$$Add\,(Add\,(\mathscr{B}^o, Ab), \mathscr{C}) \times Add\,(\mathscr{B}^o, Ab) \to \mathscr{C}$$

ist. Außerdem respektiert $K(F)$ Colimites als Linksadjungierter von $\check{F}$ und damit auch $W'(K(F), ?)$. Damit folgt aus (c), daß $? \otimes_{\mathscr{B}} ??$ isomorph zu $W'(K(??), ?)$ ist. Also ist der unter (d) angegebene Funktor isomorph zu K, und die weiteren Behauptungen folgen aus der additiven Version von 17.3.1.

(e) folgt aus (d) wegen der „punktweisen" Konstruktion von Colimites in Funktorkategorien.

17.7.3 Bemerkungen. (a) Der Beweis von 17.7.2 (d) hat ergeben, daß (1) bei geeigneter Wahl der ψ_F ein Trifunktorisomorphismus ist, was nicht evident ist, weil beide Seiten von bereits fixierten Trifunktoren herrühren. Falls $\mathscr{B}$ endliche Biprodukte besitzt, also H_* dicht ist, folgt 17.7.2 (d) einfacher mit 17.1.6 (5).

(b) Aus 17.7.2 (b) und (e) folgt nicht, daß das Tensorprodukt Colimites in der Produktkategorie links in (3) respektiert. Das übliche Tensorprodukt $Ab \times Ab \to Ab$ wird sich als Spezialfall erweisen. Es respektiert weder endliche Coprodukte noch Differenzcokerne in $Ab \times Ab$.

(c) Weil $H_* \times 1_{Add(\mathscr{B},\mathscr{C})}$ injektiv für Objekte ist, kann man nach 16.6.6 das Tensorprodukt so normieren, daß (5) der identische Isomorphismus ist.

(d) Man erhält aus (4) entsprechende Isomorphien von Trifunktoren, indem man an die Stelle einer oder mehrerer der Kategorien $Add\,(\mathscr{B}^o, Ab)$, $Add\,(\mathscr{B}, \mathscr{C})$, $\mathscr{C}$ eine Funktorkategorie mit dem entsprechenden Ziel „einsetzt" (17.6.2), also etwa mit $Add\,(\mathscr{A}, Add\,(\mathscr{B}^o, Ab))$ einen Isomorphismus von Trifunktoren:

$$Add\,(\mathscr{A}, Add\,(\mathscr{B}^o, Ab)) \times Add\,(\mathscr{B}, \mathscr{C}) \times \mathscr{C} \to Add\,(\mathscr{A}^o, Ab).$$

(e) Nach 17.6.6 erhält man aus (4) für $Add\,(\mathscr{A}, Add\,(\mathscr{B}^o, Ab))$, $Add\,(\mathscr{B}, \mathscr{C})$, $Add\,(\mathscr{A}, \mathscr{C})$ die Adjunktion

(7) $\quad \chi_{U,F,V}\colon\ [U \otimes_{\mathscr{B}} F, V]_{Add(\mathscr{A},\mathscr{C})} \overset{\cong}{\Rightarrow} [U, \langle F, V \rangle]_{Add(\mathscr{A}, Add(\mathscr{B}^o, Ab))}$,

an die man noch nach 3.6.3 die kanonische Isomorphie

(8) $\quad Add\,(\mathscr{A}, Add\,(\mathscr{B}^o, Ab)) \cong Add\,(\mathscr{B}^o, Add\,(\mathscr{A}, Ab))$

anfügen kann.

17.7.4 Spezialisierung. Besitzt $\mathscr{B}$ nur ein Objekt, so ist $\mathscr{B}$ ein Ring R, $Add\,(\mathscr{B}^o, Ab) = Mod_R$, $Add\,(\mathscr{B}, \mathscr{C}) = {}_R\mathscr{C}$. Aus (3) und (4) entstehen wegen (2)

(3R) $\quad ? \otimes_R ?\colon\ Mod_R \times {}_R\mathscr{C} \to \mathscr{C}$,

(4R) $\quad \psi_{M,{}_RB,A}\colon\ [M \otimes_R {}_RB, A]_{\mathscr{C}} \overset{\cong}{\Rightarrow} \mathrm{Hom}_R\,(M, [{}_RB, A]_{\mathscr{C}})$

mit $M \in |Mod_R|$, ${}_R B \in |{}_R\mathscr{C}|$, $A \in |\mathscr{C}|$. Aus 17.7.2 (a) entsteht die Isomorphie

$$(5\,\mathrm{R}) \qquad {}_R R_R \otimes_R ? \cong 1_{{}_R\mathscr{C}},$$

weil $H_*\colon R \to Mod_R = Add\,(R^o, Ab)$ gerade ${}_R R_R$ ergibt (vgl. 15.1.8). Aus (5 R) entsteht durch Anwendung des Vergiß-Funktors

$$(5'\,\mathrm{R}) \qquad R_R \otimes_R ? \cong 1_{\mathscr{C}},$$

vgl. 15.1.4. Das eben Gesagte gilt insbesondere für $\mathscr{C} = Ab$ und für $\mathscr{C} = Mod_S$, wobei (4 R) folgende Form annimmt:

$$(4\,\mathrm{RS}) \qquad \mathrm{Hom}_S\,(M_R \otimes_R {}_R B_S, A_S) \cong \mathrm{Hom}_R\,(M_R, \mathrm{Hom}_S\,({}_R B_S, A_S)\,.$$

Hierbei steht M_R in der bisherigen Bedeutung von M. Das hier definierte Tensorprodukt für Moduln ist isomorph zu dem üblichen (siehe etwa MacLane [18]). Das folgt aus 17.7.2 (c) oder auch daraus, daß die üblicherweise zur Definition benutzten universellen Eigenschaften Konsequenzen der Adjunktion (4 RS) sind. 17.7.2 (b) gestattet die Berechnung des Tensorprodukts wegen 17.7.2 (a), 17.7.3 (c).

Nach 17.7.3 (d) erhält man aus (4 RS) Isomorphien, wenn man M_R, ${}_R B_S$ oder A_S noch mit einer Modulstruktur bezüglich eines dritten Ringes versieht, so etwa für ${}_\Gamma Mod_R$ an Stelle von Mod_R

$$(4\,\Gamma\mathrm{RS}) \qquad \mathrm{Hom}_S\,({}_\Gamma M_R \otimes_R {}_R B_S, A_S) \cong \mathrm{Hom}_R\,({}_\Gamma M_R, \mathrm{Hom}_S\,({}_R B_S, A_S))$$

als Isomorphismus von Trifunktoren mit Werten in Mod_Γ. 17.7.3 (e) liefert unter anderem

$$(7\,\Gamma\mathrm{RS}) \qquad \mathrm{Hom}_{\Gamma,S}({}_\Gamma M_R \otimes_R {}_R B_S, {}_\Gamma A_S) \cong \mathrm{Hom}_{\Gamma,R}({}_\Gamma M_R, \mathrm{Hom}_S({}_R B_S, {}_\Gamma A_S)),$$

wobei sich $\mathrm{Hom}_{\Gamma,S}$, $\mathrm{Hom}_{\Gamma,R}$ auf Bimodulhomomorphismen beziehen und $? \otimes_R ??\colon {}_\Gamma Mod_R \times {}_R Mod_S \to {}_\Gamma Mod_S$ aus (3 R) durch „Einsetzen" von ${}_\Gamma Mod_R = Add\,(\Gamma, Mod_R)$ für Mod_R entstanden ist. 17.7.2 (c) gestattet weitere Folgerungen, etwa das Bestehen einer Trifunktorisomorphie

$$(9) \qquad (N_R \otimes_R M_S) \otimes_S {}_S B \cong N_R \otimes_R ({}_R M_S \otimes_S {}_S B)\,.$$

Vermöge (5 R) besteht nämlich eine Isomorphie mit ${}_R R_R$ statt N_R und beide Seiten respektieren Colimites in Mod_R. Für $\mathscr{C} = Ab$ erhält man aus 17.7.2 (c) und (e) durch wiederholte Anwendung natürliche Isomorphien

$$M_R \otimes_R R_R \cong M_R, \qquad M_R \otimes_R {}_R N \cong N_{R^o} \otimes_{R^o} {}_{R^o} M$$

mit der Identifizierung ${}_{R^o}Mod = Mod_R$. 16.7.2 (3) geht damit aus (4 RS) hervor, ebenso der Spezialfall 15.1.8 (12).

17.7.5 Für $\mathscr{B} = R$ besagt 17.7.2 (d), daß der durch ${}_RB \mapsto ? \otimes_R {}_RB$, $\eta \mapsto ? \otimes_R \eta$ beschriebene Funktor $K\colon {}_R\mathscr{C} \to Add\,(Mod_R, \mathscr{C})$ linksadjungiert ist zu $[H_*, \mathscr{C}]\colon Add\,(Mod_R, \mathscr{C}) \to {}_R\mathscr{C}$ mit Yoneda-Einbettung $H_*\colon R \to Mod_R$ und daß damit eine Äquivalenz vorliegt zu der vollen Unterkategorie von $Add\,(Mod_R, \mathscr{C})$, deren Objekte die Colimites respektierenden Funktoren sind.
Für einen beliebigen additiven Funktor $S\colon Mod_R \to \mathscr{C}$ gilt

$$(10) \qquad [? \otimes_R {}_RB, S(?)]_{Add(Mod_R, \mathscr{C})} \cong \mathrm{Hom}_R\,({}_RB, S({}_RR_R)).$$

Das rührt her von dem Adjunktions-Isomorphismus $[K(TH_*), S] \cong$ $\cong [TH_*, SH_*]$ mit $T = ? \otimes_R {}_RB$, denn nach (5) gilt dabei $TH_* \cong$ $\cong {}_RB$, $K(TH_*) \cong T$, und es ist $SH_* = S({}_RR_R)$. (10) besteht als Isomorphismus von kontra-ko-varianten Funktoren.

17.7.6 Ist R ein kommutativer Ring, so kann jedes Objekt von ${}_R\mathscr{C}$ als Bimodulobjekt aufgefaßt werden, bei dem die beiden einfachen Modulstrukturen übereinstimmen. Damit entsteht aus (3R) entsprechend (4ΓRS) ein Tensorprodukt $\otimes_R\colon {}_RMod \times {}_R\mathscr{C} \to {}_R\mathscr{C}$ durch Einschränkung auf spezielle Bimoduln, womit man

$$(11) \qquad \mathrm{Hom}_R\,({}_RM \otimes_R {}_RB, {}_RA) \cong \mathrm{Hom}_R\,({}_RM, \mathrm{Hom}_R\,({}_RB, {}_RA))$$

mit ${}_RM$ in ${}_RMod = Mod_R$, ${}_RA, {}_RB$ in ${}_R\mathscr{C}$ erhält und Hom_R das Ziel ${}_RMod$ hat.

Für $R = \mathbf{Z}$ ist ${}_{\mathbf{Z}}\mathscr{C}$ kanonisch isomorph zu $\mathscr{C}$ und ${}_{\mathbf{Z}}Mod$ *zu* Ab. Damit liegt das Tensorprodukt $? \otimes ??\colon Ab \times \mathscr{C} \to \mathscr{C}$ vor, und es nimmt (4) die einfache Form an

$$(4\mathbf{Z}) \qquad [M \otimes B, A]_{\mathscr{C}} \cong [M, [B, A]_{\mathscr{C}}]_{Ab}.$$

17.8 Verwandte des Tensorprodukts

17.8.1 Sei jetzt $\mathscr{C}$ eine vollständige und $\mathscr{B}$ wieder eine kleine additive Kategorie. Wir fassen $Add\,(\mathscr{B}^0, \mathscr{C}^0)$ als duale Kategorie von $Add\,(\mathscr{B}, \mathscr{C})$ auf (4.5.6), und für $F\colon \mathscr{B} \to \mathscr{C}$ setzen wir $F^0 = \mathrm{Op}\,F\,\mathrm{Op}$. Nach 17.7 (4) besteht dann die Isomorphie

$$(1') \qquad [M \otimes_{\mathscr{B}^0} F^0, A^0]_{\mathscr{C}^0} \xrightarrow{\cong} [M(?), [F^0(?), A^0]_{\mathscr{C}^0}]_{Add(\mathscr{B}, Ab)}$$

mit $M\colon \mathscr{B} \to Ab$, $F\colon \mathscr{B} \to \mathscr{C}$ und $A \in |\mathscr{C}|$. Durch Anwendung von $\mathrm{Op}\colon \mathscr{C}^0 \to \mathscr{C}$ entsteht aus $\otimes_{\mathscr{B}^0}$ ein Bifunktor, den wir als kontra-ko-varianten Funktor

$$(2) \qquad \{?, ??\}_{\mathscr{B}} \text{ mit } ? \text{ in } Add\,(\mathscr{B}, Ab),\ ?? \text{ in } Add\,(\mathscr{B}, \mathscr{C}) \text{ und Ziel } \mathscr{C}$$

notieren. Aus (1′) entsteht damit

$$(1) \qquad \psi_{A,M,F}\colon [A, \{M, F\}_{\mathscr{B}}]_{\mathscr{C}} \xrightarrow{\cong} [M(?), [A, F(?)]_{\mathscr{C}}]_{Add(\mathscr{B}, Ab)}$$

als Isomorphie von Trifunktoren, wobei rechts, ebenso wie in (1'), die additive Gruppe der natürlichen Transformationen $M(?) \to [A, F(?)]$ steht. Der Funktor (2) heißt *symbolischer* Hom-*Funktor* über $\mathcal{B}$. $\{?, F\}_{\mathcal{B}}$ führt Colimites in Limites über, $\{M, ?\}_{\mathcal{B}}$ respektiert Limites nach 17.7.2 (e) und Herleitung. 17.7 läßt sich auf den hier vorliegenden partiell dualen Fall (*Ab* ist nicht dualisiert) umformulieren.

Ist $\mathcal{B}$ ein Ring R, so liegt insbesondere der kontra-ko-variante Funktor

$$\{?, ??\}_R \quad \text{mit} \quad ? \text{ in } {}_R Mod, \ ?? \text{ in } {}_R\mathcal{C} \text{ und Ziel } \mathcal{C}$$

vor, und es hat (1) die Form

$$\text{(1 R)} \quad [A, \{{}_R M, {}_R B\}_R]_{\mathcal{C}} \cong \mathrm{Hom}_R({}_R M, [A, {}_R B]_{\mathcal{C}}) \quad \text{mit} \quad {}_R M \in |{}_R Mod|.$$

17.8.2 Für $\mathcal{C} = Ab$ besteht folgendes Analogon zu (4RS) in 17.7.4:

$$\text{(3)} \quad \mathrm{Hom}_R\big({}_R M, \mathrm{Hom}_S(A_S, {}_R B_S)\big) \xrightarrow{\cong} \mathrm{Hom}_S\big(A_S, \mathrm{Hom}_R({}_R M, {}_R B_S)\big)$$

als Isomorphie von Trifunktoren. Man kann (3) folgendermaßen beweisen: Man fasse beide Seiten als Funktoren von ${}_R Mod$ in die Kategorie auf, die dual zu der Kategorie der biadditiven Funktoren von $Mod_S^o \times {}_R Mod_S$ nach Ab ist. Mit 15.1 (9) und (10) erhält man Isomorphie auf der vollen Unterkategorie von ${}_R Mod$ mit dem einzigen Objekt ${}_R R$. Damit folgt (3) aus 17.2.7 mit der Schlußweise für 17.7.2 (c).

Aus (3) für $S = \mathbf{Z}$ und aus (1 R) für $\mathcal{C} = Ab$ folgt wegen der additiven Version von 4.5.4, daß hier $\{?, ??\}_R$ zum Hom-Funktor von ${}_R Mod$ isomorph ist. Für $\mathcal{C} = Mod_S$ erhält man eine entsprechende Isomorphie, und es kann (1 R) als Verallgemeinerung von (3) angesehen werden.

17.8.3 Es seien $\mathcal{C}, \mathcal{D}, \mathcal{E}$ additive Kategorien. Für additive Funktoren $U\colon \mathcal{E} \to \mathcal{D}$, $V\colon \mathcal{E} \to \mathcal{C}$, $T\colon \mathcal{D} \to \mathcal{C}$ besteht eine Isomorphie von Trifunktoren

$$\text{(4)} \quad \mathrm{Nat}\big([U(?), ??]_{\mathcal{D}}, \ [V(?), W(T, ??)]_{\mathcal{C}}\big) \xrightarrow{\cong} [V, TU]_{Add(\mathcal{E},\mathcal{C})},$$

wobei $W\colon Add(\mathcal{D}, \mathcal{C}) \times \mathcal{D} \to \mathcal{C}$ der Wertfunktor ist und links natürliche Transformationen von Bifunktoren stehen. Ist speziell $\mathcal{E}$ ein Ring R^o, so erhält man die Isomorphie

$$\text{(5)} \quad [[{}_R X, ??]_{\mathcal{D}}, [{}_R A, W(T, ??)]_{\mathcal{C}}]_{Add(\mathcal{D}, Mod_R)} \xrightarrow{\cong} \mathrm{Hom}_R\big({}_R A, T({}_R X)\big)$$

von Trifunktoren ${}_R\mathcal{D} \times ({}_R\mathcal{C})^o \times Add(\mathcal{D}, \mathcal{C}) \to Ab$.

Beweis. Aus der Yoneda-Isomorphie 4.3.3

$$\mathrm{Nat}([X, ??]_{\mathcal{D}}, [A, W(T, ??)]_{\mathcal{C}}) \cong [A, W(T, X)]_{\mathcal{C}}$$

erhält man (4) nach 17.6.5, wenn man noch die kanonische Isomorphie $Add(\mathscr{E}, Add(\mathscr{D}, Ab)) \cong Biadd(\mathscr{E} \times \mathscr{D}, \mathscr{C})$ berücksichtigt. Bei (5) wird noch $Biadd(R^o \times \mathscr{D}, Ab) \cong Add(\mathscr{D}, Mod_R)$ benutzt.

17.8.4 Satz. *Es seien $\mathscr{C}$, $\mathscr{D}$ additive Kategorien und $\mathscr{C}$ covollständig. Für additive Funktoren $T\colon \mathscr{D} \to \mathscr{C}$, ${}_RA \in |{}_R\mathscr{C}|$, ${}_RX \in |{}_R\mathscr{D}|$ besteht die Isomorphie*

$$(6) \qquad [[{}_RX, ?]_{\mathscr{D}} \otimes_R {}_RA, T(?)]_{Add(\mathscr{D},\mathscr{C})} \stackrel{\cong}{\Rightarrow} \mathrm{Hom}_R({}_RA, T({}_RX))$$

von Trifunktoren ${}_R\mathscr{D} \times ({}_R\mathscr{C})^o \times Add(\mathscr{D}, \mathscr{C}) \to Ab$.

Beweis. Aus der Adjunktion

$$[M \otimes_R {}_RA, C]_{\mathscr{C}} \stackrel{\cong}{\Rightarrow} [M, [{}_RA, C]_{\mathscr{C}}]_{Mod_R}$$

erhält man nach 17.6.6

$$\mathrm{Nat}(U \otimes_R {}_RA, T) \stackrel{\cong}{\Rightarrow} [U(?), [{}_RA, T(?)]]_{Add(\mathscr{D}, Mod_R)}.$$

Hieraus folgt (6) durch Einschränkung von U auf Funktoren $[{}_RX, ?]$ wegen (5).

17.8.5 Mit $R = \boldsymbol{Z}$, also Ab statt Mod_R, entsteht aus (6)

$$(7) \qquad [H_X \otimes A, T]_{Add(\mathscr{D}, Ab)} \stackrel{\cong}{\Rightarrow} [A, T(X)]_{\mathscr{C}} = [A, W(T, X)]_{\mathscr{C}}.$$

Man verwechsle hier das Tensorprodukt $\otimes$ über $\boldsymbol{Z}$ nicht mit dem von 17.7.2 (5). Mit $\mathscr{C} = Ab$ und $A = \boldsymbol{Z}$ entsteht aus (7) wieder das Yoneda-Lemma. (4) bis (7) sind Verallgemeinerungen. Sie besitzen partielle Dualisierungen.

17.8.6 Sei jetzt $\mathscr{C}$ vollständig. Wendet man 17.8.4 auf $\mathscr{C}^o$ und $\mathscr{D}^o$ an, so erhält man entsprechend 17.8.1 aus (6) und (7)

$$(8) \qquad [T(?), \{[?, {}_RX]_{\mathscr{D}}, {}_RA\}_R]_{Add(\mathscr{D},\mathscr{C})} \cong \mathrm{Hom}_R(T({}_RX), {}_RA),$$

$$(9) \qquad [W(T, X), A]_{\mathscr{C}} = [T(X), A]_{\mathscr{C}} \cong [T, \{H_X, A\}]_{Add(\mathscr{D},\mathscr{C})}$$

mit $T\colon \mathscr{D} \to \mathscr{C}$, $X \in |\mathscr{D}|$, $A \in |\mathscr{C}|$.

Mit $\mathscr{C} = Ab$ entstehen wegen 17.8.2

$$(8') \qquad [T(?), \mathrm{Hom}_R([?, {}_RX]_{\mathscr{D}}, {}_RA)]_{Add(\mathscr{D},Ab)} \cong \mathrm{Hom}_R(T({}_RX), {}_RA),$$

$$(9') \qquad [T(X), A]_{Ab} \cong [T, H_A H_X]_{Add(\mathscr{D}, Ab)},$$

wobei $H_A H_X(?) = [[?, X]_{\mathscr{D}}, A]_{Ab}$ ist.

17.8.7 Der nicht-additive Fall. Das Vorangehende gilt von 17.7.1 an entsprechend für den nicht-additiven Fall mit Ens statt Ab und den entsprechenden Kategorien aller Funktoren statt additiver. An die Stelle eines Ringes tritt eine Kategorie mit nur einem Objekt, insbesondere kann eine Gruppe genommen werden. Wo R auf $\mathbf{Z}$ spezialisiert ist, ist auf eine einelementige Menge zu spezialisieren.

17.8.8 Ein Funktor $T\colon \mathscr{C} \to \mathscr{D}$ braucht keinen Linksadjungierten zu besitzen. Entsprechend 16.4.5 kann man aber die volle Unterkategorie $\mathscr{E}$ von $\mathscr{D}$ betrachten, für deren Objekte $[X, T(?)]_{\mathscr{D}}\colon \mathscr{C} \to Ens$ darstellbar ist. Man erhält dann einen Funktor $S\colon \mathscr{E} \to \mathscr{C}$, so daß mit der Inklusion $J\colon \mathscr{E} \to \mathscr{D}$ gilt

$$[S(?), ??]_{\mathscr{C}} \cong [J(?), T(??)]_{\mathscr{D}}.$$

Allgemeiner kann eine solche Situation bestehen, wenn J ein vorgegebener Funktor von einer Kategorie $\mathscr{E}$ nach $\mathscr{D}$ ist. 17.2.9 ist so formuliert. Entsprechend können Isomorphien

$$[S(?, ??), ???]_{\mathscr{C}} \cong [J(?), T(??, ???)]_{\mathscr{D}}$$

betrachtet werden. Man kann dies und 17.7.2 (a), (b) zum Anlaß nehmen, ein Tensorprodukt $\otimes_R\colon \mathscr{E} \times {}_R\mathscr{C} \to \mathscr{C}$ für eine Unterkategorie $\mathscr{E}$ von Mod_R zu konstruieren, auch wenn $\mathscr{C}$ nicht covollständig ist, etwa für endlich präsentierbare Moduln, wenn $\mathscr{C}$ endlich covollständig ist. Entsprechend läßt sich das meiste in 17.7 und 17.8 verallgemeinern. Für Einzelheiten verweisen wir auf Ulmer [47 u. 48].

18. Grundzüge der Universellen Algebra

18.1 Algebraische Theorien

18.1.1 Vorbemerkung. In 11.1 wurde eine explizite Definition für den Typ $\mathfrak{S}$ einer algebraischen Struktur nicht gegeben. Es wird sich alsbald erweisen, daß dieser Typ durch eine spezielle Kategorie erfaßt werden kann und daß dann Objekte mit algebraischer Struktur Funktoren sind, die endliche Produkte respektieren. Wir beschränken uns hier, wie in 11, auf endlich-stellige algebraische Operationen und Strukturen mit einem Grundobjekt. Wir gehen ferner nur auf Grundtatsachen der Theorie ein, die sich noch in rascher Entwicklung befindet, und verweisen auf Lawvere [38] und die dort angegebene Literatur, für Verallgemeinerung insbesondere auf Linton [40 u. 41].

18.1.2 Definition. Eine *algebraische Theorie* ist eine Kategorie $\mathscr{A}$ mit folgenden Eigenschaften:

(i) $|\mathscr{A}|$ besteht aus abzählbar vielen verschiedenen Objekten $A^0, A^1, A^2, A^3, \ldots$

(ii) A^k ist für $k \geqq 0$ Produkt von k Faktoren A^1, das für $k \geqq 1$ die Projektionen $p_1^k, p_2^k, \ldots, p_k^k$ besitzt. Dabei sei $p_1^1 = 1_{A^1}$.

Die Morphismen $A^n \to A^1$ heißen *n-stellige Operationen*. Ein *Theorie-Morphismus* F: $\mathscr{A} \to \mathscr{B}$ ist ein Funktor, der

(1) $F(A^0) = B^0$ und $F(p_j^k) = p_j^k$ für alle (k, j) mit $1 \leqq j \leqq k < \infty$

erfüllt. Die zu $\mathscr{A}$ gehörige *algebraische Kategorie* ist die volle Unterkategorie $\mathscr{A}^b$ von $[\mathscr{A}, Ens]$, deren Objekte diejenigen Funktoren sind, die endliche Produkte respektieren. Die Objekte von $\mathscr{A}^b$ heißen *$\mathscr{A}$-Algebren*, die Morphismen heißen *$\mathscr{A}$-Homomorphismen*.

Ist $\mathscr{C}$ eine Kategorie mit endlichen Produkten, so kann entsprechend die zu $\mathscr{A}$ gehörige algebraische Kategorie über $\mathscr{C}$ betrachtet werden.

18.1.3 Für die algebraische Theorie $\mathscr{A}$ fassen wir $[A^m, A^n]$ mit $n \geqq 1$ als Menge der n-tupel $(t_{\nu_1}^m, \ldots, t_{\nu_n}^m)$ mit $t_{\nu_j}^m \in [A^m, A^1]$ und

(2) $$p_j^n(t_{\nu_1}^m, \ldots, t_{\nu_n}^m) = t_{\nu_j}^m \quad \text{für} \quad n \geqq 1$$

auf. p_0^n bezeichne den einzigen Morphismus von A^n in das terminale Objekt A^0. Dabei gilt

(3) $$p_0^n(t_{\nu_1}^m, \ldots, t_{\nu_n}^m) = p_0^m.$$

p_0^0 und $(p_1^n, p_2^n, \ldots, p_n^n)$ sind die identischen Morphismen von A^0 bzw. A^n mit $n \geqq 1$.

18.1.4 Die Definition 18.1.2 ordnet sich der Definition 11.1.9 unter. Die Kommutativitätsbedingungen sind hier einfach das Kompositionsgesetz für die Morphismen von $\mathscr{A}$. Umgekehrt läßt sich aus gegebenen algebraischen Operationen und Diagrammbedingungen eine algebraische Theorie konstruieren. Das geschieht in drei Schritten. Zunächst wird eine algebraische Theorie $\mathscr{N}$ bereitgestellt, die außer den Projektionen der Produkte keine weiteren Operationen besitzt (18.1.5). Danach wird zu vorgegebenen Operationen eine freie Theorie konstruiert (18.1.6), und schließlich werden vorgegebene Gleichheiten von zusammengesetzten Operationen berücksichtigt (18.1.10). Die Kommutativitätsbedingungen von 11.1.9 sind gerade solche Gleichheiten, weil einem Morphismus in ein k-faches Produkt ein k-tupel von Morphismen in die Faktoren entspricht. Man spricht daher genauer von *gleichungsdefinierten Algebren.*

18.1.5 Für jede ganze Zahl $n \geqq 0$ ist n die Menge der ganzen Zahlen von 0 bis $n-1$, insbesondere also $0 = \emptyset$, $1 = \{\emptyset\}$. (Das ist die übliche rekursive mengentheoretische Definition der natürlichen Zahlen als Kardinalzahlen). $\boldsymbol{N}$ sei die volle Unterkategorie von Ens, welche die Objekte n besitzt. $\boldsymbol{N}$ besitzt endliche Coprodukte: Es ist $n+k$ Coprodukt von n und k, wobei i_1: $n \to n+k$ die Inklusion und i_2: $k \to n+k$ die Abbildung $x \mapsto n+x$ ist. Insbesondere ist 0 initial und n Coprodukt von n Cofaktoren 1, wobei $[1, n]$ gerade aus den zugehörigen Injektionen i_j^n mit $i_j^n(1) = j-1$ besteht. Es sei $\mathscr{N}$ die zu $\boldsymbol{N}$

duale Kategorie. Statt n^0 schreiben wir N^n, die Morphismen von N^n nach N^1 seien $p_1^n, \ldots, p_n^n$ mit $p_j^n = (i_j^n)^0$. Die Morphismen von N^n nach N^k fassen wir für $k \geqq 1$ als k-tupel entsprechend 18.1.3 auf.

Es ist $\mathscr{N}$ die *initiale Theorie*. In der Tat gibt es für eine algebraische Theorie $\mathscr{A}$ wegen (1) genau einen Theorie-Morphismus $I_{\mathscr{A}}\colon \mathscr{N} \to \mathscr{A}$.

18.1.6 Für jede ganze Zahl $n \geqq 0$ sei eine Menge G_n gegeben, so daß die Mengen G_n paarweise und zu jeder Morphismenmenge von $\mathscr{N}$ disjunkt sind. Zu $G = \{G_n\}$ konstruieren wir die *freie algebraische Theorie* $\mathscr{F}_G$, welche die Elemente von G_n als definierende n-stellige Operationen und damit die Elemente von $\bigcup G_n$ als *definierende Operationen* besitzt. Wir betrachten dazu das $\mathscr{N}$ unterliegende Diagramm, lassen für $k > 1$ alle Pfeile mit Ende N^k weg, nehmen danach G_n als Menge von Pfeilen von N^n nach N^1 hinzu und schließlich für $k > 1$ als Pfeile $N^n \to N^k$ alle k-tupel von vorhandenen Pfeilen $N^n \to N^1$. Die jetzt vorliegenden Pfeile nennen wir formal einstufige Operationen. Für jede natürliche Zahl r werden nun formal r-stufige Operationen rekursiv definiert. Diejenigen von N^n nach N^1 sind Paare $({}_1t_1^m, {}_{r-1}t_m^n)$, wobei ${}_1t_1^m$ eine formal einstufige Operation $N^m \to N^1$, ${}_{r-1}t_m^n$ eine formal $(r-1)$-stufige Operation $N^n \to N^m$ und m eine beliebige nicht-negative ganze Zahl ist. Für $k > 1$ sind formal r-stufige Operationen $N^n \to N^k$ k-tupel von r-stufigen $N^n \to N^1$, formal r-stufige Operationen $N^n \to N^0$ sind Paare $(p_0^m, {}_{r-1}t_m^n)$.

Wir definieren nun Komposita $({}_rt_k^m)({}_st_m^n)$ von formal r- und s-stufigen Operationen rekursiv nach r als formal $(s+r)$-stufige Operationen. Sei zunächst $r = 1$. Für $k = 0$ oder 1 sei $({}_1t_k^m)({}_st_m^n) = ({}_1t_k^m, {}_st_m^n)$. Für $k > 1$ ist ${}_1t_k^m$ ein k-tupel $(u_1, u_2, \ldots, u_k)$ von formal einstufigen Operationen $N^m \to N^1$. $({}_1t_k^m)({}_st_m^n)$ sei das k-tupel $(v_1, v_2, \ldots, v_k)$ mit $v_j = (u_j)({}_st_m^n)$. Für $r > 1$ und $k = 0$ oder 1 ist $({}_rt_k^m) = ({}_1t_k^l, {}_{r-1}t_l^m)$, und es ist $({}_1t_k^l, {}_{r-1}t_l^m)({}_st_m^n) = ({}_1t_k^l)[({}_{r-1}t_l^m)({}_st_m^n)]$ die rekursive Definition. Hieraus ergibt sich die Definition für $k > 1$ wie soeben „komponentenweise" für das k-tupel ${}_1t_k^l$.

Für das nunmehr vorliegende Diagrammschema Σ stellen wir folgende Menge K von Kommutativitätsbedingungen auf:

(a) Jedes Kompositum $({}_rt_k^m)({}_st_m^n)$ sei äquivalent zu dem entsprechenden Diagrammweg der Länge 2.

(b) Für p_0^0, p_1^1 und alle k-tupel $(p_1^k, p_2^k, \ldots, p_k^k)$ mit $k > 1$ bestehen die Bedingungen von identischen Pfeilen.

(c) Beide Seiten von (2) stellen äquivalente Wege dar, wenn $(t_{r_1}^m, \ldots, t_{r_n}^m)$ für irgendein $r \geqq 1$ eine formal r-stufige Operation ist.
Dasselbe gilt für (3).

(d) Ist $k > 1$ und sind a und b Wege von N^n nach N^k, so sind a und b äquivalent, wenn $(p_1^k a, p_1^k b), \ldots, (p_k^k a, p_k^k b)$ äquivalente Paare sind.

$\mathscr{F}_G$ sei nun die Kategorie $\mathscr{W}(\Sigma/K)$ gemäß 6.3.1. Wegen (a) ist jeder Morphismus von $\mathscr{F}_G$ Bild eines Pfeiles von Σ. Wegen (b) ist jede formal r-stufige Operation äquivalent zu einer formal $(r+s)$-stufigen für jede natürliche Zahl s. Damit folgt aus (c) und (d), daß N^k in $\mathscr{W}(\Sigma/K)$ k-faches Produkt von N^1 ist, das für $k \geqq 1$ die Bilder von $p_1^k, \ldots, p_k^k$ als Projektionen besitzt.

18.1.7 Satz. *Ist $\mathscr{A}$ eine beliebige algebraische Theorie und für jede der Mengen G_n in 18.1.6 eine Abbildung φ_n: $G_n \to [A^n, A^1]_{\mathscr{A}}$ gegeben, so setzen sich diese Abbildungen eindeutig zu einem Theorie-Morphismus Φ: $\mathscr{F}_G \to \mathscr{A}$ fort (genauer: für $g \in G_n$ ist $\varphi_n(g)$ das Φ-Bild des durch g bestimmten Morphismus von $\mathscr{F}_G$).*

Unter Berücksichtigung von (1) ergibt sich das aus der Konstruktion von $\mathscr{F}_G$, womit die Bezeichnung „frei" für $\mathscr{F}_G$ gerechtfertigt ist.

18.1.8 Die algebraischen Kategorien sind die Objekte, die Theorie-Morphismen die Morphismen einer *Kategorie $\mathfrak{T}$ der algebraischen Theorien.* Es besteht ein Vergiß-Funktor V: $\mathfrak{T} \to Ens^\omega$. Hierbei ist $Ens^\omega = \prod Ens_n$ in *Cat* mit $Ens_n = Ens$ für $n = 0, 1, 2, \ldots$ und $pr_n V(\mathscr{A}) = [A^n, A^1]_{\mathscr{A}}$, $pr_n V(F)$ die von dem Theorie-Morphismus F: $\mathscr{A} \to \mathscr{B}$ bewirkte Abbildung $[A^n, A^1]_{\mathscr{A}} \to [B^n, B^1]_{\mathscr{B}}$. Mit 18.1.7 bestätigt man:

Satz. *Der Vergiß-Funktor V: $\mathfrak{T} \to Ens^\omega$ besitzt einen Linksadjungierten X, dessen Wert auf dem Objekt G von Ens^ω die freie algebraische Theorie $\mathscr{F}_G$ ist.*

18.1.9 Satz. *Die Kategorie $\mathfrak{T}$ der algebraischen Theorien besitzt Differenzkerne, die wie in cat gebildet werden können. $\mathfrak{T}$ besitzt außerdem Differenzcokerne.*

Beweis. Die erste Behauptung folgt nach 7.2.4 mühelos aus (1) und (2). Seien F, G: $\mathscr{A} \to \mathscr{B}$ Theorie-Morphismen. Auf der Morphismenmenge Mor $\mathscr{B}$ betrachte man die kleinste mit der Morphismenkomposition verträgliche Äquivalenzrelation, für die

(a) stets $F(t)$ und $G(t)$ für t aus $\mathscr{A}$ äquivalent sind,

(b) u, v: $B^n \to B^k$ mit $k > 1$ äquivalent sind, wenn $(p_j^k u, p_j^k v)$ äquivalent sind für alle $j = 1, 2, \ldots, k$.

Bei Übergang zur Quotientenkategorie gemäß 6.4.4 ist die zugehörige Projektion P Differenzcokern von F und G. Offenbar bildet P die Objekte B^k von $\mathscr{B}$ identisch ab, und Bedingung (b) sichert, daß B^k k-faches Produkt von B^1 bleibt, wobei (1) entsprechend für P gilt.

18.1.10 Es sei $G = \{G_n\}$ wie in 18.1.6 gegeben. Für die zugehörige freie algebraische Theorie $\mathscr{F}_G$ sei ferner gegeben je eine Teilmenge R_n von $[N^n, N^1] \times [N^n, N^1]$ für $n = 0, 1, 2, 3, \ldots$, wobei $[N^n, N^1]$ Morphismenmenge von $\mathscr{F}_G$ ist. Dann gibt es in $\mathfrak{T}$ einen Epimorphismus P: $\mathscr{F}_G \to \mathscr{Q}$ mit folgender Eigenschaft: Ist T: $\mathscr{F}_G \to \mathscr{A}$ ein Theorie-Morphismus, so daß $T(f) = T(g)$ ist für jedes Paar $(f, g) \in R = \bigcup R_n$, so faktorisiert T über P.

Beweis. Es sei $\mathscr{K}$ die freie algebraische Theorie zu R. Durch $(f, g) \mapsto f$ und $(f, g) \mapsto g$ werden nach 18.1.7 zwei Theorie-Morphismen J_1, J_2: $\mathscr{K} \to \mathscr{F}_G$ definiert. Der Differenzcokern von J_1, J_2 existiert in $\mathfrak{T}$ nach 18.1.9. Er ist der gewünschte Epimorphismus.

18.1.11 Von der soeben konstruierten algebraischen Theorie $\mathscr{Q}$ sagt man, daß sie durch die Menge G der *erzeugenden Operationen* G mit *definierender Gleichungsmenge* R präsentiert sei.

Jede algebraische Theorie $\mathscr{A}$ (im Sinne von 18.1.2) läßt sich so erhalten. Man nehme etwa $[A^n, A^1]$ als G_n, betrachte den evidenten Theorie-Morphismus Φ_A: $\mathscr{F}_G \to \mathscr{A}$ (das ist die zur Adjunktion in 18.1.8 gehörige Adjunktionstransformation $XV \to 1_{\mathfrak{T}}$ an der Stelle $\mathscr{A}$) und nehme als definierende Gleichungen alle Paare (f, g) von Operationen, so daß f und g bei Φ_A dasselbe Bild haben. Man erkennt, daß sich jede algebraische Theorie auf unendlich viele verschiedene Weisen durch erzeugende Operationen und zugehörige Gleichungsmengen präsentieren läßt.

Bei einer Präsentation von $\mathscr{A}$ mit erzeugender Operationsmenge G und zugehöriger Gleichungsmenge R gibt man ein Element (f, g) von R meist dadurch an, daß man Repräsentanten $\bar{f}$, $\bar{g}$ von f und g in dem in 18.1.6 konstruierten Diagrammschema Σ für $\mathscr{F}_G$ wählt und sie unter Benutzung der dort eingeführten Komposition anschreibt. Bei der naheliegenden Interpretation in $\mathscr{A}$ entstehen Gleichungen $\bar{f} = \bar{g}$ in $\mathscr{A}$, was den Mißbrauch des Wortes Gleichung im Vorangehenden rechtfertigt.

Die Kommutativitätsbedingungen für Diagramme in 11.1.9 sind solche Gleichungen. Die dort mitgeführten Faktoren Z sind wegen 7.3.5 entbehrlich und dienten nur einer übersichtlicheren Schreibweise. Die Pfeile sind formal ein- oder zweistufige Operationen im Sinne von 18.1.6. Der vorläufig benutzte Typ $\mathfrak{S}$ einer algebraischen Struktur erweist sich jetzt als Präsentation einer algebraischen Theorie.

18.1.12 Zu den algebraischen Kategorien, die durch eine der hier betrachteten algebraischen Theorien definiert sind, gehören auch Kategorien von Moduln über einem festen Ring und Kategorien von Algebren im üblichen Sinne (insbesondere Lie-, Jordan- und assoziative Algebren) über einem festen kommutativen Ring.

Sei R ein Ring. Die Wirkung eines Elementes r von R auf die Objekte von ${}_R Mod$ ist eine einstellige Operation. Die Modulgesetze $0x = 0$, $1x = x$, $r_1(r_2x) = (r_1r_2)x$ sind Gleichungen zwischen einstelligen Operationen. Zum Beispiel besagt $0x = 0$, daß die einstellige Operation, die in der Multiplikation mit der 0 des Ringes besteht, gleich dem Kompositum von p_0^1 mit der nullstelligen Operation z ist, wobei z die Null der additiven Gruppe des Moduls ergibt. $r_1(r_2x) = (r_1r_2)x$ liefert je eine Gleichung für jedes Paar (r_1, r_2) von Ringelementen, genauer: Die Multiplikation von R drückt sich in Gleichungen für einstellige Operationen aus. Entsprechendes gilt für die Addition und die für einen Ring geltenden Axiome. Das Distributivgesetz $(r_1 + r_2)x =$

$= r_1 x + r_2 x$ für Moduln besteht aus Gleichungen für einstellige Operationen, dagegen bezieht sich $r(x_1 + x_2) = rx_1 + rx_2$ auf zweistellige. Bei Algebren über einem festen kommutativen Ring R sind Axiome wie $r(xy) = (rx)y = x(ry)$ oder $r[x, y] = [rx, y] = [x, ry]$ ebenfalls Mengen von Gleichungen für zweistellige Operationen.

18.2 Yoneda-Einbettung und freie Algebren

18.2.1 Es seien $S, T\colon \mathscr{A} \to Ens$ $\mathscr{A}$-Algebren und $\eta\colon S \to T$ ein $\mathscr{A}$-Homomorphismus. Zur Vereinfachung der Schreibweise setzen wir

(1) $$S_k = S(A^k),$$

$$\eta_k = \eta_{A^k}, \quad \text{für} \quad k = 0, 1, 2, \ldots$$

Für $t_k^n\colon A^n \to A^k$ in $\mathscr{A}$ gilt

(2) $$T(t_k^n)\,\eta_n = \eta_k S(t_k^n),$$

insbesondere

(3) $$T(p_j^k)\,\eta_k = \eta_1 S(p_j^k) \quad \text{für} \quad k \geqq 1.$$

Weil T_k (nicht notwendig natürlich ausgewähltes) Produkt von k Faktoren T_1 ist, ist η_k durch η_1 völlig bestimmt, auch für $k = 0$, und für $k \geqq 1$ k-faches Produkt von Faktoren η_1. Die Definition 18.1.2 für Homomorphismen stimmt also mit der in 11.3.1 überein.

Nach 11.5.1 und 11.5.7 gilt: $\mathscr{A}^b$ ist vollständig und besitzt filtrierende Colimites, und diese sind mit endlichen Limites vertauschbar. Dabei ist $\mathscr{A}^b$ als Unterkategorie von $[\mathscr{A}, Ens]$ gegen Limites und filtrierende Colimites abgeschlossen, d. h. die Bildung erfolgt wie in $[\mathscr{A}, Ens]$.

Es besteht der *Vergiß-Funktor* $U_{\mathscr{A}}\colon \mathscr{A}^b \to Ens$, der durch $T \mapsto T_1 = T(A^1)$, $\eta \mapsto \eta_1$ beschrieben wird. Er ordnet also jeder $\mathscr{A}$-Algebra T den *Träger* T_1 zu, jedem $\mathscr{A}$-Homomorphismus η die *unterliegende Abbildung* η_1 der Träger. Nach 11.3.3, 11.5.3, 11.5.8 gilt: Der Vergiß-Funktor $U_{\mathscr{A}}$ ist treu, und er respektiert und entdeckt Isomorphismen, Limites und filtrierende Colimites.

18.2.2 Satz. *Es sei $J\colon \mathscr{A}^b \to [\mathscr{A}, Ens]$ die Inklusion. Die Yoneda-Einbettung $H^*\colon \mathscr{A}^o \to [\mathscr{A}, Ens]$ zerlegt sich in $H^* = JH^*_\pi$ mit*

(4) $$H^*_\pi\colon \mathscr{A}^o \to \mathscr{A}^b.$$

H^*_π ist eine volle Einbettung und dicht. Ferner respektiert H^*_π endliche Coprodukte. $H^*_\pi((A^1)^o)$ ist darstellendes Objekt für $U_{\mathscr{A}}$ und Generator für $\mathscr{A}^b$.

Beweis. Nach 10.3.4 existiert die Zerlegung, und es ist H^*_π eine volle Einbettung, die nach 10.3.5 endliche Coprodukte respektiert. Weil $\mathscr{A}^b$

volle Unterkategorie von $[\mathscr{A}, Ens]$ ist, folgt aus 4.2.4

$$(5) \qquad [H_\pi^*((A^1)^0), ?] = [H^*((A^1)^0), ?] \cong W(?, A^1) = U_{\mathscr{A}}(?).$$

Weil $U_{\mathscr{A}}$ treu ist, ist $H_\pi^*((A^1)^0)$ Generator (10.5.1). Nach 17.2.5 und 17.2.4 gilt

$$(6) \qquad 1_{[\mathscr{A}, Ens]} \cong (JH_\pi^*)^\vee = \tilde{H}_\pi^{*0} J^\vee.$$

Weil J völlig treu ist, ist $J^\vee J$ nach 17.2.5 isomorph zu H_*: $\mathscr{A}^{b0} \to [\mathscr{A}^b, Ens]$. Damit folgt aus (6) und 17.2.4

$$(7) \qquad J \cong \tilde{H}_\pi^{*0} J^\vee J = \tilde{H}_\pi^{*0} H_* = H_\pi^{*\vee}.$$

Nach 17.2.3 ist H_π^* dicht.

18.2.3 Lemma. *Die Unterkategorie $\mathscr{N}^0$ von Ens ist endlich covollständig. Die Inklusion I: $\mathscr{N}^0 \to Ens$ ist dicht. Für die Menge M ist die bezüglich I gemäß 17.1.3 gebildete Kategorie Σ_M filtrierend, und die Objekte (k, a) mit injektivem a: $k \to M$ sind die Objekte einer finalen vollen Unterkategorie (9.3.9) von Σ_M. Für $k \in |\mathscr{N}^0|$ ist $(k, 1_k)$ terminal in Σ_k.*

Beweis. Nach 18.1.5 besitzt $\mathscr{N}^0$ endliche Coprodukte. Zwei Morphismen a, b: $n \to k$ besitzen in Ens einen Differenzcokern c: $k \to M$, wobei M eine endliche Menge ist. Es existiert also ein Isomorphismus h: $M \to m$ mit $m \in |\mathscr{N}^0|$. hc ist Differenzcokern von a und b in $\mathscr{N}^0$. Man kann übrigens h so wählen, daß hc (schwach) monoton ist. Die restlichen Behauptungen sind leicht zu bestätigen (8.4.4, 17.1.5 (e)). Sie beruhen darauf, daß jede Menge filtrierender Colimes ihrer endlichen Teilmengen ist.

18.2.4 Theorem. *Der Vergißfunktor $U_{\mathscr{A}}$: $\mathscr{A}^b \to Ens$ besitzt einen Linksadjungierten $L_{\mathscr{A}}$: $Ens \to \mathscr{A}^b$ mit*

$$(8) \qquad L_{\mathscr{A}} I = H_\pi^* I_{\mathscr{A}}^0 : \quad \mathscr{N}^0 \to \mathscr{A}^b.$$

Hierbei ist I: $\mathscr{N}^0 \to Ens$ die Inklusion und $I_{\mathscr{A}}$: $\mathscr{N} \to \mathscr{A}$ (der einzige) Theorie-Morphismus.

Beweis. Wir betrachten die beiden kontravarianten Funktoren F, G: $\mathscr{N}^0 \to [\mathscr{A}^b, Ens]$, die durch

$$(9) \qquad F(?) = [H_\pi^* I_{\mathscr{A}}^0(?), ??]_{\mathscr{A}^b}, \quad G(?) = [I(?), U_{\mathscr{A}}(??)]_{Ens}$$

definiert sind. $H_\pi^* I_{\mathscr{A}}^0$ respektiert endliche Coprodukte nach 18.1.5 und 18.2.2. Die Yoneda-Einbettung $\mathscr{A}^{b0} \to [\mathscr{A}^b, Ens]$ respektiert Limites nach 10.2.5. Daher führt F endliche Coprodukte in endliche Produkte über. Dasselbe gilt für G wegen punktweiser Konstruktion von Limites in Funktorkategorien und 8.7.3. Nach 18.2.2 sind $F(1)$ und $G(1)$ isomorph. Damit folgt aus der Beschreibung von $\mathscr{N}^0$ in 18.1.5 unmittelbar, daß F und G isomorph sind. Nach 3.6.3 besteht eine Isomorphie

$$(10) \qquad \varrho\colon\ [I(?), U_{\mathscr{A}}(??)] \stackrel{\cong}{\Rightarrow} [H_\pi^* I_{\mathscr{A}}^0(?), ??]$$

von kontra-ko-varianten Funktoren. Auf

$$\begin{array}{ccc} \mathscr{N}^0 & \xrightarrow{\ I\ } & Ens \\ & {\scriptstyle H_\pi^* I_A} \searrow \quad \nearrow {\scriptstyle U_A} & \\ & \mathscr{A}^b & \end{array}$$

ist 17.2.9 anwendbar wegen 18.2.3, weil $\mathscr{A}^b$ filtrierende Colimites besitzt. Also existiert $L_{\mathscr{A}}\colon\ Ens \to \mathscr{A}^b$ mit dem Adjunktions-Isomorphismus.

$$(11) \qquad \psi\colon\ [L_{\mathscr{A}}(?), ??]_{\mathscr{A}^b} \stackrel{\cong}{\Rightarrow} [?, U_{\mathscr{A}}(??)]_{Ens}.$$

Weil I eine Inklusion ist, läßt sich nach 16.6.6 erreichen, daß (8) gilt, also insbesondere

$$(12) \qquad L_{\mathscr{A}}(k) = [A^k, ?]_{\mathscr{A}} \qquad \text{für } k \in |\mathscr{N}^0|.$$

Anmerkung. Nach 16.5.1 gilt für $M \in |Ens|$, $T \in |\mathscr{A}^b|$ und $\eta\colon L_{\mathscr{A}}(M) \to T$

$$(13) \qquad \psi_{M,T}(\eta) = \eta_1 \Psi_M\colon\ M \to T_1 \quad \text{mit } \Psi_M\colon\ M \to U_{\mathscr{A}} L_{\mathscr{A}}(M).$$

18.2.5 Satz. *Gibt es eine $\mathscr{A}$-Algebra S, deren Träger mehr als ein Element besitzt, so ist die zu* (11) *gehörige Adjunktions-Transformation $\Psi\colon 1_{Ens} \to U_{\mathscr{A}} L_{\mathscr{A}}$ monomorph und $L_{\mathscr{A}}$ treu.*

Beweis. Sei M eine Menge. Da man zu einem geeigneten Produkt in $\mathscr{A}^b$ übergehen kann und $U_{\mathscr{A}}$ Produkte respektiert, läßt sich S so wählen, daß es eine injektive Abbildung $u\colon\ M \to S_1$ gibt. Nach (11) existiert $\eta\colon\ L_{\mathscr{A}}(M) \to S$ mit $\psi_{M,S}(\eta) = u$. Nach (13) ist $u = \eta_1 \Psi_M$. Daher ist Ψ_M stets injektiv und $L_{\mathscr{A}}$ treu nach dem Dualen von 16.5.3.

18.2.6 Bis auf Isomorphie gibt es nur zwei algebraische Theorien, für welche die Voraussetzung von 18.2.5 nicht erfüllt ist. Eine in $\mathfrak{T}$ *terminale* Theorie $\mathscr{P}$ liegt vor, wenn alle Morphismenmengen $[P^n, P^k]$ einelementig sind. Das ist genau dann der Fall, wenn es eine isomorphe (also zu p_0^1 inverse) nullstellige Operation gibt. (Wir hatten in 18.1.2 nicht gefordert, daß die Projektionen $p_j^k\colon\ A^k \to A^1$ verschieden sind.) Die Träger aller $\mathscr{P}$-Algebren besitzen genau je ein Element. Umgekehrt folgt hieraus, daß $\mathscr{P}$ terminal ist, weil dann $H_\pi^*(p_0^1)$ isomorph ist, also auch p_0^1.

Ist die leere Menge Träger einer $\mathscr{A}$-Algebra, so besitzt $\mathscr{A}$ keine nullstellige Operation. Sind die Träger der übrigen $\mathscr{A}$-Algebren alle einelementig, so zeigt (12), daß für $k \geqq 1$ alle k-stelligen Operationen mit p_1^k zusammenfallen, und es ist dann p_1^k invers zum Diagonalmorphismus $A^1 \to A^k$.

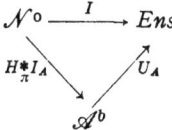

Wir bezeichnen die algebraischen Theorien der soeben beschriebenen beiden Arten als *exzeptionell.*

18.2.7 Definition. Eine Teilmenge B des Trägers S_1 der $\mathscr{A}$-Algebra S heißt *Basis* für S, wenn gilt:

(∗) Zu jeder Abbildung $u\colon\ B \to T_1$ von B in den Träger einer beliebigen $\mathscr{A}$-Algebra T gibt es genau einen $\mathscr{A}$-Homomorphismus $\eta\colon\ S \to T$ mit $\eta_1 \mid B = u$.

Eine *$\mathscr{A}$-Algebra S* heißt *frei*, wenn sie eine Basis besitzt, und *frei über B*, wenn B Basis von S ist.

18.2.8 Satz. *Eine $\mathscr{A}$-Algebra S ist genau dann frei über $B \subset S_1$, wenn es für eine geeignete Menge M einen Isomorphismus $\varrho\colon\ L_{\mathscr{A}}(M) \to S$ gibt mit $\varrho_1 \Psi_M(M) = B$. Insbesondere ist $L_{\mathscr{A}}(M)$ frei über $\Psi_M(M)$.*

Beweis. Es kann angenommen werden, daß $\mathscr{A}$ nicht exzeptionell ist, da sonst die Behauptungen trivial sind. Sei zunächst S frei über B und $j\colon$ $B \to S_1$ die Inklusion. (∗) besagt, daß (S, j) eine Darstellung von $[B, U_{\mathscr{A}}(?)]$ ist. Wegen (11) ist auch $(L_{\mathscr{A}}(B), \Psi_B)$ eine Darstellung. Nach 4.4.4 besteht ein Isomorphismus $\varrho\colon\ L_{\mathscr{A}}(B) \to S$ mit $\varrho_1 \Psi_B = j$.

Es liege nun der Isomorphismus $\varrho\colon\ L_{\mathscr{A}}(M) \to S$ mit $\varrho_1 \Psi_M(M) = B$ vor. Zu $v = u\varrho_1\Psi_M\colon\ M \to T_1$ gibt es nach (11) und (13) genau einen $\mathscr{A}$-Homomorphismus $\xi\colon\ L_{\mathscr{A}}(M) \to T$ mit

$$\xi_1 \Psi_M = U_{\mathscr{A}}(\xi)\Psi_M = v = u\varrho_1\Psi_M. \tag{14}$$

Weil Ψ_M injektiv ist (18.2.5), ist das gleichwertig mit $\xi_1 \mid \Psi_M(M) = u\varrho_1 \mid \Psi_M(M)$, und das ist gleichwertig mit $\xi_1\varrho_1^{-1} \mid B = u \mid B = u$, weil ϱ_1 bijektiv ist. Für $\eta = \xi\varrho^{-1}$ ist also $\eta_1 \mid B = u$, und η ist hierdurch eindeutig bestimmt, weil das für $\eta\varrho$ wegen (14) der Fall ist.

18.2.9 Weil $L_{\mathscr{A}}$ Colimites respektiert (16.4.6) und jede Menge Coprodukt ihrer einelementigen Teilmengen ist, ist nach 18.2.8 jede freie $\mathscr{A}$-Algebra Coprodukt von Cofaktoren $L_{\mathscr{A}}(\{\emptyset\}) = H_\pi^*((A^1)^0)$. (Man beachte, daß $\{\emptyset\}$ die natürliche Zahl 1 ist.) $L_{\mathscr{A}}(\emptyset)$ ist initial und frei über der leeren Menge. Die bezüglich des Generators $L_{\mathscr{A}}(\{\emptyset\})$ endlich erzeugten freien Algebren sind also gerade diejenigen, die isomorph zu einem $L_{\mathscr{A}}(k)$ mit $k \in |\mathscr{N}^0|$ sind.

Die freien Algebren brauchen nicht projektiv zu sein (10.4.7). Nach Definition 18.2.7 sind sie genau dann projektiv, wenn $U_{\mathscr{A}}$ Epimorphismen respektiert.

18.2.10 Satz. *Für $k \in |\mathscr{N}^0|$ ist der Träger von $L_{\mathscr{A}}(k)$ die Menge der k-stelligen Operationen von $\mathscr{A}$. Für $k \geqq 1$ bilden die Elemente p_j^k eine Basis. Ergeben zwei k-stellige Operationen von $\mathscr{A}$ dieselbe Operation für die Algebra $L_{\mathscr{A}}(k)$, so sind sie identisch. Die in $\mathscr{A}$ bestehenden Gleichungen für Operationen sind also an den endlich erzeugten freien $\mathscr{A}$-Algebren zu erkennen. $\mathscr{A}^b$ besitzt genau dann ein Nullobjekt, wenn $\mathscr{A}$ genau eine nullstellige Operation besitzt.*

Beweis. Die erste Behauptung folgt unmittelbar aus (12). Nach (5) und 4.2.2 (4) ist $(L_{\mathscr{A}}(\{\emptyset\}), p_1^1)$ eine Darstellung von $U_{\mathscr{A}}$. Daher bildet das Element p_1^1 eine Basis von $L_{\mathscr{A}}(\{\emptyset\})$. Weil $L_{\mathscr{A}}$ und H_π^* endliche Coprodukte respektieren, erhält man aus (8) und (12), daß $[p_j^k, ?]$: $[A^1, ?] \to [A^k, ?]$ die Injektionen für eine Darstellung von $L_{\mathscr{A}}(k)$ als Coprodukt sind. Wegen $[p_j^k, A^1](p_1^1) = p_j^k$ erhält man die zweite Behauptung aus den Definitionen für Basen und für Coprodukte.

Sei t: $A^k \to A^1$ eine k-stellige Operation. 1_{A^k} ist ein Element von $[A^k, ?]_k = [A^k, A^k]$. Es geht bei der zu t gehörigen Operation $[A^k, t]$ für $L_{\mathscr{A}}(k)$ in das Element t des Trägers über. Daraus folgt die dritte Behauptung.

Eine $\mathscr{A}$-Algebra ist genau dann terminal in $\mathscr{A}^b$, wenn ihr Träger einelementig ist (11.2.4). Weil $[A^0, A^1]$ Träger der initialen Algebra $L_{\mathscr{A}}(\emptyset)$ ist, folgt die letzte Behauptung.

18.3 Unteralgebren und Covollständigkeit

18.3.1 Wir nennen eine $\mathscr{A}$-Algebra T *kanonisch*, wenn T_k für $k \neq 1$ bezüglich der Projektionen $T(p_j^k)$ natürlich ausgewähltes k-faches Produkt des Trägers T_1 ist. Insbesondere ist $T_0 = \{\emptyset\}$. Die volle Unterkategorie von $\mathscr{A}^b$, deren Objekte die kanonischen Algebren sind, bezeichnen wir als *reduzierte algebraische Kategorie* ${}_0\mathscr{A}^b$. Für jede $\mathscr{A}$-Algebra S besteht eine Isomorphie η: $S \to T$ in eine kanonische und sogar so, daß η_1 die identische Abbildung des Trägers ist. Das folgt unmittelbar aus 18.2.1. Damit liegt eine Äquivalenz $K_{\mathscr{A}}$: $\mathscr{A}^b \to {}_0\mathscr{A}^b$ vor, wobei gilt

$$(1) \qquad {}_0U_{\mathscr{A}} K_{\mathscr{A}} = U_{\mathscr{A}} \qquad \text{mit } {}_0U_{\mathscr{A}} = U_{\mathscr{A}} \mid {}_0\mathscr{A}^b.$$

Der Übergang von $\mathscr{A}^b$ zu ${}_0\mathscr{A}^b$ entspricht der üblichen Auffassung, wonach eine $\mathscr{A}$-Algebra T eine „Menge T_1 mit Struktur“ ist und die Produkte T_k für $k \neq 1$ nur eine Hilfsrolle spielen. Der Übergang von $\mathscr{A}^b$ zu ${}_0\mathscr{A}^b$ wird jedoch erst in 18.5 und 18.6 benötigt.

Für die initiale Theorie $\mathscr{N}$ ist ${}_0U_{\mathscr{N}}$ offenbar ein Isomorphismus mit Inversem $K_{\mathscr{N}}L_{\mathscr{N}}$, und vermöge $U_{\mathscr{N}}, L_{\mathscr{N}}$ sind $\mathscr{N}^b$ und *Ens* äquivalent.

18.3.2 Satz. *Es seien S und T $\mathscr{A}$-Algebren und η: $S \to T$ ein $\mathscr{A}$-Homomorphismus. Nach* 10.1.6 *existiert in $[\mathscr{A}, Ens]$ die kanonische Zerlegung $\eta = \iota\pi$ mit π: $S \to R$, ι: $R \to T$, wobei π bzw. ι an jeder Stelle A^k surjektiv bzw. eine Inklusion ist. R ist eine $\mathscr{A}$-Algebra, und es sind π und ι $\mathscr{A}$-Homomorphismen. (R, ι) heißt Bild von η.*

Beweis. Zur Vereinfachung nehmen wir an, daß S und T kanonisch sind. Der allgemeine Fall läßt sich offenbar darauf zurückführen. Für $k > 1$ ist η_k k-faches Produkt von η_1. Weil in *Ens* Produkte von Epimorphismen wieder epimorph sind, ergibt sich unmittelbar, daß $R(A^k)$ bzw. π_k, ι_k Produkt von k Faktoren $R(A^1)$ bzw. π_1, ι_1 ist. η_0, ι_0, π_0 sind identische Abbildungen. Damit folgt die Behauptung.

18.3.3 Definition. Eine *Unteralgebra* (S, σ) der $\mathcal{A}$-Algebra T ist ein $\mathcal{A}$-Homomorphismus $\sigma\colon\ S \to T$, bei dem alle σ_k Inklusionen in *Ens* sind. Eine *Inklusion* für Unteralgebren von T ist ein Morphismus in der Kategorie der $\mathcal{A}^b$-Monomorphismen mit Ziel T.

Die Unteralgebren von T sind durch Inklusion geordnet. 18.3.2 zeigt, daß in $\mathcal{A}^b$ jeder Monomorphismus äquivalent zu einer Unteralgebra ist und daß jede algebraische Kategorie lokal klein ist.

18.3.4 Satz. *Sei M eine Teilmenge des Trägers T_1 der $\mathcal{A}$-Algebra T und $u\colon\ M \to T_1$ die Inklusion. Es gibt eine kleinste Unteralgebra (S, σ) von T, deren Träger M umfaßt. Sie heißt die von M erzeugte Unteralgebra von T. Sie ist Bild bei dem Homomorphismus $\eta\colon\ L_{\mathcal{A}}(M) \to T$ mit $\psi_{M,T}(\eta) = u$ gemäß* 18.2.4 (11).

Beweis. Nach 18.2.4 (13) ist $M = u(M) = \eta_1(\Psi_M(M))$. Daher ist M im Träger des Bildes von η enthalten. Ist (R, ϱ) eine Unteralgebra von T, deren Träger M umfaßt, so besteht eine Faktorisierung $u = \varrho_1 u'$. Zu u' gehört ein Homomorphismus $\eta'\colon\ L_{\mathcal{A}}(M) \to R$ mit $\psi_{M,R}(\eta') = u'$. Nun ist $\varrho\eta' = \eta$ wegen $\psi_{M,T}(\varrho\eta') = \varrho_1\eta'_1\Psi_M = \varrho_1 u' = u$. Also faktorisiert η_1 über die Inklusion ϱ_1, und das Bild von η ist in (R, ϱ) enthalten.

18.3.5 Hilfssatz. *Es sei $X\colon\ \mathcal{A} \to Ens$ ein beliebiger Funktor, $T\colon\ \mathcal{A} \to Ens$ eine $\mathcal{A}$-Algebra und $\xi\colon\ X \to T$ eine natürliche Transformation. In $[\mathcal{A}, Ens]$ faktorisiert ξ über die von $M = \xi_1(X(A^1))$ erzeugte Unteralgebra (S, σ).*

Beweis. Zur Vereinfachung kann angenommen werden, daß T und damit S kanonisch ist. Für $k \geqq 1$ gilt $T(p_j^k)\,\xi_k = \xi_1 X(p_j^k)$. Für das Produkt T_k ist $T(p_j^k) = pr_j$. Wegen $M \subset S_1$ folgt, daß eine Faktorisierung $\xi_k = \sigma_k \xi'_k$ besteht, trivialerweise auch für $k = 0$. Für t: $A^n \to A^k$ in $\mathcal{A}$ folgt $\sigma_k \xi'_k X(t) = T(t)\,\sigma_n \xi'_n = \sigma_k S(t)\,\xi'_n$. Weil σ_k monomorph ist, ist ξ' eine natürliche Transformation.

18.3.6 Theorem. *Sei $\mathcal{A}$ eine algebraische Theorie. Die Inklusion J: $\mathcal{A}^b \to [\mathcal{A}, Ens]$ besitzt einen Linksadjungierten. $\mathcal{A}^b$ ist vollständig und covollständig und als Unterkategorie von $[\mathcal{A}, Ens]$ gegenüber Limites und filtrierenden Colimites abgeschlossen. Filtrierende Colimites sind mit endlichen Limites vertauschbar.*

Beweis. Aus der Existenz eines Linksadjungierten von J folgt die Covollständigkeit von $\mathcal{A}^b$ aus 16.6.1. Die übrigen Eigenschaften von $\mathcal{A}^b$ sind bereits bekannt (18.2.1). Die Existenz eines Linksadjungierten folgt aus 16.4.5, wenn $[X, J(?)]$ für beliebiges $X\colon\ \mathcal{A} \to Ens$ darstellbar ist, was wir zeigen wollen.

$\mathcal{A}^b$ ist vollständig, J respektiert Limites und auch $[X, J(?)]$ nach 7.7.3. Wegen 10.3.9 genügt es zu zeigen, daß $[X, J(?)]$ eigentlich ist. Weil J die Inklusion einer vollen Unterkategorie ist, bedeutet die Definition 10.3.1 für den vorliegenden Fall: Es gibt eine Menge $\mathfrak{E}$ von

$\mathscr{A}$-Algebren derart, daß jede natürliche Transformation $\xi\colon X \to T$ in eine beliebige $\mathscr{A}$-Algebra T über eine natürliche Transformation $\eta'\colon X \to R$ mit $R \in \mathfrak{C}$ faktorisiert. Es ist dann $\{[X, R] \mid R \in \mathfrak{C}\}$ dominierende Menge für $[X, J(?)]$. Sei C der Träger von $L_{\mathscr{A}}(X_1)$. Es gehöre R genau dann zu $\mathfrak{C}$, wenn R kanonisch und R_1 Teilmenge von C ist. $\mathfrak{C}$ ist eine Menge, weil es zu gegebenem Träger M nur eine Menge kanonischer $\mathscr{A}$-Algebren gibt. (Die Produkte M^k sind die Objekte einer kleinen vollen Unterkategorie von *Ens*, und $\mathscr{A}$ ist klein.) Zu $\xi_1\colon X_1 \to T_1$ gibt es nach 18.2.4 (11) und (13) einen $\mathscr{A}$-Homomorphismus

$\eta\colon L_{\mathscr{A}}(X_1) \to T$ mit

$$\eta_1 \Psi_{X_1} = \xi_1. \tag{2}$$

Sei (S, σ) das Bild von η. Wegen (2) ist $\xi_1(X_1) \subset S_1$. Wegen 18.3.5 und 18.3.4 faktorisiert ξ über σ. Nun wird C durch η_1 surjektiv auf S_1 abgebildet. Daher ist S isomorph zu einer Algebra R aus $\mathfrak{C}$, und es faktorisiert ξ auch über R.

Bemerkung. Nachdem bekannt ist, daß $\mathscr{A}^b$ covollständig ist, läßt sich ein Linksadjungierter von J wegen 18.2.2 auch aus 17.3.3 erhalten.

18.3.7 (AB5)-Eigenschaften. Weil in $\mathscr{A}^b$ filtrierende Colimites mit Pullbacks vertauschbar sind, folgt aus 7.8.9 zunächst, daß filtrierende Colimites von Monomorphismen monomorph sind. Damit folgen dann 14.6 (1) und (2). Das Analogon zu 14.6.8 gilt im allgemeinen nicht, wie die Kategorie der Gruppen zeigt.

18.4 Differenzcokerne und Kernpaare

Wir stellen zunächst Hilfsmittel bereit, denen selbständige Bedeutung zukommt.

18.4.1 Definition. Für $f\colon B \to D$ in der Kategorie $\mathscr{C}$ sei

$$\begin{array}{ccc} K & \xrightarrow{a} & B \\ {\scriptstyle b}\downarrow & & \downarrow{\scriptstyle f} \\ B & \xrightarrow{f} & D \end{array} \tag{1}$$

ein Pullback. Das Paar (a, b) heißt *Kernpaar* von f. Ein Paar von Morphismen $a, b\colon K \to B$ heißt Kernpaar, wenn es Kernpaar für ein geeignetes f ist. *Cokernpaare* sind in dualer Weise definiert.

Bemerkungen. Konstruiert man (1) gemäß 7.8.5, so erhält man für $\mathscr{C} = Ens$, daß K eine Teilmenge von $B \times B$ ist, die aus denjenigen Paaren (x, y) mit $x, y \in B$ besteht, für die $f(x) = f(y)$ ist. Entsprechendes gilt für *Top*, *Ab* und andere Kategorien, deren Objekte „Mengen mit Struktur“ sind. An die Stelle der mit Elementen definierten „strukturverträglichen Äquivalenzrelationen“ treten also Kernpaare bei beliebigen Kategorien mit Pullbacks.

18.4.2 Satz. *Sei (a, b) Kernpaar von f.*

(a) *a und b sind Retraktionen mit gemeinsamer Coretraktion s, also mit $as = bs = 1_B$. Hierbei ist s Differenzkern von a und b.*

(b) *Für Morphismen $u, v\colon B \to X$ folgt $u = v$ aus $ua = vb$.*

(c) *f ist genau dann monomorph, wenn $a = b$ ist. In diesem Falle ist a isomorph.*

Beweis. (a) Man betrachte den identischen Morphismus von B in beide Exemplare B von (1). Dann folgt die erste Behauptung aus der Definition von Pullbacks. Für $g\colon X \to K$ sei nun $ag = bg$. Für $u = ag$ ist $u = asu = bsu$. Betrachtet man $u\colon X \to B$ für beide Exemplare B in (1), so folgt $g = su$ wieder nach Definition von Pullbacks. Ist noch $g = sv$, so ist $u = v$, weil s monomorph ist. Also ist s Differenzkern von a und b.

(b) Aus $ua = vb$ und $as = bs = 1_B$ folgt $u = v$.

(c) ist 7.8.10.

18.4.3 Satz. *In der Kategorie $\mathscr{C}$ sei (a, b) ein Kernpaar, etwa von $f\colon B \to D$. Neben (1) betrachte man*

(2)
$$\begin{array}{ccc} K & \xrightarrow{a} & B \\ {\scriptstyle b}\downarrow & & \downarrow{\scriptstyle c} \\ B & \xrightarrow{c} & C \end{array}$$

(a) *c ist genau dann Differenzcokern von a und b, wenn (2) ein Pushout ist. Ist das der Fall, so ist c unter den Differenzcokernen mit Quelle B ein größter (im Sinne von 6.5.4°), über den f faktorisiert.*

(b) *Besitzt $\mathscr{C}$ Differenzcokerne, so ist jedes Kernpaar auch Kernpaar seines Differenzcokernes.*

(c) *Besitzt $\mathscr{C}$ Kernpaare, so ist jeder Differenzcokern auch Differenzcokern seines Kernpaares.*

Beweis. Die erste Behauptung in (a) folgt wegen 18.4.2 (b) unmittelbar aus den Definitionen. Ist (2) ein Pushout, so gibt es $h\colon C \to D$ mit $f = hc$. Damit folgt (b) aus (1) und der Definition von Pullbacks. Sei nun $f = gf'$ und f' Differenzcokern für $a', b'\colon K' \to B$. Wegen $fa' = fb'$ und (1) gibt es $t\colon K' \to K$ mit $a' = at$, $b' = bt$. Es folgt $ca' = cb'$. Nach Definition für Differenzcokerne gibt es u mit $c = uf'$. Das ist die zweite Behauptung in (a). Aus ihr folgt (c).

18.4.4 In *Ens* ist jeder Monomorphismus Differenzkern, jeder Epimorphismus Differenzcokern.

Beweis. Man bestätigt leicht, daß jeder Monomorphismus Differenzkern seines Cokernpaares ist (vgl. 7.2.4, 8.8.3). Jeder Epimorphismus ist eine Retraktion und damit Differenzcokern (8.2.2).

18.4.5 Satz. *Ein $\mathscr{A}$-Homomorphismus $f \colon A \to B$ ist genau dann ein Differenzcokern in $\mathscr{A}^b$, wenn $U_{\mathscr{A}}(f)$ Differenzcokern in Ens ist. Ein Paar $a, b \colon K \to B$ von $\mathscr{A}$-Homomorphismen ist genau dann ein Kernpaar in $\mathscr{A}^b$, wenn $(U_{\mathscr{A}}(a), U_{\mathscr{A}}(b))$ ein Kernpaar in Ens ist.*

Beweis. Wir betrachten

(3)

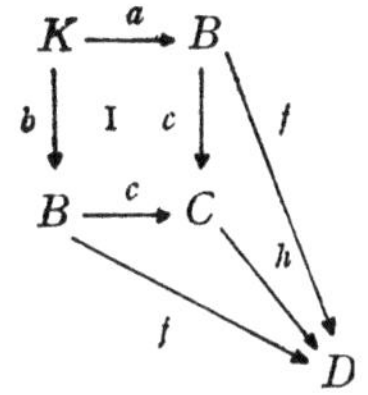

Sei zunächst f Differenzcokern in $\mathscr{A}^b$. Dann entstehe (3) dadurch, daß man das Pullback (1) bildet und für f die Zerlegung $f = hc$ gemäß 18.3.2 betrachtet (also c_1 epimorph, h_1 monomorph). Das Quadrat I ist kommutativ, weil h monomorph ist. Wegen 18.4.3 (c) und (a) ist (1) auch ein Pushout. Daher existiert $g \colon D \to C$ mit $c = gf$. Es folgt $f = hgf$ und damit $hg = 1_D$, weil f epimorph ist. Also ist h eine monomorphe Retraktion und damit isomorph. Es folgt, daß $U_{\mathscr{A}}(f) = f_1$ ebenso wie c_1 epimorph ist. Nach 18.4.4 ist f_1 Differenzcokern in Ens.

Sei nun f_1 Differenzcokern in Ens. Dann entstehe (3) dadurch, daß man zunächst das Pullback (1) und danach das bicartesische Quadrat (2) bildet. h existiert nach Konstruktion. Nach 18.4.3 (a) und dem eben Bewiesenen ist c_1 epimorph. Durch Anwendung von $U_{\mathscr{A}}$ entstehen aus (1) und (2) Pullbacks, weil $U_{\mathscr{A}}$ Limites respektiert. Nach Voraussetzung über f_1 und 18.4.3 (c) entsteht aus (1) ein bicartesisches Quadrat. Daher existiert $g_1 \colon D_1 \to C_1$ mit $c_1 = g_1 f_1$. Außerdem gilt $f_1 = h_1 c_1$. Weil c_1 und f_1 epimorph sind, folgt, daß g_1 invers zu h_1 ist. Weil $U_{\mathscr{A}}$ Isomorphismen entdeckt, ist h isomorph und damit f ebenso wie c Differenzcokern von a und b.

Ist (a, b) Kernpaar in $\mathscr{A}^b$, etwa von f, so ist (1) ein Pullback und (a_1, b_1) Kernpaar von f_1, weil $U_{\mathscr{A}}$ Limites respektiert. Für das Paar (a, b) sei nun umgekehrt (a_1, b_1) Kernpaar. Sei $c_1 \colon B_1 \to C_1$ Differenzcokern von a_1 und b_1. Dann ist

(4)
$$\begin{array}{ccc} K_1 & \xrightarrow{a_1} & B_1 \\ {\scriptstyle b_1}\downarrow & & \downarrow{\scriptstyle c_1} \\ B_1 & \xrightarrow{c_1} & C_1 \end{array}$$

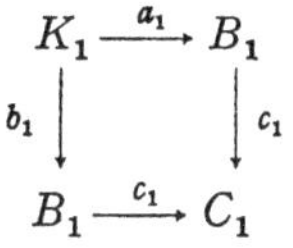

bicartesisch in Ens. Weil Pullbacks mit Produkten vertauschbar sind, ist für $k \geq 1$ das k-fache Produkt von (4) ein Pullback. Da K_k, B_k, a_k, b_k (nicht notwendig natürlich ausgewählte) k-fache Produkte von $K_1, B_1,$

a_1, b_1 sind, besteht in *Ens* das Pullback

$$
(5) \qquad \begin{array}{ccc} K_k & \xrightarrow{a_k} & B_k \\ {\scriptstyle b_k}\big\downarrow & & \big\downarrow{\scriptstyle c_k} \\ B_k & \xrightarrow{c_k} & (C_1)^k \end{array}
$$

wobei c_k ein k-faches Produkt von c_1 ist, d. h. es gilt $pr_j c_k = c_1 B(p_j^k)$ für $1 \leqq j \leqq k$. (5) besteht auch für $k = 0$, wobei a_0, b_0, c_0 Abbildungen zwischen einelementigen Mengen, also Isomorphismen sind. Weil in *Ens* Produkte von Epimorphismen epimorph sind, ist c_k epimorph und damit Differenzcokern. Nach 18.4.3 (c) und (a) sind die Pullbacks (5) für $k \geqq 0$ auch Pushouts. Nach „punktweiser" Konstruktion von Pushouts in $[\mathscr{A}, Ens]$ entsteht aus den Diagrammen (5) ein Pushout (2) in $[\mathscr{A}, Ens]$. Nach Konstruktion liegt C in $\mathscr{A}^b$, ebenso c, weil $\mathscr{A}^b$ volle Unterkategorie von $[\mathscr{A}, Ens]$ ist. Also ist (2) kommutativ in $\mathscr{A}^b$ und ein Pullback, weil die Diagramme (5) Pullbacks sind. Daher ist (a, b) Kernpaar von c.

18.4.6 Korollar. *In $\mathscr{A}^b$ gilt:*

(a) *Komposita von Differenzcokernen sind Differenzcokerne. (Differenzcokerne sind kompositiv.)*

(b) *Ist*

$$
(6) \qquad \begin{array}{ccc} A & \xrightarrow{b} & B \\ {\scriptstyle a}\big\downarrow & & \big\downarrow{\scriptstyle d} \\ C & \xrightarrow{c} & D \end{array}
$$

ein Pullback und c Differenzcokern, so ist b Differenzcokern. (Differenzcokerne sind Pullback-abgeschlossen.)

(c) *Produkte von Differenzcokernen sind Differenzcokerne.*

Beweis. (a) folgt unmittelbar aus 18.4.5 und 18.4.4.

(b) Aus (6) entsteht durch Anwendung von $U_{\mathscr{A}}$ ein Pullback in *Ens*, und c_1 ist Differenzcokern, also epimorph nach 18.4.4. Nach 13.4.4 ist b_1 epimorph. Damit folgt (b) aus 18.4.5.

(c) gilt in *Ens* nach 18.4.4. Wegen 18.4.5 folgt die Behauptung für $\mathscr{A}^b$, weil $U_{\mathscr{A}}$ Limites respektiert und entdeckt.

Warnung. (c) besagt nicht, daß Differenzcokerne mit Produkten vertauschbar sind. Das gilt schon in *Ens* nicht.

18.4.7 Satz. *Die Kategorie $\mathscr{C}$ sei endlich covollständig.*

(a) *Differenzcokerne sind Pushout-abgeschlossen. Besitzt ein Morphismus eine Zerlegung in einen Differenzcokern und einen anschließenden Monomorphismus, so ist die Zerlegung bis auf Isomorphie eindeutig.*

(b) *Ist diese Zerlegung für jeden Morphismus vorhanden und sind Differenzcokerne kompositiv, so ist die Zerlegung natürlich (im Sinne von 12.4.10). Ferner gelten die Analoga von 14.2.5 und 14.2.6.*

Beweis. (a) Sei (6) ein Pushout und b Differenzcokern von $u, v: X \to A$. Mit 1_X und $au, av: X \to C$ erhält man c als Differenzcokern von au und av aus dem Dualen von 12.3.5. Sei nun

(7)
$$\begin{array}{c} \overset{p}{\nearrow} M \overset{m}{\searrow} \\ A B \\ \underset{q}{\searrow} N \underset{n}{\nearrow} \end{array}$$

kommutativ, p, q Differenzcokerne, m, n monomorph. Bildet man zu p, q das Pushout, so entstehen Differenzcokerne. Sie sind monomorph, weil m und n sich entsprechend faktorisieren. Nach 8.2.2 sind sie isomorph, und man erhält einen Isomorphismus $M \to N$, der (7) kommutativ ergänzt.

(b) Es sei

(8)
$$\begin{array}{ccc} A \overset{p}{\twoheadrightarrow} M & \overset{m}{\rightarrowtail} & B \\ \downarrow \mathrm{I} \downarrow & & \\ {}_{u}\nearrow P & & \\ \downarrow & & \downarrow \\ C \underset{q}{\twoheadrightarrow} N & \underset{n}{\rightarrowtail} & D \end{array}$$

kommutativ, p, q Differenzcokerne, m, n monomorph und I ein Pushout. Dann existiert $w: P \to D$ mit $wu = nq$. Zerlegt man w in Differenzcokern und Monomorphismus, so erhält man aus (a) und der Voraussetzung für (b), daß ein Morphismus $P \to N$ existiert, der (8) kommutativ ergänzt. Die letzte Behauptung ist leicht nachzuprüfen.

18.4.8 Bemerkungen. Wegen 18.3.2, 18.3.6 und 18.4.6 gelten 18.4.7 (a), (b) für algebraische Kategorien. 18.3.2, 18.4.3 (c) und 18.4.7 (a) ergeben zusammen die als Homomorphiesatz bekannte Aussage (siehe etwa BOURBAKI, Algèbre I.4.4).

Unter den Voraussetzungen von 18.4.7 (b) sind Differenzcokerne extremale Epimorphismen im Sinne von ISBELL. 18.4.7 (b) ist Spezialfall eines allgemeineren Sachverhalts. Wir verweisen auf ISBELL [34] und HERRLICH [16].

Unter den Voraussetzungen von 18.4.7 definiert man Bilder von Monomorphismen entsprechend 14.4.2 (4) mit Zerlegung in Differenzcokern und Monomorphismus. 14.4.3, 14.4.4, 14.4.7 gelten dann entsprechend. 14.4.6 gilt in algebraischen Kategorien für einen Differenzcokern $f: A \to B$ wegen 18.4.6 (b).

18.4.9 Für Kernpaare mit festem Ziel besteht eine Vorordnung wie für Monomorphismen. Sei $a, b: K \to B$ Kernpaar von $f: B \to D$ und

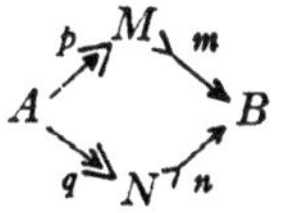

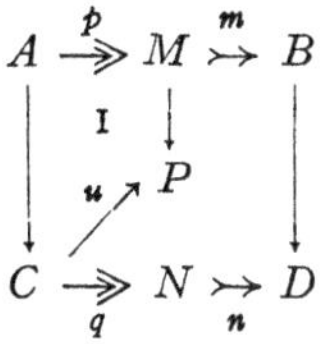

$a', b'\colon\ K' \to B$ Kernpaar von $f'\colon\ B \to D'$. Es ist $(a, b) \leqq (a', b')$, wenn es einen Morphismus $h\colon\ K \to K'$ mit $a'h = a$ und $b'h = b$ gibt. Hierbei ist h monomorph. Ist nämlich $hg_1 = hg_2$ für $g_1, g_2\colon\ A \to K$, so folgt $ag_1 = a'hg_1 = a'hg_2 = ag_2$ und $bg_1 = bg_2$. Weil (1) ein Pullback ist, folgt $g_1 = g_2$.

In endlich vollständigen und endlich covollständigen Kategorien gilt wegen 18.4.3 (b) ein Analogon zu 12.4.4. Wir betrachten dazu

(9) 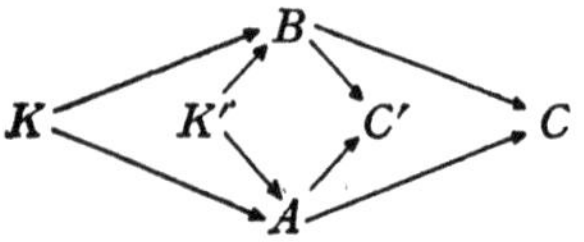

Äußere Kontur und innere Kontur seien kommutativ. Ist die äußere Kontur ein Pushout und $K \to K'$ eine kommutative Ergänzung, so existiert genau eine kommutative Ergänzung $C \to C'$. Das Umgekehrte gilt, wenn die innere Kontur ein Pullback ist. Damit lassen sich Durchschnitte und Vereinigungen von Kernpaaren auf Covereinigungen und Codurchschnitte von Differenzcokernen zurückführen. Ferner gilt ein Analogon zu 14.5.1:

18.4.10 Satz. *Die Kategorie $\mathscr{C}$ sei (endlich) vollständig und endlich covollständig. In $\mathscr{C}$ sei $\{(a_j, b_j)\}$ eine (endliche) Familie von Kernpaaren $K_j \to B$ mit festem Ziel und $c_j\colon\ B \to C_j$ Differenzcokern von (a_j, b_j). Für $c\colon\ B \to \prod C_j$ mit $pr_j c = c_j$ ist das Kernpaar (a, b) von c Durchschnitt der Familie $\{(a_j, b_j)\}$.*

Beweis. Sei K die Quelle von a und b. Mit $A = B$, $C = \prod C_j$, $K' = K_j$, $C' = C_j$ und $pr_j\colon\ C \to C_j$ in (9) erhält man, daß (a, b) untere Schranke für alle (a_j, b_j) ist. Ist das Kernpaar (u, v) eine untere Schranke und d Differenzcokern von u und v, so ist $d \leqq c_j$ für alle j nach dem in 18.4.9 Gesagten. Es existiert also w_j mit $w_j d = c_j$. Daher existiert w mit $w_j = pr_j w$ und entsprechend (9) ergibt sich $(u, v) \leqq (a, b)$.

18.4.11 Urbilder von Kernpaaren. Wir betrachten

(10)
$$\begin{array}{ccccccc}
B & \xrightarrow{s'} & K' & \underset{b'}{\overset{a'}{\rightrightarrows}} & B' & \xrightarrow{f'} & D' \\
\downarrow & \text{III} & \downarrow g'' & \text{II} & \downarrow g' & \text{I} & \downarrow g \\
B & \xrightarrow{s} & K & \underset{b}{\overset{a}{\rightrightarrows}} & B & \xrightarrow{f} & D
\end{array}$$

Hierbei sei I *ein Pullback,* (a, b) *Kernpaar von* f *und* s *gemeinsame Coretraktion für* (a, b). (a', b') *und* s' *haben die entsprechende Bedeutung für* f'.

(a) g'' existiert mit $g'a' = ag''$ und $g'b' = bg''$ wegen $fg'a' = gf'a' = = fg'b'$.

(b) I *und* II *bilden zusammen ein Pullback.*

Zum Nachweis liege $u\colon\ X \to K$ und $v\colon\ X \to D'$ vor mit $gv =$

$= fau$ $(= fbu)$. Dann existiert eindeutig $x\colon X \to B'$ mit $f'x = v$ und $g'x = au$, ebenso $y\colon X \to B'$ mit $f'y = v$ und $g'y = bv$. Nun existiert eindeutig $z\colon X \to K'$ mit $a'z = x$ und $b'z = y$. Ferner ist $ag''z = g'a'z = g'x = au$ und $bg''z = bu$, woraus $g''z = u$ folgt.

(c) a, g', a', g'' bilden ein Pullback, ebenso $b, g, b'g''$. Das folgt unmittelbar aus 7.8.4.

(d) III *ist ein Pullback.*

Das folgt aus (b) und 7.8.4, weil I, II, III zusammen wieder I ergeben.

18.5 Algebraische Funktoren und Linksadjungierte

18.5.1 Definition. Es sei $F\colon \mathscr{A} \to \mathscr{B}$ ein Theorie-Morphismus. Weil F endliche Produkte respektiert, entsteht aus dem Funktor $[F, \boldsymbol{Ens}]\colon [\mathscr{B}, \boldsymbol{Ens}] \to [\mathscr{A}, Ens]$, vgl. 16.1.3, durch Restriktion der Funktor $F^b\colon \mathscr{B}^b \to \mathscr{A}^b$. Funktoren dieser Art heißen *algebraische Funktoren.*

18.5.2 Für die $\mathscr{B}$-Algebra T ist $F^b(T) = TF$, und wegen 18.1.2 (1) gilt

$$(1) \qquad F^b(T)_k = F^b(T)(A^k) = TF(A^k) = T(B^k) = T_k,$$

$$F^b(T)(p_j^k) = T(p_j^k).$$

Für den $\mathscr{B}$-Homomorphismus $\eta\colon S \to T$ ist $F^b(\eta) = \eta * F$. Aus (1) folgt damit

$$(2) \qquad F^b(\eta)_k = \eta_k,$$

$$(3) \qquad U_{\mathscr{A}} F^b = U_{\mathscr{B}}.$$

Der Vergiß-Funktor $U_{\mathscr{A}}$ kann als algebraischer Funktor im allgemeineren Sinn angesehen werden. Für $I_{\mathscr{A}}\colon \mathscr{N} \to \mathscr{A}$ gilt nämlich $U_{\mathscr{N}} I^b_{\mathscr{A}} = U_{\mathscr{A}}$ nach (3), und es ist $U_{\mathscr{N}}$ eine Äquivalenz (18.3.1).

18.5.3 Theorem. *Jeder algebraische Funktor $F^b\colon \mathscr{B}^b \to \mathscr{A}^b$ ist treu. Er respektiert und entdeckt Isomorphismen, Limites, Monomorphismen und filtrierende Colimites. Für F^b (statt $U_{\mathscr{A}}$) gilt* 18.4.5 *analog. F^b besitzt einen Linksadjungierten $F_*\colon \mathscr{A}^b \to \mathscr{B}^b$, der so fixiert werden kann, daß*

$$(4) \qquad \begin{array}{ccc} \mathscr{A}^{\circ} & \xrightarrow{F^{\circ}} & \mathscr{B}^{\circ} \\ {\scriptstyle H^*_\pi}\downarrow & & \downarrow{\scriptstyle H^*_\pi} \\ \mathscr{A}^b & \xrightarrow{F_*} & \mathscr{B}^b \end{array}$$

kommutativ ist. Insbesondere führt F_* den nach 18.2.2 *ausgezeichneten Generator von $\mathscr{A}^b$ in den von $\mathscr{B}^b$ über. Ferner gilt*

$$(5) \qquad F_* L_{\mathscr{A}} \cong L_{\mathscr{B}}\colon \; Ens \to \mathscr{B}^b.$$

Beweis. Die erste Behauptung folgt unmittelbar aus (2). Die zweite gilt für $U_{\mathscr{A}}$ und $U_{\mathscr{B}}$ (18.2.1). Hieraus und aus (3) folgt sie für F^b, z. B. wird ein filtrierender Colimes in $\mathscr{B}^b$ von $U_{\mathscr{B}}$ respektiert und von $U_{\mathscr{A}}$ in $\mathscr{A}^b$ entdeckt, wegen (3) also von F^b respektiert. Die zu 18.4.5 analoge Aussage für F^b ergibt sich ebenso aus (3).

Es seien $J_{\mathscr{A}}\colon \mathscr{A}^b \to [\mathscr{A}, Ens]$, $J_{\mathscr{B}}\colon \mathscr{B}^b \to (\mathscr{B}, Ens]$ die Inklusionen. $C_{\mathscr{B}}\colon [\mathscr{B}, Ens] \to \mathscr{B}^b$ sei linksadjungiert zu $J_{\mathscr{B}}$ gemäß 18.3.6. Wegen 16.6.5 kann angenommen werden, daß $C_{\mathscr{B}} J_{\mathscr{B}} = 1_{\mathscr{B}^b}$ ist. Nach 17.1.8 besitzt $\tilde{F} = [F, Ens]$ einen Linksadjungierten K, für den $KH^* = H^* F^0$ gilt. Für $S \in |\mathscr{A}^b|$, $T \in |\mathscr{B}^b|$ erhält man

$$
\begin{aligned}
(6) \qquad [S, F^b T] &= [J_{\mathscr{A}}(S), J_{\mathscr{A}} F^b(T)] = [J_{\mathscr{A}}(S), \tilde{F} J_{\mathscr{B}}(T)] \cong \\
&\cong [K J_{\mathscr{A}}(S), J_{\mathscr{B}}(T)] \cong [C_{\mathscr{B}} K J_{\mathscr{A}}(S), T].
\end{aligned}
$$

Hierbei besteht die erste Gleichung, weil $J_{\mathscr{A}}$ eine volle Einbettung ist, die zweite, weil F^b aus $[F, Ens]$ durch Restriktion entsteht. Die beiden folgenden Isomorphien bestehen, weil adjungierte Funktorpaare vorliegen, und es ist (6) eine Isomorphie für kontra-ko-variante Funktoren. Daher ist $F_* = C_{\mathscr{B}} K J_{\mathscr{A}}$ zu F^b linksadjungiert. Wegen $H^* = J_{\mathscr{A}} H^*_\pi\colon \mathscr{A}^0 \to [\mathscr{A}, Ens]$, der entsprechenden Beziehung für $\mathscr{B}$ (18.2.2) und $KH^* = H^* F^0$ ist

$$
(7) \qquad
\begin{array}{ccccc}
\mathscr{A}^0 & \xrightarrow{F^0} & \mathscr{B}^0 & & \\
\downarrow{\scriptstyle H^*_\pi} & & \downarrow{\scriptstyle H^*} & \searrow{\scriptstyle H^*_\pi} & \\
\mathscr{A}^b & \xrightarrow[KJ_{\mathscr{A}}]{} & [\mathscr{B}, Ens] & \xleftarrow[J_{\mathscr{B}}]{} & \mathscr{B}^b
\end{array}
$$

kommutativ. Wegen $C_{\mathscr{B}} J_{\mathscr{B}} = 1_{\mathscr{B}^b}$ gilt (4). Aus (3) und Definition von $L_{\mathscr{A}}$, $L_{\mathscr{B}}$ (18.2.4) folgt (5) wegen 16.4.4 und

$$[L_{\mathscr{B}}(M), T] \cong [M, U_{\mathscr{B}}(T)] = [M, U_{\mathscr{A}} F^b(T)] \cong [F_* L_{\mathscr{A}}(M), T].$$

18.5.4 Bemerkungen. F_* läßt sich tatsächlich als Einschränkung von K erhalten. In der Situation von 17.1.6 mit $\mathscr{D} = Ens$ gilt nämlich (mit den Bezeichnungen dort): Besitzt $\mathscr{B}$ endliche Produkte und werden diese von U respektiert, so führt V Funktoren $\mathscr{B} \to Ens$, die endliche Produkte respektieren, in solche von $\mathscr{C}$ nach Ens über. Ein Analogon für unendliche Produkte besteht nur unter zusätzlichen Voraussetzungen, z. B. wenn 17.1.5 (e) gilt.

Da der Übergang $K_{\mathscr{A}}\colon \mathscr{A}^b \to {}_0\mathscr{A}^b$ zu kanonischen Algebren (18.3.1) eine Äquivalenz mit der Inklusion als Äquivalenz-Inversem ist, erhält man aus dem Vorangehenden von 18.2 an entsprechende Resultate für reduzierte algebraische Kategorien. Mit

$${}_0H^*_\pi = K_{\mathscr{A}} H^*_\pi\colon \mathscr{A}^0 \to {}_0\mathscr{A}^b, \qquad {}_0U_{\mathscr{A}} K_{\mathscr{A}} = U_{\mathscr{A}}, \qquad {}_0L_{\mathscr{A}} = K_{\mathscr{A}} L_{\mathscr{A}}$$

erhält man, daß ${}_0L_{\mathscr{A}}$ zu ${}_0U_{\mathscr{A}}$ linksadjungiert ist, wobei nach 18.2.4

(8) $$ {}_0L_{\mathscr{A}}J = {}_0H_\pi^*J\colon\ \mathscr{N}^0 \to {}_0\mathscr{A}^b $$

gilt. ${}_0F^b\colon {}_0\mathscr{B}^b \to {}_0\mathscr{A}^b$ entsteht wegen (1), (2) durch Einschränkung, und aus (3) folgt

(9) $$ {}_0U_{\mathscr{B}}\,{}_0F^b = {}_0U_{\mathscr{B}}. $$

Mit $K_{\mathscr{B}}$ und der Inklusion ${}_0\mathscr{A}^b \subset \mathscr{A}^b$ entsteht aus F_* der Linksadjungierte ${}_0F_*$ zu ${}_0F^b$. An die Stelle von (5) tritt

(10) $$ {}_0F_*\,{}_0L_{\mathscr{A}} \cong {}_0L_{\mathscr{B}}. $$

Im Sinne dieser Reduktion sind die Beispiele unten zu verstehen (vgl. 18.3.1). Man beachte dabei, daß es nach 18.1.10, 18.1.11 genügt, $\mathscr{A}$ und $\mathscr{B}$ durch erzeugende Operationen und definierende Gleichungen anzugeben und für $F\colon \mathscr{A} \to \mathscr{B}$ das Bild der erzeugenden Operationen von $\mathscr{A}$ als (möglicherweise aus den Erzeugenden zusammengesetzte) Operationen in $\mathscr{B}$, wobei die Verträglichkeit mit den Gleichungen, die aus den gegebenen folgen, gesichert sein muß.

Beispiele

18.5.5 Es sei ${}_0\mathscr{A}^b$ die Kategorie der Gruppen, ${}_0\mathscr{B}^b$ die Kategorie der abelschen Gruppen, ${}_0F^b$ der offensichtliche Vergiß-Funktor. ${}_0F_*$ ist der Übergang zur Kommutatorfaktorgruppe.

18.5.6 Es sei ${}_0\mathscr{A}^b$ die Kategorie der Algebren (im üblichen Sinn) über einem festen kommutativen Ring R, ${}_0\mathscr{B}^b$ Kategorie der R-Algebren mit einer reicheren Struktur, etwa antikommutative (für jedes Element x ist $x^2 = 0$), *Lie*-Algebren (antikommutativ mit Jacobi-Identität), assoziative Algebren, kommutative assoziative Algebren mit 1 usw. ${}_0F^b$ ist jedesmal ein Funktor, der die Bereicherung der Struktur vergißt. ${}_0F_*$ ist dann der Übergang zu „universellen Einhüllenden" in der reicheren Struktur. Das gilt auch, wenn ${}_0\mathscr{A}^b$ selbst schon gewisse zusätzliche Struktur besitzt. Hierunter fällt insbesondere: ${}_0\mathscr{A}^b$ assoziative R-Algebren, ${}_0\mathscr{B}^b$ assoziative R-Algebren mit 1, ${}_0F_*$ Adjunktion einer 1.

Ein klassisches Beispiel ist: ${}_0\mathscr{A}^b$ *Lie*-Algebren über R, ${}_0\mathscr{B}^b$ assoziative R-Algebren mit 1. $F\colon \mathscr{A} \to \mathscr{B}$ bildet die zweistellige Operation von $\mathscr{A}$, die dem *Lie*-Produkt $(x, y) \mapsto [x, y]$ entspricht, in diejenige von $\mathscr{B}$ ab, die zu $(x, y) \mapsto xy - yx$ gehört, die anderen Operationen in evidenter Weise. ${}_0F^b$ ist der Übergang von einer assoziativen Algebra zur assoziierten *Lie*-Algebra, ${}_0F_*$ der Übergang von der *Lie*-Algebra zur universellen assoziativen Einhüllenden.

18.5.7 Es sei ${}_0\mathscr{A}^b$ die Kategorie der Moduln über einem festen kommutativen Ring R, ${}_0\mathscr{B}^b$ eine Kategorie von R-Algebren. ${}_0F^b$ ist der evidente

Vergißfunktor, ${}_0F_*$ der Übergang vom Modul zur Tensoralgebra entsprechenden Typs. Assoziative Tensoralgebren mit 1, symmetrische Tensoralgebren mit 1 und äußere Algebren sind Spezialfälle (bei Verzicht auf Graduierung).

18.5.8 Es seien R und S Ringe, ${}_0\mathscr{A}^b = {}_R Mod$, ${}_0\mathscr{B}^b = {}_S Mod$ und $\varphi\colon R \to S$ ein Ring-Homomorphismus. Vermöge $(r, x) \mapsto \varphi(r)x$ wird jeder S-Linksmodul zum R-Linksmodul. ${}_0F^b$ ist Ringwechsel vermöge φ, ${}_0F_*$ heißt üblicherweise Koeffizientenerweiterung (vermöge φ). ${}_0F_*$ ist übrigens als Tensorprodukt darstellbar, ${}_0F_*(M) = {}_S S_R \otimes {}_R M$, wobei die Rechtsmodulstruktur für S von φ herrührt. Ein entsprechender Sachverhalt besteht für Algebren über kommutativen Ringen.

18.5.9 Der Übergang von einer Gruppe zum Gruppenring ist nicht linksadjungiert zu einem algebraischen Funktor. Wird jedoch für ${}_0\mathscr{A}^b$ die Kategorie der Halbgruppen (assoziative Multiplikation mit 1) und für ${}_0\mathscr{B}^b$ die Kategorie der Ringe genommen, so besteht der Vergißfunktor ${}_0F^b$, der Addition und 0 vergißt. ${}_0F_*$ ist dann der Übergang zum Halbgruppenring. Der Übergang von Gruppe zum Gruppenring ist Kompositum dieses ${}_0F_*$ mit einem Vergißfunktor Gruppen $\to$ Halbgruppen.

Die Liste der Beispiele könnte verlängert werden.

18.6 Semantik und Struktur

18.6.1 Vorbemerkungen. (a) Die Definition 18.1.2 und die Bedingungen 18.1.2 (1) lassen eine andere Interpretation zu. Eine algebraische Theorie kann aufgefaßt werden als ein Funktor $I_{\mathscr{A}}\colon \mathscr{N} \to \mathscr{A}$, der endliche Produkte respektiert und für Objekte bijektiv ist. Damit ist die Numerierung der Projektionen p_j^k in 18.1.1 (ii) erfaßt. Ein Theorie-Morphismus ist dann ein Funktor $F\colon \mathscr{A} \to \mathscr{B}$, für den $I_{\mathscr{B}} = FI_{\mathscr{A}}$ ist, womit 18.1.2 (1) erfaßt ist.

(b) Es sei $\mathscr{D}$ eine $\mathfrak{V}$-Kategorie mit endlichen Produkten, z. B. $\mathscr{D} = [\mathscr{C}, Ens]$. Für $X \in |\mathscr{D}|$ gibt es bis auf Isomorphie genau einen Funktor $P_X\colon \mathscr{N} \to \mathscr{D}$, der endliche Produkte respektiert und für den $P_X(N^1) = X$ ist. P_X braucht nicht injektiv für Objekte zu sein. Nimmt man als A^k das Paar $(k, P_X(N^k))$ und als Morphismen $A^n \to A^k$ Tripel (n, k, t) mit $t\colon P_X(N^n) \to P_X(N^k)$ mit Komposition $(k, j, t')(n, k, t) = (n, j, t't)$, so entstehen eine $\mathfrak{V}$-Kategorie $\mathfrak{S}(X)$ mit endlichen Produkten und ein Funktor $I_{\mathfrak{S}(X)}\colon \mathscr{N} \to \mathfrak{S}(X)$ mit $I_{\mathfrak{S}(X)}(N^k) = (k, P_X(N^k)) = A^k$ und $L_{\mathfrak{S}(X)}(p_j^k) = (k, 1, P_X(p_j^k))$. $I_{\mathfrak{S}(X)}$ respektiert endliche Produkte und ist für Objekte bijektiv. Damit liegt $\mathfrak{S}(X)$ *als algebraische Theorie* bezüglich des Universums $\mathfrak{V}$ vor.

$\mathfrak{S}(X)$ kann zu einer $\mathfrak{U}$-Kategorie isomorph sein, wobei jedoch keine spezielle Isomorphie ausgezeichnet ist. Das ist der Grund für etwas umständlich erscheinende Formulierungen im folgenden.

(c) Sind $P_X, P_Y\colon \mathscr{N} \to \mathscr{D}$ Funktoren, die endliche Produkte respektieren, mit $P_X(N^1) = X$, $P_Y(N^1) = Y$ und ist $\xi\colon X \to Y$ ein Isomorphismus in $\mathcal{D}$, so besteht ein Isomorphismus χ_ξ: $\mathfrak{S}(X) \to \mathfrak{S}(Y)$ mit

(1) $$I_{\mathfrak{S}(Y)} = \chi_\xi I_{\mathfrak{S}(X)}\colon \mathcal{N} \to \mathfrak{S}(Y).$$

Man erhält also isomorphe algebraische Theorien bezüglich $\mathfrak{B}$.

χ_ξ entsteht in naheliegender Weise. Für $k \geqq 1$ definiere man ξ^k: $P_X(N^k) \to P_Y(N^k)$ durch $P_Y(p_j^k)\xi^k = \xi P_X(p_j^k)$. Die Definition von ξ^0 ist evident, und es ist $\xi^1 = \xi$ und ξ^k isomorph für $k \geqq 0$. Für t: $P_X(N^n) \to P_X(N^k)$ setze man nun

(2) $$\chi_\xi(n, k, t) = \left(n, k, \xi^k\, t(\xi^n)^{-1}\right).$$

(d) Wir beschränken uns von jetzt an auf den Spezialfall, daß $\mathcal{D}$ die Gestalt $[\mathcal{C}, Ens]$ hat, wobei $\mathcal{C}$ eine zu einer $\mathfrak{U}$-Kategorie isomorphe $\mathfrak{B}$-Kategorie ist. Für X: $\mathcal{C} \to Ens$ sei P_X stets so fixiert, daß $P_X(N^k)$ für $k \neq 1$ das natürlich ausgewählte Produkt X^k von k Faktoren X mit Projektion $P_X(p_j^k)$ für $k > 1$ ist, also

$$P_X(N^1) = X$$

(3) $$P_X(N^k)(?) = [k, X(?)]_{Ens} = X^k(?) \qquad \text{für } k \neq 1$$

$$P_X(p_j^k) = \varrho[i_j^k, X(?)] = pr_j^k\colon\ X^k \to X \qquad \text{für } k > 1,$$

wobei ϱ an der Stelle $M \in |Ens|$ der evidente Isomorphismus $[\{\emptyset\}, M] \to M$ ist. Morphismen t: $X^n \to X^k$ sind natürliche Transformationen von Funktoren $\mathcal{C} \to Ens$. Sie sind nur dann Elemente von $\mathfrak{U}$, wenn $\mathcal{C}$ eine kleine $\mathfrak{U}$-Kategorie ist (3.4.3, 3.6.3).

18.6.2 Definition. Der Funktor X: $\mathcal{C} \to Ens$ heiße *zulässig* (tractable), wenn $\mathcal{C}$ eine zu einer $\mathfrak{U}$-Kategorie isomorphe $\mathfrak{B}$-Kategorie ist und wenn $\mathfrak{S}(X)$ isomorph zu einer (notwendig kleinen) $\mathfrak{U}$-Kategorie ist. Dabei heiße $\mathfrak{S}(X)$ die *Struktur* von X.

18.6.3 Satz. *Es sei $\mathcal{C}$ eine zu einer $\mathfrak{U}$-Kategorie isomorphe $\mathfrak{B}$-Kategorie und X: $\mathcal{C} \to Ens$ ein Funktor.*

(a) *X ist genau dann zulässig, wenn $[X^n, X^k]_{[\mathcal{C}, Ens]}$ für alle nicht negativen ganzen Zahlen n, k isomorph zu einer $\mathfrak{U}$-Menge ist, und offenbar schon dann, wenn das stets für $[X^n, X]$ der Fall ist.*

(b) *Wenn zu X ein Funktor G: $\mathcal{N}^0 \to \mathcal{C}$ existiert mit einer Isomorphie*

(4) $$\psi\colon\ [G(?), ??]_{\mathcal{C}} \cong> [I(?), X(??)]_{Ens},$$

so ist X zulässig. Hierbei ist I: $\mathcal{N}^0 \to Ens$ die Inklusion.

(c) *Ist $\mathcal{C}$ eine kleine $\mathfrak{U}$-Kategorie, so ist X zulässig und $\mathfrak{S}(X)$ eine $\mathfrak{U}$-Kategorie.*

Beweis. (a) und (c) sind evident nach 18.6.1.

(c) Aus (4) und (3) folgt

$$H^{G(k)} \cong X^k \tag{5}$$

und damit $[X^k, X] \cong [H^{G(k)}, X] \cong X(G(k))$ nach Voraussetzung über $\mathscr{C}$ und dem Yoneda-Lemma.

Bemerkung. Besitzt X einen Linksadjungierten F: $Ens \to \mathscr{C}$, so gilt (4) für $G = FI$. Umgekehrt entsteht aus G ein zu X Linksadjungierter nach 18.2.3 und 17.2.9, wenn $\mathscr{C}$ filtrierende Colimites bezüglich $\mathfrak{U}$ besitzt.

18.6.4 Definition. Die *Kategorie $\mathscr{K}$ der zulässigen Funktoren* sei die volle Unterkategorie von $\mathscr{CAT}/_{Ens}$, deren Objekte die zulässigen Funktoren sind. Morphismen in $\mathscr{K}$ sind also kommutative Dreiecke von Funktoren

$$\begin{array}{ccc} \mathscr{C} & & \\ & \searrow^{X} & \\ {\scriptstyle f}\downarrow & & Ens \\ & \nearrow_{Y} & \\ \mathscr{D} & & \end{array} \qquad X, Y \text{ zulässig.} \tag{6}$$

Die Kategorie $\mathscr{T}$ besitze als Objekte die algebraischen Theorien bezüglich $\mathfrak{V}$, die zu einer Theorie bezüglich $\mathfrak{U}$ isomorph sind, und als Morphismen Theorie-Morphismen. 18.1 bis 18.5 übertragen sich in evidenter Weise, wobei weiterhin ${}_0\mathscr{A}^b$ Unterkategorie von $[\mathscr{A}, Ens]$ ist.

Nach 18.5.4 und 18.6.3 (c) wird durch $\mathscr{A} \mapsto {}_0U_{\mathscr{A}}$, $F \mapsto {}_0F^b$ ein kontravarianter Funktor *Semantik* $\mathscr{M}$: $\mathscr{T} \to \mathscr{K}$ definiert.

18.6.5 Satz. (a) *Die Zuordnung $X \mapsto \mathfrak{S}(X)$ setzt sich zu einem kontravarianten Funktor Struktur $\mathfrak{S}$: $\mathscr{K} \to \mathscr{T}$ fort.*

(b) *Der zulässige Funktor X: $\mathscr{C} \to Ens$ besitzt eine Zerlegung*

$$\begin{array}{ccc} \mathscr{C} & & \\ & \searrow^{X} & \\ {\scriptstyle X'}\downarrow & & Ens \\ & \nearrow_{{}_0U_{\mathfrak{S}(X)}} & \\ {}_0\mathfrak{S}(X)^b & & \end{array} \tag{7}$$

wobei $X'(C)$ für $C \in |\mathscr{C}|$ dadurch entsteht, daß $\mathfrak{S}(X)$ an der Stelle $X(C)$ betrachtet wird.

(c) *Die Zuordnung $X \mapsto X'$ ist eine natürliche Transformation Ψ: $1_{\mathscr{K}} \to \mathfrak{M}\mathfrak{S}$.*

Beweis. Wir können annehmen, daß $\mathscr{C}$ nicht leer ist, da sonst alle Schlüsse trivial sind. (a) Nach (3) und (6) gilt

$$P_X(N^k)(C) = X^k(C) = (X(C))^k = (Yf(C))^k = Y^k(f(C)) = P_Y(N^k)(f(C)).$$

Entsprechendes gilt für die Projektionen und damit

(8) $P_X = [f, Ens]P_Y\colon\ \mathcal{N} \to [\mathcal{C}, Ens]$ und $Y^k f = X^k$.

Für $u\colon\ Y^n \to Y^k$ setze man

(9) $$\mathfrak{S}(f)(n, k, u) = (n, k, u * f).$$

Damit liegt der Theorie-Morphismus $\mathfrak{S}(f)\colon\ \mathfrak{S}(Y) \to \mathfrak{S}(X)$ vor (16.1.1 (4)), und aus (8), (9) folgt, daß $\mathfrak{S}$ ein kontravarianter Funktor ist (16.1.1 (2)).

(b) Es ist $X'(C)$ die durch $(n, k, t) \mapsto t_C$ beschriebene $\mathfrak{S}(X)$-Algebra mit Träger $X(C)$. Für $g\colon\ C \to C'$ in $\mathcal{C}$ ist $X'(g)$ der $\mathfrak{S}(X)$-Homomorphismus, der die Abbildung $X(g)$ für die Träger bewirkt. Daß $X'(g)$ homomorph ist, ist gerade die Aussage, daß die Morphismen von $\mathfrak{S}(X)$ (bis auf Indizierung) natürliche Transformationen zwischen den Potenzen von X sind.

(c) Es muß gezeigt werden, daß für (6) folgendes kommutative Diagramm besteht

(10) $$\begin{array}{ccc} \mathcal{C} & \xrightarrow{X'} & {}_0\mathfrak{S}(X)^b \\ {\scriptstyle f}\downarrow & & \downarrow{\scriptstyle {}_0\mathfrak{S}(f)^b} \\ \mathcal{D} & \xrightarrow{Y'} & {}_0\mathfrak{S}(Y)^b \end{array}$$

Vergleich von (b), (8), (9) mit 18.5.2 zeigt, daß ${}_0\mathfrak{S}(f)^b$ auf $X'(C)$ so wirkt, daß von den Abbildungen zwischen den Potenzen von $X(\mathcal{C}) = Yf(C)$, die von $\mathfrak{S}(X)$ herrühren, diejenigen betrachtet werden, welche die Form $u * f$ haben. Daher ist (10) für Objekte kommutativ. Damit folgt die Behauptung für Morphismen durch Anfügen des treuen Funktors ${}_0U_{\mathfrak{S}(Y)}$ wegen (6), (7) und 18.5.4 (9).

18.6.6 Satz. *Sei $\mathcal{A} \in |\mathcal{T}|$. Für $t_k^n\colon\ A^n \to A^k$ in $\mathcal{A}$ ist*

(11) $$t_k^n \mapsto (n, k, \{S(t_k^n) \mid S \in |{}_0\mathcal{A}^b|\})$$

ein Isomorphismus $\Phi_{\mathcal{A}}\colon\ \mathcal{A} \to \mathfrak{S}({}_0U_{\mathcal{A}})$, Hierbei gilt

(12) $${}_0(\Phi_{\mathcal{A}}^{-1})^b = ({}_0U_{\mathcal{A}})' \qquad \textit{im Sinne von } (7).$$

Ferner ist $\Phi = \{\Phi_{\mathcal{A}}\}\colon\ 1_{\mathcal{T}} \to \mathfrak{S}\mathfrak{M}$ eine natürliche Isomorphie.

Beweis. Weil jeder $\mathcal{A}$-Homomorphismus η in ${}_0\mathcal{A}^b$ aus den Potenzen von $\eta_1 = {}_0U_{\mathcal{A}}(\eta)$ besteht, ist (11) jedenfalls ein Theorie-Morphismus $\Phi_{\mathcal{A}}$. Sobald $\Phi_{\mathcal{A}}$ als Isomorphismus erkannt ist, folgt (12) durch Vergleich des Beweises von 18.6.5 (b) mit 18.5.2. Ferner ist Φ natürliche

Transformation, wenn für $F\colon \mathscr{A} \to \mathscr{B}$ stets gilt

$$\begin{array}{ccc} t_k^n & \overset{\Phi_{\mathscr{A}}}{\longmapsto} & \left(n, k, \{S(t_k^n) \mid S \in |{}_0\mathscr{A}^b|\}\right) \\ {\scriptstyle F}\downarrow & & \downarrow {\scriptstyle \mathfrak{S}({}_0F^b) = \mathfrak{S}\mathfrak{M}(F)} \\ F(t_k^n) & \overset{\Phi_{\mathscr{B}}}{\longmapsto} & \left(n, k, \{T(F(t_k^n)) \mid T \in |{}_0\mathscr{B}^b|\}\right) \end{array} \tag{13}$$

T ist vermöge der Abbildungen $F(t_k^n)$ gerade die $\mathscr{A}$-Algebra ${}_0F^b(T)$. Für $\mathfrak{S}({}_0F^b)$ ist nach (9) $t_k^n * {}_0F^b$ zu betrachten, d. h. der $\mathfrak{S}({}_0U_{\mathscr{A}})$-Morphismus oben rechts in (13) an allen Stellen ${}_0F^b(T) = TF$. Die Zuordnung rechts in (13) ist also tatsächlich durch $\mathfrak{S}\mathfrak{M}(F)$ gegeben.

Es bleibt zu zeigen, daß $\Phi_{\mathscr{A}}$ bijektiv ist. Weil $\Phi_{\mathscr{A}}$ jedenfalls ein Theorie-Morphismus ist, genügt der Nachweis für n-stellige Operationen. Nun ist $\Phi_{\mathscr{A}}$ injektiv, weil verschiedene n-stellige Operationen von $\mathscr{A}$ verschiedene Operationen für die freie Algebra ${}_0L_{\mathscr{A}}(n)$ ergeben (18.2.10, 18.3.1). Ist $\mathscr{A}$ nicht exzeptionell, so betrachte man umgekehrt zunächst für $n \geqq 1$ eine n-stellige Operation τ von $\mathfrak{S}({}_0U_{\mathscr{A}})$ an der Stelle ${}_0L_{\mathscr{A}}(n)$ und dabei die Wirkung auf dasjenige Element x der n-ten Potenz des Trägers, das bei $K_{\mathscr{A}}$ aus 1_{A^k} entsteht, das also bei der Projektion pr_j in das Basiselement p_j^n von ${}_0L_{\mathscr{A}}(n)$ für $j = 1, 2, \ldots, n$ übergeht (18.2.10). $\tau(x)$ ist eine wohlbestimmte n-stellige Operation von $\mathscr{A}$. Ist $T \in |{}_0\mathscr{A}^b|$ und $T_1 \neq \emptyset$, so gibt es genau einen $\mathscr{A}$-Homomorphismus η, der die Basis von ${}_0L_{\mathscr{A}}(n)$ in ein vorgegebenes n-tupel des Trägers T_1 von T überführt. Daher gibt es zu vorgegebenem Element y von $T(A^n)$ ein η: ${}_0L_{\mathscr{A}}(n) \to T$ mit $\eta_n(x) = y$. Damit folgt, daß τ und $\Phi_{\mathscr{A}}(\tau(x))$ dieselbe Wirkung auf y haben, denn es muß

$$\tau_T(y) = \eta_1 \tau_{{}_0L_{\mathscr{A}}(n)}(x) = \eta_1\left({}_0L_{\mathscr{A}}(n)\left(\tau(x)\right)(x)\right) = T\left(\tau(x)\right)(y)$$

sein. Für $n = 0$ bleibt der Schluß vereinfacht bestehen. Daher ist $\Phi_{\mathscr{A}}$ auch surjektiv. Ist schließlich $\mathscr{A}$ exzeptionell, so ist $\Phi_{\mathscr{A}}$ offenbar bijektiv, weil die Träger aller $\mathscr{A}$-Algebren höchstens ein Element besitzen.

Bemerkung. Sei $\mathscr{A}$ eine algebraische Theorie in $\mathfrak{U}$. Weil ${}_0H_\pi^*\colon \mathscr{A}^o \to {}_0\mathscr{A}^b$ endliche Coprodukte respektiert (18.2.2) und $H^*\colon {}_0\mathscr{A}^{bo} \to [{}_0\mathscr{A}^b, Ens]$ Produkte, ist $H^* {}_0H_\pi^{*o}\colon \mathscr{A} \to [{}_0\mathscr{A}^b, Ens]$ eine volle Einbettung, die endliche Produkte respektiert. Damit ist $H^* {}_0H_\pi^{*o}(A^1)$ ein Funktor X: ${}_0\mathscr{A}^b \to Ens$ und $\mathfrak{S}(X) \cong \mathscr{A}$. Nun ist aber $X = [{}_0H_\pi^*((A^1)^o), ??]_{{}_0\mathscr{A}^b} =$ $= [{}_0L_{\mathscr{A}}(1), ??]$ nach 18.2.4 (12), und das ist eine Darstellung von ${}_0U_{\mathscr{A}}$ nach 18.2.2. Also ist $\mathfrak{S}({}_0U_{\mathscr{A}}) \cong \mathfrak{S}(X) \cong \mathscr{A}$. Diese Isomorphie haben wir explizit beschrieben, was man aus 18.6.1 (c) und 18.6.3 erhalten kann.

18.6.7 Theorem. Op $\mathfrak{S}$: $\mathscr{K} \to \mathscr{T}^o$ *ist linksadjungiert zu* $\mathfrak{M}$Op: $\mathscr{T}^o \to \mathscr{K}$, *und es ist* $\mathfrak{M}$ Op *völlig treu.*

Bemerkung. Die letzte Aussage besagt, daß jeder Funktor $f\colon {}_0\mathscr{B}^b \to {}_0\mathscr{A}^b$ mit ${}_0U_{\mathscr{A}} f = {}_0U_{\mathscr{B}}$, der also die von Homomorphismen induzierten

Abbildungen der Träger erhält und damit Träger punktweise festläßt, algebraisch ist und daß zu verschiedenen Theorie-Morphismen verschiedene algebraische Funktoren gehören. Das erste gilt nicht mehr, wenn $\mathscr{A}^b$, $\mathscr{B}^b$ statt ${}_0\mathscr{A}^b$, ${}_0\mathscr{B}^b$ betrachtet werden, sofern nicht die Definition für algebraische Funktoren modifiziert wird.

Beweis. Nach 16.5.7 bestätigen wir die Gleichungen 16.5.5 (4), (4°), die hier folgende Gestalt annehmen:

$$(14) \qquad (\mathfrak{M} * \Phi)(\Psi * \mathfrak{M}) = 1_{\mathfrak{M}} \quad \text{in } \mathscr{K},$$

$$(14^0) \qquad (\mathfrak{S} * \Psi)(\Phi * \mathfrak{S}) = 1_{\mathfrak{S}} \quad \text{in } \mathscr{T},$$

weil sich die hilfsweise zu benutzenden Funktoren Op wieder kürzen lassen und der Übergang von $\mathscr{T}^0$ zu $\mathscr{T}$ die Reihenfolge in der Komposition umkehrt. Für $\mathscr{A} \in |\mathscr{T}|$ ist nun

$$(\Psi * \mathfrak{M})_{\mathscr{A}} = \Psi_{{}_0U_{\mathscr{A}}} = ({}_0U_A)' = {}_0(\Phi_{\mathscr{A}}^{-1})^b$$

nach 18.6.5 und 18.6.6 Also gilt (14). Ferner erhält man bei (14°) an der Stelle X

$$\mathfrak{S}(\Psi_X)\,\Phi_{\mathfrak{S}(X)} = \mathfrak{S}(X')\,\Phi_{\mathfrak{S}(X)}.$$

Nach (11) ordnet $\Phi_{\mathfrak{S}(X)}$ der natürlichen Transformation $t_k^n\colon X^n \to X$ die natürliche Transformation $r_k^n = \{S(t_k^n) \mid S \in |{}_0\mathfrak{S}(X)^b|\}$ zu, die von $({}_0U_{\mathfrak{S}(X)})^n$ nach $({}_0U_{\mathfrak{S}(X)})^k$ führt. Wegen $X = {}_0U_{\mathfrak{S}(X)}X'$ ergibt dann $\mathfrak{S}(X')$ nach (9) diejenige natürliche Transformation $X^n \to X^k$, die an jeder Stelle C von r_k^n bewirkt wird. Das ist aber gerade t_k^n nach Definition von r_k^n.

Die letzte Behauptung folgt aus 16.5.4.

18.6.8 Korollar. *Es sei $\mathscr{F}_n$ die freie algebraische Theorie, die von einer n-stelligen Operation erzeugt wird. Für zulässiges $X\colon \mathscr{C} \to Ens$ besteht eine Bijektion zwischen den n-stelligen Operationen von $\mathfrak{S}(X)$ und den $\mathscr{K}$-Morphismen $X \to {}_0U_{\mathscr{F}_n}$.*

Beweis. In (10) setze man $\mathscr{D} = {}_0\mathscr{F}_n^b$ und $Y = {}_0U_{\mathscr{F}_n}$. Dann folgt die Behauptung aus (12) und der Tatsache, daß $\mathfrak{M}$ völlig treu ist.

18.6.9 Bemerkungen. (a) Der Nutzen von 18.6.7 wird dadurch gemindert, daß die Objekte von $\mathscr{K}$ zulässige Funktoren sind, wofür als Kriterium nur 18.6.3 zur Verfügung steht. Diese Bedingung kann nicht dadurch umgangen werden, daß man als algebraische Theorien kleine $\mathfrak{V}$-Kategorien zuläßt und algebraische Kategorien weiterhin über *Ens* betrachtet. 18.2.10 zeigt, daß dann endlich erzeugte freie Algebren nicht zu existieren brauchen. Damit würden 18.6.6, 18.6.7 in der angegebenen Form hinfällig.

(b) Mit Benutzung des Auswahlaxioms in $\mathfrak{V}$ erhält man nach 16.3.6, daß die Kategorie $\mathscr{K}$ äquivalent ist zur vollen Unterkategorie $\mathfrak{K}$, deren Objekte diejenigen zulässigen Funktoren $X: \mathscr{C} \to Ens$ sind, bei denen $\mathscr{C}$ eine $\mathfrak{U}$-Kategorie ist. Entsprechend ist $\mathscr{T}$ äquivalent zur Kategorie $\mathfrak{T}$ der algebraischen Theorien in $\mathfrak{U}$. Entsprechend 18.6.7 besteht eine adjungierte Situation für $\mathfrak{T}^0$ und $\mathfrak{K}$. Man kann noch $\mathfrak{T}$ durch ein Skelett ersetzen. Wenn man von „der" Theorie der Gruppen bzw. Ringe usw. spricht, so bezieht man sich auf ein Skelett von $\mathfrak{T}$.

18.6.10 Satz. *Die Kategorie $\mathfrak{T}$ der algebraischen Theorien in $\mathfrak{U}$ ist vollständig und covollständig. Die freien Theorien $\mathscr{F}_n$, die von je einer n-stelligen Operation ($n \geqq 0$) erzeugt werden, bilden eine Generatormenge.*

Beweis. Für die erste Behauptung genügt es wegen 18.1.9, 7.4.2 und 8.4.2 zu zeigen, daß Produkte und Coprodukte vorhanden sind. Leere Indexmengen sind dabei bereits durch 18.2.6 und 18.1.5 erfaßt. Sei $\{\mathscr{A}_\varrho\}$ eine nicht-leere Familie von algebraischen Theorien. Die Theorie $\mathscr{A}$ besitze als Erzeugende alle Operationen der Theorien $\mathscr{A}_\varrho$, als zugehörige Gleichungen alle diejenigen, die von allen $\mathscr{A}_\varrho$ für die entsprechenden Operationen für $\mathscr{A}$ herrühren, und außerdem diejenigen, welche die Projektion p_j^k von $\mathscr{A}_\varrho$ jeweils mit p_j^k von $\mathscr{A}$ gleichsetzen. 18.1.10 zeigt, daß Theorie-Morphismen $i_\varrho: \mathscr{A}_\varrho \to \mathscr{A}$ existieren. Erneute Anwendung von 18.1.10 ergibt, daß es zu einer Familie $F_\varrho: \{\mathscr{A}_\varrho \to \mathscr{B}\}$ von Theorie-Morphismen genau einen $F: \mathscr{A} \to \mathscr{B}$ mit $Fi_\varrho = F_\varrho$ gibt. Damit ist $(\mathscr{A}, \{i_\varrho\})$ Coprodukt von $\{\mathscr{A}_\varrho\}$ in $\mathfrak{T}$.

Für das Produktobjekt $\prod \mathscr{A}_\varrho$ in *cat* betrachte man die volle Unterkategorie $\mathscr{A}$, deren Objekte Familien $A^k = \{A_\varrho^k \mid A_\varrho^k \in |\mathscr{A}_\varrho|\}$ sind. Aus den Projektionen von $\prod \mathscr{A}_\varrho$ entstehen Projektionen $pr_\varrho: \mathscr{A} \to \mathscr{A}_\varrho$. $\mathscr{A}$ besitzt die Morphismen $p_j^k = \{p_{\varrho j}^k \mid p_{\varrho j}^k: A_\varrho^k \to A_\varrho^1\}$. Mit ihnen ist A^k für $k \geqq 1$ Produkt von k Faktoren A^1 in $\mathscr{A}$, und es ist A^0 terminal. $(\mathscr{A}, \{pr_\varrho\})$ ist Produkt der Familie $\{\mathscr{A}_\varrho\}$ in $\mathfrak{T}$. Die letzte Behauptung des Satzes ist evident.

18.7 Kronecker-Produkt

18.7.1 Vorbemerkung. Es seien M ein Objekt einer Kategorie mit endlichen Produkten und n, r natürliche Zahlen $\geqq 1$. Die iterierten Potenzen $(M^n)^r$ und $(M^r)^n$ sind isomorph aber nicht identisch, auch nicht wenn die zugehörigen Objekte identisch sind. Es seien $pr_j: M^{nr} \to M$, $pr'_h: (M^n)^r \to M^n$, $pr''_i: M^n \to M$ die Projektionen. Wir definieren den Isomorphismus $\sigma_{n,r}: (M^n)^r \to M^{nr}$ durch

$$pr_{r(i-1)+h}\,\sigma_{n,r} = pr''_i\,pr'_h. \tag{1}$$

Der Automorphismus $\tau_{n,r}: M^{nr} \to M^{nr}$ sei durch

$$pr_{n(h-1)+i}\,\tau_{n,r} = pr_{r(i-1)+h} \tag{2}$$

definiert. Entsprechend (1) besteht $\sigma_{r,n}: (M^r)^n \to M^{nr}$ und damit $\varrho_{n,r} = \sigma_{r,n}^{-1}\tau_{n,r}\sigma_{n,r}: (M^n)^r \to (M^r)^n$, also

$$q''_h q'_i \varrho_{n,r} = pr''_i\,pr'_h, \tag{3}$$

wenn $q_i'\colon (M^r)^n \to M^r$, $q_h''\colon M^r \to M$ wieder Projektionen bezeichnen. $\varrho_{n,r}$ ist eine Vertauschung von Produkten mit Produkten, auch für $n = r$. Hierbei ist $\varrho_{r,n}\varrho_{n,r}$ stets ein identischer Morphismus, wie (3) zeigt. Wir vereinbaren, daß unter M^1 stets M mit 1_M als Projektion zu verstehen ist.

18.7.2 Ein natürlich ausgewähltes Produkt in ${}_0\mathscr{B}^b$ sei ein Produkt, bei dem natürliche Auswahl für das Produkt der Träger vorliegt.

Sei C eine kanonische $\mathscr{B}$-Algebra mit Träger M, D natürlich ausgewähltes Produkt von $n > 0$ Faktoren C in ${}_0\mathscr{B}^b$ und $\eta\colon D \to C$ ein $\mathscr{B}$-Homomorphismus. Für $u_1^r\colon B^r \to B^1$ in $\mathscr{B}$ besteht folgendes kommutative Diagramm

(4)
$$\begin{array}{ccc} (M^n)^r & \xrightarrow{\eta_r} & M^r \\ {\scriptstyle D(u_1^r)}\downarrow & & \downarrow{\scriptstyle C(u_1^r)} \\ M^n & \xrightarrow{\eta_1} & M \end{array}$$

Für $r \geqq 1$ ist $\eta_r = (\eta_1)^r = \eta_1 \sqcap \eta_1 \sqcap \ldots \sqcap \eta_1$ (r-mal), dagegen

(5)
$$D(u_1^r) = [C(u_1^r)]^n \varrho_{n,r},$$

wie man erkennt, wenn man als η die Projektionen $D \to C$ nimmt. Für $u_s^r\colon B^r \to B^s$, $r, s \geqq 1$, erhält man entsprechend

(6)
$$D(u_s^r) = \varrho_{s,n}[C(u_s^r)]^n \varrho_{n,r}.$$

Ist D ein Produkt von n Faktoren C in $\mathscr{B}^b$, so gelten (4), (5), (6) entsprechend, weil (1), (2), (3) hier ebenfalls gelten, $(\eta_1)^r$ und $[C(u_1^r)]^n$ sind mit Hilfe der Projektionen als Morphismen zwischen r- bzw. n-fachen Produkten zu definieren.

18.7.3 Es seien $\mathscr{A}$, $\mathscr{B}$ algebraische Theorien. ${}_{0\pi}[\mathscr{A}, {}_0\mathscr{B}^b]$ sei die volle Unterkategorie von $[\mathscr{A}, {}_0\mathscr{B}^b]$, deren Objekte diejenigen Funktoren $T\colon \mathscr{A} \to {}_0\mathscr{B}^b$ sind, für welche der Träger von $T(A^n)$ natürlich ausgewähltes n-faches Produkt des Trägers von $T(A^1)$ ist, genauer: Für $n > 1$ ist $U_{\mathscr{B}}(T(A^n)) = [n, U_{\mathscr{B}}(T(A^1))]$ mit Projektionen $\varrho[i_j^n, U_{\mathscr{B}}(T(A^1))]$ im Sinne von 18.6.1 (3).

Sei $M = (T_1)_1$. T_n ist eine kanonische $\mathscr{B}$-Algebra mit $(T_n)_r = (M^n)^r$. Für $t_k^n\colon A^n \to A^k$ in $\mathscr{A}$ ist $T(t_k^n)$ ein $\mathscr{B}$-Homomorphismus, d. h. für $u_s^r\colon B^r \to B^s$ in $\mathscr{B}$ ist

(7)
$$\begin{array}{ccc} (M^n)^r & \xrightarrow{T(t_k^n)_r} & (M^k)^r \\ {\scriptstyle T_n(u_s^r)}\downarrow & & \downarrow{\scriptstyle T_k(u_s^r)} \\ (M^n)^s & \xrightarrow{T(t_k^n)_s} & (M^k)^s \end{array}$$

kommutativ. Mit $D(u_s^r) = T_n(u_s^r)$, $C(u_s^r) = T_1(u_s^r)$ gilt (6) für $nrs \neq 1$, und es ist $T(t_k^n)_r = T(t_k^n)^r$. Man bemerkt: Vermöge (3) geht $T(?)_r$

bei festem r in eine kanonische $\mathscr{A}$-Algebra über, auch für $r = 0$, wobei aus $\{T_n(u_s^r) \mid n = 0, 1, 2, \ldots\}$ ein $\mathscr{A}$-Homomorphismus entsteht. Außerdem erhält man vermöge (1), (2) aus T eine kanonische Algebra zu einer durch $\mathscr{A}$ und $\mathscr{B}$ bestimmten algebraischen Theorie $\mathscr{C}$, die wir nun definieren.

18.7.4 Definition. Das *Kronecker-Produkt* $\mathscr{C} = \mathscr{A} \otimes \mathscr{B}$ der algebraischen Theorien $\mathscr{A}$ und $\mathscr{B}$ entstehe aus dem Coprodukt $\mathscr{A} \sqcup \mathscr{B}$ mit Injektionen $i_1\colon \mathscr{A} \to \mathscr{A} \sqcup \mathscr{B}$, $i_2\colon \mathscr{B} \to \mathscr{A} \sqcup \mathscr{B}$ in $\mathfrak{T}$ durch Hinzunahme folgender Gleichungen:

$$(8) \qquad i_1(t_1^n)\,[i_2(u_1^r)]^n \sigma_{r,n}^{-1} \tau_{n,r} = i_2(u_1^r)\,[i_1(t_1^n)]^r \sigma_{n,r}^{-1}\colon\ C^{nr} \to C^1$$

für alle Operationen t_1^n in $\mathscr{A}$ und u_1^r in $\mathscr{B}$. Ist $n = 0$, so sind unter $\sigma_{r,n}$, $\sigma_{n,r}$, $\tau_{n,r}$ und $[i_2(u_1^r)]^n$ der (als einziger Morphismus vorhandene) identische Morphismus von C^0 zu verstehen, entsprechend für $r = 0$.

In $\mathfrak{T}$ besteht also ein Epimorphismus $p\colon \mathscr{A} \sqcup \mathscr{B} \to \mathscr{A} \otimes \mathscr{B}$, womit $h_1 = p i_1\colon \mathscr{A} \to \mathscr{A} \otimes \mathscr{B}$ und $h_2 = p i_2\colon \mathscr{B} \to \mathscr{A} \otimes \mathscr{B}$ vorliegen, genauer: In $\mathscr{A} \otimes \mathscr{B}$ bestehen die Gleichungen, die aus (8) dadurch entstehen, daß i_1, i_2 durch h_1, h_2 ersetzt werden.

Es mögen noch $\mathscr{A}'$, $\mathscr{B}'$ mit entsprechend definierten Theorie-Morphismen $h_1'\colon \mathscr{A}' \to \mathscr{A}' \otimes \mathscr{B}'$, $h_2'\colon \mathscr{B}' \to \mathscr{A}' \otimes \mathscr{B}'$ vorliegen. Sind $F\colon \mathscr{A} \to \mathscr{A}'$ und $G\colon \mathscr{B} \to \mathscr{B}'$ Theorie-Morphismen, so besteht ein eindeutig bestimmter Theorie-Morphismus

$$(9) \qquad F \otimes G\colon\ \mathscr{A} \otimes \mathscr{B} \to \mathscr{A}' \otimes \mathscr{B}'$$

$$\text{mit} \quad h_1' F = (F \otimes G)\, h_1 \quad \text{und} \quad h_2' G = (F \otimes G)\, h_2.$$

Das folgt unmittelbar aus (8).

Es sei nun für jedes Paar $(\mathscr{A}, \mathscr{B})$ von algebraischen Theorien ein Coprodukt $\mathscr{A} \sqcup \mathscr{B}$ ausgewählt, und zwar so, daß stets gilt $\mathscr{N} \sqcup \mathscr{A} = \mathscr{A}$ mit $i_1 = I_{\mathscr{A}}$ und $i_2 = 1_{\mathscr{A}}$, entsprechend für $\mathscr{A} \sqcup \mathscr{N}$.

18.7.5 Theorem. *Das Kronecker-Produkt ist ein Bifunktor* $\otimes$: $\mathfrak{T} \times \mathfrak{T} \to \mathfrak{T}$. *Hierbei ist*

$$(10) \qquad \mathscr{N} \otimes \mathscr{A} = \mathscr{A} = \mathscr{A} \otimes \mathscr{N}.$$

Es bestehen Isomorphismen

$$(11) \qquad \mathscr{A} \otimes \mathscr{B} \cong \mathscr{B} \otimes \mathscr{A},$$

$$(12) \qquad (\mathscr{A} \otimes \mathscr{B}) \otimes \mathscr{C} \cong \mathscr{A} \otimes (\mathscr{B} \otimes \mathscr{C})$$

als Isomorphismen von Bi- bzw. Trifunktoren. Ferner bestehen Isomorphismen

$$(13) \qquad {}_{0\pi}[\mathscr{A}, {}_0\mathscr{B}^b] \cong {}_0(\mathscr{A} \otimes \mathscr{B})^b$$

als Isomorphismen kontravarianter Bifunktoren.

Beweis. Die erste Behauptung folgt leicht aus (8), (9), weil wir oben $\sqcup$ als Bifunktor fixiert haben. Bei (10) ergibt (8) keine zusätzlichen Bedingungen. (11), (12) folgen ebenfalls leicht aus (8), (9). Man beachte, daß für $\mathscr{A} = \mathscr{B}$ in (11) im allgemeinen nicht der identische Theorie-Morphismus für $\mathscr{A} \otimes \mathscr{A}$ vorliegt. Wegen (8), (9) folgt die letzte Behauptung aus 18.7.2 und 18.7.3, (8) wurde gerade durch (4), (6), (7) motiviert.

18.7.6 Bemerkungen. Das Kronecker-Produkt ist ein Tensorprodukt im Sinne von 16.7.3. Weil $\mathfrak{S}({}_0U_{\mathscr{A}\otimes\mathscr{B}})$ isomorph zu $\mathscr{A} \otimes \mathscr{B}$ ist (18.6.6), überträgt sich 11.6.1 auf Kronecker-Produkte, was sich auch aus (8) unmittelbar erhalten läßt. Ist insbesondere $\mathscr{A}$ eine Theorie der Hopf-Objekte, $\mathscr{B}$ eine Theorie der Gruppen, so ist $\mathscr{A} \otimes \mathscr{B}$ eine Theorie der abelschen Gruppen. Man beachte dabei, daß es zu jeder algebraischen Theorie zahllose isomorphe in $\mathfrak{T}$ gibt, es sei denn, man ersetzt $\mathfrak{T}$ durch ein Skelett, d. h. man identifiziert isomorphe Theorien so, daß verschiedene Automorphismen verschieden bleiben.

Es besteht ein Vergiß-Funktor $V\colon {}_{0\pi}[\mathscr{A}, {}_0\mathscr{B}^b] \to {}_0\mathscr{B}^b$ mit $V(T) = T_1$. Vermöge (13) geht er in ${}_0h_2^b$ über. Man bemerkt, daß V alle Eigenschaften eines algebraischen Funktors hat, daß insbesondere ein Linksadjungierter vorhanden ist und daß ${}_0U_{\mathscr{B}} V$ zulässig ist. Wegen (13) ist $\mathscr{A} \otimes \mathscr{B} \cong \mathfrak{S}({}_0U_{\mathscr{B}} V)$. Es hätte nahegelegen, $\mathscr{A} \otimes \mathscr{B}$ hierdurch zu definieren. Dabei hätte zuvor bestätigt werden müssen, daß ${}_0U_{\mathscr{B}} V$ zulässig ist, und danach, daß (13) besteht.

Es ist ${}_\pi[\mathscr{A}, \mathscr{B}^b]$ äquivalent zu $(\mathscr{A} \otimes \mathscr{B})^b$. Die Äquivalenz ergibt sich in natürlicher Weise aus (1), (2), (3) und 18.7.3. Sie ist nicht bijektiv für die Objektklassen. Es liegt keine Isomorphie vor. Diese Äquivalenz und (13) lehren jedoch, daß algebraische Kategorien über einer algebraischen Kategorie im wesentlichen solche über *Ens* sind (zu anderen Theorien). Vermöge 11.6.1 ergeben sich außerdem einige negative Resultate. Über *Ab* gibt es z. B. nur triviale Ringobjekte, über der Kategorie der Ringe nur triviale Hopf-Objekte.

18.8 Charakterisierung algebraischer Kategorien

Bei einer algebraischen Kategorie $\mathscr{A}^b$ läßt sich die zugehörige Theorie $\mathscr{A}$ bis auf Isomorphie in doppelter Weise wiederfinden, nämlich einerseits als Struktur des Vergiß-Funktors $U_{\mathscr{A}}$ (18.6.6), andererseits als Duale der vollen Unterkategorie von $\mathscr{A}^b$, deren Objekte sich durch Einschränkung des Linksadjungierten $L_{\mathscr{A}}$ von $U_{\mathscr{A}}$ auf die Unterkategorie $\mathscr{N}^0$ von *Ens* ergeben (18.2.2, 18.2.4). Dieser zweite Aspekt führt zu einer Charakterisierung algebraischer Kategorien bis auf Äquivalenz, wobei die Beziehung zu $\mathscr{N}^0$ darauf beruht, daß die hier behandelten algebraischen Theorien nur endlich-stellige Operationen besitzen.

18.8.1 Lemma. *Sei G: Ens → Ens ein Funktor. Die folgenden Aussagen sind gleichwertig:*

(a) G wird von $|\mathcal{N}^0|$ dominiert (Menge der nicht-negativen ganzen Zahlen).

(b) *Es ist* $Q(GI) \cong G$, *wenn* I: $\mathcal{N}^0 \subset Ens$ *die Inklusion und* Q *der Linksadjungierte von* $\tilde{I}$: $[Ens, Ens] \to [\mathcal{N}^0, Ens]$ *gemäß* 17.1.6 *ist*.

Beweis. Nach 17.1.6 (4) ist $Q(GI)(m) = \text{Colim } GIQ_m$ für $m \in |Ens|$. Nach 18.2.3 ist die zu m und I gehörige Kategorie Σ_m filtrierend und $m = \text{Colim } IQ_m$. Nach 17.1.6 (5) besteht eine natürliche Transformation Φ: $Q(GI) \to G$ mit Φ_m: $\text{Colim } GIQ_m \to G(m)$. Dabei entsteht Φ_m durch Faktorisierung der natürlichen Transformation $G * \gamma_m$: $GIQ_m \to G(m)_{\Sigma_m}$ von 17.1.3, die an der Stelle f: $n \to m$ für $n \in |\mathcal{N}^0|$ durch

(1) $\qquad (G * \gamma_m)_{(n,f)} = G(f)$: $G(n) \to G(m)$

beschrieben wird. Nach 10.3.1 bedeutet (a), daß es zu $x \in G(m)$ ein f: $n \to m$ und ein $y \in G(n)$ gibt mit $x = G(f)(y)$. Wegen 9.3.2 ist das gleichwertig damit, daß Φ_m epimorph ist. Hieraus folgt die Behauptung, wenn noch gezeigt wird, daß Φ_m jedenfalls monomorph ist. Für $m = \emptyset$ ist das trivial, weil $\Sigma_\emptyset$ nur einen Morphismus besitzt, nämlich $(1_\emptyset, 1_\emptyset, 1_\emptyset)$. Sei nun $m \neq \emptyset$, und es seien $[y]$, $[z]$ Elemente von $\text{Colim } GIQ_m$ mit $\Phi_m([y]) = \Phi_m([z]) = x$. Nach 9.3.6 gibt es Repräsentanten y, z auf einem Objekt $GIQ_m(n,f) = G(n)$. Nach 18.2.3 kann angenommen werden, daß f monomorph und $n \neq 0$ ist. Dann ist f eine Coretraktion in Ens, daher auch $G(f)$, und wegen (1) und $G(f)(y) = G(f)(z) = x$ ist $y = z$. Also ist Φ_m monomorph.

18.8.2 Korollar. *Werden* G *und* F: $Ens \to Ens$ *von* $|\mathcal{N}^0|$ *dominiert, so gilt* $G \cong F$ *genau dann, wenn* $GI \cong FI$ *ist*.

Das folgt unmittelbar aus 18.8.1 (b).

18.8.3 Korollar. *Für jede algebraische Kategorie* $\mathcal{A}^b$ *wird* $U_{\mathcal{A}} L_{\mathcal{A}}$ *von* $|\mathcal{N}^0|$ *dominiert*.

Beweis. $U_{\mathcal{A}} L_{\mathcal{A}}$ erfüllt 18.8.1 (b), weil $L_{\mathcal{A}}$ und $U_{\mathcal{A}}$ filtrierende Colimites respektieren, ($L_{\mathcal{A}}$ als Linksadjungierter und $U_{\mathcal{A}}$ nach 18.2.1).

18.8.4 Lemma. *Es sei* X: $\mathcal{C} \to Ens$ *ein Funktor mit Linksadjungiertem* K. *Die folgenden Aussagen sind gleichwertig*:

(a) XK *wird von* $|\mathcal{N}^0|$ *dominiert*.

(b) *Jeder Morphismus* u: $K(1) \to K(m)$ *besitzt eine Zerlegung* $u_2 u_1$: $K(1) \to K(n) \to K(m)$, *wobei* $n \in |\mathcal{N}^0|$ *ist und* u_2 *die Form* $K(f)$ *hat*.

Beweis. Sei zunächst (a) erfüllt. Vermöge der Adjunktion $(\psi, K, X, \mathcal{C}, Ens)$ und 16.5.2 ist $\psi_{1,K(m)}(u) = X(u) \circ \Psi_1 \in [1, XK(m)] \cong$ $\cong XK(m)$. Wegen (a) gilt $X(u) \circ \Psi_1 = XK(f) \circ y$ für geeignetes y: $1 \to XK(n)$ und f: $n \to m$ mit $n \in |\mathcal{N}^0|$ (vgl. Beweis von 18.8.1). Hieraus und aus 16.5.2° folgt $u = \Phi_{K(m)} \circ KXK(f) \circ K(y) = K(f) \circ$ $\circ \Phi_{K(n)} \circ K(y)$. Auf entsprechende Weise folgt (a) aus (b).

18.8.5 Bemerkung. Die Existenz eines Linksadjungierten K zu X: $\mathscr{C} \to Ens$ ist gleichwertig damit, daß X darstellbar ist und für ein darstellendes Objekt A beliebige Copotenzen (d. h. Coprodukte mit gleichen Cofaktoren) in $\mathscr{C}$ existieren. Existiert nämlich K, so ist $K(1)$ darstellendes Objekt für X, und die Behauptung folgt wegen 16.4.5, 8.1.3, 10.2.5 daraus, daß jede Menge Coprodukt ihrer einelementigen Teilmengen ist. Es liegt übrigens der nicht-additive Fall von 17.8.5 vor.

18.8.6 Der Funktor X: $\mathscr{C} \to Ens$ besitze den Linksadjungierten K. Es sei $\mathscr{C}_\omega$ die volle Unterkategorie von $\mathscr{C}$ mit den Objekten $K(n)$ für $n \in |\mathscr{N}^0|$. Mit den Inklusionen I: $\mathscr{N}^0 \to Ens$, J: $\mathscr{C}_\omega \to \mathscr{C}$ und der Restriktion K_ω: $\mathscr{N}^0 \to \mathscr{C}_\omega$ von K gilt

(2) $$JK_\omega = KI: \mathscr{N}^0 \to \mathscr{C}.$$

K_ω und J respektieren endliche Coprodukte. Vermöge

(3) $$\mathrm{Op}\, K_\omega\, \mathrm{Op} = K_\omega^0: \mathscr{N} \to \mathscr{C}_\omega^0$$

ist $\mathscr{C}_\omega^0$ eine algebraische Theorie $\mathscr{B}$, falls K_ω bijektiv für Objekte ist. Andernfalls entsteht $\mathscr{B}$ durch geeignete Indizierung entsprechend 18.6.1. Nach 18.6.3 (5) ist übrigens $\mathscr{B}$ isomorph zu $\mathfrak{S}(X)$. Der durch $A \mapsto [J(?), A]$, $f \mapsto [J(?), f]$ definierte Funktor $J^\vee$: $\mathscr{C} \to [\mathscr{C}_\omega^0, Ens]$ faktorisiert über $\mathscr{B}^b$ nach 8.7.3. Damit entsteht die sogenannte *Malcev-„Einbettung"*

(4) $$M: \mathscr{C} \to \mathscr{B}^b \quad \text{mit} \quad M(A) = [J(?), A]_{\mathscr{C}}.$$

M ist injektiv für Objekte, wie die Träger $[JK_\omega(1), A] = [K(1), A]$ zeigen, aber nur unter zusätzlichen Voraussetzungen treu.

18.8.7 Für die Malcev-Einbettung (3) gilt:

(a) M ist genau dann treu, wenn X es ist. Ferner gilt

(5) $$U_{\mathscr{B}} M \cong X.$$

(b) MJ ist völlig treu.

(c) Wird XK von $|\mathscr{N}^0|$ dominiert, so ist

(6) $$L_{\mathscr{B}} \cong MK,$$

(7) $$M_{K(m),A}: [K(m), A] \to [MK(m), M(A)]$$

isomorph für alle $m \in |Ens|$ und $A \in |\mathscr{C}|$.

Beweis. (5) folgt nach Definition von $U_{\mathscr{B}}$ aus

$$U_{\mathscr{B}} M(?) \cong [JK_\omega(1), ?] \cong [1, X(?)] \cong X(?).$$

Weil $U_{\mathscr{B}}$ treu ist, folgt (a) aus (5). (b) folgt daraus, daß die Yoneda-Einbettung H_*: $\mathscr{C}_\omega \to [\mathscr{C}_\omega^0, Ens]$ bis auf evidente Isomorphie und anschließende Inklusion mit MJ übereinstimmt. Hieraus, aus (2) und aus 18.2.4 folgt wegen $[J(?), JK_\omega(??)]_{\mathscr{C}} \cong [K^0_\omega(??), ?]_{\mathscr{C}^\circ_\omega}$

$$MKI = MJK_\omega \cong L_{\mathscr{B}} I. \tag{8}$$

$L_{\mathscr{B}}$ respektiert Colimites. Wegen $m = \operatorname{Colim} IQ_m$ (vgl. 18.2.3, 18.8.1), 17.1.1 und (8) besteht eine natürliche Transformation $\eta\colon L_{\mathscr{B}} \to MK$ und damit $U_{\mathscr{B}} * \eta\colon U_{\mathscr{B}} L_{\mathscr{B}} \to U_{\mathscr{B}} MK \cong XK$. Hieraus folgt (6) wegen 18.8.2 und 18.8.3, weil (8) aus η durch Einschränkung entsteht (nach Konstruktion von η) und $U_{\mathscr{B}}$ Isomorphismen entdeckt.

Für $m \in |\mathscr{N}^\circ|$ ist (7) isomorph, weil dann $M_{K(m), A}$ wegen $MK(m) = MJK_\omega(m) \cong H_* K_\omega(m)$ durch den Yoneda-Isomorphismus 4.2.1 rückgängig gemacht wird, wie (4) zeigt. Insbesondere gilt das für $m = 1$. Weil eine beliebige Menge m vermöge der Injektionen $i_x\colon 1 \to m$ Coprodukt von Mengen 1 ist und MK nach (6) ebenso wie $L_{\mathscr{B}}$ und K Coprodukte respektiert, erhält man (7) allgemein aus 8.7.3:

$$\begin{array}{ccc}
[K(m), A] & \xrightarrow{M_{K(m), A}} & [MK(m), M(A)] \\
{\scriptstyle [K(i_x), A]}\big\downarrow & & \big\downarrow{\scriptstyle [MK(i_x), M(A)]} \\
[K(1), A] & \xrightarrow{M_{K(1), A}} & [MK(1), M(A)]
\end{array}$$

ist kommutativ, weil $M_{?,??}\colon [?, ??] \to [M(?), M(??)]$ eine natürliche Transformation von kontra-ko-varianten Funktoren ist.

18.8.8 Satz. *Eine Kategorie $\mathscr{C}$ ist genau dann äquivalent zu einer algebraischen Kategorie, wenn sie Differenzcokerne besitzt und ein Funktor $X\colon \mathscr{C} \to Ens$ mit Linksadjungiertem K existiert, so daß gilt*

(i) *XK wird von $|\mathscr{N}^\circ|$ dominiert.*

(ii) *$f\colon B \to C$ in $\mathscr{C}$ ist genau dann Differenzcokern, wenn $X(f)$ epimorph ist.*

(iii) *Ein Paar von Morphismen $a, b\colon A \to B$ in $\mathscr{C}$ ist ein Kernpaar, wenn $\big(X(a), X(b)\big)$ ein Kernpaar ist.*

Beweis. (a) Eine algebraische Kategorie $\mathscr{A}^b$ besitzt die genannten Eigenschaften mit $X = U_{\mathscr{A}}$, $K = L_{\mathscr{A}}$ wegen 18.8.3 und 18.4.5. Hieraus folgen sie offenbar für jede zu $\mathscr{A}^b$ äquivalente Kategorie. Zur Umkehrung benutzen wir 18.8.6 und 18.8.7.

(b) Wir beweisen zunächst, daß M völlig treu ist. Aus (ii) folgt, daß X Epimorphismen entdeckt. Nach 16.5.3 ist X treu, und wegen 18.8.7 ist M treu. Wegen (5) ist K linksadjungiert zu $U_{\mathscr{B}}M$. Mit quasi-inversen Adjunktions-Transformationen Φ'', Ψ'' mit $\Phi''\colon KU_{\mathscr{B}}M \to 1_{\mathscr{C}}$ gilt nach 16.5.5

$$(U_{\mathscr{B}} M * \Phi'')(\Psi'' * U_{\mathscr{B}} M) = 1_{U_{\mathscr{B}} M}.$$

Für $A \in |\mathscr{C}|$ ist $U_{\mathscr{B}}M(\Phi''_A)$ als Retraktion epimorph. Weil (ii) für $U_{\mathscr{B}}$ und $U_{\mathscr{B}} M \cong X$ entsprechend gilt, sind $M(\Phi''_A)$ und Φ''_A Differenzcokerne in $\mathscr{B}^b$ bzw. $\mathscr{C}$. Für η: $M(A) \to M(B)$ in $\mathscr{B}^b$ betrachten wir

(9) $$\eta \circ M(\Phi''_A): \ MKU_{\mathscr{B}} M(A) \to M(A) \to M(B).$$

Nach (7) gibt es genau ein f: $KU_{\mathscr{B}} M(A) \to B$ in $\mathscr{C}$ mit $M(f) = \eta \circ M(\Phi''_A)$. Sei Φ''_A Differenzcokern von q_1, q_2: $D \to KU_{\mathscr{B}} M(A)$. Nach Wahl von f folgt aus (9) $M(fq_1) = \eta \circ M(\Phi''_A q_1) = \eta \circ M(\Phi''_A q_2) = M(fq_2)$. Weil M treu ist, ist $fq_1 = fq_2$. Nach Definition für Differenzcokerne gibt es genau ein g: $A \to B$ mit $f = g\Phi''_A$. Wegen (9) folgt $\eta \circ M(\Phi''_A) = M(g) M(\Phi''_A)$. Weil $M(\Phi''_A)$ epimorph ist, gilt $\eta = M(g)$. Daher ist M voll.

(c) Wir zeigen nun, daß M einen Linksadjungierten G besitzt. Nach (6) ist MK linksadjungiert zu $U_{\mathscr{B}}$. Für die zugehörigen quasi-inversen Adjunktions-Transformationen Φ, Ψ gilt nach 16.5.5

$$(U_{\mathscr{B}} * \Phi)(\Psi * U_{\mathscr{B}}) = 1_{U_{\mathscr{B}}} \quad \text{mit} \quad \Phi: \ MKU_{\mathscr{B}} \to 1_{\mathscr{B}^b}.$$

Für $S \in |\mathscr{B}^b|$ ist also $U_{\mathscr{B}}(\Phi_S)$ eine Retraktion und damit Φ_S ein Differenzcokern, weil $U_{\mathscr{B}}$ (ii) erfüllt. Weil $\mathscr{B}^b$ vollständig ist, existiert in $[\mathscr{B}^b, \mathscr{B}^b]$ das Pullback

(10) $$\begin{array}{ccc} F & \xrightarrow{\pi_2} & MKU_{\mathscr{B}} \\ {\scriptstyle \pi_1}\downarrow & & \downarrow{\scriptstyle \Phi} \\ MKU_{\mathscr{B}} & \xrightarrow{\Phi} & 1_{\mathscr{B}^b} \end{array}$$

Das ist ein bicartesisches Quadrat, weil es nach 18.4.3 bicartesisch an jeder Stelle S in $\mathscr{B}^b$ ist. $\Phi * F$: $MKU_{\mathscr{B}} F \to F$ ist natürliche Transformation. Weil M völlig treu ist, gibt es natürliche Transformationen α_1, α_2: $KU_{\mathscr{B}} F \to KU_{\mathscr{B}}$ mit

(11) $$M * \alpha_i = \pi_i \circ (\Phi * F) \qquad i = 1, 2.$$

Weil $\mathscr{C}$ Differenzcokerne besitzt, existiert in $[\mathscr{B}^b, \mathscr{C}]$ der Differenzcokern β: $KU_{\mathscr{B}} \to G$ von α_1, α_2. Wegen (ii) ist $U_{\mathscr{B}} M * \beta \cong X * \beta$ epimorph, und wegen (ii) für $U_{\mathscr{B}}$ ist $M * \beta$ an jeder Stelle ein Differenzcokern. Weil $\Phi * F$ (an jeder Stelle) epimorph ist, folgt aus (11) $(M * \beta)\pi_1 = (M * \beta)\pi_2$. Weil (10) ein Pushout ist, existiert Ψ': $1_{\mathscr{B}^b} \to MG$ mit

(12) $$\Psi'\Phi = M * \beta: \ MKU_{\mathscr{B}} \to MG,$$

und es ist Ψ' an jeder Stelle Differenzcokern, wie wieder Anwendung von $U_{\mathscr{B}}$ zeigt. Zum Nachweis, daß G linksadjungiert zu M mit Adjunktions-Transformation Ψ' ist, genügt es wegen 16.5.1 zu zeigen, daß für $S \in |\mathscr{B}^b|$, $A \in |\mathscr{C}|$ und η: $S \to M(A)$ genau ein f: $G(S) \to A$ existiert mit $\eta = M(f)\Psi'_S$. Zunächst gibt es h: $KU_{\mathscr{B}}(S) \to A$ mit

$M(h) = \eta \Phi_S$, weil M voll ist.

(13)
$$\begin{array}{ccc} MKU_{\mathscr{B}}(S) & \xrightarrow{\Phi_S} & S \\ M(\beta_S) \downarrow & \begin{array}{c} M(h) \\ \Psi'_S \end{array} & \downarrow \eta \\ MG(S) & \xrightarrow[M(f)]{} & M(A) \end{array}$$

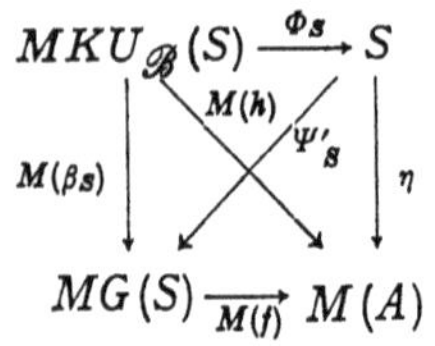

Nach (10) und (11) ist $\Phi(M * \alpha_1) = \Phi(M * \alpha_2)$. Damit folgt

$$M(h) M(\alpha_{1S}) = M(h) M(\alpha_{2S})$$

und damit $h\alpha_{1S} = h\alpha_{2S}$, weil M treu ist. Nach Definition von β gibt es $f \colon G(S) \to A$ mit $h = f\beta_S$. Damit ist die äußere Kontur in (13) kommutativ. Weil Φ_S epimorph ist, folgt aus (12) $\eta = M(f) \Psi'_S$. Weil Ψ'_S epimorph ist, ist $M(f)$ hierdurch eindeutig bestimmt und auch f, weil M treu ist. Also liegt tatsächlich eine Adjunktion vor.

(d) Nach 16.5.4 ist die zu Ψ' quasi-inverse Adjunktions-Transformation Φ' isomorph. Die Behauptung folgt, wenn auch Ψ' isomorph ist. Nach 16.6.1 ist $\mathscr{C}$ vollständig und covollständig, also auch $[\mathscr{B}^b, \mathscr{C}]$. Weil β Differenzcokern ist, existiert nun in $[\mathscr{B}^b, \mathscr{C}]$ das bicartesische Quadrat

(14)
$$\begin{array}{ccc} E & \xrightarrow{\gamma_1} & KU_{\mathscr{B}} \\ \gamma_2 \downarrow & & \downarrow \beta \\ KU_{\mathscr{B}} & \xrightarrow{\beta} & G \end{array}$$

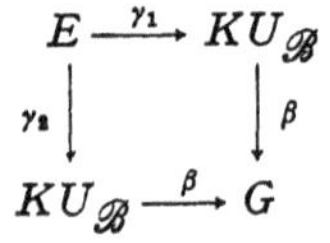

Wendet man M auf (14) an, so entsteht wieder ein bicartesisches Quadrat, weil $M * \beta$ an jeder Stelle ein Differenzcokern ist und M Pullbacks respektiert (als Rechtsadjungierter von G). Damit folgt aus (10) und (12), daß es $\mu \colon F \to ME$ gibt mit

(15) $\qquad \pi_i = (M * \gamma_i) \mu, \qquad i = 1, 2.$

Durch Vergleich von (10) als Pushout mit dem Pushout, das aus (14) durch Anwendung von M entsteht, folgt wegen (12) und (15), daß μ und Ψ' zusammen mit der identischen Transformation von $MKU_{\mathscr{B}}$ eine natürliche Transformation von Pushouts bilden. Also ist Ψ' genau dann isomorph, wenn μ es ist. Dabei genügt der Nachweis an beliebiger Stelle $S \in |\mathscr{B}^b|$. Wir betrachten

(16)
$$\begin{array}{ccccccc} MKU_{\mathscr{B}}F(S) & \xrightarrow{\Phi_{F(S)}} & F(S) & \underset{\pi_{2,S}}{\overset{\pi_{1,S}}{\rightrightarrows}} & MKU_{\mathscr{B}}(S) & \xrightarrow{\Phi_S} & S \\ M(\beta_{F(S)}) \downarrow & \Psi'_{F(S)} & & \mu_S & M(\gamma_{1,S}) & & \downarrow M(\beta_S) \\ & M(d) & & & M(\gamma_{2,S}) & & \\ MGF(S) & \xrightarrow[M(e)]{} & ME(S) & & MG(S) & & \end{array}$$

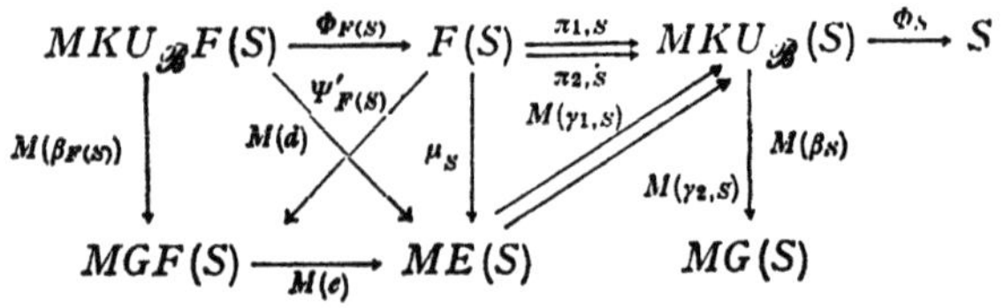

Hierbei besteht die linke Hälfte als kommutatives Diagramm nach (13) mit entsprechender Umbezeichnung. Nach 18.4.9 ist μ_S monomorph. Damit folgt, daß $\Psi'_{F(S)}$ ein monomorpher Differenzcokern, also isomorph ist (7.2.2). Daher ist $(M(\gamma_{1,S}e), M(\gamma_{2,S}e))$ ebenfalls Kernpaar von Φ_S.

Weil nun Voraussetzung (iii) für $U_{\mathscr{B}}M \cong X$ gilt und $U_{\mathscr{B}}$ Kernpaare respektiert, ist $(\gamma_{1,S}e, \gamma_{2,S}e)$ Kernpaar in $\mathscr{C}$. Es hat den Differenzcokern β_S, denn nach Definition von β und nach (11), (15), (16) ist β_S Differenzcokern von $\gamma_{1,S}e\beta_{F(S)}$ und $\gamma_{2,S}e\beta_{F(S)}$, und es ist $\beta_{F(S)}$ epimorph. Nach (14) und 18.4.3 (b) ist e isomorph. Also ist $M(e)$ isomorph und auch μ_S, weil $\Psi'_{F(S)}$ isomorph ist. Damit ist der Satz schließlich bewiesen.

18.8.9 Verallgemeinerung. Eine *Kardinalzahl* r ist *regulär*, wenn für jede Familie $\{M_j\}_{j\in J}$ von Mengen, bei der alle M_j und die Indexmenge J eine Mächtigkeit $< r$ haben, auch die Mächtigkeit von $\bigcup M_j$ kleiner als r ist. Die kleinste reguläre Kardinalzahl ist 1, die nächste die Mächtigkeit ω der abzählbaren Mengen und deren nächste die kleinste nichtabzählbare Kardinalzahl Ω.

Sei $r > 1$ eine reguläre Kardinalzahl. Nimmt man statt $\mathscr{N}^0$ die volle Unterkategorie $\mathscr{R}^0$ von *Ens*, deren Objekte die Kardinalzahlen $< r$ sind, so lassen sich entsprechend 18.6.1 r-äre algebraische Theorien als Funktoren $I_{\mathscr{A}}\colon \mathscr{R} \to \mathscr{A}$ definieren, die bijektiv für die Objektklassen sind und diejenigen Produkte respektieren, für welche die Mächtigkeit der Indexmenge kleiner als r ist. Für solche r-ären algebraischen Theorien läßt sich alles von 18.1 an ohne Schwierigkeit übertragen. An die Stelle von filtrierenden Colimites treten solche, die „stark filtrierend unterhalb r“ sind, d. h. bei denen 9.2.4 (i_8) gilt, wenn die Mächtigkeit der Indexmenge kleiner als r ist. Entsprechend 9.4.1, 9.4.2 folgt, daß solche Colimites mit den benötigten Produkten (Indexmenge von kleinerer Mächtigkeit als r) in *Ens* und auch in $\mathscr{A}^b$ vertauschbar sind (vgl. die Bemerkung in 10.1.2).

Eine derartige Verallgemeinerung ist beispielsweise für Verbände von Interesse. Die Theorie der Verbände ist eine algebraische Theorie, und durch Hinzunahme gewisser weiterer Axiome wie Existenz eines kleinsten Elementes 0, eines größten 1 und eindeutige Komplementbildung entstehen wieder algebraische Theorien. Mit Hilfe der Verallgemeinerung lassen sich Verbände erfassen, die vollständig unterhalb r sind, insbesondere σ-vollständige Verbände für $r = \Omega$.

Sind r und s reguläre Kardinalzahlen mit $1 < r < s$, so läßt sich jede r-äre Theorie $\mathscr{A}_r$ zu einer s-ären $\mathscr{A}_s$ erweitern mit einer Konstruktion entsprechend 18.1, indem man die Operationen von $\mathscr{A}_r$ als Erzeugende für $\mathscr{A}_s$ nimmt und die bestehenden Gleichungen in $\mathscr{A}_r$ berücksichtigt. Man kann dann in naheliegender Weise zeigen, daß ${}_0\mathscr{A}_r^b \cong {}_0\mathscr{A}_s^b$ ist und daß $\mathscr{A}_r^b$ und $\mathscr{A}_s^b$ äquivalent sind. Insbesondere erhält man so einen Vergiß-Funktor als algebraischen Funktor von der

Kategorie der σ-vollständigen Verbände in die Kategorie der Verbände mit 0,1 und eindeutigem Komplement.

Eine weitergehende Verallgemeinerung besteht darin, daß an Stelle von $\mathcal{N}^0$ ein Skelett von *Ens* (Objekte die Kardinalzahlen im Universum $\mathfrak{U}$) oder auch *Ens* tritt (LINTON [40]). Eine Theorie der vollständigen Verbände ist jedoch damit nicht zu erhalten.

19. Kalkül von Brüchen

19.1 Kategorien von Brüchen

19.1.1 Vorbemerkung. Ist S: $\mathcal{C} \to \mathcal{B}$ ein Funktor, so liegt es nahe, in $\mathcal{C}$ die Klasse Σ derjenigen Morphismen zu betrachten, die bei S in Isomorphismen übergehen (19.3). Umgekehrt entsteht bei gegebener Klasse $\Sigma \subset \operatorname{Mor} \mathcal{C}$ die Frage nach Funktoren, die alle Morphismen aus Σ in Isomorphismen überführen. In einem höheren Universum $\mathfrak{V}$ gibt es unter diesen Funktoren einen initialen (19.1.2). Unter geeigneten Bedingungen für Σ sind übersichtliche Beschreibungen möglich (19.2). Schärfere Bedingungen stehen in enger Beziehung zu adjungierten Situationen, bei denen einer der beiden Funktoren völlig treu und Wechsel des Universums entbehrlich ist.

19.1.2 Satz. *Es sei $\mathcal{C}$ eine Kategorie des Universums $\mathfrak{U}$ und Σ eine Teilklasse von* $\operatorname{Mor} \mathcal{C}$. *In einem höheren Universum $\mathfrak{V}$ gibt es eine kleine $\mathfrak{V}$-Kategorie $\mathcal{C}[\Sigma^{-1}]$ und einen Funktor P: $\mathcal{C} \to \mathcal{C}[\Sigma^{-1}]$ mit folgenden Eigenschaften:*

(i) *Für jedes $s \in \Sigma$ ist $P(s)$ isomorph.*

(ii) *Ist F: $\mathcal{C} \to \mathcal{D}$ ein Funktor, so daß $F(s)$ isomorph ist und für alle $s \in \Sigma$, so gibt es genau einen Funktor G: $\mathcal{C}[\Sigma^{-1}] \to \mathcal{D}$ mit $F = GP$. Hierbei ist $\mathcal{D}$ Kategorie eines beliebigen Universums.*

Beweis. $\mathcal{C}$ ist eine kleine $\mathfrak{V}$-Kategorie. Es sei $\mathcal{C}'$ das $\mathcal{C}$ unterliegende Diagrammschema (bezüglich $\mathfrak{V}$, vgl. 6.1.2). $\mathcal{C}''$ entstehe aus $\mathcal{C}'$ dadurch, daß zu jedem Pfeil s aus Σ je ein Pfeil s^- mit umgekehrter Richtung hinzugenommen wird, also $a(s^-) = z(s)$, $z(s^-) = a(s)$. Für $\mathcal{C}''$ betrachten wir die $\mathfrak{V}$-Menge K von Kommutativitätsbedingungen, die besteht aus allen von $\mathcal{C}$ herrührenden Kommutativitätsbedingungen (triviale Ergänzung von $\mathcal{C}''$ gemäß 6.2.2 ist nicht nötig) und allen Paaren $(s^-s, 1_{a(s)})$, $(ss^-, 1_{z(s)})$ mit $s \in \Sigma$. Wir setzen $\mathcal{C}[\Sigma^{-1}] = \mathcal{W}(\mathcal{C}''/K)$ gemäß 6.3.1. $\mathcal{C}$ und $\mathcal{C}[\Sigma^{-1}]$ stimmen in den Objekten überein. Für $f \in \operatorname{Mor} \mathcal{C}$ ist f ein Weg der Länge 1 in $\mathcal{C}''$. Er geht bei Übergang von $\mathcal{C}''$ zu $\mathcal{C}[\Sigma^{-1}]$ in einen Morphismus $P(f)$ über. Offenbar ist damit P als Funktor definiert.

Ein Funktor F: $\mathcal{C} \to \mathcal{D}$ läßt sich als Diagramm F': $\mathcal{C}' \to \mathcal{D}$ auffassen. Ist $F(s)$ isomorph für jedes $s \in \Sigma$, so setzt sich F' eindeutig zu einem Diagramm F'': $\mathcal{C}'' \to \mathcal{D}$ so fort, daß F'' den Kommutativitätsbedingungen aus K genügt. Damit ergibt sich die Behauptung aus der Konstruktion von P und aus 6.3.2.

19.1.3 Definition. Die soeben konstruierte Kategorie $\mathscr{C}[\Sigma^{-1}]$ heißt *Kategorie der Brüche* von $\mathscr{C}$ bezüglich Σ. Der Funktor $P\colon \mathscr{C} \to \mathscr{C}[\Sigma^{-1}]$ wird als *kanonischer Funktor* bezeichnet.

Die Klasse Ξ aller Morphismen, die durch $P\colon \mathscr{C} \to \mathscr{C}[\Sigma^{-1}]$ in Isomorphismen übergehen, heißt die *Saturation* von Σ. Σ heißt *saturiert*, wenn $\Sigma = \Xi$ ist.

19.1.4 Satz. *Es sei $\Sigma \subset \operatorname{Mor} \mathscr{C}$ und $P\colon \mathscr{C} \to \mathscr{C}[\Sigma^{-1}]$ der kanonische Funktor.*

(a) *Gelten für einen Funktor $P'\colon \mathscr{C} \to \mathscr{C}'$ die Bedingungen* 19.1.2 (i), (ii) *entsprechend, so gibt es genau einen Isomorphismus $R\colon \mathscr{C}[\Sigma^{-1}] \to \mathscr{C}'$ mit $P' = RP$.*

(b) *Ist Ξ die Saturation von Σ und $P'\colon \mathscr{C} \to \mathscr{C}[\Xi^{-1}]$ der kanonische Funktor, so existiert genau ein Isomorphismus R mit $P' = RP$.*

(c) *Ist $\Sigma' \subset \operatorname{Mor} \mathscr{C}$ und $P'\colon \mathscr{C} \to \mathscr{C}[\Sigma'^{-1}]$ der zugehörige kanonische Funktor, so gibt es einen Isomorphismus R mit $P' = RP$ genau dann, wenn Σ und Σ' dieselbe Saturation besitzen.*

(d) *Für eine beliebige Kategorie $\mathscr{D}$ ist (in einem geeigneten Universum) $[P, \mathscr{D}]\colon [\mathscr{C}[\Sigma^{-1}], \mathscr{D}] \to [\mathscr{C}, \mathscr{D}]$ eine volle Einbettung. Sie bewirkt eine Isomorphie von $[\mathscr{C}[\Sigma^{-1}], \mathscr{D}]$ mit derjenigen vollen Unterkategorie von $[\mathscr{C}, \mathscr{D}]$, deren Objekte die Funktoren sind, welche die Morphismen aus Σ in Isomorphismen überführen.*

Beweis. (a) Nach 19.1.2 erhält man Funktoren R und R' mit $P' = RP$ und $P = R'P'$. Hierbei sind $R'R$ und RR' identische Funktoren, wieder nach 19.1.2, und es sind R und R' eindeutig bestimmt.

(b) Jeder Funktor $F\colon \mathscr{C} \to \mathscr{D}$, der die Morphismen aus Σ in Isomorphismen überführt, führt nach 19.1.2 (ii) auch diejenigen aus Ξ in Isomorphismen über. In 19.1.2 (ii) kann daher Σ durch Ξ ersetzt werden, womit die Behauptung aus (a) folgt.

(c) Gibt es einen Isomorphismus R mit $P' = RP$, so besitzen Σ und Σ' dieselbe Saturation. Die Umkehrung folgt aus (b).

(d) P bildet die Objekte von $\mathscr{C}$ identisch ab. Natürliche Transformationen zwischen Funktoren $G, G'\colon \mathscr{C}[\Sigma^{-1}] \to \mathscr{D}$ sind daher auch solche zwischen GP und $G'P$. Die Konstruktion von $\mathscr{C}[\Sigma^{-1}]$ vermöge des Diagrammschemas $\mathscr{C}''$ zeigt, daß auch das Umgekehrte gilt. Damit folgt die Behauptung aus 19.1.2.

19.2 Kalkül von Linksbrüchen

19.2.1 Definition. Es sei $\mathscr{C}$ eine $\mathfrak{U}$-Kategorie und $\Sigma \subset \operatorname{Mor} \mathscr{C}$. Σ erlaubt einen *Kalkül von Linksbrüchen*, wenn gilt:

(i) Alle identischen Morphismen von $\mathscr{C}$ gehören zu Σ.

(ii) Jedes (in $\mathscr{C}$ vorhandene) Kompositum von Morphismen aus Σ gehört zu Σ (Σ ist kompositionsabgeschlossen).

(iii) Für jedes Diagramm $A' \xleftarrow{s} A \xrightarrow{g} D$ in $\mathscr{C}$ mit $s \in \Sigma$ existiert ein kommutatives Quadrat

$$\begin{array}{ccc} A & \xrightarrow{g} & D \\ {\scriptstyle s}\downarrow & & \downarrow{\scriptstyle s'} \\ A' & \xrightarrow{g'} & D' \end{array} \qquad \text{mit } s' \in \Sigma. \tag{1}$$

(iv) Gibt es zu $f, g\colon A \to B$ in $\mathscr{C}$ ein $s \in \Sigma$ mit $fs = gs$, so existiert $t \in \Sigma$ mit $tf = tg$.

Σ erlaubt einen *starken Kalkül von Linksbrüchen*, wenn außerdem gilt:

(v) Zu jedem Pinsel $\{s_j\colon A \to B_j\}_{j \in J}$, für den J eine $\mathfrak{U}$-Menge und jedes $s_j \in \Sigma$ ist, existiert eine kommutative Ergänzung $\{f_j\colon B_j \to C\}$, derart, daß $f_j s_j \in \Sigma$ ist (vgl. 9.2.4).

Für $A \in |\mathscr{C}|$ sei A/Σ die volle Unterkategorie von $A/\mathscr{C}$ (vgl. 6.5.3 dual), deren Objekte die Morphismen aus Σ mit Quelle A sind. Σ erlaubt einen *terminalen Kalkül von Brüchen*, wenn (i), (ii), (iii), (iv) erfüllt sind und außerdem:

(vi) Für jedes $A \in |\mathscr{C}|$ besitzt A/Σ ein terminales Objekt.

Aus (vi) folgt offenbar (v).

Kalkül von Rechtsbrüchen, starker Kalkül von Rechtsbrüchen, initialer Kalkül von Brüchen ergeben sich durch Dualisierung.

19.2.2 Motivierung. Bei $P\colon \mathscr{C} \to \mathscr{C}[\Sigma^{-1}]$ erhält man in $\mathscr{C}[\Sigma^{-1}]$ einen Morphismus $P(A) \to P(B)$ jedenfalls dann, wenn in $\mathscr{C}$ eine der beiden folgenden Situationen vorliegt.

$$A \xleftarrow{s} C \xrightarrow{g} B \quad \text{oder} \quad A \xrightarrow{g'} D \xleftarrow{s'} B \quad \text{mit} \quad s, s' \in \Sigma.$$

Vermöge (iii) läßt sich die erste Situation in die zweite so verwandeln, daß sich derselbe Morphismus in $\mathscr{C}[\Sigma^{-1}]$ ergibt. Aus (i), (ii), (iii) und der Konstruktion von $\mathscr{C}[\Sigma^{-1}]$ folgt leicht:

Jeder Morphismus in $\mathscr{C}[\Sigma^{-1}]$ läßt sich in der Form $P(s)^{-1}P(f)$ mit $s \in \Sigma$ darstellen. Wir setzen

$$[s|f] = P(s)^{-1}P(f) \tag{2}$$

und nennen das Paar (s, f) einen *Repräsentanten* von $[s|f]$. Hierbei haben s und f dasselbe Ziel. Die Quelle von f bzw. s ist Quelle bzw. Ziel von $[s|f]$.

Die Morphismenkomposition in $\mathscr{C}[\Sigma^{-1}]$ läßt sich nun durch Repräsentanten beschreiben. Ist das Ziel von $[s|f]$ die Quelle von $[t|g]$, so folgt aus (1) wegen (ii):

(3) $$[t|g][s|f] = [s't|g'f],$$

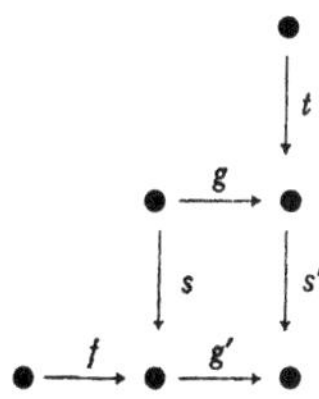

$s, s', t \in \Sigma.$

Es bleibt die Frage, wann Paare (s, f) und (r, h) mit $r, s \in \Sigma$ Repräsentanten desselben Morphismus von $\mathscr{C}[\Sigma^{-1}]$ sind. Wir betrachten:

(4)

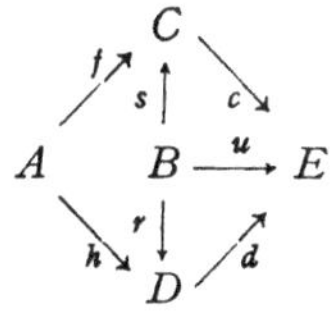

$r, s, u \in \Sigma.$

Die linke Hälfte besagt, daß $[s|f]$ und $[r|h]$ in Quelle und Ziel übereinstimmen. Die rechte Hälfte läßt sich in kommutativer Weise mit $u \in \Sigma$ dadurch erhalten, daß man auf r und s (iii) anwendet, wodurch c und d entstehen und etwa $c \in \Sigma$ ist. Wegen (ii) ist $u = dr = cs \in \Sigma$. Aus (i), (ii), (iii) folgt nun allgemein:

Liegt ein Diagramm (4) mit kommutativer rechter Hälfte vor, also $u = dr = cs$, so gilt:

(5) $$[s|f] = [u|cf]; \qquad [r|h] = [u|dh].$$

In $\mathscr{C}[\Sigma^{-1}]$ ist nämlich $[u|u] = 1_{P(B)}$ und $[u|u][s|f] = [u|cf]$, was sich entsprechend (3) aus $1_B u = cs$ ergibt. Die zweite Gleichung in (5) erhält man analog.

Wegen (5) gilt $[s|f] = [r|h]$ jedenfalls dann, wenn sich u, c, d in (4) so wählen lassen, daß ein kommutatives Diagramm entsteht, also außer $u = dr = cs$ noch $cf = dh$ gilt. Wir werden zeigen (19.2.4), daß diese Bedingung auch notwendig ist, wenn Σ einen Kalkül von Linksbrüchen gestattet.

19.2.3 Lemma. (a) *Gestattet* $\Sigma \subset \operatorname{Mor}\mathscr{C}$ *einen Kalkül von Linksbrüchen, so ist* A/Σ *filtrierend für jedes* $A \in |\mathscr{C}|$.

(b) Σ *gestattet genau dann einen starken Kalkül von Linksbrüchen, wenn* Σ *einen Kalkül von Linksbrüchen erlaubt und außerdem* A/Σ *stark filtrierend ist für jedes* $A \in |\mathscr{C}|$.

Beweis. (a) Die Bedingungen 9.2.4 (ii), (iii) für A/Σ folgen aus 19.2.1 (iv), (ii) bzw. (iii), (ii). (b) folgt damit durch Vergleich von 9.2.4 (i_s) und 19.2.1 (v).

19.2.4 $\Sigma \subset \operatorname{Mor} \mathscr{C}$ gestatte einen Kalkül von Linksbrüchen. In 19.2.2 wurde von $\mathscr{C}[\Sigma^{-1}]$ und P zunächst nur 19.1.2 (i) benutzt, dagegen 19.1.2 (ii) noch nicht. Wir konstruieren eine neue Kategorie $\Sigma^{-1}\mathscr{C}$ mit Funktor $P'\colon \mathscr{C} \to \Sigma^{-1}\mathscr{C}$, so daß 19.1.2 (i), (ii) entsprechend gelten. Nach 19.1.4 besteht dann genau ein Isomorphismus

$$R\colon \mathscr{C}[\Sigma^{-1}] \to \Sigma^{-1}\mathscr{C} \quad \text{mit} \quad P' = RP.$$

Die Objekte von $\Sigma^{-1}\mathscr{C}$ seien diejenigen von $\mathscr{C}$. Für jedes (geordnete) Paar von Objekten aus $\mathscr{C}$ sei $F_{A,B}\colon B/\Sigma \to Ens$ der Funktor $H^A\Delta^1$ (vgl. 6.5.2), also $s \mapsto [A, z(s)]_{\mathscr{C}}$ für $s \in |B/\Sigma|$ und Ziel $z(s)$ von s. Vermöge der Inklusion $Ens \subset \mathscr{ENS}$ besitzt $F_{A,B}$ einen Colimes in $\mathscr{ENS}$. Wir setzen $[A, B]_{\Sigma^{-1}\mathscr{C}} = \operatorname{Colim} F_{A,B}$, wobei dieses Colimes-Objekt als filtrierender Colimes (19.2.3) nach 9.3.2 konstruiert wird. Ein Element von $[A, B]_{\Sigma^{-1}\mathscr{C}}$ ist eine Äquivalenzklasse von Paaren (s, f), wobei $s \in B/\Sigma$ ist und f die Quelle A und dasselbe Ziel wie s hat. Zwei Paare (s, f) und (r, h) sind nach 9.3.2 genau dann äquivalent, wenn ein kommutatives Diagramm (4) existiert. Sei jetzt $[s|f]$ die Äquivalenzklasse von (s, f). Ist das Ziel von $[s|f]$ die Quelle von $[t|g]$, so werde nun $[t|g][s|f]$ entsprechend (3) mit Hilfe von Repräsentanten $(t, g), (s, f)$ unter Benutzung von (iii) definiert. Mit (i), (ii), (iii) und (iv) bestätigt man ohne Schwierigkeiten, daß das Kompositum (als Äquivalenzklasse) wohldefiniert ist, daß es also bei festen Repräsentanten (t, g) und (s, f) nicht von der Wahl des benutzten Diagramms der Gestalt (1) abhängt und daß es außerdem nicht von der Wahl der Repräsentanten von $[t|g]$ und $[s|f]$ abhängt. Entsprechend bestätigt man, daß damit $\Sigma^{-1}\mathscr{C}$ eine Kategorie ist, also die Komposition von Morphismen assoziativ und $[1_A|1_A]$ identischer Morphismus für A ist.

Für $f\colon A \to B$ in $\mathscr{C}$ setze man $P'(f) = [1_B|f]$ und $P'(A) = A$. Damit liegt $P'\colon \mathscr{C} \to \Sigma^{-1}\mathscr{C}$ als Funktor vor. Für $s\colon A \to B$ aus Σ ist $P'(s)$ isomorph mit Inversem $[s|1_A]$. Hat $F\colon \mathscr{C} \to \mathscr{D}$ die Eigenschaft, daß $F(s)$ isomorph ist für alle $s \in \Sigma$, so ergibt sich vermöge (4), daß durch $[s|f] \mapsto F(s)^{-1}F(f)$ ein Funktor $G\colon \Sigma^{-1}\mathscr{C} \to \mathscr{D}$ mit $F = GP'$ definiert wird, und es ist G hierdurch eindeutig bestimmt wegen

$$[s|f] = P'(s)^{-1}P'(f).$$

19.2.5 Bemerkungen. (a) Die Morphismen von $\mathscr{C}[\Sigma^{-1}]$ sind Äquivalenzklassen von Wegen des Diagrammschemas $\mathscr{C}''$ in 19.1.2. Wenn Σ einen Kalkül von Linksbrüchen gestattet, so entsteht $\Sigma^{-1}\mathscr{C}$ aus $\mathscr{C}[\Sigma^{-1}]$ dadurch, daß diese Klassen reduziert werden, indem man nur noch Wege der speziellen Gestalt $s^{-}f$ in $\mathscr{C}''$ betrachtet. Der Isomorphismus $R\colon \mathscr{C}[\Sigma^{-1}] \to \Sigma^{-1}\mathscr{C}$ mit $RP = P'$ ist einfach die Einschränkung für Äquivalenzklassen von Wegen.

(b) Gestattet Σ einen terminalen Kalkül von Brüchen und ist in B/Σ ein terminales Objekt Ψ_B fixiert, so besitzt jeder Morphismus

$P(A) \to P(B)$ in $\mathscr{C}[\Sigma^{-1}]$ einen ausgezeichneten Repräsentanten (Ψ_B, f'), wobei f' eindeutig bestimmt ist. Nach dem Dualen von 7.1.8 ist nämlich auch $[A, z(\Psi_B)]$ Colimes-Objekt von $F_{A,B}$ in 19.2.4. Ein direkter Nachweis ergibt sich aus (4), indem man zunächst $u = \Psi_B$ setzt und danach den Fall $r = s = \Psi_B$ betrachtet.

19.2.6 Lemma. *Sei $\Sigma \subset \operatorname{Mor}\mathscr{C}$ und $P: \mathscr{C} \to \mathscr{C}[\Sigma^{-1}]$ der kanonische Funktor.*

(a) *Ist P treu, so besteht Σ aus Bimorphismen.*

(b) *Besteht Σ aus Monomorphismen und gestattet Σ einen Kalkül von Linksbrüchen, so ist P treu.*

Beweis. (a) Aus $fs = gs$ mit $s \in \Sigma$ folgt $P(f) = P(g)$ und damit $f = g$. Daher ist s epimorph. Entsprechend folgt, daß s monomorph ist.

(b) Für $f, g: A \to B$ in $\mathscr{C}$ sei $P(f) = P(g)$, also $[1_B|f] = [1_B|g]$. Nach 19.2.2 (4) und 19.2.4 gibt es $u \in \Sigma$ mit $uf = ug$. Damit folgt $f = g$.

Bemerkung. Ist P voll, so ist $\mathscr{C}[\Sigma^{-1}]$ eine Quotientenkategorie von $\mathscr{C}$, vgl. 6.4.2.

19.2.7 Satz. *Für die $\mathfrak{U}$-Kategorie $\mathscr{C}$ gestatte $\Sigma \subset \operatorname{Mor}\mathscr{C}$ einen Kalkül von Linksbrüchen. Besitzt A/Σ für jedes $A \in |\mathscr{C}|$ eine finale $\mathfrak{U}$-Menge* (9.1.3), *so ist $\mathscr{C}[\Sigma^{-1}]$ isomorph zu einer $\mathfrak{U}$-Kategorie. Insbesondere ist das der Fall, wenn Σ einen terminalen Kalkül von Brüchen gestattet.*

Die Colimites der Funktoren $F_{A,B}$ von 19.2.4 existieren hier nämlich bereits in *Ens* wegen 9.1.2 (vgl. auch 10.1.8).

19.2.8 Theorem. *Es sei $\mathscr{C}$ eine $\mathfrak{U}$-Kategorie, $\Sigma \subset \operatorname{Mor}\mathscr{C}$ und F: $\mathscr{C} \to \mathscr{C}[\Sigma^{-1}]$ der kanonische Funktor.*

(a) *Gestattet Σ einen Kalkül von Linksbrüchen, so respektiert P endliche Colimites und terminale Objekte (soweit vorhanden). Besitzt $\mathscr{C}$ endliche Coprodukte bzw. Differenzcokerne, endliche Colimites, so gilt das Entsprechende für $\mathscr{C}[\Sigma^{-1}]$.*

(b) *Gestattet Σ einen starken Kalkül von Linksbrüchen, so respektiert P Colimites (bezüglich $\mathfrak{U}$). Ist außerdem $\mathscr{C}$ covollständig, so ist auch $\mathscr{C}[\Sigma^{-1}]$ covollständig bezüglich $\mathfrak{U}$.*

(c) *Gestattet Σ einen terminalen Kalkül von Brüchen, so besitzt P einen völlig treuen Rechtsadjungierten T: $\mathscr{C}[\Sigma^{1}] \to \mathscr{C}$.*

Beweis. (a) ergibt sich analog zu (b).

(b) Sei zunächst B terminal in $\mathscr{C}$. Dann folgt aus (4) mit $u = 1_B$, daß $[P(A), P(B)]$ nur ein Element besitzt und damit $P(B)$ terminal in $\mathscr{C}[\Sigma^{-1}]$ ist. Ist A initial in $\mathscr{C}$, so folgt aus (4), daß $P(A)$ initial in $\mathscr{C}[\Sigma^{-1}]$ ist.

Sei R: $\mathscr{X} \to \mathscr{C}$ ein $\mathfrak{U}$-Diagramm mit Colimes (L, λ) in $\mathscr{C}$. Nach dem eben Gesagten kann angenommen werden, daß $\mathscr{X}$ nicht leer ist. Wegen

8.7.3 genügt es zu zeigen, daß $([P(L), D]), \{[P(\lambda_e), D]\}$ Limes von $[PR(?), D]_{\mathscr{C}[\Sigma^{-1}]}$ für jedes $D \in |\mathscr{C}|$ ist.

Für beliebiges $B \in |\mathscr{C}|$ ist $([L, B]_{\mathscr{C}}, H_B\lambda)$ Limes von $H_BR = [R(?), B]_{\mathscr{C}}$ nach 8.7.3. Ferner ist $[B, D]_{\mathscr{C}[\Sigma^{-1}]}$ Colimes-Objekt für $F_{B,D}\colon D/\Sigma \to \mathscr{ENS}$, insbesondere für $B = R(e)$ mit $e \in |\mathscr{X}|$ und für $B = L$. Die erste Behauptung unter (b) folgt damit durch Vertauschung von Limites mit stark filtrierenden Colimites in $\mathscr{ENS}$ (9.4.2), was mit $z(s)$ als Ziel von s vereinfacht durch

$$[P(L), D]_{\mathscr{C}[\Sigma^{-1}]} = \operatorname*{Colim}_{s\in|D/\Sigma|} [L, z(s)]_{\mathscr{C}} = \operatorname*{Colim}_{s\in|D/\Sigma|} [\operatorname*{Colim}_{e\in|\mathscr{X}|} R(e), z(s)]_{\mathscr{C}} \cong$$

$$\cong \operatorname*{Colim}_{s\in|D/\Sigma|} \operatorname*{Lim}_{e\in|\mathscr{X}|} [R(e), z(s)]_{\mathscr{C}} \cong \operatorname*{Lim}_{e\in|\mathscr{X}|} \operatorname*{Colim}_{s\in|D/\Sigma|} [R(e), z(s)]_{\mathscr{C}} =$$

$$= \operatorname*{Lim}_{e\in|\mathscr{X}|} [PR(e), D]_{\mathscr{C}[\Sigma^{-1}]}$$

beschrieben wird.

Besitzt $\mathscr{C}$ Coprodukte bezüglich $\mathfrak{U}$, so ist das nach dem eben Bewiesenen auch für $\mathscr{C}[\Sigma^{-1}]$ der Fall, weil beide Kategorien dieselben Objekte besitzen und diese durch P identisch abgebildet werden.

Es besitze nun $\mathscr{C}$ Differenzcokerne. Seien $[s|f], [r|h]\colon P(A) \to P(B)$ Morphismen in $\mathscr{C}[\Sigma^{-1}]$ mit Repräsentanten $(s|f)$ bzw. (r, h). Wegen (5) kann angenommen werden, daß $r = s$ ist. Sei dann q Differenzcokern von f und g. Nach dem zuvor Bewiesenen ist $P(q)$ Differenzcokern von $P(f)$ und $P(h)$. Weil $P(s) = P(r)$ isomorph ist, ist $P(q)P(s)$ Differenzcokern von $[s|f] = P(s^{-1})P(f)$ und $[s|h] = P(s)^{-1}P(h)$.

(c) Für jedes $B \in |\mathscr{C}|$ sei ein terminales Objekt $\Psi_B\colon B \to T(B)$ in B/Σ ausgewählt. Sei $\Phi_B = [\Psi_B | 1_{T(B)}]$. Wegen $B = P(B)$, $T(B) = TP(B) = PT(B)$, 16.5.4 (d) und dem Dualen von 16.4.5 genügt es zu zeigen, daß $(T(B), \Phi_B)$ eine Darstellung des kontravarianten Funktors $[P(?), B]_{\mathscr{C}[\Sigma^{-1}]}\colon \mathscr{C} \to Ens$ ist, wobei wegen 19.2.7 tatsächlich Ens benutzt werden kann. Nach dem Dualen von 16.4.5 muß gezeigt werden: Zu beliebigem Morphismus $[s|f]\colon A \to B$ in $\mathscr{C}[\Sigma^{-1}]$ mit Ziel B gibt es genau einen $h\colon A \to T(B)$ in $\mathscr{C}$ mit $[s|f] = \Phi_B P(h)$. Nach 19.2.5 (b) kann $s = \Psi_B$ angenommen werden. Nun ist aber $[\Psi_B|f] = [\Psi_B|1_{T(B)}][1_{T(B)}|f] = \Phi_B P(f)$. Damit folgt die Behauptung aus 19.2.5 (b).

19.3 Zerlegung von Funktoren und Saturation

19.3.1 Theorem. *Es sei $\mathscr{C}$ eine $\mathfrak{U}$-Kategorie, $S\colon \mathscr{C} \to \mathscr{B}$ ein Funktor. Σ die Klasse derjenigen $\mathscr{C}$-Morphismen, die bei S in Isomorphismen übergehen, $P\colon \mathscr{C} \to \mathscr{C}[\Sigma^{-1}]$ der kanonische Funktor und $S'\colon \mathscr{C}[\Sigma^{-1}] \to \mathscr{B}$ der gemäß 19.1.2 eindeutig bestimmte Funktor mit $S'P = S$.*

(a) *Wenn Σ einen Kalkül von Linksbrüchen gestattet, so entdeckt S' Isomorphismen.*

(b) *Σ gestatte einen Kalkül von Linksbrüchen, $\mathscr{C}$ besitze Differenzcokerne und S respektiere sie. Dann respektiert S' Differenzcokerne. Ferner ist S' treu, und es ist $\mathscr{C}[\Sigma^{-1}]$ isomorph zu einer $\mathfrak{U}$-Kategorie, wenn auch $\mathscr{B}$ eine $\mathfrak{U}$-Kategorie ist.*

(c) *$\mathscr{C}$ besitze Differenzcokerne, S respektiere sie und sei voll. Dann gestattet Σ einen Kalkül von Linksbrüchen. $\mathscr{C}[\Sigma^{-1}]$ ist isomorph zu einer $\mathfrak{U}$-Kategorie. S' ist völlig treu und P voll.*

(d) *Ist $\mathscr{C}$ endlich covollständig und respektiert S endliche Colimites, so gestattet Σ einen Kalkül von Linksbrüchen, und S' respektiert endliche Colimites.*

(e) *Ist $\mathscr{C}$ covollständig und respektiert S Colimites, so gestattet Σ einen starken Kalkül von Linksbrüchen, und S' respektiert Colimites bezüglich $\mathfrak{U}$.*

(f) *Besitzt S einen Rechtsadjungierten T: $\mathscr{B} \to \mathscr{C}$ und ist S oder T voll, so gestattet Σ einen terminalen Kalkül von Brüchen. $\mathscr{C}[\Sigma^{-1}]$ ist isomorph zu einer $\mathfrak{U}$-Kategorie, und P besitzt einen völlig treuen Rechtsadjungierten.*

(g) *Ist T: $\mathscr{B} \to \mathscr{C}$ rechtsadjungiert zu S, so ist T genau dann völlig treu, wenn S' eine Äquivalenz ist. In diesem Falle ist PT äquivalenz-invers zu S'.*

Beweis. (a) Ist $S'([s|f])$ isomorph, so ergibt sich aus $[s|f] = P(s)^{-1}P(f)$, daß auch $S'P(f) = S(f)$ isomorph ist. Nach Definition von Σ ist $P(f)$ isomorph, also auch $[s|f]$. Bei diesem Schluß wird übrigens 19.2.1 (iv) für Σ nicht benötigt.

(b) Die erste Behauptung folgt unmittelbar aus dem Beweis von 19.2.8 (b). Für α, β: $A \to B$ in $\mathscr{C}[\Sigma^{-1}]$ sei γ Differenzcokern. Dann ist $S'(\gamma)$ Differenzcokern von $S'(\alpha)$ und $S'(\beta)$. Ist $\alpha \neq \beta$, so ist γ nicht isomorph, wegen (a) ist $S'(\gamma)$ nicht isomorph, also $S'(\alpha) \neq S'(\beta)$. Daher ist S' treu. Die letzte Behauptung unter (b) folgt hieraus unmittelbar.

(c) Die Bedingungen (i), (ii) von 19.2.1 sind evident. Gibt es zu f, g: $A \to B$ in $\mathscr{C}$ ein $s \in \Sigma$ mit $fs = gs$, so folgt $S(f) = S(g)$. Ist t ein Differenzcokern von f und g, so folgt weiter, daß $S(t)$ isomorph ist. Daher gilt 19.2.1 (iv). Es liege nun $A' \xleftarrow{s} A \xrightarrow{g} D$ in $\mathscr{C}$ mit $s \in \Sigma$ vor. Weil S voll ist, gibt es $t \in \Sigma$ mit $S(t) = S(s)^{-1}$. Sei s': $D \to D'$ Differenzcokern von g und gts. Weil S Differenzcokerne respektiert und $S(g) = S(gts)$ ist, ist $s' \in \Sigma$. Mit $g' = s'gt$ ergibt sich 19.2.1 (iii).

Weil es zu jedem $s \in |A/\Sigma|$ ein $t \in \Sigma$ gibt mit $S(t) = S(s)^{-1}$ und auch $ts \in \Sigma$ ist, bilden die zu Σ gehörigen Endomorphismen eine finale Menge in A/Σ. Damit folgt die zweite Behauptung unter (c) aus 19.2.7.

S' ist voll, weil $\mathscr{C}$ und $\mathscr{C}[\Sigma^{-1}]$ dieselben Objekte besitzen und S voll ist. Wegen (b) ist S' völlig treu. Hieraus folgt, daß P voll ist.

(d) ergibt sich analog zu (e).

(e) Die Bedingungen 19.2.1 (i), (ii), (iv) ergeben sich wie unter (c).

Bildet man zu $A' \xleftarrow{s} S \xrightarrow{g} D$ in $\mathscr{C}$ mit $s \in \Sigma$ das Diagramm 19.2.1 (1) als Pushout, so ergibt Anwendung von S ein Pushout in $\mathscr{B}$. Daher ist mit $S(s)$ auch $S(s')$ isomorph, also $s' \in \Sigma$. Es gilt also folgende Verschärfung von 19.2.1 (iii):

Σ ist Pushout-abgeschlossen (vgl. dazu 18.4.6 (b)).

19.2.1 (v) erhält man entsprechend dadurch, daß man zu dem Pinsel $\{s_j\colon\ A \to B_j\}$ in $\mathscr{C}$ mit $s_j \in \Sigma$ das verallgemeinerte Pushout bildet. Damit folgt die erste Behauptung unter (e).

Für die zweite Behauptung genügt es wegen 19.2.8 (b) zu zeigen, daß S' Differenzcokerne und Coprodukte bezüglich $\mathfrak{U}$ respektiert. Das erste ist nach (b) der Fall, das zweite folgt daraus, daß sich diese Coprodukte in $\mathscr{C}[\Sigma^{-1}]$ „wie in $\mathscr{C}$" bilden lassen (vgl. Beweis von 19.2.8 (b)).

(f) Für die Adjunktions-Transformation $\Psi\colon\ 1_{\mathscr{C}} \to TS$ sind $\Psi * T$ und $S * \Psi$ isomorph nach 16.5.5. Für jedes $A \in |\mathscr{C}|$ ist daher $\Psi_A \in \Sigma$.

19.2.1 (i), (ii) sind wieder evident. Für $f, g\colon\ A \to B$ in $\mathscr{C}$ sei $fs = gs$ mit $s \in \Sigma$. Es folgt $S(f) = S(g)$ und weiter $\Psi_B f = TS(f)\Psi_A = TS(g)\Psi_A = \Psi_B g$. Wegen $\Psi_B \in \Sigma$ folgt 19.2.1 (iv). Für $A' \xleftarrow{s} A \xrightarrow{g} D$ in $\mathscr{C}$ mit $s \in \Sigma$ erhält man 19.2.1 (iii) mit $s' = \Psi_D$ und

$$g' = TS(g)\,T\big(S(s)^{-1}\big)\,\Psi_{A'}$$

wegen $\Psi_{A'}s = TS(s)\Psi_A$ und $\Psi_D g = TS(g)\Psi_A$.

Wir zeigen nun, daß Ψ_A terminal in A/Σ ist. Für $s\colon\ A \to D$ in Σ gibt es $u\colon\ D \to TS(A)$ mit $us = \Psi_A$, nämlich $T(S(s)^{-1})\Psi_D$. Ist auch $vs = \Psi_A$, so folgt $S(u) = S(v)$ und damit $\Psi_{TS(A)}\, u = TS(u)\,\Psi_D = \Psi_{TS(A)}\, v$ und weiter $u = v$. Also ist Ψ_A terminal in A/Σ.

Die restlichen Behauptungen unter (f) folgen aus 19.2.7 und 19.2.8 (c).

(g) Sei zunächst T völlig treu. Für die zu S und T gehörigen Adjunktions-Transformationen Φ, Ψ ist $\Phi\colon\ ST \to 1_{\mathscr{B}}$ isomorph nach 16.5.4 und $P * \Psi\colon\ P \to PTS$ isomorph, wie der Beweis von (f) zeigt. Nach 19.1.4 (d) ist $[P, \mathscr{C}[\Sigma^{-1}]]$ völlig treu. Weil P und $PTS = (PTS')P$ isomorphe Funktoren sind, ist folglich $1_{\mathscr{C}[\Sigma^{-1}]}$ isomorph zu PTS'. Zusammen mit $\Phi\colon\ S'PT \to 1_{\mathscr{B}}$ folgt, daß S' äquivalenz-invers zu PT ist.

Sei nun S' eine Äquivalenz. Dann ist $[S', \mathscr{B}]$ eine Äquivalenz, und wegen 19.1.4 (d) und $S = S'P$ ist auch $[S, \mathscr{B}]\colon\ [\mathscr{B}, \mathscr{B}] \to [\mathscr{C}, \mathscr{B}]$ völlig treu.

Für $S * \Psi\colon\ S \to STS$ erhält man, daß es genau eine natürliche Transformation $\Psi'\colon\ 1_{\mathscr{B}} \to ST$ gibt (vgl. 16.1.3) mit

(1) $$\Psi' * S = S * \Psi.$$

Wir wollen zeigen, daß ST linksadjungiert zu $1_{\mathscr{B}}$ ist mit quasi-inversen Adjunktions-Transformationen $\Phi\colon\ (ST)1_{\mathscr{B}} \to 1_{\mathscr{B}}$ und $\Psi'\colon\ 1_{\mathscr{B}} \to 1_{\mathscr{B}}(ST)$. Ist das erkannt, so ist Φ isomorph nach 16.5.4, weil $1_{\mathscr{B}}$ völlig treu ist, und T völlig treu wieder nach 16.5.4. Aus 16.5.5 (4) erhält man durch Anwendung von S wegen (1)

(2) $$1_{ST} = (ST * \Phi)(S * \Psi * T) = (ST * \Phi)(\Psi' * ST).$$

Aus (1) und 16.5.5 (4°) erhält man

$$1_S = (\Phi * S)(S * \Psi) = (\Phi * S)(\Psi' * S) = (\Phi\Psi') * S.$$

Weil $[S, \mathscr{B}]$ völlig treu ist, folgt hieraus

(3) $$1_{\mathscr{B}} = \Phi\Psi' = (\Phi * 1_{\mathscr{B}})(1_{\mathscr{B}} * \Psi').$$

Wegen (2), (3) und 16.5.5 ist ST linksadjungiert zu $1_{\mathscr{B}}$.

19.3.2 Korollar. *Besitzt S: $\mathscr{C} \to \mathscr{B}$ einen Rechtsadjungierten T: $\mathscr{B} \to \mathscr{C}$, so ist T genau dann völlig treu, wenn $[S, \mathscr{B}]$: $[\mathscr{B}, \mathscr{B}] \to [\mathscr{C}, \mathscr{B}]$ völlig treu ist. In diesem Falle ist auch $[S, \mathscr{D}]$ völlig treu für jede Kategorie $\mathscr{D}$.*

Man vergleiche mit dem Sachverhalt von 17.1.6 (c).

Beweis. Die erste Behauptung folgt unmittelbar aus dem vorangehenden Beweis, die zweite aus 19.1.4 (d), 19.3.1 (g) und $S = S'P$.

19.3.3 Satz. *$\Gamma \subset \operatorname{Mor}\mathscr{C}$ gestatte einen Kalkül von Linksbrüchen, S: $\mathscr{C} \to \mathscr{C}[\Gamma^{-1}]$ sei der kanonische Funktor und Σ die Saturation von Γ.*

(a) *Ein $\mathscr{C}$-Morphismus u gehört genau dann zu Σ, wenn es Morphismen v, w gibt, so daß vu und wv existieren und zu Γ gehören.*

(b) *Für $u \in \Sigma$ sei $u = wv$ mit epimorphem v. Dann gehören v und w zu Σ.*

(c) *Σ gestattet einen Kalkül von Linksbrüchen.*

(d) *Gestattet Γ einen starken Kalkül von Linksbrüchen, so auch Σ.*

(e) *Gestattet Γ einen terminalen Kalkül von Brüchen, so auch Σ.*

Beweis. (a) Existieren v, w, so besteht folgendes kommutative Diagramm:

(4) 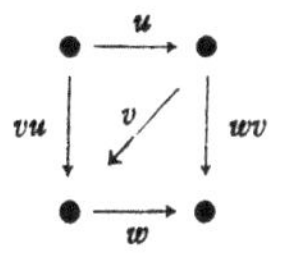

Weil $S(vu)$ und $S(wv)$ isomorph sind, ist $S(v)$ Retraktion und Coretraktion. Es folgt, daß $S(v)$, $S(u)$ und $S(w)$ isomorph sind.

Für u: $A \to B$ sei umgekehrt $S(u)$ isomorph und (s, v) Repräsentant von $S(u)^{-1} = [s|v]$. Dann ist $[s|vu]$ Repräsentant von $1_{S(A)}$. Nach 19.2.2 (4) kann $s = vu$ angenommen werden. Die Existenz von w folgt entsprechend aus $[1_B|u][s|v] = 1_{S(B)}$.

(b) Nach 19.2.8 (a) und dem Dualen von 7.8.9 ist $S(v)$ epimorph. $S(v)$ ist außerdem Coretraktion mit zugehöriger Retraktion $S(u)^{-1}S(w)$. Daher ist $v \in \Sigma$. Damit folgt $w \in \Sigma$.

(c) folgt analog zu (d).

(d) Bedingungen 19.2.1 (i), (ii) sind evident. Sei $fv = gv$ für $v \in \Sigma$. Dann ist $S(f) = S(g)$. Nach 19.2.2 (4) gibt es $u \in \Gamma$ mit $uf = ug$, und es ist $\Gamma \subset \Sigma$.

Es liege $A' \xleftarrow{u} A \xrightarrow{g} D$ mit $u \in \Sigma$ vor. Nach (a) gibt es v mit $vu \in \Gamma$. Damit folgt 19.2.1 (iii) für Σ aus der Bedingung für Γ. Liegt der Pinsel $\{u_j: A \to B_j\}$ vor mit $u_j \in \Sigma$ für alle j, so gibt es nach (a) für jedes j ein v_j mit $v_j u_j \in \Gamma$. Damit folgt 19.2.1 (v) für Σ aus der Bedingung für Γ.

(e) Mit dem kanonischen Funktor $P: \mathscr{C} \to \mathscr{C}[\Sigma^{-1}]$ liegt die Situation von 19.3.1 vor, wobei hier S' nach 19.1.4 isomorph ist. Damit folgt die Behauptung aus 19.2.8 (c) und 19.3.1 (f).

19.3.4 Korollar. *Sei $\Gamma \subset \operatorname{Mor} \mathscr{C}$ und $S: \mathscr{C} \to \mathscr{C}[\Gamma^{-1}]$ der kanonische Funktor. Dann sind gleichwertig:*

(a) *Die Saturation von Γ gestattet einen terminalen Kalkül von Brüchen.*
(b) *S besitzt einen Rechtsadjungierten T.*

Hierbei ist T völlig treu.

Beweis. Für die Saturation Σ von Γ liegt die Situation von 19.3.1 mit isomorphem S' vor. Gilt (a), so besitzt P einen Rechtsadjungierten T' nach 19.2.8 (c), woraus (b) mit $T = T'S'^{-1}$ folgt. Gilt (b), so ist T völlig treu nach 19.3.1 (g), und aus 19.3.1 (f) folgt (a).

19.3.5 Bemerkungen. (a) Beispiele für Kalküle von Brüchen, die nicht zu Adjunktionen zu gehören brauchen, ergeben sich durch Zerlegung von Funktoren gemäß 19.3.1. Man kann etwa in der Kategorie der punktierten topologischen Räume oder der entsprechenden Homotopiekategorie für Σ die Klasse derjenigen Abbildungen nehmen, die Isomorphismen für die Homotopiegruppen bewirken, entsprechendes gilt für Kettenkomplexe (über Ab oder einer beliebigen abelschen Kategorie) und für Abbildungen, die Isomorphismen der Homologie bewirken. Wir verweisen auf Gabriel-Zisman [12], Hartshorne [14]. Von den weiteren Anwendungsbereichen erwähnen wir hier nur noch Untersuchungen von injektiven Objekten in abelschen Kategorien (Roos [45], Gabriel [30]).

(b) Ist $\mathscr{C}$ endlich covollständig, so ist $\Sigma \subset \operatorname{Mor} \mathscr{C}$ genau dann eine saturierte Klasse von Morphismen, die einen Kalkül von Linksbrüchen gestattet, wenn die folgenden Bedingungen gelten:

(i) Σ enthält alle Isomorphismen.

(ii) Ist $vu = w$ und gehören zwei der Morphismen u, v, w zu Σ, so auch der dritte.
Gehören vu und xv zu Σ, so gehört v zu Σ.

(iii) Σ ist Pushout-abgeschlossen.

(iv) Ist $fs = gs$ mit $s \in \Sigma$, so gehört der Differenzcokern von f und g zu Σ.

Daß die Bedingungen notwendig sind, ergibt sich aus dem Bisherigen (Beweise von 19.3.3 (a), 19.3.1 (e), (c)). Sie sind hinreichend nach 19.3.3 (a). Hieraus folgt ($\mathcal{C}$ endlich covollständig), daß der Durchschnitt von saturierten Morphismenklassen, die einen Kalkül von Linksbrüchen gestatten, wieder eine solche Klasse ist und daß es zu gegebener Klasse $\Gamma \subset \operatorname{Mor} \mathcal{C}$ stets eine kleinste umfassende gibt, die saturiert ist und einen Kalkül von Linksbrüchen gestattet.

Entsprechende Bemerkungen gelten für saturierte Klassen, die einen starken Kalkül von Linksbrüchen gestatten, wenn $\mathcal{C}$ covollständig ist. Ebenso für Kalkül von Links- und von Rechtsbrüchen, wenn $\mathcal{C}$ endlich vollständig und endlich covollständig ist.

Dagegen besteht keine entsprechende Schlußweise für terminalen Kalkül von Brüchen.

(c) Sei $(\psi, S, T, \mathcal{B}, \mathcal{C})$ eine adjungierte Situation, bei der S oder T voll ist, $\Psi\colon 1_{\mathcal{C}} \to TS$ zugehörige Adjunktions-Transformation und $\Gamma \subset \operatorname{Mor} \mathcal{C}$ eine Klasse von Morphismen, die bei S in Isomorphismen übergehen. Ferner sei $\Psi_A \in \Gamma$ für jedes $A \in |\mathcal{C}|$.

Die Saturation von Γ ist das Σ von 19.3.1, insbesondere gestattet sie einen terminalen Kalkül von Brüchen.

Zum Nachweis sei $P'\colon \mathcal{C} \to \mathcal{C}[\Gamma^{-1}]$ der kanonische Funktor. Nach 19.1.2 ist die Saturation von Γ in Σ enthalten. Gehört umgekehrt $f\colon A \to B$ zu Σ, so ist $S(f)$ und auch $TS(f)$ isomorph. Aus $\Psi_B f = TS(f)\Psi_A$ folgt, daß auch $P'(f)$ isomorph ist, was die Behauptung ergibt.

Ist insbesondere T völlig treu, so erhält man nach 19.3.1 (g) eine Äquivalenz $S''\colon \mathcal{C}[\Gamma^{-1}] \to \mathcal{B}$ mit $S = S''P'$. Hierbei ist $\Gamma = \{\Psi_A\}_{A \in |\mathcal{C}|}$ zugelassen.

(d) Aus 19.3.1 (g) und 19.3.4 folgt, daß für jede Kategorie $\mathcal{C}$ die adjungierten Situationen $(\psi, S, T, \mathcal{B}, \mathcal{C})$ mit völlig treuem T bis auf Äquivalenz diejenigen sind, die sich durch einen terminalen Kalkül von Brüchen mit einer geeigneten saturierten Morphismenklasse von $\mathcal{C}$ erhalten lassen. Insbesondere liegt diese Situation bei den Beispielen von 16.6.8 vor. Die duale Situation besteht bei den Beispielen in 16.6.9, wobei das zugehörige Σ aus Bimorphismen besteht (19.2.6).

Kriterien für 19.3.4 (a) ergeben sich aus 19.3.3 (a) und unten 19.4.5 (b).

19.3.6 Satz. *Die $\mathfrak{U}$-Kategorie $\mathcal{C}$ sei endlich vollständig, lokal klein und lokal coklein. Ferner besitze jeder Morphismus eine Zerlegung in Epi- und Monomorphismus. Gestattet $\Sigma \subset \operatorname{Mor} \mathcal{C}$ einen Kalkül von Links- und von Rechtsbrüchen, so ist $\mathcal{C}[\Sigma^{-1}]$ isomorph zu einer $\mathfrak{U}$-Kategorie.*

Beweis. Nach 19.3.3 (c) kann angenommen werden, daß Σ saturiert ist. Sei (s, f) Repräsentant von $\alpha\colon P(A) \to P(B)$ mit $s\colon B \to C$ in Σ. Man zerlege s in Epimorphismus s' und Monomorphismus s'' und bilde das Pullback zu s'' und f, wodurch s''' und f' mit $fs''' = s''f'$ entstehen. Wegen 19.3.3 (b) gehören s' und s'' zu Σ. Nach dem Dualen von 19.3.5 (b) gehört s''' zu Σ. Ferner ist s''' monomorph (7.8.2). Man erhält $\alpha =$

$= P(s')^{-1} P(f') P(s''')^{-1}$. Nun kann angenommen werden, daß s' bzw. s''' zu einem ausgewählten Repräsentantensystem der Äquivalenzklassen von Epimorphismen mit Quelle B bzw. Monomorphismen mit Ziel A gehört. Hieraus folgt, daß $[P(A), P(B)]$ zu einer $\mathfrak{U}$-Menge isomorph ist.

19.4 Beziehungen zu Unterkategorien

19.4.1 Definition. Eine Unterkategorie $\mathcal{N}$ von $\mathcal{C}$ heißt *strikt voll*, wenn jedes Objekt von $\mathcal{C}$, das zu einem von $\mathcal{N}$ isomorph ist, zu $\mathcal{N}$ gehört ($\mathcal{N}$ ist abgeschlossen gegen isomorphe Objekte).

19.4.2 Bemerkungen. (a) Sei $\mathcal{X}$ eine volle Unterkategorie von $\mathcal{C}$. Nach 16.3.6 ist $\mathcal{X}$ in einer strikt vollen Unterkategorie $\mathcal{N}$ von $\mathcal{C}$ enthalten, derart daß die Inklusion $\mathcal{X} \subset \mathcal{N}$ eine Äquivalenz ist. Die Inklusion $\mathcal{X} \subset \mathcal{C}$ besitzt genau dann einen Linksadjungierten, wenn das für $\mathcal{N} \subset \mathcal{C}$ der Fall ist (16.4.2, 16.5.9).

(b) Es sei $R\colon \mathcal{C} \to \mathcal{C}$ ein Funktor mit natürlicher Transformation $\Psi\colon 1_{\mathcal{C}} \to R$, und es sei $I\colon \mathcal{X} \to \mathcal{C}$ die Inklusion einer vollen Unterkategorie, so daß R über I faktorisiert, etwa $R = IS$. Es ist S genau dann linksadjungiert zu I mit Adjunktionstransformation Ψ, wenn gilt:

Ist $f\colon A \to Y$ irgendein $\mathcal{C}$-Morphismus mit Ziel in $\mathcal{X}$, so gibt es genau ein $g\colon R(A) \to Y$ mit $f = g\Psi_A$.

(1) 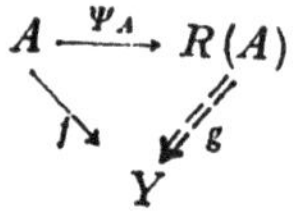 $Y \in |\mathcal{X}|$.

Das folgt unmittelbar aus 16.4.5, wobei hier nur zwischen $Y \in |\mathcal{X}|$ und $I(Y) \in |\mathcal{C}|$ und zwischen g und $I(g)$ nicht unterschieden ist.

Es liege eine solche adjungierte Situation vor. Weil $\Psi * I$ isomorph ist, ist $\Psi_Y\colon Y \to R(Y)$ isomorph, wenn $Y \in |\mathcal{X}|$ ist. Die Umkehrung gilt, wenn $\mathcal{X}$ strikt voll ist. Ferner ist $\Psi * R = \Psi * IS\colon R \to RR$ eine Isomorphie, und nach (1) für f und $\Psi_Y f$ ist $R(f) = \Psi_Y g$.

(c) Es liege $R\colon \mathcal{C} \to \mathcal{C}$ mit natürlicher Transformation $\Psi\colon 1_{\mathcal{C}} \to R$ vor, und es sei $\Psi * R\colon R \to RR$ isomorph. Die Objekte Y, für die Ψ_Y isomorph ist, sind die Objekte einer strikt vollen Unterkategorie $\mathcal{X}$ von $\mathcal{C}$. Die Inklusion $I\colon \mathcal{X} \to \mathcal{C}$ besitzt einen Linksadjungierten S mit $IS = R$ und Adjunktions-Transformation $\Psi\colon 1_{\mathcal{C}} \to IS$.

Nach Voraussetzung liegen nämlich die Objekte $R(A)$ in $\mathcal{X}$, $\mathfrak{X}$ ist offenbar strikt voll, und es gilt (1) mit $g = \Psi_Y^{-1} R(f)$.

(d) Ist $\mathcal{X}$ volle Unterkategorie von $\mathcal{C}$ und besitzt die Inklusion $I\colon \mathcal{X} \to \mathcal{C}$ einen Linksadjungierten S, so läßt sich S nach 16.6.5 und 16.6.6 so wählen, daß $SI = 1_{\mathcal{X}}$ und $\Phi\colon SI \to 1_{\mathcal{X}}$ die identische Transformation von $1_{\mathcal{X}}$ ist.

Für $R = IS$ gilt dann

(2) $RR = R$,

(3) $R|\mathscr{X} = 1_{\mathscr{X}}$; $\Phi_Y = 1_Y$ für $Y \in |\mathscr{X}|$,

(4) $\Psi_Y = 1_Y$ für $Y \in |\mathscr{X}|$,

das letzte wegen (3), $Y = I(Y)$ und 16.5.5 (4).

(e) Es seien $\mathscr{N}, \mathscr{M}, \mathscr{C}$ beliebige Kategorien. Besitzen die Funktoren $T''\colon \mathscr{N} \to \mathscr{M}$, $T'\colon \mathscr{M} \to \mathscr{C}$ Linksadjungierte $S''\colon \mathscr{M} \to \mathscr{N}$ und $S'\colon \mathscr{C} \to \mathscr{M}$, so ist $S = S''S'$ linksadjungiert zu $T = T'T''$ (16.4.2). Mit evidenter Bedeutung von Ψ'', Ψ', Ψ und Φ'', Φ', Φ erhält man aus 16.5.1 und 16.5.1°

(5) $\Psi = (T' * \Psi'' * S')\Psi'$,

$\Phi = \Phi''(S'' * \Phi' * T'')$.

(f) Es sei $T'\colon \mathscr{M} \to \mathscr{C}$ völlig treu und $T''\colon \mathscr{N} \to \mathscr{M}$ gegeben. Besitzt $T = T'T''$ einen Linksadjungierten S, so ist $S'' = ST'$ linksadjungiert zu T'', wie die Isomorphismen

$$[ST'(M), N]_{\mathscr{N}} \cong [T'(M), T(N)]_{\mathscr{C}} \cong [M, T''(N)]_{\mathscr{M}}$$

zeigen.

19.4.3 Definition. Sei Σ eine Teilklasse von Mor $\mathscr{C}$. Ein Objekt N von $\mathscr{C}$ heißt *linksabgeschlossen* bezüglich Σ, wenn $[s, N]_{\mathscr{C}}$ bijektiv ist für jedes $s \in \Sigma$.

19.4.4 Lemma. *Sei $\Sigma \subset$ Mor $\mathscr{C}$ und $(\psi, S, T, \mathscr{B}, \mathscr{C})$ eine Adjunktion. Führt S alle Morphismen aus Σ in Isomorphismen über, so ist $T(X)$ linksabgeschlossen bezüglich Σ für jedes $X \in |\mathscr{B}|$.*

Beweis. Für $s \in \Sigma$ ist $[S(s), X]$ isomorph. Vermöge ψ erhält man, daß $[s, T(X)]$ isomorph ist.

19.4.5 Satz. *$\Sigma \subset$ Mor $\mathscr{C}$ gestatte einen Kalkül von Linksbrüchen. $P\colon \mathscr{C} \to \mathscr{C}[\Sigma^{-1}]$ sei der kanonische Funktor.*

(a) *Für $N \in |\mathscr{C}|$ sind gleichwertig:*

(i) *N ist linksabgeschlossen bezüglich der Saturation Ξ von Σ.*

(ii) *N ist linksabgeschlossen bezüglich Σ.*

(iii) *$[s, N]_{\mathscr{C}}$ ist surjektiv für jedes $s \in \Sigma$ mit Quelle N.*

(iv) *Die Objekte von N/Σ sind Coretraktionen.*

(v) *$P_{A,N}\colon [A, N]_{\mathscr{C}} \to [P(A), P(N)]_{\mathscr{C}[\Sigma^{-1}]}$ ist bijektiv für jedes $A \in |\mathscr{C}|$.*

(b) *Σ gestattet genau dann einen terminalen Kalkül von Brüchen, wenn es zu jedem $B \in |\mathscr{C}|$ ein $\Psi_B\colon B \to T(B)$ gibt, so daß $\Psi_B \in \Sigma$ und $T(B)$ linksabgeschlossen bezüglich Σ ist.*

(c) *Σ gestatte einen terminalen Kalkül von Brüchen. Sei T rechtsadjungiert zu P und $\Psi\colon 1_{\mathscr{C}} \to TP$ zugehörige Adjunktions-Transformation.*

$B \in |\mathscr{C}|$ ist genau dann linksabgeschlossen bezüglich Σ, wenn Ψ_B isomorph ist.

Sei ferner $\mathscr{N}$ die volle Unterkategorie von $\mathscr{C}$, deren Objekte die bezüglich Σ linksabgeschlossenen sind und $I: \mathscr{N} \to \mathscr{C}$ die Inklusion. Dann besitzt T eine Zerlegung $T = IT'$, wobei $T': \mathscr{C}[\Sigma^{-1}] \to \mathscr{N}$ eine Äquivalenz ist. Außerdem ist $T'P$ linksadjungiert zu I und PI äquivalenz-invers zu T'.

Beweis. (a) Trivialerweise folgt (ii) aus (i) und (iii) aus (ii). Ist (iii) erfüllt und $s: N \to C$ aus Σ, so gibt es $p: C \to N$ mit $ps = 1_N$, und es gilt (iv).

Sei nun (iv) erfüllt. Für $f, g: A \to N$ in $\mathscr{C}$ sei $P(f) = P(g)$, also $[1_N|f] = [1_N|g]$. Wegen 19.2.2 (4) gibt es $t: N \to C$ in Σ mit $tf = tg$. Weil t Coretraktion und damit monomorph ist, folgt $f = g$ und $P_{A,N}$ ist injektiv. $P_{A,N}$ ist auch surjektiv: Für $[s|f]: P(A) \to P(N)$ sei p eine zu s gehörige Retraktion. Dann ist $[s|f] = [ps|pf] = [1_N|pf] = P(pf)$. Also gilt (v).

Sei (v) erfüllt und $s: A \to B$ aus Ξ. Dann ist

$$
(6) \qquad \begin{array}{ccc}
[B, N]_{\mathscr{C}} & \xrightarrow{P_{B,N}} & [P(B), P(N)]_{\mathscr{C}[\Sigma^{-1}]} \\
{\scriptstyle [s,N]}\downarrow & & \downarrow{\scriptstyle [P(s),P(N)]} \\
[A, N]_{\mathscr{C}} & \xrightarrow{P_{A,N}} & [P(A), P(N)]_{\mathscr{C}[\Sigma^{-1}]}
\end{array}
$$

kommutativ und $[s, N]$ isomorph, weil $P_{A,N}$, $P_{B,N}$ und $[P(s), P(N)]$ es sind. Also gilt (i).

(b) Sei zunächst die angegebene Bedingung erfüllt. Für s in B/Σ ist $[s, T(B)]$ bijektiv. Daher gibt es genau ein u mit $us = \Psi_B$. Also ist Ψ_B terminal in B/Σ.

Zur Umkehrung sei Ψ_B terminal in B/Σ für jedes $B \in |\mathscr{C}|$. Nach dem Beweis von 19.2.8 (c) setzt sich $T \mapsto T(B)$ zu einem Funktor T fort, der zu P rechtsadjungiert ist. Damit folgt die restliche Behauptung aus 19.4.4.

(c) Ist Ψ_B isomorph, so ist B linksabgeschlossen, weil $TP(B)$ es ist (19.4.4). Sei nun B linksabgeschlossen. Wegen (a) und 19.3.3 kann angenommen werden, daß Σ saturiert ist. Weil $P(\Psi_B)$ isomorph ist, ist dann $\Psi_B \in \Sigma$. Nach (iv) in (a) ist Ψ_B eine Coretraktion. Nach 16.5.4 (b) ist Ψ_B isomorph.

T besitzt die Zerlegung $T = IT'$ wegen 19.4.4. Mit T ist auch T' völlig treu. T' ist eine Äquivalenz nach dem bereits Bewiesenen und 16.3.6. Sei J äquivalenz-invers zu T'. Dann ist $T'P$ linksadjungiert zu $TJ = IT'J$ (16.4.2) und damit auch zu I. Ferner ist $(PI)T' = PT$ isomorph zum identischen Funktor von $\mathscr{C}[\Sigma^{-1}]$, weil T völlig treu ist. Wegen $PI \cong PIT'J \cong J$ ist PI äquivalenz-invers zu T'.

19.4.6 Bemerkungen. (a) Es sei $\mathfrak{N}$ eine Klasse von Objekten der Kategorie $\mathscr{C}$. Die Morphismenklasse Σ bestehe aus allen Morphismen s, derart daß $[s, N]_{\mathscr{C}}$ bijektiv ist für jedes $N \in \mathfrak{N}$.

Ist $\mathscr{C}$ endlich covollständig bzw. covollständig, so ist Σ eine saturierte Klasse, die einen Kalkül bzw. starken Kalkül von Linksbrüchen gestattet, wie man leicht nachprüft (8.7.4, 19.3.5 (b)).

(b) Sei $\Sigma \subset \operatorname{Mor}\mathscr{C}$ und $\mathscr{N}$ bzw. $\mathscr{L}$ die volle Unterkategorie von $\mathscr{C}$, deren Objekte die bezüglich Σ linksabgeschlossenen bzw. diejenigen Objekte L sind, für die $[s, L]_{\mathscr{C}}$ monomorph ist für alle $s \in \Sigma$. $\mathscr{N}$ und $\mathscr{L}$ sind offenbar strikt voll in $\mathscr{C}$. $\mathscr{N}$ ist in $\mathscr{C}$ abgeschlossen gegen Limites (soweit vorhanden), $\mathscr{L}$ ebenfalls, weil Limites von Monomorphismen monomorph sind (7.1.9). Ist ferner $m\colon A \to L$ monomorph in $\mathscr{C}$ und $L \in |\mathscr{L}|$, so ist $A \in |\mathscr{L}|$ ($\mathscr{L}$ ist gegen „Unterobjekte" abgeschlossen). Unter Zusatzbedingungen über $\mathscr{C}$ kann geschlossen werden, daß $\mathscr{L}$ epireflektiv in $\mathscr{C}$ ist (16.6.3 (b)).

(c) Vermöge (a) und (b) besteht eine Bijektion zwischen saturierten Morphismenklassen von $\mathscr{C}$, die einen terminalen Kalkül von Brüchen gestatten, und strikt vollen Unterkategorien, für welche die Inklusion in $\mathscr{C}$ einen Linksadjungierten besitzt. Nach 19.4.5 (c) und 19.3.1 (g) sind damit alle adjungierten Situationen $(\psi, S, T, \mathscr{B}, \mathscr{C})$ mit völlig treuem T bis auf Äquivalenz erfaßt.

19.4.7 Satz. *In der Kategorie $\mathscr{C}$ sei jeder Morphismus bis auf Isomorphie eindeutig in Epi- und Monomorphismus zerlegbar. $\mathscr{N}$ sei volle Unterkategorie von $\mathscr{C}$, die Inklusion $I\colon \mathscr{N} \to \mathscr{C}$ besitze den Linksadjungierten S, und es sei $\Psi\colon 1_{\mathscr{C}} \to IS$ zugehörige Adjunktions-Transformation.*

(a) *Die Objekte M, für die Ψ_M monomorph ist, sind die Objekte einer strikt vollen, epireflektiven Unterkategorie $\mathscr{M}$ von $\mathscr{C}$.*

(b) *Die Inklusion $I''\colon \mathscr{N} \to \mathscr{M}$ besitzt einen treuen Linksadjungierten S''.*

Beweis. (a) $\mathscr{M}$ ist offenbar strikt voll. Für $A \in |\mathscr{C}|$ zerlege man Ψ_A in einen Epimorphismus $\Psi'_A\colon A \twoheadrightarrow R(A)$ und einen Monomorphismus $\Psi''_A\colon R(A) \to IS(A)$, und zwar so, daß $\Psi'_M = 1_M$ ist für $M \in |\mathscr{M}|$. Da die Morphismenzerlegung natürlich ist (12.4.10), gibt es zu $f\colon A \to B$ genau einen Morphismus $R(f)\colon R(A) \to R(B)$ mit $R(f)\colon R(A) \to R(B)$ mit $\Psi'_B f = R(f)\Psi'_A$. Damit liegt R als Funktor vor, und wegen $R|\mathscr{M} = 1_{\mathscr{M}}$ besteht die Situation von 19.4.2 (c), (d).

(b) Offenbar gilt $\mathscr{N} \subset \mathscr{M}$. S'' existiert nach 19.4.2 (f), und es ist Ψ'' zugehörige Adjunktions-Transformation (genauer $\overline{\Psi}$ mit $I' * \overline{\Psi} = \Psi'' = \Psi * I'$ für $I'\colon \mathscr{M} \subset \mathscr{C}$). I' entdeckt Monomorphismen. Nach dem Dualen von 16.5.3 ist S'' treu, was auch direkt ersichtlich ist. Für S'' liegt übrigens der Sachverhalt von 19.2.6 vor.

19.4.8 Bemerkungen. (a) Es gelten offenbar entsprechende Aussagen, wenn $\mathscr{C}$ eine natürliche Zerlegung von Morphismen in Epimorphismus und Differenzkern oder Differenzcokern und Monomorphismus besitzt (oder ähnliche Sachverhalte).

(b) Sei Σ die Klasse der Morphismen, die durch S in Isomorphismen übergehen. Gestattet Σ auch einen Kalkül von Rechtsbrüchen, so fällt unter den Voraussetzungen von 19.4.7 die Kategorie $\mathcal{M}$ mit der Kategorie $\mathcal{L}$ von 19.4.6 (b) zusammen, wie man leicht bestätigt. (Man betrachte die Analoga von 19.4.5 (ii) bis (v).)

19.5 Additivität und Exaktheit

19.5.1 Satz. $\Sigma \subset \operatorname{Mor}\mathcal{C}$ *gestatte einen Kalkül von Linksbrüchen,* P*:* $\mathcal{C} \to \mathcal{C}[\Sigma^{-1}]$ *sei der kanonische Funktor.*

(a) *Besitzt* $\mathcal{C}$ *ein Nullobjekt, so wird es von* P *respektiert.*

(b) *Ist* $\mathcal{C}$ *additiv, so gibt es genau eine additive Struktur auf* $\mathcal{C}[\Sigma^{-1}]$*, so daß* P *additiv ist.*

(c) *Ist* Σ *die Klasse von Morphismen, die durch den additiven Funktor* S*:* $\mathcal{C} \to \mathcal{B}$ *(bei additiven* $\mathcal{B}$ *und* $\mathcal{C}$*) in Isomorphismen übergeführt werden, so ist vermöge* (b) *auch* S'*:* $\mathcal{C}[\Sigma^{-1}] \to \mathcal{B}$ *mit* $S'P = S$ *additiv.*

Beweis. (a) folgt aus 19.2.8 (a).

(b) Die Eindeutigkeit der additiven Struktur folgt wegen 19.2.4 daraus, daß filtrierende Colimites in $\mathcal{AB}$ wie in $\mathcal{ENS}$ gebildet werden (9.3.7). Sei $[P(A), P(B)]_{\mathcal{C}[\Sigma^{-1}]}$ für jedes Paar (A, B) von Objekten aus $\mathcal{C}$ mit der additiven Struktur versehen, die sich für den filtrierenden Colimes gemäß 19.2.4 in $\mathcal{AB}$ ergibt. Es bleibt zu zeigen, daß diese Addition beiderseits distributiv ist (1.5.1 (4)), was mit Repräsentanten geschehen kann. Für $[s|f], [r|h]$: $P(A) \to P(B)$ in $C[\Sigma^{-1}]$ kann $s = r$ angenommen werden nach 19.2.2 (5). Damit folgt die Linksdistributivität $(\alpha + \beta)\gamma = \alpha\gamma + \beta\gamma$ für $\alpha = [s|f]$, $\beta = [s|h]$ und $\gamma = [t|g]$ unmittelbar aus 19.2.2 (3). Die Rechtsdistributivität folgt entsprechend, wenn man berücksichtigt, daß es für

$$D \xleftarrow{t} A \overset{f}{\underset{h}{\rightrightarrows}} B$$

mit $t \in \Sigma$ Morphismen f', h', t' mit $t' \in \Sigma$ und $f't = t'f$, $h't = t'h$ gibt. Das folgt aus 19.2.1 (iii) und (ii), weil B/Σ filtrierend ist. P ist additiv nach Konstruktion.

(c) Es ist $S'([s|f]) = S'(P(s)^{-1}P(f)) = S(s)^{-1}S(f)$. Hieraus und aus 19.2.2 (5) folgt die Behauptung durch einfache Rechnung.

19.5.2 Satz. $\Sigma \subset \operatorname{Mor}\mathcal{C}$ *gestatte einen Kalkül von Links- und von Rechtsbrüchen,* P*:* $\mathcal{C} \to \mathcal{C}[\Sigma^{-1}]$ *sei der kanonische Funktor.*

(a) *In* $\mathcal{C}$ *sei jeder Morphismus in einen Epimorphismus und einen anschließenden Differenzkern zerlegbar.* $\alpha \in \operatorname{Mor}\mathcal{C}[\Sigma^{-1}]$ *ist genau dann epimorph, wenn es einen Isomorphismus* γ *in* $\mathcal{C}[\Sigma^{-1}]$ *und einen Epimorphismus* f' *in* $\mathcal{C}$ *gibt mit* $\alpha = \gamma P(f')$.

(b) *Ist* $\mathcal{C}$ *eine exakte Kategorie, so ist auch* $\mathcal{C}[\Sigma^{-1}]$ *exakt und* P *exakt.*

(c) *Ist* $\mathcal{C}$ *abelsch, so ist* $\mathcal{C}[\Sigma^{-1}]$ *abelsch und* P *exakt und additiv.*

Beweis. (a) Sei (s, f) Repräsentant von α, α epimorph und $f = f''f'$ mit epimorphem f' und Differenzkern f''. Es gilt $P(s)\alpha = P(f'')P(f')$. Hierbei ist $P(s)\alpha$ epimorph, also auch $P(f'')$. Weil P Differenzkerne respektiert (19.2.8 (a) dual), ist $P(f'')$ ein epimorpher Differenzkern, also isomorph. Nun ist $\alpha = P(s)^{-1}P(f'')P(f')$, $P(s^{-1})P(f'')$ isomorph und $P(f')$ epimorph (19.2.8 (a) und 7.8.9 dual). Die Umkehrung ist evident.

(b) $\mathscr{C}[\Sigma^{-1}]$ besitzt ein Nullobjekt nach 19.5.1 (a). Der Beweis von 19.2.8 (a) zeigt, daß $\mathscr{C}[\Sigma^{-1}]$ Cokerne und dualerweise Kerne besitzt. Wegen (a) und 19.2.8 (a) ist jeder Epimorphismus in $\mathscr{C}[\Sigma^{-1}]$ ein Cokern, dualerweise jeder Monomorphismus ein Kern. Für $[s|f] = P(s)^{-1}P(f)$ erhält man eine Zerlegung in Epi- und Monomorphismus durch die entsprechende Zerlegung von f. P ist exakt nach 19.2.8 (a).

(c) folgt aus (b), 19.2.8 (a) und 13.3.2 (d).

19.5.3 Satz. $\Sigma \subset \mathrm{Mor}\,\mathscr{C}$ *gestatte einen Kalkül von Rechtsbrüchen und einen terminalen Kalkül von Brüchen. Ist* $\mathscr{C}$ *eine Grothendieck-Kategorie, so ist auch* $\mathscr{C}[\Sigma^{-1}]$ *eine. Besitzt* $\mathscr{C}$ *einen Generator* G, *so ist* $P(G)$ *Generator von* $\mathscr{C}[\Sigma^{-1}]$.

Beweis. Nach 19.2.8 (c) besitzt P einen völlig treuen Rechtsadjungierten T. Nach 19.5.2 ist P exakt. T ist additiv nach 16.5.10. Damit folgt die erste Behauptung aus 16.6.2. Die zweite folgt aus dem Dualen von 15.3.4 (a).

19.5.4 Definition. Es sei $\mathscr{C}$ eine abelsche Kategorie. Eine nichtleere volle *Unterkategorie* $\mathscr{K}$ von $\mathscr{C}$ heißt *dick*, wenn gilt: Ist

$$0 \longrightarrow K' \xrightarrow{u} K \xrightarrow{p} K'' \longrightarrow 0 \tag{1}$$

eine kurze exakte Folge in $\mathscr{C}$, so gilt $K \in |\mathscr{K}|$ genau dann, wenn K', K'' zu $\mathscr{K}$ gehören.

Wegen $\mathscr{K} \neq \emptyset$ gehören alle Nullobjekte zu $\mathscr{K}$, und es ist $\mathscr{K}$ strikt voll in $\mathscr{C}$.

Die *zu* $\mathscr{K}$ *gehörige Morphismenklasse* $\Sigma(\mathscr{K})$ bestehe aus denjenigen Morphismen s, für welche die Quelle von $\ker s$ und das Ziel von $\operatorname{coker} s$ in $\mathscr{K}$ liegen. Statt $\mathscr{C}[\Sigma(\mathscr{K})^{-1}]$ schreiben wir $\mathscr{C}/\mathscr{K}$, was durch den folgenden Satz gerechtfertigt wird.

19.5.5 Satz. *Es sei* $\mathscr{K}$ *eine dicke Unterkategorie der abelschen Kategorie* $\mathscr{C}$, $\Sigma(\mathscr{K})$ *die zugehörige Morphismenklasse und* $P\colon \mathscr{C} \to \mathscr{C}/\mathscr{K}$ *der kanonische Funktor.*

(a) $\Sigma(\mathscr{K})$ *gestattet einen Kalkül von Links- und von Rechtsbrüchen. P ist exakt und additiv.*

(b) $\Sigma(\mathscr{K})$ *ist saturiert. Ein Objekt K von* $\mathscr{C}$ *gehört genau dann zu* $\mathscr{K}$, *wenn $P(K)$ ein Nullobjekt ist.*

(c) *Ist* $\mathscr{D}$ *eine exakte Kategorie und* $F\colon \mathscr{C} \to \mathscr{D}$ *ein exakter Funktor, so faktorisiert F genau dann über P, wenn F alle Objekte von* $\mathscr{K}$

in Nullobjekte überführt. Die Faktorisierung $F = GP$ *ist hierbei eindeutig bestimmt.*

(d) *Ein Funktor* $G\colon \mathscr{C}/\mathscr{K} \to P$ *in eine exakte Kategorie* $\mathscr{D}$ *ist genau dann exakt, wenn* GP *exakt ist.* (*Für Additivität beachte man* 13.3.2 (d).)

Beweis. (a) Wegen 19.5.2 (c) folgt die zweite Behauptung aus der ersten.

(i) $\Sigma(\mathscr{K})$ enthält alle identischen Morphismen wegen $\mathscr{K} \neq \emptyset$.

(ii) $\Sigma(\mathscr{K})$ ist kompositiv. Seien $s\colon A \to B$ und $t\colon B \to C$ aus $\Sigma(\mathscr{K})$. Ferner seien $k'\colon K' \to A$, $m\colon M \to B$ und $k\colon K \to A$ die Kerne von s, t bzw. ts. Dann besteht folgendes kommutative Diagramm:

(2)
$$\begin{array}{ccccccc} K'' & & & \xrightarrow{\qquad n \qquad} & & & M \\ & & & & & & \downarrow m \\ & \nwarrow p & K' & \xrightarrow{k'} & A & \xrightarrow{s} & B \\ & & \downarrow u & & \| & & \downarrow t \\ & & K & \xrightarrow{k} & A & \xrightarrow{ts} & C \end{array}$$

Hierbei existiert u nach Definition Kern, ebenso $v\colon K \to M$ mit $mv = sk$. p und n entstehen durch Zerlegung von v in Epi- und Monomorphismus.

Nach 13.1.4 (c) ist u Kern von $sk = mnp$. Weil mn monomorph ist, ist u Kern von p. Nach Annahme sind K' und M Objekte von $\mathscr{K}$. Damit erhält man K'' als Objekt von $\mathscr{K}$ vermöge n und K als Objekt von $\mathscr{K}$ vermöge u und p. Zusammen mit dem dualen Schluß für Cokerne folgt $ts \in \Sigma(\mathscr{K})$.

(iii) Sei $A' \xleftarrow{s} A \xrightarrow{t} D$ gegeben mit $s \in \Sigma(\mathscr{K})$. Bildet man 19.2.1 (1) als Pushout, so erhält man nach 13.4.8 isomorphe Cokernobjekte für s und s' und einen Epimorphismus $h\colon K \twoheadrightarrow L$, wenn K bzw. L Kernobjekt für s bzw. s' ist. Damit folgt $s' \in \Sigma(\mathscr{K})$.

(iv) Zu $f\colon A \to B$ liege ein $s \in \Sigma(\mathscr{K})$ vor mit $fs = 0$. Wir betrachten

(3)
$$\begin{array}{cccccccc} \xrightarrow{s} & A & \xrightarrow{\operatorname{coker} s} & A'' & \longrightarrow & 0 & & \\ & \| & & \downarrow u & & & & \\ & A & \xrightarrow{\operatorname{coim} f} & D & \xrightarrow{\operatorname{im} f} & B & \xrightarrow{\operatorname{coker} f} & C \end{array}$$

Wegen $fs = 0$ ist $(\operatorname{coim} f)s = 0$. Daher existiert u, und u ist epimorph. Aus $A'' \in |\mathscr{K}|$ folgt nun $D \in |\mathscr{K}|$. Wegen $\operatorname{im} f = \ker(\operatorname{coker} f)$ folgt $\operatorname{coker} f \in \Sigma(\mathscr{K})$.

Weil $\mathscr{C}$ additiv ist, ergeben (i) bis (iv), daß $\Sigma(\mathscr{K})$ einen Kalkül von Linksbrüchen gestattet. Die Behauptung für Rechtsbrüche ist dazu dual.

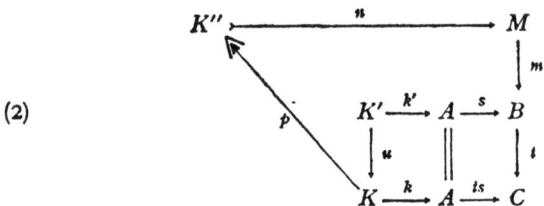

(b) Es gehöre $s\colon A \to B$ zur Saturation von $\Sigma(\mathscr{K})$. Nach 19.3.3 (a) gibt es $t\colon B \to C$, so daß $ts \in \Sigma(\mathscr{K})$ ist. Mit den Bezeichnungen von (2) erhält man $K \in |\mathcal{K}|$ und weiter $K' \in |\mathcal{K}|$, weil k und u monomorph sind. Zusammen mit dem dualen Schluß erhält man $s \in \Sigma(\mathcal{K})$. Also ist $\Sigma(\mathcal{K})$ saturiert.

Für $K \in |\mathcal{K}|$ liegt $0: K \to K$ in $\Sigma(\mathcal{K})$. Weil P exakt ist, ist $P(K)$ ein Nullobjekt. Die Umkehrung folgt daraus, daß $\Sigma(\mathcal{K})$ saturiert ist: Ist $P(K)$ Nullobjekt, so liegt $0: K \to K$ in $\Sigma(\mathcal{K})$ und damit K in $\mathcal{K}$.

(c) Führt F alle Objekte von $\mathcal{K}$ in Nullobjekte über, so ist $F(s)$ isomorph für jedes $s \in \Sigma(\mathcal{K})$, weil F exakt ist. Nach 19.1.2 gibt es genau einen Funktor G mit $F = GP$. Die Umkehrung ist evident.

(d) Ist G exakt, so ist GP exakt nach (a). Sei nun $0 \to X \xrightarrow{\xi} Y \xrightarrow{\zeta} Z \to 0$ eine exakte Folge in $\mathcal{C}/\mathcal{K}$. Dann gibt es eine exakte Folge $0 \longrightarrow A \xrightarrow{a} Y \xrightarrow{c} C \longrightarrow 0$ in $\mathcal{C}$ und Isomorphismen α, γ in $\mathcal{C}/\mathcal{K}$, so daß

$$\text{(4)}\qquad \begin{array}{ccccccccc} 0 & \longrightarrow & A & \xrightarrow{P(a)} & Y & \xrightarrow{P(c)} & C & \longrightarrow & 0 \\ & & \downarrow{\scriptstyle\alpha} & & \| & & \downarrow{\scriptstyle\gamma} & & \\ 0 & \longrightarrow & X & \xrightarrow{\xi} & Y & \xrightarrow{\zeta} & Z & \longrightarrow & 0 \end{array}$$

kommutativ ist: Nach 19.5.2 (a) existieren γ und der Epimorphismus c. Wegen (a) ist die obere Zeile in (4) exakt. Weil γ isomorph ist, sind $P(a)$ und ξ Kerne von ζ. Daher existiert α. Ist nun GP exakt, so zeigt (4), daß auch G exakt ist.

19.5.6 Bemerkungen. Sei $\mathcal{C}$ abelsch. Gestattet $\Gamma \subset \operatorname{Mor} \mathcal{C}$ einen Kalkül von Links- und Rechtsbrüchen, so gilt dasselbe für die Saturation Σ von Γ nach 19.3.3 (c) und seinem Dualen. Für $P: \mathcal{C} \to \mathcal{C}[\Sigma^{-1}]$ sind diejenigen Objekte, die bei P in Nullobjekte übergehen, die Objekte einer dicken Unterkategorie $\mathcal{K}$ von $\mathcal{C}$, wie 19.5.2 (c) zeigt. Wegen 19.5.5 (a), (b) besteht für jede abelsche Kategorie $\mathcal{C}$ eine Bijektion zwischen den dicken Unterkategorien und denjenigen saturierten Morphismenklassen, die einen Kalkül von Links- und von Rechtsbrüchen gestatten.

19.5.7 Satz. *Sei $\mathcal{C}$ abelsch und $\mathcal{K}$ eine dicke Unterkategorie. $I': \mathcal{M} \to \mathcal{C}$ sei die Inklusion der strikt vollen Unterkategorie $\mathcal{M}$ von $\mathcal{C}$, so daß $M \in |\mathcal{M}|$ genau dann gilt, wenn $[s, M]$ monomorph ist für alle $s \in \Sigma(\mathcal{K})$. $\mathcal{N}$ sei die strikt volle Unterkategorie, deren Objekte die bezüglich $\Sigma(\mathcal{K})$ linksabgeschlossenen sind.*

(a) *Die Objekte M von $\mathcal{M}$ sind auch dadurch charakterisiert, daß $[K, M] = 0$ ist für alle $K \in |\mathcal{K}|$.*

(b) *$\mathcal{M}$ ist in $\mathcal{C}$ abgeschlossen gegen Limites (soweit vorhanden), „Unterobjekte" und wesentliche Erweiterungen. Ist*

$$\text{(5)}\qquad 0 \longrightarrow M' \xrightarrow{m} M \xrightarrow{c} M'' \longrightarrow 0$$

exakt und $M', M'' \in |\mathcal{M}|$, so ist $M \in |\mathcal{M}|$.

(c) *Ist* (5) *exakt,* $M \in |\mathscr{M}|$ *und* $M' \in |\mathscr{N}|$, *so ist* $M'' \in |\mathscr{M}|$.

(d) *Ist* (5) *exakt,* $M \in |\mathscr{N}|$ *und* $M'' \in |\mathscr{M}|$, *so ist* $M' \in |\mathscr{N}|$.

(e) *Ist* $M \in |\mathscr{M}|$ *und* $q\colon M \to Q$ *injektive Hülle von* M *in* $\mathscr{C}$, *so ist* $Q \in |\mathscr{N}|$ *und* $P(q)\colon P(M) \to P(Q)$ *injektive Hülle in* $\mathscr{C}/\mathscr{K}$, (P: $\mathscr{C} \to \mathscr{C}/\mathscr{K}$ *kanonisch*).

(f) *Ist* $\mathscr{C}$ *vollständig und lokal klein, so ist* $\mathscr{M}$ *epireflektiv in* $\mathscr{C}$.

(g) *Gibt es zu jedem* $B \in |\mathscr{C}|$ *einen maximalen Monomorphismus* m_B: $K_B \to B$ *mit Quelle in* $\mathscr{K}$, *so ist* $\mathscr{M}$ *epireflektiv in* $\mathscr{C}$.

(h) *Sei* $\mathscr{C}$ *covollständig und lokal klein. Die Bedingung unter* (g) *ist genau dann erfüllt, wenn* $\mathscr{K}$ *in* $\mathscr{C}$ *gegen Coprodukte* (*und damit gegen Colimites*) *abgeschlossen ist.*

Beweis. (a) Weil H_M Cokerne in Kerne überführt, folgt die Behauptung aus der Definition von $\Sigma(\mathscr{K})$ in 19.5.4 und der Tatsache, daß für $K \in |\mathscr{K}|$ stets $0 \to K$ zu $\Sigma(\mathscr{K})$ gehört.

(b) Weil H^K Limites respektiert und damit linksexakt ist, folgt die zweite Behauptung unmittelbar aus (a), die erste aus (a) und aus 15.2.3 (b).

(c) Wir betrachten

$$(6)\qquad \begin{array}{ccccccccc} & & & & L & \xrightarrow{d} & K & \longrightarrow & 0 \\ & & & \nearrow^{n} & {\scriptstyle l}\downarrow & \text{I} & \downarrow{\scriptstyle k} & & \\ 0 & \longrightarrow & M' & \xrightarrow[m]{} & M & \xrightarrow[c]{} & M'' & \longrightarrow & 0 \end{array}$$

Hierbei sei k monomorph, $K \in |\mathscr{K}|$ und I ein Pullback. Nach 7.8.2 ist l monomorph, und nach 13.4.3 (c) ist d epimorph. n existiert und ist Kern von k nach 12.3.4 (d). Nun ist $n \in \Sigma(\mathscr{K})$. Wegen $M' \in |\mathscr{N}|$ und 19.4.5 (iv) ist n Coretraktion. Nach 13.2.4 dual ist d Projektion für L als Biprodukt von M' und K. Mit der zugehörigen Injektion folgt $K = 0$ wegen (a). Wieder wegen (a) folgt $M'' \in |\mathscr{M}|$.

(d) Wir betrachten

$$(7)\qquad \begin{array}{ccccccccc} 0 & \longrightarrow & M' & \xrightarrow{m} & M & \xrightarrow{c} & M'' & \longrightarrow & 0 \\ & & {\scriptstyle s}\downarrow & & \| & & \downarrow{\scriptstyle h} & & \\ & & X & \xrightarrow{u} & M & \xrightarrow{v} & Y & \longrightarrow & 0 \end{array}$$

Hierbei sei zunächst $s \in \Sigma(\mathscr{K})$ gegeben. u existiert wegen $M \in |\mathscr{N}|$ nach Definition von $\mathscr{N}$ (19.4.3). v sei Cokern von u. h existiert nach Definition von Cokernen. Anwendung von P zeigt $h \in \Sigma(\mathscr{K})$. Wegen $M'' \in |\mathscr{M}|$ ist h monomorph. Wegen $hc = v$ ist h isomorph. Nach Definition von Kernen faktorisiert nun u eindeutig über m, und s ist eine Coretraktion. Nach 19.4.5 (iv) ist $M' \in |\mathscr{N}|$.

(e) Wegen (b) ist $Q \in |\mathscr{M}|$. Liegt $s\colon Q \to A$ aus $\Sigma(\mathscr{K})$ vor, so ist s monomorph. Weil Q injektiv ist, erkennt man s vermöge 1_Q als Coretraktion. Nach 19.4.5 (iv) ist $Q \in |\mathscr{N}|$.

Wir zeigen nun, daß $P(q)$ wesentlich ist. Weil jeder Morphismus von $\mathscr{C}/\mathscr{K}$ die Gestalt $P(s)^{-1}P(f)$ hat, genügt es wegen 15.2.3 zu zeigen: Ist für

$$P(M) \xrightarrow{P(q)} P(Q) \xrightarrow{P(f)} P(N)$$

$P(fq)$ monomorph, so ist $P(f)$ monomorph. Sei $vu = fq$ eine Zerlegung von fq mit epimorphem u und monomorphem v. $P(u)$ ist epimorph (19.2.8 (a)) und auch monomorph nach Annahme über $P(fq)$. Daher liegt u in $\Sigma(\mathscr{K})$. Wegen $M \in |\mathscr{M}|$ ist u monomorph, also isomorph. Damit ist fq monomorph und auch f nach 15.2.3. Hieraus folgt, daß $P(f)$ monomorph ist.

Wir zeigen schließlich, daß $P(Q)$ injektiv ist. Sei $\mu\colon P(A) \to P(B)$ monomorph und liege $\alpha\colon P(A) \to P(Q)$ vor. Wegen des Dualen von 19.5.2 (a) kann angenommen werden, daß $\mu = P(m)$ mit monomorphem m ist. Wegen 19.4.5 (v) gibt es $f\colon A \to Q$ mit $P(f) = \alpha$. Weil Q injektiv ist, gibt es $v\colon B \to Q$ mit $vm = f$. Damit folgt, daß $P(Q)$ injektiv ist.

(f) folgt unmittelbar aus (b) und 16.6.3 (c). (Man beachte 12.4.4.)

(g) Auswahl von maximalen Monomorphismen mit Quelle in $\mathscr{K}$, so daß 1_K für $K \in |\mathscr{K}|$ gewählt wird, und von Cokernen dieser Monomorphismen, so daß 1_M für $M \in |\mathscr{M}|$ gewählt wird, gibt Funktoren $F\colon \mathscr{C} \to \mathscr{C}$ und $R\colon \mathscr{C} \to \mathscr{C}$ und die exakte Folge

8) $$0 \longrightarrow F \xrightarrow{\varkappa} 1_{\mathscr{C}} \xrightarrow{\Psi'} R \longrightarrow 0.$$

Ferner ist $FF = F$ und $RR = R$ mit $F * \varkappa = 1_F$ und $\Psi' * R = 1_R$. Für $\mathscr{M}$, R, Ψ' liegt wegen (a) die Situation 19.4.2 (c) vor. Für $\mathscr{K}$, F, $\varkappa$ besteht die duale Situation.

(h) Ist $\mathscr{K}$ gegen Coprodukte abgeschlossen, so erhält man die Bedingung in (g) aus 14.2.5, indem man für eine Repräsentantenmenge der Äquivalenzklassen von Monomorphismen mit Quelle in $\mathscr{K}$ und Ziel B das Coprodukt der Quellen bildet. Die Umkehrung folgt aus dem Dualen von 16.6.7 und dem Beweis von (g).

19.6 Lokalisation in abelschen Kategorien

19.6.1 Definition. Es sei $\mathscr{C}$ eine abelsche Kategorie. Eine dicke Unterkategorie $\mathscr{K}$ von $\mathscr{C}$ heißt *lokalisierend*, wenn der kanonische Funktor $P\colon \mathscr{C} \to \mathscr{C}/\mathscr{K}$ einen Rechtsadjungierten T besitzt.

19.6.2 Bemerkung. Sei $\mathscr{K}$ zunächst nur dick und $I\colon \mathscr{N} \to \mathscr{C}$ die Inklusion der strikt vollen Unterkategorie, deren Objekte die bezüglich $\Sigma(\mathscr{K})$ linksabgeschlossenen sind. Nach 19.4.5 (b), (c) ist $\mathscr{K}$ genau dann lokalisierend, wenn I einen Linksadjungierten $S\colon \mathscr{C} \to \mathscr{N}$ besitzt.

Sei dies der Fall. Nach 19.4.2 (d) können wir annehmen, daß S und die zugehörige Adjunktions-Transformation Ψ so gewählt sind, daß

$\Psi_N = 1_N$ ist für $N \in |\mathcal{N}|$. Wir bezeichnen dann S als *lokalisierenden Funktor.*

$\mathcal{N}$ ist abelsch nach 19.5.2 und 19.4.5, jedoch werden Cokerne im allgemeinen nicht wie in $\mathcal{C}$ gebildet, d. h. I braucht nicht exakt zu sein. Die Addition von $\mathcal{N}$ als abelscher Kategorie ist die von $\mathcal{C}$ herrührende nach 11.6.5. S ist exakt und additiv. Statt des kanonischen Funktors P: $\mathcal{C} \to \mathcal{C}/\mathcal{K}$ betrachten wir im folgenden stets S: $\mathcal{C} \to \mathcal{N}$. Die zugehörige Adjunktions-Transformation Ψ: $1_{\mathcal{C}} \to IS$ zerlegt sich gemäß 19.4.7. Mit den dortigen Bezeichnungen besteht die exakte Folge

$$(1) \qquad 0 \longrightarrow K_B \xrightarrow{\ker \Psi_B} B \xrightarrow{\Psi'_B} I'S'(B) \xrightarrow{\Psi''_B} IS(B) \xrightarrow{\operatorname{coker} \Psi_B} C_B \to 0$$

mit $\Psi_B = \Psi''_B \Psi'_B$. Weil $S * \Psi$ isomorph ist, sind K_B und C_B Objekte von $\mathcal{K}$. Ist m: $A \to B$ irgendein Monomorphismus mit Quelle in $\mathcal{K}$, so ist $S(m) = 0$ nach 19.5.5, und aus $\Psi_B\, m = IS(m)\, \Psi_A = 0$ folgt daß m über $\ker \Psi_B$ faktorisiert.

Für $B \in |\mathcal{C}|$ ist also $\ker \Psi_B$ ein maximaler Monomorphismus mit Quelle in $\mathcal{K}$. Vergleich von (1) mit 19.5.7 zeigt, daß die Kategorien $\mathcal{M}$ von 19.4.7 und 19.5.7 hier identisch sind. Insbesondere stimmt Ψ' in (1) mit Ψ' in 19.5.7 (8) überein.

19.6.3 Lemma *Es sei $\mathcal{C}$ abelsch und $\mathcal{K}$ eine dicke Unterkategorie. Die beiden folgenden Aussagen sind gleichwertig:*

(a) *$\mathcal{K}$ ist lokalisierend.*

(b) *Für jedes Objekt B von $\mathcal{C}$ gilt: Unter den Monomorphismen mit Ziel B und Quelle in $\mathcal{K}$ gibt es einen maximalen. Ist dieser null, so gibt es außerdem einen Monomorphismus von B in ein bezüglich $\Sigma(\mathcal{K})$ linksabgeschlossenes Objekt.*

Beweis. Nach den vorangehenden Bemerkungen folgt (b) aus (a). Sei nun (b) erfüllt. Nach 19.5.7 (g) existiert ein Epireflektor S': $\mathcal{C} \to \mathcal{M}$ mit zugehöriger Adjunktions-Transformation Ψ': $1_{\mathcal{C}} \to I'S'$. Für alle $B \in |\mathcal{C}|$ gehört Ψ'_B: $B \to I'S'(B)$ zu $\Sigma(\mathcal{K})$. Nach der zweiten Bedingung von (b) gibt es einen Monomorphismus i: $I'S'(B) \to N$, so daß N linksabgeschlossen ist. Wir betrachten

$$(2) \qquad \begin{array}{ccccccc} & & & N' & \xrightarrow{c'} & K & \\ & & \nearrow^{\Psi''_B} & \downarrow n & \mathrm{I} & \downarrow m & \\ 0 \longrightarrow & I'S'(B) & \xrightarrow[i]{} & N & \xrightarrow[c]{} & C & \longrightarrow 0 \end{array}$$

Hierbei ist c Cokern von i, m ein maximaler Monomorphismus mit Quelle in $\mathcal{K}$ und I ein Pullback. Wie bei 19.5.7 (6) folgt, daß Ψ''_B existiert und Kern von c' ist. Ψ'_C: $C \to I'S'(C)$ ist Cokern von m. Nach 13.4.3 (c) ist I bicartesisch, und nach dem Dualen von 12.3.4 (d) ist $\Psi'_C\, c$ Cokern von n. Wegen $I'S'(C) \in |\mathcal{M}|$ und 19.5.7 (d) ist N' linksabgeschlossen bezüglich $\Sigma(\mathcal{K})$. Wegen $I'S'(B) \in |\mathcal{M}|$ ist $\Psi''_B \in \Sigma(\mathcal{K})$, also auch $\Psi_B = \Psi''_B \Psi'_B$. Damit folgt (a) aus 19.4.5 (b).

19.6.4 Satz. *Es sei $\mathscr{C}$ eine abelsche Kategorie mit injektiven Hüllen und $\mathscr{K}$ eine dicke Unterkategorie.*

(a) *$\mathscr{K}$ ist dann und nur dann lokalisierend, wenn es zu jedem $B \in |\mathscr{C}|$ einen maximalen Monomorphismus mit Ziel B und Quelle in $\mathscr{K}$ gibt.*

(b) *Ist das der Fall, so besitzt auch $\mathscr{C}/\mathscr{K}$ injektive Hüllen. Der Rechtsadjungierte $T\colon \mathscr{C}/\mathscr{K} \to \mathscr{C}$ des kanonischen Funktors P respektiert injektive Objekte.*

(c) *Ist außerdem $\mathscr{K}$ abgeschlossen gegen injektive Hüllen, so respektiert P injektive Objekte.*

Beweis. (a) folgt unmittelbar aus 19.6.3 und 19.5.7 (e).

(b) Die erste Behauptung folgt aus 19.5.7 (e), denn wegen (1) und 19.3.3 (b) ist jedes Objekt von $\mathscr{C}/\mathscr{K}$ zu einem der Form $P(M)$ isomorph. Die zweite Behauptung gilt nach 15.3.4 (b).

(c) Sei Q injektiv, $k\colon K \to Q$ maximaler Monomorphismus mit Quelle in $\mathscr{K}$ und $h\colon K \to H$ injektive Hülle von K. Weil h wesentlich und Q injektiv ist, existiert ein Monomorphismus $i\colon H \to Q$ mit $k = ih$ (15.2.3). Nach dem Dualen von 10.4.6 und nach 12.6.3 besitzt Q eine Darstellung $H \oplus J$, wobei i eine Injektion ist. Hierbei ist auch J injektiv. Jeder Monomorphismus mit Ziel J und Quelle in $\mathscr{K}$ ist null nach Wahl von K. Die injektive Hülle von J ist 1_J, und nach 19.5.7 (e) ist $P(J)$ injektiv. Ist die Zusatzvoraussetzung für $\mathscr{K}$ erfüllt, so ist h isomorph und $P(H) = 0$.

Bemerkung. Ohne die Zusatzvoraussetzung für $\mathscr{K}$ ergibt sich, daß jedes injektive Objekt Q von $\mathscr{C}$ isomorph zu einem der Form $H \oplus T(J')$ ist, wobei H injektive Hülle eines Objektes von $\mathscr{K}$ und J' injektiv in $\mathscr{C}/\mathscr{K}$ ist. Im Vorangehenden ist nämlich J linksabgeschlossen bezüglich $\Sigma(\mathscr{K})$, und es ist $TP(J) \cong J$ nach 19.4.5 (c).

19.6.5 Theorem. *Es sei $\mathscr{C}$ eine Grothendieck-Kategorie mit Generator G und $\mathscr{K}$ eine dicke Unterkategorie. Dann sind gleichwertig:*

(a) *$\mathscr{K}$ ist lokalisierend.*

(b) *$\mathscr{K}$ ist abgeschlossen gegen Coprodukte (und damit gegen Colimites).*

Ist das der Fall, so ist $\mathscr{C}/\mathscr{K}$ eine Grothendieck-Kategorie mit Generator $P(G)$.

Beweis. Wegen 15.3.7 sind die Voraussetzungen von 19.6.4 erfüllt. Außerdem ist $\mathscr{C}$ lokal klein (10.6.3). Wegen 19.5.7 (h) und 19.6.4 (a) sind (a) und (b) gleichwertig. (b) folgt aus (a) übrigens einfacher nach 19.5.5 (b), weil $P\colon \mathscr{C} \to \mathscr{C}/\mathscr{K}$ Colimites respektiert. Die letzte Behauptung folgt aus 19.5.3.

Bemerkung. Wegen 10.5.3 ist die Existenz eines Generators gleichwertig mit der Existenz einer erzeugenden Menge.

19.6.6 Lemma. *Es sei $\mathscr{C}$ eine abelsche Kategorie. $\mathscr{M}$ sei eine strikt volle epireflektive Unterkategorie, die folgender Bedingung genügt:*

(∗) *Zu jedem* $M \in |\mathscr{M}|$ *gibt es einen Monomorphismus* $m\colon\ M \to Q$, *derart daß* $Q \in |\mathscr{M}|$ *und* Q *injektiv in* $\mathscr{C}$ *ist.*

Es sei $I'\colon\ \mathscr{M} \to \mathscr{C}$ *die Inklusion,* $S'\colon\ \mathscr{C} \to \mathscr{M}$ *Epireflektor,* $R = I'S'$ *und* Ψ' *zugehörige epimorphe Adjunktions-Transformation. Ferner sei* $\mathscr{K}$ *die volle Unterkategorie von* $\mathscr{C}$, *so daß* $K \in |\mathscr{K}|$ *genau dann gilt, wenn* $[K, M] = 0$ *ist für alle* $M \in |\mathscr{M}|$.

(a) *Ist* $m\colon\ M' \to M$ *monomorph in* $\mathscr{C}$ *und* $M \in |\mathscr{M}|$, *so ist* $M' \in |\mathscr{M}|$. *Ist*

(3)
$$0 \longrightarrow M' \xrightarrow{m} M \xrightarrow{p} M'' \longrightarrow 0$$

exakt in $\mathscr{C}$ *und sind* $M', M'' \in |\mathscr{M}|$, *so ist* $M \in |\mathscr{M}|$.

(b) *Für jedes* $B \in |\mathscr{C}|$ *ist* $\ker \Psi'_B$ *maximaler Monomorphismus mit Quelle in* $\mathscr{K}$.

(c) $\mathscr{K}$ *ist dick, und aus* $\mathscr{K}$ *entsteht nach* 19.5.7 (a) *wieder* $\mathscr{M}$.

Beweis. (a) Für die erste Behauptung ist Ψ'_M isomorph (16.6.5). Wegen $\Psi'_M m = R(m)\Psi'_{M'}$ ist $\Psi'_{M'}$ monomorph, außerdem epimorph nach Voraussetzung. Weil $\mathscr{M}$ strikt voll ist, ist $M' \in |\mathscr{M}|$.

Für die zweite Behauptung sei $m'\colon\ M' \to Q$ ein Monomorphismus gemäß (∗). Wir betrachten in $\mathscr{C}$

(4)
$$\begin{array}{ccccccccc}
0 & \longrightarrow & M' & \xrightarrow{m} & M & \xrightarrow{p} & M'' & \longrightarrow & 0 \\
 & & {\scriptstyle m'}\big\downarrow & \mathrm{I} & \big\downarrow{\scriptstyle \overline{m}'} & & \big\| & & \\
0 & \longrightarrow & Q & \xrightarrow[\overline{m}]{} & X & \xrightarrow[\overline{p}]{} & M'' & \longrightarrow & 0
\end{array}$$

Hierbei sei I ein Pushout, p und $\overline{p}$ seien Cokerne von m und $\overline{m}$ (12.3.4 (d) dual). $\overline{m}$ und $\overline{m}'$ sind monomorph nach dem Dualen von 13.4.3 (c). Weil Q injektiv ist, spaltet die untere Zeile von (4) auf (10.4.6 dual). Nach 13.2.4 ist $X \cong Q \oplus M''$. Damit folgt $X \in |\mathscr{M}|$, weil R additiv ist. Nach dem zuvor Bewiesenen ist $M \in |\mathscr{M}|$.

(b) Sei $k\colon\ K \to B$ Kern von $\Psi'_B\colon\ B \to R(B)$. Jeder Morphismus $f\colon\ A \to B$ mit $A \in |\mathscr{K}|$ faktorisiert über k wegen $\Psi'_B f = 0$ nach Definition von $\mathscr{K}$. Es bleibt $K \in |\mathscr{K}|$ zu zeigen. Sei $f\colon\ K \to M$ ein beliebiger Morphismus mit $M \in |\mathscr{M}|$. Das Diagramm

(5)
$$\begin{array}{ccccccccc}
0 & \longrightarrow & K & \xrightarrow{k} & B & \xrightarrow{\Psi'_B} & R(B) & \longrightarrow & 0 \\
 & & {\scriptstyle f}\big\downarrow & \mathrm{I} & \big\downarrow{\scriptstyle \overline{f}} & & \big\| & & \\
0 & \longrightarrow & M & \xrightarrow[\overline{k}]{} & X & \longrightarrow & R(B) & \longrightarrow & 0
\end{array}$$

entstehe entsprechend (4) mit I als Pushout. Nach (a) ist $X \in |\mathscr{M}|$. Wegen 19.4.2 (1) gibt es $g\colon\ R(B) \to X$ mit $g\Psi'_B = \overline{f}$. Es folgt $0 = \overline{f}k = \overline{k}f$ und damit $f = 0$, weil $\overline{k}$ monomorph ist. Nach Definition von $\mathscr{K}$ ist $K \in |\mathscr{K}|$.

(c) Sei $0 \to K' \xrightarrow{k} K \xrightarrow{q} K'' \to 0$ exakt in $\mathcal{C}$. Sind $K', K'' \in |\mathcal{K}|$, so zeigt Anwendung von $[?, M]$ mit $M \in |\mathcal{M}|$, daß $K \in |\mathcal{K}|$ ist. Sei umgekehrt $K \in |\mathcal{K}|$. Wie soeben folgt $K'' \in |\mathcal{K}|$. Liege $f'\colon K' \to M$ vor mit $M \in |\mathcal{M}|$ und sei $m\colon M \to Q$ ein Monomorphismus gemäß (*). Weil Q injektiv ist, gibt es $f\colon K \to Q$ mit $fk = mf'$. Wegen $Q \in |\mathcal{M}|$, $K \in |\mathcal{K}|$ ist $f = 0$. Weil m monomorph ist, folgt $f' = 0$ und damit $K' \in |\mathcal{K}|$. Also ist $\mathcal{K}$ dick. Die letzte Behauptung folgt aus (b) und dem Beweis von 19.5.7 (g).

Bemerkung. Wegen 19.6.4 (a) und 19.5.7 (b) besteht für eine abelsche Kategorie mit injektiven Hüllen eine Bijektion zwischen lokalisierenden Unterkategorien und denjenigen strikt vollen epireflektiven Unterkategorien, die gegen injektive Hüllen abgeschlossen sind.

19.6.7 Beispiel. Sei $\mathcal{C} = Ab$ und $\mathcal{M}$ die Unterkategorie der torsionsfreien (additiven) Gruppen. Die Voraussetzungen von 19.6.6 und 19.6.4 sind erfüllt, denn wesentliche Erweiterungen torsionsfreier Gruppen sind offenbar torsionsfrei, insbesondere injektive Hüllen. $\mathcal{K}$ ist hier die Unterkategorie der Torsionsgruppen. Man zeigt leicht, daß die Objekte von $\mathcal{N}$ teilbar (Beweis von 15.3.2) und daher die torsionsfreien injektiven Gruppen sind. Dieses klassische Beispiel ist das Modell für 19.6.6 und 19.5.7.

Die Kategorie der torsionsfreien additiven Gruppen ist übrigens ein Beispiel für eine vollständige und covollständige additive Kategorie mit Generator, die nicht abelsch ist. Sie ist nicht ausgeglichen, z. B. ist die Inklusion $\mathbf{Z} \subset \mathbf{Q}$ in ihr bimorph.

Die Kategorie $\mathcal{C}'$ der endlich erzeugten abelschen Gruppen ist abelsch mit projektivem Generator. Sie ist nicht vollständig, nicht covollständig, und sie besitzt keine injektiven Objekte. $\mathcal{C}'$ ist äquivalent zu einer kleinen Kategorie. Die Unterkategorie $\mathcal{K}'$ der endlich erzeugten Torsionsgruppen ist lokalisierend in $\mathcal{C}'$. Die Inklusion $\mathcal{K}' \subset \mathcal{C}'$ besitzt einen vollen Rechtsadjungierten. $\mathcal{K}'$ ist also äquivalent zu einer Quotientenkategorie von $\mathcal{C}'$ (Bemerkung in 19.2.6). Es liegt übrigens eine adjungierte Situation vor, bei der einer der beiden Funktoren völlig treu, der andere voll ist.

19.6.8 Theorem. *Es sei $\mathcal{B}$ eine kleine abelsche Kategorie, $l(\mathcal{B}, Ab)$ die Kategorie der linksexakten Funktoren $\mathcal{B} \to Ab$. Die Inklusion $l(\mathcal{B}, Ab) \subset Add(\mathcal{B}, Ab)$ besitzt einen exakten Linksadjungierten. $l(\mathcal{B}, Ab)$ ist eine Grothendieck-Kategorie mit Generator.*

Bemerkung. Die Inklusion $l(\mathcal{B}, Ab) \subset Add(\mathcal{B}, Ab)$ besteht nach 13.3.2 (d). Wegen 12.2.7 sind die linksexakten Funktoren diejenigen, die endliche Limites respektieren.

Beweis. $\mathcal{C} = Add(\mathcal{B}, Ab)$ ist Grothendieck-Kategorie (14.6.9). Sie besitzt einen Generator, der sogar in $l(\mathcal{B}, Ab)$ liegt (15.4.1), und damit injektive Hüllen (15.3.7). Sei $\mathcal{M}$ die strikt volle Unterkategorie der additiven Monofunktoren (15.4.3). $\mathcal{M}$ ist abgeschlossen gegen Produkte.

Ist außerdem $m: M' \to M$ monomorph in $\mathscr{C}$ und $M \in |\mathscr{M}|$, so ist $M' \in |\mathscr{M}|$, was unmittelbar aus 10.1.4 folgt. Wegen 10.6.3, 16.6.3 (c) und 15.4.4 erfüllt $\mathscr{M}$ die Voraussetzungen 19.6.6. Die nach 19.5.7, 19.6.4 zugehörige Unterkategorie $\mathscr{N}$ von $\mathscr{C}$ ist eine Grothendieck-Kategorie mit Generator nach 19.6.5 und 19.6.2. Es folgt die Behauptung, wenn wir noch $\mathscr{N} = l(\mathscr{B}, Ab)$ zeigen.

Sei dazu (3) eine exakte Folge in $\mathscr{C}$ mit $M \in |\mathscr{M}|$ und M injektiv in $\mathscr{C}$. Für $M' \in |\mathscr{N}|$ bzw. $M' \in |l(\mathscr{B}, Ab)|$ ist ein Monomorphismus $M' \rightarrowtail M$ für ein geeignetes M stets vorhanden. Sei ferner

$$0 \longrightarrow X \xrightarrow{u} Y \xrightarrow{v} Z \longrightarrow 0$$

eine beliebige kurze exakte Folge in $\mathscr{B}$. Wir betrachten

$$\begin{array}{ccccccccc} & & 0 & & 0 & & 0 & & \\ & & \downarrow & & \downarrow & & \downarrow & & \\ 0 & \longrightarrow & M'(X) & \longrightarrow & M'(Y) & \longrightarrow & M'(Z) & & \\ & & \downarrow & & \downarrow & & \downarrow & & \\ 0 & \longrightarrow & M(X) & \longrightarrow & M(Y) & \longrightarrow & M(Z) & \longrightarrow & 0 \\ & & \downarrow & & \downarrow & & & & \\ 0 & \longrightarrow & M''(X) & \longrightarrow & M''(Y) & & & & \\ & & \downarrow & & \downarrow & & & & \\ & & 0 & & 0 & & & & \end{array} \tag{6}$$

Hierbei sind die Spalten exakt. Die mittlere Zeile ist exakt, weil M injektiv ist (15.4.3). Nach 13.5.2 ist die erste Zeile genau dann exakt, wenn es die dritte ist. Ist nun $M' \in |\mathscr{N}|$, so ist $M'' \in |\mathscr{M}|$ nach 19.5.7 (c) und M' linksexakt nach (6). Ist umgekehrt M' linksexakt, so folgt $M'' \in |\mathscr{M}|$. Wegen 19.5.7 (e) ist $M \in |\mathscr{N}|$. Nach 19.5.7 (d) ist $M' \in |\mathscr{N}|$, womit die Behauptung folgt.

19.6.9 Theorem (Mitchell). *Jede kleine abelsche Kategorie $\mathscr{B}$ besitzt eine exakte volle Einbettung in eine Modulkategorie.*

Beweis. Nach 10.3.4, 10.3.5 und 10.3.10 induziert die Yoneda-Einbettung $H^*: \mathscr{B}^0 \to Add(\mathscr{B}, Ab)$ eine volle exakte Einbettung $\mathscr{B}^0 \to l(\mathscr{B}, Ab)$. Sei $\mathscr{C}$ die zu $l(\mathscr{B}, Ab)$ duale Kategorie. Damit entsteht die volle exakte Einbettung $J: \mathscr{B} \to \mathscr{C}$. Nach 19.6.8 und 15.3.7 besitzt $l(\mathscr{B}, Ab)$ einen injektiven Cogenerator und damit $\mathscr{C}$ einen projektiven Generator G'. Weil $\mathscr{B}$ klein und $\mathscr{C}$ vollständig ist, ist $G = \coprod G'_e$ mit $G'_e = G'$ und $e \in \bigcup [G', J(B)]$ ebenfalls projektiver Generator. Die Vereinigung ist hierbei über alle $B \in |\mathscr{B}|$ zu bilden. Bezüglich G ist jedes $J(B)$ endlich erzeugt (sogar monogen). Mit der exakten Einbettung 17.5.5 $\mathscr{C} \to Mod_R$ entsteht die gewünschte Einbettung für $\mathscr{B}$.

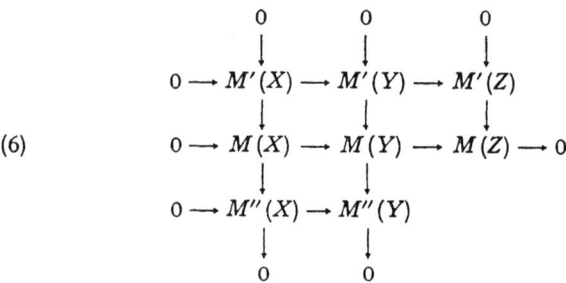

19.6.10 Bemerkungen. Die Voraussetzung von 19.6.9, daß $\mathscr{B}$ klein sei, kann durch Wechsel des Universums erzwungen werden. 15.4.5 erweist sich als Korollar von 19.6.9. Die in 15.4 bereitgestellten Hilfsmittel wurden jedoch auch hier benutzt. 15.4.5 gestattet es, Exaktheitsaussagen für Diagramme in einer abelschen Kategorie auf solche in Ab zurückzuführen, z. B. die Lemmata von 13.5. 19.6.9 gestattet eine Zurückführung auf Modulkategorien nicht nur von Exaktheitsaussagen für Diagramme, sondern auch von Aussagen über Existenz und Natürlichkeit zusätzlicher Morphismen. Der Verbindungshomomorphismus für die Homologie bei kurzen exakten Folgen von Kettenkomplexen ist ein Beispiel. Wechsel des Universums kann vermieden werden, indem man berücksichtigt, daß jede Menge von Objekten einer abelschen Kategorie in einer kleinen vollen abelschen Unterkategorie enthalten ist (man ergänze abzählbar oft durch endliche Produkte, Kerne und Cokerne).

In der homologischen Algebra werden jedoch, etwa bei spektralen Folgen, weitergehende Techniken erforderlich, die den unmittelbaren Beweis von Diagrammsätzen gestatten, wobei auch unendliche Durchschnitte und Vereinigungen eingehen dürfen. Exakte Quadrate sind ein Ausgangspunkt hierfür.

19.7 Charakterisierung der Grothendieck-Kategorien mit Generator

19.7.1 Definition. Es sei $\mathscr{C}$ eine abelsche Kategorie und $\mathfrak{N}$ eine Klasse von Objekten aus $\mathscr{C}$. Ein Objekt K von $\mathscr{C}$ heißt *vernachlässigbar* bezüglich $\mathfrak{N}$, wenn gilt:

$*$) Ist $f: A \to K$ ein beliebiger Morphismus mit Ziel K, so ist $[\ker f, N]$ bijektiv für jedes $N \in \mathfrak{N}$.

19.7.2 Satz. *Es sei $\mathscr{C}$ eine abelsche Kategorie und $\mathfrak{N}$ eine Klasse von Objekten aus $\mathscr{C}$.*

(a) *Die bezüglich $\mathfrak{N}$ vernachlässigbaren Objekte sind die Objekte einer dicken Unterkategorie $\mathscr{K}$ von $\mathscr{C}$.*

(b) *Die Objekte von $\mathfrak{N}$ sind bezüglich $\Sigma(\mathscr{K})$ linksabgeschlossen. Wird $\mathfrak{N}$ durch die Klasse $\mathfrak{N}'$ aller bezüglich $\Sigma(\mathscr{K})$ linksabgeschlossenen Objekte ersetzt, so sind die Objekte von $\mathscr{K}$ auch vernachlässigbar bezüglich $\mathfrak{N}'$.*

(c) *Ist $\mathscr{C}$ eine Grothendieck-Kategorie mit einer erzeugenden Menge $\mathfrak{G}$, so ist $K \in |\mathscr{K}|$ schon dann, wenn ($*$) für jeden Morphismus gilt, dessen Quelle ein endliches Coprodukt von Objekten aus $\mathfrak{G}$ ist.*

(d) *Ist $\mathscr{C}$ eine Grothendieck-Kategorie mit einer erzeugenden Menge $\mathfrak{G}$ von kleinen Objekten, so ist $\mathscr{K}$ lokalisierend.*

Beweis. Wir benutzen ständig, daß $H_N = [?, N]_{\mathscr{C}}$ Colimites in Limites überführt und daß aus einer exakten Folge $A \to B \to C \to 0$ eine exakte Folge $0 \to [C, N] \to [B, N] \to [A, N]$ entsteht.

(a) Wir beweisen vier Hilfsaussagen (i) bis (iv).

(i) Ist $K \in |\mathscr{K}|$, so ist $[K, N] = 0$ für jedes $N \in \mathfrak{N}$.
Zum Nachweis setze man $f = 1_K$ in ($*$).

(ii) Ist $u: K' \rightarrowtail K$ monomorph und $K \in |\mathscr{K}|$, so ist auch $K' \in |\mathscr{K}|$.
Das folgt daraus, daß $f': A \to K'$ und uf' dieselben Kerne haben.

(iii) Ist $p\colon\ K \to K''$ epimorph und $K \in |\mathscr{K}|$, so ist auch $K'' \in |\mathscr{K}|$.

Für $f\colon\ A \to K''$ betrachten wir folgendes Diagramm:

(1)
$$
\begin{array}{ccccccccc}
 & & & & H & = & H & & \\
 & & & & \big\downarrow{\scriptstyle h'} & & \big\downarrow{\scriptstyle h} & & \\
 & & K' & \xrightarrow{u'} & B & \xrightarrow{p'} & A & \longrightarrow & 0 \\
 & & \Vert & & \big\downarrow{\scriptstyle f'} & \mathrm{I} & \big\downarrow{\scriptstyle f} & & \\
0 & \longrightarrow & K' & \xrightarrow{u} & K & \xrightarrow{p} & K'' & \longrightarrow & 0
\end{array}
$$

Hierbei ist I ein Pullback, u, u', h, h' sind Kerne von p bzw. p', f, f'. Die beiden Gleichheiten bestehen nach 13.4.8 (e) bei geeigneter Wahl der Kerne. Nach (ii) ist $K' \in |\mathscr{K}|$. Wegen (i) ist $[p', N]$ isomorph für alle $N \in \mathfrak{N}$. Weil auch $[h', N]$ isomorph ist, folgt (*) für K''.

(iv) Ist $0 \longrightarrow K' \xrightarrow{u} K \xrightarrow{p} K'' \longrightarrow 0$ exakt und sind $K', K'' \in |\mathscr{K}|$, so ist $K \in |\mathscr{K}|$.

Für $f\colon\ A \to K$ betrachten wir

(2)
$$
\begin{array}{ccccccccc}
 & & H & = & H & & & & \\
 & & \big\downarrow{\scriptstyle h'} & & \big\downarrow{\scriptstyle h} & & & & \\
0 & \longrightarrow & A' & \xrightarrow{u'} & A & \xrightarrow{p'} & C & \longrightarrow & 0 \\
 & & \big\downarrow{\scriptstyle f'} & \mathrm{I} & \big\downarrow{\scriptstyle f} & & \big\downarrow{\scriptstyle m} & & \\
0 & \longrightarrow & K' & \xrightarrow{u} & K & \xrightarrow{p} & K'' & \longrightarrow & 0
\end{array}
$$

Hierbei ist I ein Pullback, h und h' sind Kerne von f und f', p' ist Cokern von u'. m existiert und ist monomorph nach 13.4.8 (d). Nach (ii) ist $C \in |\mathscr{K}|$. Für $N \in \mathfrak{N}$ ist daher $[u', N]$ isomorph. $[h', N]$ ist ebenfalls isomorph. Damit folgt (*) für K. Nach (ii), (iii), (iv) ist $\mathscr{K}$ dick.

(b) Sei $0 \longrightarrow K \xrightarrow{k} A \xrightarrow{f} B \xrightarrow{c} C \longrightarrow 0$ exakt, K und C seien aus $\mathscr{K}$ und $f = f''f'$ eine Zerlegung von f in Epi- und Monomorphismus. Für $N \in \mathfrak{N}$ ist $[f'', N]$ isomorph wegen $C \in |\mathscr{K}|$. Außerdem ist $[f', N]$ isomorph wegen $[K, N] = 0$. Also ist N linksabgeschlossen bezüglich $\Sigma(\mathscr{K})$. Umgekehrt sei dies jetzt der Fall. Für $K \in |\mathscr{K}|$ und $f\colon\ A \to K$ ist $\ker f \in \Sigma(\mathscr{K})$, womit die zweite Behauptung unter (b) folgt.

(c) Sei $G = \coprod G_\theta$ ein Coprodukt von Objekten aus $\mathfrak{G}$, G_D sei ein endliches Teilprodukt mit Injektion i_D. Sei $h'\colon\ H' \to G$ Kern von $g\colon\ G \to K$ und h'_D Kern von gi_D. Nun ist G filtrierender Colimes seiner endlichen Teilcoprodukte G_D und damit h' filtrierender Colimes der Kerne h'_D. Ist für $N \in \mathfrak{N}$ stets $[h'_D, N]$ isomorph, so ist $[h', N] = \operatorname{Lim}\,[h'_D, N]$ isomorph.

Liege jetzt $f\colon\ A \to K$ vor. Für ein geeignetes Coprodukt $G = \coprod G_\theta$ von Objekten aus $\mathfrak{G}$ gibt es einen Epimorphismus $p\colon\ G \twoheadrightarrow A$. Wir betrachten

$$
(3)\qquad
\begin{array}{ccccccc}
 & & J & = & J & & \\
 & & {\scriptstyle j'}\big\downarrow & & \big\downarrow{\scriptstyle j} & & \\
0 & \longrightarrow & H' & \xrightarrow{h'} & G & \xrightarrow{fp} & K \\
 & & {\scriptstyle p'}\big\downarrow & \mathrm{I} & \big\downarrow{\scriptstyle p} & & \big\| \\
0 & \longrightarrow & H & \xrightarrow[h]{} & A & \xrightarrow[f]{} & K
\end{array}
$$

Hierbei sind h, h', j, j' Kerne von f, fp, p, p'. I ist ein Pullback nach 12.3.4 (c). Daher ist auch p' epimorph (13.4.3 (c)). Ist $[h', N]$ isomorph, so folgt, daß $[h, N]$ isomorph ist. Nach dem zuvor Gesagten folgt (c).

(d) Aus 17.4.5 folgt, daß ein endliches Coprodukt von kleinen Objekten klein ist. $\mathscr{K}$ ist als dicke Unterkategorie jedenfalls abgeschlossen gegen endliche Coprodukte (Biprodukte). Ist $K = \coprod K_e$ Coprodukt von Objekten aus $\mathscr{K}$ und G endliches Coprodukt von Objekten aus $\mathfrak{G}$, so ist $[\ker f, N]$ isomorph für jeden Morphismus $f\colon G \to K$ und jedes $N \in \mathfrak{N}$, weil f über die (monomorphe) Injektion eines endlichen Teilcoproduktes von K faktorisiert. Wegen (c) ist $K \in |\mathscr{K}|$, und aus 19.6.5 folgt (d).

19.7.3 Satz. *Es sei* $\mathscr{C}$ *eine abelsche Kategorie,* $\mathscr{K}$ *eine lokalisierende Unterkategorie,* T *rechtsadjungiert zum kanonischen Funktor* $P\colon \mathscr{C} \to \mathscr{C}/\mathscr{K}$ *und* $\mathfrak{N}$ *die Klasse der Objekte* $TP(A)$ *für* $A \in |\mathscr{C}|$. *Die bezüglich* $\mathfrak{N}$ *vernachlässigbaren Objekte sind die Objekte von* $\mathscr{K}$.

Beweis. Die Objekte $TP(A)$ sind linksabgeschlossen bezüglich $\Sigma(\mathscr{K})$ nach 19.4.4. Wegen 19.7.2 (b) sind die Objekte von $\mathscr{K}$ vernachlässigbar bezüglich $\mathfrak{N}$. Sei umgekehrt K vernachlässigbar. Dann ist

$$[P(K), P(K)] \cong [K, TP(K)] = 0.$$

Also ist $P(K)$ Nullobjekt und damit $K \in |\mathscr{K}|$ nach 19.5.5 (b).

19.7.4 Definition. Es sei $\mathscr{C}$ eine beliebige Kategorie, $\Sigma \subset \operatorname{Mor} \mathscr{C}$ und $P\colon \mathscr{C} \to \mathscr{C}[\Sigma^{-1}]$ der kanonische Funktor. Ein $\mathscr{C}$-Morphismus $f\colon A \to B$ heißt *bedeckend* bezüglich Σ, wenn $P(f)$ epimorph ist.

19.7.5 Lemma. (a) *Sei* $\mathscr{C}$ *eine abelsche Kategorie und* $\mathscr{K}$ *eine dicke Unterkategorie.* $f\colon A \to B$ *ist genau dann bedeckend bezüglich* $\Sigma(\mathscr{K})$, *wenn das Ziel von* $\operatorname{coker} f$ *in* $\mathscr{K}$ liegt.

(b) *Es sei* $\mathscr{C}$ *eine Grothendieck-Kategorie mit einer erzeugenden Menge* $\mathfrak{G}$ *von projektiven Objekten.* $\mathfrak{N}$ *und* $\mathscr{K}$ *mögen die Bedeutung von* 19.7.2 *haben. Für* $f\colon A \to B$ *betrachte man*

$$
(4)\qquad
\begin{array}{ccccccc}
H & \xrightarrow{h'} & A' & \xrightarrow{f'} & G & \xrightarrow{c'} & C' \\
\big\| & & {\scriptstyle b'}\big\downarrow & \mathrm{I} & \big\downarrow{\scriptstyle b} & & \big\downarrow{\scriptstyle m} \\
H & \xrightarrow{h} & A & \xrightarrow{f} & B & \xrightarrow{c} & C
\end{array}
$$

Hierbei sei G ein endliches Coprodukt von Objekten aus $\mathfrak{G}$, *b ein beliebiger Morphismus* $G \to B$, I *ein Pullback, und es entstehe* (4) *durch Hinzunahme von Kernen und Cokernen* (vgl. 13.4.8).

f ist genau dann bedeckend, wenn für jede mögliche Wahl von G und b und für jedes $N \in \mathfrak{N}$ *stets*

$$(5) \qquad 0 \longrightarrow [G, N] \xrightarrow{[f', N]} [A', N] \xrightarrow{[h', N]} [H, N]$$

exakt ist (in Ab).

Beweis. (a) Folgt wegen 19.5.5 (b) unmittelbar daraus, daß P exakt ist.

(b) Weil [coim f', N] Kern von $[h', N]$ ist, ist (5) gleichwertig damit, daß [im f', N] isomorph ist. Im f' ist Kern von $cb = mc'$. Ist f bedeckend, also $C \in |\mathcal{K}|$, so folgt (5). Weil G projektiv ist, ist jeder Morphismus $g: G \to T$ von der Form cb. Ist (5) stets exakt, so folgt $C \in |\mathcal{K}|$ nach 19.7.2 (c).

19.7.6 Theorem (Gabriel-Popescu). *Es sei* $\mathcal{D}$ *eine Grothendieck-Kategorie.* $U \in |\mathcal{D}|$ *und R der Ring* $[U, U]$. *U ist in natürticher Weise Linksmodulobjekt über R, womit der Funktor* $T: [_R U, ?] \to Mod_R$ *entsteht* (15.1.6). *T besitzt den Linksadjungierten* $S: Mod_R \to \mathcal{D}$ *mit* $S(?) = ? \otimes_R {_R U}$ (17.7.4). *Die folgenden Aussagen sind gleichwertig:*

(a) *U ist Generator.*

(b) *T ist treu.*

(c) *T ist völlig treu.*

(d) *T ist völlig treu und S ist exakt.*

(e) *Die von S annullierten Objekte sind die Objekte einer lokalisierenden Unterkategorie* $\mathcal{K}$ *von* Mod_R, *und S hat die Form* $S = GP$, *wobei* $P: Mod_R \to Mod_R/\mathcal{K}$ *der kanonische Funktor und G eine Äquivalenz ist.*

Bemerkung. Zusammen mit 19.6.5 folgt, daß eine Kategorie $\mathcal{D}$ genau dann eine Grothendieck-Kategorie mit Generator ist, wenn $\mathcal{D}$ äquivalent ist zu einer Kategorie, die aus einer Modulkategorie durch Lokalisieren entsteht.

Beweis. Aus (e) folgt (d), weil P exakt ist und sich T und der völlig treue Rechtsadjungierte von P nur um eine Äquivalenz unterscheiden. Es bleibt offenbar zu zeigen, daß (e) aus (a) folgt. Sei also U Generator von $\mathcal{D}$. Nach 15.3.7 Lemma 2 ist T völlig treu. Sei $\mathfrak{N}$ die Klasse der Moduln der Form $T(X)$ mit $X \in |\mathcal{D}|$ und $\mathcal{K}$ die volle Unterkategorie von Mod_R, deren Objekte die bezüglich $\mathfrak{N}$ vernachlässigbaren sind. Nach 19.7.2 (d) mit $\mathfrak{G} = \{R\}$ und 17.4.4 ist $\mathcal{K}$ lokalisierend. Sei $\mathcal{N}$ die volle Unterkategorie von Mod_R, deren Objekte die bezüglich $\Sigma(\mathcal{K})$ linksabgeschlossenen sind, und $I: \mathcal{N} \to Mod_R$ die Inklusion. Nach 16.3.8 und 19.7.2 (b) besitzt T eine Zerlegung $T = IT'$. Sei Q rechtsadjungiert zu $P: Mod_R \to Mod_R/\mathcal{K}$. Q besitzt eine Zerlegung $Q = IQ'$

nach 19.4.5 (c), wobei Q' eine Äquivalenz ist.

(6)
$$\begin{array}{ccccc} & & Mod_R & & \\ & \swarrow^{S} & \uparrow I & \searrow^{P} & \\ \mathcal{D} & \xrightarrow{T'} & \mathcal{N} & \xleftarrow{Q'} & Mod_R/\mathcal{K} \end{array}$$

Wir werden zeigen, daß T' eine Äquivalenz ist. Ist das der Fall, so ist außer $P' = Q'P$ auch $S' = T'S$ linksadjungiert zu I (vgl. Ende des Beweises von 19.4.5). Es folgt, daß S' isomorph zu P' ist (16.4.4) und daß S isomorph zu einem Funktor ist, der aus P durch Anfügen einer Äquivalenz entsteht. Nach 16.6.6 (mit P für T) hat S die Gestalt $S = GP$, wobei auch G eine Äquivalenz ist. Außerdem annullieren S und P dieselben Objekte von Mod_R. Nach 19.5.5 (b) sind das die Objekte von $\mathcal{K}$.

Es bleibt zu zeigen, daß T' eine Äquivalenz ist, was mit fünf Teilaussagen (i) bis (v) geschieht.

(i) $\mathcal{N}$ ist eine Grothendieck-Kategorie mit Generator R. In Mod_R ist $\mathcal{N}$ strikt voll und abgeschlossen gegen Limites. Ein $\mathcal{N}$-Morphismus f: $X \to Y$ ist genau dann epimorph in $\mathcal{N}$, wenn $I(f)$ in Mod_R bedeckend bezüglich $\Sigma(\mathcal{K})$ ist.

Wegen $R = T(U) \in |\mathcal{N}|$ folgt die erste Behauptung daraus, daß R Generator in Mod_R ist und daß Q' eine Äquivalenz ist (19.6.5, 16.2.4). $\mathcal{N}$ ist abgeschlossen gegen Limites, weil I Limites entdeckt und außerdem ebenso wie Q respektiert (7.7.6, 16.4.6). Die letzte Aussage folgt daraus, daß PI äquivalenz-invers zu Q' ist (19.4.5 (c)).

(ii) T': $\mathcal{D} \to \mathcal{N}$ ist exakt.

Zunächst ist T' linksexakt, weil T Limites respektiert und I völlig treu ist. Wegen (i) muß noch gezeigt werden: Ist f: $A \to B$ in $\mathcal{D}$ epimorph, so ist $T(f)$ bedeckend. Nun ist in Mod_R jedes endliche Biprodukt mit Faktoren R isomorph zu einem Objekt $T(G)$, wobei G endliches Biprodukt von Faktoren U ist. Jeder Morphismus $T(G) \to T(B)$ hat die Form $T(b)$, weil T völlig treu ist. Wir können daher das Diagramm (4) in $\mathcal{D}$ bilden, wobei auch f' epimorph ist und $C = C' = 0$ ist (13.4.3). Weil T Limites respektiert, ist

(4a)
$$\begin{array}{ccccccc} 0 \longrightarrow & T(H) & \xrightarrow{T(h')} & T(A') & \xrightarrow{T(f')} & T(G) \\ & \| & & \downarrow T(b') & \mathrm{I} & \downarrow T(b) \\ 0 \longrightarrow & T(H) & \xrightarrow{T(h)} & T(A) & \xrightarrow{T(f)} & T(B) \end{array}$$

kommutativ mit exakten Zeilen, und es ist I ein Pullback. Für beliebiges $N \in |\mathcal{D}|$ ist (5) exakt. Weil T völlig treu ist, ist auch

(5a)
$$0 \longrightarrow [T(G), T(N)] \xrightarrow{[T(f'), T(N)]} [T(A'), T(N)] \xrightarrow{[T(h'), T(N)]} [T(H), T(N)]$$

exakt. Weil R ein kleiner projektiver Generator von Mod_R ist, erhält man aus 19.7.5 (b) (mit anderen Bezeichnungen), daß $T(f)$ bedeckend ist, denn jedes in Mod_R benötigte Diagramm ist zu einem der Gestalt (4a) isomorph.

(iii) Ist $\{m_\varepsilon\colon A_\varepsilon \rightarrowtail B\}$ eine filtrierende Familie von Monomorphismen in $\mathscr{D}$ mit $\bigcup m_\varepsilon = 1_B$, so ist $1_{T'(B)} = \bigcup T'(m_\varepsilon)$.

Sei G wie der ein endliches Biprodukt von Faktoren U. Die Pullbacks

$$(7e)\qquad \begin{array}{ccc} A'_\varepsilon & \overset{m'_\varepsilon}{\rightarrowtail} & G \\ {\scriptstyle b'_\varepsilon}\downarrow & \mathrm{I} & \downarrow{\scriptstyle b} \\ A_\varepsilon & \overset{m_\varepsilon}{\rightarrowtail} & B \end{array}$$

bilden eine filtrierende Familie. Weil in $\mathscr{D}$ filtrierende Colimites mit endlichen Limites vertauschbar sind, ist $1_G = \operatorname{Colim} m'_\varepsilon$. Für beliebiges $N \in |\mathscr{D}|$ folgt

$$(8)\qquad \operatorname{Lim}\,[m'_\varepsilon, N] = [\operatorname{Colim} m'_\varepsilon, N] = [1_G, N]$$

in Ab. Weil T völlig treu ist, folgt hieraus

$$(9)\qquad [1_{T(G)}, T(N)] = [\operatorname{Colim} T(m'_\varepsilon), T(N)].$$

Analog zu (4) besteht in Mod_R folgendes kommutative Diagramm

$$(10)\qquad \begin{array}{ccccccccc} 0 & \longrightarrow & \operatorname{Colim} T(A'_\varepsilon) & \xrightarrow{\operatorname{Colim} T(m'_\varepsilon)} & T(G) & \xrightarrow{c'} & C' & \longrightarrow & 0 \\ & & \downarrow & \mathrm{I} & \downarrow{\scriptstyle T(b)} & & \downarrow{\scriptstyle m} & & \\ 0 & \longrightarrow & \operatorname{Colim} T(A_\varepsilon) & \xrightarrow{\operatorname{Colim} T(m_\varepsilon)} & T(B) & \xrightarrow{c} & C & \longrightarrow & 0 \end{array}$$

Hierbei ist I ein Pullback, weil T Limites respektiert und Mod_R eine Grothendieck-Kategorie ist. Außerdem sind $\operatorname{Colim} T(m_\varepsilon)$ und $\operatorname{Colim} T(m'_\varepsilon)$ Monomorphismen. c und c' seien ihre Cokerne in Mod_R. Weil I völlig treu ist und daher Colimites entdeckt, ist $I(\operatorname{Colim} T'(m_\varepsilon)) = \operatorname{Colim} T(m_\varepsilon)$. Wegen (8) folgt nun wie unter (ii), daß $\operatorname{Colim} T(m_\varepsilon)$ bedeckend ist. Daher ist $\operatorname{Colim} T'(m_\varepsilon)$ isomorph in $\mathscr{N}$, was die Behauptung (iii) ergibt.

(iv) T' respektiert Coprodukte.

Das folgt unmittelbar aus (iii), weil T' endliche Coprodukte respektiert (12.2.7, 14.5.4).

(v) T' ist eine Äquivalenz.

Sei $N \in |\mathscr{N}|$. Weil R Generator von $\mathscr{N}$ ist, besteht in $\mathscr{N}$ eine exakte Folge $X \xrightarrow{x} Y \to N \to 0$, wobei X und Y geeignete Coprodukte von Exemplaren R sind. Wegen (iv) und $R = T(U)$ kann angenommen werden, daß $X = T'(A)$ und $Y = T'(B)$ ist. Dann hat x die Form $x = T'(f)$, weil T' ebenso wie T völlig treu ist. Wegen (ii) ist N isomorph zu einem Objekt $T'(C)$. Damit folgt die Behauptung aus 16.3.6, und der Beweis ist beendet.

19.7.7 Bemerkung. Für den Beweis von 19.7.6 und die dazu bereitgestellten Hilfsmittel wird 19.6.5 nur für den Spezialfall $\mathscr{C} = Mod_R$ benötigt. Die allgemeinen Aussagen von 19.6.5 und 15.3.7 sind dann Korollare von 19.7.6.

20. Grothendieck-Topologien

20.1 Siebe und Topologien

20.1.1 Vereinbarungen. Es sei $\mathscr{C}$ eine $\mathfrak{U}$-Kategorie und $F\colon \mathscr{C}^\circ \to Ens$ ein Funktor. Unter einem *Subfunktor* G von F verstehen wir einen Funktor $G\colon \mathscr{C}^\circ \to Ens$, derart daß $G(X) \subset F(X)$ ist für alle $X \in |\mathscr{C}|$ und daß diese Inklusionen eine natürliche Transformation $i\colon G \to F$ bilden.

Wir setzen $\hat{\mathscr{C}} = [\mathscr{C}^\circ, Ens]$. Vermöge der Yoneda-Einbettung $H_*\colon \mathscr{C} \to \hat{\mathscr{C}}$ fassen wir $\mathscr{C}$ als volle Unterkategorie von $\hat{\mathscr{C}}$ auf und schreiben statt H_X, H_u einfach X, u, solange keine Mißverständnisse zu befürchten sind.

20.1.2 Definition. Sei $X \in |\mathscr{C}|$. Ein *Sieb* R für X ist ein Subfunktor von X (genauer von H_X).

20.1.3 Zugeordnete Morphismenklasse

(a) Sei R ein Sieb für $X \in |\mathscr{C}|$. Für jedes $Y \in |\mathscr{C}|$ ist $R(Y)$ eine Menge von $\mathscr{C}$-Morphismen $Y \to X$ wegen $R(Y) \subset [Y, X]$. Für $u\colon Y \to X$ mit $u \in R(Y)$ sagen wir, daß u zu R gehört, und wir schreiben $u \in R$. Die Klasse der zu R gehörigen $\mathscr{C}$-Morphismen hat folgende Eigenschaft:

(S) Gehört $u\colon Y \to X$ zu R und ist $v\colon Z \to Y$ ein beliebiger $\mathscr{C}$-Morphismus, so ist $uv \in R$.

Es ist nämlich $R(v)(u) = uv$. Liegt umgekehrt eine Klasse R von $\mathscr{C}$-Morphismen mit Ziel X vor, welche die Eigenschaft (S) besitzt, so erhält man ein Sieb vermöge $R(Y) = \{u \mid u\colon Y \to X \text{ und } u \in R\}$, wobei $R(v)$ die Abbildung $u \mapsto uv$ ist. Es besteht also eine Bijektion zwischen den Sieben für X und den Klassen von $\mathscr{C}$-Morphismen mit Ziel X und Eigenschaft (S).

(b) Vermöge des Yoneda-Lemmas beschreibt sich diese Zuordnung auch so: Sei R ein Sieb für X. Für $u\colon Y \to X$ in $\mathscr{C}$ ist $u \in R$ genau dann, wenn es einen $\hat{\mathscr{C}}$-Morphismus $f\colon H_Y \to R$ gibt mit

$$(1) \qquad i_R f = H_u; \quad i_R\colon R \to H_X \text{ die Inklusion.}$$

Hierbei bestimmen sich f und u gegenseitig eindeutig.

(c) Die Morphismen $u \in R$ sind die Objekte einer vollen Unterkategorie $\bar{R}$ von $\mathscr{C}/X$. Vermöge (b) und 10.2.1 ist

$$(2) \qquad R = \operatorname*{Colim}_{? \in \bar{R}} \left(\Delta^{\circ} H_{*}(?)\right) \quad \text{in } \hat{\mathscr{C}}.$$

Ferner liefert (b) eine Bijektion von vollen Unterkategorien $\bar{R}$ von $\mathscr{C}/X$ mit Eigenschaft (S) für Objekte und von vollen Unterkategorien von $\mathscr{C}/R$ in $\hat{\mathscr{C}}$ mit einer (S) entsprechenden Eigenschaft.

20.1.4 Die Siebe für X sind durch Inklusion *geordnet*. Hierbei ist X maximal und das leere Sieb $\emptyset_{\mathscr{C}}$ minimal. Die Zuordnung 20.1.3 (a) von Sieben und Morphismenklassen in $\mathscr{C}$ ist ordnungstreu. Hieraus folgt, daß für beliebige Klassen von Sieben für X stets *Durchschnitt* und *Vereinigung* existiert. Bei Übergang zu den entsprechenden Morphismenklassen in $\mathscr{C}$ liegen Durchschnitt und Vereinigung im mengentheoretischen Sinn vor.

20.1.5 Urbild von Sieben, Basiswechsel. Es sei R ein Sieb für X mit Inklusion $i\colon R \to X$. Ist $v\colon Y \to X$ ein beliebiger $\mathscr{C}$-Morphismus, so kann in $\hat{\mathscr{C}}$ $v^{-1}(i)$ so gebildet werden, daß $v^{-1}(i)$ die Inklusion eines Subfunktors $v^{-1}(i)\colon v^{-1}(R) \to Y$ von Y ist (10.1.6). Es besteht also in $\hat{\mathscr{C}}$ das Pullback

$$(3) \qquad \begin{array}{ccc} v^{-1}(R) & \longrightarrow & R \\ {\scriptstyle v^{-1}(i)}\downarrow & & \downarrow{\scriptstyle i} \\ Y & \xrightarrow{\;v\;} & X \end{array}$$

Man sagt, daß $v^{-1}(R)$ aus R durch den *Basiswechsel* v entsteht. Statt $v^{-1}(R)$ schreiben wir auch $Y \sqcap_X R$, wobei unterstellt ist, daß über die Morphismen Klarheit besteht. Entsprechend verfahren wir später bei anderen Pullbacks (vgl. 9.4.7).

Wegen der punktweisen Konstruktion von (3) und 20.1.3 (a) beschreibt sich $v^{-1}(R)$ als $\mathscr{C}$-Morphismenklasse durch

$$(4) \qquad v^{-1}(R) = \{u \mid u \in \operatorname{Mor}\mathscr{C},\ Y = \operatorname{Ziel} u,\ vu \in R\}.$$

Hieraus und aus (S) in 20.1.3 folgt unmittelbar

$$(5) \qquad v^{-1}(R) = Y \quad \text{für} \quad v\colon Y \to X \quad \text{in } R.$$

20.1.6 Definition. Es sei $\mathscr{C}$ eine Kategorie. Eine *Topologie* $\mathfrak{T}$ auf $\mathscr{C}$ liegt vor, wenn für jedes $X \in |\mathscr{C}|$ eine Klasse $J(X)$ von Sieben für X so fixiert ist, daß gilt

(T1) Ist $R \in J(X)$ und $v\colon Y \to X$ ein $\mathscr{C}$-Morphismus, so ist $v^{-1}(R) \in J(Y)$ (Stabilität gegen Basiswechsel).

(T2) Sei $R \in J(X)$ und R' ein weiteres Sieb für X. Gilt für jedes v: $Y \to X$ aus R, daß $v^{-1}(R') \in J(Y)$ ist, so ist $R' \in J(X)$ (lokaler Charakter).

(T3) $X \in J(X)$.

Die Siebe aus $J(X)$ heißen die X *bedeckenden Siebe* oder *Verfeinerungen* von X (bezüglich der Topologie $\mathfrak{T}$). Eine mit einer Topologie $\mathfrak{T}$ versehene Kategorie $\mathscr{C}$ heißt *Situs*. Wir schreiben $\mathscr{C}_{\mathfrak{T}}$ oder einfach $\mathscr{C}$, solange $\mathfrak{T}$ fixiert bleibt.

20.1.7 Satz. *Es sei $\mathfrak{T}$ eine Topologie auf $\mathscr{C}$, $J(X)$ die Klasse der $X \in |\mathscr{C}|$ bedeckenden Siebe bezüglich $\mathfrak{T}$.*

(a) *Aus $R \subset R'$ und $R \in J(X)$ folgt $R' \in J(X)$.*

(b) *Aus $R, R' \in J(X)$ folgt $R \cap R' \in J(X)$.*

Beweis. (a) Aus $R \subset R'$ und (5) folgt $v^{-1}(R') = v^{-1}(R)$ für jedes $v \in R$. Die Behauptung folgt damit unmittelbar aus (T2) und (T3).

(b) Wir zeigen zunächst

(6) $$v^{-1}(R') = v^{-1}(R \cap R') \quad \text{für} \quad v \in R.$$

Für $f \in v^{-1}(R')$ ist $vf \in R'$ nach (4) und $vf \in R$ nach (S), also $f \in v^{-1}(R \cap R')$ wieder nach (4). Aus $f \in v^{-1}(R \cap R')$ folgt umgekehrt $vf \in R \cap R' \subset R'$ und damit $f \in v^{-1}(R')$.

Für $R, R' \in J(X)$ ist $v^{-1}(R \cap R')$ bedeckendes Sieb für alle $v \in R$ nach (6) und (T1). Damit folgt die Behauptung aus (T2).

20.1.8 Bemerkungen. (a) Wegen (6) ist (T2) gleichwertig mit den beiden Forderungen

(T2i) Es gilt (T2) für $R' \subset R$,

(T2ii) aus $R \in J(X)$ und $R \subset R'$ folgt $R' \in J(X)$.

(b) Wegen 20.1.3 (a) und wegen (4) läßt sich die Topologie $\mathfrak{T}$ für $\mathscr{C}$ allein durch $\mathscr{C}$ beschreiben, so daß $\hat{\mathscr{C}}$ nicht benutzt wird. $\hat{\mathscr{C}}$ hängt davon ab, wie das Universum $\mathfrak{U}$ gewählt ist (so daß $\mathscr{C}$ eine $\mathfrak{U}$-Kategorie ist), die Siebe als Morphismenklassen, die Operationen für sie (20.1.4, 20.1.5) und die möglichen Topologien für $\mathscr{C}$ jedoch nicht, was auch aus 10.1.8 folgt. Durch geeignete Wahl von $\mathfrak{U}$ kann stets erreicht werden, daß $\mathscr{C}$ eine kleine $\mathfrak{U}$-Kategorie ist.

(c) Auf die Beziehung zu topologischen Räumen gehen wir in 20.5 ein.

20.1.9 Satz. *Es sei $\mathscr{C}$ eine kleine $\mathfrak{U}$-Kategorie und $\tilde{\mathscr{C}}$ eine volle Unterkategorie von $\hat{\mathscr{C}} = [\mathscr{C}^\circ, Ens]$. Die Inklusion I: $\tilde{\mathscr{C}} \to \hat{\mathscr{C}}$ besitze einen Linksadjungierten A: $\hat{\mathscr{C}} \to \tilde{\mathscr{C}}$, der endliche Limites respektiert. Für $X \in |\mathscr{C}|$ bestehe $J(X)$ aus denjenigen Sieben i_R: $R \subset X$, für die $A(i_R)$ isomorph ist. Die Klassen $J(X)$ bilden eine Topologie für $\mathscr{C}$.*

Beweis. (T3) ist evident. (T1) folgt unmittelbar daraus, daß A Pullbacks respektiert. Für i_R: $R \subset X$, $i_{R'}$: $R' \subset X$, i: $R \subset R'$ und

$R \in J(X)$ ist $A(i_R)$ isomorph und $A(i_{R'})$ wegen $i_R = i_{R'} i$ eine Retraktion. $A(i_{R'})$ ist auch monomorph, weil A Monomorphismen respektiert. Daher gilt (T2ii). Es bleibt (T2i) zu zeigen. Sei also $R' \subset R \subset X$ und $R \in J(X)$. Für beliebiges $\eta\colon\ Y \to R$ in $\hat{\mathscr{C}}$ mit $Y \in |\mathscr{C}|$ betrachten wir

$$(7)\qquad \begin{array}{ccccc} Y \sqcap R' & \longrightarrow & R' & = & R' \\ {\scriptstyle \eta^{-1}(i)}\downarrow & & \downarrow{\scriptstyle i} & & \cap \\ Y & \xrightarrow{\ \eta\ } & R & \subset & X \end{array}$$

Nach 10.2.1 erhält man R als Colimesobjekt für den Funktor Δ^0: $\mathscr{C}/R \to \hat{\mathscr{C}}$. Nach 10.1.3 sind Colimites in $\hat{\mathscr{C}}$ universell. A respektiert Colimites und Pullbacks. Ist stets $A(\eta^{-1}(i))$ isomorph, so folgt durch Übergang zu den Colimites, daß $A(i)$ isomorph ist. Damit folgt (T2i).

Im folgenden soll die Umkehrung dieses Satzes bewiesen werden. Hierzu muß aus der Topologie $\mathfrak{T}$ die lokalisierende Klasse derjenigen Morphismen konstruiert werden, die bei A in Isomorphismen übergehen.

20.2 Bedeckende Morphismen und Garben

Es sei $\mathscr{C}$ ein $\mathfrak{U}$-Situs, also $\mathscr{C}$ eine $\mathfrak{U}$-Kategorie mit Topologie $\mathfrak{T}$. In $\hat{\mathscr{C}} = [\mathscr{C}^0, Ens]$ besitzt jeder Morphismus $c\colon\ H \to K$ eine kanonische Zerlegung in einen Epimorphismus und eine Inklusion (10.1.6), die wir mit im c bezeichnen.

20.2.1 Definition. Der $\hat{\mathscr{C}}$-Morphismus $c\colon\ H \to K$ heißt *bedeckend* (bezüglich $\mathfrak{T}$), wenn gilt:
Für jedes $X \in |\mathscr{C}|$ und jeden $\hat{\mathscr{C}}$-Morphismus $f\colon\ X \to K$ ist $f^{-1}(\mathrm{im}\, c)$ ein bedeckendes Sieb (wenn $f^{-1}(\mathrm{im}\, c)$ als Inklusion bestimmt wird).

c heißt *schlicht bedeckend*, wenn gilt:
c ist bedeckend, und der Differenzkern des Kernpaares von c ist bedeckend.

Wir benutzen hierbei folgende Bezeichnung:

$$(1)\qquad \begin{array}{ccccc} K & & \xrightarrow{\qquad 1_H \qquad} & & \\ & \searrow^{\Delta} & & & \\ & & H \sqcap_K H & \xrightarrow{\ pr_2\ } & H \\ & {\scriptstyle 1_H}\searrow & \downarrow{\scriptstyle pr_1} & & \downarrow{\scriptstyle c} \\ & & H & \xrightarrow{\ c\ } & K. \end{array}$$

weil ein Produkt in $\hat{\mathscr{C}}/K$ mit Diagonalmorphismus Δ vorliegt.

20.2.2 Bemerkungen. (a) Nach 13.4.4 sind Epimorphismen in $\hat{\mathscr{C}}$ Pullback-abgeschlossen. Hieraus und aus 7.8.4 folgt

$$(2)\qquad f^{-1}(\mathrm{im}\, c) = \mathrm{im}\, f^{-1}(c)$$

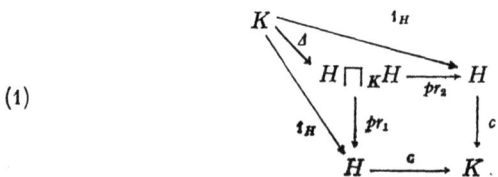

mit evidenter Definition von $f^{-1}(c)$ durch ein Pullback, die wir auch im folgenden benutzen werden.

(b) Jeder bedeckende Monomorphismus ist schlicht bedeckend nach 7.8.9. Für $K \in |\mathscr{C}|$ ist jeder bedeckende Monomorphismus äquivalent zur Inklusion eines bedeckenden Siebes wegen (T2). Jeder Epimorphismus in $\hat{\mathscr{C}}$ ist trivialerweise bedeckend, jeder Isomorphismus schlicht bedeckend.

(c) Sind m und n Monomorphismen mit Ziel K, ist $m \leqq n$ und m bedeckend, so ist n bedeckend wegen 20.2.1 und 20.1.7 (a).

20.2.3 Hilfssatz. (a) *Für $c\colon H \to K$ in $\hat{\mathscr{C}}$ sind gleichwertig:*

(i′) *c ist bedeckend.*

(ii′) *Für beliebiges $f\colon X \to K$ mit $X \in |\mathscr{C}|$ existiert ein kommutatives Diagramm*

$$\begin{array}{ccccc} F & \twoheadrightarrow & R & \subset & X \\ \downarrow & & & & \downarrow{\scriptstyle f} \\ H & & \xrightarrow{\quad c \quad} & & K \end{array} \tag{3}$$

wobei R bedeckendes Sieb für X und $F \twoheadrightarrow R$ epimorph ist.

(b) *Ebenso sind gleichwertig:*

(i) *c ist schlicht bedeckend.*

(ii) *c ist bedeckend und für*

$$G \overset{u}{\underset{v}{\rightrightarrows}} H \xrightarrow{c} K \qquad \text{mit} \qquad cu = cv$$

existiert stets ein bedeckender Monomorphismus $m\colon F \to G$ mit $um = vm$. Nach 20.2.2 (c) ist dann der Differenzkern von u und v bedeckend.

Beweis. (a) (i′) $\Rightarrow$ (ii′) nach Definition und (2). (ii′) $\Rightarrow$ (i′). Sei $H' \twoheadrightarrow R' \subset X$ die kanonische Zerlegung von $f^{-1}(c)$. Aus (3) und der Definition von $f^{-1}(c)$ ergibt sich das kommutative Diagramm

$$\begin{array}{ccccc} F & \twoheadrightarrow & R & \subset & X \\ \downarrow & & \downarrow & & \| \\ H' & \twoheadrightarrow & R' & \subset & X \\ \downarrow & & \downarrow & & \downarrow{\scriptstyle f} \\ H & \twoheadrightarrow & L & \xrightarrow{\operatorname{im} c} & K \end{array}$$

Damit folgt (i′) aus (ii′) nach 20.1.7 (a).

(b) (i) $\Rightarrow$ (ii). Mit der Bezeichnung von (1) existiert $w\colon\ G \to H \sqcap_K H$ mit $pr_1 w = u$, $pr_2 w = v$. Wir betrachten das Pullback

$$\begin{array}{ccc} F & \xrightarrow{w'} & H \\ {\scriptstyle m = w^{-1}(\Delta)}\downarrow & & \downarrow{\scriptstyle \Delta} \\ G & \xrightarrow{w} & H \sqcap_K H \end{array}$$

Nun ist $um = pr_1 wm = pr_1 \Delta w' = pr_2 \Delta w' = pr_2 wm = vm$. Aus der Definition 20.2.1 folgt unmittelbar, daß mit Δ auch m bedeckend ist.

(ii) $\Rightarrow$ (i). Man betrachte den Spezialfall $G = H \sqcap_K H$, $u = pr_1$, $v = pr_2$.

20.2.4 Hilfssatz. *Die Klasse der bedeckenden Morphismen hat folgende Eigenschaften:*

(a) *Sie ist Pullback-abgeschlossen und*

(b) *kompositions-abgeschlossen.*

Beweis. (a) folgt unmittelbar aus der Definition und (2).

(b) Es seien $b\colon\ G \to H$ und $c\colon\ H \to K$ bedeckend. Zum Nachweis, daß cb bedeckend ist, kann wegen der Definition 20.2.1 angenommen werden, daß b monomorph ist. Ferner genügt der Nachweis für $K \in |\mathscr{C}|$ wegen (a) und 20.2.1.

1. Fall. Es sei c epimorph. Für $K \in |\mathscr{C}|$ ist c eine Retraktion (10.1.7). Sei s zugehörige Coretraktion. Wir betrachten das Pullback

$$\begin{array}{ccc} R & \xrightarrow{i} & K \\ {\scriptstyle j}\downarrow & & \downarrow{\scriptstyle s}\ \ \Uparrow{\scriptstyle c} \\ G & \xrightarrow{b} & H \end{array}$$

Weil b ein bedeckender Monomorphismus ist, kann wegen $K \in |\mathscr{C}|$ angenommen werden, daß $i = s^{-1}(b)$ die Inklusion eines K bedeckenden Siebes R ist. Nun ist $cbj = csi = i$. Mit der kanonischen Zerlegung $G \twoheadrightarrow R' \subset K$ von cb folgt $R \subset R'$. Wegen 20.1.7 (a) ist cb bedeckend.

2. Fall. Es sei c eine Inklusion. Für $f\colon\ Y \to H$ mit $Y \in |\mathscr{C}|$ betrachten wir das doppelte Pullback

$$\begin{array}{ccccc} R & \longrightarrow & G & = & G \\ {\scriptstyle f^{-1}(b)}\downarrow & & \downarrow{\scriptstyle b} & & \downarrow{\scriptstyle cb} \\ Y & \xrightarrow{f} & H & \overset{c}{\rightarrowtail} & K \end{array}$$

Weil b bedeckend ist, ist $f^{-1}(b)$ bedeckend. $c\colon\ H \to K$ ist für $K \in |\mathscr{C}|$ die Inklusion eines bedeckenden Siebes. Wegen 20.1.3 (b) ist $cf \in H$. Wegen (T2) ist cb bedeckend.

Der allgemeine Fall ergibt sich nun durch kanonische Zerlegung von c.

20.2.5 Hilfssatz. *Die Klasse der schlicht bedeckenden Morphismen hat folgende Eigenschaften:*

(a) *Sie ist Pullback-abgeschlossen und*

(b) *kompositions-abgeschlossen.*

(c) *Sie gestattet einen Kalkül von Rechtsbrüchen.*

(d) *Sind für $b\colon G \to H$ und $c\colon H \to K$ sowohl c als auch cb schlicht bedeckend, so ist b schlicht bedeckend.*

Beweis. (a) folgt unmittelbar aus 18.4.11 und 20.2.4 (a).

(b) Es seien $b\colon G \to H$ und $c\colon H \to K$ schlicht bedeckend. Wegen 20.2.4 (b) ist cb bedeckend. Wir weisen 20.2.3 (ii) nach. Seien $u, v\colon F \to G$ gegeben mit $cbu = cbv$. Der Differenzkern $k\colon E \to F$ von bu und bv ist bedeckend, weil c schlicht bedeckend ist. Der Differenzkern $k'\colon E' \to E$ von uk und vk ist bedeckend, weil b schlicht bedeckend ist. Nach 20.2.4 (b) ist kk' bedeckend, und man bestätigt leicht, daß kk' Differenzkern von u und v ist. Daher ist cb schlicht bedeckend.

(c) folgt aus (a), (b), 20.2.2 (b) und 20.2.3 (b).

(d) Wir beweisen 20.2.3 (ii) und benutzen 20.2.3 (ii'). Es liege $f\colon Y \to H$ mit $Y \in |\mathscr{C}|$ vor. Wir bilden zu cb und cf das Pullback mit Morphismen $j\colon S \to Y$, $g\colon S \to G$.

(4)
$$\begin{array}{ccccc} S & \xrightarrow{j} & Y & & \\ {\scriptstyle g}\downarrow & & {\scriptstyle f}\downarrow & \searrow{\scriptstyle cf} & \\ G & \xrightarrow{b} & H & \xrightarrow{c} & K \end{array}$$

Wegen (*a*) ist j bedeckend. Es sei $k\colon F \to S$ Differenzkern von fj und bg. Weil c schlicht bedeckend ist, ist k bedeckend ((20.2.3(b)). Nach 20.2.4(b) ist jk bedeckend. Nach 20.2.1 für 1_Y ist $\operatorname{im}(jk)$ die Inklusion eines Y bedeckenden Siebes R. Wegen $bgk = fjk$ folgt aus 20.2.3(ii'), daß b bedeckend ist.

Liegen $u, v\colon F \to G$ mit $bu = bv$ vor, so ist $cbu = cbv$, und der Differenzkern von u und v ist bedeckend, weil cb schlicht bedeckend ist. Also ist b schlicht bedeckend nach 20.2.3 (b).

20.2.6 Definition. Es sei $\mathscr{C}$ ein $\mathfrak{U}$-Situs. Die Funktoren $F\colon \mathscr{C}^0 \to Ens$, also $F \in |\hat{\mathscr{C}}|$, heißen (mengenwertige) *Prägarben*. F heißt (mengenwertige) *Garbe* bzw. *separierte Prägarbe*, wenn für die Inklusion $i_R\colon R \subset X$ eines jeden bedeckenden Siebes $R \in J(X)$ für alle $X \in |\mathscr{C}|$ gilt:

(5)
$$i_R^* = [i_R, F]\colon\ [X, F]_{\hat{\mathscr{C}}} \to [R, F]_{\hat{\mathscr{C}}}$$

ist bijektiv bzw. injektiv.

20.2.7 Satz. *Es sei $\mathscr{C}$ eine kleine Kategorie und $F\colon \mathscr{C}^0 \to Ens$ eine Prägarbe. Die beiden folgenden Aussagen sind gleichwertig:*

(i) *F ist eine Garbe (bzw. separierte Prägarbe).*

(ii) *Ist $c\colon H \to K$ schlicht bedeckend (bzw. bedeckend), so ist*

$$[c, F]\colon\ [K, F]_{\hat{\mathscr{C}}} \to [H, F]_{\hat{\mathscr{C}}}$$

bijektiv (bzw. injektiv) (vgl. 19.4.3, 19.4.6 (b)).

Beweis. Vermöge der Definition 20.2.6 folgt (i) unmittelbar aus (ii) durch Spezialisierung. (i) $\Rightarrow$ (ii). Sei zunächst c monomorph. Für $f\colon X \to K$ mit $X \in |\mathscr{C}|$ betrachten wir das Pullback

(6)
$$\begin{array}{ccc} R & \overset{f^{-1}(c)}{\subset} & X \\ \downarrow & & \downarrow{\scriptstyle f} \\ H & \overset{c}{\rightarrowtail} & K \end{array}$$

Nach 10.2.1 ist K Colimes-Objekt von $\Delta^0\colon \mathscr{C}/K \to \hat{\mathscr{C}}$, und nach 10.1.3 sind Colimites in $\hat{\mathscr{C}}$ universell. Durch Anwendung von $[?, F]$ erhält man $[c, F]$ als Limes von Isomorphismen bzw. Monomorphismen und damit die Behauptung für den betrachteten Spezialfall.

Im allgemeinen Fall zerlege man c kanonisch in Epimorphismus und Inklusion. Der letzte Anteil ist schlicht bedeckend nach 20.2.1 und 20.2.2 (b). Weil $[?, F]$ Epimorphismen in Monomorphismen überführt, ist der allgemeine Fall für separierte Prägarben nach dem bereits Bewiesenen trivial. Sei nun c schlicht bedeckend und F eine Garbe. Nach 20.2.5 (d) und dem bereits Bewiesenen kann angenommen werden, daß c epimorph ist. Mit den Bezeichnungen von (1) betrachten wir

$$[K, F] \xrightarrow{[c, F]} [H, F] \overset{[pr_1, F]}{\underset{[pr_2, F]}{\rightrightarrows}} [H \sqcap_K H, F] \xrightarrow{[\Delta, F]} [H, F]$$

Weil c epimorph ist, ist c Differenzcokern von pr_1 und pr_2 (18.4.3 (c)) und daher $[c, F]$ Differenzkern von $[pr_1, F]$ und $[pr_2, F]$. Nun ist Δ ein (schlicht) bedeckender Monomorphismus und $pr_1\Delta = pr_2\Delta$. Nach dem zuvor Bewiesenen ist $[\Delta, F]$ isomorph und damit $[pr_1, F] = [pr_2, F]$. Daher ist $[c, F]$ isomorph.

20.2.8 Bemerkung. Die Voraussetzung von 20.2.7, daß $\mathscr{C}$ klein sei, kann vermieden werden. $[\mathscr{C}, Ens]$ ist volle Unterkategorie von $[\mathscr{C}, \mathscr{ENS}]$. Weil die Inklusion Limites und Colimites entdeckt, ergibt sich durch Übergang zu den Colimites bezüglich $\mathscr{C}/K$ bei (6) wieder c als Colimes der Morphismen $f^{-1}(c)$ in $[\mathscr{C}, Ens]$, weil jedenfalls eine natürliche Transformation vorliegt und der Colimes in $[\mathscr{C}, \mathscr{ENS}]$ existiert.

20.3 Zu einer Prägarbe assoziierte Garbe

20.3.1 Der Funktor $L\colon\ \hat{\mathscr{C}} \to \hat{\mathscr{C}}$. Im folgenden sei $\mathscr{C}$ ein Situs, das bezüglich des Universums $\mathfrak{U}$ klein ist. $\hat{\mathscr{C}}$ ist damit eine $\mathfrak{U}$-Kategorie.

Für $X \in |\mathscr{C}|$ sei $\mathscr{J}(X)$ die volle Unterkategorie von $\hat{\mathscr{C}}/X$, deren Objekte die Inklusionen der X bedeckenden Siebe sind. $\mathscr{J}(X)$ ist eine kleine $\mathfrak{U}$-Kategorie (10.6.4). Nach 20.1.7 ist $\mathscr{J}(X)$ eine nach unten gerichtete Menge (14.1.1) und damit cofiltrierend.

Für $v\colon\ Y \to X$ und $i_R\colon\ R \subset X$ mit $i_R \in |\mathscr{J}(X)|$ entsteht der Funktor $v^*\colon\ \mathscr{J}(X) \to \mathscr{J}(Y)$ vermöge $i_R \mapsto v^{-1}(i_R)$, und vermöge $i_R \mapsto [i_R^{-1}(v), F]$ für $F \in |\hat{\mathscr{C}}|$ entsteht die natürliche Transformation $[\Delta^0(?), F]_{(? \in \mathscr{J}(X))} \to [\Delta^0(?), F]_{(? \in \mathscr{J}(Y))}$. Man bestätigt leicht (vgl. 20.1.5 (3) und 17.1.1), daß damit ein Funktor $\mathscr{C}^0 \to Dg\,(Ens)$ vorliegt und sogar ein Bifunktor $\mathscr{C}^0 \times \hat{\mathscr{C}} \to Dg\,(Ens)$ (2.6.8). Auswahl von Colimites liefert den Bifunktor $L\colon\ \mathscr{C}^0 \times \hat{\mathscr{C}} \to Ens$, der an der Stelle (X, F) beschrieben wird durch

(1) $$LF(X) = \operatorname*{Colim}_{? \in \mathscr{J}(X)} [\Delta^0(?), F]$$

mit filtrierendem Colimes. Für festes F liegt der Partialfunktor $LF\colon$ $\mathscr{C}^0 \to Ens$ vor und damit $L\colon\ \hat{\mathscr{C}} \to \hat{\mathscr{C}}$ (3.4.4).

Wegen $1_X \in |\mathscr{J}(X)|$ liefert (1) den zum Colimes gehörigen Morphismus

(2) $$l'(F, X)\colon\ [X, F] \to LF(X).$$

Wegen $v^*(1_X) = 1_Y$ und $(1_X)^{-1}(v) = v$ ist (2) eine natürliche Transformation von Bifunktoren. Vermöge der Yoneda-Abbildung $[X, F] \mapsto F(X)$, deren Inverses wir hier mit $J_{F,X}$ bezeichnen, entsteht die natürliche Transformation $l\colon\ 1_{\hat{\mathscr{C}}} \to L$ mit

(3) $$l(F)_X = l'(F, X)\, J_{F,X}\colon\ F(X) \to LF(X).$$

Im folgenden sei F festgehalten. Zu $i_R\colon\ R \to X$ in $\mathscr{J}(X)$ gehört nach (1) ein Morphismus $j'_R\colon\ [R, F] \to LF(X)$ mit

(4) $$j'_R[i_R, F] = l'(F, X)\colon\ [X, F] \to LF(X).$$

Wir setzen

(5) $$j_R = J_{LF,X}\, j'_R\colon\ [R, F] \to [X, LF].$$

Man beachte: Für $R = X$ ist

(6) $$j'_X = l'(F, X).$$

Die Konstruktion von L und das Pullback zu $i_R\colon\ R \to X$ und $v\colon$ $Y \to X$ liefern das kommutative Diagramm

(7) $$\begin{array}{ccc} [R, F] & \xrightarrow{\ j_R\ } & [X, LF] \\ {\scriptstyle [i_R^{-1}(v), F]}\big\downarrow & & \big\downarrow{\scriptstyle [v, LF]} \\ [v^{-1}(R), F] & \xrightarrow{\ j_{v^{-1}(R)}\ } & [Y, LF] \end{array}$$

20.3.2 Hilfssatz. (a) *Für* $i_R\colon\ R \to X$ *in* $\mathcal{J}(X)$ *und* $g\colon\ R \to F$ *in* $\hat{\mathcal{C}}$ *ist das folgende Diagramm kommutativ:*

$$(8)\qquad \begin{array}{ccc} R & \xrightarrow{i_R} & X \\ {\scriptstyle g}\big\downarrow & & \big\downarrow{\scriptstyle j_R(g)} \\ F & \xrightarrow{l(F)} & LF \end{array}$$

(b) *Zu jedem* $u\colon\ X \to LF$ *gibt es ein* $i_R\colon\ R \to X$ *in* $\mathcal{J}(X)$ *und* $g\colon\ R \to F$ *mit* $j_R(g) = u$.

(c) *Für* $g, h\colon\ X \to F$ *mit* $X \in |\mathcal{C}|$ *sei* $l(F)g = l(F)h$. *Dann ist der Differenzkern von* g *und* h *Objekt von* $\mathcal{J}(X)$.

(d) R *und* R' *seien bedeckende Siebe für* X. *Für* $g\colon\ R \to F$ *und* $g'\colon\ R' \to F$ *gilt* $j_R(g) = j_{R'}(g')$ *genau dann, wenn* g *und* g' *auf einer gemeinsamen (*X *bedeckenden) Verfeinerung* R'' *von* R *und* R' *übereinstimmen. (Genauer: Es gibt* R'' *mit Inklusionen* $i_0\colon\ R'' \to R$, $i_0'\colon\ R'' \to R'$ *mit* $g i_0 = g' i_0'$).

Beweis. (a) Es genügt der Nachweis an beliebiger Stelle $Y \in |\mathcal{C}|$. Wir betrachten in $\hat{\mathcal{C}}$

$$(8')\qquad \begin{array}{ccc} [Y, R] & \xrightarrow{[Y,\, i_R]} & [Y, X] \\ {\scriptstyle [Y,\, g]}\big\downarrow & & \big\downarrow{\scriptstyle [Y,\, j_R(g)]} \\ [Y, F] & \xrightarrow{[Y,\, l(F)]} & [Y, LF] \end{array}$$

Vermöge der Yoneda-Abbildung ergibt sich für die untere Zeile wegen (3), (6) und (5)

$$(9)\qquad [Y, l(F)] = J_{LF,Y}\, l(F)_Y J_{F,Y}^{-1} = J_{LF,Y}\, l'(F, Y) = J_{LF,Y}\, j_Y' = j_Y .$$

Für $u \in [Y, R]$ sei nun $v = i_R u\colon\ Y \to X$. Dann ist $v^{-1}(R) = Y$ nach 20.1.5 (5), $v^{-1}(i_R) = 1_Y$ und $i_R^{-1}(v) = u$. Für diesen Fall besagt (7)

$$(10)\qquad j_Y(gu) = j_R(g)v = j_R(g)\, i_R u .$$

Wegen (9) und (10) ist (8′) kommutativ. Mit der Yoneda-Abbildung ergibt sich die Kommutativität von (8).

(b) folgt unmittelbar aus (1) und (5).

(c) Nach (8), (5) und (6) ist $l'(F, X)(g) = l'(F, X)(h)$. Weil (1) ein filtrierender Colimes ist, gibt es nach 9.3.5 $i_R\colon\ R \to X$ in $\mathcal{J}(X)$ und $f \in [R, F]$ mit $f = g i_R = h i_R$, woraus die Behauptung folgt.

(d) folgt unmittelbar aus (1) und 9.3.2.

20.3.3 Satz. *Mit den bisherigen Voraussetzungen und Bezeichnungen gilt:*

(a) *Für* $F \in |\hat{\mathcal{C}}|$ *ist* $l(F)\colon\ F \to LF$ *schlicht bedeckend.*

(b) $L\colon\ \hat{\mathcal{C}} \to \hat{\mathcal{C}}$ *respektiert endliche Limites.*

(c) *LF ist eine separierte Prägarbe.*

(d) *F ist genau dann eine separierte Prägarbe, wenn $l(F)$ monomorph ist. Ist das der Fall, so ist LF eine Garbe.*

(e) *F ist genau dann eine Garbe, wenn $l(F)$ isomorph ist.*

Beweis. (a) Nach 20.2.3 (a) und 20.3.2 (a) ist $l(F)$ bedeckend. Für u, v: $G \to F$ sei $l(F)u = l(F)v$ und w: $H \to G$ Differenzkern von u und v. Für f: $X \to G$ mit $X \in |\mathscr{C}|$ sei i_R: $R \to X$ Differenzkern von uf und vf. Nach 20.3.2 (c) ist R bedeckend. Wir betrachten

$$\begin{array}{ccccc} R & \xrightarrow{i_R} & X & \overset{uf}{\underset{vf}{\rightrightarrows}} & F \\ \downarrow & \mathrm{I} & \downarrow f & & \| \\ H & \xrightarrow{w} & G & \overset{u}{\underset{v}{\rightrightarrows}} & F \end{array}$$

Hierbei ist I ein Pullback nach 12.3.5. Es folgt, daß w bedeckend ist (20.2.1). Nach 20.2.3 (b) ist $l(F)$ schlicht bedeckend.

(b) $[R, ?]_{\mathscr{C}}$ respektiert Limites. Der Colimes (1) ist filtrierend und daher mit endlichen Limites bezüglich des Arguments F vertauschbar. Die punktweise Konstruktion von Limites in $\mathscr{C}$ ergibt die Behauptung.

(c) Sei i_R: $R \to X$ die Inklusion eines bedeckenden Siebes. Es muß gezeigt werden, daß $[i_R, LF]$: $[X, LF] \to [R, LF]$ injektiv ist. Für u, v: $X \to LF$ sei $ui_R = vi_R$. Wegen 20.3.2 (b) und 20.1.7 (b) gibt es ein X bedeckendes Sieb R' und Morphismen f, g: $R' \to F$ mit $j_{R'}(f) = u$, $j_{R'}(g) = v$ und $l(F)f = l(F)g$. Wegen (a) und 20.2.3 (b) ist der Differenzkern i': $R'' \to R'$ von f und g bedeckend. Wegen 20.2.2 (b) und 20.2.5 (b) ist R'' bedeckendes Sieb für X. Wegen 20.3.2 (d) ist $j_{R'}(f) = j_{R'}(g)$, also $u = v$ und daher LF eine separierte Prägarbe.

(d) Sei zunächst F eine separierte Prägarbe. Dann ist $[i_R, F]$: $[X, F] \to [R, F]$ monomorph. Wegen (1) und (4) ist $l'(F, X)$ filtrierender Colimes von Monomorphismen, also monomorph. Wegen (3) ist $l(F)$ monomorph.

Sei nun $l(F)$ monomorph. Wir zeigen zunächst, daß LF eine Garbe ist. Wegen (c) bleibt nachzuweisen, daß $[i_R, LF]$ surjektiv ist, wenn i_R: $R \subset X$ bedeckend ist. Liege h: $R \to LF$ vor. Wir betrachten

(11)
$$\begin{array}{ccccc} R' & \overset{i'}{\rightarrowtail} & R & \xrightarrow{i_R} & X \\ g \downarrow & \mathrm{I} & \downarrow h & \swarrow j_{R'}(g) & \\ F & \overset{l(F)}{\rightarrowtail} & LF & & \end{array}$$

wobei I ein Pullback ist. Nach (a), 20.2.5 (a) und Annahme ist i' schlicht bedeckend. Nach 20.2.5 (b) ist $i_R i'$ (isomorph zur) Inklusion eines bedeckenden Siebes. Nach 20.3.2 (a) ist $hi' = l(F)g = j_{R'}(g)i_R i'$. Wegen (c) und 20.2.7 ist $[i', LF]$ injektiv und daher $h = j_{R'}(g)i_R$. Also ist LF eine Garbe.

Vermöge des Monomorphismus $l(F)$ folgt weiter, daß F der definierenden Bedingung für separierte Prägarben genügt.

(e) Ist $l(F)$ isomorph, so ist F eine Garbe wegen (d). Die Umkehrung folgt entsprechend dem Beginn des Beweises von (d).

20.3.4 Theorem. *Es sei $\mathscr{C}$ ein (bezüglich $\mathfrak{U}$) kleines Situs, $\tilde{\mathscr{C}}$ die zugehörige Kategorie der Garben.*

(a) *Die Inklusion $I: \tilde{\mathscr{C}} \to \hat{\mathscr{C}}$ besitzt einen Linksadjungierten $A: \hat{\mathscr{C}} \to \tilde{\mathscr{C}}$, der endliche Limites respektiert. A kann so gewählt werden, daß $IA = LL$ und $(l * L)l$ zugehörige Adjunktionstransformation ist, oder auch so, daß $A_I = 1_{\tilde{\mathscr{C}}}$ ist.*

(b) *Ist $u: F \to G$ ein $\hat{\mathscr{C}}$-Morphismus, so sind gleichwertig:*

(i) *u ist schlicht bedeckend (im Sinne von* 20.2.1).

(ii) *Für jede Garbe H ist $[u, H]: [G, H] \to [F, H]$ bijektiv.*

(iii) *$A(u)$ ist isomorph.*

Beweis. (a) Sei $R = LL: \hat{\mathscr{C}} \to \hat{\mathscr{C}}$ und $\Psi = (l * L)l: 1_{\hat{\mathscr{C}}} \to R$. Nach 20.3.3 (c), (d) ist $R(F)$ eine Garbe für jedes $F \in |\hat{\mathscr{C}}|$. Ist Ψ_H isomorph, so ist $l_{L(H)}$ eine monomorphe Retraktion nach 20.3.3 (c), (d) und damit H eine Garbe nach 20.3.3 (e). Hiermit folgt die Existenz von A nach 19.4.2 (c).

A respektiert endliche Limites nach 20.3.3 (b), weil I Limites entdeckt.

(b) Aus (i) folgt (ii) nach 20.2.7. (ii) und (iii) sind gleichwertig wie der Adjunktions-Isomorphismus $[u, I(?)] \cong [A(u), ?]$ zeigt (4.2.2). Ferner ist $\Psi_G u = IA(u)\Psi_F$. Mit $\Psi = (l * L)l$, 20.3.3 (a) und 20.2.5 folgt (i) aus (iii).

20.3.5 Definition. Ist $A: \hat{\mathscr{C}} \to \tilde{\mathscr{C}}$ in 20.3.4 fixiert, so heißt $A(F)$ die zu F *assoziierte Garbe* (bezüglich des Situs $\mathscr{C}$).

Eine $\mathfrak{U}$-Kategorie heißt *Topos*, wenn sie äquivalent ist zur Garbenkategorie eines kleinen Situs.

20.3.6 Bemerkungen. (a) Die separierten Prägarben sind die Objekte einer strikt vollen epireflektiven Unterkategorie $\mathscr{M}$ von $\hat{\mathscr{C}}$ ($\mathscr{C}$ klein) nach 20.2.6 und 16.6.3 (c). l ist aber nicht zugehörige Adjunktions-Transformation. Nach 20.3.3 (d) liegt der Sachverhalt von 19.4.7 vor. Die Einschränkung von A auf $\mathscr{M}$ ist treu.

(b) Für $G \in |\hat{\mathscr{C}}|$ sei $\mathscr{J}'(G)$ bzw. $\mathscr{J}''(G)$ die volle Unterkategorie von $\hat{\mathscr{C}}/G$, deren Objekte die bedeckenden Monomorphismen bzw. die schlicht bedeckenden Morphismen sind. $\mathscr{J}'(G)$ und $\mathscr{J}''(G)$ sind cofiltrierend wegen 20.2.5, 20.2.2 (b) und 19.2.3 dual. Für $X \in |\mathscr{C}|$ ist $\mathscr{J}(X)$ äquivalent zu $\mathscr{J}'(X)$ nach 20.2.2 (b). Vermöge $\Psi: 1_{\hat{\mathscr{C}}} \to IA$ erhält man in $\mathscr{E}\mathscr{N}\mathscr{S}$

(12) $$\operatorname*{Colim}_{? \in \mathscr{J}''(X)} [\Delta^o(?), F] \to \operatorname*{Colim}_{? \in \mathscr{J}''(X)} [\Delta^o(?), IA(F)]$$

als natürliche Transformation von kontra-ko-varianten Funktoren.

Nach 20.3.4 (b) ist

(13) $$\operatorname*{Colim}_{?\in\mathcal{J}''(X)} [\Delta^0(?), IA(F)] \cong [X, IA(F)].$$

Zusammen mit dem Yoneda-Isomorphismus entsteht die natürliche Transformation

(14) $$p\colon \operatorname*{Colim}_{?\in\mathcal{J}''(X)} [\Delta^0(?), F] \to IA(F)(X).$$

Wir zeigen, daß p isomorph ist. Hieraus folgt dann, daß der Colimes bereits in *Ens* existiert, und es ergibt sich eine weitere Beschreibung von A. Es genügt zu zeigen, daß (12) ein Isomorphismus ist.

(i) (12) ist surjektiv. $\Psi_F\colon\ F \to IA(F)$ ist schlicht bedeckend nach 20.3.3 (a) und 20.3.4 (a). Für $u\colon\ X \to IA(F)$ bilden wir das Pullback

(15) $$\begin{array}{ccc} G & \xrightarrow{h} & X \\ {\scriptstyle g}\downarrow & & \downarrow{\scriptstyle u} \\ F & \xrightarrow{\Psi_F} & IA(F) \end{array}$$

Nach 20.2.5 (a) ist h schlicht bedeckend, womit die Behauptung aus der Konstruktion filtrierender Colimites in $\mathcal{ENS}$ und aus (13) folgt.

(ii). (12) ist injektiv. Seien $g_i\colon\ G_i \to F$ für $i = 1,2$ $\mathcal{C}$-Morphismen, so daß bei (12) das gleiche Bild mit Repräsentanten $u\colon\ X \to IA(F)$ gemäß (13) entsteht. Dann existiert ein kommutatives Diagramm

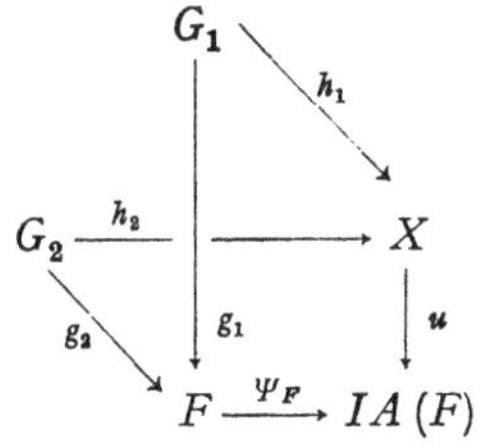

wobei h_1, h_2 schlicht bedeckend sind. Bildet man das Pullback zu h_1, h_2, so erhält man schlicht bedeckende Morphismen $h'_i\colon\ G_1 \sqcap_X G_2 \to G_i$ mit $h_1h'_1 = h_2h'_2$ und $\Psi_F\, g_1h'_1 = \Psi_F\, g_2h'_2$. Sei $h'_3\colon\ G_3 \to G_1 \sqcap_X G_2$ Differenzkern von $g_1h'_1$ und $g_2h'_2$. Nach 20.2.3 (b) ist h'_3 schlicht bedeckend, also auch $h'_1h'_3$ und $h'_2h'_3$. Nun zeigt $g = g_ih'_ih'_3$, daß g_1, g_2, g_3 dasselbe Bild im Colimes links in (12) haben.

20.3.7 Satz. *Es sei $\mathcal{C}$ eine kleine Kategorie, Top die Klasse der Topologien auf $\mathcal{C}$ und Cad die Klasse der strikt vollen Unterkategorien von $\hat{\mathcal{C}}$, für welche die Inklusion einen Linksadjungierten besitzt, der endliche Limites respektiert. Die Zuordnung φ: Top $\to$ Cad, die jeder Topologie die zugehörige Garbenkategorie zuordnet, ist eine Bijektion.*

Beweis. 20.1.9 liefert eine Abbildung ψ: $Cad \to Top$. Zusammen mit 20.3.4 (b) und 20.2.2 (b) erhält man $\psi\varphi$ als identische Abbildung.

Liege nun $\tilde{\mathscr{C}}$ aus *Cad* vor. Mit den Bezeichnungen von 20.1.9 sei Σ die Klasse derjenigen $\hat{\mathscr{C}}$-Morphismen, die bei A in Isomorphismen übergehen. Weil Σ saturiert ist und einen Kalkül von Rechtsbrüchen gestattet, zeigen 20.1.9 und der Beweis von 20.2.7 zunächst, daß die Monomorphismen in Σ diejenigen sind, die bezüglich der Topologie $\psi(\tilde{\mathscr{C}})$ (schlicht) bedeckend sind.

Ist c ein Epimorphismus, so ist das Quadrat in 20.2.1 (1) bicartesisch (18.4.3). Weil A endliche Limites und Colimites respektiert, sind die bezüglich $\psi(\tilde{\mathscr{C}})$ schlicht bedeckenden Epimorphismen gerade die Epimorphismen aus Σ. Die Objekte von $\tilde{\mathscr{C}}$ sind die bezüglich Σ linksabgeschlossenen. Nach 20.2.7 ist $\varphi\psi$ die identische Abbildung von *Cad*.

20.3.8 Satz. *Jede Garbenkategorie $\tilde{\mathscr{C}}$ zu einem kleinen Situs $\mathscr{C}$ besitzt folgende Eigenschaften:*

(a) *$\tilde{\mathscr{C}}$ ist vollständig und covollständig. Limites werden wie in $\hat{\mathscr{C}}$ gebildet, also „punktweise".*

(b) *Jeder Monomorphismus ist Differenzkern (seines Cokernpaares). Monomorphismen sind Pushout-abgeschlossen.*

(c) *Jeder Epimorphismus ist Differenzcokern (seines Kernpaares). Epimorphismen sind Pullback-abgeschlossen.*

(d) *Die Morphismen besitzen bis auf Isomorphie eindeutige natürliche Zerlegung in Epi- und Monomorphismus.*

(e) *$\tilde{\mathscr{C}}$ besitzt eine erzeugende Menge, nämlich $\{A(X) \mid X \in |\mathscr{C}|\}$.*

(f) *Filtrierende Colimites sind mit endlichen Limites vertauschbar.*

(g) *Coprodukte sind mit Pullbacks und mit Differenzkernen vertauschbar Endliche Produkte von Epimorphismen sind epimorph.*

(h) *Colimites sind universell.*

(i) *Jeder Morphismus, dessen Ziel ein initiales Objekt ist, ist isomorph.*

(j) *Das folgende Quadrat ist bicartesisch in $\tilde{\mathscr{C}}$:*

$$\begin{array}{ccc} \emptyset_{\tilde{\mathscr{C}}} & \longrightarrow & G \\ \downarrow & & \downarrow \\ F & \longrightarrow & F \sqcup G \end{array}$$

Beweis. Es kann, was wir ständig benutzen werden, angenommen werden, daß $AI = 1_{\tilde{\mathscr{C}}}$ ist. (a) folgt unmittelbar aus 16.6.1 und der Tatsache, daß I Limites entdeckt.

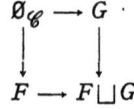

(b) gilt in *Ens* und damit in $\hat{\mathscr{C}}$ (wegen punktweiser Konstruktion, vgl. 13.4.4, 18.4.3 und 18.4.4). I respektiert Monomorphismen, und A respektiert endliche Limites und Colimites. Damit folgen die Behauptungen für $\tilde{\mathscr{C}}$.

(c) Aus der ersten Aussage von (b) folgt, daß Bimorphismen isomorph sind (7.2.2). Damit folgt aus 20.3.4 (b), daß ein $\hat{\mathscr{C}}$-Morphismus u genau dann bedeckend ist (im Sinne von 20.2.1), wenn $A(u)$ epimorph ist (also u bedeckend im Sinne von 19.7.4). Die zweite Aussage folgt damit aus 20.2.4 und (a), die erste folgt entsprechend (b) aus 19.5.2.

(d) Die Aussage gilt in $\hat{\mathscr{C}}$. Die Existenz der Morphismenzerlegung in $\tilde{\mathscr{C}}$ ergibt sich durch Zerlegung in $\hat{\mathscr{C}}$ und Anwendung von A. Die Eindeutigkeit folgt aus 20.2.1 und dem Beweis von (c), die Natürlichkeit folgt aus 12.4.10.

(e) folgt aus 10.5.2 entsprechend dem Dualen von 15.3.4 (a).

(f), (g) und (h). Die Aussagen gelten für $\hat{\mathscr{C}}$. Für $\tilde{\mathscr{C}}$ folgen sie aus (a) und der Tatsache, daß A Colimites und endliche Limites respektiert (vgl. 16.6.2). Man beachte 19.5.2 (a).

(i), (j) sind ebenfalls leicht zu zeigen.

20.3.9 Bemerkungen. (a) Die vorangehenden Aussagen besitzen naheliegende Verallgemeinerungen auf adjungierte Situationen $(\psi, S, T, \mathscr{B}, \mathscr{C})$, wenn S endliche Limites respektiert, T völlig treu ist und $\mathscr{C}$ entsprechende Eigenschaften besitzt.

(b) Durch einen Teil der Aussagen, sogar mit gewissen Abschwächungen, lassen sich die Topos charakterisieren. Wir verweisen auf [5].

20.3.10 Der additive Fall. Es sei jetzt $\mathscr{C}$ eine additive $\mathfrak{U}$-Kategorie und $\hat{\mathscr{C}} = Add(\mathscr{C}^\circ, Ab)$. 20.1.1 bis 20.1.8 übertragen sich ohne weiteres, wobei jetzt die Bedingung (S) von 20.1.3 dadurch zu ergänzen ist, daß die zu einem Sieb R gehörigen Morphismen $Y \to X$ eine Untergruppe von $[Y, X]$ bilden. Es gelten die Analoga von 20.1.9, 20.3.4 und 20.3.7. Zum Nachweis genügt es zu zeigen:

Satz. *Ist $\mathscr{C}$ eine kleine additive Kategorie, so besteht eine Bijektion zwischen der Klasse Top der Topologien auf $\mathscr{C}$ und der Klasse Loc der lokalisierenden Unterkategorien von $Add(\mathscr{C}^\circ, Ab) = \hat{\mathscr{C}}$.*

Beweis. (a) Sei $\mathscr{K}$ lokalisierende Unterkategorie von $\hat{\mathscr{C}}$. Ein Sieb R für $X \in |\mathscr{C}|$ heiße bedeckend (bezüglich $\mathscr{K}$), wenn für die Inklusion $i_R\colon R \subset X$ das Ziel des Cokerns in $\mathscr{K}$ liegt. Hierbei gilt (T3) von 20.1.6 trivialerweise, (T1) folgt aus 13.4.8 (d). Ebenso folgt (T2ii) von 20.1.8. Wir weisen (T2i) nach.

Seien $i\colon R' \to R$, $i_R\colon R \to X$ Inklusionen für Siebe, wobei R bedeckend für $X \in |\mathscr{C}|$ ist. Für jedes $f\colon Y \to R$, für das $i_R f$ zu R gehört (20.1.3 (1)), sei $j_f = f^{-1}(i)\colon S_Y \to Y_f$ mit $Y_f = Y$ die Inklusion eines bedeckenden Siebes, $c_f\colon Y_f \to K_f$ Cokern von j_f, $c'\colon R \to K'$ Cokern von i und $c\colon X \to K$ Cokern von $i_R i$. Dann besteht folgendes kommutative Diagramm:

$$
(16)\qquad
\begin{array}{ccccccccc}
0 & \longrightarrow & \coprod S_f & \xrightarrow{\coprod i_f} & \coprod Y_f & \xrightarrow{\coprod c_f} & \coprod K_f & \longrightarrow & 0\\
 & & {\scriptstyle u}\downarrow & & {\scriptstyle v}\downarrow & & {\scriptstyle w}\downarrow & & \\
0 & \longrightarrow & R' & \xrightarrow{\ i\ } & R & \xrightarrow{\ c'\ } & K' & \longrightarrow & 0\\
 & & \Vert & \mathrm{I} & {\scriptstyle i_R}\downarrow & & {\scriptstyle j}\downarrow & & \\
0 & \longrightarrow & R' & \xrightarrow{\ i_R i\ } & X & \xrightarrow{\ c\ } & K & \longrightarrow & 0
\end{array}
$$

Die Zeilen sind exakt, die obere, weil $\hat{\mathscr{C}}$ Grothendieck-Kategorie ist. u, v bestehen in evidenter Weise, w und j nach Definition Cokern. v ist epimorph, weil die Objekte von $\mathscr{C}$ eine erzeugende Menge für $\hat{\mathscr{C}}$ bilden. Damit ist w epimorph. Nach 19.6.5 ist $\coprod K_f \in |\mathscr{K}|$ und damit $K' \in |\mathscr{K}|$. j ist monomorph, weil I ein Pullback ist. Das Ziel des Cokernes von i_R ist ein Objekt K'' von $\mathscr{K}$. Vermöge des 3×3-Lemmas 13.5.6 folgt $K \in |\mathscr{K}|$. Also gilt (T2i), und auf die angegebene Weise entsteht ψ: *Loc* $\to$ *Top*.

(b) Sei nun eine Topologie $\mathfrak{T}$ auf $\mathscr{C}$ gegeben. $\mathscr{K}$ sei die volle Unterkategorie von $\hat{\mathscr{C}}$, deren Objekte K folgende Eigenschaft besitzen:

Ist $X \xrightarrow{f} K$ ein beliebiger Morphismus mit $X \in |\mathscr{C}|$, so besitzt f die Inklusion eines (bezüglich $\mathfrak{T}$) bedeckenden Siebes als Kern.

$\mathscr{K}$ ist offenbar strikt voll in $\hat{\mathscr{C}}$, enthält alle Nullobjekte wegen (T3) und ist abgeschlossen gegen Unterobjekte, weil f und mf für monomorphes m dieselben Kerne besitzen. Wir betrachten nun

$$
(17)\qquad
\begin{array}{ccccccccc}
 & & S & \longrightarrow & R & \longrightarrow & R'' & & \\
 & & {\scriptstyle i'}\downarrow & \mathrm{I} & \downarrow{\scriptstyle i} & & \downarrow{\scriptstyle i''} & & \\
 & & Y & \xrightarrow{\ u\ } & X & = & X & & \\
 & & {\scriptstyle v}\downarrow & & \downarrow{\scriptstyle f} & & \downarrow{\scriptstyle cf} & & \\
0 & \longrightarrow & K' & \xrightarrow{\ m\ } & K & \overset{c}{\twoheadrightarrow} & K'' & \longrightarrow & 0
\end{array}
$$

Hierbei sei die untere Zeile exakt mit $K', K'' \in |\mathscr{K}|$. f: $X \to K$ sei gegeben mit $X \in |\mathscr{C}|$, i, i'' sind Kerne und Inklusionen von Sieben. Nach Annahme ist i'' bedeckend. Ferner sei u aus R'', also von der Form $u = i''g$ (20.1.3). Damit existiert v nach Definition Kern. I sei Pullback, so daß S ein Sieb für Y ist. Nach 12.3.4 (c) ist i' Kern von v. Wegen (T2i) und $K' \in |\mathscr{K}|$ folgt $K \in |\mathscr{K}|$. Ist umgekehrt $K \in |\mathscr{K}|$, so folgt $\mathscr{K}'' \in |\mathscr{K}|$ nach (T2ii), weil die Objekte von $\mathscr{C}$ in $\hat{\mathscr{C}}$ projektiv sind. Also ist $\mathscr{K}$ dick und damit abgeschlossen gegen endliche Biprodukte. Weil die Objekte von $\mathscr{C}$ in $\hat{\mathscr{C}}$ klein sind, ist $\mathscr{K}$ abgeschlossen gegen Coprodukte und nach 19.6.5 lokalisierend. Damit liegt φ: *Top* $\to$ *Loc* vor.

(c) Sei jetzt $\mathfrak{T}$ eine Topologie auf $\mathscr{C}$ und $\mathfrak{T}' = \psi\varphi(\mathfrak{T})$. Aus (a) und (b) folgt unmittelbar, daß die für $\mathfrak{T}'$ bedeckenden Siebe auch bedeckend bei $\mathfrak{T}$ sind. Wir betrachten

$$(18)\qquad \begin{array}{ccccccccc} 0 & \longrightarrow & S & \overset{i}{\rightarrowtail} & Y & \overset{cu}{\longrightarrow} & K & \longrightarrow & 0 \\ & & \downarrow & \mathrm{I} & \downarrow u & & \| & & \\ 0 & \longrightarrow & R & \overset{i}{\rightarrowtail} & X & \overset{c}{\twoheadrightarrow} & K & \longrightarrow & 0 \end{array}$$

wobei R ein X bedeckendes Sieb bei $\mathfrak{T}$ und u beliebig in $\mathscr{C}$ sei. I ist ein Pullback wieder nach 12.3.4 (c). Weil Y projektiv in $\hat{\mathscr{C}}$ ist, folgt $K \in |\mathscr{K}|$ gemäß (b) aus (T1). Nach (a) ist R auch bei $\mathfrak{T}'$ bedeckend für X.

(d) Sei jetzt $\mathscr{K}$ eine lokalisierende Unterkategorie von $\hat{\mathscr{C}}$ und $\mathscr{L} = \varphi\psi(\mathscr{K})$. Der Schluß bei (18) gibt $\mathscr{K} \subset \mathscr{L}$. Sei nun $L \in |\mathscr{L}|$. Wir betrachten alle exakten Folgen $0 \longrightarrow R_f \xrightarrow{i_f} X_f \xrightarrow{f} L$, wobei i_f die Inklusion eines bedeckenden Siebes bezüglich $\psi(\mathscr{K})$ ist. Wir erhalten damit

$$\coprod R_f \xrightarrow{\coprod i_f} \coprod X_f \overset{\bar{f}}{\twoheadrightarrow} L \quad \text{mit} \quad \bar{f} \coprod i_f = 0.$$

Bei Lokalisation nach $\mathscr{K}$ geht $\coprod i_f$ in einen Isomorphismus über, ker $\bar{f}$ in eine monomorphe Retraktion und $\bar{f}$ in den Cokern von ker $\bar{f}$. Damit folgt $\mathscr{L} \subset \mathscr{K}$.

20.3.11 Bemerkung. Ist im Vorangehenden $\mathscr{C}$ ein Ring R, also $Add\,(\mathscr{C}^o, Ab) = Mod_R$, so sind für eine Topologie auf $\mathscr{C}$ die bedeckenden Siebe (als Morphismenklassen) Rechtsideale. (T1), (T2i), (T2ii), (T3) lassen sich hierfür vermöge 20.1.5 einfach formulieren.

20.4 Erzeugung von Topologien

Wir betrachten wieder beliebige Kategorien und *Ens*-wertige Funktoren.

20.4.1 Die Topologien auf der Kategorie $\mathscr{C}$ sind als Klassen von Sieben durch Inklusion geordnet. Sind $\mathfrak{T}_1$, $\mathfrak{T}_2$ Topologien auf $\mathscr{C}$, so heißt $\mathfrak{T}_1$ *feiner* als $\mathfrak{T}_2$ und $\mathfrak{T}_2$ *gröber* als $\mathfrak{T}_1$, wenn $\mathfrak{T}_2$ von $\mathfrak{T}_1$ umfaßt wird. Bei der gröbsten Topologie ist für $X \in |\mathscr{C}|$ nur X selbst bedeckend. Bei der feinsten oder diskreten Topologie sind alle Siebe bedeckend. Ist $\mathfrak{T}_1$ feiner als $\mathfrak{T}_2$, so sind alle Garben für $\mathfrak{T}_1$ auch solche für $\mathfrak{T}_2$. Entsprechendes gilt für separierte Prägarben.

Aus (T1), (T2), (T3) in 20.1.6 folgt unmittelbar, daß für jede Klasse von Topologien auf $\mathscr{C}$ der mengentheoretische Durchschnitt wieder eine Topologie ist. Jede Klasse von Topologien besitzt also eine *untere Grenze*. Hieraus folgt, daß auch die *obere Grenze* existiert (als Durchschnitt aller umfassenden), und schärfer, daß es zu jeder gegebenen Klasse $\mathfrak{K}$ von Sieben auf $\mathscr{C}$ eine gröbste Topologie gibt, in der die gegebenen Siebe bedeckend sind. Diese *Topologie* heißt die von $\mathfrak{K}$ *erzeugte*.

20.4.2 Satz. *Sei $\mathscr{C}$ eine $\mathfrak{U}$-Kategorie und F: $\mathscr{C}^0 \to Ens$ eine Prägarbe. Für jedes $X \in |\mathscr{C}|$ sei $J(X)$ die Klasse derjenigen Siebe für X, so daß für die Inklusion i_R: $R \to X$ gilt:*

(*) *Ist v: $Y \to X$ ein beliebiger $\mathscr{C}$-Morphismus mit Ziel X, so ist*

$$[v^{-1}(i_R), F]: \quad [Y, F] \to [v^{-1}(R), F]$$

bijektiv (bzw. injektiv).

Diese Klassen $J(X)$ bilden eine Topologie auf $\mathscr{C}$. Sie ist die feinste, für die F Garbe (bzw. separierte Prägarbe) ist.

Beweis. Die Bedingungen (T1) und (T3) sind evident. Es bleiben (T2i) und (T2ii) nachzuweisen. Die letzte Behauptung ist dann ebenfalls evident. Seien also i: $R' \to R$, i_R: $R \to X$ Inklusionen von Sieben, so daß

(a) $R \in J(X)$ und $v^{-1}(R') \in J(Y)$ für jedes v: $Y \to X$ aus R gilt,

(b) $R' \in J(X)$ ist.

Für η: $Y \to R$ in $\hat{\mathscr{C}}$ mit $Y \in |\mathscr{C}|$ ist in beiden Fällen $\eta^{-1}(i)$: $\eta^{-1}(R') \to Y$ in $J(Y)$ wegen 20.1.3 (b) und $i_R^{-1}(R') = R'$. Aus 20.1.3 (c) und (*) folgt entsprechend 20.1.9 (7) (vgl. auch 20.2.7 (6)), daß $[i, F]$: $[R, F] \to [R', F]$ bijektiv (bzw. injektiv) ist. Damit folgt nun in beiden Fällen, daß $[i_R\, i, F]$: $[X, F] \to [R', F]$ bijektiv (injektiv) ist. Da die Voraussetzungen unter (a) und (b) bei Basiswechsel für beliebiges v: $Y \to X$ in $\mathscr{C}$ invariant sind (im Fall (a) nach 20.1.5, im Fall (b), weil (T1) gilt), folgt (*) für $i_R\, i$: $R' \to X$.

20.4.3 Korollar. *Für jede Klasse $\mathfrak{N}$ von Prägarben existiert eine feinste Topologie auf $\mathscr{C}$, für welche alle Prägarben aus $\mathfrak{N}$ Garben (bzw. separierte Prägarben) sind, nämlich der Durchschnitt derjenigen Topologien, die den einzelnen Prägarben aus $\mathfrak{N}$ gemäß* 20.4.2 *zugeordnet sind.*

20.4.4 Korollar. *Für jedes $X \in |\mathscr{C}|$ sei eine Klasse $K(X)$ von Sieben gegeben, so daß* (T1) *für diese Klassen erfüllt ist. Eine Prägarbe F ist für die von Klassen $K(X)$ erzeugte Topologie $\mathfrak{T}$ genau dann eine Garbe (bzw. separierte Prägarbe), wenn für jede zu $K(X)$ gehörige Inklusion i_R: $R \to X$ (X beliebig) stets $[i_R, F]$: $[X, F] \to [R, F]$ eine Bijektion (bzw. Injektion) ist.*

Die Bedingung besagt nämlich, daß $\mathfrak{T}$ gröber ist als die F durch 20.4.2 zugeordnete Topologie.

20.4.5 Definition. Die feinste Topologie auf der Kategorie $\mathscr{C}$, für die alle $X \in |\mathscr{C}|$ (genauer alle H_X) Garben sind, heißt die *kanonische Topologie* auf $\mathscr{C}$.

Der Deutlichkeit halber unterscheiden wir jetzt zwischen $X \in |\mathscr{C}|$ und $H_X \in |\hat{\mathscr{C}}|$, zwischen einem Sieb R als Subfunktor von H_X und der zugehörigen Morphismenklasse, deren Morphismen die Objekte einer vollen Unterkategorie $\bar{R}$ von $\mathscr{C}/X$ sind. Für $v\colon\ Y \to X$ in $\mathscr{C}$ sei $v^{-1}(\bar{R})$ die zu $v^{-1}(R)$ gehörige Unterkategorie von $\mathscr{C}/Y$ (20.1.3, 20.1.5).

20.4.6 Satz. *Sei $\mathscr{C}$ eine $\mathfrak{U}$-Kategorie und $i_R\colon\ R \to H_X$ die Inklusion eines Siebes in $\hat{\mathscr{C}}$. Bezüglich der kanonischen Topologie auf $\mathscr{C}$ ist R genau dann bedeckend für H_X, wenn gilt: Für jeden $\mathscr{C}$-Morphismus $v\colon\ Y \to X$ ist*

$$Y = \operatorname*{Colim}_{?\in v^{-1}(\bar{R})} \Delta^0(?) \qquad \text{in } \mathscr{C}.$$

Beweis. Nach 20.4.3, 20.4.2 ist R genau dann bedeckend für H_X, wenn für jedes $Z \in |\mathscr{C}|$ und jedes $v\colon\ Y \to X$ in $\mathscr{C}$

$$[H_v^{-1}(i_R), H_Z]\colon\ [H_Y, H_Z] \to [H_v^{-1}(R), H_Z]$$

isomorph ist. Nach 20.1.3 (c) und dem Yoneda-Lemma gilt in $\mathscr{ENS}$

$$[H_v^{-1}(R), H_Z] = \operatorname*{Lim}_{?\in v^{-1}(\bar{R})} [\Delta^0 H_*(?), H_Z]_{\hat{\mathscr{C}}} \cong \operatorname*{Lim}_{?\in v^{-1}(\bar{R})} [\Delta^0(?), Z]_{\mathscr{C}},$$

wobei der zweite Limes bereits in *Ens* existiert. Damit folgt aus 8.7.3 die Behauptung.

20.4.7 Bemerkungen. 20.4.6 zeigt, daß die kanonische Topologie auf $\mathscr{C}$ unabhängig von der Wahl des Universums $\mathfrak{U}$ ist (so daß $\mathscr{C}$ eine $\mathfrak{U}$-Kategorie ist). Die Topos lassen sich dadurch charakterisieren (GIRAUD), daß die Garben bezüglich der kanonischen Topologie genau die darstellbaren Funktoren sind und daß eine erzeugende Menge existiert (siehe [5]).

20.5 Prätopologien

Wir fassen wieder $\mathscr{C}$ als Unterkategorie von $\hat{\mathscr{C}}$ auf.

20.5.1 Es sei $\{f_\alpha\colon\ F_\alpha \to F\}$ eine Familie von $\hat{\mathscr{C}}$-Morphismen mit gleichem Ziel, wobei die Indices, ebenso im folgenden, eine $\mathfrak{V}$-Menge bilden dürfen. im f_α kann als Inklusion eines Subfunktors von F aufgefaßt werden. $\bigcup$ im f_α existiert als Inklusion eines Subfunktors von F, das *Bild* der Familie $\{f_\alpha\}$. Ist speziell $\{u_\alpha\colon\ X_\alpha \to X\}$ eine Familie von $\mathscr{C}$-Morphismen, so erhält man in $\hat{\mathscr{C}}$ als Bild die Inklusion $i_R\colon\ R \to X$ eines Siebes R. Es heißt das von $\{u_\alpha\}$ *erzeugte Sieb*. Als Klasse von $\mathscr{C}$-Morphismen wird R gemäß 20.1.3 (a), (b) beschrieben durch

(1) $\quad R = \{v \mid v \text{ in } \mathscr{C},\ \text{Ziel } v = X \text{ und } v \text{ faktorisiert über ein } u_\alpha\}.$

20.5.2 Eine *Prätopologie* $\mathfrak{C}$ auf $\mathscr{C}$ liegt vor, wenn für jedes $X \in |\mathscr{C}|$ eine Klasse Cov (X) von Familien $\{u_\alpha\colon\ X_\alpha \to X\}$ gegeben ist, so daß gilt

(PT 1) Ist $\{u_\alpha\colon\ X_\alpha \to X\} \in \operatorname{Cov}(X)$ und $v\colon\ Y \to X$ ein beliebiger $\mathscr{C}$-Morphismus, so existiert das Pullback zu v und u_α für jedes α, und es ist

$$\{v^{-1}(u_\alpha)\colon\ Y \sqcap_X X_\alpha \to Y\} \in \operatorname{Cov}(Y).$$

(PT2) Ist $\{u_\alpha\colon\ X_\alpha \to X\} \in \operatorname{Cov}(X)$ und $\{v_{\alpha\beta}\colon\ X_{\alpha\beta} \to X_\alpha\} \in \operatorname{Cov}(X_\alpha)$ für jedes α, so ist $\{u_\alpha v_{\alpha\beta}\colon\ X_{\alpha\beta} \to X\} \in \operatorname{Cov}(X)$.

(PT3) $\{1_X\colon\ X \to X\} \in \operatorname{Cov}(X)$.

20.5.3 Satz. *Sei $\mathfrak{C}$ eine Prätopologie auf $\mathscr{C}$.*

(a) *Für jedes $X \in |\mathscr{C}|$ sei $J_{\mathfrak{C}}(X)$ die Klasse der Siebe, die von den Elementen von $\operatorname{Cov}(X)$ erzeugt werden, und $J(X)$ die Klasse der Siebe für X, die ein Sieb von $J_{\mathfrak{C}}(X)$ umfassen. Die Klassen $J(X)$ definieren eine Topologie $\mathfrak{T}$, die von $\mathfrak{C}$ erzeugte. $\mathfrak{T}$ ist die gröbste Topologie, für welche alle $J_{\mathfrak{C}}(X)$ aus bedeckenden Sieben bestehen.*

(b) *$F\colon \mathscr{C} \to \mathbf{Ens}$ ist genau dann Garbe (bzw. separierte Prägarbe) für $\mathfrak{T}$, wenn gilt: Ist $\{u_\alpha\colon\ X_\alpha \to X\}_{\alpha\in A} \in \operatorname{Cov}(X)$, so ist in*

(2)
$$F(X) \xrightarrow{\ f\ } \prod_{\alpha\in A} F(X_\alpha) \underset{h}{\overset{g}{\rightrightarrows}} \prod_{(\alpha,\beta)\in A\times A} F(X_\alpha \sqcap_X X_\beta)$$

f Differenzkern von g und h (bzw. f monomorph). Hierbei ist $pr_\alpha f = F(u_\alpha)$, $pr_{\alpha,\beta}\, g = F(v_{\alpha,\beta})\, pr_\alpha$, $pr_{\alpha,\beta}\, h = F(w_{\alpha,\beta})\, pr_\beta$ und

(3)
$$\begin{array}{ccc} X_\alpha \sqcap_X X_\beta & \xrightarrow{\ w_{\alpha,\beta}\ } & X_\beta \\ {\scriptstyle v_{\alpha,\beta}}\downarrow & & \downarrow{\scriptstyle u_\beta} \\ X_\alpha & \xrightarrow{\ u_\alpha\ } & X \end{array}$$

ein Pullback für jedes $(\alpha, \beta) \in A \times A$. Falls $\mathscr{C}$ nicht klein ist, sind die Produkte in (2) in $\mathscr{ENS}$ zu bilden.

Beweis. (a) Wir weisen (T1), (T2), (T3) nach.

(T1): Ist R das von $\{u_\alpha\}$ erzeugte Sieb, so ist $w \in v^{-1}(R)$ genau dann (20.1.5), wenn $vw \in R$, d. h. wenn vw über ein u_α faktorisiert. Das ist gleichwertig damit, daß w über ein $v^{-1}(u_\alpha)$ faktorisiert. Also folgt (T1) aus (PT1).

(T2): Es genügt offenbar der Nachweis für den Fall $R' \subset R \in J_{\mathfrak{C}}(X)$, wobei R' die Voraussetzung von (T2) erfüllt. R werde etwa von $\{u_\alpha\}$ erzeugt. Nach Voraussetzung umfaßt $u_\alpha^{-1}(R')$ eine Familie aus $\operatorname{Cov}(X_\alpha)$, etwa $\{v_{\alpha\beta}\colon\ X_{\alpha\beta} \to X_\alpha\}$. Es folgt, daß die Morphismen der Familie $\{u_\alpha v_{\alpha\beta}\colon\ X_{\alpha\beta} \to X\}$ zu R' gehören, womit (T2) aus (PT2) folgt.

(T3) und die letzte Behauptung unter (a) sind evident.

(b) Die Pullbacks (3) existieren nach (PT1), und es ist $gf = hf$. Sei R das von $\{u_\alpha\}$ erzeugte Sieb, $\overline{R}$ die entsprechende volle Unterkategorie von $\mathscr{C}/X$. Die volle Unterkategorie mit den Objekten u_α erfüllt die Voraussetzungen von 9.1.4 (bezüglich $\mathfrak{B}$, wenn $\mathscr{C}$ nicht klein ist). Nach 10.2.2 ist $[R, F] = \operatorname*{Lim}_{?\in R} F\Delta^{\circ} H_*$. Aus 9.1.4, dem Yoneda-Lemma und

20.1.3 (b) folgt, daß $[i_R, F]$ für i_R: $R \subset X$ genau dann isomorph (bzw. monomorph) ist, wenn f Differenzkern von g und h (bzw. monomorph) ist. Die angegebene Bedingung ist daher notwendig. Aus (a), 20.4.3 und dem Beweis von 20.4.2 folgt, daß sie auch hinreichend ist.

20.5.4 Klassisches Beispiel. Es sei $\mathscr{C}$ die durch Inklusion geordnete Menge der offenen Mengen eines topologischen Raumes. Für $X \in |\mathscr{C}|$ sei $\{u_\alpha: X_\alpha \to X\} \in \mathrm{Cov}(X)$ genau dann, wenn $\bigcup X_\alpha = X$ ist. Man zeigt leicht, daß damit eine Prätopologie vorliegt. Die von ihr erzeugte Topologie ist die kanonische nach 20.5.3 (a) und 20.4.6. Aus 20.5.3 (b) ergibt sich die ursprüngliche Definition von Mengengarben über einem topologischen Raum (siehe [13]), wenn man beachtet, daß Differenzkerne in *Ens* Koinzidenzmengen sind.

20.5.5 Bemerkungen. 20.5.2 ist eine ältere Definition für Grothendieck-Topologien. Für die weitere Theorie verweisen wir auf [49]. Wir haben uns von 20.1.1 an eng an [49] angelehnt.

Literatur[1]

A. Sammelwerke

[1] Proceedings of the Conference on Categorical Algebra, La Jolla 1965. Berlin/Heidelberg/New York: Springer 1966.
[2] Reports of the Midwest Category Seminar I, II. Lecture Notes in Math. **47**, **61**. Berlin/Heidelberg/New York: Springer 1967, 1968.
[3] Seminar on Triples and Categorical Homotopy Theory. Lecture Notes in Math. **80**. Berlin/Heidelberg/New York: Springer 1969.
[4] Category Theory, Homology Theory and their Applications I. Lecture Notes in Math. **86**. Berlin/Heidelberg/New York: Springer 1969.

B. Bücher und Lecture Notes

[5] Artin, M., et A. Grothendieck: Cohomologie étale des schémas. Seminaire de Géometrie algébrique **4**, 1963/64. Amsterdam: North Holland, Paris: Masson 1969.
[6] Brinkmann, H. B., u. D. Puppe: Kategorien und Funktoren. Lecture Notes in Math. **18**. Berlin/Heidelberg/New York: Springer 1966.
[7] Bucur, I., and A. Deleanu: Categories and Functors. London/New York/Sydney/Toronto: Wiley 1968.
[8] Cartan, H., and S. Eilenberg: Homological Algebra. Princeton, N.J.: Princeton Univ. Press 1956.
[9] Dold, A.: Halbexakte Homotopiefunktoren. Lecture Notes in Math. **12**. Berlin/Heidelberg/New York: Springer 1966.
[10] Ehresman, Ch.: Catégories et structures. Paris: Dunod 1965.
[11] Freyd, P.: Abelian Categories. Evanston-London: Harper and Row 1964.

[1] Wir beschränken uns auf die benutzte Literatur und eine Auswahl aus der weiterführenden Literatur.

[12] GABRIEL, P., and M. ZISMAN: Calculus of Fractions and Homotopy Theory. Berlin/Heidelberg/New York: Springer 1967.

[13] GODEMENT, R.: Théorie des faisceaux. Paris: Hermann 1958.

[14] HARTSHORNE, R.: Residues and Duality. Lecture Notes in Math. **20**. Berlin/Heidelberg/New York: Springer 1966.

[15] HASSE, M., u. L. MICHLER: Theorie der Kategorien. Berlin: VEB Verlag der Wissenschaften 1966.

[16] HERRLICH, H.: Topologische Reflexionen und Coreflexionen. Lecture Notes in Math. **78**. Berlin/Heidelberg/New York: Springer 1968.

[17] LAMBEK, J.: Completion of Categories. Lecture Notes in Math. **24**. Berlin/Heidelberg/New York: Springer 1966.

[18] MACLANE, S.: Homology, 2. Aufl. Berlin/Heidelberg/New York: Springer 1967.

[19] MITCHELL, B.: Theory of Categories. New York/London: Academic Press 1965.

C. Abhandlungen

[20] BÉNABOU, J.: Catégories avec multiplication. C.R. Acad. Sci. Paris **256**, 1887—1890 (1963).

[21] BUCHSBAUM, D. A.: Exact categories and duality. Trans. Am. Math. Soc. **80**, 1—34 (1955).

[22] DUSKE, J.: Analogie zwischen k-Räumen und bornologischen Räumen. Diss. Kiel 1967.

[23] ECKMANN, B., and P. J. HILTON: Group-like structures in general categories I, II, III. Math. Ann. **145**, 227—255 (1961); **151**, 150—186 (1963); **150**, 165—187 (1963).

[24] —, —: Commuting limits with colimits. J. of Alg. **11**, 116—144 (1969).

[25] EILENBERG, S., and G. M. KELLEY: Closed categories. In [1].

[26] EILENBERG, S., and S. MACLANE: Group extensions and homology. Ann. Math. **43**, 757—831 (1942).

[27] —, —: General theory of natural equivalences. Trans. Am. Math. Soc. **58**, 231—294 (1945).

[28] EILENBERG, S., and J. MOORE: Adjoint functors and triples. Ill. J. Math. **9**, 381—398 (1965).

[29] FISHER, J. L.: The tensor product of functors, satellites, and derived functors. J. of Alg. **8**, 277—294 (1968).

[30] GABRIEL, P.: Des catégories abéliennes. Bull. Soc. Math. France **90**, 323—448 (1962).

[31] GABRIEL, P., et N. POPESCU: Caractérisation des catégories abéliennes avec générateurs et limites inductives exactes. C.R. Acad. Sc. Paris **258**, 4188—4190 (1964).

[32] GROTHENDIECK, A.: Sur quelques points d'algèbre homologique. Tôhoku Math. J. **2**, **9**, 119—221 (1957).

[33] HILTON, P. J.: Correspondences and exact squares. In [1].

[34] ISBELL, J.: Subobjects, adequacy, completenes and categories of algebras. Rozprawy Mat. **36**, 1—32 (1964).

[35] KAN, D. M.: Adjoint functors. Trans. Am. Math. Soc. **87**, 294—329 (1958).

[36] LAWVERE, F. W.: The category of categories as a foundation for mathematics. In [1].

[37] —: Functorial semantics of algebraic theories. Proc. Nat. Ac. Sci. **50**, 869—872 (1963).
[38] —: Some algebraic problems in the context of functorial semantics of algebraic theories. In [2], II.
[39] LINTON, F. E. J.: Autonomous categories and duality of functors. J. of Alg. **2**, 315—341 (1965).
[40] —: Some aspects of equational categories. In [1].
[41] —: An outline of functorial semantics. In [3].
[42] MACLANE, S.: Natural associativity and commutativity. Rice Univ. Studies **49**, 28—46 (1963).
[43] —: Categorical algebra. Bull. Am. Math. Soc. **71**, 40—106 (1965).
[44] PUPPE, D.: Über die Axiome für abelsche Kategorien. Archiv d. Math. **XVIII**, 217—222 (1967).
[45] ROOS, J.-E.: Locally distributive spectral categories and strongly regular rings. In [2], I.
[46] THODE, TH.: Bruchrechnung in Kategorien. Diplomarbeit Kiel 1969.
[47] ULMER, F.: Properties of dense and relative adjoint functors. J. of Alg. **8**, 77—95 (1968).
[48] —: Representable functors with values in arbitrary categories. J. of Alg. **8**, 96—129 (1968).
[49] VERDIER, J. L.: Exposés I, II, III in [5].
[50] VOLGER, H.: Kategorien von Algebren über algebraischen Theorien. Diplomarbeit Freiburg/Brsg. 1967.
[51] YONEDA, N.: On the homology theory of modules. J. Fac. Sci. Univ. Tokyo Sect. I, **7**, 193—227 (1954).

Sachverzeichnis

Die römischen Ziffern vor den Seitenzahlen beziehen sich auf den betreffenden Teilband.

Erschienene Bände der Heidelberger Taschenbücher

Mathematik

12 **B. L. van der Waerden: Algebra I**
7. Auflage der Modernen Algebra. DM 10,80
15 **L. Collatz/W. Wetterling: Optimierungsaufgaben.** DM 10,80
23 **B. L. van der Waerden: Algebra II**
5. Auflage der Modernen Algebra. DM 14,80
26 **H. Grauert/I. Lieb: Differential- und Integralrechnung I.** 2. Auflage DM 12,80
30 **R. Courant/D. Hilbert: Methoden der mathematischen Physik I**
3. Auflage. DM 16,80
31 **R. Courant/D. Hilbert: Methoden der mathematischen Physik II**
2. Auflage. DM 16,80
36 **H. Grauert/W. Fischer: Differential- und Integralrechnung II.** DM 12,80
38 **R. Henn/H. P. Künzi: Einführung in die Unternehmensforschung I**
DM 10,80
39 **R. Henn/H. P. Künzi: Einführung in die Unternehmensforschung II**
DM 12,80
43 **H. Grauert/I. Lieb: Differential- und Integralrechnung III.** DM 12,80
44 **J. H. Wilkinson: Rundungsfehler.** DM 14,80
49 **K. Jacobs: Selecta Mathematica I.** DM 10,80
50 **H. Rademacher/O. Toeplitz: Von Zahlen und Figuren.** DM 8,80
51 **E. B. Dynkin/A. A. Juschkewitsch: Sätze und Aufgaben über Markoffsche Prozesse.** DM 14,80
64 **R. Rehbock: Darstellende Geometrie.** 3. Auflage. DM 12,80
65 **H. Schubert: Kategorien I.** DM 12,80
66 **H. Schubert: Kategorien II.** DM 10,80
67 **Selecta Mathematica II. Hrsg. von K. Jacobs.** DM 12,80

Die übrigen Fachgebiete

1 **M. Born: Die Relativitätstheorie Einsteins.** DM 10,80
2 **K. H. Hellwege: Einführung in die Physik der Atome**
2. Auflage. DM 8,80
3 **W. Weidel: Virus und Molekularbiologie**
2. Auflage. DM 5,80
4 **L. S. Penrose: Einführung in die Humangenetik.** DM 8,80
5 **H. Zähner: Biologie der Antibiotica.** DM 8,80
6 **S. Flügge: Rechenmethoden der Quantentheorie**
3. Auflage. DM 10,80
7/8 **G. Falk: Theoretische Physik I und Ia auf der Grundlage einer allgemeinen Dynamik**
Band 7: Elementare Punktmechanik (I). DM 8,80
Band 8: Aufgaben und Ergänzungen zur Punktmechanik (Ia). DM 8,80
9 **K. W. Ford: Die Welt der Elementarteilchen.** DM 10,80
10 **R. Becker: Theorie der Wärme.** DM 10,80
11 **P. Stoll: Experimentelle Methoden der Kernphysik.** DM 10,80
13 **H. S. Green: Quantenmechanik in algebraischer Darstellung.** DM 8,80
14 **A. Stobbe: Volkswirtschaftliches Rechnungswesen.** DM 10,80

16/17 **A. Unsöld: Der neue Kosmos.** DM 18,—
18 **F. Lembeck/K.-Fr. Sewing: Pharmakologie-Fibel.** DM 5,80
19 **A. Sommerfeld/H. Bethe: Elektronentheorie der Metalle.** DM 10,80
20 **K. Marguerre: Technische Mechanik.** I. Teil: Statik. DM 10,80
21 **K. Marguerre: Technische Mechanik.** II. Teil: Elastostatik. DM 10,80
22 **K. Marguerre: Technische Mechanik.** III. Teil: Kinetik. DM 12,80
24 **M. Körner: Der plötzliche Herzstillstand.** DM 8,80
25 **W. Reinhard: Massage und physikalische Behandlungsmethoden.** DM 8,80
27/28 **G. Falk: Theoretische Physik II und IIa**
Band 27: Allgemeine Dynamik. Thermodynamik (II). DM 14,80
Band 28: Aufgaben und Ergänzungen zur Allgemeinen Dynamik und Thermodynamik (IIa). DM 12,80
29 **P. D. Samman: Nagelerkrankungen.** DM 14,80
32 **F. W. Ahnefeld: Sekunden entscheiden — Lebensrettende Sofortmaßnahmen.** DM 6,80
33 **K. H. Hellwege: Einführung in die Festkörperphysik I.** DM 9,80
34 **K. H. Hellwege: Einführung in die Festkörperphysik II.** DM 12,80
37 **V. Aschoff: Einführung in die Nachrichtenübertragungstechnik** DM 11,80
40 **M. Neumann: Kapitalbildung. Wettbewerb und ökonomisches Wachstum.** DM 9,80
41 **G. Martz: Die hormonale Therapie maligner Tumoren.** DM 8,80
42 **W. Fuhrmann/F. Vogel: Genetische Familienberatung.** DM 8,80
45 **G. H. Valentine: Die Chromosomenstörungen.** DM 14,80
46 **Robert D. Eastham: Klinische Hämatologie.** DM 8,80
47 **C. N. Barnard/V. Schrire: Die Chirurgie der häufigen angeborenen Herzmißbildungen.** DM 12,80
48 **R. Gross: Medizinische Diagnostik — Grundlagen und Praxis** DM 9,80
52 **H. M. Rauen: Chemie für Mediziner — Übungsfragen.** DM 7,80
53 **H. M. Rauen: Biochemie — Übungsfragen.** DM 9,80
54 **G. Fuchs: Mathematik für Mediziner und Biologen.** DM 12,80
55 **H. N. Christensen: Elektrolytstoffwechsel.** DM 12,80
57/58 **H. Dertinger/H. Jung: Molekulare Strahlenbiologie.** DM 16,80
59/60 **C. Streffer: Strahlen-Biochemie.** DM 14,80
61 **W. Hort: Herzinfarkt.** DM 9,80
62 **K. W. Rothschild: Wirtschaftsprognose. Methoden und Probleme** DM 12,80
63 **Z. G. Szabó: Anorganische Chemie.** DM 14,80
68 **W. Doerr/G. Quadbeck: Allgemeine Pathologie.** DM 5,80
69 **W. Doerr: Spezielle pathologische Anatomie I.** DM 6,80

Bitte Gesamtverzeichnis der Reihe anfordern!

MIX
Papier aus verantwortungsvollen Quellen
Paper from responsible sources
FSC® C105338

If you have any concerns about our products,
you can contact us on
ProductSafety@springernature.com

In case Publisher is established outside the EU,
the EU authorized representative is:
Springer Nature Customer Service Center GmbH
Europaplatz 3, 69115 Heidelberg, Germany

Printed by Libri Plureos GmbH
in Hamburg, Germany